国家出版基金项目
NATIONAL PUBLICATION FOUNDATION

中国草原与荒漠鸟类

THE BIRDS IN THE GRASSLANDS AND DESERTS OF CHINA

邢莲莲　杨贵生　马鸣　主编

C|S K 湖南科学技术出版社

序 言

中国是鸟类资源非常丰富的国家。这与中国幅员辽阔，地理位置适中，自然条件优越有密切关系。中国地域自北向南涵盖了寒带、寒温带、温带、亚热带和热带等多种气候带，地形地貌非常复杂，从西向东以喜马拉雅山脉—横断山脉—秦岭—淮河流域为界，将中国疆域分割为南北两大区域，即北方的古北界和南方的东洋界。一个国家拥有两个自然地理界的情况，在世界上是不多见的。中国西部的青藏高原有世界屋脊之称，冰峰和幽谷交错，森林与草原镶嵌，高原、湖泊散布其间，是中国众多江河的发源地。自青藏高原向东为若干呈阶梯状的大型台地，不同程度地阻隔了来自东部的季风并影响中、西部地区的气候和降雨量，历经千百万年的演化进程，形成了现今多种多样的山地森林、草原、戈壁和荒漠等自然地理特色。一方面，中国沿海有18 000多千米长的海岸线、5000多个星罗棋布的岛屿，连同内陆遍布各地的江河湖泊，湿地资源极为丰富。然而另一方面，中国又是人口众多、历史悠久的国家，大片地域自古以来就已被开发为居民点、耕地，并建设了与生产、生活有关的各种设施，再加上历史上连绵不断的战争和动乱对山河的破坏，致使许多野生生物已经失去了适合其生存的家园。自中华人民共和国成立以来，农业现代化和现代工业的发展犹如万马奔腾，大型水电、矿产的开发翻天覆地，城镇化的迅速推进以及环境的剧变正在对人们生活质量和方式产生影响，也促使人们逐渐认识到保护环境、与自然和谐相处、建设生态文明的重要性。

中国的鸟类学研究起步较晚，早期的研究多是以鸟类区系和分类为主，而且主要由外国学者主导，调查的范围也很有限。到20世纪40年代，总计记录了中国鸟类1093种（Gee等，1931）或1087种（郑作新，1947）。自中华人民共和国成立以来，中国政府先后组织了多次大规模的野外综合性考察，足迹遍及新疆、青海、西藏、云南等地的一些偏远地区，取得了许多有关鸟类分类与区系研究的重要成果。中国各地也先后组织人力对本地鸟类资源进行普遍调查，出版了许多鸟类的地方志书。在这期间，全国各高等院校和科研单位的有关教师、研究员和研究生等已逐渐成长为鸟类学研究的生力军。经过几代人的不懈努力奋斗，研究人员基本上查清了全国鸟类的种类、分布、数量和生态习性，并先后发表了四川旋木雀和弄岗穗鹛两个世界鸟类的新种以及峨眉白鹇等几十个世界鸟类的新亚种。近年通过分子系统地理学研究和鸣声分析，中国科学家提出将台湾画眉和绿背姬鹟等多个鸟类亚种提升为种的见解，所有这些都是令人瞩目的成果。在全国鸟类研究人员、鸟类保护管理人员不懈地努力奋斗以及广大鸟类爱好者的积极参与下，所记录到的中国鸟类种数也在逐年上升，从1958年发表的1099种（郑作新，1955—1958）逐次递增为1166种（郑作新，1976），1186种（郑作新，1987），1244种（郑作新，1994），1253种（郑作新，2000）和1332种（郑光美，2005）。至2011年，所统计的全国鸟类种数已达1371种（郑光美，2011），约占世界鸟类种数的14%。

20世纪70年代初启动的、由"中国科学院中国动物志编辑委员会"担任主编的《中国动物志》编研项目，是一项推动中国生物多样性保护以及对动物种类、分布和生活习性进行全面调查研究的重大课题，是中国动物学发展历史上的一座里程碑。它要求对中国境内已发现的动物种类，依照标本和采集地逐一进行系统分类研究，并根据有关模式标本的描述来判定其正确的学名和分类地位；然后依据所选定的标本描述不同性别、年龄个体的形态特征、量衡度、地理分布、亚种分化以及生态习性等。通俗地说，就是为中国已知的野生动物建立起完整的档案。其中，《中国动物志·鸟纲》共计14卷，分别邀请国内知名的鸟类学家参加编研，并于1978年出版了首卷鸟类志：《中国动物志·鸟纲（第4卷——鸡形目）》。至2006年已经出版了13卷。目前，《中国动物志·鸟纲》的最后一卷尚在审定、印刷之中。整套《中国动物志·鸟纲》的编研工作前后累计耗时30余年，为中国鸟类学各个学科的发展和生物多样性保护奠定了坚实的基础，基本上能反映出20世纪中国分类区系研究工作的主要成就和水平，为以后进一步的发展提供了必要的条件。然而，由于该套志书的出版周期过长，内容已突显陈旧，迫切需要在条件具备的时候进行修订。而在这一时期，从20世纪后半叶迅速发展起来的分子生物学、分子系统地理学、鸟声学等学科的新理论和新技术，已极大地推动了国内外有关鸟类分类、地理分布、生态、行为和进化等研究领域的快速发展。中国在生物多样性保护、鸟类学研究和鸟类学高级人才的培养方面取得了可喜的成就，鸟类科学的发展已经驶入了快车道，中国鸟类学在国际上的地位也有显著提升。1989年，中国首次成功主办了"第4届国际雉类学术研讨会"。2002年在北京举办的"第23届世界鸟类学大会"，是国际鸟类学委员会成立100多年来首次在亚洲召开的大型国际会议。2002年还在北京举办了"第9届国际松鸡学术研讨会"。2007年在成都举办了"第4届国际鸡形目鸟类学术研讨会"。从1994年至今，祖国大陆和台湾地区已轮流主办了11届海峡两岸鸟类学术研讨会。从2005年至今，每年由鸟类学会主办全国研究生鸟类学科学研究的"翠鸟论坛"，为年轻的鸟类学家提供了自主交流的平台。所有这些学术交流活动，都在促进着中国鸟类学的后备人才迅速成长，使他们成为科研与教学的主力军。近年来，中国鸟类学家在围绕国家重大需求和重要理论前沿课题方面不断有新的研究拓展，越来越多的高水平研究论文发表在生态学、动物地理学、分子生态学、行为学、生物多样性保护等领域的国际一流期刊上。这些进步，也增进了学界对中国的鸟类及其资源现状的深入认识。此外，改革开放以来，随着人们生活水平的迅速提高以及观察、摄影、录音等有关设备和技术的提高和普及，到大自然中去观赏和拍摄鸟类的生活已逐渐成为时尚，吸引着数以千计的业余鸟类爱好者，显著地提高了人们到大自然中寻觅、观赏和拍摄鸟类的兴趣和积极性。这不仅能缓解人们日常紧张工作带来的精神压力，也能陶冶情操，增长知识，在很大程度上增大了发现鸟种新分布地点的机会。

鸟类的生存离不开它所栖息的环境。鸟类栖息地内的所有生物物种均是在不同程度上互相依存、彼此制约的。生物多样性程度越高的环境内，所生存着的生物群落越趋于稳定，各个物种之间也能维持相对的动态平衡。我们保护受威胁物种也主要是通过保护其栖息地内的生物多样性来实现的。大量的科学研究表明，鸟类对环境变化的反应是非常敏感的，也是十分脆弱的，因此可以将某些鸟类的数量动态作为监测环境质量的一种指标。已知某些迁徙鸟类可以携带禽流感病毒，这就需要我们进行长期、大规模的监测，掌握它们的迁飞路径、出现时间以及干扰因素，而且还需要了解这些候鸟与本地常见的留鸟以及家禽饲养场之间有无病原体交叉感染。所有这些都需要我们以更开阔的视角去观察和认识鸟类。结合环境因素来认识不同栖息地内所生活的鸟类，会让我们对鸟类有更具体、深入的了解：既能通过生动的实例去理解诸如种群、群落、生态系统、保护色、拟态、生态适应、生态趋同、合作繁殖、协同进化等科学问题，还可通过比较、联想、综合而达到更快、更好地认识和深入理解中国的鸟类及其与环境的关系。

基于上述考虑，中国国家地理杂志社旗下的图书公司委托我出面邀请当前国内最有影响的一批中青年鸟类学家来筹划和编写这部《中国野生鸟类》系列丛书。这套丛书计有《中国海洋与湿地鸟类》《中国草原与荒漠鸟类》《中国森林鸟类》和《中国青藏高原鸟类》共4卷，以"繁、中、简"三个级别分别介绍中国的1400多种鸟类的鉴别特征和相关知识以及研究进展等，并配以大量生动的野外照片和精心设计的手绘插图，以方便读者辨识鸟种和鸟类类群，更易于理解与之相关的一些科学问题，增加全书的可读性和趣味性。我相信将一部精美的、具有较高学术水平的科普图书展现给广大读者，一定会吸引全社会，特别是青少年更加关注自然，爱护鸟类，增强保护环境的责任感，更积极地参与到中国的生物多样性保护和生态文明建设活动中去。

中国科学院院士
北京师范大学生命科学学院教授 郑光美

导 言

在中国，400 mm 等降水量线沿着大兴安岭—张家口—兰州—拉萨—喜马拉雅山脉东部将陆地分为景观各异的两大部分，这条线以东和以南是湿润—半湿润区，天然植被以森林为主；这条线以西以北则是干旱—半干旱区，分布着广阔的荒漠与草原。中国的草原与荒漠地区地广人稀，成为许多野生动物的乐园，也包括许多独具特色的鸟类。同时，草原与荒漠地区是生态脆弱的地区，随着人类活动的加强面临着荒漠化加剧的风险，作为对环境变化极为敏感的指示物种，草原与荒漠中的鸟类值得我们进一步关注。

草原是鸟与人类共同的家园　草原是指干旱、半干旱到半湿润气候条件下形成的，植被以多年生草本植物为主的生态系统。这些地区，由于降水量少、土壤层薄，无法支持木本植物广泛生长，从而使得植株低矮的草本植物占据了优势。根据水热条件，草原可以分为温带草原和热带草原。其中温带草原在北半球的温带地区呈带状分布，几乎连续地展布于欧亚大陆和北美大陆，构成一个完整的欧亚—北美环球草原带。热带草原则分布于南美洲、非洲和澳大利亚的热带和亚热带的干旱地区。

草原是地球表层历经沧海桑田，在一定纬度内的特定水热条件下形成的"生物保护膜"，各种生物随着草原环境的出现和演替，遵循自然法则，生生死死，鸟类就是其中最活跃的一员，它们在环境变迁中逐渐占领了各自的生态位，以自身的存在参与草原生态系统的物质循环和能量流动。不同种类共同适应，并以各自的对策组合在一起，构成独特的草原鸟类群落。

在典型草原上，最具代表性的草原鸟类有草原雕、金雕、大鵟、普通鵟、大鸨、蓑羽鹤、毛腿沙鸡、百灵科和鹨科鹨属鸟类等，它们成为优势物种。在草原与森林交界的森林草原，植被分为乔木、灌木、草本三个层谱，森林鸟类、灌丛鸟类、草原鸟类占有各自的生态位，代表性鸟类有适于在林中栖息的啄木鸟、鸫、交嘴雀、花尾榛鸡、黑琴鸡、大鵟、金雕、长耳鸮等，适于在草原栖息的蒙古百灵、云雀、毛腿沙鸡、大鸨、沙鵖等，以及适于在灌丛栖息的伯劳、柳莺、树莺、红胁蓝尾鸲、红尾水鸲等。在草原与荒漠交界的荒漠草原，栖息着更为适应干旱环境的鸟类，如大鸨、毛腿沙鸡、大石鸡、草原雕、大鵟、荒漠伯劳、白喉林莺及蒙古百灵、短趾百灵、角百灵和鹨属鸟类等，还有从荒漠地区扩展而来的灌丛草原鸟类，如长嘴百灵、细嘴短趾百灵、灰白喉林莺、华西柳莺、赭红尾鸲、欧夜鹰、原鸽、巨嘴沙雀。在青藏高原的高寒草原上，则生活着一些主要栖息于海拔 3000 m 以上的高山草甸鸟类，如藏雪鸡、白马鸡、藏马鸡、高山岭雀、雪雀等。此外，在草原地带，还分布着面积大且类型丰富的湿地，湿地中生活着雁鸭类、鹤类、鸻鹬类、鸥类等水鸟。

平坦开阔的草原是鸟与人类共同的家园。杨孝摄

荒漠不是动植物的禁区。图为飞离沙湖的天鹅群。陈建伟摄

荒漠不是动植物的禁区　荒漠是指气候干旱、多变、降水稀少、植被稀疏 / 低矮、土地贫瘠的自然地带。生态学上将荒漠定义为"由旱生、强旱生低矮木本植物，包括半乔木、灌木、半灌木和小半灌木为主组成的稀疏不郁闭的群落"。荒漠分布于极端干旱和干旱区，以其生物数量少而著称，通常被人类形容为生命的禁区。但其实荒漠也并非人们固有印象中的"不毛之地"。

荒漠地区生长着地球上旱生性最强的一类植物群落，包括强旱生的半乔木、半灌木和灌木或者肉质植物，抗盐性或盐生的半灌木或小半灌木，多年生旱生草本植物，一年生短命植物和多年生类短命植物。动物们也通过各种各样的生存策略，在荒漠中生存下来。其中鸟类天生就比其他脊椎动物更能适应干旱的荒漠环境。因为鸟类的排泄终产物为尿酸，整个排泄过程对水分的消耗降到了最低，

实现了对水分的最大化利用；它们的双呼吸系统，可以尽可能吸收气体里的水分，减少身体内水分的流失；它们的飞行能力允许它们在大范围内寻觅水源和食物，同时也能在酷热的季节飞往避暑地躲避极端天气。因此，荒漠地区分布有极具特色的鸟类，如沙鸡、沙雀、地鸦、猎隼等，都是荒漠里生存的佼佼者。

此外，荒漠地区经常出现一种特殊的景观类型——绿洲。所谓绿洲是"干旱气候条件下形成的，以荒漠为背景的，以天然径流为依托的，具有较高第一性生产力的，以中生和旱中生植物为主体的景观类型"。它对径流有依赖性，其植被具有隐域性，与荒漠可以互相转换，是荒漠地区人为活动密集的地区。绿洲不仅为许多鸟类提供栖息地，也是在荒漠腹地生存的鸟类在极端天气下的避难地和饮水处、觅食点。

如何阅读本书

本书分为两个主要部分，第一部分综述中国的草原与荒漠生态系统特征和分布，其中的鸟类类群与生态系统共同演化的历程和适应性特征，以及鸟类受胁与保护现状，以大量精美的图片和地图配合文字展示中国草原与荒漠景观及其中的鸟类特点。第二部分分类群介绍中国草原与荒漠中的鸟类类群及物种信息，首先综述该类群的分类地位、形态和行为生态特征，接着以手绘图集中展示该类群的鸟种，最后根据各鸟种受到的关注和目前积累的研究信息对各鸟种进行不同详略程度的分述，并配以鸟类分布图、鸟类形态标准照、野外生境照片及行为生态图片。

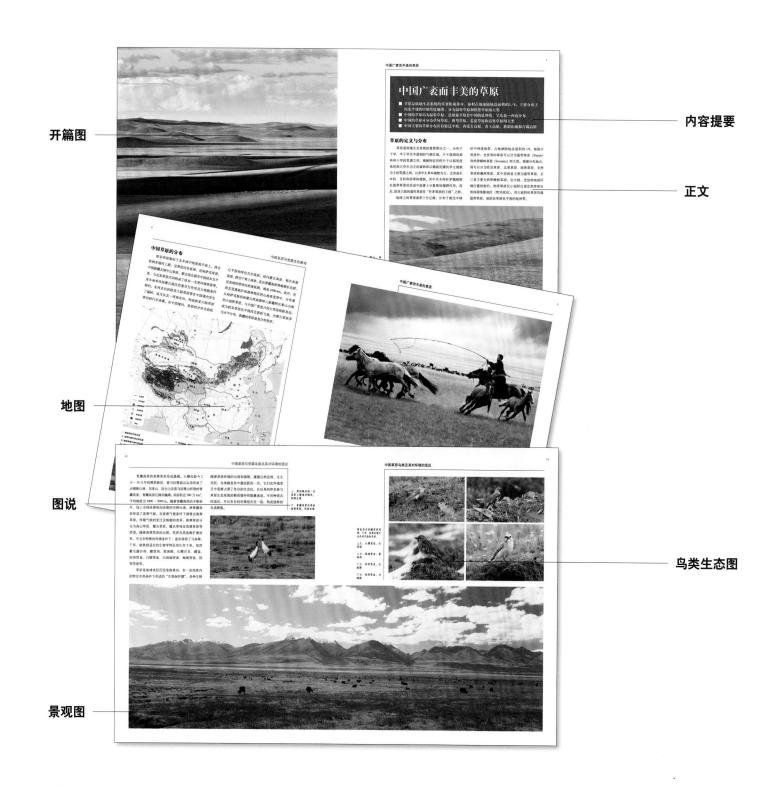

开篇图

内容提要

正文

地图

图说

鸟类生态图

景观图

开篇图

内容提要

类群综述

物种手绘　展示鸟类的形态特征，包括不同鸟种、亚种、性别、季节、色型之间的差异，必要时以不同姿态进行描绘，并对重要辨识部位进行特写展示。
手绘图例
♀：雌
♂：雄
br.：繁殖羽
non-br.：非繁殖羽
ad.：成体
juv.：幼体
chick：雏鸟

物种分述

形态照

生境照

生态行为照

种群现状和保护　受胁等级以 2019 年世界自然保护联盟（IUCN）最新发布的红色名录和 2016 年发布的《中国脊椎动物红色名录》为准，保护级别主要包括在国际上是否列入《濒危野生动植物种国际贸易公约》（CITES）附录，以及在国内是否列入《国家重点保护野生动物名录》和《国家保护的有益的或者有重要经济、科学研究价值的陆生野生动物名录》（简称"三有名录"）※。

分布图　根据《中国鸟类分类与分布名录》绘制，并结合了近年来发表的新记录，主要以行政单位及其方位分区和动物地理区划为基本单位，以不同颜色表示不同的居留型。分布区不表示实际的具体分布范围，只表示在该区域内有分布。沿海地区的分布虽然填色仅限于其陆地部分，但实际代表了各行政区下辖的海洋与岛屿，仅南海诸岛特别标示。在同一区域有不同居留型的情况下，优先体现留鸟，其次夏候鸟，再次冬候鸟、旅鸟、迷鸟。

鸟类分布图例
留鸟
夏候鸟
冬候鸟
旅鸟
● 迷鸟

※：由于时代局限，"三有名录"中的"有益或者有重要经济、科学研究价值"强调了野生动物对人的价值而忽略了物种本身的价值和生态意义，有违现代保护生物学的思想和理念，在2016年新修订的《野生动物保护法》里"三有"改成了"有重要生态、科学、社会价值"。理论上所有的野生动物都具有这些价值，都应该属于"三有名录"，但新的名录尚未出台，"三有名录"依然是重要的野生动物保护执法依据，故本书依然列出了每个鸟种是否为三有保护鸟类。

目　录

中国草原与荒漠生态景观　1

中国广袤而丰美的草原　3

草原的定义与分布　3　　中国的草原类型　4　　中国草原的分布　8

中国苍茫而神秘的荒漠　17

荒漠的定义与成因　17　　荒漠地区的植被　20　　荒漠中的绿洲　22　　中国荒漠的分布　24

中国草原与荒漠鸟类及其对环境的适应　37

中国草原鸟类及其对环境的适应　39

草原鸟类与草原环境协同演化的历程　39　　草原的环境特征和指示性鸟类　44　　欧亚草原环境与鸟类群落的水平格局　46　　山地草原鸟类群落及其垂直带状分异　56　　草原上的湿地鸟类　58　　草原鸟类对栖息地的适应　70　　草原鸟类的迁徙特点　76

中国荒漠鸟类的生存适应　81

荒漠鸟类的生存策略　81　　荒漠中的代表性鸟类及其适应性行为　84

中国草原与荒漠鸟类的受胁与保护　91

中国草原鸟类的受胁与保护　93

草原是多种野生鸟类生活的乐园　93　　草原鸟类是牧人的近邻　94　　草原鸟类面临的威胁　96　　草原鸟类的保护对策　98　　中国草原鸟类的主要栖息地与保护区　99

中国荒漠鸟类的受胁与保护　105

荒漠地区鸟类的受胁情况　105　　荒漠鸟类的保护对策　108　　中国荒漠鸟类的栖息地和保护区　109

中国草原与荒漠地区适生鸟类　119

鸡类　121　　　　　三趾鹑类　219　　　蜂虎和佛法僧类　341　　燕类　431　　铁爪鹀类　541

鸠鸽类　131　　　　鸥类和燕鸥类　223　　啄木鸟类　345　　莺鹛类　441　　鹀类　545

沙鸡类　143　　　　鹳类　249　　　　隼类　353　　椋鸟类　447

夜鹰类　149　　　　鹮鹬类　253　　　伯劳类　369　　鸫类　455

雨燕类　153　　　　鹮类和琵鹭类　257　鸦类　381　　鹟类　459

杜鹃类　159　　　　鹭类和鸻类　261　　攀雀类　405　　岩鹨类　479

鸨类　165　　　　　鹰类　281　　　　百灵类　409　　雀类　485

鹤类　171　　　　　鸮类　327　　　　苇莺类　425　　鹡鸰类　495

鸻鹬类　181　　　　戴胜类　337　　　　　　　　　　燕雀类　511

参考文献　570

索引　574

中文名索引　574

拉丁名索引　576

英文名索引　578

青海贵德丹霞地貌下河中的天鹅。陈建伟摄

中国草原与荒漠生态景观

中国广袤而丰美的草原

■ 草原是陆地生态系统的重要组成部分，面积占地球陆地总面积的1/6，主要分布于南北半球的中低纬度地带，分为温带草原和热带草原两大类

■ 中国的草原均为温带草原，是欧亚草原在中国的延伸带，呈东北—西南分布

■ 中国的草原可分为草甸草原、典型草原、荒漠草原和高寒草原四大类

■ 中国主要的草原分布区有松辽平原、内蒙古高原、黄土高原、新疆山地和青藏高原

草原的定义与分布

草原是陆地生态系统的重要部分之一，分布于干旱、半干旱至半湿润的气候区域，介于湿润的森林和干旱的荒漠之间，植被特征同样介于以郁闭度高的高大乔木为主的森林和以稀疏低矮的旱生植被为主的荒漠之间，以多年生草本植物为主，尤其是禾本科、豆科和莎草科植物。其中禾木科针茅属植物在温带草原的形成中起着十分重要的建群作用，因此，欧亚大陆的温性草原有"针茅草原的王国"之称。

地球上的草原面积十分辽阔，分布于南北半球的中纬度地带，占地球陆地总面积的1/6。根据水热条件，全世界的草原可以分为温带草原（Steppe）和热带稀树草原（Savanna）两大类。根据分布地点，则可以分为欧亚草原、北美草原、南美草原、非洲草原和澳洲草原，其中前两者主要为温带草原，后三者主要为热带稀树草原。在中国，受独特地理环境位置的制约，热带草原仅小面积出现在热带深谷和局部雨影地区（焚风效应），而大面积的草原均属温带草原，是欧亚草原在中国的延伸带。

上页图：雪山、森林、沙漠和草原依次展开，这是中国西北干旱地区的典型景观。孙志军摄

左：草原是分布于森林与荒漠之间的植被带，地表主要为多年生丛生草本植物所覆盖。图为呼伦贝尔草原的风光。慧斌摄

右：禾木科针茅属植物在温带草原的形成中起着十分重要的建群作用，因此，欧亚大陆的温性草原有"针茅草原的王国"之称。图为锡林郭勒的针茅草原。王彤摄

中国的草原类型

根据热量条件，中国的草原可以分为中温型、暖温型和高寒型三个类型。

中温型草原 热量发生条件居中，年均温 4 ℃左右，≥ 10 ℃积温波动于 1600 ~ 2400 ℃之间。在中国，中温型草原分布于阴山山脉以北的内蒙古高原和东北松辽平原。

暖温型草原 热量发生条件较高，年均温 4 ~ 9 ℃，≥ 10 ℃积温可达 2500 ~ 3300 ℃。在中国，分布于阴山山脉以南的黄土高原，向西直达青海湖湖滨。

高寒型草原 热量发生条件最低，年均温 –6 ~ 0 ℃，≥ 10 ℃的积温少于 1500 ℃。辐射强、积温低、温差大、大陆度指数高、冻融交替现象明显，是陆地生态系统中十分独特的一类草原，明显有别于前两类草原。在中国，主要分布于青藏高原。

根据植被生态特征，中国的草原可以分为草甸草原、典型草原、荒漠草原和高寒草原。

草甸草原 气候最湿润、土壤最肥沃、第一性生产力最高的草原类型。发育在半湿润气候区域内，年平均降水量为 350 ~ 540 mm，湿润度达 0.6 ~ 1.0，土壤为黑土、黑钙土、黑垆土和部分暗栗钙土，植被以中旱生和广旱生禾草为主，并伴生比较丰富的旱中生、中生杂类草，是草原向森林过渡的类型，常常与森林镶嵌，形成森林草原景观。草甸草原的土层较厚，腐殖质含量高，非常适合植物生长，因此草群密度大，物种多样性高，一平方米面积上可共居生长 15 ~ 25 种以上的高等植物，投影盖度 55% ~ 75%，最高可达 85% ~ 90%。在中国，草甸草原分布于东北松嫩平原、呼伦贝尔至锡林郭勒高原东部、黄土高原东南部的低山丘陵阴坡和宽谷中，并沿着东北—西南走向海拔逐渐升高，由 200 m 上升到 2000 m 以上。草甸草原蕴藏着大量的药用植物、野生花卉和优质牧草，是珍贵的生物基因材料。

典型草原 又称为干草原或真草原，被誉为草群结构发育最完善、生态功能最稳定、与温带半干旱气候最协调的有代表性的草原，是草原植被的模式类型。发育在半干旱气候区域内，年降水量 250 ~ 350 mm，湿润度为 0.3 ~ 0.6，旱生丛生禾草占绝对优势，中生双子叶杂类草明显减少，生物多样性较草甸草原单调，投影盖度降低，产草量下降。

空间上，典型草原位于草原地带的中心，呈带状连续分布的分布格局，在湿润度较高的地区被草甸草原替代，在湿润度较低的区域则被更耐旱的荒漠草原替代。在中国，典型草原分布于内蒙古高原中部、东北平原东南部（西辽河中上游）、鄂尔多斯高原中东部、黄土高原中西部。以阴山山脉分水岭为界，以北为中温型丛生禾草典型草原分布区，以南为暖温型禾草典型草原分布区。此外，在新疆、甘肃、宁夏和内蒙古西部的荒漠区山地植被垂直带谱中典型草原也占有一定的生态层位，其分布的高度及层带的宽度随山地气候干燥度的变化而变化。

上：草甸草原分布于草原—森林过渡带，图为内蒙古高原与大兴安岭南麓的接壤地带的坝上草原，属于草甸草原，也是中温型草原

下：草甸草原是生产力最高的草原类型。图为白沙湖的草甸草原。赵磊摄

右：典型草原是草原植被的模式类型，丛生禾草在植被群落中占据绝对优势。图为内蒙古高原的典型草原。王玉琦摄

中国广袤而丰美的草原

荒漠草原 最为干旱、生产力最低的草原类型。发育在严酷的强大陆性干旱气候条件下，年降水量仅 150～250 mm，湿润度低达 0.12～0.24，土壤为棕钙土或灰钙土，植被由多年生旱生丛生矮禾草和强旱生矮半灌木、灌木参与构成，是草原向荒漠过渡的类型，分布于温带典型草原亚带和温带草原化荒漠亚带之间。荒漠草原的草群低矮，平均高度仅 10～15 cm，植被稀疏，投影盖度不及 25%～30%，地面半裸露、半郁闭、多角砾状风棱石，地形开阔坦荡，景观单调。在中国，分布于内蒙古乌兰察布层状高平原上、黄土高原西北部石质低山丘陵以及西部荒漠区山地垂直带上山地典型草原的下方。

高寒草原 生长季节短、生物量偏低的草原类型。发育在高海拔地区强大陆性的寒冷干旱生境中，气温终年较低，年均温 –4～4 ℃，≥ 10 ℃ 积温低于 1000 ℃；年温差较小，而日温差较大；生长季短，没有真正的夏天；年降水量 150～350 mm。一般草丛稀疏、矮小，层次结构简单，盖度小。建群种为耐寒抗旱的多年生丛生禾草、根茎薹草和小半灌木，并常伴生有适应高寒、干旱生境条件的垫状层片和许多高山植物。主要分布于海拔 4000 m 以上的高原和高山地带，如青藏高原、帕米尔高原、天山、昆仑山和祁连山，在天山等高大山地中成为山地草原垂直带的一环，而在青藏高原的高原面上则广泛分布，成为高原腹地最具代表性的植被。

荒漠草原的植被种类贫乏，草群低矮。图为贺兰山关口山麓的荒漠草原景观。王金摄

中国广袤而丰美的草原

高寒草原草丛稀疏、矮小，层次结构简单。图为青藏高原的川西高寒草原。李丹摄

中国草原的分布

欧亚草原展布于北半球中纬度高平原上，西自欧洲多瑙河上游，呈带状向东延伸，经哈萨克草原，中国新疆北部中山草原，蒙古国北部至中国的东北平原，与北美草原共同构成了欧亚—北美环球草原带。受东南季风和蒙古高压双重交互作用及大地貌条件制约，东西走向的欧亚大陆草原带在中国境内发生了偏转，成为东北—西南走向，构成欧亚大陆草原带的斜行东南翼。在中国境内，草原的分布北起松

辽平原和呼伦贝尔高原，经内蒙古高原、鄂尔多斯高原、陕甘宁黄土高原，直达青藏高原青海湖东北部，呈连续的带状向西南延展，绵延4500 km。此外，在西北荒漠地区和森林地区的山地垂直带中，分布着从哈萨克斯坦和蒙古西南部伸入新疆阿尔泰山山地的小面积草原，与中国广袤连片的大草原相距甚远，成为欧亚草原在中国西北部的飞地。内蒙古草原多为水平分布，新疆的草原垂直分布较多。

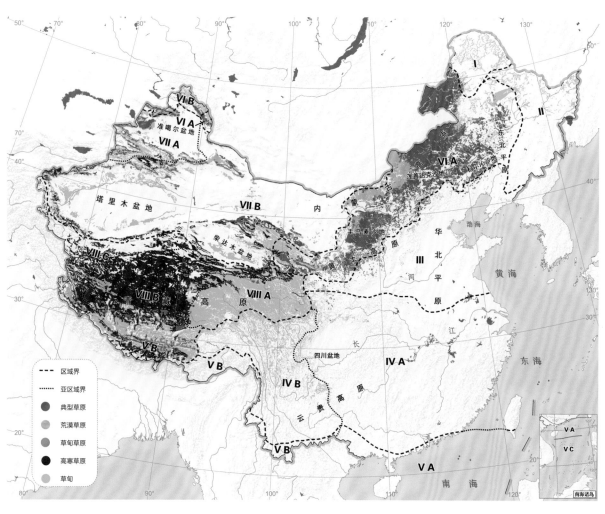

I 寒温带针叶林区域

II 温带针阔叶混交林区域

III 暖温带落叶阔叶林区域

IV 亚热带常绿阔叶林区域
　IVA 东部亚热带常绿阔叶林亚区域
　IVB 西部亚热带常绿阔叶林亚区域

V 热带雨林、季雨林区域
　VA 东部热带季节性雨林亚区域
　VB 西部热带季节性雨林亚区域
　VC 南海珊瑚岛植被亚区域

VI 温带草原区域
　VIA 东部草原亚区域
　VIB 西部草原亚区域

VII 温带荒漠区域
　VIIA 西部荒漠亚区域
　VIIB 东部荒漠亚区域

VIII 青藏高原高寒植被区域
　VIIIA 高原东部高寒灌丛和高寒草甸亚区域
　VIIIB 高原中部高寒草原亚区域
　VIIIC 高原西北部高寒荒漠亚区域

上：中国草原的分布

下左：锡林郭勒高原中部浑善达克沙地的沙地草原

下中：黄土高原的草原。强继周摄

下右：新疆天山山脉的山地草原

草原上的牧草会因重牧而退化，再进一步就会变为沙地。草原是牧民的家，为了保护草原，牧民要经常迁徙，并把安家时破坏的草皮重新植好，他们对草原的情感是"来自草原，回归草原"。牧民们对迁徙的鸟儿更是珍爱，每当春来秋往的大雁、天鹅、野鸭等迁徙路过草原时，他们会撒食物迎送它们。牧民们也与鸟儿一样以游动不息的生活方式与草原共存。图为松辽平原的科尔沁草原。韩城摄

松辽平原的草原

中国东北地区地势平坦，河流纵横，河流冲积形成了广为人知的三大平原，其中松花江、嫩江冲积形成的松嫩平原和辽河冲积形成的辽河平原合称为松辽平原。松辽平原被大兴安岭、小兴安岭和长白山环绕，大气候主体受季风影响，但由于周围山地的雨影效应，形成半湿润气候，植被由山地湿润区的森林向中部平原半湿润区的草原过渡。松嫩平原广泛分布着具有深厚腐殖质层的黑土、黑钙土，大面积发育着草本植被，地带性植被为草甸草原。平原中部海拔 130～150 m，植被以羊草群落为主；平原周边的山前台地海拔 200～300 m，植被以针茅群落为主，并伴以疏林、灌丛；在排水不畅而形成的洼地和沼泽地带，植被则以碱蓬、星星草为主。

辽河平原地跨内蒙古和吉林、辽宁，西辽河上游地势稍高，海拔 130～200 m，沉积了大量泥沙，分布着大量砂质草甸土，形成了著名的科尔沁草原；辽河下游则是南北狭长的低平原，海拔仅 50 m 左右，主要为草甸、湿地。科尔沁草原东部为草甸草原，植被群落主要为羊草；西部为典型草原，植被群落有沙蒿、禾草草原、糙隐子草草原，大兴安岭南麓则分布着克氏针茅典型草原。总的来说松辽平原的草原以草甸草原为主，植被群落主要为羊草群落；在西部海拔相对较高的地区分布着典型草原。近年来由于对羊草草原的过度刈割、滥垦和重牧，松嫩平原羊草草原退化和盐渍化现象的扩展十分突出，应加强保护和恢复。

内蒙古高原的草原

内蒙古高原北起呼伦贝尔高原，经锡林郭勒高原、乌兰察布高原和鄂尔多斯高原，抵达黄土高原的西部，拥有绵延 2500 km、宽 600 km 以上的草原景观，是世界上最大的草原区之一。

呼伦贝尔高原的草原　呼伦贝尔高原位于内蒙高原的东北部，东邻大兴安岭，地势东高西低。东部为大兴安岭的低山丘陵，海拔 750～1000 m，气候为中温带半湿润气候，与大兴安岭森林交界的地带分布着以羊草、贝加尔针茅为主的草甸草原；在呼伦贝尔高原北部、中部、西部，地势平坦，海拔 650～750 m，气候为中温带半干旱气候，分布着广阔的典型草原，其中北部、中部和西北部是以大针茅、羊草为主的草原，西南部则是以克氏针茅、冷蒿为主的草原。呼伦贝尔草原是中国温带草原分布的北界。

锡林郭勒高原的草原　锡林郭勒高原位于内蒙古高原的东部，这里草原以类型完整而著称于世，草甸草原、典型草原、半荒漠草原、沙地草原均具备，这里建有中国第一个草原类型的保护区——锡林郭勒草原国家级自然保护区。锡林郭勒高原东南部分布着华丽的草甸草原，石质丘陵顶部海拔 1250～1460 m 的玄武岩台地上，草原建群种为线叶菊，开花时金光灿烂；在海拔 1200 m 左右的开阔平缓地带，草原建群种为贝加尔针茅，植被种类组成丰富、层片结合复杂，不同季节呈现不同的外貌，十分华丽；低平地带的草原建群种为羊草，整体呈现艳丽的蓝绿色，其间还生长着许多药用植物和食用真菌。锡林郭勒高原中部为浑善达克沙地，分布着以沙蒿为建群种的沙地草原。沙地以北为广大的典型草原区，其中锡林郭勒河以西分布着大针茅草原，在放牧强度超载的居民点和饮水点附近，大针茅草原退化为克氏针茅草原和冷蒿草原，而在具有季节性坡流补给条件的宽谷低地及地下水埋藏较浅的河谷沿岸，大针茅草原与羊草草原和芨芨草盐化草甸形成有规律的结合；在锡林郭勒河以东，则分布着大面积的羊草草原。

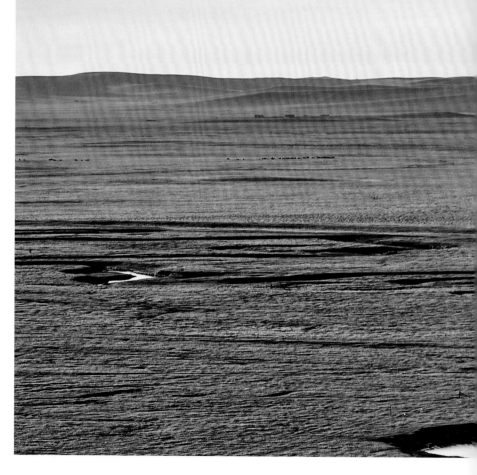

上：呼伦贝尔的草甸草原，花开时节十分华丽。杨孝摄

下：锡林郭勒的草原沿着锡林河两侧发育，类型完整，有草甸草原、典型草原、半荒漠草原

中国广袤而丰美的草原

乌兰察布高原的草原　乌兰察布高原位于内蒙古高原的中部，南靠阴山，地势南高北低，海拔900～1500 m，多低山丘陵。因阴山阻挡，气候干旱少雨，风大沙多。高原南部是阴山北麓丘陵，分布有草甸草原，建群种为白羊草；高原中部为地势平缓的凹陷地带，分布着典型草原，建群种有铁杆蒿、克氏针茅等；高原北部为一条横贯东西的石质缓丘隆起带，植被类型以荒漠草原为主，建群种有石生针茅、戈壁针茅。

鄂尔多斯高原的草原　鄂尔多斯高原位于内蒙古高原的南部，西、北、东面被黄河河湾怀抱，东南部与陕北黄土高原相接，大部分地区海拔在1300～1500 m。鄂尔多斯高原深居内陆，境内分布

有大面积沙漠和沙地，草原类型包括以沙蒿草原为主的典型草原和从草原向荒漠过渡的荒漠草原。南部的毛乌素沙地和北部的库布其沙漠中，沙蒿草原以鄂尔多斯蒿为优势种，流沙地带分布着沙地先锋植物群落，平梁上分布着本氏针茅草原，低湿滩地上则分布着寸草薹草草甸；中部的鄂尔多斯台地和西部的鄂托克高地广泛分布着多种类型的荒漠草原，包括戈壁针茅荒漠草原、石生针茅荒漠草原、沙生针茅荒漠草原、中亚细柄茅荒漠草原、无芒隐子草荒漠草原，等等，鄂托克高地的沙质栗钙土和灰钙土上还局部分布着甘草为优势种的典型草原。此外，由于过度放牧的影响，鄂尔多斯高原也广泛分布着冷蒿草原。

上：高原上的草原生态系统是非平衡的，草长得好不好由当年的降水量决定。内蒙古草原的年降雨量在时空分布上的不稳定性造成草场资源的丰富度不稳定，牧民为适应这样的生态规律才形成游牧生活。图为乌兰察布的锦鸡儿灌丛草原。杨贵生摄

下：鄂尔多斯高原的草原是典型草原与从草原向荒漠过渡的荒漠草原

黄土高原的草原

位于黄河中游段的黄土高原大部分地面覆盖着厚厚的黄土，黄土受到流水的侵蚀和冲刷，形成沟壑纵横、墚峁起伏的特殊地貌。这里属于半湿润向半干旱过渡的气候，植被也从落叶阔叶林经森林草原向干草原过渡。黄土高原东南部为暖温带半湿润气候，其低山丘陵阴坡和宽谷盆地中广泛分布草甸草原，建群种为白羊草。中部、西部和北部为半干旱气候，海拔 1300～2300 m 之间广泛分布着典型草原，陇东、陇西和秦晋黄土高原的黄土丘陵阴坡和半阴坡分布着以铁杆蒿为优势种的典型草原群落，在相对更干旱的地区演化为群落结构更简化的茭蒿草原，陇东、宁南和秦晋黄土高原海拔 1800 m 以下分布着长芒草草原，六盘山等山地的山间盆地和山麓上分布着克氏针茅草原，放牧强度高和风蚀强烈的地区则"逆行演替"退化为冷蒿草原。黄土高原西北部气候更为干旱，其石质低山丘陵上分布着中国暖温型荒漠草原的代表——短花针茅草原。黄土高原植被被破坏后，形成如今千沟万壑的景观。

黄土高原的墚峁地貌和草原。邢莲莲摄

青藏高原的高寒草原

青藏高原大部分地区海拔 3000 ～ 5000 m，植被呈现明显的垂直带谱，在海拔 4000 m 以上的高原腹地或高山带，植被以灌丛、草原和荒漠为主，其中分布最广的是高寒草原。青藏高原腹地分布着世界上面积最大的高寒草原，也是世界上海拔最高的草原。这里气候寒冷，白天辐射强烈，夜间多雨，夜雨率达 60% ～ 70%。每当雨季，白天天气很好，一到晚上则雷雨交加。这与青藏高原起伏不平的地形有关。每当生长季节，夜间降水，白天日照充足，加上气温日较差大，有利于植物的光合作用与干物质的积累。在高寒气候条件下发育的高寒草原植被，多由短草丛和垫状植物等抗风和耐低温植物组成，建群植物为须芒组的紫花针茅、青藏薹草及垫状蒿等。青藏高原的高寒草原有的成为牧民的重要牧场，如川西高寒草原、那曲高寒草原；有的则是人类无法长期生存的无人区，成为野生动物的欢场，如可可西里高寒草原。

新疆的山地草原

中国大面积的山地草原主要分布于新疆，新疆地处中亚荒漠腹地，但在阿尔泰山、天山等高大山体，随海拔升高、气温下降，空气中水的饱和度值下降，水汽在低温下容易凝结，因而降水增加，植被呈现垂直带谱，自荒漠基带向上依次出现荒漠草原、典型草原和草甸草原。天山山脉中天山及其山间盆地的伊犁草原和巴音布鲁克草原就是新疆最具代表性的草原。伊犁草原里三面环山，气候温和湿润，年均温度在 8 ～ 9 ℃，虽然河谷两岸降水量少，但山地上降水多，从平原到山地分布有荒漠、草原、草甸、灌丛和森林等多种植被类型，形成完整的山地草原垂直带谱，多样性十分丰富。这里的草原不像内蒙古的草原那样平坦辽阔，而是依托山体而生，凹凸起伏，高低绵延，或在山顶，或在山坡，或在山谷，与森林、溪涧共同组成复合景观。那拉提草原、巩乃斯草原、昭苏草原和唐布拉草原是伊犁地区最具影响力的四大草原。

上：那曲高寒草原位于唐古拉山脉与念青唐古拉山脉的环抱之中，平均海拔4200 m以上，以辽阔、高寒著称。一望无垠的草原、雄伟高大的雪峰、幽静湛蓝的纳木错和烟波浩淼的色林错等众多湖泊，构成了一幅蓝天、白云、雪山、绿水、青草交相辉映的优美景象。袁学军摄

下：新疆的山地草原依山体高低绵延。图为特克斯大琼斯台草原。李学亮摄

中国广袤而丰美的草原

中国苍茫而神秘的荒漠

- 荒漠是指气候干旱多变、降水稀少、植被稀疏低矮、土地贫瘠的自然地带，其植被由强旱生的半乔木、半灌木和灌木或者肉质植物占优势
- 世界上的荒漠可分为三大类：热带、亚热带荒漠，暖温带、温带荒漠，极地、高寒荒漠
- 中国的荒漠主要为温带荒漠，但在青藏高原和帕米尔高原海拔4000m以上的地区分布着高寒荒漠
- 中国的荒漠地区包括准噶尔盆地、阿拉善高原、河西走廊、哈密盆地、吐鲁番盆地、塔里木盆地、库姆塔格–敦煌等干旱区，以及青藏高原的高寒荒漠区

荒漠的定义与成因

在中国，对荒漠或沙漠的认识及记载已有很久的历史。早在2000多年前的《禹贡》一书中，就有"西被流沙（即沙漠）"的记载。嗣后，在《山海经》《汉书·地理志》等著作中，也有多次记载了沙漠。如在《汉书·地理志》中就有"白龙堆，乏水草，沙形如卧龙"的记述。白龙堆即今新疆罗布泊的风蚀雅丹地貌，属于极端干旱地区。对流沙的描述在《汉书·西域传》中提及"在鄯善西北有流沙数百里……"。当时的鄯善位于昆仑山、阿尔金山北麓，现在的若羌、米兰附近，而流沙显然是指塔克拉玛干沙漠。由此可知古人早已注意到沙漠，但由于历史条件所限，不可能对沙漠的自然现象作出十分科学的叙述。

荒漠与沙漠 沙漠又称旱海或大漠，维吾尔语叫"库姆"，蒙古语称"戈壁"或"额轮"。在中国古书上有的称沙漠为沙河，也有的称为大漠或沙碛。不难看出，人们常常把沙漠和荒漠这两个不同的概念混为一谈。

荒漠是指其气候干旱、多变、降水稀少、植被稀疏/低矮、土地贫瘠的自然地带，译为"荒凉之地"。生态学上将荒漠定义为"由旱生、强旱生低矮木本植物，包括半乔木、灌木、半灌木和小半灌木为主组成的稀疏不郁闭的群落"。竺可桢先生提出，"在生物学上，因干旱或人为原因造成的不毛之地，概名荒漠，作为植被类型的一种，以别于森林和草原"。从土壤基质来说，荒漠有石质、砾质和沙质之分。近年来习惯称石质、砾质荒漠为"戈壁"，而沙质的荒漠才被称之为沙漠。此外，在荒漠地带以外的干旱草原

或湖沼地带，也有不少地方被沙丘所覆盖，就是通常所说的"沙地"；但因其性质（尤其是地貌上）与沙质荒漠类似，一般习惯上也称为"沙漠"，如毛乌素沙地、科尔沁沙地、阿尔金山高海拔新月沙丘等。

一般来说，荒漠包括极端干旱和干旱区，而干草原属于半干旱地区；沙漠则是其中地面以沙质为主，有大片风成沙与沙丘覆盖的区域。福莱伯格（S. Fryberger）等人更具体界定，风成沙（沙丘、沙山）分布面积大于 125 km² 才为沙漠，小于此面积的不能叫沙漠，只能成为"沙丘地"。所以，沙漠只是荒漠的一种类型，是其中的一部分，但因其独特的外貌而备受大家关注。

荒漠的分类　世界上的荒漠可以概括为三大类：①热带、亚热带荒漠，因副热带高压下沉气流导致干旱气候而形成的荒漠，分布在南北纬15°～35°之间，如北半球的撒哈拉荒漠、阿拉伯荒漠、塔尔荒漠和墨西哥荒漠，南半球的非洲卡拉哈迪—纳米布荒漠、澳大利亚中西部荒漠和南美的阿塔卡马荒漠。②暖温带、温带荒漠，由于地形闭塞、远离海洋、海洋湿润气流不能伸入导致干旱气候而形成的荒漠，分布在35°N～50°N之间，主要包括中亚的卡拉库姆荒漠和克孜尔库姆荒漠、蒙古大戈壁、中国西北荒漠和美国西部大荒漠。③极地和高寒荒漠，由于高纬度或高海拔导致气候寒冷和干旱而形成的荒漠，分布在极地和高海拔的内陆高原和山地，如包括格陵兰北部荒漠、南极大陆荒漠、青藏高原荒漠、帕米尔高原荒漠。中国的荒漠大部分属于温带荒漠，分布于西北干旱地区，包括准噶尔盆地、塔里木盆地、塔城谷地、伊犁谷地、嘎顺戈壁、中央戈壁、阿拉善高原、河西走廊、鄂尔多斯高原西部、柴达木盆地等。此外，青藏高原和帕米尔高原海拔4000 m以上的地区分布着高寒荒漠。

上：非洲撒哈拉的热带荒漠

中：美国纪念碑谷国家公园的温带荒漠

下：南极大陆福斯特港口的极地荒漠

中国苍茫而神秘的荒漠

上：大山、洪积扇、绿洲和沙漠，这是中国荒漠的典型结构。在雪山的映衬下，中国的荒漠景观增加了层次感和多样性。郝沛摄

中：在气候干旱的荒漠地区，仍有许多神奇的生物以其独特的本领生存下来，胡杨就是其中的佼佼者。图为中国塔克拉玛干沙漠中塔里木河两岸生长的胡杨林。王汉冰摄

下：地质时期的荒漠化是一种纯自然过程，而在人类历史时期，不合理的人类活动过度时可加速荒漠化的进程。图为中国居延海荒漠，是典型的自然-人为双重影响形成的荒漠。陈建伟摄

荒漠与荒漠化　荒漠和荒漠化是紧密联系的，它们互为因果关系，但又属于不同范畴的两个概念。荒漠化从词意上来说，就是荒漠环境的形成和发展，是一种非荒漠地表景观向荒漠发展的过程，即一种生态环境退化过程；而荒漠则是这一环境退化过程所导致的终极产物，是一种地理环境实体（自然综合体）。在空间上，荒漠化既可以发生在"原非荒漠地区"，即非荒漠发展为荒漠；也可以发生在原系荒漠地区，即荒漠环境条件的强化和扩张。在时间上，荒漠化既可发生在人类历史时期，也可以发生在地质历史时期。只是地质时期发生的荒漠化，我们通常称之为荒漠的形成演化。在成因上，第四纪地质时期内，荒漠化是一种纯自然过程，即气候-地貌过程；在人类历史时期，人类活动对自然环境的影响无法忽视，局部范围内，不合理的人类活动可以诱发和加速荒漠化的进程。但总体来说，自然条件的变化，即气候的变化，包括长期的变迁和短期的波动，仍是荒漠化的首要成因，旷日持久的干旱期乃是荒漠化的主导因素。所以，人类历史时期的荒漠化是一种自然-人为过程，即气候-人为干预的地面过程。

荒漠地区的植被

中国的荒漠地区气候极端干旱，蒸发强烈；风沙活动频繁，地表干燥、裸露，沙土易被吹扬，常形成沙尘暴；物理风化强烈，土层薄，质地粗，缺乏有机质，富含盐分。严酷的生态条件对植物的生长提出了严峻考验，因此荒漠地区的植被大多十分稀疏，乃至为裸露的戈壁、沙漠、盐碱地等。生活在这里的植物往往具有耐旱、耐盐等特征，或为利用短暂的雨季生长发育的一年生植物。荒漠植被是荒漠生态系统的核心，它维持着荒漠区物质循环和能量流动的全过程，又是防止风蚀和流沙、进一步遏制荒漠化的重要因素。

荒漠植被是荒漠地区的地带性植被，包括矮半乔木荒漠，灌木荒漠，草原化灌木荒漠，半灌木、矮半灌木荒漠，多汁盐生矮半灌木荒漠，一年生草本荒漠，垫状矮半灌木高寒荒漠七大类。建群植物以强旱生的小半灌木和灌木最为普遍，还包矮半乔木、多年生旱生草本植物、一年生短命植物和多年生类短命植物。其中盐柴类半灌木物种丰富，分布广泛，是多类温带荒漠和高寒荒漠的建群种，如藜科的猪毛菜、假木贼、碱蓬、驼绒藜、盐爪爪、滨藜、合头草、戈壁藜、小蓬、盐穗木、盐节木和柽柳科的红砂属等，它们叶退化或特化，极为耐旱，

适应粗粝基质，并具较强抗盐性。菊科的蒿属和绢蒿属等小半灌木主要分布于黄土状壤质土的低山、冲积—洪积扇和沙地上。灌木荒漠的建群种则包括麻黄科的麻黄属，疾藜科的霸王属、白刺属、油柴属，柽柳科的柽柳属，蔷薇科的绵刺属，豆科的沙冬青属、锦鸡儿属和蓼科的沙拐枣属、裸果木属等强旱生灌木。荒漠建群种为梭梭和白梭梭矮半乔木，梭梭广布于砾石戈壁、壤漠和沙漠边缘；白梭梭则分布在准噶尔中部及以西的半固定与半流动沙丘。此外，在雨水多的年份，盐生草属等一年生草本植物常常在夏秋季生长发育，形成一年生草本荒漠。

中国的荒漠地区形成高大山体与盆地相间的地貌格局，许多高大的山体拦截了水汽，带来丰富的降水，并在高山地带发育着大面积冰川，形成大量地表和地下径流，在干旱气候的大格局下又营造出许多局部的湿岛。因此，除了荒漠植被以外，在这些相对湿润的局部区域，还广泛分布着灌丛、草原和草甸，它们跟荒漠一起构成了荒漠地区的主体植被。此外，在高大山体的植被垂直带中，还局部生长着针叶林、阔叶林、高山植被；在河流和湖泊周边，还分布着沼泽植被。

A | B

C

左：沙漠中的植物

A 梭梭是荒漠地区的代表性植物，由于具有强大的固沙功能，被誉为"沙漠卫士"。郝沛摄

B 灌木荒漠的建群物种——多枝柽柳。它耐盐、耐碱、耐干旱，根系可达地下30多米，叶子退化为鳞片状，可以有效地降低蒸发作用。杨浪涛摄

C 沙棘鲜艳的果实为冬天的沙漠增添了色彩，也为许多沙漠动物提供食物。陈建伟摄

右：中国荒漠地区的典型景观，在高山与盆地之间，冰川、森林、沙漠、草原和湿地依次排列。陈建伟摄

中国苍茫而神秘的荒漠

荒漠中的绿洲

在荒漠地区经常出现一种特殊的景观类型——绿洲。所谓绿洲是"干旱气候条件下形成的,以荒漠为背景的,以天然径流为依托的,具有较高第一性生产力的,以中生和旱中生植物为主体的景观类型"。它对径流有依赖性,其植被具有隐域性,与荒漠可以互相转换,是荒漠地区人为活动密集的地区。绿洲是自然和人类共同作用的产物。中国的荒漠地区高山与盆地相间,高大的山体起到了凝聚水汽的作用,成为荒漠区的"湿岛"和水源涵养区。山区降水和积雪冰川融水汇流而成的河流挟带着泥沙等细土状物质奔向盆地平原地区,不但向盆地平原输送地表水,也形成浅层地下径流,而泥沙在山前堆积形成冲积扇,发育成营养丰富的土壤,这些来自山区的水和土为绿洲的发育提供了物质基础。而勤劳智慧的干旱区人民则充分利用大自然的馈赠,或从大河干流引流,或利用地下水和泉水,通过人工灌溉在山前冲积扇、地表水和地下水径流区建造了一个个绿洲。

左:坎儿井堪称荒漠地区绿洲文化的典范。图为坎儿井的地下暗渠

右:在吐鲁番盆地火焰山山前戈壁滩上,有一串串引人注目的土堆从火焰山山前戈壁滩伸向远方的绿洲,这就是著名的坎儿井的地上景观。李翔摄

中国苍茫而神秘的荒漠

中国荒漠的分布

　　荒漠广布于中国西北的干旱区，这里位于欧亚大陆的腹地，远离海洋，海洋气流很难到达，同时又受青藏高原的影响，加强了蒙古—西伯利亚高压，使该地区终年处在大陆性干燥气团控制之下，形成欧亚大陆干燥气候中心。根据纬度的差异，中国的荒漠地区可分为温带荒漠地区、暖温带荒漠地区和青藏高原高寒荒漠地区。此外，中国的沙漠和沙地不但呈一条弧形带贯穿荒漠区中部，还向东延伸至内蒙古东部、陕西西北部，以及东北三省西部的草原地区，如鄂尔多斯高原的库布其沙漠和毛乌素沙地，锡林郭勒高原的浑善达克沙地，松辽平原的科尔沁沙地。

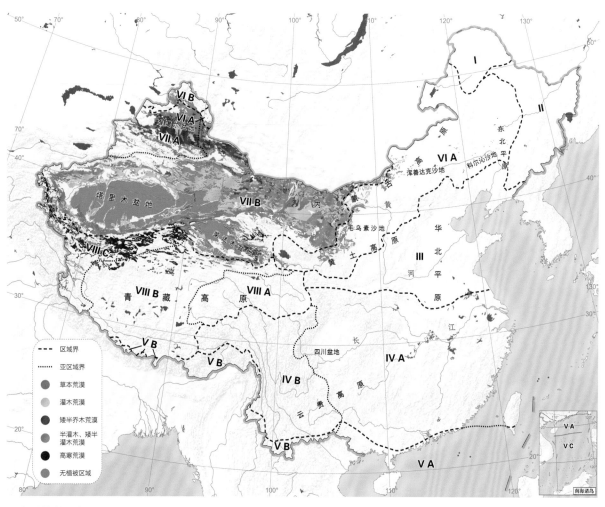

I　寒温带针叶林区域

II　温带针阔叶混交林区域

III　暖温带落叶阔叶林区域

IV　亚热带常绿阔叶林区域
　　IVA　东部亚热带常绿阔叶林亚区域
　　IVB　西部亚热带常绿阔叶林亚区域

V　热带雨林、季雨林区域
　　VA　东部热带季节性雨林亚区域
　　VB　西部热带季节性雨林亚区域
　　VC　南海珊瑚岛植被亚区域

VI　温带草原区域
　　VIA　东部草原亚区域
　　VIB　西部草原亚区域

VII　温带荒漠区域
　　VIIA　西部荒漠亚区
　　VIIB　东部荒漠亚区域域

VIII　青藏高原高寒植被区域
　　VIIIA　高原东部高寒灌丛和高寒草甸亚区域
　　VIIIB　高原中部高寒草原亚区域
　　VIIIC　高原西北部高寒荒漠亚区域

上：中国荒漠的分布

下左：温带荒漠的代表：古尔班通古特沙漠的沙丘以固定和半固定沙丘为主，沙丘上覆盖着梭梭、苦艾蒿、蛇麻黄等植被。李翔摄

下中：暖温带荒漠的代表：罗布泊荒漠中发育众多浅水湖泊。袁磊摄

下右：高寒荒漠以垫状植被为特征，图为青藏高原高寒荒漠中的垫状植被和鼠洞。陈建伟摄

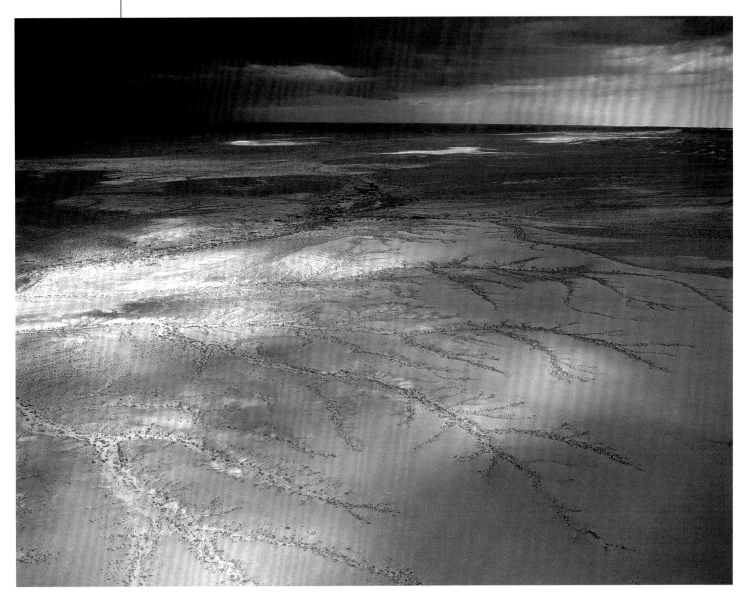

古尔班通古特沙漠是中国第二大沙漠。图为古尔班通古特沙漠的树枝状沙丘。李学亮摄

温带荒漠地区

温带荒漠地区是天山—祁连山以北的荒漠地区。由西向东依次是准噶尔盆地、阿拉善高原和河西走廊。这些地区各项气温指标均较暖温带荒漠地区低，山盆地貌特征明显，虽然整体降水较少，但山区降水比较丰富。西部受到西风气流的影响，而东部虽然一定程度上受到东南季风和西南季风的影响，但经过重重山脉和高原阻挡的季风已经是强弩之末，因此降水量由西向东递减。发源于山地的内流河是本地区的另一大特色，这些河流从山区带来的水土为盆地平原地区的绿洲发育提供了基础。

准噶尔盆地 准噶尔盆地位于阿尔泰山与天山之间，西侧为准噶尔西部山地，东至北塔山麓，是中国第二大的内陆盆地。盆地西侧有几处缺口，如额尔齐斯河谷、额敏河谷及阿拉山口，西风气流由缺口进入，为盆地及周围山地带来降水。准噶尔盆地中部为中国第二大沙漠——古尔班通古特沙漠，它是中国唯一以固定、半固定沙丘占绝对优势的沙漠，以树枝状沙垄为主。风城和雅丹等风蚀地貌发育。沙漠腹地，分布着以胡杨、榆树和沙枣为优势种的河岸乔木群落，以梭梭、沙拐枣和柽柳属植物为优势种的典型灌木群落，以假木贼、红砂、骆驼刺和盐爪爪为优势种的半灌木群落，以及以芨芨草和蒿属植物为优势种的多年生草本植物群落。盆地边缘的山前冲洪积扇－冲积平原，普遍生长着角果藜、碱蓬、猪毛菜、骆驼蓬、琵琶柴、假木贼等荒漠植被。发源于阿尔泰山的额尔齐斯河和乌伦古河从东到西贯穿盆地北部，沿途形成广阔的冲积平原。由天山流出的玛纳斯河、奎屯河、乌鲁木齐河等河流则在盆地南部的山前地带形成洪积冲积平原。得益于这些山区河流的灌溉，准噶尔盆地边缘绿洲广布。

阿拉善高原 阿拉善高原位于贺兰山以此、甘新边界以东、走廊北山以北,受西伯利亚-蒙古高压控制,气候干旱,降水稀少,东部为沙漠,西部为戈壁。高原中部为中国第三大沙漠——巴丹吉林沙漠,以沙丘规模宏大、丘间低地湖泊众多著称。这里的沙山高 200 ~ 300 m,最高达 500 m 以上。由于地下水丰富,在沙丘的背风处,在沙丘的底部、湖岸边、泉水旁,生长着许多沙漠植物和沙漠动物。高原东南部为腾格里沙漠,内部沙丘、湖盆、山地、平地交错分布。湖盆内多为草滩,沙漠外围与湖盆边缘的固定、半固定沙丘上生长有梭梭柴、白茨柴、白刺、柠条锦鸡儿、麻黄、沙蒿、油蒿等植物,流动沙丘的背风坡和丘间低地生长有沙拐枣、花棒、沙竹和籽蒿等稀疏植被。一些植被盖度高的丘间凹地被当地人以其植被特色命名,如以沙漠西南部长满麻黄和油蒿的四十里麻岗,植被以蒿属植物为主的沙蒿塘。高原东北部为乌兰布和沙漠,由于东临黄河,沙漠的扩张受阻,多年来面积少有变化,北部的绿洲改造卓有成效。高原西部为广大的戈壁地区,统称为阿拉善戈壁,是中国戈壁分布最集中的地区。

阿拉善高原几乎没有当地形成的常年河流,但发源于祁连山的黑河流经阿拉善高原西部的额济纳地区,注入居延海,在戈壁平原地带形成额济纳冲积平原,沿河灌溉区水草丰美,是著名的额济纳绿洲。高原东部则有黄河过境,人们引黄灌溉,在腾格里沙漠和乌兰布和沙漠边缘不断扩大绿洲的面积。

河西走廊 河西走廊指黄河以西,甘新交界以东,祁连山—阿尔金山以北,走廊北山以南的长条形低地,形状像一道天然的长廊。湿润的东亚季风止步于河西走廊东端的乌鞘岭,因此河西走廊处于干旱环境下,广泛发育着旱生、超旱生荒漠植被。东部荒漠植被具有明显的草原化特征,西部则广布砾质戈壁和干燥剥蚀石质残丘。由于河西走廊南部的祁连山地广覆冰雪,孕育出石羊河、黑河、疏勒河、北大河和党河 5 条内流水系。这些河流在山前形成一个个大小不等的冲洪积扇,连缀成面积广阔的平原,人们在这里大力发展灌溉农业,形成大片绿洲,其中黑河流域的张掖、临泽、高台之间及酒泉、武威一带形成的绿洲面积最大、农业最发达。

上:巴丹吉林沙漠是中国第三大沙漠,图为巴丹吉林沙漠的高大沙山和湖泊。诺敏·何摄

下:黑河是张掖的母亲河,冲洪积扇区孕育着广大的绿洲。陈冈摄

中国苍茫而神秘的荒漠

暖温带荒漠地区

暖温带荒漠地区是天山—祁连山以南、青藏高原以北的荒漠地区，是北非和欧亚荒漠地带的重要组成部分，是亚洲中部荒漠与中亚荒漠的过渡地区。由西向东包括塔里木盆地、吐鲁番盆地、哈密地区、库姆塔格－敦煌荒漠。这些地区降水稀少，日照充足，太阳辐射强烈，因此夏季格外炎热，多干热风。地貌虽然同样是山盆相间，但相对温带荒漠地区而言，这里的山间盆地尺度更大，甚至整体可以视为天山、帕米尔高原、喀喇昆仑山、昆仑山和阿尔金山包围的一个大型山间盆地。周围的高山具有丰富的雪冰水资源，盆地中则发育着众多水浅量少的湖泊水体。

塔里木盆地　塔里木盆地位于新疆南部，四周被天山山脉、昆仑山和阿尔金山环绕，东西长1500 km，南北最宽处达550 km，是中国最大的荒漠地区。塔里木盆地光照充足、干燥少雨、日照强烈、温差变化大、多风沙天气，属于极端干旱荒漠气候。塔里木盆地中心分布着中国最大的沙漠——塔克拉玛干沙漠，以沙源丰富、流动沙丘面积大、沙丘高大而形态复杂著称。盆地周边的高山发育着众多河流，西有克孜勒河、喀什噶尔河，北有阿克苏河、渭干河、孔雀河等，南有叶尔羌河、和田河、克里雅河、车尔臣河等，在河流出山口形成大面积的山前倾斜冲积、洪积平原。叶尔羌河、和田河与阿克苏河在盆地北部汇合成中国最大的内流河——塔里木河，叶尔羌河和塔里木河在盆地西部和北部形成宽广的冲积平原。塔里木河由西向东横穿塔克拉玛干沙漠，并在塔克拉玛干沙漠东部折向东南流入台特玛湖。但在历史上，塔里木河曾继续东流，注入盆地东北角的罗布泊，但随着河水改道逐渐干涸成为盐壳荒原，但随着钾盐矿的开采，又重新出现了辽阔的盐湖。塔里木盆地植被稀疏，以各种类型的灌木荒漠为主。但在有较丰富潜水的河流两岸、冲积洪积扇前缘有天然胡杨林、灰杨林、柽柳灌丛及芦苇草甸等分布，塔里木河流域分布着全国面积最大的胡杨林，形成一道绿色走廊。山前倾斜平原和大河冲积平原上，沿河绿洲灌溉农业发达，随着河流的改道和流沙的侵袭，这些绿洲在历史上也不断兴起、衰落、迁移。

左：罗布泊的盐湖和钾盐开采现场。高宗麟摄

右：塔克拉玛干沙漠高大的沙丘和沿着塔里木河生长的胡杨林。李学亮摄

中国苍茫而神秘的荒漠

吐鲁番盆地 吐鲁番盆地地处新疆中东部，天山山脉南坡，是中国海拔最低的盆地，其中艾丁湖低于海平面 154.31 m，是中国大陆的最低处，也是仅次于死海的全球大陆第二低地。吐鲁番盆地深处内陆，气候极其干旱、炎热，多大风。吐鲁番盆地的水源主要来源于北部天山山地的降水和冰雪融水。大部分山区的地表径流在出山口渗入地下，形成地下潜流，而流水挟带的大量沙石在山前堆积成大型洪积扇并相连成片，其上仅生长着稀疏的膜果麻黄、泡泡刺、琵琶柴等超旱生小半灌木和灌木，多为砾质戈壁。在洪积平原中部，地下水被火焰山阻截，一定部位出现泉眼，便于引水灌溉，形成了著名的吐鲁番绿洲，其特殊的灌溉方式——坎儿井堪称荒漠地区绿洲文化的典范。

上：吐鲁番盆地是葡萄的最适生长区，葡萄适于生在沙壤，但又怕风沙，吐鲁番先人就发明了围墙并结合灌溉井渠技术，把火焰山下的地下水引出灌溉院墙内的葡萄墙。陈建伟摄

下：吐鲁番盆地的火焰山。李学亮摄

中国苍茫而神秘的荒漠

上：哈密盆地天山下的猫头刺沙漠。陈建伟摄

下：哈密盆地散布着彩色玛瑙的戈壁滩。耿艺摄

哈密盆地 哈密盆地位于新疆东部，北部为天山山系最东段南坡，南部为库鲁克塔格、觉罗塔格余脉，东部以马鬃山和走廊北山与阿拉善高原和河西走廊相隔，西部以鄯善南部沙山与吐鲁番盆地隔开。这里的气候与吐鲁番盆地相似，日照时间长，热量充裕，干燥少雨，蒸发强烈，春季多风，夏季酷热。盆地北部的天山东段山区植被垂直带发育完整，荒漠植被分布在海拔2100 m以下。盆地中部为山前冲洪积扇倾斜平原和干燥剥蚀准平原，多被戈壁、沙漠、干燥剥蚀低山丘陵占据，发育着典型

的荒漠植被，冲洪积扇的中上部分布着驼绒藜荒漠，冲洪积扇下部分布着由针茅、冰草等组成的草甸，河床地带和河滩地上则广泛分布着荒漠胡杨林和戈壁灌木林。盆地南部是中国最大的戈壁——噶顺戈壁，地表大多为基岩裸露的干燥剥蚀石质戈壁，马鬃山和走廊北山一带的山麓有坡积、洪积碎石和砾石戈壁。在冲洪积扇倾斜平原溢出带，细土平原上散布着许多大大小小的绿洲，如同一条绿色彩带。不同其他引河灌溉的绿洲，哈密盆地的绿洲和吐鲁番盆地一样灌溉用水主要取自地下水。

中国苍茫而神秘的荒漠

库姆塔格 – 敦煌地区　库姆塔格 – 敦煌地区位于罗布泊以东，天山余脉和走廊北山以南，阿尔金山和祁连山以北，是连接河西走廊和新疆的通道，西部为库姆塔格沙漠，东部为河西走廊西段的敦煌 – 安西盆地。南北两侧的山地形成从荒漠带到高山亚冰雪植被带的垂直带谱。盆地区气候干燥，形成了典型的荒漠植被。石质低山残丘上生长着合头草、木本猪毛菜群落，砂质戈壁上分布着琵琶柴、珍珠猪毛菜、泡泡刺、膜果麻黄、甘肃霸王等群落；流动沙丘上为沙拐枣和籽蒿群落，固定、半固定沙丘上为梭梭、白刺等。发源于祁连山西段北坡的疏勒河滋润着敦煌 – 安西盆地的一系绿洲，其中敦煌绿洲被沙漠戈壁包围，有"戈壁绿洲"之称。近年来，由于绿洲资源的过度开发导致敦煌绿洲地下水水位下降，荒漠化加剧，库姆塔格沙漠正在以每年 3 ~ 4 m 的速度整体向敦煌绿洲推进。

库姆塔格沙漠的羽毛状沙丘。杨浪涛摄

青藏高原高寒荒漠地区

高寒荒漠地区指青藏高原的荒漠地区，主要包括青藏高原北部的昆仑山、阿尔金山、柴达木盆地和西部的阿里地区。这里深入大陆腹地，沿河谷而上的暖湿气流已经无法到达，海拔高达 4000 m 以上，气候寒冷干旱。柴达木盆地位于温带荒漠区与青藏高原高寒荒漠区的过渡地带，植被更接近温带荒漠区，从盆地边缘的亚高山山地到盆地中心的盐湖沉积平原，植被呈现环带状分布。在山麓洪积扇和冲积－洪积平原上是以勃氏麻黄、梭梭和红砂为主的典型荒漠植被；在盐性沼泽及盐湖、河流沿岸，莎草科密生形成草丘的盐化草甸，其中占优势的有深紫针蔺、丝藨草与黑苔草等盐生植被；盐湖与沼泽外围以芦苇与赖草为主。

昆仑山、阿尔金山和阿里地区的植被则是典型的高寒荒漠，以耐高寒、干旱的垫状矮半灌木为主，植株往往伏贴于地表，小枝生长呈辐射状密集分枝，形成半球形或凸起的垫状体。高寒荒漠群落结构简单，植物种类稀少，群落覆盖度一般为 10% 左右，低的甚至只有 1%～3%，高的可达 20%～30%。它既是温带荒漠在高原上的变体，又是高山植被中最干旱的植被类型。中国的高寒荒漠建群种有高山绢蒿、昆仑蒿、藏亚菊、垫状驼绒藜、唐古特红景天。在海拔最高的地带分布的是点状驼绒藜荒漠和藏亚菊荒漠，垫状驼绒藜荒漠广泛分布在喀喇昆仑山和昆仑山之间海拔 4500～5500 m 的高原湖盆、宽谷与山地下部的石质坡地，在羌塘高原北部的湖盆周围和阿尔金山、祁连山西段的高山带也有局部分布。藏亚菊荒漠分布于昆仑山内部山区、喀喇昆仑山与昆仑山之间的山原以及帕米尔高原的高山带，在雪线下沿的丘岗、坡麓和谷地侧坡，在坡面上沿泥流和冰雪水的小冲沟呈条状分布。高山绢蒿荒漠和昆仑蒿荒漠位于亚高山荒漠带上部，是山地荒漠向高寒荒漠的过渡，其中高山绢蒿荒漠分布在帕米尔高原以及昆仑山山地，海拔 3900～4200 m，昆仑蒿荒漠则主要分布在昆仑山内部山区，处于海拔 3800～4500 m 之间。唐古特红景天荒漠生于山麓和山前地带，分布局限于祁连山哈拉湖四周，以及哈拉湖南部和阿让郭勒北面之间的地段。

垫状植物示意图。张瑜绘

上：高寒荒漠地区主要是青藏高原的荒漠地区，这里海拔 4000 m 以上，气候寒冷干旱。图为日喀则高寒荒漠。陈建伟摄

下：泥漠是荒漠中较低洼处，雨季泥沙沉积，旱季干涸龟裂，反复作用后形成的，青藏高原的柴达木盆地和哈拉湖周边有大量泥漠。图为哈拉湖周围的泥漠。陈建伟摄

中国苍茫而神秘的荒漠

中国草原与荒漠鸟类及其对环境的适应

中国草原鸟类及其对环境的适应

- ■ 草原鸟类与草原环境协同演化，形成适应不同草原类型的不同鸟类群落
- ■ 草原的代表性鸟类有鸨科、百灵科等
- ■ 草原上的湿地是草原上鸟类最丰富的地区
- ■ 草原鸟类为了适应开阔而缺乏遮蔽的草原环境在巢址的选择和保护幼鸟方面有特殊的适应策略

草原鸟类与草原环境协同演化的历程

草原是地球演化史上一定时期的产物，草原鸟类随环境变迁进行协同进化。在距今 5700 万年前的新生代始新世，欧亚大陆、非洲、印度半岛之间为广阔的古地中海，世界各地的气候温暖适宜。至2330 万年前的渐新世后期开始，全球气温下降，干冷气候为草原的发生与扩展创造了条件。根据动植物化石推测，距今 700 万年的中新世晚期草原已经形成，欧亚大陆和北美洲呈现出大面积草原，草原鸟类随环境而生。中国的西部亦逐渐向大陆性亚热带干旱气候转变，丘陵及平原地区也已出现了草原植被，并发现了同期广泛分布于秦岭以北的大型草食性哺乳动物和大型涉禽类化石，其中始鹤科（Eogrudae）为鹤类进化中独立的一支。Kmurten（1952）在研究了中国第三纪晚期的动物群落时设想：距今约 700 万年的第三纪中新世，欧亚大陆有相互联通的广阔大草原，在德国距今约 500 万年的中新世地层中发现了草原的代表鸟类鸨科（Otididae）的化石。时至今日，典型草原物种大鸨 Otis tarda 仍主要分布于北半球的草原带，西至黑海周围。

第三纪后期开始的因地球板块漂移、衔接引起的构造运动对草原发展和草原鸟类的繁盛起到及其重要的作用。距今 3500 万年的始新世末期，印度板块经过长期向北漂移，与欧亚大陆衔接，开始了喜马拉雅造山运动，迫使古地中海由东西两路退出现在的西藏地区，青藏高原从海中出露，至第三纪晚期的上新世，青藏高原已上升至海拔 1000 m，中国的西北部从此深居内陆，干旱使得植被的草原化成为必然趋势。青藏高原的不断抬升，阻挡了北大西洋温暖气流的东下和印度洋暖湿气流的北上，减弱了太平洋湿气团的西进，新的季风环流系统逐步建

立，促使欧亚大陆中部和中国西北部进一步干旱化。又因渐新世以后气候从极地开始变冷，中新世南极冰盖形成。干冷气候下草原得到进一步发展。同时，欧亚大陆板块也向北漂移，至今已经北移 10 ~ 13 个纬度，大陆最远漂移距离达 1440 km，亚热带北界已从 42° N 南移至 35° N，北半球北部因获得太阳能量的减少，温度逐渐下降，深居北温带的中国中西部草原化进程加速，并向东扩展，蒙古鸵鸟 Struthio mongolicus 化石在此时地层中的出土说明当时草原化的环境特征。

第四纪是地质史上重大的转折时期，喜马拉雅造山运动更加剧烈，更新世早、中、晚期青藏高原各抬升 1000 m，雄伟的高原和周围山系造成的雨影作用，使中国西北部荒漠化进程加快。太平洋板块向欧亚大陆板块俯冲，环太平洋地带抬升，长白山、大、小兴安岭、太行山等山系迅速隆起，这些山系减弱了东南季风吹向内蒙古高原、鄂尔多斯高原、黄土高原的强度，降水减少。构造运动、气候变迁和第四纪冰期与间冰期的交替等因素加深了中国温带地区的荒漠化程度和山地植被带的垂直移动，奠定了中国北方现代草原及荒漠的轮廓。20 世纪 20 年代在鄂尔多斯高原南部与陕北黄土高原交界处的萨拉乌苏河谷（现在称无定河）挖掘出距今约 5 万年的河套人和大量动物化石，大多数为食草性的草原和荒漠种类，鸟类化石有始鹤、鸢、秃鹫、山鹑、鹌鹑、毛腿沙鸡、麻雀等；还有几种广布于草原和荒漠的湿地鸟类化石如角鸊鷉、翘鼻麻鸭。同时期的草原和荒漠动物化石分布很广，几乎遍布于内蒙古中西部及以西的广大地区，如第四纪黄土期和红土期的标准化石——安化鸵鸟 Strutio angerssoni。

第四纪的冰期气候对中国的草原区地貌影响很大，除内蒙古高原平坦的高平原，覆盖着可远眺地平线的无限草原外，还有沟壑深切的黄土高原草原和苍龙伏地般的沙地疏林草原。

冰期的大风将亚洲腹地的由粉粒和粘粒组成的粉尘吹向甘肃北部、晋陕、内蒙古的部分地区，堆积成厚达 50～150 m 以上的黄土高原，形成平坦的原始地貌。经流水切割、风蚀等外动力形成梁峁地貌，覆盖着大面积的暖温型草原植被，沟谷中灌丛和乔木发育。特殊草原景观为鸟类的分布和生态位选择提供了便利，使一些鸟类从不同方向扩散而来。

在中国的典型草原带内，在地质和气候的演化进程中形成了一种类似于非洲热带稀树草原的沙地疏林草原景观，苍龙般蜿蜒于广袤无垠而无树的大草原上。从中生代开始，在中国的中东部形成了几道北东向的大型坳陷与隆起相间排布的新华夏构造带，现在的东北平原、内蒙古高原、鄂尔多斯高原、黄土高原上的草原区均位于坳陷带内，后在从内蒙古呼伦贝尔西部向西南经宁夏、陕西北部的坳陷带内形成了一连串的大型湖盆。在第四纪冰期，严寒大风使湖盆干缩，并开始了风沙堆积，来自中亚极干旱区的风沙土和粉尘堆积于古湖盆，形成了草原沙地带。因受地势和风向三维涡流的作用，风沙物资堆积成高低错落的沙山，沙地上发育出疏林草原。

第四纪冰期与间冰期交替形成的沙地疏林草原和黄土高原梁峁地貌沟谷林地为草原林栖鸟提供了繁衍生息的新栖地，很多北方森林的鸟类向南移动至沙地疏林和黄土丘陵的沟谷乔灌林，丰富了草原鸟类群落的组成成分，并使群落的空间格局复杂化。

中国鸟类的谱系地理研究发现，很多鸟类都表现出冰期后的种群扩张现象；鸟类学家雷富民认为第四纪环境的巨大波动，导致一些物种在大部分祖先的分布区内灭绝，有的向新分布区扩散，分布范围的扩张导致物种对新环境的适应。

中国的山地草原主要分布于新疆的阿尔泰山、

上：沙地疏林草原生活着从森林扩散而来的林栖鸟类，图为其中的代表物种之一——红尾伯劳。赵国君摄

下：沙地疏林草原的出现丰富了草原鸟类群落的组成成分，并使群落的空间格局复杂化。邢莲莲摄

中国草原鸟类及其对环境的适应

在新疆的伊犁河三大支流中，巩乃斯河是最短的一条，在它的上游是最美的"空中草原"——那拉提，而另一条支流是特克斯河，河畔的山地草原就是昭苏草原。图为特克斯山地草原垂直带。龚政摄

塔尔巴哈台—沙乌尔山及天山山地，这些山地经历了古生代的褶皱隆起、中生代的剥蚀夷平和微升，新生代喜马拉雅造山运动中的阶段性上升和断裂等地质变迁。在地壳的板块俯冲带和深大断裂处，上升的一侧隆升为高大山系。随着青藏高原的急剧抬升，雨影作用加深了这些深居内陆的山系的干旱程度，因此山地的基带植被为中亚荒漠。随着海拔的升高，气温下降，降水量增加，蒸发量减少，植被呈现垂直带状分异，荒漠植被自下而上逐渐演替为荒漠草原、草原、灌木草甸、高山草甸草原。在山地草原带范围内，年平均气温 0～5 ℃，年降水量 150～500 mm，≥10 ℃ 的年活动积温2000～3000 ℃，具有温带半干旱的气候特点。天山的最高峰达 7435.3 m，是准噶尔盆地与塔里木盆地的分水岭，具有明显的山地垂直带，在山地的北坡草原带位于海拔 1100～1700 m，南坡草原带则位于 1800～3000 m。阿尔泰山呈西北—东南走向，为中国与俄罗斯的界山，最高峰 4374.5 m，在阴坡草原带位于海拔 800～1200 m，阳坡草原带则位于海拔 2100 m。塔尔巴哈台山与沙乌尔山是准噶尔盆地西部的山地，具有 4～5 个准平原面，最高准平

原面海拔高度为 2000 m 左右，地形较为平缓。鸟类群落组成和结构随环境演替，分割不同海拔高度草原带的环境，直至今日。毛腿沙鸡与中温型草原共有，西藏毛腿沙鸡扩散到新疆的昆仑—阿尔金山地区，而黑腹沙鸡仅分布于新疆西北部。新疆草原分布有 9 种百灵，其中双斑百灵、白翅百灵、黑百灵在国内仅分布于新疆，黑额伯劳在中国也仅见于新疆西部。按植被的垂直地带性差异，每种植被带都有其优势种动物，但不少物种也可跨越数个植被带。在低山草原中经常出现的鸟类有大鸨、小鸨、波斑鸨、斑翅山鹑、黑腹沙鸡、红尾伯劳、红背伯劳、戴胜、百灵、漠鵖、毛腿沙鸡等。在中山寒温带草甸草原多分布有黑额伯劳、草原雕、灰眉岩鹀、石雀、家麻雀、黑胸麻雀。在亚高山草甸和高山草甸多见的是能耐寒冷的物种，如暗腹雪鸡、红腹红尾鸲、高原岩鹨、褐岩鹨、高山岭雀、林岭雀、白斑翅雪雀等。

当然，高山草原的面积很大，动物群落结构除垂直地带性差异外，也存在水平格局的不同。山地草原动物区系在动物地理区划中划归蒙新区天山山地亚区。

青藏高原的高寒草原形成最晚。大概在距今 2 万～10 万年的晚更新世，喜马拉雅造山运动形成了由横断山脉、祁连山、昆仑山及喜马拉雅山环绕的青藏高原。青藏高原辽阔而巍峨，其面积达 300 万 km²，平均海拔为 3000～5000 m。随着青藏高原的不断抬升，加上全球冰期和间冰期的交替出现，使青藏高原形成了高寒气候。在高寒气候条件下演替出高寒草原。伴随气候的变迁及地貌的差异，高寒草原分化为高山草原、灌丛草原、灌丛草甸及荒漠草原等类型。随着高寒草原的出现，草原鸟类逐渐扩展而来，并且在特殊的环境条件下，逐步获得了与高寒、干旱、缺氧相适应的生物学特征而生存下来。如西藏毛腿沙鸡、藏雪鸡、黑颈鹤、长嘴百灵、藏雀、棕颈雪雀、白腰雪雀、白斑翅雪雀、褐翅雪雀、棕背雪雀等。

草原是地球表层历经沧海桑田，在一定纬度内的特定水热条件下形成的"生物保护膜"，各种生物

随着草原环境的出现和演替，遵循自然法则，生生死死，鸟类就是其中最活跃的一员，它们在环境变迁中逐渐占领了各自的生态位，以自身的存在参与草原生态系统的物质循环和能量流动。不同种类共同适应，并以各自的对策组合在一起，构成独特的鸟类群落。

上：黑颈鹤是唯一在高原上繁殖的鹤类。彭建生摄

下：青藏高原的那曲高寒草原。张超音摄

中国草原鸟类及其对环境的适应

雪雀是在青藏高原高寒、干旱、缺氧环境中生存的代表性鸟类：

上左：白腰雪雀。杜卿摄

上右：褐翅雪雀。董磊摄

下左：棕背雪雀。沈越摄

下右：棕颈雪雀。刘璐摄

草原的环境特征和指示性鸟类

中国面积最大的草原为欧亚草原在中国的延伸带。从东北平原、内蒙古高原、鄂尔多斯高原至晋陕的黄土高原，再向西延伸至青藏高原东北部海拔高度达 3000 余米的湟水河谷草甸。内蒙古高原植被由中温型生草丛禾草草原和灌丛草原组成。黄土高原的地形以黄土丘陵为主，流水侵蚀严重，到处是沟谷，为我国水土流失最严重的地区。植被为暖温型草原，多以喜温的本氏针茅和短花针茅为建群种。由于受当地地形地貌、土壤类型及农业生产活动的影响，植物种类较少、草原景观破碎化程度很大。草原的指示性鸟类为百灵鸟，只要是草原生境就有百灵鸟生存。中国共分布有百灵科鸟类 14 种，除歌百灵分布于华南的丘陵山地草地外，欧亚草原和山地草原分布有 13 种百灵。

现代分子生物学的研究也证实百灵科鸟类的演化和适应辐射与草原发展密切相关，20 世纪 80 年代后期美国学者 Sibleg 根据 DNA-DNA 杂交实验结果和化石资料对比，证实百灵科鸟类出现的年代约在距今约 75 万年的中更新世至距今约 12.5 万年的上更新世，中、上更新世正是草原植被的大发展时期。百灵科鸟类在草丛里营造地面巢，取食草籽等食物，因而随着草原植被的繁茂，迎来大繁荣、大分化的最好机遇，逐渐成为草原的指示物种。

生物地理学是研究生物随时间在空间上的分布式样和解释式样的科学。扩散理论认为物种起源于一个中心，生物个体从起源中心随机地向外扩散和隔离，通过自然选择产生变异，最后形成不同的物种。现在世界上共有百灵科鸟类 19 属 91 种，其中 70 种分布于非洲，印度分布有 8 种，中南半岛 9 种，欧亚大陆 25 种。非洲草原面积辽阔，兼具温带草原和热带稀树草原两种类型，因此世界上近 77% 的百灵科鸟类分布于非洲，也许正如扩散理论所认为的那样，非洲为百灵科鸟类起源和分化的中心，然后就近向印度半岛、中南半岛扩散，逐渐进入欧亚大陆草原。只有角百灵又进一步扩散进入南北美洲。歌百灵则主要扩散于南半球，向北进入中国的华南地区。中国草原形成于距今约 700 万年的中新世末，中、上更新世百灵科鸟类逐渐进入中国，很快占据了开阔的欧亚草原、新疆等地的山地草原生态位，角百灵、小云雀、大短趾百灵、短趾百灵、长嘴百灵、细嘴短趾百灵等甚至通过适应，在形成仅有 2 万～10 万年的青藏高原高寒草甸草原上生存。至今，凡有草原的地方总有百灵科鸟类生存繁衍。它们由于适应、变异，自然选择，扩散能力等原因，在各地形成不同的百灵科鸟类的组合，如长嘴百灵适应青藏高原高寒草原的环境，并向周边扩散至青海湖东北部和甘肃北部的典型草原。

草原上集群越冬的蒙古百灵。巴特尔摄

中国草原鸟类及其对环境的适应

A	
B	C
D	E

在草原上生活的各种百灵：

A 育雏的凤头百灵。巴特尔摄

B 角百灵雄鸟。杨贵生摄

C 蒙古百灵。杨贵生摄

D 大短趾百灵。杨贵生摄

E 云雀。杨贵生摄

欧亚草原环境与鸟类群落的水平格局

草原是地球中纬度带森林与荒漠之间广阔的过渡地带，受地理位置、地貌和水热条件所限，北半球的温带草原在中国境内由东西走向发生偏转，成为东北—西南走向，从东北向西南依次呈现出森林草原、典型草原与荒漠草原。不同类型的草原演化出各具特色的鸟类群落，展现出规律性的水平格局，以下论述以繁殖鸟类为主。

森林草原鸟类群落

中国的森林草原分布于大兴安岭岭北东西麓，小兴安岭岭西南和长白山西部的丘陵和平原地带，宽度不足 100 km，海拔多在 300 m 以下。丘陵的基带和丘间平原多为大面积西伯利亚杏灌丛、羊草、针茅等组成的灌丛草原。丘陵的阴坡及沟谷有由兴安落叶松、白桦、山杨、蒙古栎为主的森林岛，围以柳灌丛、绣线菊等灌丛。阳坡和林间是以贝加尔针茅、线叶菊、羊草为建群种的杂草草甸草原。森林草原的特征是森林与草原共存，适于在林中栖息的鸟类有三趾啄木鸟、小斑啄木鸟、白眉鸫、红交嘴雀、花尾榛鸡、黑琴鸡、大鵟、金雕、长耳鸮、灰头绿啄木鸟等，生活在草原的鸟类有蒙古百灵、云雀、毛腿沙鸡、大鸨、沙䳭等。森林草原的植被分乔木、灌木、草本三个层谱。森林鸟类、灌丛鸟类、草原鸟类占有各自的生态位，特别是各种鸟类巢址稳定的环境是经过遗传、适应及自然选择等诸多因子共同作用下形成的，因此鸟类群落中以巢址作为主体确定群落的空间格局：树冠营巢的鸟类有普通鵟、凤头蜂鹰、灰脸鵟鹰、黑鸢、苍鹰、日本松雀鹰、红隼、红脚隼、灰背隼、北长尾山雀、松鸦、鸲姬鹟等；树洞中营巢的有灰蓝山雀、红喉姬鹟、白眉姬鹟、蚁䴕、小斑啄木鸟、大斑啄木鸟等；林缘灌丛筑巢的有红尾伯劳、黑琴鸡、巨嘴柳莺、短翅树莺；红胁蓝尾鸲、红尾水鸲、冕柳莺等则把巢置于林下或灌丛下的土坎或洞隙中。众多鸟类合理利用空间和食物资源。

鸟类的取食范围均较大，特别是春秋迁徙季节，只要有食物的地方就有它们的踪迹，出现活动空间重叠是常见的，如在灌丛中筑巢的鸦、鹟等也常到地面觅食。

中国的森林草原分布于东北地区，繁殖鸟类以东北型为主。其地理位置正处于东亚候鸟迁徙通道上，故在迁徙季节鸟类的种类和数量均较多，群落的组成和结构十分复杂。

左：丘陵地带的植物从稀疏到密集，从低矮到高大是一个逐渐演变的过程，这个过程中草原是一定会出现的，经过这一环节，荒漠才能向森林演变。图为内蒙古的森林草原。邢莲莲摄

右：森林与草原共存是森林草原的特征。中国的森林草原主要分布在大兴安岭与小兴安岭的丘陵地带，以兴安落叶松、白桦、山杨、蒙古栎为主构成森林岛。图为白桦林里的长耳鸮。杨贵生摄

中国草原鸟类及其对环境的适应

典型草原鸟类群落

典型草原又称斯太普（steppe），处于半干旱波状或者层状平原和高平原上。由于降水较少，土壤的淋溶作用弱，碳酸钙等易溶盐类在土壤表层下几十厘米处形成 20～60 cm 厚的钙积层，甚至是石化钙积层，乔木根系很难穿透，所以草原植被多由具发达须根的丛生禾草组成，丛生禾草的根系虽不深，但是吸收水和营养物资的表面积很大，只要有降水立刻就被吸收。而且丛生禾草的基部有 6～9 cm 埋藏在土壤表层，其上生长有更新芽，外包由枯枝组成的紧实鞘，这种特殊结构利于水、雪和尘土微粒积存，保水又保湿。丛生禾草的这种特殊适应使其在半干旱区植物的生存竞争中占据了绝对优势，成为内蒙古阴山以北无垠草原的主体植被。在风沙土层较厚的高平原上锦鸡儿属是温带草原上广泛分布

的景观型灌木，灌丛利用长长的根系吸收浅层地下水生长茂盛，形成片状的灌丛草原，灌丛间草本植物发育，以此区别于几乎无草本植物的灌丛荒漠。

中国的典型草原东起东北的松嫩平原，向西南经内蒙古高原中东部、鄂尔多斯高原东部、黄土高原达青藏高原东北部，地跨黑龙江、吉林、辽宁、内蒙古、河北、山西、陕西、甘肃、青海、新疆等 10 个省区，绵延 4500 km 以上。其北部和东北部与蒙古及俄罗斯的外贝加尔典型草原相连，是亚洲中部典型草原的重要组成部分，呈现出以丛生禾草草原为基本类型的草原景观。分布于典型草原的鸟类基本成分是北方型、中亚型及东北型。但由于典型草原带跨度大，各地湿水条件及植被有明显差异，其间生活的鸟类的基本成分也不完全相同。

上：禾草草原。邢莲莲摄

下：灌丛草原。邢莲莲摄

中国草原鸟类及其对环境的适应

A 大鸨是东北平原草原鸟类群落的代表种。图为求偶季节互相竞争的两只大鸨雄鸟。李建强摄

B 毛腿沙鸡是鄂尔多斯高原草原鸟类群落的代表种。陈建伟摄

C 蒙古百灵是内蒙古高原草原鸟类群落的代表种。杨贵生摄

D 双斑百灵

东北平原典型草原的鸟类群落 东北平原海拔较低，大兴安岭阻挡北来的寒流，来自东南方向季风的影响相应增加，因而水热条件良好，年均气温可达 7 ℃，年均降水量 400 mm 以上。自然景观与内蒙古高原差异很大，境内广泛覆沙，典型草原上的标志性植物有大针茅、克氏针茅、羊草等，代表性鸟类有大鸨、云雀、蒙古百灵、短趾百灵、毛腿沙鸡等。

内蒙古高原典型草原的鸟类群落 内蒙古高原海拔较高，年均气温 1～4 ℃，年均降水量 350 mm 左右。典型草原的标志性植物为大针茅，其他建群植物还有克氏针茅、羊草、线叶菊等，伴生有禾本科、豆科、百合科植物以及较少的小叶锦鸡儿、狭叶锦鸡儿、冷蒿等。代表性鸟类有蒙古百灵、大短趾百灵、短趾百灵、角百灵等。

鄂尔多斯高原典型草原的鸟类群落 鄂尔多斯高原的典型草原位于高原的东部，毛乌素沙地处于境内。这里是中国暖温型草原的最北端，年均气温 5.0～8.0 ℃，年均降水量 350～400 mm。这里是干热的大陆性气候，但是由于地形较复杂，有丘陵、高原及沙地等，所以植被类型多，地带性植被为本氏针茅，伴生植物有隐子草、达乌里胡枝子、百里香、克氏针茅、冷蒿等，毛乌素沙地以固定和半固定沙丘为主，生长着油蒿、白草、沙生冰草、牛心卜子等。代表性鸟类有毛腿沙鸡、短趾百灵、细嘴短趾百灵、白顶䳭、三道眉草鹀等。

黄土高原典型草原的鸟类群落　内蒙古鄂尔多斯东北部、山西、陕西、宁夏的黄土高原上覆盖着以本氏针茅为建群种的暖温带草原。黄土高原由第四纪粉砂状风积物堆积而成，海拔 1500～2000 m，由于黄土质地细密，内聚力较大，劈理发育，透水力较差，多被流水切割形成梁、峁地貌，沟谷切割深度可达百余米，沟谷中多为季节性河流，有乔木、灌丛生长，为草原动物提供了立体栖息环境，除典型的草原鸟类百灵科鸟类、鹏属鸟类、黄胸鹀等外，一些树栖和灌丛种类如短趾雕、虎纹伯劳、宝兴歌鸫、棕头鸦雀、红胁蓝尾鸲、白颈鸦及中国特有鸟类贺兰山红尾鸲等参与草原群落组成，甚至有从青藏高原扩散而来的长嘴百灵，增加了群落结构的复杂性。

上：黄土高原上的贺兰山位于宁夏平原与内蒙古阿拉善高原之间，山的两侧地理景观不同，东麓是塞上江南，西麓则是中国的第二大荒漠区。图为黄土高原的特有鸟类——贺兰山红尾鸲。沈越摄

下：贺兰山是中国草原与荒漠地区的分界线。图为贺兰山石嘴山段。陈建伟摄

中国草原鸟类及其对环境的适应

上：伊犁河谷的喀拉峻草原

下：新疆的典型草原是欧亚草原的飞地，远离中国中东部的草原带，其中的鸟类具有中亚特色。图为新疆草原的代表性鸟类：左图为黑顶麻雀，魏希明摄；中图为黑胸麻雀，魏希明摄；右图为黑喉石鵖，马鸣摄

新疆典型草原的鸟类群落　新疆北部阿尔泰山和准噶尔盆地西部山地，海拔 2500～2800 m 处分布有两小块欧亚草原，它们是由哈萨克斯坦南部的欧亚草原伸入中国境内的山地草原带，因这两块欧亚草原距离中国中东部的典型草原有上千千米，故可称为欧亚草原在中国的飞地。草原植被的建群种为耐寒的狐茅、哈萨克斯坦针茅、羽茅。欧亚草原的常见鸟类金雕、草原雕、苍鹰、雀鹰、乌雕、猎隼、灰背隼、黄爪隼、大鵟、西鹌鹑、毛腿沙鸡、凤头百灵、角百灵、鵖属等在此地繁殖。但是由于长期隔离，有的种类在此演化出与欧洲东部、俄罗斯叶尼塞河流域相同的新亚种，如云雀、小鸦、棕尾伯劳、黑喉石鵖的新疆亚种，说明阿尔泰山草原带与欧亚草原西部的联系。塔城盆地、伊犁谷地海拔仅 350～1000 m，年降水量为 300～400 mm，因此植被受荒漠基带影响较大，覆盖着荒漠草原。鸟类群落中中亚型种占有优势，如埃及夜鹰、黑腹沙鸡、黑胸麻雀、黑顶麻雀，并演化出独特的新疆亚种，如小鸦、原鸽、凤头百灵、角百灵、云雀、大短趾百灵、短趾百灵、灰白喉林莺等，这些物种或新亚种与其上部高海拔带的草原物种共同组成中国最西北部的草原鸟类群落。

典型草原上的沙地疏林草原鸟类群落 沙地是一种特殊地貌，在中国仅分布于内蒙古典型草原上，共计 11.24 万 km²，约占内蒙古典型草原总面积 27 万 km² 的 41%。草原上面积较大的沙地有内蒙古高原境内的呼伦贝尔沙地、科尔沁沙地、浑善达克沙地、乌珠穆沁沙地和鄂尔多斯高原东部的毛乌素沙地等。

沙地具有独特属性，土壤疏松，透水性好，淋溶作用很难在土壤中形成浅层钙积层，植物根系可深入地下；风沙土经风选，表层由石英砂组成，毛细管作用弱，蒸发少，便于保水，沙地是半干旱草原带内土质松软的小水库，适于树木和灌丛生长。所以沙地植被多由乔木、灌木、草本三个植物层谱组成，在茫茫禾草草原上形成苍龙伏地般的"森林带"。疏林草原为鸟类提供了立体空间，使鸟类群落的空间格局复杂化。从鸟类巢址选择可见它们合理分割自然资源的生态学特征，在沙地疏林草原营造地面巢或者草丛巢的常见种类有雉鸡、鹌鹑、斑翅山鹑、田鹨、黑喉石䳭、小蝗莺等；林下灌丛营巢的有褐柳莺、白喉林莺、巨嘴沙雀、双斑绿柳莺、长尾雀、黄胸鹀；在树干营造洞巢的主要有大斑啄木鸟、小斑啄木鸟、星头啄木鸟、蚁䴕、灰椋鸟、北椋鸟、褐头山雀、沼泽山雀、白眉姬鹟；树冠营巢的多见于黑鸢、达乌里寒鸦、红隼、燕隼、红脚隼、山斑鸠、灰斑鸠、灰喜鹊、攀雀、黄腰柳莺、金翅雀等。

荒漠草原鸟类

荒漠草原是典型草原与荒漠之间的过渡地带，年降水量 200～250 mm，干燥度系数 3.5～16，已进入半荒漠地带。中国的荒漠草原带从内蒙古高原中部的二连浩特向西南延伸，经乌兰察布北部、鄂尔多斯高原西部至甘肃兰州北部，绵延约 1200 km。荒漠草原植被的草本植物以耐干旱的短花针茅、戈壁针茅、石生针茅等针茅属为主，伴生种有沙冬青、珍珠、蝎虎霸王、红砂、刺叶柄棘豆、中间锦鸡儿、狭叶锦鸡儿、白沙蒿等旱生灌木和半灌木，它们可用深根吸收地下水。鸟类群落中有典型草原和半荒漠物种，如蓑羽鹤、大鸨、毛腿沙鸡、草原雕、大鵟、荒漠伯劳、白喉林莺及蒙古百灵、短趾百灵、角百灵和鹨属鸟类等。还有从新疆、西藏荒漠地区向东扩展而来的灌丛草原鸟类，如长嘴百灵、细嘴短趾百灵、灰白喉林莺、华西柳莺、赭红尾鸲、欧夜鹰、原鸽、巨嘴沙雀。甚至有来自甘肃、新疆等地高山、亚高山草甸的种类，在荒漠草原内的一些山地草甸草原活动，如林岭雀。中国特有种大石鸡仅分布于西部黄土丘陵地区的荒漠草原。

荒漠草原所覆盖的地貌多为平坦开阔的波状高平原，内蒙古北部的荒漠草原境内由于受地壳断裂控制，由火山喷发和熔岩溢出形成岛弧型火山建造，几经风雨侵蚀而成熔岩台地和风蚀残丘，偶有基岩裂隙水从残丘基部以小泉溢出，形成断断续续的小溪和不冻泉，在无水草原上组成一个独特的生态系统，鵟、鸢等猛禽利用残丘营巢，借助崖边上升气流在空中盘旋，搜寻在残丘活动的小鸟、鼠类、兔，甚至蜥蜴等小动物。成百上千的毛腿沙鸡、凤头百灵、角百灵等在几乎为裸地的幽静丘间筑巢。

由于中国的荒漠草原呈狭长的带状展布，跨越中温带和暖温带，又与青藏高原毗邻，所以群落组成多样且结构复杂。

上：荒漠草原的代表性鸟类。左图为取食跳鼠的鸥类，巴特尔摄，右图为风蚀残丘上空盘旋的草原雕，刘松涛摄

下：风蚀残丘的基岩裂隙水。邢莲莲摄

右：黄土丘陵地区荒漠草原上的中国特有种大石鸡。韦铭摄

中国草原鸟类及其对环境的适应

山地草原鸟类群落及其垂直带状分异

中国的山地草原主要分布于新疆的阿尔泰山和天山。因受西风带和北冰洋湿气流的影响，各季节的降水量比较均匀。但因几座大山分别跨越了寒温带、中温带及暖温带，因而山地植被的基带不同，阿尔泰山的基带为欧亚草原；天山的基带为荒漠，所以植被垂直带的起始植被不同，但植被垂直带分异的规律却十分相似。由于鸟类在与环境协同演化中所采取的对策不相同，有的鸟类栖息环境可穿越几个植被带，所以鸟类群落垂直带谱间的界线并不十分明显，我们只能粗略地表述，这正是大自然的复杂与魅力。我们把山地草原鸟类群落分为低山草原鸟类、中山草原鸟类、亚高山草原鸟类及高山草甸鸟类等四个垂直分异的鸟类群落。

新疆地处亚欧大陆的中心，属于大陆性极干旱气候。因为有阿尔泰山、天山、昆仑山拦截空中的水汽，才使新疆的山地草原郁郁葱葱。图为阿尔泰山的山地草原。郝沛摄

中国草原鸟类及其对环境的适应

低山鸟类群落 荒漠基带以上的低山荒漠草原多在海拔 800 m 以上，主要分布于新疆西北部的山间盆地与河谷，植被是由沙生针茅、哈萨克斯坦针茅、狐茅和蒿类组成的温带荒漠草原。在此生存的鸟类除短趾百灵、大短趾百灵、角百灵、凤头百灵、云雀等百灵科及沙鵖、漠鵖等鵖属草原种类外，常见的还有棕尾伯劳、斑翅山鹑、灰斑鸠、黑腹沙鸡。在沟谷、山崖可见到原鸽、紫翅椋鸟、石鸡、白喉林莺、红隼、褐耳鹰、草原鹞、短趾雕及红嘴山鸦等。

中山鸟类群落 阿尔泰山海拔 800～1200 m（阴坡）和约 2100 m（阳坡）的山地植被为中山草原带；天山的中山草原带占据 1100～1700 m（北坡）和 1800～3000 m 的山地中段。随着山势的抬高气温下降，降水量升高到 150～200 mm。植被以中山寒温带灌丛草甸和羽柱针茅等为建群种的草原。鸟类群落中常出现的种类有灰眉岩鹀、鸢、金雕、秃鹫、

雀鹰、小嘴乌鸦。沟谷林中有灰蓝山雀繁殖。二斑百灵、白翅百灵在此带内为冬候鸟。

亚高山鸟类群落 亚高山多指海拔 1800～2800 m 的山地，此带较中山草原带气温显著降低，植被为耐寒的亚高山五花草甸。此带鸟类群落的常见种有秃鹫、胡兀鹫、金雕、玉带海雕、草原雕、棕尾鵟等猛禽及高山岭雀、雪雀、暗腹雪鸡、褐岩鹨、金额丝雀、黑额伯劳、黄嘴山鸦等鸟类。

高山草甸鸟类群落 高山草甸为海拔超过 2800 m、以薹草为建群种的典型草甸植被，这种环境地势开阔，草甸植被盖度高，层谱简单。鸟类多营巢于石洞、石缝、废弃鼠洞、悬崖或者地面。优势种类有阿尔泰雪鸡、暗腹雪鸡、褐岩鹨、粉红腹岭雀、林岭雀、高山岭雀、白腰雪雀、白斑翅雪雀、黄嘴朱顶雀、岩雷鸟、金雕等。

A	B
C	D

山地草原不同海拔植被带的代表性鸟类

A 高山草甸的岩雷鸟。刘璐摄

B 亚高山带的暗腹雪鸡。王志芳摄

C 中山地带的灰眉岩鹀。张明摄

D 低山地带的云雀。张明摄

草原上的湿地鸟类

中生代开始的新华夏构造运动，从内蒙古东部的呼伦贝尔直到鄂尔多斯均处于凹陷带，地貌为大型湖盆。经第三纪燕山运动，第四纪喜马拉雅造山运动的断陷皱褶、火山喷发、熔岩溢出及冰期与间冰期气候交替变化导致古湖泊扩大或萎缩，形成很多构造湖、堰塞湖、火山口湖及由古湖泊萎缩而成的盐碱湖，如呼伦湖、达里诺尔、岱海等。同时，草原地带多以坦荡辽阔的高原为主体的地貌，山体大多不高，坡度平缓、谷底及河床开阔，此种地貌使河流比降小、河曲发育，形成很多牛轭湖、尾闾湖和沼泽，如乌梁素海、图牧吉泡子、科尔沁湿地，以及高原上众多的小型草原湖泡。此外，草原地带有很多风蚀洼地形成湖泊、沼泽和湿草甸。草原地区拥有大小河流1000多条，如黄河、额尔古纳河、西辽河、滦河、永定河、乌拉盖河、锡林河、艾不盖河等，其中流域面积大于300 km^{2}的河流就有200多条。各支流源头及河道周围形成很多河漫滩和低湿地。所以草原不但湿地面积大，而且湿地类型多。

草原上的湖泊和河流为半干旱区的水鸟提供了特殊的湿地生存环境。如发源于大兴安岭的甘河、诺敏河、雅鲁河、绰尔河、洮尔河等，向东南进入丘陵、河谷、平原相间的复合地形区域后，河滩宽阔，流速减慢，在内蒙古东南部形成众多的湖泊和沼泽湿地，是东方白鹳、丹顶鹤、白枕鹤、灰鹤等珍禽的重要繁殖地；发源于霍林河、突泉河、绰尔河或其支流在沙质的低洼地形成河流型湿地、湖泡及湖滨湿地，仅科尔沁自然保护区范围内就有约40个大小水泡，芦苇、香蒲、水葱等挺水植物浅水沼泽遍布，为多种珍稀水鸟提供了适宜繁殖地；发源于大兴安岭岭南西北丘陵带宝格达山的乌拉盖河，蜿蜒于东乌珠穆沁旗境内的高平原上，最后进入乌拉盖盆地，流程达537 km，沿途形成90多个大小湖泡和各类湿地，1998年5月25—28日内蒙古大学的研究团队在此考察，记录到大鸨、丹顶鹤、蓑羽鹤、白琵鹭、鸿雁、罗纹鸭、白眉鸭、大天鹅、鹤鹬、半蹼鹬、斑尾塍鹬、青脚鹬、尖尾滨鹬等水鸟46种；位于锡林浩特南部的白银库伦，是一个丘陵、台地间面积仅为14.1 km^{2}的小型构造湖，湖区南部有成片芦苇沼泽，湖中间有几个小的湖心岛，有丹顶鹤、遗鸥、白枕鹤、鸿雁、

西伯利亚银鸥、白翅浮鸥等在此繁殖，1998年5月在湖心岛上发现了201个遗鸥巢。

此外，草原上的沙地中湿地众多，如位于鄂尔多斯高原的毛乌素沙地就有敖拜诺尔、红碱诺尔、神海子等大小湖泡100多个；在浑善达克沙地，仅正蓝旗境内就有40多个湖泡。由于沙地下伏的基底不同，有的是丘陵覆沙，有的是高平原覆沙，因而有的沙湖还有地下裂隙水或孔隙水补水，水质较好，湖中高大挺水植物繁茂，更适合水鸟生存。

东北平原上的湿地鸟类

东北平原坐落于东北三省及内蒙古中东部，处于中国新华夏构造带的第二坳陷带内，东西南北分别被长白山、大兴安岭、燕山支脉、小兴安岭包围，平原总面积35万 km^2，最低海拔低于200 m，发源于大兴安岭的嫩江水系、西辽河水系，发源于长白山、小兴安岭的松花江水系等河流汇集于平原低洼地，形成多个湖泊和大面积沼泽，成为水禽最适宜的繁殖地和迁徙通道上的驿站，著名的湿地有黑龙江扎龙国家级自然保护区、吉林向海和莫莫格国家级自然保护区。这几个自然保护区里的湖泊和沼泽星罗棋布，芦苇和薹草丛生，为国家重点保护的鹳科、鹤科、鹬科等珍稀水鸟的栖息繁衍提供了适宜环境。这里是丹顶鹤、灰鹤、白枕鹤、蓑羽鹤的繁殖地，也是白头鹤、白鹤迁徙途中的必经之地，因此常常被称为"鹤乡"。其中的丹顶鹤最为著名，在扎龙国家级自然保护区有400余只，是中国最大的丹顶鹤繁殖种群，占全世界不足2000只的丹顶鹤总数的17.3%。

左：中国草原地区在地质历史时期为大型湖泊，故今天的草原上河曲发育湖泊星罗棋布，拥有面积广大、类型丰富的湿地。图为内蒙古草原上的河流与湖泊

右：在黑龙江齐齐哈尔东南30多千米处，从小兴安岭发源的乌裕尔河流到此处时失去了明显的河道，形成了一个沼泽地带，这里就是扎龙鹤类自然保护区。图为扎龙湿地的丹顶鹤。马国良摄

中国草原鸟类及其对环境的适应

内蒙古高原的湿地鸟类

广袤的内蒙古草原上有丰富的河湖湿地资源，为众多的水禽提供了栖息环境。

呼伦湖湿地鸟类　烟波浩渺的呼伦湖，位于中国边陲的内蒙古呼伦贝尔大草原上。它如同一颗晶莹闪亮的明珠，在坦荡无垠的草原上永放光辉。据考证，呼伦湖已有一亿多年的历史。在这漫长的岁月中，经过无数次地形地貌变化，逐渐发展成为今日水面超过 2000 km²、蓄水量 1.3×10^{10} m³ 的大湖，由发源于大兴安岭的哈拉河经中蒙界湖的贝加尔湖和发源于蒙古国肯特山的克鲁伦河注入。呼伦湖古称"大泽"，是中国北方最大的湖泊。由于该湖是构造性湖泊，生态系统相对稳定，因而鸟的种类及种群数量也相对稳定，迄今记录到的草原和湿地鸟类已有 333 种。国家一级重点保护的野生鸟类有黑鹳、金雕、玉带海雕、丹顶鹤、白鹤、白头鹤、大鸨、遗鸥等 10 种，国家二级重点保护的鸟类有白琵鹭、大天鹅、鸳鸯、白枕鹤等 51 种。该湖水域面积大，沼泽地连绵分布，鸟类的食物丰富，隐蔽条件好，为多种候鸟提供了适宜的繁殖地和迁徙驿站，迁徙候鸟就有 225 种，是一个闻名中外的候鸟乐园。

呼伦湖的春天来得很晚，阳春四月，中原大地春暖花开之时，这里仍是寒冷如冬、冰封湖面。多年的记录告知人们，开湖日期最早为 4 月 25 日，最迟可至 5 月 15 日。春天迁往北方繁殖的候鸟，经

呼伦湖是呼伦贝尔草原上的第一大湖，也是中国第四大淡水湖。杨孝摄

中国草原鸟类及其对环境的适应

左：呼伦湿地水边苇丛中起飞的白枕鹤。刘松涛摄

右：在芨芨草下小憩的雕鸮。刘松涛摄

长途跋涉，有的于4月中旬就到达这里。它们急切地盼望着湖面早日融化，但往往不能如愿以偿，只好在岸边沼泽地及草地觅食等待。如有幸赶上开湖，你会有意想不到的惊奇：两千多平方千米的湖面可在一日之内全部化开，在风吹浪击下，还未来得及融化的冰块，可堆积成几十米高的"冰山"，场面甚为壮观。刚开湖的岸边浅水中，有着丰富的食物，各种鱼、软体动物、环节动物、甲壳动物、水生植物为首批迁来的雁鸭类、鸥类、鹏鹧类提供了充足的饵食，大天鹅、鸿雁、赤麻鸭、琵嘴鸭、白骨顶等水鸟云集于岸边浅水中觅食。这种不同类群，不同种类的结群活动，既有安全感，又在所取食物上不发生较大矛盾，可谓各取所需，各得其所，生态秩序，井井有条，和谐自然。

呼伦湖的夏天，湖面碧波荡漾，水鸟翩翩；湖岸芦苇丛生，风吹巢现；湖周绿草如茵，鸟语花香。这里的夏日阳光充足，日照时间又长，风小雨少，气候宜人，是多种候鸟的适宜繁殖地。每年有100多种候鸟在呼伦湖营巢繁殖，哺育后代，如蓑羽鹤、鸿雁、大白鹭、灰翅浮鸥等。广阔的湖面是众多水鸟游玩觅食、谈情说爱的场地，而远离居民点的苇塘沼泽地才是它们主要的营巢地。为了充分利用这有限的地盘，它们在营巢的时间和空间上都作了巧妙安排：鹏鹧类于5月份造巢，而鸻形类、鸥类六七月份才筑巢繁殖；个体较小的水鸟如白骨顶、小鹏鹧等，一般营巢于苇蒲地边缘10～20 m范围内，而个体较大的种类如大白鹭、苍鹭、鸬鹚等常在30 m以内的苇蒲地深处营巢。垂直分布更为明显，如鹏鹧类在苇丛间的水面上营水面浮巢，白骨顶和鸭类将巢筑在水面以上的苇茬间或枯草堆积处，鹭类的悬巢距水面

约1 m，而大苇莺的巢位最高，筑于距水面1.5 m以上的苇秆上。多种鸟巢在时间和空间上的分布格局，是当前鸟类群落生态学研究中最令人感兴趣的课题。这里为鸟类生态学家提供了极为丰富的研究内容。

呼伦湖的秋天，秋高气爽，芦苇飘香；湖中的鱼类，浅水沼泽中的小虾、螺类，湖周沼泽地的环节动物、软体动物，湖畔草地的昆虫，经过夏季的繁衍，种群密度极高，这些都为秋季迁徙候鸟准备了极为丰盛的食物。本地繁殖的候鸟渐渐结成大群，北方繁殖途经此地歇脚的候鸟成群迁来，鸟的种类越来越多，鸟的数量则更多，到深秋时，可达百万只。其中有多种世界濒危珍稀鸟类。光鹤类就有5种，如丹顶鹤、白鹤、白枕鹤等。这些鸟云集于呼伦湖的不同环境取食育肥，为南迁补充能量。小杓鹬、黑尾塍鹬、蓑羽鹤等涉禽集成几十只至数百只的群在湖畔草地或沼泽地觅食；红嘴鸥、银鸥、遗鸥大多数离开湖面，飞往湖周草地取食昆虫；鸿雁、灰雁、斑嘴鸭、赤麻鸭等雁鸭类多集成数千只大群于浅水湖面活动取食；白琵鹭以百只大群于湖畔苇滩活动觅食；苍鹭、草鹭、大白鹭等鹭类，往往以家族为单位结成小群活动。鸬鹚的集群很显眼，常在午后于浅水中的沙滩上聚成大群休息，杨贵生曾于1999年9月6日在该湖的乌兰泡记录到万只以上的大群。

冬季的呼伦湖甚为寒冷，最低气温可达零下35.2 ℃。每年10月底冰封湖面，结冰期长达155～193天。在寒冷而漫长的冬季，这里非常寂静，来此越冬的候鸟仅有体被白色羽衣的雪鸮。

1992年国务院批准呼伦湖为国家级自然保护区，保护的主要对象是珍禽和湿地。人们有充分理由相信美丽的呼伦湖应永远是候鸟的乐园。

达里诺尔湖群的大天鹅和鸿雁 达里诺尔（"诺尔"是蒙语"湖"的意思）坐落于大兴安岭西麓赤峰市的贡格尔草原上，湖群是地质构造运动和第四纪冰期与间冰期交替作用形成的堰塞湖，面积约230 km²。贡格尔河、沙里河、亮子河、耗来河4条河流不断地向达里诺尔补给着清澈的淡水。湖的四周有熔岩台地断崖和浑善达克沙地。这里已经记录到鸟类297种，其中雁鸭类33种。自1987年建立自然保护区以来，天鹅、鸿雁等珍稀鸟类的数量逐年增加。秋季在北方很多地方繁殖的大天鹅、小天鹅、鸿雁、豆雁等在此集群，天鹅至少有4万~5万只，鸿雁2万~3万只，豆雁几千只。数万只天鹅云集湖水、冰面，成为名副其实的天鹅湖。站在诺尔西南端的达尔罕山顶眺望，美丽的天鹅湖全景尽收眼底，数不清的白色天鹅，悠闲自在地漂游在碧蓝如镜的湖面上，场面罕见而又壮观。

目前地球上有6种天鹅，它们是疣鼻天鹅、黑嘴天鹅、大天鹅、小天鹅、黑天鹅和黑颈天鹅。除非洲外，世界上各大洲都有天鹅的分布，前4种分布在北半球，羽毛均为洁白色，称之为白天鹅或北天鹅；后2种分布于南半球，体羽黑色或黑白两色，称之为南天鹅。中国有大天鹅、小天鹅、疣鼻天鹅3种。一部分疣鼻天鹅和大天鹅在我国东北、内蒙古和新疆繁殖，而所有的小天鹅和另一部分疣鼻天

达里诺尔秋季集群的大天鹅。宋丽军摄

中国草原鸟类及其对环境的适应

在达里诺尔繁殖的鸿雁的巢和雏鸟。宋丽军摄

鹅、大天鹅则春季迁往俄罗斯繁殖，秋季南迁到我国南方过冬，达里诺尔自然就成了天鹅南北迁徙途中的主要取食地和歇脚地。广阔的湖面，大面积的沼泽地，湖周一望无垠的草原，为天鹅提供了极为丰富的食物和宽阔的活动场所。

大天鹅、小天鹅每年4月即来到达里诺尔。在这里停歇取食一个月后，一部分大天鹅留下筑巢繁殖，其余的则相继踏上北去的征途，到欧亚大陆北部繁殖。达里诺尔湖区的岗更诺尔沼泽地是天鹅适宜的营巢地。在这里繁殖的大天鹅，当北方大地还是冰天雪地时，它们就来到这里，稍休息几日，即进入前几年占据的巢区活动。每对大天鹅的巢区为1 km² 左右。天鹅的归巢本领很强，能够准确无误地找到若干年前的旧巢址。巢区是它们的"领域"，不允许同种其他个体侵入。为保卫其"领域"完整，常常互相追赶驱逐，寸土不让。大天鹅的巢多筑在苇蒲地和人畜难以涉足的沼泽地深处。

每到金秋季节，天鹅湖更是热闹非凡。在本地繁殖的天鹅开始集群活动，而在北极苔原繁殖的小天鹅，在西伯利亚繁殖的大天鹅则携儿带女、结队成群，陆续来到天鹅湖。9月中旬天鹅群主要集中在达尔罕山下的湖面和沙滩上；9月下旬天鹅数量

逐渐增多，从达尔罕山至北河口一线的湖面上到处是天鹅群，数量有5000多只；10月上旬天鹅数量达万只以上，天鹅群从湖东扩展到湖北、湖南的浅水及岸边沼泽地；直到10月中旬，天鹅数量达到高峰，天鹅群占据了整个湖面浅水区，延绵40多千米，密密麻麻，比草原上的羊群还多。据研究者1999年10月17日统计，达里诺尔有天鹅6万多只，是目前中国天鹅数量最多的地方。天鹅迁离的时间与气温和风有关，10月下旬以后，如有大风，湖面的薄冰被风挤碎，吹到岸边，逐渐堆积起一座座"银山"。突然的一天，风平浪静，湖水失去风力推动，湖面封冻，最后一批天鹅、鸿雁才依依不舍地离去。在草原繁殖的上万只蓑羽鹤秋季主要在湖周的草地集群觅食，受惊扰起飞时遮天蔽日，它们往往不等湖面结冰就早早迁离。

天鹅羽衣洁白如雪，体态优雅庄重，深受人们喜爱。草原上的蒙古族人视天鹅为"神鸟"，认为天鹅飞回会给人们带来幸福和运气。因此，牧民从不伤害天鹅，世世代代与天鹅和谐共处，共度美好岁月。年复一年，冬去春来，宽广而幽静的达里诺尔像慈爱的母亲一样，等待着南下越冬的天鹅平平安安地回来。

乌梁素海的疣鼻天鹅　乌梁素海是一个年轻的湖泊，形成时间只有 160 多年。它的形成及其演变，是与黄河改道和后套平原发展灌溉事业有着密切联系的。过去黄河沿狼山南麓流入后套平原，经乌梁素海地区东流。由于新生代第四纪的新构造运动使阴山山脉持续上升，后套平原相对下陷，再加上狼山洪积物的向南扩展，致使河床抬高，迫使黄河向南大转弯后由今日河道东流，并于 1850 年在原黄河故道乌梁素海地区留下 2 km² 的河迹湖。1931 年以后，由于后套灌溉事业的发展，各大渠道的退水都经乌加河汇入乌梁素海，结果使这个河迹小湖在人类经济活动的影响下，水面不断扩大，到 1949 年扩展为超过 700 km² 的大湖。此后，由于疏通了该湖南端退水渠与黄河相连，并在湖周围筑起堤坝，控制了水面扩展，在 1960 年，湖泊面积缩小到 400 km² 左右。20 世纪 70 年代，由于围湖造田，使湖泊面积缩小为 290 km²。

近二十多年来，随着气候的变化和人为因素的影响，乌梁素海湿地明水面积明显缩减，而苇蒲面积则大幅度地增加，湖水平均深度不足 1 m，阳光可直射湖底，沉水植物茂盛，湖周是宽阔的挺水植物沼泽和湿草甸。这一优越环境，为雁鸭类、鹭类、鸻形类、骨顶鸡等游禽和涉禽提供了充足的食物、有利的隐蔽条件和繁殖场所，也是很多种水禽的换羽基地及迁徙时的停歇地。已记录到鸟类 241 种，繁殖鸟有 131 种，迁徙候鸟 200 种，国家 I 级重点保护鸟类有黑鹳、玉带海雕、白尾海雕、波斑鸨、大鸨和遗鸥等 8 种，国家 II 级重点保护鸟类有卷羽鹈鹕、白琵鹭、大天鹅、小天鹅、疣鼻天鹅、灰鹤、白枕鹤、蓑羽鹤等 38 种。其中的疣鼻天鹅最引人关注，多时可达 400 余只，为中国最大的繁殖种群，可以说这里是疣鼻天鹅之家。

疣鼻天鹅是中国三种天鹅中个体最大、最优雅

乌梁素海的疣鼻天鹅。杨贵生摄

中国草原鸟类及其对环境的适应

的一种。常在开阔水面漫游或觅食水草根、茎及种子。起飞时用双翅击水约50 m，然后徐徐离开水面。每年2月底3月初，乌梁素海水深在2 m以上的河道及向黄河排水闸附近，冰刚刚融化，其他地方的湖面还被白茫茫的冰雪所覆盖时，疣鼻天鹅和大天鹅就迁来，组成混合群，在上年收割过的苇蒲滩或刚融化的水面活动觅食。3月下旬，在芦苇稠密、人很难进入的大片苇地深处营巢。巢呈圆形，是由蒲苇的茎、叶搭成的，外围较松散，中央是细嫩的枝叶，结构紧密而下凹，里面铺有水草和蒲苇叶，并有少量绒毛。主巢有两条0.7～1.5 m宽的"走道"通向滩缘，"走道"是疣鼻天鹅将蒲苇踏倒或咬断根部而形成的，它们总是从一道入另一道出。距主巢40～60 m处有一个像草垫子似的辅巢，同样是由蒲苇茎、叶搭成的，外形简陋，是繁殖时雄鸟的夜宿巢，白天有时也带雏鸟在巢上休息。幼鹅孵出后，由双亲带领游弋于开阔水域，遇到危险时立刻隐蔽于芦苇荡。孵卵主要由雌鸟担任，雄鸟常在距巢区滩缘70 m左右的水面上巡回守卫，遇有危险，就向湖心游去或迅速起飞，经过主巢上空时，用力扇动翅膀向雌鸟示警，而雌鸟则将巢盖好，沿着"走道"离开。在雌鸟继续孵卵期间，雄鸟带领先孵出的雏鸟在水面上游动。

疣鼻天鹅于10月上旬开始南迁，但幼鸟孵出较晚的天鹅南迁也较迟，如1990年11月6日还看到20只的小群，在湖的南部泄水闸附近明水面觅食。南迁时不像春季迁徙集成几十只乃至上百只大群，而是以小群迁飞。飞行时常排成"一"字形。

乌梁素海湿地是中国西部干旱地区面积最大的湿地，具有丰富的生物多样性，是研究干旱地区湿地生物多样性的重要基地。该湿地是在自然和人类双重作用下形成的，生物生产力极高，但湖泊的富营养化及环境污染严重等问题有待得到改善。

鄂尔多斯高原的遗鸥　鄂尔多斯位于内蒙古西南部，黄河将其东、西、北三面环绕，南部以古长城为界与陕西省接壤，是一个地势较高而相对高度不大的地区（海拔 1150～1500 m），素有鄂尔多斯高原之称。鄂尔多斯从上亿年前的中生代由地壳的差异性升降而成为盆地，上新世至早更新世开始的喜马拉雅造山运动中上升为高原。高原境内地表波状起伏，地形地貌复杂多样，东部为准格尔黄土丘陵，北部有东西走向的库布齐沙漠，西部为南北走向的桌子山山地，南部有著名的毛乌素沙地。该地区为典型的大陆性气候，具有严冬酷暑、降雨量少而蒸发量大、多风沙、无霜期短的特点。

鄂尔多斯是一个被风沙广为复盖的高原，基质疏松，风蚀作用强烈，在地表层常积累浮沙，所以在境内常形成一些沙带、半固定沙丘和流动沙丘，但其间有数目众多的草甸、湖泡的分布，加之人工林的营造，为多种鸟类创造了适宜的栖息环境。由降水与径流补给形成的大小河流有二十余条、大小湖泊 100 多个，其中栖息的鸟类有 100 多种，常见的有大天鹅、小天鹅、鸿雁、豆雁、赤麻鸭、绿翅鸭、绿头鸭、白骨顶、凤头麦鸡、黑翅长脚鹬等。国家一级重点保护鸟类有东方白鹳、玉带海雕、白尾海雕、金雕、遗鸥 5 种，国家二级重点保护鸟类有赤颈䴙䴘、角䴙䴘、白琵鹭、蓑羽鹤等 21 种。其中的遗鸥选择具有湖心岛的湖泊营巢繁殖。

遗鸥是被人类认识最晚的鸟之一。1929 年在内蒙古西部戈壁中的弱水河下游首次采到标本，1971 年才将其确定为独立种，所以定名为遗鸥。遗鸥仅分布在亚洲中东部，是一个狭栖性种，全世界集中繁殖的种群有 4 个，即哈萨克斯坦、俄罗斯、蒙古和中国鄂尔多斯高原，在全球仅存 14 000 只左右，其中鄂尔多斯种群占该种鸟类总数的 60% 以上。

鄂尔多斯沙地湖泊湖心岛上集群繁殖的遗鸥。戴东辉摄

中国草原鸟类及其对环境的适应

遗鸥繁殖后期不同家族雏鸟聚集在一起形成的"托儿所"。戴东辉摄

每年3月下旬至4月上旬，遗鸥陆续迁来鄂尔多斯繁殖地。在北迁起程之前，它们已更换了一身黑白分明的婚羽，为长途跋涉飞临巢区、吸引异性注意而做好了准备。有的在迁徙途中就相互配合成对，而绝大多数却是到达繁殖地后，才相配成亲。遗鸥的繁殖地为干旱地区的湖泊。湖区生态环境单调而严酷，多为荒漠、半荒漠景观，或干草原中的沙带。湖水盐碱度较高，PH值达8.5～10.0，使多数植物难以生存，因而湖中水生植物甚少。遗鸥选择这种极为恶劣的生态环境孵儿育女，是其长期生存竞争的结果；也正是这种人烟稀少、荒凉偏僻的生境，使这种濒危珍稀鸟类的种族得以延续至今。遗鸥对营巢地的选择甚为严格，人、畜、野兽难至的湖心岛是必需条件。雌雄亲鸟共同筑巢，"夫妻"

共同协作、齐心合力，为它们"爱情"的结晶——卵和雏鸟建筑一个舒适的"家"而不辞辛劳。成群营巢繁殖，在适宜的营巢地往往是巢连着巢，巢间距很小，有的仅几十厘米。这种营建群巢的现象，既是对自然界内适宜巢址不足的适应，也是一种互利的集体安全体系。

遗鸥属国家一级重点保护动物。自内蒙古鄂尔多斯桃力庙—阿拉善湾海子遗鸥自然保护区建立以来，遗鸥种群数量逐年增加，到20世纪末繁殖种群达1万多只。但由于遗鸥的狭栖性，对营巢地选择的特殊性及栖息地的脆弱性，它的种群数量并不稳定，一旦遇到连年干旱或雨涝，都会造成有些湖泊干涸或湖心岛被水淹的危险。

21世纪初，由于鄂尔多斯遗鸥自然保护区的桃力庙—阿拉善湾海子湖面缩小，原来的湖心岛与陆地相联，至2005年岛上已无繁殖个体。在该湖繁殖的遗鸥漂移于鄂尔多斯南部的红碱淖尔繁殖。从2001年开始就有遗鸥在红碱淖尔湿地繁殖，2005年有2460巢，到2007年增加到5036巢，在2013年仍然有5000巢。2005年以来除红碱淖尔外，在鄂尔多斯高原其他湖泊湿地及土默特左旗祆太湿地还有一定数量遗鸥的繁殖。

由于缺水，红碱淖尔水面逐年缩小，现在遗鸥营巢的湖心岛成为半岛的时间不会很长。但是鄂尔多斯高原上的湖泊很多，由于降水的多少及人类生产等因素，一些湖泊的湖心岛会随水位的升降或产生或消失，这样就会不断有新的适宜遗鸥繁殖的湖泊产生，而一些旧的繁殖区域也将消失。沙地中的湖泊相对来讲是脆弱的，它们在不断演替。湖泊演替是自然规律，再加人为干扰，会加速其演替。鄂尔多斯遗鸥自然保护区的桃力庙—阿拉善湾海子湖面缩小或干涸，既有自然原因，也有人为因素，如遗鸥栖息地周边挖井灌溉农田，大面积造林对水分的截留及蒸腾作用，拦坝截水等减少湖泊的水分补给。我们认为，遗鸥的保护，应该是对鄂尔多斯高原遗鸥有可能繁殖的湖泊进行保护，而不是在鄂尔多斯遗鸥国家级自然保护区内保护，或一个一个湖泊的圈地保护。

内蒙古不仅是遗鸥的模式产地，而且是目前世界上最大的遗鸥繁殖群体的栖居地。保护好这种世界珍稀鸟类及其栖息地是我们的责任。

辉河湿地白枕鹤。张明摄

辉河湿地的鹤类 辉河所在区域基本轮廓是在中、上古生代的海西运动时期形成的。地形大致由绵延起伏的低山丘陵、孤立的残丘以及冲积平原组成，主体地貌类型为一级、二级阶地和河漫滩类型的堆积地貌，在辉河河谷和河岸高平原上还分布有残丘微地貌类型，多呈馒头状，由玄武岩构成。辉河是海拉尔河的重要支流，发源于大兴安岭岭西山地。奔流于熔岩台地间的辉河，形成河流型湿地及湖泊型和沼泽型湿地，湿地生境大面积连续分布在辉河国家级自然保护区内，不仅对维护区域生态平衡发挥着重要作用，而且为鹤类等多种珍稀濒危鸟类的栖息、隐蔽和繁衍提供了适宜环境。辉河湿地有国家一级重点保护鸟类丹顶鹤、白头鹤、白鹤、大鸨、东方白鹳、玉带海雕等9种，国家二级重点保护鸟类白琵鹭、大天鹅、小天鹅、灰鹤、白枕鹤、蓑羽鹤等27种。一望无际的芦苇滩为身躯高大的鹤类提供了最适合的生境，分布于中国的9种鹤在这里就有6种。保护区研究人员1998年9—10月观测到丹顶鹤200多只，鹤群中有相当数量的幼鹤，还观测到白头鹤5只，灰鹤25只，白枕鹤164只；2001年9月郎惠卿教授在考察中观测到丹顶鹤300多只；2005年9月邢莲莲教授一次观测到丹顶鹤100多只。每年秋季在辉河两岸草地还有1000多只蓑羽鹤集群觅食。可见，辉河湿地不仅是丹顶鹤、白枕鹤、灰鹤、蓑羽鹤等多种珍稀鸟类的重要繁殖地，而且也是白鹤、白头鹤等众多迁徙水鸟的重要"驿站"，辉河湿地堪称"鹤之家"。

此外，每年有1000余只大天鹅在辉河湿地栖息繁殖。辉河及周围的众多湖泡为鸿雁、豆雁、斑嘴鸭、红头潜鸭、普通鸬鹚、凤头䴙䴘、黑颈䴙䴘、赤麻鸭、翘鼻麻鸭、骨顶鸡、红嘴鸥、银鸥等多种游禽提供了适宜栖息地。芦苇沼泽地生长有大面积的芦苇和香蒲，它不仅是雁鸭类、䴙䴘类等游禽和苍鹭、草鹭、大白鹭、丹顶鹤、白枕鹤等涉禽的繁殖地，而且也是多种水鸟的取食地和隐蔽场所。河岸灌丛、水边浅滩和部分积水草地是凤头麦鸡、林鹬、泽鹬、黑翅长脚鹬、白腰杓鹬、普通燕鸥、白翅浮鸥等中小型水鸟的栖息地。

沙地河湖鸟类 历史上经历过湖相沉积，风沙堆积，在第四纪冰期干冷强风气候的作用下，在内蒙古高原和鄂尔多斯高原的草原地区形成了毛乌素、浑善达克、科尔沁、呼伦贝尔四大沙地。由于沙地经风选的表层石英沙的毛细管作用弱，因而沙地具有很强的透水性和抗蒸发能力，在集中降水季节将水保存在沙中，潜流在低洼处渗出，形成湖泊和河流。沙地中的湖泊众多，大大小小有几百个。位于鄂尔多斯高原南部的毛乌素沙地，在风蚀洼地和沙丘间形成泊江海子、敖拜诺尔、红海子、神海子、红碱诺尔等100多个湖泊。面积较大，水较深的几个湖泊虽然湖面波动较大，但并不干涸，是多种水鸟的繁殖地及迁徙期间的觅食地。如敖拜诺尔是毛乌素沙地中的一个面积仅有 5.5 km² 小沙湖，水深 20～50 cm，pH 9.5～9.6，湖周围几乎全为流动沙丘，湖中有几个小的湖心岛。1991年何芬奇等在湖心岛上记录到遗鸥巢624个、鸥嘴噪鸥巢200个，2005年5月19日笔者在此记录到遗鸥、赤膀鸭、绿头鸭、翘鼻麻鸭、反嘴鹬、鸥嘴噪鸥、蓑羽鹤等水鸟17种。位于著名的锡林郭勒草原南部的浑善达克沙地中的沙湖更多，仅正蓝旗境内就有40多个，为小天鹅、绿翅鸭、针尾鸭等迁徙水鸟提供了歇脚和觅食环境。浑善达克沙地北部边缘由沙地渗水形成几个较大的湖泊湿地，如白银库伦、查干诺尔湿地，湿地中生长有大面积的芦苇和香蒲，为水鸟的栖息和繁殖创造了优越的条件，丹顶鹤、白枕鹤、蓑羽鹤、大天鹅、小天鹅、遗鸥、灰雁、琵嘴鸭、赤颈鸭、反嘴鹬、金鸻、矶鹬等70多种游禽和涉禽在这里栖息。鸿雁的种群数量较大，迁徙季节有2000多只。科尔沁沙地的北部边缘地带内散布着扎格斯台、浑泥土诺尔等几十个大小沙地湖泡，为适于不同生态环境繁殖的水鸟提供了营巢和觅食场所。笔者对这里的湿地进行过多次考察，记录到繁殖水鸟41种，如蓑羽鹤、白琵鹭、苍鹭、大麻鸭、鸿雁、大鸨、红脚鹬、银鸥等。

季节性积水区鸟类 在半干旱草原的路边低洼地常有季节性积水水域，这些小水域是因淤积的低液限粘土遇水膨胀而成软塑性隔水层，阻止雨水下渗，形成临时积水洼地，草原浸泡于水洼，营养丰富，底栖动物繁盛，是滨鹬类、黑尾塍鹬、白腰草鹬、林鹬等迁徙途中的重要觅食场所。

左：沙地湖泊。邢莲莲摄
右上：在沙地湖泊中繁殖的蓑羽鹤。王志芳摄
右中：在沙地湖泊中繁殖的赤麻鸭。王志芳摄
右下：迁徙途中在草原上水洼中栖息的白腰草鹬。王志芳摄

草原鸟类对栖息地的适应

广袤的草原为无树景观，植被层谱简单，隐蔽条件差，草原鸟类大多营地面巢和土洞巢，巢址缺乏空间层次及隐蔽条件，无论是巢、雏鸟，甚至是成鸟经常受到天敌和人类的威胁，它们必须获得特殊的适应本领，才能获得种群的繁盛。尤其巢址的选择最为重要。

巢址的选择 在草原地面营巢的常见种类有大鸨、蓑羽鹤、毛腿沙鸡、环颈雉、鹌鹑、斑翅山鹑及云雀、蒙古百灵、大短趾百灵等百灵科鸟类和布莱氏鹨、田鹨、白头鹀等；土洞中营造洞巢的最有名的是"鸟鼠同穴"者鹟科䳭属的常见种沙䳭、穗䳭、漠䳭、白顶䳭、黑喉石䳭等。它们多营巢于距地面几十厘米曾经的鼠类卧室，有人甚至见到过沙䳭在选择巢址时把鼠仔拉出洞外啄死，然后"鼠巢䳭占"，所以有人戏称沙䳭是鼠的舅舅。沙䳭、穗䳭甚至把巢筑在牧民收集的牛粪堆缝隙中，它们也和石雀、崖沙燕等在水蚀土崖上自己挖洞安家，组成混合群巢。崖沙燕为群居鸟类，在土崖壁掘洞巢，常把土崖加工成密如筛状的巢口，为防天敌，洞道曲曲弯弯长约半米以上，巢位于末端稍扩大的安全处。

鸟巢的地标 鸟类在坦荡的草原筑巢，鸟巢既要隐蔽，亲鸟又容易找到，所以一株高草、一堆牛粪、一片大叶植物，甚至一个蘑菇圈均可作为亲鸟回巢的地标。

蘑菇圈是茫茫草原上的奇观，它以有别于草原色彩的深绿色植物围成直径不同的圈，据说是由于蘑菇菌丝向外扩散，腐败后留下丰富的营养物资使土壤肥力好，保水能力强，所以草生长茂盛，远看上去颜色较周围植物深，一旦下雨蘑菇圈上就会长出许多蘑菇变成白色的蘑菇圈。鸟类则可以将蘑菇圈作为地标孵卵和育雏。

草原鸟类的巢址选择，崖沙燕的土洞巢。杨贵生摄

中国草原鸟类及其对环境的适应

上：草原上的蘑菇圈常常成为草原鸟类筑巢的地标。邢莲莲摄

下左：草原鸟类的巢址选择，大鵟的地面巢和巢中的卵。刘松涛摄

下右：以旁边的菊科植物为地标的蒙古百灵巢。邢莲莲摄

微地形的利用 在平坦的草原上，一个小小石堆微地形也可以成为鸟类"敖包相会"的地方。一次草原考察时只见雌性乌雕在平坦如湖面的草原上找到一个人工堆积的石堆，它站在石堆顶上居高远望，等待雄鸟归来。突然雄鸟口衔巢材从远处飞来，在靠近"妻子"时突然放慢飞行速度，温柔地直落于雌鸟背上，立即交配。

雏鸟的隐身绝技 大鸨、蓑羽鹤、鹌鹑、斑翅山鹑、毛腿沙鸡均在草原上营造极简陋的地面巢，它们就地将一些砾石摆放于草丛间即可做产房。它们的宝宝均为早成鸟，出壳后不久即可跟随双亲觅食，遇险时立即钻入草丛，利用自身斑纹隐身或者本能马上低头下蹲隐藏起来，随着草原的退化，这种与生俱来的"鸵鸟政策"伎俩往往是徒劳的。一次，

我们试图靠近一只蓑羽鹤雏鸟，它立即低头撅屁股向草原深处迅跑，还没有长出尾羽的"腚"高高竖起，可笑而又可怜。

饮哺雏鸟 在广袤草原深处，水是鸟的命脉，典型草原和荒漠草原的常见种毛腿沙鸡常常把巢建在远离水源、地势较高的灌丛下，雏鸟几天内不能远足，雄鸟以其快速飞行能力寻找水源，利用胸部海绵一样的羽毛吸足水，迅速返回饮哺雏鸟。研究者有一次偶然得到一只刚孵出不久的毛腿沙鸡雏鸟，在其嗉囊中发现了大量的水，说明它刚被亲鸟饮哺过。等幼鸟学会飞行，双亲带领它们去远处的饮水地，据说毛腿沙鸡为寻找水源一天可飞行180 km。

利用人工堆积的石堆作为求偶交配场所的草原雕。刘松涛摄

中国草原鸟类及其对环境的适应

草原简陋的地面巢缺少遮蔽，因此许多草原鸟类的雏鸟练就了一身"隐身"的绝技，以避免天敌的捕杀。但随着草原的退化，草丛密度和高度或将不足以作为它们藏身之所，将它们数万年来演化获得的适应策略化为徒劳，令人担忧

上：躲藏在草丛中的蓑羽鹤雏鸟，羽色与背景的草丛十分接近。张明摄

下：斑翅山鹑巢和雏鸟。邢莲莲摄

拟伤护雏 拟伤是隐蔽条件较差的草原鸟类获得的一种护雏行为。草原上繁殖的小型涉禽东方鸻在内蒙古典型草原和荒漠草原上分布很广，一次考察途中，一只东方鸻突然倒在车前近 10 m 处，两翅上翻，一副"受伤"的模样，研究者们早已识破了它"此地无银三百两"的拟伤把戏，并未上当，车继续慢慢前行，快要压到它的时候，它立即起飞，飞出十几米后又故伎重演，倒地"受伤"。研究者停车在周围寻找，发现了 3 只雏鸟正在利用母亲把"敌人"引开的机会四散逃窜，伟大的母爱使考察者十分震撼，目送它们母子团聚。草原上常见的赤麻鸭、翘鼻麻鸭在岩洞或土洞中作巢，雏鸟出壳后由双亲带领不畏艰险，钻出洞巢，甚至从悬崖跳下跟随双亲，去水域或者草原觅食，一旦遇有险情，亲鸟立即向远方飞去引开天敌，或者就地伪装"受伤"，等险情解除，立即返回雏鸟身边。

利用特殊地貌选择巢址 中国的东部是历史上火山活动频繁的地区，在内蒙古高原随处可见死火山锥，有的地方几十个火山锥呈链状排列。火山喷发时熔岩流势如破竹，漫过大地，塑造出熔岩台地，台地上覆盖着平坦的草原，台地边缘的熔岩舌和火山锥历经风雨浸蚀，洞隙发育，为岩洞、岩缝、山崖繁殖的大型猛禽，如草原雕、纵纹腹小鸮、长耳鸮、雕鸮、大鵟及赤麻鸭、白顶鵖、红胁蓝尾鸲、蓝矶鸫等提供了极好的繁殖场所，丰富了草原鸟类群落。

除了雏鸟具有优秀的保护色外，草原鸟类的亲鸟也具有特殊的护雏策略。图为拟伤的普通燕鸻。颜重威摄

中国草原鸟类及其对环境的适应

草原上的特殊地貌和
利用特殊地貌的鸟类

A 达里诺尔的火山
链。杨孝摄

B 在岩洞繁殖的雕
鸮。邢莲莲摄

C 风蚀断崖。邢莲莲摄

D 黄土丘陵上的民
居。尚士友摄

草原鸟类的迁徙特点

中国的草原东起东北松辽平原向西南方向经内蒙古高原、鄂尔多斯高原、陕甘宁黄土高原，直达青藏高原青海湖东北部。东西（从东北到西南）跨度达 4500 km。中国候鸟的西部、中部、东部三条主要迁徙通道都经过草原地区。坦荡无垠的草原中还分布着广大的湿地，总面积达 600 万 hm² 以上，包括河流湿地、湖泊湿地、沼泽湿地等。大小河流有 1000 多条，其中流域面积大于 1000 km² 的河流就有 100 多条；湖泊星罗棋布，有 1000 多个，水面面积大于 100 km² 的湖泊有 10 多个。这些草原上的湿地为迁徙水禽提供了适宜的繁殖地和迁徙通道上的停歇地。

草原鸟类的迁徙通道

在内蒙古西部干旱草原，甘肃、青海、宁夏等地的半荒漠草原和高原草甸中繁殖的夏候鸟，迁飞时向南沿横断山脉至四川盆地西部、云贵高原甚至印度半岛越冬，部分大中型候鸟可能飞越喜马拉雅山脉至印度、尼泊尔等地区越冬。在内蒙古东部、中部草原繁殖的候鸟，迁飞时沿太行山、吕梁山越过秦岭和大巴山区进入四川盆地以及向华中或更南地区越冬。在内蒙古东北部、东北地区草原繁殖的候鸟，它们可能沿海岸向南迁飞至华中或华南，甚至迁到东南亚各国；或由海岸直接到日本、马来西亚、菲律宾及澳大利亚等国越冬。

除了这些在草原地区繁殖的候鸟以外，中国草原地区的大部分游禽和涉禽在草原以北的俄罗斯西伯利亚地带繁殖，春秋迁徙季节经过草原地区，在内蒙古及其附近草原中的湿地停歇觅食，补充能量。如来自前苏联环志放飞的银鸥、红嘴鸥途径内蒙古中东部，迁至长江中下游越冬；在俄罗斯西伯利亚地区繁殖的鹭科鸟类秋季南迁到我国华北或华南沿海地区越冬时多数也途经草原。

草原地区部分环志候鸟的放飞与回收记录

鸟种	环号	环志地	回收日期	回收地	经过草原	信息来源
苍鹭	B-15502	苏联	1984.4.13	中国北京	内蒙古东部	中国鸟类环志年鉴
大天鹅	A19	蒙古国	2017.3.16	内蒙古包头	内蒙古中部	包头日报
大天鹅	E51	中国	2017.3.16	内蒙古包头	内蒙古中部	包头日报
白鹤		俄罗斯	1995—1996	中国	扎龙和白城间的湿地	樋口广芳，2005
丹顶鹤		俄罗斯	1993—1994		扎龙自然保护区	樋口广芳，2005
白枕鹤		日本	1990	日本	三江平原	樋口广芳，2005
白枕鹤		日本	1990	日本	扎龙自然保护区	樋口广芳，2005
银鸥	C-367818	苏联	1983.6.17	山东威海田村	内蒙古东部	中国鸟类环志年鉴
银鸥	C-345981	苏联	1983.5.27	沈阳锦州湾	内蒙古东部	中国鸟类环志年鉴
银鸥	B-119253	苏联	1984.2.20	南京玄武湖	内蒙古东部	中国鸟类环志年鉴
银鸥	C-146568	苏联	1983.9.11	天津海边	内蒙古东部	中国鸟类环志年鉴
银鸥	C-697795	苏联	1984.5.23	内蒙古赤峰达里诺尔湖	内蒙古东部	中国鸟类环志年鉴
银鸥	C-366507	苏联	1984.10.22	山东牟平	内蒙古东部	中国鸟类环志年鉴
银鸥	C-769515	苏联	1985.4	辽宁丹东地区海边	内蒙古东部	中国鸟类环志年鉴
红嘴鸥		俄罗斯贝加尔湖		中国长江下游	内蒙古中部	张浮允等，1997
红嘴鸥	M-403117	苏联	1984.2.12	安徽当涂石臼湖	内蒙古中部	中国鸟类环志年鉴
红嘴巨燕鸥	-999764	苏联	1980.7.15	山东威海田村	内蒙古东部	中国鸟类环志年鉴
红嘴巨燕鸥	M268655；M291481	苏联	1989.4.5	内蒙古乌梁素海	内蒙古中部	杨贵生等
红嘴巨燕鸥	-898476	苏联	1982.12	广东湛江涠洲岛	内蒙古东部	中国鸟类环志年鉴
煤山雀	B42-4936	中国	2003.10.13	黑龙江高峰林场	内蒙古东北部	李显达等，2005
煤山雀	A29-0161	中国	2003.9.30	内蒙古乌尔其汗	内蒙古东北部	李显达等，2005
白腰朱顶雀	A20-1840	中国	2004.1.3	内蒙古莫旗宝山镇	内蒙古东北部	李显达等，2005

中国草原鸟类及其对环境的适应

草原候鸟的迁徙方向

中国的草原不但面积大，而且东西跨度大，其中的湿地是多种迁徙候鸟特别是水禽的适宜繁殖地和迁徙通道上的驿站。环志及卫星跟踪器研究显示多数草原候鸟南北向迁徙，少数种类东西向迁徙，也有环形迁徙的鸟类。

南北向迁徙 在内蒙古和中国东北草原地区的湿地繁殖的丹顶鹤、白枕鹤、蓑羽鹤、灰鹤等主要为南北向迁徙。中国林业科学研究院全国鸟类环志中心1984年以来环志的丹顶鹤冬季大部分迁往长江中下游越冬，环志的白枕鹤从黑龙江齐齐哈尔近郊的扎龙自然保护区迁徙至日本南端的鹿儿岛越冬。近年来，在俄罗斯东北部安装信号发射器的5只白鹤，越过中俄边境的阿穆尔河之后，在扎龙和白城之间的湿地停留20多天，然后飞往渤海沿岸的盘锦湿地和黄河河口停留数日，最终飞到鄱阳湖越冬。雁鸭类在国内的繁殖地主要集中在东北和内蒙古东部，越冬地主要在长江以南，草原中的湿地既是雁鸭类的繁殖地，又是南北迁徙途中的停歇觅食地。每年2月末至3月底，内蒙古中西部的湖泊、河流有数万只迁徙过境的候鸟由南方迁来，其中国家重点保护动物有天鹅、鸿雁等珍禽，最多时一群就达几千只。如2015年12月，在安徽菜子湖被跟踪的一只鸿雁，于2016年3月末迁离越冬地，20多天后到达繁殖地内蒙古锡林郭勒。2017年3月16日，包头黄河国家湿地公园管理处工作人员在公园内发现2只被环志大天鹅，分别来自蒙古北部达克哈德

省和中国河南三门峡天鹅湖国家城市湿地公园。

东西向迁徙 草原地区东西向迁徙的候鸟虽然较少，但也时有相关研究报道。如红嘴巨燕鸥，迁徙季节先后在内蒙古西部的乌梁素海、中部的岱海、东部的达里诺尔出现数量高峰，最终到达中国东部沿海地区越冬，呈现东西向迁徙。环志研究结果表明，草鹭、白琵鹭、池鹭等鹭科涉禽均呈南北向迁徙，但草原地区也回收到来自日本的100-13301号夜鹭、100-26894号牛背鹭，说明其迁徙方向是由东向西的。

环形迁徙 近年来，北京林业大学郭玉明研究团队的研究结果显示，繁殖于鄂尔多斯的蓑羽鹤秋季迁徙路线与春季迁徙线路不同，构成一个近乎环形的路线。2015年7月，他们在内蒙古鄂尔多斯先后对5只成体蓑羽鹤进行环志并佩戴跟踪器后放飞。其中3只于2015年9月22日至10月5日先后向西迁飞，经宁夏中卫市、甘肃、青海、西藏安多县飞抵西藏喜马拉雅山脉北麓的仲巴县，夜栖于海拔4500～5100 m处，并于次日飞越喜马拉雅山脉直抵印度恒河上游附近，10月3日—14日，先后抵达印度西部拉贾斯坦邦，完成了它们的秋季迁徙。但它们春季并未沿秋季迁徙路线返回，而是于2016年3月下旬、4月初，先向西北方向经巴基斯坦，跨印度河进入阿富汗，飞越兴都库什山脉，在乌兹别克斯坦的艾达尔湖附近停歇几日后，其中2只飞入哈萨克斯坦南部，再向东进入中国新疆，飞入内蒙古境内后穿越巴丹吉林沙漠和乌兰布和沙漠，于4月21日和30日返回鄂尔多斯。

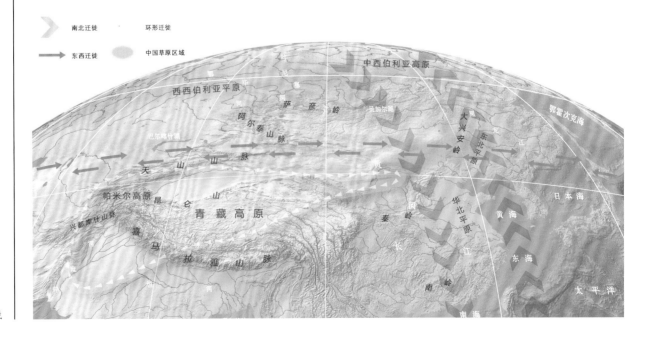

草原鸟类的迁徙路线

草原候鸟的迁徙时间

候鸟通常每年迁徙两次，即春季由越冬地迁往繁殖地，秋季由繁殖地迁往越冬地。鸟类春季和秋季迁徙的时间早晚一般与体形大小有关。在春季北迁期间，一般大型鸟类先抵达繁殖地，小型鸟类较晚到达；而在秋季南迁时，一般小型鸟类较早迁飞，天鹅、鸿雁等大型鸟类最后离开北方。研究者于1986—1987年春秋候鸟迁徙季节，在内蒙古乌梁素海自然保护区的南北端分别设立观察点，对迁来或迁离该湿地水鸟的种类、分布及种群数量等进行观察。结果如下：春季，3月中旬，大天鹅、小天鹅、疣鼻天鹅、鸿雁、豆雁、灰雁、琵嘴鸭、绿头鸭和绿翅鸭等大型水鸟陆续迁来；4月初，夜鹭、黑水鸡、黑尾塍鹬等中型水鸟初见；4月下旬，普通燕鸻、黄斑苇鳽等小型水鸟迁来；灰翅浮鸥于5月中旬才迁到。秋季，8月底9月初，在当地繁殖的灰翅浮鸥已开始南迁；接着，黄斑苇鳽、普通燕鸥、黑翅长脚鹬、普通燕鸻于9月末以前迁离；苍鹭、草鹭、大白鹭离巢后以家族为单位成小群活动，最晚在10月底甚至11月初才迁走；白琵鹭繁殖过后就开始集群，到10月初结成上百只大群，于11月上旬迁走；疣鼻天鹅直到11月上中旬湖水结冰时才迟迟迁离。

中国草原鸟类及其对环境的适应

左上：雁鸭类是草原地区最早迁来最晚迁走的鸟类。图为乌梁素海的疣鼻天鹅。沈越摄

左下：灰翅浮鸥是乌梁素海最晚迁来最早迁走的鸟类。杨贵生摄

右：冬季在冰雪覆盖的河流中有限的未结冰水域活动的小天鹅。杨贵生摄

水鸟的迁徙时间与河湖冻融的关系 内蒙古大草原的南北跨度很大，最宽处达 4 个纬度带。水鸟迁徙的早晚一般与不同区域的湖泊和河流结冰与融化的时间早晚有关。随着春季气温的逐渐回暖和秋季气温的逐渐变冷，湖泊、河流逐渐融化或结冰，使得水鸟的食物逐渐丰盛或短缺，从而影响到水鸟的迁徙。

位于内蒙古西南部的乌梁素海自然保护区（40°46′N～41°05′N），湖水于 11 月上旬至中旬才结冰，次年 2 月底 3 月初局部地区就开始解冻，3 月末或 4 月初全部解冻。每年春季的 2 月末至 3 月初，就有以水草和水草籽为主食的大天鹅、疣鼻天鹅，以鱼为主食的凤头鸊鷉等水鸟在湖南端接近泄水闸处最早融化的大约 10 hm² 水域中觅食。随着气温的回升，融化开的水面逐渐扩大，北迁途经此地的旅鸟和来这里繁殖的夏候鸟种类和数量逐渐增多。到 3 月中旬以后，大天鹅、疣鼻天鹅、灰雁、琵嘴鸭等大批水鸟陆续迁来。在秋季雁鸭类水鸟于 11 月中旬以后才迁离乌梁素海。

位于内蒙古中部的达里诺尔自然保护区（43°11′N～43°27′N），湖水于 10 月末 11 月初就开始结冰，春季要到 4 月初开始解冻，4 月中旬以后大湖才能全部融化。4 月初，从南方迁来的大天鹅、鸿雁、绿头鸭、斑嘴鸭、赤膀鸭等水鸟在湖边、河流入湖口及湖周沼泽地取食，4 月中旬天鹅、鸿雁、绿头鸭、斑嘴鸭、赤膀鸭、凤头鸊鷉、苍鹭等水鸟陆续开始大批迁来。进入秋季，在本地繁殖的雁鸭类开始集群活动，而在达里诺尔以北地区繁殖的绿翅鸭、琵嘴鸭、凤头潜鸭、大天鹅、鸿雁等水鸟相继来到达里诺尔。大多数水鸟于 10 月下旬以前迁离达里诺尔，而天鹅和鸿雁等大型水鸟一直到 10 月末 11 月初，寒冷气流袭来，湖面封冻的前一天，才恋恋不舍地离开达里诺尔，飞向南方。

位于内蒙古东北部的呼伦湖自然保护区（48°40′N～49°20′N），冬季甚为寒冷，每年 10 月底前湖面冰封，春天来得更晚，开湖日期为 4 月下旬至 5 月中旬。由于呼伦湖面积大、水深，在升高的气温和风力的作用下，2000 多 km² 湖面可在一日之内全部化开。在湖面化开之前，从南方迁来的水鸟先在湖附近的沼泽地及草地觅食。等湖面融化后，大天鹅、鸿雁、翘鼻麻鸭、赤麻鸭、绿头鸭等常混合结成上万只大群于岸边浅水中觅食。冬季在湖面封冻前天鹅等水鸟已迁离呼伦湖。

上述观察表明，水鸟迁来和迁离草原的早晚与湖泊、河流的结冰与融化的时间有关。但水鸟南迁并不是害怕寒冷，而是北方寒冷而漫长的冬季被冰雪覆盖的水域使它们无法取食到水中的食物。1991 年 1 月 15 日—18 日，研究者在乌梁素海湿地进行隆冬鸟类调查时，在湖南端泄水闸附近约 0.5 hm² 还没有结冰的水中见到 3 只白骨顶、5 只红嘴鸥和 7 只普通秋沙鸭。据向当地渔民和水站工作人员了解得知，由于受泄水闸放水的影响，有的年份冬季可有小面积水面不结冰，只要湖中还有不结冰的明水，里边就有水鸟取食。近年来调查发现，内蒙古地区城市排放的废水、火力发电厂排放的冷却水，冬季在城市附近的河流或湖泊中形成一定面积的不结冰区域，赤麻鸭、绿头鸭、鸿雁可留在这里度过冬天。如 2003 年 12 月杨贵生在锡林浩特北郊发电厂附近的浅水滩中记录到 58 只赤麻鸭，2009 年 1 月在呼和浩特附近小黑河未结冰的水中见到赤麻鸭 35 只，2013 年 12 月至 2014 年 3 月在鄂尔多斯伊金霍洛旗红海子湿地公园观察到 185 只赤麻鸭、56 只绿头鸭、1 只鸿雁在未结冰的水中觅食。这一现象说明，在北方繁殖的水鸟，冬季南迁主要是对湖泊和河流被冰雪覆盖导致缺乏足够食物的一种适应。

中国荒漠鸟类的生存适应

- 荒漠地区的的代表性鸟类有沙鸡、沙雀、地鸦、棕尾鵟和猎隼等
- 荒漠鸟类在活动节律、寻觅水源和食物、躲避高温和干旱等方面具有独特的生存策略
- 荒漠中的隐域性地带，如绿洲、盐泽、季节性湿地为荒漠鸟类提供栖息、觅食、饮水和避暑的场所
- 荒漠鸟类为保证繁殖成功会选择远离人类干扰且食物丰富的地区筑巢

荒漠鸟类的生存策略

苍凉的荒漠，常年干旱，植被稀少，通常被人类形容为生命的禁区。可是动物们却不这么认为，它们通过自己的生存策略，实现了一个又一个的荒漠里的奇迹。其中一些特有物种，如沙鸡、沙雀、地鸦、猎隼等就是荒漠里生存的佼佼者。

相对于其他脊椎动物，可以说所有的鸟类都是耐旱的，这是它们长期进化的结果。例如，鸟类为了长距离飞行，没有膀胱储尿，属于固体排尿，排泄终产物为尿酸，整个排泄过程几乎不消耗水分，它们对水分的利用和保存，循环往复，可以说达到炉火纯青的地步。还有鸟类的双呼吸系统，可以尽可能吸收气体里的水分，减少身体内水分的流失。不过，在干旱的荒漠地区，除了这些结构上、生理上的特殊进化，荒漠鸟类在行为上也有积极对策。

晨昏活动 荒漠地区缺少植被遮蔽，太阳辐射强，昼夜温差大，为了避开白天的高温日晒，绝大多数荒漠鸟类都在黎明或者日落黄昏出来觅食，活动时间虽然只有几个小时，但只要能够填饱肚子就行。

左：苍凉的荒漠中生存着一些适应极端环境的特殊鸟类，白尾地鸦就是其中的佼佼者。唐文明摄

右：荒漠地区昼夜温差大，荒漠鸟类常在晨昏活动，图为在夕阳下迁徙的鸟类。魏希明摄

寻找水源　在干旱的荒漠地区，水源对动物的生存至关重要。鸟类具有飞行能力，它们的特技是"高瞻远瞩"，在空中寻找水源要比在地面爬行的动物容易许多，而水面的反光，也能成为鸟类导航的线索。许多鸟类在夜间飞行，可以通过微弱的星光反射，寻找到水源地。

提前或缩短繁殖周期　在干旱的荒漠地区，盛夏的酷热并不适合繁殖后代，荒漠鸟类会采取提前或缩短繁殖周期的方式应对。例如，在塔克拉玛干沙漠，短趾百灵会提前开始产卵繁育后代，比山区的短趾百灵要提前几周到一两个月。白尾地鸦的幼鸟可能破壳后第 11 天就能够出巢，虽然此时它们还不一定会飞，但它们的奔跑能力自幼就已经练成，长腿和快速奔跑可以减少地表高温的灼伤。

巢址选择　为了避免高温和干旱对繁殖的不利影响，荒漠中的鸟类在选择巢址时也会格外费心。一些地方的沙地是潮湿的，荒漠鸟类选择在这样的地面凹陷处营巢，并且上方有杂草或灌木丛遮蔽，营造出相对凉爽和湿润的环境。例如，棕薮鸲通常选择在梭梭灌丛或红柳包下筑巢，以维持巢里的湿度。

迁徙与避暑　在酷热季节到来时，荒漠鸟类纷纷寻找自己的避暑圣地，如白翅啄木鸟会在胡杨林中隐藏，金雕则会选择在岩洞里乘凉，一些鸟类会迁徙到附近的山区避过炎炎夏日，如猎隼、小嘴乌鸦、巨嘴沙雀等。

散热能力　如果避暑不能解决炎热的问题，荒漠动物还有独特的散热本领。如雕鸮、小鸮、欧夜鹰等，经常张大嘴散热。它们可以从食物中获取足够的水分以补充散失。

中国荒漠鸟类的生存适应

上：荒漠中的普通鸬鹚选择在胡杨林中筑巢，以营造出相对凉爽和湿润的环境。马鸣摄

下：张嘴散热的雕鸮。宋丽军摄

荒漠中的代表性鸟类及其适应性行为

塔克拉玛干沙漠的精灵——白尾地鸦

位于新疆南部的塔克拉玛干沙漠是中国最大的沙漠，中国最早的沙漠公路轮台—民丰公路贯穿沙漠南北，公路的周边随处可以看到一些精灵般的鸟儿——白尾地鸦 Podoces biddulphi。白尾地鸦是中国的特有鸟类，国外称之为新疆地鸦，当地人称为沙鹊，其实更恰当的名称应该是"塔里木地鸦"或"塔里木漠鸦"，因为其分布区仅仅局限于新疆南部塔里木盆地中的塔克拉玛干沙漠。无独有偶，1876—1877 年俄国探险家普热瓦尔斯基在塔里木河至罗布泊考察时，曾经采集到白尾地鸦，当时就定名为"Tarim-Jay"，意为"塔里木松鸦"。

形态适应　白尾地鸦是典型的沙漠鸟类。由于长期在沙漠的环境中生存，白尾地鸦的身上打上了沙漠的烙印：它的体羽呈沙褐色，十分接近环境的颜色；嘴峰较长，并稍向下弯曲，具有挖掘和埋藏食物的功能；鼻孔被稠密的羽毛覆盖，极其适应干旱的荒漠环境，可以经受住沙尘暴的考验；翅短而圆，很少长距离飞行；跗跖长而强健，善于在沙漠中奔跑，最大跨步幅度为 48 cm，平均跨距约20 cm。当地维吾尔族称其为"克里尧丐"就有"大步流星，奔跑如飞"之意。

白尾地鸦栖息于松软流动的沙漠之中，特别偏爱塔克拉玛干沙漠腹地及沙漠绿洲边缘地区。其实塔克拉玛干沙漠并非完全的"死亡之海"，沙漠腹地的地下水资源较丰富，在低洼的沙丘间分布有芦苇、柽柳、罗布麻、胡杨、骆驼刺等少数几种植物。野生动物有狐狸、沙鼠、跳鼠、游隼、沙百灵、毛腿沙鸡、沙蜥、鬣蜥等。白尾地鸦营巢于红柳灌丛、盐穗木和小胡杨树上。巢呈杯状，内垫羊毛、干草、枯叶、多毛的种子（棉花籽）及其他动物的毛发等。据 Ludlow 等记录，白尾地鸦 3 月中旬已经开始繁殖，窝卵数 2～3 枚，卵大小为 33.7 mm×23.5 mm。据当地人反映，偶尔也栖息于地洞里。6～7 月，白尾地鸦通常会形成 4～6 只的集群，即为包含幼鸟的家庭群。

荒漠中奔跑如飞的白尾地鸦。刘哲青摄

中国荒漠鸟类的生存适应

与白尾地鸦一起生活
在塔克拉玛干沙漠的
其他动物：

A 沙鼠。魏希明摄

B 跳鼠。魏希明摄

C 荒漠沙蜥。马鸣摄

D 新疆鬣蜥。马鸣摄

觅食策略　茫茫沙漠中白尾地鸦吃什么？无数人对此充满了好奇。研究表明，白尾地鸦的食物包括金龟子、漠王甲、象甲、伪步行虫、金针虫等，繁殖季节以鞘翅目昆虫为主。这些昆虫大多数在地表活动，统称"甲壳虫"。其他时间也食蝗虫、蜥蜴、植物果实、种子、苇叶、双翅目幼虫及其他昆虫的幼虫等，胃检还发现马粪、玉米及甲虫，属于杂食性鸟类。

此外沙漠公路的临时停车场（垃圾站），或者是人类新建的临时定居点附近（如牧业村、养路段、石油基地、物探队、公路驿站），也是白尾地鸦经常觅食的地方。中科院徐峰博士对白尾地鸦的研究结果表明：在公路附近白尾地鸦的数量比远离公路的多。这是因为对于鸟类而言，在沙漠中寻找食物和庇护所是非常困难的。而道路的边缘尤其是防护林中可以为白尾地鸦提供足够的食物资源和巢区。此外，有记载的另一些陆生物种，如云雀、地山雀、长嘴百灵等在道路附近的地方种群丰富度也会偏高。

相对于它们的食物来源，白尾地鸦的觅食策略更是神奇！它们会通过储藏食物来应对食物缺乏的季节，而在缺乏标志物的茫茫沙漠中，它们总能精准地找回掩埋的食物。

动物会储存多余的食物，是一个很有趣的事情。而鸦类能通过定位和记忆，而不是嗅觉或随机碰运气，找回埋藏的食物，也是其智力水平高于其他鸟类的表现之一。实验观察发现白尾地鸦储藏食物的行为与其他鸦类十分接近。马鸣在野外考察中首次记录到白尾地鸦的储食行为，当把馕的碎片丢弃在路边时，机警的白尾地鸦很快发现并开始搬运食物，它们似乎不急于填饱肚子，而是先运输和埋藏，在最短的时间里清理完现场，不给其他动物或风沙留下太多的机会。

实际上只有少数鸟类具有储存食物的行为，如鹰类、隼类、猫头鹰、啄木鸟、鸦类、伯劳、山雀等。鸟类储存食物被认为是高级的觅食策略，它意味着鸟类具有在时间、空间上控制食物可获得性的能力，如果环境中的食物受到限制，如食物缺乏、所采食的生物生长周期变化、气候变化、休眠等，储食鸟类可以利用储备的食物度过艰难时期，而非储食鸟类就可能被迫漂泊、迁徙或因挨饿而丧失体重直至死亡。有时候鸟类埋藏的食物并不意味着日后都能利用，如果被埋藏的是一个生命繁殖体，如虫卵、蛹、植物种子、果实，时机成熟的时候还可能孕育出新的生命，这样储食鸟类就可能成为其他物种的传播者或播种者，而在缺乏生机的荒漠地区，白尾地鸦功莫大焉。

那么，在狂风肆虐又变幻莫测的茫茫沙海中，白尾地鸦是如何找到储藏的食物的？根据实验，鸟类不可能像兽类那样通过嗅觉去找回食物，更不会像食肉类那样撒尿来标记埋藏地。那么唯一的方式就是视觉定位，而在沙漠中这种定位是否管用？流动的沙丘使得沙漠中的景观难辨方位又瞬息万变，随机搜索无疑是大海捞针！目前，关于鸟类储存食物的研究仍不够深入，在中国国内几乎没有人从事这项研究，有许多问题仍是未解之谜。

此外，在沙漠中，白尾地鸦如何寻找水源维持身体所需的水分？作为体形较小的鸟类，白尾地鸦如何抵抗风沙的袭击？鸟类大多喜潮湿阴凉，塔克拉玛干沙漠的地面温度平均高达 70 ℃，白尾地鸦为何能够抗高温？这些都是未解之谜，有待研究者去揭开。

上：塔克拉玛干沙漠中的公路。为了阻止周围的流沙吞噬公路，人们沿公路两边用芦苇栅栏和芦苇方格织成巨大的网兜，将路旁的流沙牢牢兜住。此外，还种植了数百万株红柳、沙拐枣和梭梭，这些防护林为许多沙漠鸟类提供了觅食地和筑巢区。郝沛摄

下：正在喝水的白尾地鸦。王昌大摄

中国荒漠鸟类的生存适应

塔克拉玛干沙漠地面温度高达70℃，在这样的环境里白尾地鸦给荒漠带来生机。陈建伟摄

荒漠悬崖上的雄鹰——金雕

金雕是中国国家一级重点保护动物，数量稀少，生活在人迹罕至的深山、荒漠无人区，给人一种神秘的感觉，让无数人充满好奇。2010 年中科院新疆生态与地理研究所的金雕项目组在新疆北部的卡拉麦里、别珍套山和阿拉套山展开了调查，揭开了金雕在荒漠地区的生存之道。

巢址选择 金雕的巢址选择有三大原则：①地势险峻，视野开阔，且隐蔽性好，不易被人发现。因此金雕喜欢将自己的巢选在人迹罕至的荒山野岭，远离道路和人类活动频繁的地方。②安全性。为了保证后代的安全，它们总是将巢建在高高的悬崖上，位于山体悬崖的中上部，约三分之二的地方，即使被天敌或人类发现，也往往可望而不可及，很难爬上去对它们的卵和幼雏造成实际伤害。此外，巢址的周围往往还有其他几个空置的巨巢，可以迷惑敌人。③食物丰富。巢的周围要有辽阔的荒漠草原，旱獭、野兔、石鸡、北山羊等猎物出没。巢附近往往还有一条小溪，因为水源附近动物的种类、数量最丰富。

此外，研究者还发现，卡拉麦里的雕巢都选择在山坡的阴面，而在阿拉套山和别珍套山则选择在阳面。这是源于在金雕的繁殖期两地气候不同。阿拉套山和别珍套山属于天山山系，海拔较高，气温较低，不利于卵的孵化及雏鸟的生长发育，为了减少孵化期成鸟的能量投入及雏鸟生长发育的能量消耗，金雕多选择在阳坡营巢，以便保证巢内温度；而卡拉麦里位于准噶尔盆地的荒漠中，夏季气候炎热，尤其是 7 月份的地表温度可以高达 60～70 ℃，为了避免烈日当头时极度高温对卵和雏鸟的伤害，金雕倾向于在阴面营巢，利于遮阳。

巢体结构 根据实际测量，卡拉麦里的雕巢高 125.9±15.3 cm，外径 198.4±8.2 cm，内径 91.1±4.4 cm，凹深 12.0±1.7 cm，五个人睡在上面都绰绰有余。最大的百年老巢，铺垫有一人多高，厚厚实实的树枝犬牙交错，非常牢固。研究者亲身站上废弃的雕巢进行试验，雕巢十分牢固平稳，不仅可以活动，还能随意转身，甚至可以任意摆出各种造型。

雕巢的室内设计也是非常合理的，总共分为三

中国荒漠鸟类的生存适应

个区域：中间偏后的位置是孵化区，专业术语为"育儿室"；巢外缘向外突出一部分连同岩石，那是活动区域，供亲鸟投递食物，以及日后幼鸟练飞；最后紧靠岩石的部分是幼鸟的遮蔽区，紧靠向外倾斜的岩壁，既可遮风蔽日又能挡雨。

筑巢方式　金雕先是选用一些粗壮的树枝，插入岩石的缝隙中，这些是雕巢的支柱，用建筑术语来说就是"打桩"。雕巢是否稳固很大程度上取决于地基是否稳固，因而打桩的材料须格外用心。每根树枝可粗达 2～3 cm，树枝的一端牢牢挤进岩石缝隙中，另一端与其他树枝横向连接，利用树枝间天然的分叉，彼此紧紧固定在一起，好比传统建筑中的榫卯结构。

巢基打好之后，金雕用小一点的树枝一层一层搭建在原有的基础上，好比建筑过程中的"钢筋混凝土浇灌"。每一根树枝都不是随意的摆设，而是精心的设计，上一层的树枝插入下一层的缝隙中，环环相扣，从而形成一个整体。为确保巢的稳固性，金雕采用的梯形设计，下一层面积最大，越往上面积越小，每搭建一层用力踩实，最上层选用一些枯草做铺垫，那是孵化期和育雏期幼鸟成长的平台，因而一定要舒适。

由于金雕平时不住在巢中，每到孵化前期，亲鸟就会搭建巢，并在旧巢上加工修整，层层累加，年年积累，有的甚至经过家族几代的努力，因此年代久远的老巢规模更加宏伟。

沿用旧巢　金雕有沿用旧巢的习性，且利用方式与其他鸟类并不一样，并非每年沿用一个巢而是多个巢间隔轮流使用。

金雕的每个巢址都有好几个巢，从巢的规模和金雕的生态位和习性上来讲，这些巢必然都是金雕的，而不可能属于其他大型猛禽。而且金雕没有集群的习性，同时一个区域也不可能养活多个金雕家庭，观察的结果也发现每年每个巢址的几个巢只有一个巢被利用，因此可以确定，一个巢址的多个雕巢都是同一个金雕家庭所使用。如此体积庞大的雕巢，每一个都需耗费巨大的能量才能建成，为什么一对金雕要建那么多巢呢？研究者推测，金雕可能是轮换使用这几个巢，每隔一年或几年换一个巢使用，而后续观察也证实了这个推测，

轮换使用可以带来如下好处：①保持清洁。长期使用一个巢，必然会带来一些寄生虫、病菌等，而轮换使用可以利用阳光中的紫外线天然杀菌，清理空巢中的寄生虫、病菌等，以便来年再用；②意外情况下的备用巢。金雕繁殖非常艰辛，每年仅产 2～3 枚卵，而往往只能养活一只后代，如此低的存活率，亲鸟一定要确保万无一失，如果发生意外，附近多余的巢可以作为备用；③隐蔽目标，迷惑天敌。虽然金雕野外的天敌很少，但是幼鸟极易受到来自各方面的威胁。繁殖后期亲鸟每天大部分时间用于捕猎，不可能时刻保护幼鸟，多个巢穴则可以很好地规避风险，提高幼鸟的存活率。

中国草原与荒漠鸟类
的受胁与保护

中国草原鸟类的受胁与保护

■ 草原是多种野生鸟类的乐园，长久以来，草原上的牧民与鸟类和谐相处
■ 草原鸟类面临栖息地退化和消失以及非法猎捕的威胁
■ 草原鸟类的保护正在从公众宣传、立法执法、合理规划和管理保护区等方面开展
■ 草原地区已经建立了许多保护区，为保护草原鸟类作出了贡献

草原是多种野生鸟类生活的乐园

中国是世界上草原资源最丰富的国家之一，草原总面积有 $3.2 \times 10^8 \, \mathrm{hm^2}$，是现有耕地面积的三倍，在中国各类土地资源中占首位。生活于草原或草原中湿地的鸟类就有 400 多种。20 世纪 70 年代以前，一望无际的中国北方大草原上，人类的生产生活方式基本还是游牧。冬季，牧民选择草好而背风的塔拉作为冬季营盘，牛羊在这里度过漫长的严冬；夏季到水草好的地方，牲畜自己吃草、自己去找水喝，自由自在。轮牧生产方式决定了，草原除了承载成千上万的牛马羊外，也是多种野生鸟类生活的乐园。那时牧羊人骑马行进在草原上，随时可见到在蓝色天空飞翔的的百灵鸟。

辽阔的大草原也为多种珍稀鸟类提供了栖息地。珍稀猛禽主要栖息于草原及其附近的山地和湿地，他们经常在草原上空盘旋，对草原啮齿动物的数量起到抑制作用。草原生活的牧民从不拣食鸟蛋，也不猎杀野生鸟类。所以猛禽尚有一定数量，如金雕、草原雕、乌雕、大𫛭、普通𫛭、红隼、红脚隼、猎隼等。鹤形目珍稀濒危鸟类在草原分布广、数量较大，内蒙古中东部及东北草原是目前已知国内丹顶鹤、白枕鹤、蓑羽鹤等鹤类的最大繁殖地和鸟类迁徙季节的集群地。

上页图：新疆伊犁，为了保护在此繁殖的粉红椋鸟而停工的工地。静止的挖掘机与纷飞的椋鸟组成了一幅奇异的画面，也正是人们在西部大开发的进程中逐渐认识到鸟类与生态保护重要性的写照。刘璐摄

左：大鸨是草原上的明星物种，图为求偶的大鸨。李建强摄

右：猛禽是草原上的顶级消费者，开阔的草原为猛禽提供了视野绝佳的猎场。图为草原雕在草原上休息。杨贵生摄

草原鸟类是牧人的近邻

2005 年 7 月邢莲莲教授在内蒙古呼伦贝尔草原考察鸟类，考察车沿草原公路前行，蓝天白云，茵茵绿草，珍珠般的羊群，白莲一样的蒙古包向后退去。突然，一个牧户的夏营盘出现在眼前：一顶蒙古包、一辆勒勒车、一个奶酪晾晒架、一个用作燃料的牛粪堆、一匹悠闲吃草的马儿、一缕炊烟不紧不慢地飘忽上升，唯一透出现代气息的是那台小型风力发电机。

车上保护区的工作人员给研究者们讲了一个牧人和天鹅的故事：不知什么原因，一只天鹅死于牧户家前的水泡子，牧人把它捞起来，给它的脖子上栓了根红绳放回并默默祷告，希望它能活过来。在贡格尔草原一家牧户的草场内距离房子仅一百米处有一个水泡子，在牧户的守护下，黑颈鸊鷉、普通燕鸥等从容地繁衍后代。

草原牧民为保一方净土，不在河湖中洗衣，倒场时将蒙古包下面的植被全部恢复，栓马的木桩下面的小土洞也要填平。一次看见一家三口在河边祭拜河神，虽不敢靠近去了解细节，但那份虔诚已让人尊敬，以上种种足以可见真正的牧人对大自然的敬畏和自然崇拜的自然观。

傍晚，夕阳下，火红的彩晕仍流连于天际，因空气层密度不同和水汽的折射各异，天幕上悬挂出六个太阳的奇异幻景。

鸟儿们匆匆回家，它们的孩子正在牧户家的土台上等待父母归来。不一会儿，天空被染成藏蓝色，一轮明月慢慢从山后升起。长耳鸮、短耳鸮、雕鸮等夜行者开始出动，它们的面盘上的一双大眼向前，视野重叠，可精确定位猎物，视网膜上有很多可以感受弱光的视杆细胞，在黑暗中也可以轻易发现鼠类；鸮类的面盘由有别于周围颜色的曲状羽毛围成，喇叭对折状的特大耳孔占去每侧面盘的一半以上，使其听觉十分灵敏。鸮类特有的视觉听觉系统特别适于夜间活动，打了一个时间差，避免与昼行者的竞争。

草原上夕阳西下时天幕上六个太阳的奇异景象。邢莲莲摄

中国草原鸟类的受胁与保护

上：牧户的夏营盘。
邢莲莲摄

中：草原上鸟类与人
类和谐相处，图为
牧民家附近的黑颈䴘
䴘。宋丽军摄

左下：回家的大鵟亲
鸟。刘松涛摄

右下：等待亲鸟回
家的大鵟幼鸟。刘松
涛摄

草原鸟类面临的威胁

辽阔的草原是人与鸟类共有的家园，通过占有不同的生态位，分割自然资源，人和鸟类均由天性使然，各自遵循自然法则，都以自身的存在维护草原生态系统的有序运转。以前人们常把这种随大自然演变形成的原生草原与落后联系在一起，甚至称之为蛮荒之地。

随着社会的发展，人类成为大自然的主宰，发展经济成为社会的主题和人类最大的愿望，人们也为此付出了巨大的生态代价。交通发展、人口剧增、矿山开发、开采天然气、建立工业园区等经济活动，使得鸟类的栖息地被扰动和破碎化；部分草原的过载放牧、搂发菜、捕蝎子、挖草药等加速草原的退化。草原盖度的降低，使大鸨、蓑羽鹤、鸿雁等大型鸟类隐蔽条件变差，增加了躲避天敌和逃生的难度，甚至导致繁殖失败；草原上河湖鱼类的过度捕捞致使玉带海雕、白尾海雕等以鱼为食的大型鸟类食物链受损，甚至完全断裂，增加了它们的濒危程度；乱捕滥猎金雕、苍鹰、猎隼等猛禽，繁殖季节大量捕捉蒙古百灵雏鸟等案件时有发生，给草原鸟类的生存带来很大压力。总的来说，草原鸟类面临的威胁来自生态环境的变化和人类行为的变化两方面，而生态环境的变化中，人类干扰也是重要因素。

呼伦贝尔草原上的狼毒，虽然非常美丽，但其实是草原退化的标志。张书清摄

中国草原鸟类的受胁与保护

草原生态面临气候变化和人类活动的威胁

草原地区气候相对干旱、土壤层薄，高大乔木无法生长，草原植被就成了保持水土的重要地理屏障，也是阻止沙漠蔓延的天然防线，起着生态屏障作用。但是受限于自然条件，草原生态系统结构简单，物种多样性不如森林生态系统，生态平衡脆弱，很容易受到气候变化和人类干扰的影响而向荒漠转变。

20 世纪 80 年代以来，在气候变化和人为活动的强烈扰动下，中国的草原生态环境已经严重恶化。干旱和超载放牧，造成草场严重退化，风吹草低见牛羊的景观已不多见，一些大型草原鸟类如大鸨等就难以找到隐蔽良好的繁殖场所，导致繁殖失败，数量减少。刘伯文等于 1996 年在图木吉考察，发现在那里繁殖的大鸨只有 50% 繁殖成功，几乎有一半的巢和卵被牛羊践踏破坏。随着更多外来人的进入，部分草原被开垦为农田，曾是野生鸟类天堂的草原逐渐被破坏。蓝天绿草的优质草原上建设了工业园

区，污水的大量排放对其附近的河流和湖泊造成严重污染，使很多水鸟失去了适宜的栖息环境。锡林郭勒草原和鄂尔多斯草原上露天开采的大型煤矿对草原鸟类栖息地的破坏更为严重。近年来，随着人们收入的提高，在春夏之交出现了"生态旅游"热，草原是其中最具吸引力的目标地点之一，但由于管理不善，不少地方因旅游直接造成环境的破坏，珍稀动物消失。

随着经济的发展，人们生活层次的不断提高，在人与濒危鸟类争夺生活空间的斗争中，鸟类是弱者，它们往往只能以自身数量的变化和分布区的缩小反馈给人类某种信息，目前，此种信息在草原也并不少见。1998 年 5 月 14 日，杨贵生教授与台湾学者合作，对内蒙古中部草原中的黄旗海的鸟类做了短暂的考察，发现珍稀鸟类黑嘴鸥 40 只；1999 年 6 月 7 日杨贵生教授再次赴黄旗海考察时，发现由于干旱和污染，湖面已经大大缩小，水中的主要生物是耐盐碱的卤虫，不但黑嘴鸥消失无踪，其他水鸟也已很少。相反，白琵鹭在乌梁素海的数量却逐年增加，从 1995 年的 36 只增加到 1998 年近 2000 只，这些信息向人们提示乌梁素海正加速沼泽化，白琵鹭取食于浅水沼泽，近几年来，黄河灌区的退水带入乌梁素海大量的磷，乌梁素海水体超富营养化，浅水区小虾泛滥，白琵鹭食物充足，大片的芦苇为白琵鹭提供了良好的繁殖场所。

非法滥猎给鸟类生存带来威胁

近几十年来，受经济利益的影响，草原上乱捕滥猎的不法行为屡屡发生。由于草原上视野开阔，缺少遮蔽，一些鸟类在繁殖或迁徙季节大量集群，给人类的猎捕提供了便利，导致草原地区的乱捕滥猎行为尤其严重。金雕、苍鹰、猎隼等猛禽被猎捕作为鹰猎的玩物，蒙古百灵等鸣禽被作为笼养鸟贩卖，黄胸鹀等鹀类则成为人类餐桌上的美食。

这些猎捕行为不仅直接影响到草原鸟类的生存，还造成许多间接效应。例如，猛禽是草原鼠类的主要天敌，猛禽被大量捕获导致鼠类天敌的减少，草原鼠害日益严重，破坏了生态平衡，加速了草原的荒漠化。而草原荒漠化又进一步对草原上的野生动物造成广泛而深远的影响。

草原鸟类的保护对策

保护鸟类是人类对所在环境及自身命运进行深层次的思考后提出的命题。在人类生存和发展的同时应该想办法给野生鸟类留出一些空间，让它们生存、发展，为人类、为生物界的发展继续作出贡献。

公众宣传工作是保护草原野生鸟类的重要环节。通过各种新闻媒体，大力宣传保护野生鸟类的重要性，不断提高全民保护鸟类的意识。草原地区有关部门应制定公众野生鸟类保护宣传教育方案和目标，做广泛、深入、长期的宣传，环境保护、林业部门应经常组织青少年生态夏令营、开展濒危珍稀鸟类竞赛、举办濒危鸟类图片展览等活动，提高人们鉴别濒危鸟类的能力，激发他们的爱鸟热情。加强对目前持枪者法治观念的教育，因为近年来大多数制成标本出售的濒危鸟类是由这些人中的少数人猎捕的。

严禁破坏鸟类生存的各类草原生态环境，为各种濒危珍稀鸟类脱濒创造广阔的栖息地。坚决停止

对草原的开垦。草原区应以草定畜，减少牲畜头数，逐步改善生态环境，为在草原栖息的濒危鸟类提供营巢和隐蔽条件。

有关部门应以生态学和环境保护理论为依据规划草原自然保护区。加强对已有的草原自然保护区的管理，对濒危鸟类进行有效保护。保护区应建立独立的行政管理机构。现有的大多数保护区行政管理部门与生产部门没有分离。难以合理处理资源保护与开发利用间的矛盾，往往是重视经营，忽视环境保护。有计划地对保护区管理人员进行培训，提高他们的业务水平和素质；吸纳环保专业和动物专业毕业生，充实环保队伍，为草原环境、草原濒危珍稀鸟类保护发挥他们的作用。

近几十年来，国内外保护鸟类的意识逐步提高，各种保护鸟类的相关《公约》《保护纲要》《红皮书》《红色名录》等相继发布，为保护鸟类栖息环境的草原以草定畜，春季禁牧等政策正在贯彻执行；以保护鸟类及其栖息环境为目标的各级自然保护区遍布各地；群众性的观鸟活动和鸟类摄影已遍地开花，甚至偏远的县城也有鸟类摄影组织；交通、采矿等重大项目实施前均需按照《环境影响评价技术导则》的要求编写实施方案，并组织专家组评审，项目对鸟类的影响是必不可缺的评审内容，虽然目前还不要求评价鸟类在生态系统中作用的价值，但均提出鸟类保护对策；自然保护区大多设有鸟类救助站，虽然能够得到救助的鸟类还是少数，但是此项工作对拉近人与鸟类的关系，加强人类保护野生动物的责任感，建设生态文明有着重要的意义。

上：被救助的雕鸮幼鸟。邢莲莲摄

下左：被救助的草原雕与救助者合影。周长江摄

下右：呼伦湖保护区先后在草原上救助了3只蓑羽鹤幼鸟。一次，其中的一只傍晚还没有"回家"，工作人员遍寻无果，正在着急，突然先回来的两只飞出去，不一会就把那只走失者找了回来。也是在呼伦湖，一只从断崖上不幸掉落、无法回巢的草原雕幼鸟被救助站救回并养大。秋天来临，它外出觅食的次数和时间逐渐增加，但是晚上仍在救助站的瞭望塔上过夜，人若出去，路过它的旁边，它往往友好地站起来。突然有一天，它听从大自然的召唤，加入到迁徙大军中，回归了大自然。救助站的人们由此得到无穷乐趣和成就感，剩下的就是期待。图为被救助的蓑羽鹤与草原雕幼鸟。邢莲莲摄

中国草原鸟类的主要栖息地与保护区

　　人们逐渐认识到草原鸟类保护的重要性，因为保护草原就是保护人类自身的生存环境。如今，在中国广袤的草原地区，已经建立了许许多多以草原生态系统、草原上的湿地、草原鸟类或其他草原野生动植物为主要保护对象的保护区。这些保护区都成为草原鸟类最后的庇护所。希望随着人们对草原保护的认识的提高，给野生鸟类留有生存的一隅之地，让它们能繁衍下去。愿广阔无垠的草原天更蓝、草更绿、水更清，绚丽多彩的草原成为鸟类的乐园。

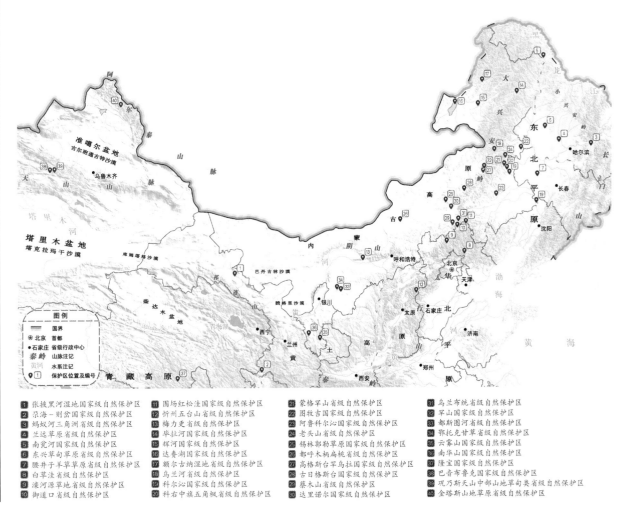

上：中国草原地区的主要保护区

下：位于大兴安岭以西的呼伦贝尔草原，是中国保存最完好的草原，水草丰美，有"牧草王国"之称。这里还是北方游猎、游牧民的成长摇篮。郭伟忠摄

① 张掖黑河湿地国家级自然保护区	⑪ 围场红松洼国家级自然保护区	㉑ 蒙格罕山省级自然保护区	㉛ 乌兰布统省级自然保护区
② 尕海－则岔国家级自然保护区	⑫ 忻州五台山省级自然保护区	㉒ 图牧吉国家级自然保护区	㉜ 罕山国家级自然保护区
③ 蚂蚁河三角洲省级自然保护区	⑬ 梅力更省级自然保护区	㉓ 阿鲁科尔沁国家级自然保护区	㉝ 都斯图河省级自然保护区
④ 兰远草原省级自然保护区	⑭ 毕拉河国家级自然保护区	㉔ 老头山省级自然保护区	㉞ 鄂托克甘草省级自然保护区
⑤ 南瓮河国家级自然保护区	⑮ 辉河国家级自然保护区	㉕ 扬林郭勒草原国家级自然保护区	㉟ 云雾山国家级自然保护区
⑥ 东兴草甸草原省级自然保护区	⑯ 达赉湖国家级自然保护区	㉖ 都呼木栋高桃省级自然保护区	㊱ 南华山国家级自然保护区
⑦ 腰井子羊草原省级自然保护区	⑰ 额尔古纳湿地省级自然保护区	㉗ 高格斯台罕乌拉国家级自然保护区	㊲ 隆宝国家级自然保护区
⑧ 白草洼省级自然保护区	⑱ 乌兰河省级自然保护区	㉘ 古日格斯台国家级自然保护区	㊳ 巴音布鲁克国家级自然保护区
⑨ 滦河源草地省级自然保护区	⑲ 科尔沁国家级自然保护区	㉙ 蒿木山省级自然保护区	㊴ 巩乃斯天山中部山地草甸类省级自然保护区
⑩ 御道口省级自然保护区	⑳ 科右中旗五角枫省级自然保护区	㉚ 达里诺尔国家级自然保护区	㊵ 金塔斯山地草原省级自然保护区

图牧吉国家级自然保护区 图牧吉国家级自然保护区是一个以大鸨等珍稀鸟类及其赖以生存的草原和湿地生态系统为保护对象的保护区，位于内蒙古、黑龙江、吉林交界地带的内蒙古扎赉特旗境内。保护区地处大兴安岭东侧向松嫩平原的过渡地带，地势西高东低、波状起伏，境内有图牧吉泡、三道泡、哈达泡、靠山泡等众多湖泊，大面积的湖泊沼泽点缀在广阔的草原上，为野生动物的栖息、繁衍提供了有利条件。图牧吉有鸟类 310 种，其中国家一级重点保护鸟类有大鸨、白鹳、黑鹳、丹顶鹤、白头鹤、金雕、白尾海雕、虎头海雕等 13 种，国家二级重点

保护鸟类有白琵鹭、大天鹅、小天鹅、鸳鸯、蓑羽鹤、猎隼等 47 种。作为全国唯一一个以保护大鸨为主的国家级自然保护区，图牧吉是中国大鸨分布较为集中的地区。据查，在这里繁殖的大鸨有 60 多对，常驻的大鸨有 200 多只，迁徙季节在这里停留的超过 300 只，是中国大鸨的关键种群栖息地。

阿鲁科尔沁国家级自然保护区 阿鲁科尔沁国家级自然保护区是一个以沙地草原、湿地生态系统及珍稀鸟类为主要保护对象的自然保护区，位于内蒙古自治区阿鲁科尔沁旗东部。保护区地处大兴安岭南部山地山前台地和山间河谷地带，位于科尔沁沙地北缘，主体是连绵起伏的沙地草原和退化的典型草原，北部的丘陵山地形成灌丛草原，乌力吉木沦河和黑哈尔河两大河流穿越保护区并在保护区东南部汇合，沿河形成众多小型湖泊、水泡，在保护区北部和东南部发育成大面积的湿地。保护区是候鸟迁徙的重要通道和驿站，同时也是众多珍稀鸟类的繁殖区，有鸟类 151 种，其中国家一级重点保护鸟类有丹顶鹤、大鸨、遗鸥 3 种，国家二级重点保护鸟类有燕隼、红隼、大天鹅、小天鹅、秃鹫等 28 种。

上：图牧吉国家级自然保护区里的大鸨。陈建伟摄

下：阿鲁科尔沁国家级自然保护区景观。韩国智摄

中国草原鸟类的受胁与保护

围场红松洼国家级自然保护区 围场红松洼国家级自然保护区是一个以草原生态系统为主要保护对象的自然保护区，位于河北最北部内蒙古高原的东南缘，是大兴安岭南部余脉与燕山山脉北端汇合结节处塞罕坝东段，属于不同自然地理区域的过渡地带，草原植被具有不同自然气候地带的典型代表性。保护区地貌为高原台地，平均海拔 1750 m，植被以亚高山草甸为主，覆盖率在 90% 以上，为华北亚高山草甸保存最好的区域之一。由于位于东北、华北、内蒙古三大植物区系交汇地带，保护区生物多样性比较丰富，分布有国家重点保护的药用植物 8 种以及白鹤、黑鹳、大鸨、大天鹅等国家保护野生动物 20 种。

锡林郭勒草原国家级自然保护区 锡林郭勒草原国家级自然保护区是以典型草原、草甸草原、沙地疏林草原为主要保护对象的保护区，是中国第一个也是面积最大的草原草甸类型的自然保护区。保护区位于内蒙古锡林河流域，1985 年建立，1997 年晋升为国家级自然保护区，是中国最早加入世界生物圈保护区网络的 16 个自然保护区之一，也是其中唯一一个草原草甸类型的自然保护区。保护区内保存有完整而类型齐全的原生草原，其中以大针茅草原为代表的典型草原和以羊草草原为代表的草甸草原是保护区的首要保护对象。锡林河沿岸有宽阔的河谷湿地，北面绵亘着一条宽约 10 km 的固定沙带，沙地上保存了云杉林、山杨林、白桦林等片状疏林，林间草本植物生长茂盛，形成沙地上特有的沙地疏林草原景观。保护区内有哺乳动物 33 种，鸟类 174 种，其中国家一级重点保护动物有丹顶鹤、东方白鹳、大鸨、玉带海雕等 5 种，国家二级重点保护动物有大天鹅、草原雕、黄羊等 23 种。

上：红松洼草原是华北亚高山草甸保存最好的区域

下：锡林郭勒草原国家级自然保护区是中国面积最大的草原草甸类型自然保护区

达里诺尔国家级自然保护区 达里诺尔自然保护区位于内蒙古赤峰市克什克腾旗西部,是围绕达里诺尔湖建立的一个保护区,主要保护对象是这里的珍稀鸟类及其赖以生存的湖泊、河流、沼泽湿地、草原、林地等多样的生态系统。保护区西部、北部的玄武台地和湖积平原上发育着内蒙古高原最具代表意义的栗钙土禾草草原,南部的小腾格里沙地榆树疏林、丘间低地、大小不等的水泡镶嵌分布,构成了别具特色的榆树疏林草原景观。境内有贡格尔河、亮子河、沙里河、耗来河等四条河流,均注入达里诺尔湖,曲流极为发育,两岸多发育形成湿草甸。达里诺尔位于重要的候鸟迁徙通道上,特殊的地理位置和优越的生态条件支持着丰富的鸟类多样性,这里分布有鸟类 298 种,其中国家一级重点保护鸟类有丹顶鹤、大鸨、遗鸥、东方白鹳、黑鹳、玉带海雕、白头鹤、金雕、白尾海雕 9 种,国家二级重点保护鸟类 43 种。

云雾山国家级自然保护区 云雾山国家级自然保护区是以黄土高原半干旱区典型草原生态系统为主要保护对象的保护区,位于宁夏南部的固原市,是中国黄土高原半干旱区典型草原保留面积最大的典型地段。境内山体浑圆,山坡平缓,黄土层覆盖深厚。主体植被是典型草原,建群种和优势种主要有本氏针茅、百里香、铁杆蒿、星毛委陵菜、茭蒿、香茅草等。保护区内有国家一级重点保护动物玉带海雕、金雕和大鸨 3 种,国家二级重点保护动物兔狲、猞猁和灰鹤 3 种。

上:云雾山国家级自然保护区的草原。祁瀛涛摄

下:达里诺尔保护区的白头鹤。宋丽军摄

中国草原鸟类的受胁与保护

巴音布鲁克国家级自然保护区 巴音布鲁克国家级自然保护区是以天鹅等珍稀水禽和沼泽湿地为主要保护对象的保护区，位于新疆天山山脉中部的山间盆地中，是中国最大的高山草原——巴音布鲁克草原的一部分。保护区海拔 2400 m 左右，四周为雪山环抱，冰雪融水滋润着山间盆地，形成了大量的沼泽草地和湖泊。宽广的天然牧场和丰美的水草吸引着众多鸟类，保护区有鸟类 128 种，其中国家一级重点保护鸟类有黑鹳、金雕、白肩雕等，国家二级重点保护鸟类有大天鹅、暗腹雪鸡等。保护区大大小小的湖泊中栖息着中国最大的野生天鹅繁殖种群，是世界上野生大天鹅繁殖的最南限。

巴音布鲁克国家级自然保护区是中国最大的高山草原的一部分。图为凄美的巴音布鲁克国家级自然保护区景观。宋琦摄

中国荒漠鸟类的受胁与保护

- 荒漠地区生活着许多特有鸟类，如白尾地鸦、黑尾地鸦、蒙古沙雀、黑腹沙鸡、中亚鸽
- 荒漠地区的鸟类面临着现代的西部大开发和传统的鹰猎文化的双重威胁
- 荒漠鸟类的保护需要从重视栖息地保护、严格执法和加强宣传教育等方面入手
- 荒漠地区已经建立了一些自然保护区，但相对于森林地区保护区比例仍然较低，保护区管理也存在不足，需要进一步完善

荒漠地区鸟类的受胁情况

中国的荒漠地区位于青藏高原、中国北方森林草原和中亚荒漠草原的交界地带，高山盆地相间，地貌类型多样，这决定了其中的动物区系组成复杂，高地型、中亚型和北方型的成分在此交汇，互相渗透。这里分布的许多鸟类独具特色，或者为地区特有种，或者是在中国仅见于此，一些广布物种也往往在此分化出地方特有亚种，具有特殊的保护价值。

荒漠地区气候干旱，植被稀疏，植物种类单调，生物生产量很低，能量流动和物质循环缓慢，生态平衡极为脆弱。历史上，严酷的自然条件决定了这里地广人稀，人类对自然环境的干扰较少，成为野生动物的天堂。然而随着现代文明的发展，人类对自然的改造力度加大，脆弱的荒漠生态系统在人类面前变得岌岌可危，野生动物的生存空间被大大压缩。分布在荒漠地区的鸟类中，有些物种分布范围局限于一个狭窄的地区，有些物种虽然分布广泛，但种群数量并不丰富，都容易受胁。下面我们通过中国荒漠地区的两大代表性物种来一窥荒漠鸟类的受胁情况。

左：荒漠地区是猛禽的乐园，但同样也是猛禽盗猎的重灾区。图为悬崖上草原雕的巢和幼鸟。马鸣摄

右：白尾地鸦生活的沙漠地区虽然人烟稀少，但随着塔里木油田的开发，沙漠中的公路网和人类活动营地都在增加，一方面为白尾地鸦提供了更多的食物来源，但另一方面也直接或间接地威胁到了白尾地鸦的生命安全

案例1——狭域分布的鸟类受胁情况

以狭域分布的白尾地鸦为例，其生存环境十分狭窄和脆弱。白尾地鸦面临的威胁来自许多方面，比如人口增加所带来的环境恶化、石油开采、开荒、塔里木河断流、猎杀和天敌等。虽然，在白尾地鸦分布的塔克拉玛干沙漠地区人烟稀少，人为破坏相对较小，但50年来周边地区的开发活动日益加重，对沙漠植被、河流、湖泊、地下水位、气候都有深刻的影响。

1990年以来石油业的发展使得沙漠中的公路网和人类活动营地增加，直接或间接地威胁到了白尾地鸦的生命安全。由于常年生活在沙漠中，荒无人烟，缺少文化娱乐活动，工人们常常以捕鸟为乐，特别是在闲暇的季节。此外，一些外来的农民工收入微薄，经常发现他们捕捉野生动物，用于食肉或者是贩卖。白尾地鸦喜欢在人类定居点附近的垃圾堆上活动，有时也进入营区觅食，容易被捕捉。可笑的是，早在1874年外国探险家采集并命名白尾地鸦时，2号模式标本中的一个就是在鸟市上发现并采购的。

受传统中医的影响和迷信野生动物的特殊滋补作用，人们经常四处寻找"秘方"，以求强身健体，白尾地鸦就是被选择的目标之一。因为它们生活在极其恶劣的环境中，人们迷信其骨、肉、血液、脑汁都有特效，几乎可以包治百病。

除了滋补作用以外，民间还有更为迷信的说法，认为白尾地鸦具有发掘珠宝的能力，喜欢将耳环、戒指、珠宝等贵重的首饰深埋于沙地中。这是因为鸦类具有挖掘和埋藏食物的天性，而白尾地鸦喜欢在沙漠古城附近活动，是唯一能引起沙漠行者注意的生灵，于是就成为"盗墓贼"的"指示鸟"。实际上，白尾地鸦出没于沙漠古城附近是因为历史上的古城多位于故河道的尾闾，如今依然有着比较丰富的地下水和植被，自然就成为白尾地鸦经常出没的栖息地。可是人们追逐白尾地鸦的过程中往往会直接伤害它们或者间接干扰它们的生活和繁殖。

此外，石油开发造成的污染，公路上的汽车撞击等一系列环境问题也会令白尾地鸦受到伤害。白尾地鸦目前的数量已不足7000只，被列为"世界濒危鸟类"和"全球狭布鸟种"，已被收入《亚洲鸟类红皮书》之中。

案例2——猛禽受胁现状

中国人烟稀少的荒漠地区是金雕以及许多猛禽的乐园，然而随着西部大开发的进程和鹰猎文化的复兴，它们面临栖息地破坏和偷猎的威胁。

在中国新疆辽阔的土地上，生活着大约51种猛禽，包括鹗、鸢、鹞、鵟、雕、隼、鸮等。无论种类还是数量都居全国前列，无愧为猛禽的王国。然而，随着近年西部开发进程，开矿、修路、旅游、过度采伐和过度放牧等造成的栖息地破坏，不仅严重破坏了自然资源，也迫使猛禽离开它们的栖息地。

在古尔班通古特沙漠东部的卡拉麦里山自然保护区，几年前中科院新疆生态与地理研究所的猛禽项目组统计到约340个猛禽巢，其中约9%的巢是被金雕、猎隼、棕尾鵟、红隼、黄爪隼、雕鸮、小鸮等利用的。直径两三米、厚一两米的百年老巢随处可见。随着西部大开发的加剧，这些巢的入住率在不断下降，已经从9%降至3%以下。有的猛禽家庭永远离开了自己的家园。为什么会这样呢？举一个例子你就会明白。在卡拉麦里山有个蹄类野生动物保护区，因为要给开挖大型露天煤田让地方，2006—2008年竟然三易保护区边界，改变早已规划好的图纸，核心区缩水、北移。只有短短三四年，40多家大企业进入保护区。昔日的荒漠戈壁，如今车水马龙。那些130 t以上的超重型卡车，昼夜穿行，地动山摇。很快，鹅喉羚绝迹，蒙古野驴消失，许多猛禽的食物基地被彻底毁灭，它们只能远走高飞。

此外，在新疆、西藏和青海消灭啮齿类的活动已经持续了许多年了，采取的方式多为投毒，而啮齿类是猛禽的主要食物来源，为灭鼠而投放的毒饵往往通过食物链富集到猛禽体内，导致它们不育，产下软蛋，甚至胚胎死亡。此外，随着开发而到处架设的高压电线，有时会直接造成猛禽触电死亡。

中国西部的荒漠地区及其临近的中亚地区、中东地区盛行鹰猎文化，长期以来有驯养猛禽的传统，甚至成为身份的象征而受到追捧。而猛禽的人工繁育技术一直没有解决，驯养的猛禽绝大多数来自野外捕捉，对野生种群造成了毁灭性打击。在中国所有猛禽都被列为国家一级或二级重点保护动物，在国际上，猛禽也都被列入CITES附录，捕捉、收养、贩卖、运输猛禽都是明确的违法行为。然而受到利

中国荒漠鸟类的受胁与保护

益的驱使，猛禽盗猎活动仍然十分猖獗，一些地区为宣扬所谓传统文化，甚至连政府都默许支持鹰猎活动。

2011 年 3 月 24 日，新华社曾报道：克孜勒苏柯尔克孜自治州阿合奇县 63 岁的牧民巴依萨克与孙子一起驯鹰，报道题目是"驯鹰绝技，世代相传"。柯尔克孜人属于游猎民族，主要生活在西天山和帕米尔高原，已经有数百年的驯鹰历史。在阿合奇县，每年 3 月末都要举办规模宏大的鹰猎节。目前，阿合奇县仍然拥有 2000 多只猎鹰，著名的苏木塔什乡 400 多户牧民几乎都会驯鹰、捕猎。不少养鹰户还得到了政府的补助，每月有 300～600 元的津贴，导致抓雕、养雕、驯雕的积极性大大提高。然而事实是，所有驯养的猛禽都来自野外捕捉，驯养过程中更是死伤无数，无论怎么粉饰，鹰猎都是对猛禽的伤害，也是违法行为。当幼雕开始练习展翅和扇翅时，偷猎者就趁机捕捉和驯化幼雕，这个时期雏鸟的意志和身体都很脆弱，什么是陷阱，什么是诱饵，它们全然不知。猎人将它们抓到之后，不让睡觉，

熬着它，使它困乏，一连几天，它们的野性就被消磨掉了。"熬鹰"，就是煎熬生命，就是将一个鲜活的生命，变成行尸走肉。

而据猛禽项目组新疆地区的观察所见更是触目惊心：2011 年 6 月，卡拉麦里的 8 号猎隼巢突然失踪，接着附近的红隼巢和棕尾鵟的巢也相继被人掏空；在奇台将军戈壁，研究者见到一家人饲养着一只小猫头鹰，说是在野外捡的，拿回来给小孩玩；7 月 19 日，一只 60 多日龄的幼金雕被阜康市森林公安机关"捡到"，被关在狭小的铁笼子里；同期，约有 14 只猎隼被"救助"，他们自以为非常有"爱心"。一次又一次"捡到"珍稀动物，这是显而易见的谎言。人们普遍缺乏法制观念，就连一些受过高等教育的地方干部也是如此。无知和愚昧可能是一些幼鸟失踪的直接原因。利欲熏心，以为猛禽都非常值钱，见了就掏，也是造成其繁殖成功率低下的一个原因。有的地方，当地有关政府部门常常用珍稀物种的标本送礼，猛禽标本也成为抢手货。

已被取消多年的传统鹰猎活动，有复兴的迹象，这对于鹰来说不是好事。马鸣摄

荒漠鸟类的保护对策

从荒漠地区鸟类的受胁因素出发，荒漠鸟类的保护可以从以下三点入手。

重视栖息地保护 西部大开发固然是国家战略，然而在此过程中必须重视生态代价，注意保护鸟类的栖息地和捕猎场，合理规划开采地点和公路路线，加强保护区建设和管理，不能为了开发就随意改变保护区范围。高压电塔附近要加装防鸟措施，避免鸟类触电。灭鼠灭虫活动更是要从整个生态系统的角度来考虑，而不是仅仅因为他们以植物为食就认为他们是破坏草原与荒漠植被的有害生物，直接投毒消灭，而应该考虑他们也是生态系统中的重要一员，即使需要控制数量也应该采取生态防治。

严格执法 在中国，荒漠地区的许多鸟类都列入保护名录，受到法律的保护，例如所有猛禽都是国家一级或二级重点保护动物，捕捉、收养、贩卖、运输猛禽都是犯法的行为。只要各级政府机构严格执法，任何一级政府或个人都不能凌驾于法律之上，不能拿国家的法律当儿戏，不再打着自然文化遗产的幌子非法贸易和驯养猛禽，这些鸟类的生存现状就会大为改善。

加强宣传教育 荒漠地区位于中国西部，原住民多为游牧民族，教育和文化水平较低，法制观念淡薄，也是造成这些地区盗猎猞猁的重要原因。正因为如此，各级政府应该通过各种渠道大力宣传国家保护鸟类的各项法律法规，加强民众的法治观念，宣扬保护野生鸟类的重要性，提高民众的保护意识，让人们认识到鹰猎对猛禽的危害，从而逐渐改变鹰猎的风气。不能被传统文化所挟，反而支持这种有害生态的鹰猎文化。

上：在艾比湖观察鸟类的研究者。马鸣摄

下：飞鸟如云团。马鸣摄

中国荒漠鸟类的栖息地和保护区

在中国的荒漠地区，很少有以荒漠鸟类为主要保护对象的保护区，但许多以荒漠生态系统、荒漠植物以及各种有蹄类等荒漠动物为保护对象的保护区同样庇护着生活在其中的众多鸟类。当然由于荒漠地区位于中国欠发达的地区，保护区密度远远不及经济发达的东部平原森林地区，保护区管理也存在不足，需要进一步加强。

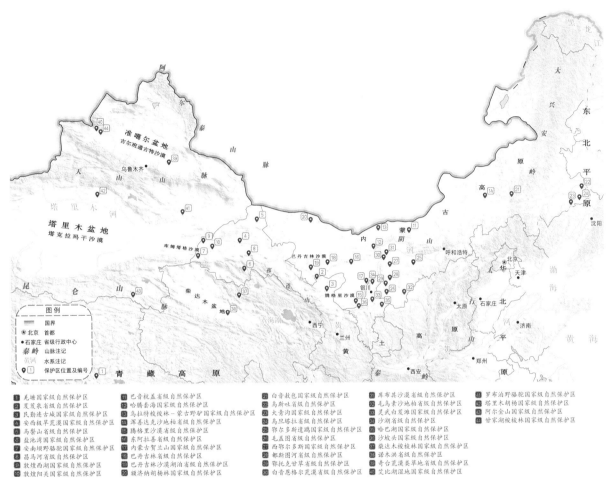

1 羌塘国家级自然保护区
2 莫莫格省级自然保护区
3 民勤连古城国家级自然保护区
4 安西极旱荒漠国家级自然保护区
5 马鬃山省级自然保护区
6 盐池湾国家级自然保护区
7 安南坝野骆驼国家级自然保护区
8 昌马河省级自然保护区
9 敦煌西湖国家级自然保护区
10 敦煌阳关国家级自然保护区

11 巴音杭盖省级自然保护区
12 哈腾套海国家级自然保护区
13 乌拉特梭梭林-蒙古野驴国家级自然保护区
14 浑善达克省级自然保护区
15 腾格里沙漠省级自然保护区
16 东阿拉善省级自然保护区
17 内蒙古贺兰山国家级自然保护区
18 巴丹吉林省级自然保护区
19 巴丹吉林沙漠湖泊省级自然保护区
20 额济纳胡杨林国家级自然保护区

21 白音敖包国家级自然保护区
22 乌斯吐省级自然保护区
23 大青沟国家级自然保护区
24 鸟旦塔拉省级自然保护区
25 鄂尔多斯遗鸥国家级自然保护区
26 毛盖图省级自然保护区
27 西鄂尔多斯国家级自然保护区
28 都斯图河省级自然保护区
29 鄂托克甘草省级自然保护区
30 白音恩格尔荒漠省级自然保护区

31 库布其沙漠省级自然保护区
32 毛乌素沙地柏省级自然保护区
33 灵武白芨滩国家级自然保护区
34 沙湖省级自然保护区
35 哈巴湖国家级自然保护区
36 沙坡头国家级自然保护区
37 柴达木梭梭林国家级自然保护区
38 诺木洪省级自然保护区
39 奇台荒漠草地省级自然保护区
40 艾比湖湿地国家级自然保护区

41 罗布泊野骆驼国家级自然保护区
42 塔里木胡杨国家级自然保护区
43 阿尔金山国家级自然保护区
44 甘家湖梭梭林国家级自然保护区

上：中国荒漠地区的国家级保护区

下：罗布泊野骆驼国家级自然保护区红外相机拍摄到的雪豹。罗布泊野骆驼国家级自然保护区供图

卡拉麦里自然保护区 卡拉麦里自然保护区是以荒漠中的珍稀动物资源及其生境为保护对象的保护区，位于准噶尔盆地。保护区围绕卡拉麦里山建立，东部为砾石戈壁，西部为古尔班通古特沙漠，是西北地区最重要的荒漠生态系统和荒漠有蹄类野生动物保护区。卡拉麦里自然保护区是蒙古野驴、鹅喉羚等有蹄类野生动物在新疆荒漠地区的主要活动区域，此外还生活着草原斑猫、赤狐、沙狐、艾鼬、草兔和多种啮齿类，以及荒漠麻蜥等爬行动物。保护区鸟类有96种，如猎隼、金雕、玉带海雕、苍鹰、纵纹腹小鸮、大鸨、小鸨等。

中国荒漠鸟类的受胁与保护

艾比湖湿地国家级自然保护区 艾比湖湿地国家级自然保护区是以荒漠中的湿地以及生活在其中的珍稀野生动植物为主要保护对象的保护区，位于准噶尔盆地西南缘。保护区围绕新疆最大的咸水湖——艾比湖建立，大西洋西风气流经保护区西部的阿拉山口进入新疆，带来湿润的水气，对维持新疆北部的生态平衡起着重要作用。保护区内有野生植物385种，其中，胡杨、艾比湖沙拐枣、艾比湖桦等国家重点保护植物12种，是中国内陆荒漠物种最为丰富的地区。艾比湖是西部候鸟迁徙通道上重要的繁殖地和迁徙停歇地，马鸣等曾记录到鸟类233种，迁徙季节约有100万只。

左上：卡拉麦里的有蹄类。左为内蒙古野驴，中间为鹅喉羚，右侧为盘羊，远方为普氏野马。张瑜绘

左下：卡拉麦里自然保护区的野驴

右上：艾比湖是中国内陆荒漠物种最丰富的区域。图为艾比湖沙蜥。马鸣摄

右下：艾比湖的湖面自20世纪50年代以来迅速萎缩，入湖河流大量减少，为了挽救艾比湖，2000年这里建立了保护区，并采取了人工湿地、增加植被、节水灌溉等多项措施，最初卓有成效，并使得湖面在2003年达到了20世纪70年代以来的最大值，但此后湖面再次走向萎缩，保护仍任重而道远。李翔摄

罗布泊野骆驼国家级自然保护区　罗布泊野骆驼国家级自然保护区是以野骆驼及其赖以生存的荒漠生境为主要保护对象的保护区，位于塔里木盆地东部的罗布泊地区。保护区是典型的干旱荒漠区，分布有中国二级保护植物裸果木和三级保护植物胡杨、梭梭、白梭梭、肉苁蓉及当地特有种塔克拉玛干柽柳和塔克拉玛干沙拐枣等珍稀荒漠植被；保护区内散布的数十处盐泉周围植被生长茂盛、景观奇异独特，是荒漠型野生动物赖以生存的食物源。在罗布泊湖盆北部山地和临近区域，分布着国家一级保护动物雪豹、北山羊、藏野驴及二级保护动物草原斑猫、棕熊、鹅喉羚、盘羊、岩羊、马鹿、猞猁、兔狲、塔里木兔等兽类，在荒漠地带亦有胡兀鹫、金雕、草原雕、猎隼、红隼等多种猛禽活动，马鸣等曾记录到鸟类197种，它们是干旱荒漠生态系统的重要组成部分。

中国荒漠鸟类的受胁与保护

阿尔金山国家级自然保护区 阿尔金山国家级自然保护区是以有蹄类野生动物及高原生态系统为主要保护对象的荒漠生态类保护区，位于塔里木盆地和柴达木盆地界山。保护区内已发现高原植物267种，但没有乔木，只有半灌木，呈高原矮化特征。

野生动物有489种，包括有蹄类30种，鸟类166种，其中国家一级重点保护动物有野牦牛、藏野驴、藏羚羊、黑颈鹤、胡兀鹫、玉带海雕和金雕等12种，国家二级重点保护动物有石貂、猞猁、豺、兔狲、秃鹫、高山兀鹫、藏雪鸡、猎隼、红隼等17种。

左上：罗布泊野骆驼国家级自然保护区里的野骆驼。罗布泊野骆驼国家级自然保护区供图

左下：罗布泊奇异独特的景观

右：阿尔金山国家级自然保护区里的野牦牛。成勇摄

安西极旱荒漠国家级自然保护区　安西极旱荒漠国家级自然保护区位于甘肃省瓜州县境内，面积 80 万公顷，1987 年经甘肃省人民政府批准建立，1992 年晋升为国家级，主要保护对象为极旱荒漠生态系统。地处古丝绸之路的甘肃安西极旱荒漠国家级自然保护区是亚洲中部温带荒漠、极旱荒漠和典型荒漠的交汇处，是青藏高原和蒙新荒漠的结合部，其荒漠生态系统在整个古地中海区域具有一定的典型性和代表性，是中国唯一以保护极旱荒漠生态系统及其生物多样性为主的多功能综合性自然保护区。

上：安西极旱荒漠国家级自然保护区的雅丹地貌

下：羽毛三芒草根系发达，是优良的固沙植物。陈建伟摄

中国荒漠鸟类的受胁与保护

敦煌西湖国家级自然保护区 敦煌西湖国家级自然保护区是以野骆驼等野生动物及荒漠湿地为主要保护对象的自然保护区，位于甘肃敦煌西部，围绕库姆塔格沙漠中的西湖湿地建立。这里的植物区系属于泛北极植物区亚洲荒漠植物亚区，优势植物群落为多枝柽柳群落、胡杨群落、胀果甘草群落、疏叶骆驼刺群落等。保护区内有鸟类141种，其中国家一级重点保护鸟类有金雕、黑鹳、小鸨、大鸨、波斑鸨，国家二级重点保护鸟类有白琵鹭、草原雕、灰背隼等。

上：中国所有的三种鸨类均在敦煌西湖国家级自然保护区有分布。左图为大鸨，李建强摄；中图为波斑鸨，刘璐摄；右图为小鸨，邢新国摄

下：敦煌西湖国家级自然保护区景观。陈建伟摄

羌塘国家级自然保护区　羌塘国家级自然保护区是以藏羚羊等有蹄类动物及高原荒漠生态系统为保护对象的荒漠生态类保护区，位于青藏高原北部，是中国的第二大自然保护区，也是平均海拔最高的自然保护区。羌塘是高原荒漠生态系统的代表地区，平均海拔 5000 m 以上。这里渺无人烟，星罗棋布的湖泊、空旷无边的草场以及皑皑的雪山和冰川滋养着众多的濒危野生动植物，其中国家一级重点保护野生动物 10 种、国家二级重点保护野生动物 21 种，被誉为"野生动物的乐园"。藏野驴、藏羚羊、野牦牛被称为羌塘的"三大家族"。同时，保护区内也生活着西藏毛腿沙鸡、岩鸽、黑颈鹤、雪雀等高寒荒漠的代表性鸟类，湖泊中则聚集着斑头雁、棕头鸥等水鸟。

上：羌塘高原的盐碱滩地上生长着红色的碱蓬，一群鹅喉羚在碱蓬地旁观望。陈建伟摄

下：羌塘国家级自然保护区里的植物

A 羌塘雪兔子。牛洋摄
B 多刺绿绒蒿。牛洋摄
C 四裂红景天。余天一摄
D 垫状点地梅。徐健摄

A	B	C	D

中国草原与荒漠地区
适生鸟类

鸡类

鸡类

- 鸡类是指鸡形目鸟类，全球共5科83属307种，中国有1科26属63种，草原与荒漠地区有1科6属7种
- 鸡类翼短圆，腿强健，不善飞而善走；喙短，锥形，适于啄食和掘食；草原与荒漠地区的鸡类多数雌雄相似，羽色与环境色彩相近
- 鸡类多数为留鸟，多数为一雄多雌制，少数为单配制，雏鸟早成
- 草原与荒漠地区的鸡类物种数较少，但具有自己的特色

类群综述

鸡类是指鸡形目鸟类，它们大多翼短圆，腿强健，不善于飞行而善于在地面奔走；喙短，锥形，适于啄食和掘食。大多数鸡类雌雄异形，雄鸟体形大而羽色艳丽，雌鸟体形小且羽色暗淡，这与它们一雄多雌的交配制度相适应。

鸡类广布于全世界，全球共5科83属307种，中国有1科26属63种。大部分鸡类生活在森林或灌丛中，少数生活在草原与荒漠地区。中国草原与荒漠地区的常见鸡类有1科6属7种。

在植被茂密、便于隐蔽的森林或灌丛中生活的鸡类，雄鸟羽色往往极为艳丽，色彩丰富且具有金属光泽。不同于这些种类，由于栖息环境植被稀疏、视野开阔，生活在草原与荒漠地区的鸡类羽色相对暗淡，形成很好的保护色，雌雄差异也较小。为了防御天敌、降低被捕食的压力，草原与荒漠地区的鸡类还更倾向于集群。

鸡类通常在上午和下午觅食，中午伏卧于地面休息，或进行沙浴清洁身体。它们通常用喙啄取散落在地面的或植株上的种子、花、芽或叶片，也可以用喙掘开地面表层的土壤，挖取植物根茎。由于环境干旱，草原与荒漠地区的鸡类多有饮水的习惯。

鸡类多数善于鸣叫，清晨、傍晚或求偶时十分喧闹。但相对于生活在森林中物种，草原与荒漠中的鸡类鸣声相对低沉单调。

在草原与荒漠地区生活的鸡类多数表现为单配制。营巢于地面上，往往由雌鸟在地面隐蔽处刨一个浅坑，就近收集一些植物材料或自身羽毛垫于其中。跟大多数鸡形类纯色无斑的卵不同，草原与荒漠地区的鸡类卵壳上往往密布斑点；窝卵数也较森林种类更多，可多达10枚以上。雌鸟独立承担孵卵任务。雏鸟早成，孵出几个小时之后就能够行走和取食。但发育早期需雌鸟抱暖，这是因为其恒温调节机制尚未充分建立。

鸡类是很早就被人们认识的一个鸟类类群，并被驯化为家禽，与人类关系十分密切。由于鸡类多为留鸟，分布区相对狭小，且肉质肥美或羽色艳丽，往往出于食用或装饰的目的被人们猎捕，因此它们容易受到栖息地破坏或捕猎的威胁。

左：石鸡是典型的荒漠物种，是鸡类中少数特别适应于荒漠栖息地的物种。它们雌雄差异较小，羽色与环境色彩相似，形成很好的保护色。图为站在石坡上的石鸡，羽色很好地融入了背景。唐文明摄

右：草原与荒漠地区的鸡类相对于森林中的鸡类更喜集群，集群数量也较大。图为冬季集群的斑翅山鹑。杨贵生摄

暗腹雪鸡
Tetraogallus himalayensis

石鸡
Alectoris chukar

斑翅山鹑
Perdix dauurica

鹌鹑
Coturnix japonica

西鹌鹑
Coturnix coturnix

蓝马鸡
Crossoptilon auritum

贵州亚种
P. c. decollatus

环颈雉
Phasianus colchicus

华东亚种
P. c. torquatus

准噶尔亚种
P. c. mongolicus

暗腹雪鸡

拉丁名：*Tetraogallus himalayensis*
英文名：Himalayan Snowcock

鸡形目雉科

形态 中型鸡类，体长约 60 cm，体重 2500～2800 g。雌鸟体形较雄鸟稍小，体色极为相似。眼睑边缘、眼周裸露部分皮黄色。喙淡鼠褐色，掩盖鼻孔的蜡膜橙黄色。额、眼先及脸部土黄色。头顶至后颈浅灰褐色，上背茶黄色，下背淡驼色，密布黑褐色虫蠹状斑。颈侧具一白斑，白斑的上下缘缀以栗色，往下与喉和上胸之间的栗色线相联。颏、喉白色，颈侧和上胸沙黄色，具深黑色横斑；下胸、腹及两胁浅灰色，具明显的黄棕色纵纹。初级飞羽灰褐色，羽基近 2/3 处白色，在翼上形成一大白斑。尾下覆羽白色。跗跖和趾橙红色，爪黑褐色。

分布 分布于亚洲中南部，在中国分布于阿尔泰山、天山、昆仑山、帕米尔高原、祁连山、龙首山、喜马拉雅山、内蒙古阿拉善的桃花乌拉山。

栖息地 典型的高山耐寒鸟类，栖息于海拔 2500 m 以上的高山、亚高山草甸和稀疏的灌丛。栖息环境有季节差异。夏季栖息于山地上部，上限至雪线；冬季移动到山下部的灌丛附近和草坡活动。

习性 多十几只成小群活动，以清晨、黄昏以及晴天活动最为频繁。性胆怯机警，遇危险时，常从一山头飞向另一山头。

食性 主要以植物的枝叶、芽苞、花、果实为食，繁殖季节兼食一些蝗虫、甲虫等。

繁殖 单配制，领域性强，雄鸟之间常因领域和配偶而争斗。6～8 月为繁殖期，繁殖前大群分成小群。在小群中雌雄成对活动，6 月上旬开始交配。交配期显得非常活跃，雄鸟不时发出响亮的求偶鸣叫，不停地围着雌鸟走动，当有其他雄鸟接近时，雄鸟立即进行反击。巢置于裸岩裂缝、岩石凹陷或灌丛下较隐蔽的地方。巢很简陋，呈盘状，内垫以枯草、兽毛、羽毛等，每窝产卵 8～16 枚，卵大小为 (67～70) mm×(43～47) mm，重 57～85 g。孵卵由雌鸟承担，雄鸟在一旁守候或取食。孵化期 28～30 天。雏鸟早成性，双亲共同抚育幼雏。

种群现状和保护 IUCN 评估为无危（LC）。但在中国分布范围小，《中国脊椎动物红色名录》评估为近危（NT），被列为中国国家二级重点保护动物。

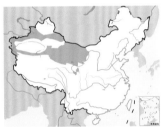

暗腹雪鸡的繁殖参数

窝卵数	8～16 枚
卵颜色	淡赭石色，稍沾绿色，布有棕褐色或褐色斑点
卵大小	长径 67～70 mm，短径 43～47 mm
卵重	57～85 g
孵化期	28～30 天

暗腹雪鸡。王志芳摄

石鸡

拉丁名：*Alectoris chukar*
英文名：Chukar Partridge

鸡形目雉科

形态 体长 27～37 cm 的中型鸡类。雌雄相似，头顶至后颈红褐色，额部、头顶两侧浅灰色，眼上眉纹白色；有一宽的围绕喉部的完整黑圈；眼先、两颊和喉皮黄白色、黄棕色至深棕色；耳羽栗褐色，后颈两侧灰橄榄色，上背紫棕褐色或棕红色；下背、腰、尾上覆羽和中央尾羽灰橄榄色。颏黑色，下颌后端两侧各具一簇黑羽；上胸灰色，微沾棕褐色；下胸深棕色，腹浅棕色；尾下覆羽亦为深棕色；两胁浅棕色或皮黄色，具 10 多条黑色和栗色并列的横斑。嘴和脚红色。

分布 分布于欧洲、西伯利亚、阿富汗、伊拉克、伊朗以及中国，后引进到北美洲、非洲、大洋洲等。全世界共有 14 个亚种，中国分布有 6 个亚种：北疆亚种 *A. c.dzungarica*，国内分布于新疆伊犁河上游和准噶尔阿拉套山脉，国外分布于哈萨克斯坦东部和蒙古西北部；疆西亚种 *A. c. falki*，国内分布于新疆天山山脉，国外分布于乌兹别克斯坦西部至阿富汗中北部；疆边亚种 *A. c.*

pallescens 分布于青藏高原西部以及新疆西南部帕米尔高原；南疆亚种 *A. c. pallida* 仅分布于新疆西部阿克苏地区；甘肃亚种 *A. c. potanini*，国内分布于甘肃、内蒙古阿拉善地区至新疆天山山脉东部，国外分布于蒙古西部；华北亚种 *A. c. pubescens*，国内分布于新疆东北部至宁夏北部，国外分布于蒙古西南部。

栖息地 栖息于低山丘陵地带的岩石坡和沙石坡上，以及平原、草原、荒漠等地区，亚高山地区也有分布。

食性 以草本植物和灌木的嫩芽、嫩叶、浆果、种子，以及苔藓、地衣和昆虫为食。

繁殖 繁殖期 4 月末至 6 月中旬。通常营巢于干燥的阳坡、石堆处或山坡灌丛与草丛中，也有营巢于悬岩基部、山边石板下或山和沟谷间的灌丛与草丛中。巢极简陋，甚隐蔽，主要为地面的凹坑，内垫以枯草即成。

鸣声 当地的俗名为"呱嗒鸡"，拟其叫声"呱嗒——呱嗒——呱嗒——"比较喧闹。

种群现状和保护 IUCN 和《中国脊椎动物红色名录》均评估为无危（LC）。被列为中国三有保护鸟类。

石鸡的繁殖参数	
窝卵数	7～20 枚，通常 7～14 枚
卵颜色	棕白色或皮黄色，具大小不等的暗红色斑点
卵大小	长径 38.6～42.5 mm，短径 28.3～31 mm
卵重	19～21 g

石鸡。左上图杨贵生摄；下图为亲鸟带着一群幼鸟在灌丛中觅食，陈建伟摄

斑翅山鹑

拉丁名：*Perdix dauurica*
英文名：Daurian Partridge

鸡形目雉科

形态 小型鸡类，体长 24～32 cm。雄鸟头顶、枕和后颈暗灰褐色，具棕白色羽干纹；额部、眼先、眼上纹和头的两侧棕褐色；耳羽栗褐色，具浅黄羽干纹；喉侧羽变长变尖，呈须状；头部羽毛和前胸呈棕褐色；上背及下颈和前胸有两侧均为灰色，混以棕褐色；体背棕色，具灰黑色细纹，杂以栗色横斑；下胸至腹部中央具马蹄形黑色块斑；胸侧灰色，两胁棕白色；腹部白色沾棕色。雌鸟与雄鸟相似，但上背灰色范围十分狭窄，上胸呈深棕褐色；下胸马蹄形黑斑缩小，或仅存痕迹。

分布 共有 2 个亚种：指名亚种 *P. d. dauurica* 国内分布于新疆，国外分布于哈萨克斯坦东部至蒙古；东北亚种 *P. d. suschkini* 国内分布于东北、内蒙古、河北、山西、陕西、宁夏等地，国外分布于俄罗斯远东地区。

栖息地 栖息于平原、森林、山地草原、灌丛草地、低山丘陵和农田荒地等各类生境中。夏季主要栖于开阔的林缘荒地、灌丛、低山幼林灌丛、地边疏林灌丛和草原防护林带中；冬季则喜欢在开阔的耕地或地边灌丛地带。

食性 主要以植物性食物为食，包括灌木和草本植物的嫩叶、嫩芽、浆果、茎秆等，也吃蝗虫、蚱蜢等昆虫和其他小型无脊椎动物。

繁殖 一雄一雌制。营巢于富有灌丛和蒿草的农耕地、平原沟谷、干草地、草原幼林和山区疏林地区的。巢多置于地上高草丛中或灌丛下，有灌木和草的遮蔽。巢的结构简单，主要是在松软的地上凹处，刨一个浅坑，垫以干草、苔藓和羽毛等即成。

鸣声 飞行时发出"克里——克里——克里——"一连串的声音。

种群现状和保护 IUCN 和《中国脊椎动物红色名录》均评估为无危（LC）。被列为中国三有保护鸟类。

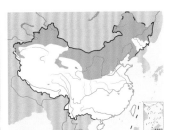

斑翅山鹑的繁殖参数

窝卵数	10～21 枚，通常 10～17 枚
卵颜色	淡褐色或沙褐色，光滑无斑
卵大小	长径 31.8～35.5 mm，短径 23～27.1 mm
卵重	10～14 g
孵化期	23～25 天
孵化模式	雌雄轮流孵卵，或雌鸟孵卵

斑翅山鹑。左上图魏希明摄，下图刘璐摄

鹌鹑

拉丁名：*Coturnix japonica*
英文名：Japanese Quail

鸡形目雉科

形态　小型鸡类，体长约 18 cm，体重 80～110 g。头小尾短，翅长而尖。虹膜淡红褐色。嘴角蓝色。跗跖、趾、爪黄色。雄鸟繁殖羽头顶至后颈黑褐色，具棕色羽缘；头侧、颏及喉部砖红色；中央冠纹、眉纹白色，向后延伸至颈基部；背、腰部和尾上覆羽褐色，羽缘棕色，矛状白色羽干纹一直伸到羽端，羽片具 2～3 道浅色横斑；胸浅棕色，上胸具稀疏的褐色斑，腹部浅棕白色，尾下覆羽棕色；飞羽褐色，外翈具不规则的棕色细斑；尾羽褐色，具浅棕色羽缘及羽干斑。雄鸟非繁殖羽上背淡黄栗色，具黄白色羽干纹，下喉白色，腹部白色。雌鸟繁殖羽头顶至后颈栗黄色，上背淡黄褐色，具有较宽的黄白色羽干纹；颏喉部浅黄色，具黑色羽端斑；上胸黄褐色，具黑色纵斑。

分布　繁殖于亚洲东北部，越冬于南部。在中国繁殖于内蒙古、东北及华北北部，越冬于华中、华东、华南、西南、东南的广大地区。

栖息地　主要栖息于河滩草地、湖泊岸边、沼泽边缘草地、疏林灌丛及山坡草地。有时也出现在开旷的草地和农田。喜在高草丛中活动。

习性　在中国草原与荒漠地区为夏候鸟，每年春季于 4 月初迁来内蒙古中部，4 月中旬到达内蒙古东部及东北部。9 月末 10 月初迁离内蒙古。迁徙时，常结群在月夜下迁飞，白天则隐于草丛中觅食。善隐匿，较少起飞。受惊扰时，常作短距离飞行。飞行速度快而线路直，常常贴地面作低空飞行，落地后即潜藏草丛中。繁殖季节多成对活动，其他季节常成 3～5 只小群活动。1989 年 8 月 23 日研究者在乌梁素海东岸草地观察到成鸟带幼鸟活动。当人靠近时，急速窜入高草草地中，随后听到其在草地的另一端鸣叫。

食性　主要以草籽、谷粒、豆类、浆果、幼芽和嫩叶等为食，也吃昆虫、昆虫幼虫及其他小型无脊椎动物。夏季主要以昆虫和其他无脊椎动物为食。我们于 8 月下旬剖检 1 胃，内容物全为草籽。

繁殖　繁殖期 4～7 月。一雄多雌制。雄鸟好斗，在繁殖期间雄鸟常为争夺雌鸟而发生争斗。多在草丛中或灌木丛中的干燥处营巢。在地上挖掘浅土坑或利用自然坑穴，内垫枯草叶成巢。巢的直径为 10～15 cm。每窝产卵 7～14 枚。卵呈淡黄褐色，具黑褐色点状斑。卵重 4.8～7.0 g，平均大小约为 28 mm×21 mm。雌鸟孵卵，孵化期 17～18 天。雏鸟早成性。

种群现状和保护　IUCN 和《中国脊椎动物红色名录》均评估为无危（LC）。被列为中国三有保护鸟类。在中国为常见种，但近年来野生种群数量并不多。20 世纪 90 年代中期刘绍文等在内蒙古大兴安岭地区调查，每千米样线遇见率为：山地阔叶林 0.13 只，针阔混交林 0.08 只，河流沿岸 0.09 只。

与人类的关系　日本饲养鹌鹑已有 100 多年的历史。大约在 1952 年传入我国。饲养鹌鹑的饲料主要是用玉米、豆饼、米糠、骨粉、贝壳等配合而成。饲养的雌鸟 42 日龄就能开始产卵。日产卵 1 枚，有时产 2 枚，可连续产卵 1～1.5 年。中医认为鹌鹑肉可入药。据《本草纲目》记载："肉甘，平，无毒。补五脏，益中续气，实筋骨，耐寒暑，消结热。和小豆、生姜煮食，止泄痢。酥煎食，令人下焦肥。小儿患疳，及下痢五色，旦旦食之，有效。"近年来又有人认为鹌鹑蛋能医治胃病、肺病、神经衰弱及心脏病等。是否确实能医治上述病症，还需研究并在临床上加以证实。

探索与发现　本种亦称日本鹌鹑，曾作为普通鹌鹑 *C. coturnix* 的日本亚种 *C. c. japonica*，沃乌利（1965）主要依据它与普通鹌鹑指名亚种 *C. c. coturnix* 的叫声不同及二者在蒙古北部的繁殖区有重叠分布现象，将其列为独立的种，即 *C. japonica*，并得到多数学者的支持。因中国常见的鹌鹑为本种，为与繁殖于新疆的普通鹌鹑指名亚种 *C. c. coturnix* 相区别，郑光美先生主编的《中国鸟类分类与分布名录》中将原普通鹌鹑 *C. coturnix* 的中文名改为"西鹌鹑"。

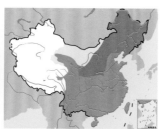

鹌鹑。左上图为雄鸟，杨贵生摄；下图左雄右雌，张明摄

鹌鹑的繁殖参数	
窝卵数	7～14 枚
卵颜色	淡黄褐色，布有黑褐色斑点
卵大小	28 mm×21 mm
卵重	4.8～7.0 g
孵化期	17～18 天

西鹌鹑

拉丁名：*Coturnix Coturnix*
英文名：Common Quail

鸡形目雉科

小型鸡类，似鹌鹑，但繁殖期雄鸟面部缺少砖红色，非繁殖期二者外形难以分辨，需通过叫声辨识。分布于欧洲至亚洲西部、印度和非洲，在中国仅繁殖于新疆，越冬于西藏南部。IUCN 和《中国脊椎动物红色名录》均评估为无危（LC）。被列为中国三有保护鸟类。但在中国分布区狭窄，较为罕见。

西鹌鹑。邢新国摄

蓝马鸡

拉丁名：*Crossoptilon auritum*
英文名：Blue Eared Pheasant

鸡形目雉科

形态 体形大，体长约 95 cm，体重 1500～1900 g。虹膜金黄色。嘴淡红色。跗跖和趾珊瑚红色，爪暗红灰色。羽色艳丽、姿态优美。前额白色，头顶和枕部黑色。头侧裸出部红色。颏、喉和耳羽簇白色。全身羽毛披散如毛发状。上体蓝灰色，闪金属光泽，飞羽暗褐色。中央两对尾羽蓝灰色，基部沾金属绿，端部转为紫蓝色，外侧尾羽内翈浓褐色，外翈闪金属绿辉，先端闪紫色，最外侧 6 对尾羽基部白色。前颈和胸部蓝灰色，腹部淡灰褐色。雌雄羽色相似，但雌鸟体形较小，跗跖部无距或仅具距的痕迹。

分布 中国特有种，分布于宁夏北部、四川北部、青海东部和东北部、甘肃南部和西北部、内蒙古西南部贺兰山。

栖息地 典型的亚高山和高山鸟类，栖息于海拔 2000～4000 m 的中高山林地，夏季也到灌丛和草甸活动，冬季栖息于云杉和山杨、桦树林里，有时也到居民点附近的林缘草地和沟谷地带活动。

习性 繁殖季节成对活动，非繁殖季节常集成 10～30 只的群体活动。白天活动，晚上栖宿于树上，中午多在树下休息。性机警，集群活动时，特别是在觅食时，由体形较大而健壮的雄鸟领头并担任警卫任务。遇到危险时，群体一起迅速往山上跑。鸣声似"gela——gela——gela"。

食性 主要以各种植物的茎、叶和根为食，也吃昆虫等无脊椎动物，有时也吃农作物种子。所吃食物有明显的季节性差异。冬季主要吃云杉、山柳、蕨麻、蔷薇等植物的种子、干叶和块根；春季主要吃植物的嫩叶、枝和芽苞；夏季主要啄食花蕾和花，也吃较多的昆虫；秋季主要吃昆虫和种子，也吃植物枝叶。主要在上午和下午觅食，清晨和傍晚最为频繁。

繁殖 繁殖期 4～7 月。4 月初雌鸟和雄鸟开始成对活动。配对前雄鸟之间常发生争雌格斗。配对后雌雄相伴活动，并占有领域，通常一对蓝马鸡占领一条沟，严禁其他鸡类入侵。通常在阳坡营巢。巢多位于浓密灌丛或倒木下。巢呈碟状或为小的浅坑，内垫草茎、草叶、树叶、树皮及羽毛等。巢的大小为 32 cm×26.7 cm，深 7～8 cm。每窝产卵 5～11 枚。卵呈椭圆形，淡青绿色，缀淡棕色或褐色斑点。据李桂垣测量的 44 枚卵，卵平均大小为 55.9 mm×40.8 mm，平均重 44.5 g。雌鸟孵卵。孵化期 26～27 天。雏鸟早成性，但出壳后 1～2 天内多隐藏在雌鸟翅下保温。刚出壳的雏鸟体重 30～31 g，170 日龄时体重达 1500 g 左右，接近成鸟体重。

种群现状和保护 IUCN 和《中国脊椎动物红色名录》均评估为无危（LC）。被列为中国国家二级重点保护野生动物。种群数量曾经较多。20 世纪 60 年代四川平武王朗林区平均每公顷可见到 3～4 只；由于乱捕滥猎及杉木林的大规模砍伐，致使蓝马鸡的种群数量逐年减少，到 1974 年该地区平均每公顷仅 0.8 只；建立自然保护区后种群数量有所恢复，1985 年 5 月中旬的调查平均每公顷可见 0.98 只。在内蒙古贺兰山国家级自然保护区，1996 年统计有 6669 只，近年来封山育林后，该保护区蓝马鸡的种群数量明显增多。在宁夏贺兰山国家级自然保护区内，2009 年蓝马鸡的种群数量为 650 只。

蓝马鸡的繁殖参数

窝卵数	5～11 枚
卵颜色	淡青绿色，缀淡棕色或褐色斑点
卵大小	长径 41.5～60 mm，短径 32～42.8 mm
卵重	21～52.7 g
孵化期	26～27 天

蓝马鸡。左上图李晶晶摄，下图董磊摄

环颈雉

拉丁名：*Phasianus colchicus*
英文名：Ring-necked Pheasant

鸡形目雉科

形态 雌雄差异大，雄鸟羽色艳丽，尾羽修长，或有白色颈环，体长近 90 cm。雌鸟体形明显较小，尾羽较短，体长约 60 cm；羽色亦较暗淡，通体灰褐色或棕黄色，杂以黑褐色斑点。幼鸟似雌鸟。

亚种分化极多，分为 5 组约 30 个亚种，亚种之间有杂交，各地的亚种形态变异很大。

分布 广泛分布于亚洲，后作为观赏和狩猎鸟被引入其他国家。在中国各地都有分布，目前仅海南和西藏羌塘高原尚无记录。

栖息地 适应性较强，生活环境多样化，见于绿洲、园林、农田、荒漠、灌木丛和湿地苇丛。栖息地海拔 0～2000 m，包括中低山丘陵的灌丛、胡杨林、苇丛或草丛中。

习性 留鸟。善于行走和奔跑，不爱飞行，常短距离低飞，但飞行快速而有力，呼啸而过。

食性 以植物的嫩叶、嫩芽、草茎、果实和种子为食，也吃农作物（谷物）、蜥蜴、昆虫和其他小型无脊椎动物。

繁殖 通常为一雄多雌制，繁殖期为 3～6 月。营巢于灌丛、芦苇丛或草丛中的地面上，偶然至农田地中。每窝产卵 6～18 枚，通常 8～12 枚。孵化期为 24～25 天，雌鸟单独孵卵。雏鸟早成性，出壳几个小时就可以离开巢穴跟雌鸟随出外觅食。

鸣声 雄鸡会发出独特的鸣叫，有一些沙哑的"嘎咯——"叫声，可以传播很远，常常"只闻其声，不见踪影"。

种群现状和保护 作为狩猎对象而收到威胁，曾因此在一些地方绝迹。农药滥用也对其构成危害。通过近 20 年的禁枪和禁猎，成效显著，种群恢复较快。IUCN 和《中国脊椎动物红色名录》均评估为无危（LC）。

环颈雉的繁殖参数	
窝卵数	6～18 枚，通常 8～12 枚
卵颜色	橄榄黄色、土黄色、黄褐色、青灰色或灰白色
卵大小	42.7 mm×34.1 mm
卵重	25～32 g
孵化期	22～27 天
孵化模式	雌鸟孵卵

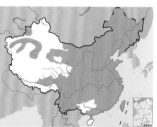

环颈雉。左上图为雄鸟，杨贵生摄；下图为雌鸟，向定乾摄

环颈雉的巢和卵。杜波摄

环颈雉另一亚种，颈环相对较细且不完整。马鸣摄

成对的环颈雉。刘璐摄

鸠鸽类

- 鸠鸽类指鸽形目的鸟类，全球共49属351种，中国有7属31种，草原与荒漠地区有11种
- 鸠鸽类雌雄相似，羽毛松软，喙短，基部有蜡膜，脚短而强
- 鸠鸽类主要以植物果实、种子为食，常成群觅食；巢位于树上或岩石上，窝卵数1～2枚，会分泌"鸽乳"育雏
- 鸠鸽类仅少数栖息于草原与荒漠地区，与人类关系密切，原鸽被驯养为形态多样的家鸽，用于食用、观赏、信鸽和娱乐

类群综述

鸠鸽类是鸽形目（Columbiformes）鸟类。在最新的分类系统中，鸽形目仅鸠鸽科（Columbidae）1个科，包括49属351种。除全北界北部外，见于全球的热带和温带地区。中国有鸠鸽类7属31种，草原与荒漠地区有11种。

鸠鸽类雌雄羽色相似，羽毛松软，喙短，喙基有蜡膜，脚短而强。种间体形差异甚大，小者体长不过20 cm，大者体长可超过80 cm。

鸠鸽类多树栖，少数栖于地面或岩石间。但它们善于行走和飞行，喜集群，这使它们也能够适应于开阔的草原与荒漠环境。鸠鸽类主要以植物果实、种子为食，有些种类也吃小动物。多数物种为留鸟，部分物种迁徙。

就目前的了解而言，鸠鸽类主要为单配制，而且同一对个体可以保持长期的配偶关系。它们的巢十分简陋，位于树上或岩石上，巢材搭建十分松散。窝卵数1～2枚。亲鸟的嗉囊腺会分泌一种富含蛋白质的物质，即鸽乳，用来喂饲幼鸽。

鸠鸽类与人类关系密切，几千年前人们就将野生原鸽驯养为家鸽，至今已经培育出1500多个品种的家鸽，用于食用、观赏、信鸽和娱乐。由于受到人类或入侵物种的捕杀，一些鸠鸽类的生存受到严重威胁。在中国，所有的野生鸽类都被列为三有保护鸟类，一些鸠类被列为国家二级重点保护动物。

左：鸠鸽类跟鸡类一样适于在地面生活，因此被称为陆禽。图为在岩壁上栖息的雪鸽。张明摄

右：鸠鸽类善于行走和飞行，喜集群。图为集群飞行的雪鸽。彭建生摄

原鸽
Columba livia

岩鸽
Columba rupestris

雪鸽
Columba leuconota

欧鸽
Columba oenas

中亚鸽
Columba eversmanni

欧斑鸠
Streptopelia turtur

山斑鸠
Streptopelia orientalis

灰斑鸠
Streptopelia decaocto

火斑鸠
Streptopelia tranquebarica

珠颈斑鸠
Streptopelia chinensis

棕斑鸠
Spilopelia senegalensis

原鸽

拉丁名：*Columba livia*
英文名：Rock Dove

鸽形目鸠鸽科

形态　中等体形，全长 31～36 cm。通体石板灰蓝色，下颈及上胸泛金属绿色和紫色，背面淡灰色，腰灰白色。下体自胸以下灰白色；翅上有两道大的宽黑带。尾具宽阔的黑端，但尾基部无白色横带，与岩鸽不同。

分布　分布于亚洲中部和南部，欧洲中部和南部，非洲北部等。由于家鸽的"野化"或"逃逸"，而在更多地区建立了野生种群，如北美洲。国内纯野生的原鸽主要分布于新疆及相邻的内蒙古、甘肃、青海等地，为留鸟。

栖息地　与人类关系密切，集群生活于平原、绿洲、丘陵及山崖上，海拔 400～3500 m。

食性　以植物性的食物为主，特别喜欢吃谷物。

繁殖　巢穴较简陋，由干树枝搭建而成。通常每窝产 2 枚卵，纯白色。孵化期 17～19 天。雏鸟晚成性，出壳后最初一段时间需亲鸟用"鸽乳"喂养。育雏期约 30 天。

鸣声　如"哦——咕——咕——"的叫声，是雄鸽求偶的声音，与其他野鸽相似，并伴随有频繁点头、转圈和鞠躬动作。

种群现状和保护　IUCN 和《中国脊椎动物红色名录》均评估为无危（LC）。被列为中国三有保护鸟类。面临的主要威胁来自于人类的过度捕杀。人工繁育及野化可能对野生种群的遗传多样性构成威胁，污染了野生种群的基因纯洁性。一些地方的原鸽已经面目全非，纯粹的灰蓝色"原鸽"已经非常罕见。

与人类的关系　原鸽与家鸽关系密切，一般都认为家鸽是由原鸽驯化而来。人类驯养鸽子的历史可以追溯到几千年前，特别是利用信鸽传递信息，成为古战场上的一段佳话。人工饲养的原鸽寿命可达 15 年，而在野外可能只有 4～6 年。但同时原鸽飞行能力较强，又靠近人类聚居地，具有携带和传播禽流感（H5N1）的潜在风险。化石证据表明，原鸽起源于南亚，在以色列出土的骨骼确认至少在 30 万年就有原鸽存在。

原鸽。左上图魏希明摄，下图刘璐摄

岩鸽

拉丁名：*Columba rupestris*
英文名：Hill Pigeon

鸽形目鸠鸽科

形态　中等大小，体长 29～35 cm。身体的主色调为灰蓝色，颈和上胸缀金属铜绿色或紫色，极富光泽。内侧飞羽和大覆羽具 2 道不完全的黑色横带。尾灰黑色，先端黑色，中间横贯一道宽阔的白色横带。

分布　分布于青藏高原及中亚地区，如塔吉克斯坦、土库曼斯坦、吉尔吉斯斯坦、哈萨克斯坦、中国、蒙古、俄罗斯西伯利亚南部、阿富汗、尼泊尔、不丹、印度、巴基斯坦等地。国内见于新疆、青海、西藏、四川、云南、甘肃等地，为留鸟。

栖息地　主要栖息于山地岩石和悬崖峭壁处，最高可达海拔 5300 m 以上的地区。

习性　喜集群活动。鸽子天生就是猎隼或其他猛禽的捕杀对象，为了应付天敌，除了集群和快速飞行，岩鸽最拿手的"脱身术"是掉毛。虽然岩鸽的羽毛很厚实，却容易脱落，让没有经验

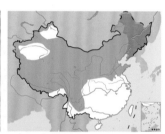

的对手屡屡扑空。

食性　常常出现在梯田和牧群中，主要以植物的种子、果实、球茎、块根等植物性食物为食，也吃小麦、青稞、玉米、水稻、碗豆等农作物种子。偶尔吃昆虫和软体动物。

繁殖　繁殖期为 4～7 月。营巢于山地岩石缝隙和悬崖峭壁洞穴中，巢由细枝、枯草和羽毛构成，呈盘状。每窝通常产卵 2 枚，或许一年繁殖 2 窝。卵的颜色为白色，大小为（35～38 mm）×（26～28 mm），重 12～13 g。雌雄亲鸟轮流孵卵，孵化期约 18 天。雏鸟晚成性。

鸣声　发出连续的叫声，如"咕唔——咕唔——咕唔——"和家鸽相似。鸣叫时喉部鼓起，频频点头。

种群现状和保护　IUCN 和《中国脊椎动物红色名录》均评估为无危（LC）。被列为中国三有保护鸟类。狩猎与农药对其有一定的影响。

探索与发现　在许多中文资料中，常常提到达尔文认为岩鸽是家鸽的祖先，说他在《物种起源》中称："多种多样的家鸽品种起源于一个共同祖先——岩鸽。"其实，这只是中文译名导致的误会。因为，原鸽的英文名（Rock Dove）和岩鸽（Hill Pigeon）相近，一些人区别不了原鸽与岩鸽有什么不同，就都译为岩鸽，因此《物种起源》原文中的"Rock Pigeon"也被译成了岩鸽，其实达尔文所指的是原鸽。

岩鸽。左上图杨贵生摄，下图王志芳摄

雪鸽

拉丁名：*Columba leuconota*
英文名：Snow Pigeon

鸽形目鸠鸽科

形态 体形较大，全长 33～37 cm。黑白分明，头和颈上部暗灰色（近黑色），颈下部白色，形成白色领圈。上背、两肩及内侧小覆羽和次级飞羽淡褐色，下背白色，腰和尾上覆羽黑色。尾灰黑色，中部有一宽阔的白色带斑。眼金黄色，腿脚赤红色。

分布 模式产地在喜马拉雅山脉，分布于缅甸、尼泊尔、印度、巴基斯坦、阿富汗、塔吉克斯坦以及中国西部。国内见于青藏高原及相邻地区，如新疆帕米尔高原、西藏、青海、甘肃、四川、云南等地，为留鸟。

栖息地 见于海拔 3000～5200 m 的青藏高原及帕米尔高原，栖息在山崖壁上、河谷中、原野里，最高可抵达雪线附近。

习性 喜欢集群活动，有时形成 150 多只的大群。在空旷的野外，警惕性比较高，难以接近。分布于人迹罕至的青藏高原，人们对其了解甚少。

食性 主要以草子、嫩芽、浆果、球茎等植物性食物为食，也吃青稞、油菜、豌豆、四季豆、玉米等农作物。

繁殖 通常营巢于人类难于到达的高山悬崖峭壁边缘及石头缝隙中，也曾记录到其在废弃的房屋墙洞里或天花板上营巢。巢主要由杂草和羽毛构成，十分简陋。繁殖期为4～7月，常集群繁殖，会重复使用旧巢。通常每窝产卵 2 枚，雌雄亲鸟轮流孵卵，孵化期 17～19 天。

鸣声 会发出拖长的声音，如"咕——哦——"，求偶时亦会重复"哦——哦——哦——"低沉鸣叫。

种群现状和保护 IUCN 和《中国脊椎动物红色名录》均评估为无危(LC)。因为罕见，一些国家将其列入红皮书中予以保护。被列为中国三有保护鸟类。属于狭域分布的珍稀物种，需要加强区域性保护。

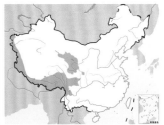

雪鸽。左上图彭建生摄，下图韦铭摄

在废弃建筑物墙上营巢的雪鸽。李晶晶摄

中亚鸽

拉丁名：*Columba eversmanni*
英文名：Pale-backed Pigeon

鸽形目鸠鸽科

形态 体形较小，全长26～30 cm。通体污灰色，下背白色，翼上具不完整黑色横纹。颈侧有绿紫色闪光的小块斑。

分布 顾名思义，仅分布于中亚地区，如哈萨克斯坦、乌兹别克斯坦、土库曼斯坦、塔吉克斯坦、吉尔吉斯斯坦、伊朗和阿富汗。冬季出现在克什米尔地区。在中国只见于新疆西部、北部和甘肃，居留状况不详。过去被认为是欧鸽的一个亚种，二者易混淆。

栖息地 出没于荒漠、绿洲、山脚平原、农田、林区内有岩石或悬岩的地带，尤其喜欢林中河谷两岸悬崖峭壁边缘处。

习性 常单独或成对活动。偶尔也结成小群，性情活泼，行为敏捷，飞行快而有力。

食性 常喜欢在林缘地带觅食，有时也到林外农地和水稻田觅食。主要以各种植物的果实和种子为食，包括桑葚、玉米等农作物。

繁殖 繁殖期4～7月，营巢于树洞、其他动物废弃的洞穴、废弃的建筑物上及墙洞中，也在岩壁洞穴中营巢。巢内无任何内垫物，每窝产卵2枚。卵的颜色为白色，雌雄亲鸟轮流孵卵。

鸣声 通常是默默无声，但到繁殖季节，有时会发出微弱的"咕咕唔——咕咕唔——咕咕唔——"或"啊哦——啊哦——啊哦——"的呼唤声。

种群现状和保护 曾经有人见过数千只的集群，现在已经非常罕见，其种群发展趋势不容乐观。因为繁殖地和栖息地丧失，加上过度的狩猎和滥用农药，中亚鸽的种群数量下降很快，近50年来在中国西部几乎全无其踪迹，岌岌可危。《中国脊椎动物红色名录》评估为数据缺乏（DD）。1988年已列入《世界自然保护联盟（IUCN）濒危物种红色名录》，受胁等级为近危（NT），1994年起被提升为易危（VU）。在中国被列为三有保护鸟类。但仍亟需得到更多保护关注，以免重蹈旅鸽 *Ectopistes migratorius* 灭绝的覆辙（过去有多达50亿只旅鸽生活在美国，而在几十年内种群数量迅速下降，终至灭绝）。

欧鸽

拉丁名：*Columba oenas*
英文名：Stock Dove

鸽形目鸠鸽科

中型鸽类，体长约31 cm。整体蓝灰色，胸偏粉色，后颈下部和颈侧有金属绿色斑块，翅上有两道不完整的黑斑，尾羽具宽阔的黑色端斑。虹膜红褐色。嘴黄色，基部偏红色。脚粉红色。雌雄相似，但雌鸟羽色较暗淡，嘴和脚均带暗色。主要分布于欧洲、非洲北部和中东地区，在中国仅分布于新疆喀什、天山地区和内蒙古西部。IUCN和《中国脊椎动物红色名录》均评估为无危(LC)。被列为中国三有保护鸟类。

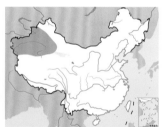

中亚鸽

欧鸽。刘璐摄

欧斑鸠

拉丁名：*Streptopelia turtur*
英文名：European Turtle Dove

鸽形目鸠鸽科

形态 体形略小，体长 25～28 cm。通体土褐色，各羽缘浅棕色，颈侧具一团黑白色相间的细纹。

分布 分布于欧洲、非洲北部、亚洲西部和中部。在中国只分布于甘肃、青海、西藏西部、内蒙古西部和新疆，为留鸟。

栖息地 出没于空旷的具有稀疏林木的平原，包括城郊园林、绿洲、农区林带及低山丘陵地带的阔叶林、混交林和针叶林等各种树林。

习性 在西部荒漠地区是唯一具有迁徙习性的斑鸠。在当地部分种群为夏候鸟，春季的 3～4 月出现，秋季于 9～10 月离开。

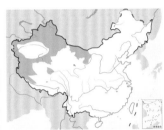

食性 喜欢在地面上觅食，以各种植物的果实和种子为食。也吃散落在地的桑葚、玉米、芝麻、小麦等农作物和少量动物性食物。

繁殖 繁殖期 5～8 月。每窝产卵 2 枚。孵化期 13～14 天。雏鸟晚成性。

鸣声 连续低沉的"嘟嘟——唔——嘟嘟——唔——嘟嘟——唔——"或不同组合的"嘟噜——嘟噜——嘟噜——"卷舌颤音。喉部鼓起，喃喃细语，似乎在呼唤同伴或歌颂爱情。

种群现状和保护 IUCN 和《中国脊椎动物红色名录》均评估为无危（LC）。种群数量有下降的趋势，潜在的威胁包括栖息地丧失、过度狩猎、气候变化、外来物种入侵与竞争。被列为中国三有保护鸟类。

与人类的关系 在西部少数民族居民的院落里经常可以遇见欧斑鸠，当地人对欧斑鸠格外喜欢，当作自家的成员。因为与人的关系密切，欧斑鸠在宗教和文化中扮演着重要角色，经常出现在经文、诗歌及其他文字作品中。尤其是欧斑鸠"咕——咕——咕——"低沉的鸣唱，成为夏季美妙的回忆。

欧斑鸠。左上图邢新国摄，下图刘璐摄

山斑鸠

拉丁名：*Streptopelia orientalis*
英文名：Oriental Turtle Dove

鸽形目鸠鸽科

形态 体形似家鸽。雌雄相似。嘴铅蓝色，嘴端膨大而具角质。颈较短，上体以褐色为主，颈基两侧各有一块杂以蓝灰色的黑斑，肩羽羽缘为显著的红褐色，尾端蓝灰色，下体为葡萄红色。脚较短，红色，胫全被羽，爪褐色。

分布 全世界有 6 个亚种，分布于西伯利亚和亚洲南部，西至乌拉尔山，东至日本、朝鲜，南至印度、缅甸、泰国和中南半岛。中国分布有 4 个亚种，新疆亚种 *S. o. meena* 分布于新疆北部、西部和中部；指名亚种 *S. o. orientalis* 分布于东北、华北、华东、华南、中南、西南和海南等地；云南亚种 *S. o. agricola* 分布于云南南部和西部；台湾亚种 *S. o. orii* 仅分布于中国台湾。

栖息地 栖息于低山、丘陵及平原的阔叶林、混交林、农田以及居民住宅附近的树上，冬季常聚集于开阔地带。

食性 主要以植物的种子、嫩叶、幼芽为食，有时也吃昆虫。觅食多在林下地上、林缘和农田耕地。

繁殖 繁殖期 4 ～ 7 月。营巢于白桦、杨、柳等树木的平枝上，也在宅旁竹林、孤树或灌木丛中营巢。巢距地面不高，一般为 2 ～ 3 m。巢简陋，以枯枝编成平盘形，巢中无内垫物或仅垫有少许树叶、苔藓和羽毛。巢结构松散，从下面可看到巢中的卵或雏鸟。每窝产卵 2 枚。卵白色，椭圆形，光滑无斑。雌雄亲鸟轮流孵卵，孵化期 18 ～ 19 天。雏鸟晚成性，由雌雄亲鸟共同抚育，育雏期 18 ～ 20 天。

种群现状和保护 分布范围广，种群数量趋势稳定。IUCN 和《中国脊椎动物红色名录》均评估为无危（LC）。被列为中国三有保护鸟类。

山斑鸠。左上图张明摄，下图张瑜摄

正在理羽的山斑鸠。卢欣摄

灰斑鸠

拉丁名：*Streptopelia decaocto*
英文名：Eurasian Collared Dove

鸽形目鸠鸽科

形态 体长约 32 cm。雌雄相似，雌鸟体形略小。嘴近黑色。额灰色，头顶至后颈浅粉红灰色，后颈基部有一道半月状黑色领环。背、腰、肩和翅上小覆羽均为淡葡萄色，飞羽黑褐色。尾上覆羽淡葡萄灰褐色，外侧尾羽基部黑色，端部呈灰色或灰白色。颏、喉白色，胸部缀紫粉红色。脚暗粉红色，爪黑色。

分布 有 2 个亚种，分布于欧洲的大部分、非洲东北部、亚洲西南部、印度、缅甸、斯里兰卡、日本及朝鲜的部分地区。在中国境内，指名亚种 *S. d. decaocto* 分布于辽宁、河北、北京、天津、山东、河南、山西、陕西、宁夏、甘肃、内蒙古、新疆西北部；缅甸亚种 *S. d. xanthcyclus* 为迷鸟，偶然出现在安徽、福建福州和云南。

栖息地 栖息于平原、低山丘陵、村庄和城市公园等的树林中，常在树上、建筑物顶部及电线上停落。

食性 主要以农作物种子，如玉米、小麦、稻谷、豌豆、黄豆、油菜、高粱、绿豆、芝麻等为食，也吃昆虫。

繁殖 繁殖期 4～7 月。营巢于树上，巢距地面的高度 5～20 m，距树冠顶端约 3 m。雌雄亲鸟共同筑巢。巢以细树枝筑成，极简陋，呈浅盘状，圆形或椭圆形。筑巢期约 1 周。每窝产卵一般为 2 枚，隔 1 天产 1 枚卵。产下第 1 枚卵就开始孵化。卵白色，无斑点。孵卵由双亲共同承担，但以雌性为主。孵卵期 14～16 天。雏鸟为晚成性，雌雄亲鸟共同喂养，育雏期约 15～17 天。

种群现状和保护 在大多数分布区为常见种或优势种。在中国，20 世纪 70 年代初种群数量一般，但到 20 世纪 80 年代中期以后，种群数量上升，分布范围不断扩大。IUCN 和《中国脊椎动物红色名录》均评估为无危（LC）。被列为中国三有保护鸟类。

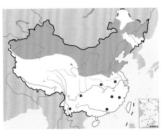

灰斑鸠。左上图为成鸟，马鸣摄；下图为亚成鸟，王志芳摄

火斑鸠

拉丁名：*Streptopelia tranquebarica*
英文名：Red Turtle Dove

鸽形目鸠鸽科

形态 体形较小的斑鸠，体长仅 23 cm 左右。嘴黑色，基部颜色较浅淡。脚栗色，爪黑色或黑褐色。雄鸟头顶和颈蓝灰色，额和喉上部白色或蓝灰白色，后颈基部有一黑色领环，并延伸至颈两侧，背、胸和上腹栗色，飞羽黑色，外侧尾羽黑色，末端白色。雌鸟上体鼠褐色，后颈的黑色领环较细，下体羽色较淡，颏和喉白色或近白色。

分布 有 2 个亚种，指名亚种 *S. t. tranquebarica* 分布于印度和尼泊尔，普通亚种 *S. t. humilis* 分布于中国、不丹、孟拉加国、缅甸、中南半岛、泰国、斯里兰卡和菲律宾等地。中国仅有普通亚种，除新疆外各地均有记录，主要分布于内蒙古阿拉善、辽宁、河北以南的广大地区，西至甘肃、青海、四川西部及西藏南部、云南、贵州、东至东部沿海，南至香港、台湾和海南。

栖息地 栖息于开阔的平原、田野、村庄、果园和疏林。也出现于林缘地带。

习性 常成对或成群活动，喜欢停歇于电线或高大的枯树上。

食性 主要以植物的浆果、种子等为食，有时也吃白蚁、蛹和其他昆虫等动物性食物。

繁殖 繁殖期 5～7 月。成对营巢繁殖。通常营巢于成片林地里隐蔽性较好的乔木低枝上。巢呈盘状，结构较为简单，由枯树枝交错堆集而成。每窝产卵 2 枚。卵为卵圆形，白色。

种群现状和保护 在中国南方较常见，北方较稀少，草原与荒漠地区较少。IUCN 和《中国脊椎动物红色名录》均评估为无危（LC）。被列为中国三有保护鸟类。

火斑鸠。左上图刘璐摄，下图焦海兵摄

珠颈斑鸠

拉丁名：*Streptopelia chinensis*
英文名：Spotted Dove

鸽形目鸠鸽科

形态 体长约 32 cm。雌雄羽色相似。嘴暗褐色。上体葡萄褐色，下体葡萄粉红色。后颈基部具黑色领斑，其上密布白色或黄白色珍珠状点斑。尾长，中央尾羽与背同色，但较深；外侧尾羽黑褐色，具宽阔的白色端斑。脚红色。

分布 分布于印度、斯里兰卡、孟加拉国、中南半岛和印度尼西亚。有 4 个亚种，在中国均有分布。指名亚种 *S. c. chinensis* 分布于内蒙古南部、河北、山西、陕西、甘肃、四川，南至广东；滇西亚种 *S. c. tigrina* 分布于云南、四川西南部；台湾亚种 *S. c. formosa* 分布于台湾；海南亚种 *S. c. hainana* 分布于海南。

栖息地 栖息于有稀疏树木生长的平原、草地、低山丘陵和农田地带，有时停息在庭院树上或房顶。

习性 常成小群活动，有时也与其他斑鸠混群活动，常 3～5

只分散栖于路边树枝上。飞行迅急，但飞距不远。

食性 主要以植物种子为食，特别是农作物种子，如稻谷、玉米、小麦、豌豆、黄豆、菜豆、油菜、芝麻、高粱、绿豆等。也吃蚂蚁、蛆虫、蜗牛等动物性食物。主要在早晨 7～9 时和下午 4～6 时觅食。

繁殖 繁殖期 3～7 月。每年繁殖 1～2 次。雌雄亲鸟共同筑巢、孵卵和喂养雏鸟。多数营巢于阔叶林树枝杈上，或灌丛顶端，或岩石缝隙中和屋檐下，偶尔也在地面或者建筑物上筑巢。巢呈平盘状，非常简陋，主要由树枝筑成，内垫草茎和草根。巢的结构很松散，大多数巢从树下就可见到巢中的鸟卵。巢筑好 3～4 天后开始产卵，隔日产卵 1 枚，窝卵数 2 枚。产下第 1 枚卵后即开始孵卵。卵白色，椭圆形。孵化期 17～18 天。雏鸟晚成性，育雏期 23～26 天。雏鸟 1～5 日龄时，由亲鸟分泌的鸽乳哺育。6～13 日龄时，以鸽乳和植物种子哺育。随着雏鸟日龄的增长，亲鸟分泌的鸽乳逐渐减少，而植物种子增多。植物种子是经过亲鸟嗉囊吸水软化后，雏鸟用喙从一侧伸入亲鸟喙中取食。

种群现状和保护 种群数量较多，普遍常见，目前仍在扩大其分布范围。IUCN 和《中国脊椎动物红色名录》均评估为无危 (LC)。被列为中国三有保护鸟类。

珠颈斑鸠。杨贵生摄

棕斑鸠

拉丁名：*Spilopelia senegalensis*
英文名：Laughing Dove

鸽形目鸠鸽科

形态　体形较小的一种斑鸠，体长 24～26 cm。尾羽修长，通体红褐色，颈侧有黑色斑点，腹部及尾下白色。雌雄相似，幼鸟没有黑色颈斑。

分布　其拉丁学名的种加词 *senegalensis* 意为塞内加尔的，可知其原产地是非洲。可能伴随着宗教和移民的传播，逐渐在中东地区和中亚地区扩散、繁衍、定居。国内仅见于新疆，为留鸟。

栖息地　经常见于新疆南部的小城市、县城、乡村、农场，是典型的"绿洲鸟"。一般栖息于塔克拉玛干沙漠边缘的胡杨林、半沙漠灌丛、绿洲矮树丛、干旱的农田和园林中。

习性　性情温顺，比较亲近人类，甚至可以在远洋轮船上生活。据说 1889 年就被船员带到了澳大利亚的珀斯，从此定居下来，形成稳定的西澳种群。有记载，杜鹃偶然会在棕斑鸠窝里产卵，进行巢寄生。

食性　在地面觅食，以植物性食物为主，如果实、种子、嫩芽等。也喜欢农田中的谷物和昆虫，如蚂蚁和甲虫。

繁殖　雄性的求偶和鸣唱行为比较特殊，表现为点头、折翅、转圈、低吟。营巢于树上、灌木丛、荆棘丛、人工林等，亦经常营巢于房屋的阳台、墙壁上的洞穴里或房檐下的缝隙中。巢比较简陋，由干树枝搭建而成，可以透亮。窝卵数 2 枚，卵壳洁白色。双亲参与整个繁殖过程，孵化期 13～15 天。雏鸟晚成性，育雏期 14～16 天。

鸣声　常会发出类似于"咯——咯——咯——"的笑声，故英文名为"笑鸽"（Laughing Dove）。平时的声音为低沉的"咕库——咕——噜——咕库——咕——噜——"，反复滚动或震荡，回味无穷。

种群现状和保护　IUCN 和《中国脊椎动物红色名录》均评估为无危（LC）。威胁主要来自于人类的过度捕杀和毁巢取卵。当然城市污染和滥用农药一样可造成灭顶之灾。被列为中国三有保护鸟类。

探索与发现　中国人几千年前就可以轻易区别鸠与鸽类了，但让人疑惑的是早期外国人往往对鸠和鸽不能严格区分。例如，林奈在 1766 年给棕斑鸠命名时，就把它放在鸽属 *Columba*，后来才归入斑鸠属 *Streptopelia*。而最新的分子生物学研究，发现棕斑鸠比较特殊，可以跟珠颈斑鸠一起脱离斑鸠属，一起归为珠颈斑鸠属 *Spilopelia*。

棕斑鸠。左上图魏希明摄，下图刘璐摄

沙鸡类

- 沙鸡指沙鸡目的鸟类，全球仅1科2属16种，中国有2属3种，草原与荒漠地区均有分布
- 沙鸡翅尖长，腿短，跗跖被羽，行走和飞翔能力强
- 沙鸡适应于干旱、贫瘠的荒漠环境，有群居游荡习性，雏鸟早成
- 沙鸡是典型的荒漠物种，人类对其的相关研究了解甚少，应受到保护关注

类群综述

沙鸡指沙鸡目（Pterocliformes）的鸟类，目下仅1科，即沙鸡科（Pteroclidae），包括2属16种。

顾名思义，沙鸡是生活在沙漠地区、形态似鸡的鸟类。跟鸡类一样，它们适应于地面生活，腿短而强健，善于奔走；喙短，锥形，主要啄食植物种子。但跟鸡类不同的是，它们体形相对较小，体长仅22～40 cm；翅尖长，能够快速飞行。这是因为它们生活的沙漠地区环境干旱、食物也缺乏水分，需要每天长距离游荡寻找水源补充水分，较强的行走和飞翔能力是它们生存的保证。

沙鸡是典型的荒漠物种，生活在沙漠、荒漠、干旱草原及无树草场。适应于开阔无遮蔽的生活环境，它们的羽色主要为褐色或灰色，背部及翅常有点状或条状斑纹，远远望去与背景融为一体。为了提高觅食效率，降低被捕食的风险，跟其他生活在开阔地带的鸟类一样，沙鸡喜群居，常集群迁飞觅食和饮水。飞行时通常贴近地面，速度很快，发出呼呼声响，飞行数百米即降落。

沙鸡多数为一雌一雄制，双亲共同参与孵卵和育雏。巢在地面低洼处。每窝产卵2～3枚，孵卵期20～25天。雏鸟早成性，孵出1天后就可以离巢觅食，但无法迁飞饮水，双亲会用腹部羽毛吸水回巢，供雏鸟吸吮；28天后幼鸟具备飞行能力，2个月后可跟随亲鸟迁飞饮水。

左：沙鸡是典型的荒漠物种，为了在一望无际的的荒漠地区隐藏身形，它们往往具有很好的保护色。图为站在高原荒漠中的西藏毛腿沙鸡。唐文明摄

右：蹲伏在地面的毛腿沙鸡。沈越摄

chick & egg

西藏毛腿沙鸡
Syrrhaptes tibetanus

毛腿沙鸡
Syrrhaptes paradoxus

chick & egg

黑腹沙鸡
Pterocles orientalis

西藏毛腿沙鸡

拉丁名：*Syrrhaptes tibetanus*
英文名：Tibetan Sandgrouse

形态 中型鸟类，大小似野鸽，体长 37 ～ 45 cm。体羽主要为土黄色。喉、脸和头侧橙黄色；头顶黑褐色；背和胸淡皮黄色或灰白色，具细密的黑色横斑；下胸和腹污白色；尾羽棕色，具黑色横斑和白色尖端。与毛腿沙鸡的区别在于腹部无大黑斑。

分布 青藏高原特有物种，主要分布于中国的西藏和相邻的巴基斯坦、印度、塔吉克斯坦等国。国内还繁殖于青海、新疆、四川等地。

栖息地 典型的荒漠物种，栖息于海拔 3000 ～ 5000 m 的高原荒漠、草原、半荒漠草原、高山草甸草原及盐湖边草地等地区。遇上寒冷的冬季，会下降到海拔较低的区域活动。

习性 地栖性鸟类，飞行敏捷，性情大胆，不甚怕人（因为没有见过人或者依靠伪装色而自欺欺人）。在昆仑山，常成小群

活动，繁殖期后亦见上百只的大群。

食性 主要以青草、植物果实、花朵、叶片、种子和嫩芽为食，也吃部分昆虫。

繁殖 繁殖期为 5 ～ 8 月，常成对独立繁殖，或形成松散的繁殖群落。巢甚简陋，通常在地面上扒一小坑，内垫少许枯草或无任何内垫物，有时亦直接产卵于岩石地上。通常每窝产卵 2 ～ 3 枚。卵沙土色或淡灰褐色，被有赭褐色或红褐色斑点，有的缀有淡紫色斑纹。卵为长卵圆形或椭圆形，卵的大小为（44 ～ 45）mm×（29 ～ 34.8）mm。雌雄亲鸟轮流孵卵，雏鸟早成性。

鸣声 会发出类似于结结巴巴的声音，如"咯——嘎——咯——嘎——"，或者连续的"雅克——雅克——咯嘎——"的声音，或边飞边叫"咯哇——咯哇——咯哇——"。

种群现状和保护 虽然 IUCN 和《中国脊椎动物红色名录》均评估为无危（LC）。但其实人们对西藏毛腿沙鸡了解甚少，其生存状况不明，分布区域也比较狭窄，属于狭域分布物种。被列为中国三有保护鸟类。

探索与发现 西藏毛腿沙鸡为单型种，无亚种分化。虽然都是地栖的"鸡"，不过沙鸡与前面提到的鸡类，差别还是很大的。从分类学上看，石鸡、山鹑、雉等属于鸡形目，而沙鸡则属于沙鸡目，风马牛不相及。

西藏毛腿沙鸡。左上图为雄鸟，左凌仁摄；下图为雌鸟，唐军摄

毛腿沙鸡

拉丁名：*Syrrhaptes paradoxus*
英文名：Pallas's Sandgrouse

沙鸡目沙鸡科

形态　中等体形的鸟类，体长37～43 cm，大小似家鸽。中央尾羽甚长而尖，翅亦尖长。通体大多呈沙灰色，背部密被黑色横斑，头部锈黄色；腹部具一大形黑斑，如同斑翅山鹑一样。脚短小，后趾完全退化。跗跖被羽至趾。

分布　广泛分布于中亚荒漠地区，如中国、伊朗、哈萨克斯坦、吉尔吉斯斯坦、蒙古、俄罗斯、塔吉克斯坦、土库曼斯坦、乌兹别克斯坦等。在国内繁殖于北方各地，如内蒙古、甘肃、青海、新疆、黑龙江、吉林、辽宁、河北和山东。

栖息地　与西藏毛腿沙鸡相比，二者的栖息地存在"垂直分离"，毛腿沙鸡一般栖息于海拔200～1500 m的低山丘陵、荒漠草原、戈壁滩、弃耕地附近。

习性　具有游荡的习性，常集成千百只大群远距离迁飞，寻找水源和食物。

食性　植物的嫩叶、花朵、种子、浆果等是它们的主要食物，繁殖期也食昆虫。食量很大，研究者曾在冬季剖检100只毛腿沙鸡，结果显示雌雄混合平均去毛体重为279.5 g，胃中食物平均重达36.3 g，约占体重的12.9%，最多的一只胃中食量可达55 g；分析其食物组成，发现16种植物，包括大麦、小麦、荞麦和油菜籽等农作物。这与其生活在北方寒冷地带，需要大量食物以补充能量消耗相适应。

繁殖　在新疆北部，毛腿沙鸡的繁殖期为4～7月。通常置巢于开阔的地上或矮灌木丛下，有时也在草丛下营巢。常成对或成小群在一起繁殖，巢间距多在4～6 m。巢甚简陋，主要为地表的凹坑，无任何内垫物，有时垫有少许草茎。每窝产卵2～4枚，通常3枚。卵土灰色或土黄色，被有褐色或灰色斑点。卵大小为39.47 mm×27.35 mm。通常在第1枚卵产出后即开始孵卵，由雌雄亲鸟轮流承担，孵化期22～27天。

鸣声　会发出悦耳动听的"特嗯——特嗯——特嗯——"颤音，或者低沉的"特呦——特呦——特呦——"连续的单音。一边疾飞一边鸣叫，往往"未见其形，先闻其声"。

种群现状和保护　由于取食多，体内脂肪含量也较多，毛腿沙鸡曾作为狩猎对象被大量捕杀。如1983年初，上海外贸部门从内蒙古某地区收购毛腿沙鸡达4吨之多。每年如以这样惊人数目捕捉，结果可想而知。2000年，毛腿沙鸡被列为中国三有保护鸟类。目前，IUCN和《中国脊椎动物红色名录》均评估为无危（LC）。

探索与发现　在大自然当中，很多弱小的动物为了躲避危险，都有各种各样的绝活。陆禽就属于其中的佼佼者，它们最大的伎俩莫过于"瞒天过海"了。长期的自然选择使它们进化出不同的形态，以融入所处环境之中，达到欺骗敌人保护自己的目的。毛腿沙鸡遇到危险会本能地趴卧不动，借助身上的迷彩衣来保护自己；特别是在繁殖期，雌鸟和幼鸟都会采用这种策略，以不变应万变。

毛腿沙鸡翼长善飞，也善于在戈壁滩上走动，脚底磨出了老茧，功夫了得，具备了鸽类的某些特征。饮水的动作也和鸽类非常相似，将嘴伸入水中，连续吞咽并不抬头。它们还能够利用腹部厚实的羽毛吸饱清水，归巢后给雏鸟饮用或降温。

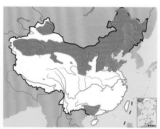

毛腿沙鸡。左上图为雌鸟，林剑声摄；下图为带雏的雄鸟，张明摄

毛腿沙鸡雌鸟亚成体。王志芳摄

黑腹沙鸡

拉丁名：*Pterocles orientalis*
英文名：Black-bellied Sandgrouse

沙鸡目沙鸡科

形态 外形似鸽子，体长 29～34 cm。雄鸟的头顶、颈部和上背为灰色；颏部、喉部为栗色，并向颈侧延伸，形成明显的颈环；喉的下部有一个三角形的黑斑，并延伸至颈部。胸部有一条细的黑色胸带，腹部的黑斑特大。雌鸟羽色较淡，通体为淡沙黄色，头顶有细的黑褐色纵纹，背部、腰部和尾上覆羽有黑褐色的斑纹或横斑。与毛腿沙鸡区别在于，黑腹沙鸡的中央尾羽不延长，有弱小的后趾。

分布 主要分布于亚洲中部至中东地区，冬季还游荡到伊拉克、印度、俄罗斯南部以及非洲和欧洲等地。在中国仅分布于新疆西部，为夏候鸟。

栖息地 栖息于干旱地区，如山脚平原、草地、荒漠、农田附近和多砾石的原野，从沿海地区一直到海拔 2400 m 的内陆高原。

习性 呈小群活动，冬季有时集成大群。

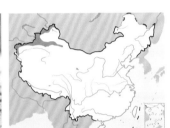

食性 在地面上觅食，以植物种子为主，也吃嫩叶、细芽、花朵和昆虫等。常飞到数十千米外的水源处去喝水，饮水的动作和鸽类非常相似，将嘴伸入水中，连续吞咽而不抬头。

繁殖 繁殖期 4～6 月。3 月中旬即开始配对，通常在 5 月初产卵。成对营巢于平原地区，或有稀疏植物的低山丘陵荒漠地带。巢大多为地面的凹坑，或者由亲鸟扒一浅坑即成，巢内没有任何铺垫物，或仅有少许小的圆石头。每窝产卵 2～3 枚。卵的颜色为淡灰色、土黄色，略微缀有绿色至橄榄色斑点。雄鸟和雌鸟轮流孵化。

鸣声 飞行时有低沉而圆润的声音，如"特啾哦——特啾哦——特啾哦——"微微颤抖，并伴随着双翅快速煽动的"呼——呼——"声。

种群现状和保护 IUCN 评估为无危（LC）。但在中国分布区域狭窄，数量稀少，比较罕见，《中国脊椎动物红色名录》评估为近危（NT）。被列为中国国家二级重点保护动物。

探索与发现 沙鸡与鸽子形态相似，可能是趋同进化的结果。其实，沙鸡与鸽子存在许多不同，特别是繁殖方面，沙鸡在地面营巢、窝卵数多于 2 枚、雏鸟早成性等。而黑腹部沙鸡又是沙鸡中的另类，其后趾尚存，不似其他沙鸡缺如。经过马鸣等近 20 年的调查，包括观鸟者的记录，黑腹沙鸡曾经是一个西北"边境物种"，早期只见于新疆伊犁地区，近年在沙湾、乌鲁木齐和吉木萨尔频繁遇见，有"东扩"趋势。

黑腹沙鸡。左上图为雄鸟，田穗兴摄；下图左雄右雌，刘璐摄

夜鹰类

- 夜鹰指夜鹰目除了雨燕和蜂鸟以外的鸟类，全世界共5科25属126种，中国有2科3属8种，草原与荒漠地区仅1属4种
- 夜鹰雌雄相似，羽色暗淡；喙短而阔，嘴裂宽，嘴须长；跗跖短；眼形大
- 夜鹰为夜行性鸟类，主要以昆虫为食，营巢于洞穴中或树杈上，或直接将卵产于地面、岩石、洞穴或屋顶上
- 夜鹰行踪隐蔽，少为人知，在中国均被列为三有保护鸟类

类群综述

夜鹰指夜鹰目（Caprimulgiformes）除凤头雨燕科（Hemiprocnidae）、雨燕科（Apodidae）和蜂鸟科（Trochilidae）以外5个科的鸟类，全世界共5科25属126种，包括油鸱科（Steatornithidae）、蟆口鸱科（Podargidae）、林鸱科（Nyctibiidae）、裸鼻鸱科（Aegothelidae）和夜鹰科（Caprimulgidae）。中国有2科3属8种，即蟆口鸱科和夜鹰科，草原与荒漠地区仅夜鹰科1属4种。

顾名思义，夜鹰均为夜行性鸟类。它们羽色暗淡，跗跖短，白天蹲伏在林间地面或树枝上时几乎与背景融为一体。喙短阔，嘴裂宽，嘴须长且多，夜间张开大嘴飞行时嘴须犹如捕虫网一样将昆虫收入口中。羽毛柔软，飞行时悄无声息；眼形大，夜视能力强。这些特征都与其夜行性生活相适应。其他特征还包括鼻孔管状，翼长而尖，凸尾。

夜鹰在山洞岩壁、树杈上营巢，或直接在地面和树杈上产卵，巢材为树皮、地衣和苔藓等，双亲共同孵卵和育雏。

夜鹰性隐蔽，人类对其了解十分有限。在中国，所有夜鹰都被列为三有保护鸟类。

普通夜鹰
Caprimulgus jotaka

欧夜鹰
Caprimulgus europaeus

埃及夜鹰
Caprimulgus aegyptius

中亚夜鹰
Caprimulgus centralasicus

左：夜鹰羽色暗淡，白天蹲伏于地面或树上，几乎与背景融为一体。图为蹲在树上的欧夜鹰。刘璐摄

普通夜鹰

拉丁名: *Caprimulgus jotaka*
英文名: Grey Nightjar

夜鹰目夜鹰科

中型夜鹰, 体长约 27 cm。通体暗褐色, 上体有很多黑褐色和灰白色斑点, 背、肩羽羽端具绒黑色块斑和细的棕色斑点, 下喉具一大白斑。从西伯利亚到印度、日本、东南亚等地。在中国除新疆、青海外见于各地。IUCN 和《中国脊椎动物红色名录》均评估为无危 (LC)。被列为中国三有保护鸟类。

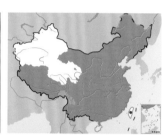

普通夜鹰。左上图彭建生摄, 下图林剑声摄

欧夜鹰

拉丁名: *Caprimulgus europaeus*
英文名: European Nightjar

夜鹰目夜鹰科

形态 小型鸟类, 体长 25~28 cm。通体土褐色, 具黑色或白色杂斑。雄性的飞羽和尾羽上有圆白斑, 而雌性无。嘴短而宽阔, 口裂甚大, 嘴须发达。

分布 在欧洲、西亚和中亚繁殖, 至撒哈拉沙漠以南地区越冬。在中国为夏候鸟, 只分布于新疆、甘肃和内蒙古西部。

栖息地 生活于干旱的沙漠边缘, 包括旱田、绿洲、原始胡杨林、红柳灌丛、梭梭林荒漠等。分布海拔从吐鲁番的 -90 m 左右到塔里木盆地的 1100 m。

习性 夜行性, 主要在黄昏和夜晚活动。白天多栖息于林中树干上, 与树干浑然一体, 俗称 "贴树皮"。或借助极好的伪装色躲在地面阴暗处, 晚上才飞到开阔地带活动和猎食。翅尖而长, 飞行轻快而敏捷, 几无声响。

食性 在飞行中张开大嘴捕食, 以蚊子、甲虫、蜻蜓、苍蝇、螳螂、夜蛾等昆虫为食。

繁殖 繁殖期一般为 5~7 月, 营巢于开阔的荒地上或灌木下, 直接产卵于裸露的地面, 无任何内垫物。每窝产卵 2 枚, 卵灰白色具有模糊的暗色斑点。雌雄亲鸟轮流孵卵, 孵化期 17~19 天。雏鸟晚成性, 经过亲鸟 16~18 天的喂养才能离巢。

鸣声 类似于昆虫的鸣叫, 是发自鸣管或胸腔的连续颤音: 嘚——嘚——嘚——嘚——……哦——哦——哦——哦——……嘚——嘚——嘚——嘚——……丢——丢——丢——丢——……几种颤音转换, 最后可能伴随有翅膀拍打声。遇到危险, 也会发出 "噶——噶——噶——" 的单音, 警告对方。

种群现状和保护 IUCN 和《中国脊椎动物红色名录》均评估为无危 (LC)。主要威胁是栖息地丧失和过度使用农药造成其食物 (昆虫) 的减少。欧夜鹰的天敌包括狐狸、鼬 (貂)、刺猬、猛禽、喜鹊、乌鸦、蛇等, 主要是偷食欧夜鹰的卵或幼鸟。随着人类活动范围的扩大, 在新疆古尔班通古特沙漠, 繁殖后期公路附近的年轻欧夜鹰经常被汽车撞死。被列为中国三有保护鸟类。

探索与发现 欧夜鹰的眼睛比较大, 看上去很特殊。有研究表明, 欧夜鹰的视网膜结构特殊, 夜间视力大概等于猫头鹰的视力。虽然其听力甚佳, 但欧夜鹰似乎不依靠声音来寻找昆虫, 也没有超声定位的能力。国外的一些研究者发现, 欧夜鹰不仅仅本身具有良好的伪装色, 其卵的颜色也是变幻莫测, 而巢穴的选择也非常隐蔽, 三者结合就很难被天敌发现。

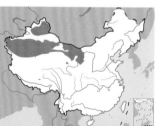

欧夜鹰。左上图为正在抱窝, 马鸣摄, 下图唐文明摄

埃及夜鹰

拉丁名：*Caprimulgus aegyptius*
英文名：Egyptian Nightjar

夜鹰目夜鹰科

形态 小型鸟类，体长 24～26 cm。外形似欧夜鹰，但体色较淡。通体为沙褐色，具暗色斑纹。喉部白色，尾上亦有细横纹。

分布 广泛分布于西亚和北非地区，迷鸟或旅鸟偶然出现在欧洲。在中国周边地区见于哈萨克斯坦、塔吉克斯坦、阿富汗和巴基斯坦等。在中国，只记录于新疆西部，为夏候鸟。

栖息地 见于植被稀疏的盆地、绿洲、平原、草地、半荒漠和生长有少量灌木的荒漠地区。

习性 夜间活动，有趋光性。白天趴在地面，眯缝着双眼，凭借极佳的伪装色与土地融为一体，很难被发现。

食性 以飞虫为食。利用长长的翅膀、敏捷的飞行动作、宽阔的大嘴，捕食夜空中飞行的昆虫，如飞蛾、蚊子等。

繁殖 繁殖期 5～7 月。不筑巢，直接产卵于地面凹陷处。每窝产卵 2 枚，卵壳灰赭色，布满锈褐色斑。孵化期 17～18 天，雏鸟半晚成性，育雏期需要 1 个月。

鸣声 会发出重复的"叩——叩——叩——叩——"声音。

种群现状和保护 IUCN 评估为无危（LC）。分布范围虽广，但在中国的分布区域狭窄、种群数量极少，现状不详，《中国脊椎动物红色名录》评估为数据缺乏（DD）。被列为中国三有保护鸟类，需要加强研究和保护。

探索与发现 有人曾经认为夜鹰会冬眠，因为它不像其他候鸟一样迁徙，可以见到的季节也比较短暂，一年之中的居留期不到 150 天（其出没很少被观测到）。随着科学技术的进步，人们逐渐知道了夜鹰的活动规律。

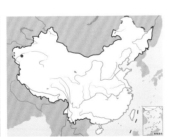

埃及夜鹰。左上图KK摄（维基共享资源/CC BY-SA 3.0）

中亚夜鹰

拉丁名：*Caprimulgus centralasicus*
英文名：Vaurie's Nightjar

夜鹰目夜鹰科

形态 体形甚小，全长约19cm。形态资料仅来自一雌性标本：上体沙黄色，具深褐色点斑；下体土黄色；尾土褐色，具横斑。

分布 于 1929 年在中国新疆塔克拉玛干沙漠边缘的皮山地区（固玛）采集到 1 号标本，之后就再没有任何发现。

栖息地 推测其沿着昆仑山北麓戈壁滩或塔克拉玛干沙漠边缘多沙地带栖息，环境极度干旱。

食性 同欧夜鹰或埃及夜鹰。

种群现状和保护 据说中亚夜鹰栖息在寒冷的沙漠边缘，因为栖息地丧失，而被划为全球性狭域分布物种，1994 年曾被 IUCN 评估为易危物种（VU）。但缺乏相关数据，2000 年之后 IUCN 的评估结果改为数据缺乏（DD），《中国脊椎动物红色名录》亦评估为数据缺乏（DD）。被列为中国三有保护动物。

探索与发现 20 世纪末，国内外鸟类学者多次深入塔克拉玛干沙漠边缘的皮山及其附近地区寻找中亚夜鹰（马鸣，1999），并反复测量和核对唯一藏于伦敦大英博物馆的标本，认为中亚夜鹰可能就是欧夜鹰或者埃及夜鹰的一个亚成体，根本就是一个"莫须有"的物种。试想这一标本在 1929 年采集时定名为埃及夜鹰，到 1960 年被 C. Vaurie 篡改名称，可见其人的谬误和轻率。

中亚夜鹰

中亚夜鹰与埃及夜鹰模式标本对比，左侧体长较短的是中亚夜鹰。Paul J Leader摄

雨燕类

雨燕类

- 雨燕指夜鹰目雨燕科和凤头雨燕科的鸟类，全球共20属100种， 中国有5属14种，草原与荒漠地区有1属3种
- 雨燕雌雄相似，羽色朴素；颈短，翅尖长，尾叉形；喙短，嘴裂宽；跗跖细弱，四趾均向前
- 雨燕善于在飞行中捕食昆虫，部分物种进行长距离迁徙，营巢于岩壁、屋檐及树洞中，双亲共同参与繁殖的全过程
- 雨燕自古是人们熟知的鸟类，其巢是中国传统滋补品，它们的生存也因此受到威胁

类群综述

分类与分布 雨燕指夜鹰目（Caprimulgiformes）雨燕科（Apodidae）和凤头雨燕科（Hemiprocnidae）的鸟类，在鸟类传统分类系统中这2个科与蜂鸟科（Trochilidae）一起组成了雨燕目（Apodiformes），但最新的分类意见取消了雨燕目，这3个科一起被并入夜鹰目下。

全世界有雨燕20属100种，即雨燕科19属96种和凤头雨燕科1属4种。中国仅有雨燕科4属9种，凤头雨燕科1属1种。

雨燕广布于世界各地，除极地外遍布全球，主要在高纬度地带繁殖。

形态 雨燕雌雄相似。喙短宽，先端成钩状，口裂大，无嘴须。翅尖而长，初级飞羽10枚，翅折合后远超过尾端，飞羽内翈宽而外翈狭。尾呈叉状或方形，尾羽10枚。脚和趾均甚短弱，跗跖被羽或裸出，四趾朝前或后趾能前、后转动，一般不能从平地借弹跳起飞。羽毛大多黑色或黑褐色，稍有光泽。唾液腺发达。尾脂腺裸出。

栖息地 栖息于房屋墙壁、洞壁、岩壁及高大建筑物的天花板和横梁上。

习性 常结群飞翔，飞翔速度极快而敏捷，多在林区、耕作区和居民点上空飞行，以空中捕食飞虫，休息时停栖或抓持在崖岩间。

食性 主要以昆虫为食。

繁殖 多结群营巢于岩洞、悬崖峭壁的岩隙和楼、塔等建筑物的屋檐或顶部蔽风雨处。以唾液粘连植物材料筑巢。每窝产卵1～6枚，多为2枚。卵长圆形，白色有光泽。雌雄两性孵卵，孵化期19～20天。雏鸟晚成性。育雏期35～49天。

与人类的关系 雨燕以产"燕窝"的金丝燕最受关注，"燕窝"是雨燕用唾液和海藻筑的巢，在中国被视为珍贵的滋补品。但人类采"燕窝"严重破坏了金丝燕的繁殖活动，因此威胁到其种群延续。一些雨燕喜欢在建筑物的屋檐下或烟囱中筑巢，与人类毗邻而居，城市化过程中许多古建筑被拆除，新兴的现代建筑往往无法为雨燕提供巢址，也一定程度上影响雨燕的生存。

左：雨燕腿细弱无力，无法从地面起飞，一生绝大部分时间在空中飞行，仅繁殖期停落在营建于岩壁、屋檐等高处的巢中。图为在岩缝中营巢的白腰雨燕。董磊摄

右：雨燕的翅极度纤长，图为在空中飞行的普通雨燕。邢睿摄

白喉针尾雨燕
Hirundapus caudacutus

普通雨燕
Apus apus

指名亚种
A. p. pacificus

白腰雨燕
Apus pacificus

青藏亚种
A. p. salimali

白喉针尾雨燕

拉丁名：*Hirundapus caudacutus*
英文名：White-throated Spinetail Swift

夜鹰目雨燕科

形态 外形似燕而体形略大。嘴黑色。额灰白色，头顶至后颈黑褐色，具蓝绿色金属光泽。背部灰色，中央渐淡而近白色。翼覆羽和飞羽黑色，具紫蓝色和绿色金属光彩，飞行时两翅呈镰刀状。尾上覆羽及尾羽黑色，具孔雀蓝色光泽，尾羽羽轴坚硬，末端裸露如针，尾形不呈叉状。颏、喉白色，胸、腹深灰褐色，两胁和尾下覆羽白色。跗跖和趾肉色。

分布 繁殖于俄罗斯外兴安岭、萨哈林岛、朝鲜半岛和中国，南迁至大洋洲越冬。有 2 个亚种，在中国，指名亚种 *H. c.*

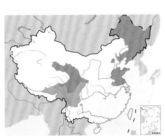

caudacuta 分布于黑龙江、吉林、辽宁、河北东北部、北京、山东、甘肃南部、内蒙古东北部、贵州、湖北、安徽、江西、江苏、上海、浙江、福建、广东、香港、广西；西南亚种 *H. c. nudipes* 分布于西藏东部、云南西北部、四川。在中国是夏候鸟或旅鸟，春季于 4～5 月迁来，秋季于 9～10 月迁走。

栖息地 主要栖息于山地森林、河谷等开阔地带。

食性 主要以飞行性昆虫为食。常在草地、河谷、水面、峡谷、山地草原或其他开阔地域集群边飞边捕食，有时也近地面或水面低空飞行捕食。

繁殖 繁殖期 5～8 月。集群营巢于悬崖岩石缝和树洞中。发情时雄鸟追逐雌鸟求偶交配。6 月中旬产卵。每窝产卵 2～6 枚，卵白色。双亲共同孵卵，孵化期 40 天。雏鸟晚成性，幼鸟 7 月末 8 月初离巢。

种群现状和保护 分布范围广，种群数量趋势稳定。IUCN 和《中国脊椎动物红色名录》均评估为无危（LC）。被列为中国三有保护鸟类。

白喉针尾雨燕。彭建生摄

普通雨燕

拉丁名：*Apus apus*
英文名：Common Swift

夜鹰目雨燕科

形态 小型鸟类，体长 16～18 cm，翼展可达 40 cm。通体黑褐色，头顶和背羽色较深暗，并略具光泽。颏与喉灰白色，或具淡褐色纤细羽干纹。两翅狭长，呈镰刀状，初级飞羽外侧和尾羽表面微具铜绿色光泽。尾短而分叉。胸、腹和尾下覆羽黑褐色，腹微具窄的灰白色羽缘。腿脚弱小。

分布 夏季分布于欧洲、北非、亚洲大部分地区，越冬于非洲南部。在中国为夏候鸟，分布于北方各省，如新疆、甘肃、内蒙古、河北、北京等。

栖息地 栖息于森林、平原、荒漠、绿洲、城镇等各类生境中。见于多山地区，但对于城市的楼宇或古建筑情有独钟，因而又叫楼燕。

 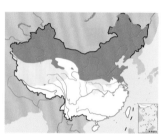

习性 其拉丁名或有"无足鸟"之意，由于无法从地面起飞，从来不会落地，只在繁殖期会直接入高处的巢中。观测表明楼燕在长达 9～10 个月的非繁殖期可以一直保持飞行状态，竟然能够在高飞时睡觉，"吃喝拉撒睡"都在空中解决。经过脑电波研究，发现其大脑的一半处于深度睡眠状态，而另外一半则是清醒的，轮换工作。

食性 以飞虫为食，如蚊子、飞蛾、甲虫等。

繁殖 繁殖期 5～7 月。常集群营巢繁殖。多在高大的古建筑物、宝塔、庙宇、岩壁、瓦洞、城墙缝隙中筑巢。在新疆塔克拉玛干沙漠，发现其在胡杨树洞里筑巢。巢由枯草茎、叶、麻纤维、破布、纸屑等混合而成，内垫有绒羽、羽毛和昆虫的毛等柔软物。窝卵数 2～3 枚，卵壳白色。孵化期 20～23 天，育雏期需要 1 个月。

鸣声 边飞边叫，互相追逐，呼啸而过，发出如"嘘——嘘——啾——、嘘——嘘——啾——、嘘——嘘——啾——"的尖叫声。

种群现状和保护 IUCN 和《中国脊椎动物红色名录》均评估为无危（LC）。被列为中国三有保护鸟类。

探索与发现 雨燕外形相似于家燕，林奈在 1758 年最初命名时将其放在燕属 *Hirundo*。现在看来二者没有什么亲缘关系，外形相似只是趋同进化的结果。

普通雨燕。沈越摄

白腰雨燕

拉丁名：*Apus pacificus*
英文名：Larger white-rumped Swift

夜鹰目雨燕科

形态 体形较小。嘴黑色。颏、喉及腰白色，其余体羽暗褐色，上背和翅具有灰蓝褐色金属光泽。颏、喉有黑褐色细羽干纹，其余下体微具灰白色羽缘。尾叉型。脚和爪紫黑色。

分布 分布于西伯利亚、远东地区、中国、日本、印度，越冬于澳大利亚和东南亚。有 5 个亚种，中国分布有 3 个亚种，即指名亚种 *A. p. pacificus*、华南亚种 *A. p. kanoi* 和青藏亚种 *A. p. salimali*。分布于黑龙江、吉林、辽宁、内蒙古东部和中部、河北、山西、山东、河南、江苏，往西至甘肃、青海东北部和西藏南部，往南至云南、四川、贵州、广西、广东、香港和台湾。

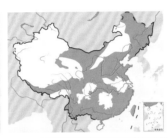

迁徙期间也见于新疆西部和海南岛。在中国大部分地区是夏候鸟，春季于 4～5 月迁来，秋季于 9～10 月迁走；部分留居于香港和台湾。

栖息地 喜栖息于水域附近的山坡和岩壁。喜集群生活，常成群在栖息地上空来回飞翔。

食性 以各种昆虫为食，集群在空中飞行取食。

繁殖 繁殖期为 5～7 月。集群营巢繁殖。营巢于水域附近、悬崖峭壁裂缝中或高大建筑物屋檐下。雌雄亲鸟共同筑巢，但以雌鸟为主。巢材主要为草叶、小灌木叶、苔藓、塑料条、羽毛和亲鸟唾液混合物。巢为圆杯状或碟状，结构坚固。每窝产卵 2～3 枚。卵白色，光滑无斑，长椭圆形。第 1 枚卵产出后即开始孵卵。孵卵工作由雌鸟承担，雄鸟在此期间常衔食投喂雌鸟。孵化期为 20～23 天。雏鸟晚成性，育雏期约 33 天。

种群现状和保护 分布范围广，种群数量稳定。IUCN 和《中国脊椎动物红色名录》均评估为无危（LC）。被列为中国三有保护鸟类。

白腰雨燕。沈越摄

杜鹃类

杜鹃类

- 杜鹃指鹃形目杜鹃科鸟类，全球共36属149种，　中国有9属17种，草原与荒漠地区常见的有1属2种
- 杜鹃体形似鸽而瘦长，雌雄羽色相似，对趾足，外趾能反转
- 杜鹃以巢寄生闻名，自身形态及卵的颜色、大小和色泽等均随所选寄主种类的改变而改变
- 杜鹃鸣声洪亮，自古作为提醒农事节律的"布谷鸟"为人们喜爱和熟知

类群综述

分类及分布　杜鹃指鹃形目（Cuculiformes）杜鹃科（Cuculidae）的鸟类。传统分类系统中的鹃形目还包括仅分布于非洲的蕉鹃科（Musophagidae），但在最新分类系统中该科独立为蕉鹃目（Musophagiformes），鹃形目下仅杜鹃科1个科。除高纬度地区及一些海洋岛屿以外，杜鹃广布全世界，计有6个亚科36属149种。中国境内已知有3个亚科9属17种。即，杜鹃亚科（Cuculinae）、噪鹃亚科（Eudynamiae）及地鹃亚科（Phaenicophainae）；凤头鹃属 Clamator、杜鹃属 Cuculus、鹰鹃属 Hierococeyx、八声杜鹃属 Cacomantis、金鹃属 Chalcites、乌鹃属 Surniculus、噪鹃属 Eudynamys、地鹃属 Phaenicophacus 及鸦鹃属 Centropus。

杜鹃科下属的划分素有争议。杜鹃、鹰鹃、栗斑杜鹃、八声杜鹃最初都被归在杜鹃属，Muller（1842）订名鹰鹃属和八声杜鹃属，Baker、La Touche 等曾沿用，并将栗斑杜鹃列为独立的栗斑杜鹃属 Penthoceryx。近代分类学者多拥护 Mayr 等"不宜把属分得过细，以致使其亲缘关系混淆不清"的主张把这些属进行合并，如 Peters 将鹰鹃属并入杜鹃属，Ali et Ripley 把栗斑杜鹃属并入八声杜鹃属。郑作新（1976）把上述所有类群都并入杜鹃属 Cuculus，理由是这些类群既有共同的生活习性，如树栖、寄生，也有共同的形态学特征，如跗跖短弱且前缘全披羽等，表明亲缘关系密切。本书与郑光美等修订的《中国鸟类分类与分布名录》（第三版）统一，将栗斑杜鹃归入八声杜鹃属，置杜鹃属、鹰鹃属和八声杜鹃属。

草原与荒漠常见的杜鹃为四声杜鹃 Cuculus micropterus 和大杜鹃 Cuculus canorus。

形态　杜鹃科鸟类多为中小型。体形似鸽而瘦长。雌雄羽色相似。嘴中等长度，上嘴基部无蜡膜，嘴尖而微向下弯曲，不具钩。翅短圆或尖长。尾较长，凸形。跗跖短弱，前缘被盾状鳞。具4趾，呈对趾型，外趾能反转。

栖息地　草原与荒漠中的杜鹃栖息于林地、湿地、灌丛、草地等多种环境。

习性　性胆怯，常隐息于林间，不易被看见。迁徙性，在中国草原与荒漠地区为夏候鸟或旅鸟。

食性　主要以昆虫及其幼虫为食。嗜食体质柔软的、其他食虫鸟类不常吃的昆虫。

繁殖　杜鹃科鸟类的某些社群行为和繁殖方式在鸟类中是独特的。它们的模仿性很强，卵的大小和色泽等均随所选寄主种类的卵而变化，此外，杜鹃本身也能逐代演变，而模拟寄主。最突出的例子就是乌鹃 Surniculus lugubris 模拟其寄主黑卷尾 Dicururus macrocercus，二者不仅在体形和羽色方面彼此相似，而且乌鹃的尾形与黑卷尾相似，演化为叉尾，而不同于一般杜鹃的凸尾。

杜鹃大多为单配制，少数种类为一雌多雄制，一只雌鸟和几只雄鸟配对，并和每一只雄鸟都交配，雄鸟各自占有领地并筑巢，雌鸟在每个巢产卵，雄鸟在孵卵及育雏中发挥更大的作用。寄生性的种类由于不营巢孵卵育雏，多单独活动，即使在繁殖期也很少成对活动。

有些种类自己营巢、育雏；筑巢于草丛、灌木丛、矮密竹丛中，离地面仅1 m多高。由干草、菖蒲、树叶、芦苇、细枝等构成球状巢，结构粗陋松散，易于破散。雌雄亲鸟都参与孵育工作。许多种类为

杜鹃多数有巢寄生的习性。图为巢寄生于白鹡鸰的大杜鹃，巢中的大杜鹃幼鸟体形已经远大于其义亲，以至于白鹡鸰只能站在大杜鹃幼鸟身上给它喂食。马鸣摄

巢寄生，雌鸟把卵产在其他鸟类的巢中，由其他鸟类（义亲）代为孵育。雌鸟先把宿主的卵抛出，然后自己在巢中产卵；或直接在宿主巢中产卵，凭借自己的卵孵化期短，由先出壳的雏鸟把宿主的卵抛出。有的种类在同一种宿主的几个巢中分别产1个卵。一些大型杜鹃的雏鸟与义亲的雏鸟同在一巢待哺，但是由于杜鹃雏鸟的生长发育速度远较寄主雏鸟快，很快即在竞争中将后者淘汰，最终仍是独享义亲哺育。

雏鸟均为晚成性。刚孵出的幼雏全身裸露。在羽毛形成之前，不经绒羽阶段。

种群现状和保护　草原与荒漠中分布的大杜鹃和四声杜鹃为常见种，种群数量较多。作为森林益鸟被列为中国三有保护鸟类

四声杜鹃
Cuculus micropterus

大杜鹃
Cuculus canorus

四声杜鹃

拉丁名：*Cuculus micropterus*
英文名：Indian Cuckoo

鹃形目杜鹃科

形态 体长 30～34 cm。雌雄相似，但雌鸟喉部和头顶褐色。嘴裂黄色，嘴灰黑色。上体、两翼灰褐色，翅缘有一白斑。颏、喉和上胸浅灰色，腹白色，具宽的黑褐色宽横斑，横斑间的间距也较大。尾羽褐色，中央尾羽羽干两侧具白斑，尾羽先端污白色，次端斑为宽阔的黑带。脚、趾黄色，爪黑褐色。

分布 分布于北至俄罗斯远东地区，东至日本，南至印度、缅甸、马来半岛和印度尼西亚。亚种分化尚存争议，郑作新（1991）

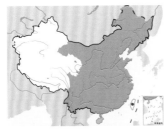

认为该种目前有 2 个亚种，即指名亚种 *C. m. micropterus* 和印度亚种 *C. m. concretus*，中国分布的为指名亚种，主要分布于内蒙古、东北、河北、山东、山西、陕西、甘肃、四川、河南、贵州、广西、广东、福建、海南。在中国大部分地区是夏候鸟，在海南岛为留鸟。4～5 月迁到繁殖地，8～9 月开始离开繁殖地往越冬地迁徙。

栖息地 栖息于混交林、阔叶林和林缘。有时也出现于村庄、农田附近的林地。多单独或成对活动。

食性 主要以昆虫为食，有时也吃少量植物种子。多在林地高处隐蔽处取食，偶见于地面取食。

繁殖 繁殖期 5～7 月。巢寄生，通常将卵产于大苇莺、灰喜鹊、黑卷尾、黑喉石䳭等鸟类的巢中，由义亲代孵代育。

种群现状和保护 分布范围广，种群数量趋势稳定。IUCN 和《中国脊椎动物红色名录》均评估为无危（LC）。被列为中国三有保护鸟类。

四声杜鹃。杜卿摄

大杜鹃

拉丁名: *Cuculus canorus*
英文名: Common Cuckoo

鹃形目杜鹃科

形态 体长34～36cm。嘴黑褐色，嘴端近黑色，下嘴基部黄色。上体及颏喉至胸部暗灰色；腹部及两胁白色，密布黑色狭窄的横斑；翅缘白色，具褐色细横斑；尾无黑色次端斑，以此区别于四声杜鹃。脚、爪棕黄色。

分布 布于北极圈以外的整个欧洲、亚洲和非洲。有4个亚种，其中中国分布有3个亚种。新疆亚种 *C. c. subtelephonus* 分布于内蒙古中部、新疆中西部；指名亚种 *C. c. canorus* 分布于黑龙江、吉林、辽宁、河北、北京、天津、陕西、宁夏、甘肃、新疆北部；华西亚种 *C. c. bakeri* 分布于河北、北京、天津、山东、河南南部、山西南部、陕西南部、青海东南部、西藏东南部、云南、贵州、四川、重庆、湖北、湖南、安徽、江西、江苏、上海、浙江、福建、广东、广西、台湾。

栖息地 栖息于山地、丘陵和平原地带的森林，也经常出现于农田和居民点附近的林地。

习性 性孤独，常单独活动。

食性 主要以昆虫及其幼虫为食。

繁殖 繁殖期为5～7月。繁殖期间喜欢鸣叫，常站在乔木顶枝上鸣叫不息。雌雄鸟有求偶、争偶现象。大杜鹃无固定配偶，自己不营巢和孵卵，将卵产于大苇莺、麻雀、灰喜鹊、伯劳、棕头鸦雀、北红尾鸲、棕扇尾莺等鸟类的巢中，由寄主代孵代育。卵的颜色随寄主的不同而有很大变化。

种群现状和保护 分布广泛，普遍常见。IUCN 和《中国脊椎动物红色名录》均评估为无危(LC)。被列为中国三有保护鸟类。

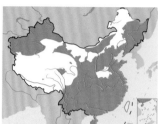

大杜鹃。左上图为雄鸟，魏希明摄；下图为雌鸟，沈越摄

棕色型大杜鹃雌鸟。沈越摄

捕得毛虫的大杜鹃。王志芳摄

鸨类

鸨类

- 鸨类指鸨形目鸨科鸟类，全世界共11属26种，中国有3属3种，均见于草原与荒漠地区
- 鸨类身体肥硕，喙粗壮，颈长，翅圆，尾短，腿长且粗壮，足仅具3趾，趾粗短有力，羽色与栖息环境相似
- 鸨类栖息于开阔的草原与荒漠地带，善奔走，成小群活动，在地面筑巢繁殖
- 鸨类在中国数量稀少，均被列为国家一级重点保护野生动物

类群综述

鸨类指鸨科（Otididae）鸟类，由于在形态和行为上与鹤科（Gruidae）和秧鸡科（Rallidae）鸟类有相似之处，传统分类系统将鸨科置于鹤形目（Gruiformes）下，但新的基因组分析表明，鸨科鸟类与其他鹤形目鸟类的关系并不那么密切，因而将其单独列为一个新的目——鸨形目（Otidiformes）。

鸨类是旧大陆的草原地带的代表性鸟种，全世界共 11 属 26 种，在非洲的稀疏草原具有最大的多样性和丰富度。中国有 3 属 3 种：大鸨 Otis tarda、小鸨 Tetrax tetrax 和波斑鸨 Chlamydotis macqueenii，均见于草原与荒漠地区，在东北、内蒙古、新疆和黄河流域、长江流域等地区呈岛屿状分布。

鸨类均为陆栖鸟类。身体肥硕，略似鸵鸟，是现存能飞翔的鸟类中体重最重的。喙粗壮，端部侧扁，基部宽，喙长常短于头长。颈长。翅圆阔。羽毛松散。尾短宽，呈方形或稍圆。腿长且粗壮，足 3 趾，后趾退化；趾粗短有力，趾下具垫，善奔走。跗跖鳞片接近于六边形。多数种类有冠羽。羽色多与栖息环境相似，上体多为沙色、茶色或皮黄色，带有深褐色或黑色细条纹；下体一般为白色。雌雄羽色相似。

鸨类栖息于开阔的草原和荒漠地带，常选择水分和植被较好的低洼地，以小群活动。性机警，擅长在地面快速奔跑。具有迁徙的习性，在北方繁殖，南方越冬，在中国草原与荒漠地区多为夏候鸟。杂食性，主要以植物种子、茎、芽等为食，也取食昆虫、蛙、蜥蜴等动物性食物。营巢于河湖、沼泽的草丛中或其附近的地面上。巢呈浅盘状，较简陋。繁殖行为十分复杂，有的是一雌一雄的单配制，有的种类一雄多雌，但雌性的配偶常可维持几年不变。巢址的选择、孵卵及育雏以雌鸟为主。窝卵数 2 ~ 5 枚，体形越大，往往窝卵数越少。孵化期 20 ~ 25 天，雏鸟早成性。

受到农业集约化，猎捕和各种栖息地改造的影响，世界各地的鸨类数量均在下降。全世界 26 种鸨类有 2 种被 IUCN 列为极危(CR)，2 种为濒危(EN)，4 种为易危（VU），受胁比例高达 31%，另有 7 种也已经处于近危（NT）状态。中国作为鸨类分布的边缘地区，更是数量稀少。中国的 3 种鸨类中，大鸨和波斑鸨均被 IUCN 列为易危（VU），在《中国脊椎动物红色名录》中则被评估为濒危（EN）；小鸨被 IUCN 列为近危（NT），在中国则被评估为数据缺乏（DD）。目前，3 种鸨类在中国均被列为国家一级重点保护野生动物。

左：大鸨是中国草原与荒漠地区的代表性物种，善奔走高飞，羽色隐蔽，非常适应开阔的草原与荒漠环境。图为两只正在争夺领域的大鸨。宋丽军摄

右：鸨类身体肥硕，具有隐蔽效果很好的保护色。冯晋生摄

求偶炫耀

大鸨
Otis tarda

求偶炫耀

波斑鸨
Chlamydotis macqueenii

小鸨
Tetrax tetrax

大鸨

拉丁名：*Otis tarda*
英文名：Great Bustard

鸨形目鸨科

形态 体形粗壮，雄鸟体长 75～105 cm。雌雄形态相似，但雌鸟体形较小。喙短，黄褐色，先端近黑色；头长，基部宽大于高；鼻孔裸露。无冠羽或皱领，雄鸟喉部两侧有刚毛状的须状羽，其上有少量的羽瓣；上体淡棕色，密布宽阔的黑色横斑；下体近白色；翅大而圆，翅覆羽白色，在翅上形成大的白斑，飞翔时十分明显；中央尾羽栗棕色，先端白色，具稀疏黑色横斑；尾羽的白色部分向两侧依次扩展，最外侧尾羽几乎全为纯白色，仅具黑色端斑。足具 3 趾，均向前，无后趾；脚和趾灰褐色，爪黑色。

分布 分布于摩洛哥北部、伊比利亚、德国、匈牙利、乌克兰南部、欧洲东部，以及俄罗斯东南部、蒙古、中国的一些地方。繁殖于土耳其和伊朗的西部，及从俄罗斯西南部、中国北部经哈萨克斯坦至吉尔吉斯斯坦。在土耳其南部、叙利亚，向南经阿塞拜疆、伊朗北部至乌兹别克斯坦越冬。有 2 个亚种，在中国均有分布。指名亚种 *O. t. tarda* 仅分布于新疆；东方亚种 *O. t. dybowskii* 繁殖于内蒙古、黑龙江和吉林，越冬于内蒙古中西部、河北、山西、陕西、河南、山东、甘肃、黄河以南的华北

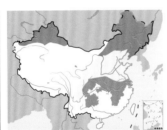

大鸨。左上图为雄鸟，张明摄；下图为带雏的雌鸟，李建强摄

繁殖期进行求偶炫耀、争夺领域的大鸨雄鸟。李建强摄

平原、淮河沿岸、长江中下游和江苏沿海滩涂等地；偶见于湖北、江西和福建。

栖息地 典型的草原与荒漠鸟类，草原生态的指示物种。栖息于平坦或起伏不大的开阔的草原、半荒漠地区、农田及草地，冬季和迁徙季节也出现于河流、湖泊沿岸和附近的开阔地带。

食性 主要以植物性食物为食，有时也吃昆虫、小型哺乳动物、两栖动物和雏鸟。特别是繁殖季节，动物性食物增加。

繁殖 每年 4 月中旬开始繁殖，雄鸟有求偶炫耀行为。营巢于地面。巢极简陋，内垫少量杂草或兽毛，有的甚至没有铺垫物。巢由雌鸟单独营造。每年产 1 窝卵，窝卵数 1～4 枚，通常 2～3 枚，每日产 1 枚卵，或隔日产卵。卵呈暗绿色，缀不规则的黄褐色块斑。孵卵由雌鸟承担，孵化期 31～32 天。繁殖雄鸟在 5～6 年龄首次参与，雌鸟在 2～3 年龄。

种群现状和保护 全球受胁物种，IUCN 评估为易危（VU），已列入 CITES 附录 II。《中国脊椎动物红色名录》评估为濒危（EN），被列为中国国家一级重点保护野生动物。大鸨分布区较广，但在世界范围内的种群数量普遍处于下降趋势。20 世纪 60 年代以前，大鸨有着广泛的分布，且种群数量也比较大。近 30 年来随着草原的过度开发利用、农业垦殖、石油开采、农药和环境污染等人类活动干扰、偷猎等，使大鸨的种群数量在不断减少，不少地区已经消失。2010 年估计全球大鸨数量为 44 100～57 000 只，4%～10% 分布在中国、蒙古、俄罗斯东南部。大鸨在中国不仅分布区域出现紧缩，且变成断续、片段化的分布，这种分布给大鸨保护工作带来了极大困难。

波斑鸨

拉丁名：*Chlamydotis macqueenii*
英文名：MacQueen's Bustard

鸨形目鸨科

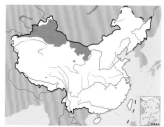

波斑鸨。左上图邢新国摄，下图刘璐摄

形态　中型地栖鸟类，体长60～70 cm，翼展达140 cm。外形似鸡，但仅具前3趾，后趾退化。成鸟的头和上体沙皮黄色，在上背和肩部有黑褐色虫蠹状细纹，有些黑色细纹变为稀疏的黑色横斑；头顶有羽冠，颈侧有松散的羽束，下颈部羽束延长；尾羽沙棕色，有黑色虫蠹状斑；下体自胸以下为白色，两胁有黑色横斑；初级飞羽黑褐色，基部有大的白斑，飞翔时十分明显。雌雄羽色相似，但雌鸟体形较小，颈侧的饰羽也较少。虹膜淡至鲜金黄色。上喙黑色，下喙暗绿色或角黄色。腿和趾铅灰色或褐黄色。

分布　繁殖于中亚各国，从伊朗向东至蒙古和中国新疆；越冬于埃及（西奈半岛）、沙特阿拉伯、阿联酋、印度等地。在中国偶尔还见于河北、内蒙古、甘肃等地，可能是迷鸟或夏候鸟。

栖息地　生活在干旱地区，远离水源地。善于奔跑，是栖息于中亚荒漠和半荒漠地带的地栖鸟类。新疆北部是其繁衍、栖息、度夏的地方，在天山以北的戈壁滩上，多在草被盖度相对适宜、高度较低、木本植物稀少的开阔地带活动。筑巢地为地势比较平坦，略有起伏的丘陵地带。荒漠植物群落以盐生假木贼和蒿属为建群种，植被盖度15%～25%，高度10～15 cm，利用身体的保护色和一望无际的开阔栖息地可以有效躲避狐狸、猎隼、金雕、棕尾鵟和雕鸮等天敌的捕食。

习性　白天活动，脚力强劲，善于奔走，不爱飞翔。性情机警，视力极佳，如遇惊扰，就地卧倒或隐入草丛中。天气炎热时，喜欢在木本猪毛菜灌丛下纳凉。

卫星跟踪发现，波斑鸨3月中下旬离开阿富汗和巴基斯坦的越冬地，经过约2个月的飞行，到达蒙古繁殖地。迁徙途中避开了喜马拉雅山脉和青藏高原。它们每天飞行约220 km，总行程约4400 km，沿途在迁徙停歇地短暂歇息。它们在繁殖地区要花费4～6个月，然后秋季再次迁徙，并在10月～12月期间到达越冬地。

食性　杂食性，但以植物性食物为主，如嫩叶、细芽、花朵、种子、干果和浆果等。在新疆准噶尔盆地东部的野外直接观察发现，波斑鸨取食各种植物，如车前和独行菜，也采食木本猪毛菜柔嫩多汁的叶片。偶然看见波斑鸨急速奔跑、追逐并吞食沙蜥或麻蜥，也食蝗斯、蟾蜍等小动物。波斑鸨极少喝水，一般通过植物获取水分。

繁殖　4～7月繁殖。筑巢、孵化、抚育幼鸟全由雌鸟承担。营巢于草原、荒漠和半荒漠中具有稀疏植物的沙丘或盐碱地上。通常置巢于稀疏的植物丛间，一般有小灌木和杂草掩蔽。巢只是一个地表浅坑，里面没有任何内垫物。每窝产卵2～4枚。卵为橄榄绿色，具乌黑色的斑点。卵的形状为卵圆形，约需23天孵化，雏鸟为早成性。幼鸟到30日龄以后开始练习飞行，但7～11月一直不离开母亲。

鸣声　波斑鸨通常是比较沉默的鸟类，极少会发出叫声。在发情期会，雄性会有低沉的"呼——呼——"的喘息声。

种群现状和保护　全球受胁物种，IUCN（2016）评估为易危（VU），已列入CITES附录Ⅰ。面临偷猎、过度放牧、农业开垦、栖息地丧失、药材利用等方面威胁，高速公路和电网也是致命的威胁因素。阿拉伯国家的冬季狩猎传统是造成其种群下降的主要原因。波斑鸨在中东地区享有极高的地位和影响。在阿拉伯国家，王公贵族们特别喜欢驯养猎隼 *Falco cherrug*，而利用猎隼去荒野寻踪、狩猎、娱乐的目标就是波斑鸨。狩猎波斑鸨在阿拉伯民族具有悠久的历史和深厚的民族文化背景，几千年来在达官贵族中代代相传，久盛不衰，已成为最高贵的传统娱乐项目之一，甚至当作户外体育活动。中国的波斑鸨通常会在迁徙途中或者越冬地被猎杀。由于栖息地退化及捕猎等原因，数百年来波斑鸨全球种群数量迅速下降，据估算中国境内种群数量已不足2000只。如果种群数量继续以此速度下降而不加保护，预计60年后，波斑鸨将在野外灭绝。《中国脊椎动物红色名录》评估为濒危（EN），被列为中国国家一级重点保护野生动物。

探索与发现　波斑鸨曾经是翎颌鸨 *Chlamydotis undulata* 的一个亚种，现已被重新分类为独立的物种。研究者在新疆北部调查时发现，它们羽色和栖息地周围环境色调相似，跟穿着迷彩服似的，隐秘得很，很难发现它们的踪迹。而且波斑鸨一贯奉行沉默是金的准则，几乎听不到它们的叫声，被人们称为"哑巴鸡"。然而波斑鸨会用敏锐的眼神和种种亲昵的肢体语言与它的孩子们进行交流，一举一动，心领神会。

小鸨

拉丁名：*Tetrax tetrax*
英文名：Little Bustard

鸨形目鸨科

形态 似野鸡大小，颈长而头小，体长 42～45 cm，翼展为 90～110 cm。飞羽纯白色，初级飞羽的端部为黑色；上体有沙褐色虫蠹状花纹；下体白色。繁殖期雄鸟的头和颈呈现明显的灰色、黑色和白色相间图案，形成白色的横带和"V"字形领带。雌鸟和幼鸟的羽色较淡，头和颈部没有醒目的黑白相间花纹。繁殖季节的雄鸟容易辨认，但在越冬地的雌鸟、雄鸟和幼鸟不易区分。

分布 分布于南欧、北非、西亚和中亚的广阔地区。欧洲以南的种群是不迁徙的，但其他种群冬季则会进一步向南迁移。在中国为夏候鸟，主要分布于新疆西部（塔城地区、伊犁地区、阿勒泰地区），为该种繁殖区的最东界（边缘），分布区呈岛屿状。迷鸟偶然见于甘肃、四川和宁夏。

栖息地 栖息于平原、湿地、草地、牧场、开阔的麦田、山间盆地、谷地以及半荒漠地区，有时也出现在有稀疏树木、灌丛的辽阔草地和荒漠草原地区。在新疆西北部，小鸨数量记录最多的地点是在边境地区的一片草原——库鲁斯台草原，它位于塔额盆地腹心，是全国第二大连片平原草场，美丽的额敏河从盆地中间流过汇入哈萨克斯坦的阿拉湖。

习性 飞行快捷有力，能够飞到任何所需要的高度，善于摆脱猛禽的追踪，为了逃避干扰宁可放弃合适的栖息地。白天活动，

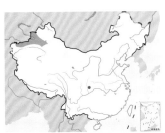

小鸨。左上图为雄鸟；下图为与幼鸟共同迁徙的雌鸟，杨飞飞摄

常成群活动，特别是在秋季迁徙期和冬季寒冷的季节有聚集成大群的行为，有时可达千只。有鸟友拍摄到一张照片就可数出 126 只小鸨。每年 4 月～6 月，库鲁斯台草原汛期如约而至，湿地草长莺飞，水草丰美，植被茂密，小鸨也来到这里繁殖。到 8 月底，繁殖过后的小鸨开始集群，一群少则 4～5 只，多有 40～50 只，9 月中旬达最大种群，塔城种群共计 160 多只，随后陆续迁走，10 月中旬全部迁离。

食性 杂食性，食物包括植物叶片、种子、昆虫、啮齿动物和爬行动物。繁殖期幼鸟主要以昆虫等各种小型无脊椎动物为食，也吃各种植物的嫩叶、幼芽、农作物种子、草籽和果实等。

繁殖 有单配制和多配制度（1 只雄鸟和 2～3 只雌鸟配对）两种交配系统。领域面积较大，通常不小于 1 km²，巢间距至少为 200 m。雄鸟求偶时，竖立颈羽并展开尾羽，围着平卧在地的雌鸟转圈；也有见到拖翅行为；或凭借较强的弹跳力反复"横空出世"高悬于草灌木之上。小鸨是美轮美奂的舞蹈家，在选美场上，跺脚、拍翅、跳跃、喷鼻、格斗、闪电式地摇头，并以笔直的姿势腾空。格斗包括啄喙、啄头、对踏和撞胸，雄鸟可能在彼此领域的边界上互相追逐，在争夺的边界上并肩跑一段路后结束冲突。营巢于地表面，多筑于草丛中的地上。巢非常简单，通常利用地上的天然凹坑，或由亲鸟自己刨一个坑，里面铺垫一些枯草。窝卵数 2～6 枚，通常 3～5 枚。可能在产完最后一枚卵之前就开始孵蛋了，孵化期 20～22 天。雏鸟同时出壳。早成鸟，出壳不久即可离巢，由雌鸟带领、照顾和喂食。幼鸟 5 日龄能自行觅食，20～30 日龄即长出飞羽，50～55 日龄已与成年雌性相差无几。幼鸟与雌鸟一起迁徙，共同度过第一个冬天。

鸣声 与其他鸨类一样，雄鸟通常是沉默的，只在发情期可能会发出独特的沉闷声音，如争宠或对抗行为时"噗——噗——"的喷鼻声。求偶的叫声为干涩而持久的"嚜呃特——嚜呃特——"声，飞行时雄鸟的初级飞羽能"吹"出呼啸的哨音。

种群现状和保护 分布虽然较广，但面临栖息地丧失的巨大压力。自古就被当作一种猎禽成为狩猎对象。近半个世纪分布区不断萎缩，呈现出隔离化、破碎化、岛屿化的趋势，种群数量急剧减少，已从东欧、北非等许多国家绝迹。匈牙利草原一度有繁殖的种群，包括中欧的种群，几十年前已经灭绝。IUCN 评估为近危（NT），被列入 CITES 附录 II。此消彼长，中国的小鸨种群数量有增长态势，从之前几十只的数量，增加到 2015 年的 400 余只。《中国脊椎动物红色名录》评估为数据缺乏（DD），被列为中国国家一级重点保护野生动物。

探索与发现 1758 年林奈定名时，小鸨和大鸨同归于鸨属 *Otis*，主要是依据喙的形状和广泛的同域分布，认为它们是近亲。现在认为小鸨可能和印度姬鸨 *Spheroids indica* 关系更接近。近些年来，多数学者主张将小鸨单独划入小鸨属 *Tetrax* 这一单型属。现在学者普遍认为小鸨是单型种，没有亚种分化。

鹤类

- 鹤类指鹤形目鹤科鸟类，全世界共2属15种，中国有9种，草原与荒漠地区有6种
- 鹤类是典型的大型或中型涉禽，喙长、颈长、腿长，头部多有红色裸露皮肤或大型羽冠，羽色多为白色、灰色、黑色或混合色，雌雄相似
- 鹤类栖息于开阔的湿地或草地，常集群生活，单配制，配偶关系可维持终生
- 鹤类在中国文化中具有特殊的地位，中国鹤类均被列为国家一级或二级重点保护动物

类群综述

　　鹤类指鹤形目鹤科鸟类，与秧鸡类关系密切。鹤科分为冕鹤亚科（Balearicinae）和鹤亚科（Gruinae），全世界现存物种共2属15种，其中冕鹤亚科仅1属2种，分布于非洲；鹤亚科有1属13种，南美洲以外的各大陆均有分布，而在东亚种类最多。冕鹤亚科可追塑到距今54～37 Ma前始新世的化石记录，已发现11个物种在近50 Ma中生存于欧洲和北美洲，但目前幸存下来的仅1属2种。据推测是因为冕鹤无法抵制极端的寒冷，随着气候变冷，分布于北方大陆的冕鹤灭绝，而非洲热带气候条件贯穿整个冰河时期，使现存的冕鹤亚科仅分布于非洲。相反，鹤亚科的种类更加适应寒冷的环境，在24～5 Ma以前的第三纪中新世的草原时代有鹤亚科鸟类的古化石记录。据研究至少有7种鹤类已灭绝。中国有鹤类1属9种，占总种数的60%，是鹤类种数最多的国家。其中丹顶鹤 *Grus japonensis*、黑颈鹤 *G. nigricollis*、白头鹤 *G. monacha*、白枕鹤 *G. vipio*、白鹤 *G. leucogeranus* 和蓑羽鹤 *G. virgo* 等在中国东北地区、内蒙古、青海、西藏和新疆繁殖，长江流域则是多种鹤类的越冬地。中国草原与荒漠地区有鹤类1属6种。

左：草原上的白枕鹤。刘璐摄

右：飞翔的灰鹤，头、颈和腿均伸直，与双翅成"十"字形。沈越摄

中国草原与荒漠地区鹤类的分类及分布					
鸟种	拉丁学名	居留型	地理型	栖息地类型	保护等级
蓑羽鹤	*Grus virgo*	夏候鸟	中亚型	湿地、草地	国家Ⅱ级
白鹤	*Grus leucogeranus*	夏候鸟、旅鸟	季风型	湿地、草地	国家Ⅰ级
白枕鹤	*Grus vipio*	夏候鸟	东北型	湿地、草地	国家Ⅱ级
丹顶鹤	*Grus japonensis*	夏候鸟、冬候鸟	东北型	湿地、草地	国家Ⅰ级
灰鹤	*Grus grus*	夏候鸟、旅鸟	古北型	湿地、草地	国家Ⅱ级
白头鹤	*Grus monacha*	夏候鸟、旅鸟	东北型	湿地、草地	国家Ⅰ级

　　鹤类是典型的大型或中型涉禽，喙长、颈长、腿长，飞翔时头、颈和腿均伸直，与双翅形成"十"字形。喙强直，略侧扁。鼻孔裂隙状。足具4趾，但后趾小而位高，不能与前三趾对握，不能栖息在树上，故均在地面活动。颈部很长，头部多有红色裸露皮肤或大型羽冠，便于扩大视野获取信息。翅宽阔而强大，次级飞羽较初级飞羽长，翅折合时，内侧次级飞羽下垂呈尾状。尾相对较短。羽色多为白色、灰色、黑色或混合色，雌雄羽色相似。

　　鹤类栖息于开阔的沼泽地带、河漫滩、湖边草丛、农田以及草原地带。主要取食植物的嫩芽、种子、蛙、蜥蜴、鱼、鼠类。繁殖季节常成对或成家族群或小群活动。迁徙季节和冬季，常集多个家族群形成较大的群，有时多达40～50只，甚至上百只。鹤类是典型的单配制鸟类，配对的鹤终年生活在一起，配对关系通常持续到其中一只死亡为止。鸣声清脆且响亮，求偶期间通过对鸣和对舞进行交流和加深感情。具占领巢域的行为。繁殖期3～6月。

在林间草丛、芦苇丛、草原或沙地营巢。巢呈浅盘状，较简陋。雌雄亲鸟均参与孵卵。窝卵数多为2枚，雏鸟早成性。

　　作为美丽而优雅的大型涉禽，鹤类在中国文化中有崇高的地位，特别是丹顶鹤，是长寿、吉祥和高雅的象征，常被与神仙联系起来，又称为"仙鹤"。近些年来，在全球气候变化的大背景下，由于开挖泥炭、湿地开垦、废水排入、农药、旅游、输电线和风电场、湿地恢复、农业耕作方式、作物种植种类变化等人类活动的影响，使鹤类赖以生存的栖息地缩小或丧失，食物来源锐减，繁殖受到影响，导致鹤类的生存状况日趋恶化，分布区不断退缩，并被分割为岛屿状，种群数量减少，已从一些国家和地区消失，多数种已处于易危或濒危状态。

　　目前，中国已建立与保护鹤类有关的保护区110余处，其中50多处是直接以保护鹤类及其栖息地为主。中国分布的9种鹤科鸟类均被列为国家一级或二级重点保护野生动物。

冬季形成家族群活动的丹顶鹤。沈越摄

蓑羽鹤
Grus virgo

白鹤
Grus leucogeranus

白枕鹤
Grus vipio

丹顶鹤
Grus japonensis

灰鹤
Grus grus

白头鹤
Grus monacha

蓑羽鹤

拉丁名：*Grus virgo*
英文名：Demoiselle Crane

鹤形目鹤科

形态 体长 68～92 cm，是世界上现存鹤类中体形最小的一种。雌雄相似，雄鸟体形稍大。喙黄绿色。体羽蓝灰色，眼先、头侧、喉及前颈黑色，眼后有一簇较长的白色耳羽簇；前颈黑色，下颈羽向下延长垂于胸部。脚和趾黑色。

分布 繁殖于从黑海、中亚到中国东北的欧亚草原上，越冬于北非和印度。在中国主要繁殖于新疆、宁夏、内蒙古、黑龙江、吉林等地，迁徙期间见于河北、青海、河南、山西等地；在西藏南部越冬。

栖息地 栖息于草地、沼泽、河湖滩地和农田等各种生境。是黑海至中国东北区域内欧亚草原上夏季的常见种。栖息地海拔最高可达 5000 m 左右的高原地区。

习性 喜集群活动。迁徙性。每年 3 月中旬至 4 月初陆续到达繁殖地，10 月中旬至 11 月底离开繁殖地南迁至越冬地。

食性 主要以植物种子、根、茎、叶和农作物为食，也捕食各种小型鱼类、虾、蛙、鼠类、蜥蜴、软体动物和昆虫。

繁殖 繁殖期 4～6 月，一雄一雌制。刚迁来时常成小群活动，以后逐渐分散成对活动并占领巢区。通常不营巢，直接产卵于草地、农田、水边草丛、沼泽内或一些植物的堆积物上。每年繁殖 1 窝，通常每窝产卵 2 枚。卵为椭圆形，淡紫色，具有深紫色或褐色不规则点斑，钝端斑点较大且密集。孵化期 27～31 天，雌雄轮流孵卵。雏鸟早成性，孵出后 55～65 天可飞行。幼鸟第 2 年达性成熟。

种群现状和保护 广泛繁殖于中国北部的新疆、内蒙古和东北西部，繁殖期估计数量可达 5000 只，全球数量估计为 10 万～20 万只。秋季在内蒙古锡林郭勒、乌兰察布草原可见到千只以上的大群。湿地退化、草场退化及非法毒杀等人类活动的影响是蓑羽鹤种群数量受到威胁的主要因素，应加强草原、湿地等栖息环境的保护。IUCN 和《中国脊椎动物红色名录》均评估为无危（LC），已列入 CITES 附录 II，被列为中国国家二级重点保护动物。

白鹤

拉丁名：*Grus leucogeranus*
英文名：Siberian Crane

鹤形目鹤科

通体白色，头顶裸露皮肤鲜红色，初级飞羽黑色，但平时为白色延长的三级飞羽所掩盖，展翅飞行时才可见黑色的翼尖。繁殖于俄罗斯东南部及西伯利亚，迁徙途经中国东北、华北地区，越冬于伊朗、印度西北部及中国东部，目前主要的越冬种群在鄱阳湖。在草原与荒漠地区主要为旅鸟。IUCN 和《中国脊椎动物红色名录》均评估为极危（CR）。已列入 CITES 附录 I，并被列为中国国家一级重点保护动物。

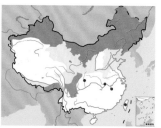

蓑羽鹤。左上图沈越摄，下图王志芳摄

白鹤。沈越摄

白枕鹤

拉丁名：*Grus vipio*
英文名：White-naped Crane

鹤形目鹤科

形态 体长124～140 cm。前额、头顶前部、眼先、头的侧部以及眼睛周围的皮肤裸露，呈鲜红色，其外周着生有稀疏的黑色绒毛状羽。通体石板灰色；眼后方耳区灰色，外围黑色；颏、喉、头和后颈白色；前颈下部黑灰色，两侧向上延伸，在颈侧上部形成一黑纹；翼尖黑色。喙黄绿色，脚粉红色。

分布 繁殖于中国东北、蒙古东部和俄罗斯东南部。西部的繁殖种群向南迁徙，经黄河三角洲等地停歇，在长江中下游流域的湿地越冬；东部的繁殖种群向东南经朝鲜半岛迁徙，数百只在三八线非军事区越冬，大部分飞至日本九州岛越冬。在中国，繁殖于内蒙古的呼伦贝尔市、兴安盟、通辽市、锡林郭勒盟、赤峰市的达里诺尔、白音敖包自然保护区，黑龙江齐齐哈尔、乌裕尔河下游、三江平原，吉林向海、莫莫格等地；越冬于江西鄱阳湖、江苏洪泽湖、安徽菜子湖等地，偶见于新疆、福建和台湾；迁徙期间经过辽宁、河北、河南、山东等地。

栖息地 栖息于水域附近开阔的草原、湿地、河边滩地、芦苇沼泽地、沼泽草地，以及邻近的农田。

习性 迁徙性。每年的3月下旬～4月末陆续到达繁殖地；9月末～11月中旬陆续离开繁殖地迁至越冬地。迁徙时呈家族群，或由数个家族群集成小群迁飞。

白枕鹤。左上图宋丽军摄，下图张明摄

白枕鹤的巢和卵。宋丽军摄

白枕鹤的雏鸟。宋丽军摄

食性 以植物的根、块茎、种子和谷物等为食，也捕食鱼、蛙、蜥蜴、蝌蚪、虾、软体动物、昆虫和小型无脊椎动物。

繁殖 繁殖期5～7月。一雌一雄制，雄鸟有求偶行为。营巢于开阔的湿地、芦苇沼泽或水草沼泽中。巢呈浅盘状，由枯草堆积而成。年产1窝卵，窝卵数2枚。卵为随圆形，灰色或淡紫色，密布紫褐色斑点，尤其以钝端斑点较显著。筑巢、孵卵由雌雄亲鸟共同承担，以雌鸟为主。孵化期28～32天。2～3年龄性成熟。

种群现状和保护 数量稀少。全球受胁物种，IUCN评估为易危（VU），已列入CITES附录Ⅰ。全球数量约为5000只，中国约有3500只，占世界总数的70%。繁殖地分布与丹顶鹤大多重叠，湿地退化、湿地围垦以及投毒猎杀等人为因素是威胁白枕鹤种群生存的主要因素。因此，加强栖息地保护对于保护鹤类种群具有至关重要的作用。《中国脊椎动物红色名录》评估为濒危（EN），被列为中国国家二级重点保护野生动物。

丹顶鹤

拉丁名：*Grus japonensis*
英文名：Red-crowned Crane

鹤形目鹤科

形态 大型涉禽，体长 120～160 cm，翼展约 240 cm，体重约 10 kg。雌雄羽色相似，全身大部分为白色；头顶裸露皮肤鲜红色；眼先、前额、喉和颈黑色，自眼后、耳羽至枕部有白色宽带，一直延伸至颈背；次级飞羽和三级飞羽黑色，长而弯曲，呈弓状，站立时覆盖于尾上。脚黑色。

分布 繁殖于俄罗斯远东的外兴安岭至黑龙江和乌苏里江流域、中国东北和日本北海道；越冬于朝鲜、日本。繁殖区东部的种群迁徙至朝鲜和朝韩军事分界线地带越冬；繁殖区西部的种群沿中国北部迁徙至中国沿海地区和长江中下游越冬。日本北海道的种群为留鸟：一些家族成员留在繁殖区，另一些只作短距离迁徙，移动至距繁殖地 150 km 的地区越冬。蒙古种群为旅鸟。在中国境内，繁殖于黑龙江齐齐哈尔、洪河、七星河流域、嘟噜河下游、兴凯湖、乌拉尔河下游，吉林西部，辽宁盘锦辽河下游，内蒙古中东部的呼伦贝尔市、兴安盟、通辽市和锡林郭勒盟；越冬于江苏沿海滩涂、长江中下游地区、上海崇明岛和山东沿海等地，偶见于江西和台湾；迁徙季节见于吉林、辽宁、河北、河南、山东等地。

栖息地 草原上的丹顶鹤与其他分布区重叠的鹤类相比更喜栖息于水域环境中。夏季喜栖息于芦苇丛深处、苔草沼泽和湿草甸，有时也出现在农田。冬季和迁徙季节活动于江河、淡水湿地、沿海盐性沼泽、泥滩地、海边滩涂以及农田等环境中。

习性 繁殖季节常成对或成家族群或小群活动。迁徙季节和冬季，常多个家族群形成较大的群，有时多达 40～50 只，甚至上百只。但在地面活动时仍在一定区域内分散成小群或家族群活动。觅食地和夜栖地通常是固定的，夜间多栖息于水域附近的浅滩上或苇塘边，清晨各小群或家族群陆续飞到觅食地觅食，彼此仍保持一定距离。中午多集中在水域附近休息，并不断鸣叫。晚上又陆续飞回夜栖地过夜或留在觅食地过夜。休息时常单脚站立，头转向后插于背羽间。

鹤群中常有 1 只警卫鹤，在觅食和休息时特别警觉，四处张望，发现危险时则发出"ko——lo——lo——"的叫声，鸣叫时头颈向上伸直，仰向天空。当危险逼近时，则腾空飞起。飞翔时头脚前后伸直，双翼鼓动缓慢，排成"一"字形或"V"字形。

迁徙性。在中国草原地区为夏候鸟。春季于 2 月末至 3 月初离开越冬地，4 月初至 4 月中旬到达繁殖地；秋季于 9 月末至 10 月初开始离开繁殖地向南迁徙；于 10 月底至 11 月下旬抵达越冬地。迁徙时常集小群，最大可集 40～50 只的鹤群，常常排成巧妙的楔形队列，使后面的个体能够依次利用前面个体扇翅时所产生的气流，从而进行快速、省力、持久的飞行，时速可达 40 km 左右，飞行高度可以超过海拔 5400 m 以上。

成鸟每年换羽两次，春季换成夏羽，秋季换成冬羽，属于完全换羽，换羽期间暂时失去飞行能力。

善鸣叫，起飞、空中飞翔、取食和栖宿时都可听到丹顶鹤鸣叫声。一年四季几乎每天每时都可以听到丹顶鹤的鸣声，尤以黎明前后最为频繁。黎明前，只要有一只率先启鸣，便会有第二只立即应声作答，而后群体中就一连串地彼此呼应，欢闹不止，直至日出。丹顶鹤高亢、宏亮的鸣叫声，与其特殊的发音器官有关。它的颈长，鸣管也长，长达 1 m 以上，是人类气管长度的五六倍，末端卷成环状，盘曲于胸骨之间，发音时能引起强烈的共鸣，声音可以传到 3～5 km 以外。鸣声的音调和频率因性别、年龄、行为、环境条件的不同而有很大差异。其鸣声既用于配偶间和群体成员之间的传情和联络，也常用来表示骚动和对危险的警戒，繁殖期则作为婚偶舞蹈的伴奏曲。

繁殖 春季繁殖。一雌一雄制。3 月末至 4 月初开始配对，占领巢域。成鸟通过鸣叫宣布领地的所有者。繁殖领域的大小各地差异较大：日本 1～7 km²，中国 2～32 km²，俄罗斯 4～12 km²。求偶时雌雄共同鸣叫、起舞。鸣叫时昂头、仰脖，嘴尖朝向天空，飞羽蓬起并不断抖动，鸣声清脆洪亮，似"ko——ko——ko"声。舞蹈大多是由几十个、几百个连续变化的动作组成，每个动作的姿势、幅度、快慢有所不同，却又有机地结合在一起，舞姿十分优美。

繁殖地通常选择在开阔的芦苇沼泽地，营巢于人和牲畜都难以进入的环境中。巢多置于水深达 50 cm 的芦苇丛或高的水草

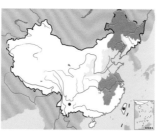

丹顶鹤。沈越摄

引吭高歌的丹顶鹤。顾晓军摄

丛中。巢结构较简单，呈浅盘状，主要由芦苇等水生植物构成。4月～5月产卵。窝卵数通常2枚。产完满窝卵后开始孵卵，雌雄亲鸟轮流孵化。孵化期29～34天。雏鸟早成性。3～4年达性成熟，寿命可达50～60年。

种群现状和保护 全球受胁物种，IUCN评估为濒危（EN），已列入CITES附录Ⅰ。在过去的100年，种群数量波动较大，第二次世界大战后达到最低点。现存的野生种群数量约2800只，其中在中国分布有1400只左右。《中国脊椎动物红色名录》评估为濒危（EN），被列为中国国家一级重点保护动物。

丹顶鹤需要洁净而开阔的湿地环境作为栖息地，是对湿地环境变化最为敏感的指示生物。中国建立的以保护丹顶鹤为主的自然保护区已经超过18个，保护工作取得了很大的进展，但因丹顶鹤繁殖、迁徙和越冬栖息地均位于中国东部经济较发达、人口较密集的地区，各地经济的发展和开发力度的加大，导致湿地萎缩、干枯、破碎化、退化或消失，使敏感、脆弱的丹顶鹤栖息环境面临更严重的威胁。因此需要加强对物种及其栖息地的保护。

照顾雏鸟的丹顶鹤。王克举摄

灰鹤

拉丁名: *Grus grus*
英文名: Common Crane

鹤形目鹤科

形态 大型涉禽，体长 100～137 cm，体重 3.0～5.5 kg，双翅展开达 2.2 m。全身的羽毛大部分为石板灰色，头顶裸露皮肤为朱红色（似丹顶鹤），并具有稀疏的黑色发状短羽。眼先、前额、枕部、颊部、喉部以及前颈黑色；眼后方、耳羽至颈侧形成一条灰白色的纵带；初级飞羽、次级飞羽及三级飞羽为黑褐色，飞行时可见；尾羽灰色，羽端近黑色。虹膜赤褐色或黄褐色。喙青灰色，先端略淡，呈乳黄色。胫、跗跖和趾灰黑色。

分布 分布最广的一种鹤类，繁殖于欧亚大陆的北部，越冬于非洲北部和亚洲南部。在中国繁殖于新疆北部、内蒙古东部和黑龙江等地；迁徙期间见于黑龙江、吉林、辽宁、河北、山西、

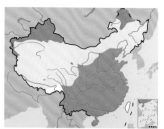

河南、山东、陕西、青海、甘肃等地；越冬于长江中下游和华南地区，西至云南、贵州、四川，南至广东、广西和海南岛。有时冬季滞留新疆南部、河南、山西、山东、甘肃、河北等地。

栖息地 喜栖息于开阔平原、草地、沼泽、河滩、山间湿地、浅水湖泊以及农田地带，尤其是收获后的农田、富有水边植物的开阔湖泊及沼泽滩地。

习性 通常呈 5～10 只的小群活动，迁徙期间有时集群多达40～50 只，在一些迁徙驿站（如新疆哈巴河）甚至有数百只或上千只的集群。春季于 3 月中下旬开始往繁殖地迁徙，秋季于 9月末至 10 月初迁往越冬地。

性情机警，栖息和觅食的时候常由一只或数只鹤轮流担任警戒任务，不时地伸着长颈注视着四周的动静，一旦发现有危险，立刻长鸣一声，引起众鹤警觉。如果危险迫近，立刻齐声长鸣，振翅而飞。在高空飞行时，常排列成"V"字或"人"字形，头部和颈部向前伸直，脚和腿向后伸出尾端。夜栖时常一只脚站立，另一条腿收于腹部。

食性 主要以植物的叶、茎、嫩芽、块茎、草籽、玉米、麦粒、葵花籽、马铃薯或白菜为食。食性杂，从不"挑食"，特别是幼鸟

灰鹤。左上图王志芳摄，下图唐文明摄

集群夜栖的灰鹤，其中数只灰鹤正在警戒。沈越摄

在发育期，荤素搭配，亦食软体动物、昆虫、蛙、蜥蜴、鱼类等。野外观察表明，迁徙季节灰鹤全天都在草地上觅食，没有片刻休息。

繁殖 繁殖期 4 ~ 7 月，常集成小群在一起进行求偶炫耀。求偶炫耀时两翅半张，身体不断地上下蹲伏、跳跃或举头鸣叫。发情期的鹤攻击性很强，交配系统为一雄一雌制。通常营巢于沼泽草地中的干燥地面上，主要由细枝、叶、芦苇和草茎堆集而成。在巴音布鲁克，窝卵数多为 2 枚。卵为褐色或橄榄绿色，表面被有红褐色斑点。雌雄双亲轮流孵卵，孵化期 28 ~ 32 天。同其他许多鸟类一样，孵卵的灰鹤雄鸟和雌鸟在激素的控制下胸腹部羽毛脱落形成一个特殊的区域，称为"孵卵斑"。雏鸟早成性，破壳后就能跟随双亲离巢走动，并从双亲嘴里取食，吃的多是蠕虫和昆虫。

鸣声 发情期配偶的二重唱为清亮持久的"噢唔——噢唔——噢唔"，嘹亮如号角一般。迁徙时成大群，发出的叫声如"咯噢——咯噢——"。

种群现状和保护 目前，灰鹤是鹤类中数量较多、较为常见的一种，全世界有数万只，IUCN 评估为无危（LC），已列入CITES 附录 II。在中国也尚有一定数量，根据越冬地的统计，每年越冬的种群数量都在 6000 只以上。《中国脊椎动物红色名录》评估为无危（LC），被列为中国国家二级重点保护野生动物。由于喜欢在农田中觅食，常常会被拌有农药的种子毒杀。另外，作为医药成分被百姓捕猎，中医传统理论认为灰鹤肉有益气的功效，因此被利用。

探索与发现 灰鹤和丹顶鹤头上有一个鲜艳的"丹顶"，常常被认为是一种剧毒物质。这只是古代人民的错误观点，其实真正的剧毒"鹤顶红"与鹤类无关，而是一种加工后的矿物质，化学名称为三氧化二砷，即"砒霜"。

白头鹤

拉丁名：*Grus monacha*
英文名：Hooded Crane

鹤形目鹤科

大型涉禽，体长 92 ~ 97cm。全身石板灰色，头和颈白色，头顶裸露皮肤鲜红色，前额黑色。嘴黄绿色，腿灰黑色。繁殖于俄罗斯贝加尔地区至中国东北，越冬于朝鲜半岛、日本和中国长江中下游以南，迁徙途经中国东北华北各地。在草原与荒漠地区主要为夏候鸟和旅鸟，数量稀少，并不常见。IUCN 评估为易危（VU），已列入 CITES 附录 I。《中国脊椎动物红色名录》评估为濒危（EN），被列为中国国家一级重点保护动物。

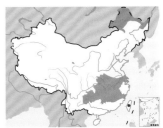

白头鹤。左上图时敏良摄，下图刘璐摄

鸻鹬类

鸻鹬类

- 鸻鹬类是指鸻形目鸻亚目的鸟类，包括13个科，广布于全世界的湿地和水域，中国草原与荒漠地区有6科23属50种
- 鸻鹬类均为中小型涉禽，大部分非繁殖羽颜色灰暗，而繁殖期羽相对艳丽
- 鸻鹬类大部分为迁徙性水鸟，喜集群，中国草原与荒漠地区是许多鸻鹬类的繁殖地和迁徙停歇地
- 鸻鹬类许多物种处于受胁状态，受到保护关注

类群综述

分类与分布　鸻鹬类是指传统分类系统中鸻形目（Charadriiformes）鸻亚目的鸟类，包括13个科，其中中国有水雉科（Jacanidae）、彩鹬科（Rostratulidae）、蛎鹬科（Haematopodidae）、鹮嘴鹬科（Ibidorhynchidae）、反嘴鹬科（Recurvirostridae）、石鸻科（Burhinidae）、燕鸻科（Glareolidae）、鸻科（Charadriidae）和鹬科（Scolopacidae）9个科，草原与荒漠地区有6科，即彩鹬科、反嘴鹬科、石鸻科、燕鸻科、鸻科和鹬科。

彩鹬科全世界仅有2属2种。彩鹬 *Rostratula benghalensis* 广泛分布于非洲、亚洲南部和澳洲，半领彩鹬 *Rostratula semicollaris*，仅分布于南美洲的南部。一些文献认为彩鹬在澳洲的特有亚种 *R. b. australis* 是独立物种，但两个亚种间的形态学和行为上的差异较小，多数学者认为是一个种。中国有1属1种，即彩鹬，草原与荒漠地区有分布。

反嘴鹬科有2属，即长脚鹬属 *Himantopus* 和反嘴鹬属 *Recurvirostra*。其中的长脚鹬属分类最复杂，多数学者认为该属有2个种，即黑翅长脚鹬 *Himantopus himantopus* 和黑长脚鹬 *H. mexican*，但有些学者认为两者是同一种。通常认为黑翅长脚鹬有5个亚种，但也有不同观点认为是3～5个独立的物种。反嘴鹬科属于全球范围内广泛分布的涉禽。中国有2属2种，草原与荒漠地区均有分布。

石鸻科共2属10种，广布于全球热带亚热带区域，中国有2属2种，草原与荒漠地区仅1种，偶见于新疆。

燕鸻科共5属17种，广布于美洲和南极洲以外的全球各地，中国有1属4种，草原与荒漠地区有3种。

鸻科共12属71种，遍布除南极洲以外全球各地，中国有3属17种，草原与荒漠地区有3属12种，其中麦鸡属 *Vanellus* 3种，斑鸻属 *Pluvialis* 2种，鸻属 *Charadrius* 7种

鹬科共16属91种，遍布除南极洲以外全球各地。中国境内有12属50种。草原和荒漠地区有12属37种，其中丘鹬属 *Scolopax*、姬鹬属 *Lymnocryptes*、翘嘴鹬属 *Xenus*、矶鹬属 *Actitis*、翻石鹬属 *Arenaria*、半蹼鹬属 *Limnodromus* 各1种，塍鹬属 *Limosa*、瓣蹼鹬属 *Phalaropus* 各有2种，杓鹬属 *Numenius*、沙锥属 *Gallinago* 各有4种，鹬属 *Tringa* 有8种，滨鹬属 *Calidris* 有11种。

左：鸻鹬类是中小型涉禽，广布于全世界的湿地和水域。中国草原与荒漠地区的湿地和草地是许多鸻鹬类的繁殖地和迁徙停歇地。图为在草地上觅食的白腰杓鹬。宋丽军摄

中国草原与荒漠地区鸻鹬类分类及分布

中文名	学名	居留型	地理型	栖息地类型	保护等级
彩鹬	*Rostratula benghalensis*	夏候鸟	古北型	湿地、草地	三有
黑翅长脚鹬	*Himantopus himantopus*	夏候鸟	古北型	湿地	三有
反嘴鹬	*Recurvirostra avosetta*	夏候鸟、旅鸟	古北型	湿地	三有
石鸻	*Burhinus oedicnemus*	留鸟	古北型	荒漠、草地	三有
领燕鸻	*Glareola pratincola*	夏候鸟	古北型	湿地、草地	三有
普通燕鸻	*Glareola maldivarum*	夏候鸟	古北型	湿地、草地	三有
黑翅燕鸻	*Glareola nordmanni*	迷鸟	古北型	湿地、草地	三有

中国草原与荒漠地区鸻鹬类分类及分布					
中文名	学名	居留型	地理型	栖息地类型	保护等级
凤头麦鸡	Vanellus vanellus	夏候鸟	古北型	湿地、草地	三有
灰头麦鸡	Vanellus cinereus	夏候鸟、旅鸟	古北型	湿地、草地	三有
黄颊麦鸡	Vanellus gregarious	迷鸟	古北型	湿地、草地	
金鸻	Pluvialis fulva	旅鸟	古北型	湿地	三有
灰鸻	Pluvialis squatarola	旅鸟	古北型	湿地、草地	三有
长嘴剑鸻	Charadrius placidus	夏候鸟	古北型	湿地	三有
金眶鸻	Charadrius dubius	夏候鸟	古北型	湿地	三有
环颈鸻	Charadrius alexandrinus	夏候鸟	古北型	湿地	三有
蒙古沙鸻	Charadrius mongolus	夏候鸟、旅鸟	古北型	湿地、草地	三有
铁嘴沙鸻	Charadrius leschenaultii	夏候鸟、旅鸟	古北型	湿地、草地	三有
红胸鸻	Charadrius asiaticus	候鸟	古北型	荒漠、草地	三有
东方鸻	Charadrius veredus	夏候鸟、旅鸟	古北型	湿地、草地	三有
丘鹬	Scolopax rusticola	夏候鸟、旅鸟	古北型	森林、湿地	三有
姬鹬	Lymnocryptes minimus	旅鸟	古北型	森林、湿地	三有
孤沙锥	Gallinago solitaria	夏候鸟、旅鸟	古北型	森林、湿地	三有
针尾沙锥	Gallinago stenura	旅鸟	古北型	湿地	三有
大沙锥	Gallinago megala	旅鸟	古北型	湿地	三有
扇尾沙锥	Gallinago gallinago	夏候鸟、旅鸟	古北型	湿地	三有
半蹼鹬	Limnodromus semipalmatus	夏候鸟、旅鸟	古北型	湿地	三有
黑尾塍鹬	Limosa limosa	夏候鸟、旅鸟	古北型	湿地	三有
斑尾塍鹬	Limosa lapponica	旅鸟	古北型	湿地	三有
小杓鹬	Numenius minutus	旅鸟	东北型	湿地、草地	三有
中杓鹬	Numenius phaeopus	旅鸟	古北型	湿地、草地	三有
白腰杓鹬	Numenius arquata	夏候鸟、旅鸟	古北型	湿地、草地	三有
大杓鹬	Numenius madagascariensis	夏候鸟、旅鸟	东北型	湿地、草地	三有
鹤鹬	Tringa erythropus	旅鸟	古北型	湿地、草地	三有
红脚鹬	Tringa totanus	夏候鸟	古北型	湿地	三有
泽鹬	Tringa stagnatilis	夏候鸟、旅鸟	古北型	湿地	三有
青脚鹬	Tringa nebularia	旅鸟	古北型	湿地	三有
小青脚鹬	Tringa guttifer	旅鸟	东北型	湿地	国家Ⅱ级
白腰草鹬	Tringa ochropus	夏候鸟、旅鸟	古北型	湿地	三有
林鹬	Tringa glareola	夏候鸟、旅鸟	古北型	森林、湿地	三有
灰尾漂鹬	Tringa brevipes	旅鸟	东北型	湿地	三有
翘嘴鹬	Xenus cinereus	旅鸟	古北型	湿地	三有
矶鹬	Actitis hypoleucos	夏候鸟	全北型	湿地	三有
翻石鹬	Arenaria interpres	旅鸟	全北型	湿地	三有
三趾滨鹬	Calidris alba	旅鸟	全北型	湿地	三有
红颈滨鹬	Calidris ruficollis	旅鸟	东北型	湿地	三有
小滨鹬	Calidris minuta	旅鸟	古北型	湿地	三有
青脚滨鹬	Calidris temminckii	旅鸟	古北型	湿地	三有
长趾滨鹬	Calidris subminuta	旅鸟	东北型	湿地	三有
斑胸滨鹬	Calidris melanotos	旅鸟	全北型	湿地	三有
尖尾滨鹬	Calidris acuminata	旅鸟	东北型	湿地	三有
弯嘴滨鹬	Calidris ferruginea	旅鸟	古北型	湿地	三有
黑腹滨鹬	Calidris alpina	旅鸟	全北型	湿地	三有
阔嘴鹬	Calidris falcinellus	旅鸟	全北型	湿地	三有
流苏鹬	Calidris pugnax	旅鸟	古北型	湿地、草地	三有
红颈瓣蹼鹬	Phalaropus lobatus	旅鸟	全北型	湿地、海洋	三有
灰瓣蹼鹬	Phalaropus fulicarius	旅鸟	全北型	湿地、海洋	三有

鸻鹬类

形态 鸻鹬类均为中小型涉禽，腿修长，胫裸露，适于涉水而生。喙的形态多样。

彩鹬科喙粗长，有性反转现象，即雌鸟比雄鸟体形大且色彩鲜艳。

反嘴鹬科喙细长，先端或直或向上弯曲，并逐渐变细；头部较小，颈部稍长。翅尖型，折合时均超过尾长。尾羽短小，呈平尾状。高体态，腿细长，胫裸出，跗跖被网状鳞；无后趾或后趾甚短小，半蹼足，仅前三趾基部具蹼。雌雄羽色相似，以黑色和白色为主。

石鸻科的喙相对短而厚，头和眼较大，腿长且具明显膨大的关节，羽色暗淡斑驳，便于隐蔽。

燕鸻科不同属的形态有所不同，但在中国分布的燕鸻属 Glareola 喙短而阔，翅尖长，尾叉形，腿短小，与燕科鸟类相似。

鹬科鸟类整体形态较为一致，喙短而尖，眼大而有神。除麦鸡以外多翅细长，善于长距离飞行。

羽色朴素而多斑驳纹路，以形成保护色。雌雄相似，有些种类繁殖羽和非繁殖羽颜色变化显著。

鹬科鸟类体形修长，适应涉水觅食的生活方式。喙的形态变化多端，或短或长，或曲或直，端部或膨大或延展，弯曲方向或上或下，以适应于不同的觅食方式。但多数端部略微膨大，角质鞘内蜂窝状囊密布海氏小体和格兰氏小体，触觉感受器发达，能感知环境压力的变化。不同鹬类的喙形态多样，包括上翘、下弯、勺状等。多数鹬类翅膀尖长，飞行快，善于长距离飞行。丘鹬和沙锥的翅膀呈椭圆状，飞行较慢，适合在林间穿梭。鹬类一般具有 12 枚尾羽，沙锥有 14～26 枚尾羽。脚细长，跗跖前缘被盾状鳞。大多数种类具有 4 趾，趾间无蹼或仅趾基部有蹼。鹬类体色暗淡而富有条纹，繁殖羽和非繁殖羽颜色变化显著，最显著的例子是流苏鹬 Calidris pugnax。此外，除流苏鹬外大部分种类雌雄羽色相似。沙锥属的羽色季节变化和性别差异都很小。

A	B
C	D

A 彩鹬科具有性反转现象，图为彩鹬，前面羽色暗淡为雄鸟，后面羽色艳丽的为雌鸟。许志伟摄

B 反嘴鹬科鸟类的腿即便在鸻鹬类中也相当突出，图为黑翅长脚鹬，红色的长脚十分醒目。沈越摄

C 石鸻科鸟类相对其貌不扬，便于隐蔽。图为石鸻。沈越摄

D 燕鸻科燕鸻属鸟类喙短而阔，尾呈叉形，与燕科鸟类相似。图为飞行的领燕鸻。马鸣摄

A　B｜C

A 鸻科鸟类的形态较为一致，图为金眶鸻，相对短而尖的喙、醒目的大眼睛、头部的花纹、暗淡的体羽都是鸻科的典型特征。杨贵生摄

B 鹬科鸟类的喙十分具有特色，或短或长，或曲或直，端部或膨大或延展，弯曲方向或上或下。图为翻石鹬，喙长不足头长。沈越摄

C 图为大杓鹬，喙长达到头长的3倍以上。包鲁生摄

系统演化　鹬类起源于第三纪早期，这一时期出土了类似塍鹬属、鹬属鸟类的化石。在白垩纪末期大灭绝后，迅速进化（del Hoyo J, Elliott A, Sargatal J., 1996）。鹬类在形态、行为上多样性丰富，形态学、生物化学方面的研究表明鹬科鸟类起源于共同的祖先。传统上将鹬科和鸻科鸟类视为姐妹群，解剖学和 DNA 杂交研究的结果表明彩鹬科、水雉科、籽鹬科鸟类是与鹬科鸟类亲缘关系最密切的类群。丘鹬属、翻石鹬属、瓣蹼鹬属鸟类与其他鹬科鸟类在形态、行为上区别明显，但分子生物学研究支持以上各属都列入鹬科。Charles C. Sibley（1990）利用 DNA 交杂技术对鸟类的系统演化和亲缘关系进行研究，将鹬科鸟类分为两个亚科：丘鹬亚科（Scolopacinae）和鹬亚科（Tringinae），其中丘鹬亚科包括丘鹬属、姬鹬属、沙锥属等，鹬亚科包括半蹼鹬属、塍鹬属、杓鹬属、鹬属、翘嘴鹬属、翻石

鹬属、滨鹬属、流苏鹬属、阔嘴鹬属、瓣蹼鹬属等。鹬科各个属之间的亲缘关系，还没有形成系统性的共识。

栖息地　作为涉禽，草原与荒漠中的鸻鹬类仍然主要栖息于草原中的水域附近，包括咸水或淡水沼泽、河滩草地、芦苇丛、池塘、水田等区域。只有石鸻和燕鸻适应于相对干旱的地区，尤其是石鸻。

鸻鹬类大部分是迁徙性水鸟，繁殖于北半球北温带、亚北极、北极苔原带湖泊、河流、沼泽中，以及森林、草地、苔原、山地等生境；非繁殖季节活动于温带和热带地区的潮间带。扇尾沙锥、丘鹬、白腰杓鹬、白腰草鹬等冬季也栖息于温带内陆河口生境。少数种类是分布于热带地区的留鸟。鹬类栖息于广阔的生境，但主要选择湿润、有水、地表柔软的生境，如湖泊、河流沿岸及附近沼泽地，以便觅食时喙可以探觅地表下的食物。

鸻鹬类

习性 多数有集群性和迁徙性。但集群大小各有不同，鸻科鸟类多单独活动或集小群，鹬科鸟类则可能集成几千只的大群。

迁徙行为使鹬类可以利用广阔生存空间，趋利避害。大多数鹬类在北半球繁殖后会向南迁徙，在南美洲繁殖的2种沙锥属鸟类繁殖后则向北迁徙。多数鹬类在3～5月从越冬地迁徙到繁殖地，迁徙之前会更换繁殖羽、储存脂肪。由于鹬类在长途迁飞过程中不进食，迁徙开始前内部器官也会有相应改变，与飞行相关的肌肉会增大，消化器官会萎缩。一些鹬类迁徙过程中很少停歇，甚至一刻不停；大多数则会在中途固定的停歇地停留觅食，补充能量，它们到达停歇地后消化器官迅速增大，大量摄取食物，在短时间内体重大幅增加，在离开停歇地继续迁徙时，消化系统再次缩小。鹬类迁徙时不同种类集成大群，排成队列迁飞以减少能量消耗。沿着同一迁徙通道迁徙的不同种类可共同利用迁徙停歇地。北半球高纬度地区夏季持续时间短，鹬类的繁殖节奏很快，到达繁殖地后会迅速建立领域、求偶、选择巢址、筑巢，有的种类在到达繁殖地的前2周内已经开始产卵。经过约3周的孵化期和一段时间的育雏期后，亲鸟会留下幼鸟先行南迁；一些由雌性或雄性单独孵卵、育雏的鹬类，不承担孵卵育雏任务的亲鸟则在交配后就开始南迁。到7月底时，南迁的高峰基本结束。

鹬类迁徙时的集群大小，与它们的觅食方式相关。很多鹬类觅食时将喙插入泥沙中依靠触觉觅食泥沙中的软体动物。集群也是防御捕食者的一种策略，有更多的眼睛，更早的警报。个体的警戒时间更短，投入更多的时间觅食。饰胸鹬、翘嘴鹬等用视觉觅食，个体分散，或建立觅食领地，追逐泥沙表面的小型无脊椎动物。红脚鹬集群行为灵活，觅食泥沙里的软体动物时可以集群活动，也可分散，依靠视觉觅食。关于群体中个体之间的关系了解很少，是临时的组合、合作的朋友或是有等级体系，需要更深入的研究。

非繁殖季节集群的鹬类发现天敌时会发出鸣声警告，集群密集的鹬类警报鸣声较细弱，集群松散的种类警报鸣声响亮。集群迁徙时亦通过鸣声通讯，开始迁徙前的集群时期鸣叫频繁。繁殖季节大多数鹬类雄鸟有空中飞行和地面展示行为，并伴随鸣唱，以吸引异性，宣告领域。沙锥属有飞行展示的行为，飞行迅速，频繁变换方向，从高处下坠时展开尾羽，发出独特的振羽声，并伴随鸣声。育雏期间，亲鸟和雏鸟之间有一套复杂的鸣声相互沟通，有入侵者靠近时亲鸟会通过鸣声警告雏鸟躲藏或保持不动。黑尾塍鹬育雏期间会持续大声鸣叫驱赶入侵者。红腹滨鹬、大滨鹬等繁殖羽和繁殖地背景颜色融为一体，当入侵者出现时会安静地窝在原地，一动不动。

鸻鹬类具有集群性和迁徙性。图为集群迁徙的反嘴鹬。董磊摄

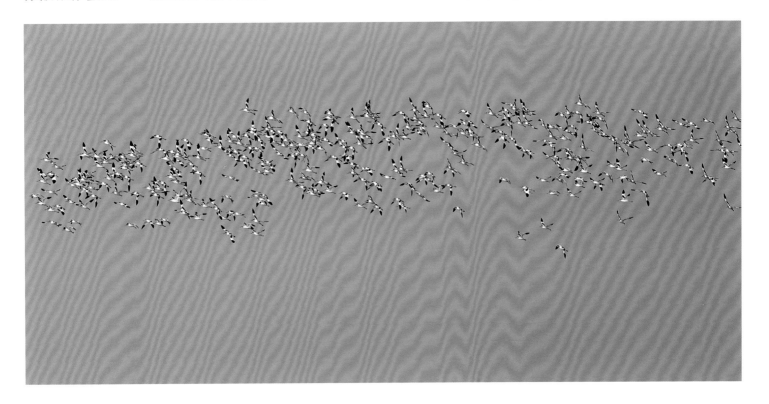

鸻鹬类多数以无脊椎动物和小型脊椎动物为食，少数取食植物种子等植物性食物。图为捕食昆虫的灰头麦鸡。徐永春摄

食性 鸻鹬类以软体动物、甲壳类、昆虫、小型鱼类等为食，也取食少部分植物种子。取食行为多样，反嘴鹬科和鹬科鸟类在沼泽、海滩、草地边行走边取食，有的一边行走一边用喙在水面左右扫动，有的则将喙伸入基质表层探测猎物；鸻科鸟类走走停停，发现猎物迅速奔走捕捉；燕鸻则在飞行中捕捉昆虫。

鹬类主要取食泥土和沙滩中的无脊椎动物，如甲壳类、蠕虫、昆虫等，也觅食鱼类、蛙类、小型爬行动物等脊椎动物及种子、浆果等植物性食物。鹬类取食的方式与喙的形状相关。丘鹬、杓鹬、塍鹬、沙锥、半蹼鹬、滨鹬等大多依赖触觉，在泥沙中探觅食物。这种依靠触觉的觅食方式可以解放双眼，以便随时监测外界捕食者的情况。丘鹬和一些沙锥会在原地用脚踩地，吸引地下的蚯蚓爬到地面。勺嘴鹬的喙像汤匙一样，觅食时边走边用喙在水中或泥里左右来回扫动，甚至转身往回走的时候喙也不从水中出来。翻石鹬的喙短粗、强壮，颈部肌肉发达，觅食时用喙翻开石头和海草觅食。鹬类取食富含几丁质的昆虫、甲壳类，将不能消化的部分形成"食丸"并定期反吐出来。大滨鹬、红腹滨鹬大量取食软体动物，发达的肌胃可以将软体动物的壳挤碎，再进入肠道消化，不能消化的碎片随粪便排出。

黑腹滨鹬偶尔取食软体动物，并将无法消化的硬壳吐出。鸟类的觅食行为也和所处的生境相关。红腹滨鹬非繁殖季节栖息于沿海海岸，以软体动物、甲壳类等小型无脊椎动物为食，觅食时常将喙插入泥中探觅食物；繁殖季节栖息于北极苔原地带，则啄食地表的昆虫、蜘蛛。春末夏初，北极苔原带积雪尚未消融，刚经过长途跋涉来此准备繁殖的鹬类也觅食植物种子和嫩芽。

繁殖 婚配制度以单配制为主，此外还有一雌多雄制和一雄多雌制，单配制鸟类的婚外交配现象也很常见。彩鹬和瓣蹼鹬是一雌多雄的鸟类，雌性繁殖羽色彩鲜艳，在繁殖地建立领域，进行求偶展示追求雄性，可以和多个雄性交配产卵，孵卵和育雏工作由雄性承担。流苏鹬是一雄多雌制，繁殖季节雄性在求偶场竞争求偶，优势个体可以和多个雌性交配，不承担孵卵、育雏任务。许多鸻科鸟类的雄鸟会也尝试与多只雌鸟建立家庭。多数单配制鸟类双亲共同孵卵和育雏，多配制和少数单配制鸟类由单亲孵卵、育雏。窝卵数1～4枚，高纬度繁殖的种群窝卵数较多而低纬度地区较少，在中国繁殖的种类以3～4枚为多。孵化期19～31天。雏鸟早成性，孵出时被羽且很快能独立觅食，但仍需亲鸟照料一段时间。

鸻鹬类

鹬类在迁往繁殖地的过程中生殖系统重量增加，到达繁殖地后生殖系统充分发育，为繁殖做好准备。繁殖交配前会在空中进行飞行炫耀、鸣叫、展示繁殖羽，吸引配偶，建立领域。换羽需要消耗大量的能量，因此鲜艳的繁殖羽是个体健康强壮的信号。鹬类多在水域附近营巢繁殖，筑巢于地表干燥的凹陷处，铺上一些杂草，十分简陋，少数种类在树上筑巢。通常每窝产卵4枚。产卵需要消耗大量的钙，在阿拉斯加北部苔原带，雌性鹬类产卵前，胃内发现有旅鼠的骨骼和牙齿，这可能源于雌性产卵前对钙的需求。鹬类的卵呈梨形，不易滚动。亲鸟在产完满窝卵后才开始孵卵，这样可以缩短雏鸟出壳的时间间隔。亲鸟在雏鸟出壳后会把卵壳移到巢外，以免吸引捕食者。孵化期一般持续3周，小型鹬类时间稍短，体形大的种类持续时间更长。雏鸟均为早成性，出壳几小时后即可行走啄食。但此时还没有建立恒温机制，在低温中活动觅食会导致体温迅速下降，需要回到亲鸟孵卵斑下获取热量，维持体温。恒温机制的建立大概需要1~2周。1~2龄即可繁殖后代。

与其他体形相似的鸟类相比，鹬科鸟类寿命较长，很多种类寿命都在10年以上。1995年5月研究者曾在西班牙捕获一只寿命达22年的红腹滨鹬。

种群现状和保护 多数鸻鹬类处于受胁状态，尤其是一些分布局限于个别岛屿的物种，许多处于濒危或者极度濒危状态。

人为捕杀、生物入侵、栖息地丧失、环境污染及气候变化等威胁着鸻鹬类的生存。近代欧洲殖民者将家猫、老鼠带到南太平洋社会群岛，使分布于该地的2种土岛鹬属 Prosobonia 鸟类灭绝，该属仅存的2个物种也都数量稀少，处于濒危状态。人为捕杀、栖息地丧失使极北杓鹬 Numenius borealis、细嘴杓鹬 N. tenuirostris 处于极度濒危状态，已经多年没有确切记录。

鸻鹬类作为湿地鸟类物种数最多的类群，其命运与湿地的命运息息相关，也受到各方的保护关心。中国沿海湿地是东亚—澳大利西亚迁徙路线的重要组成部分，中国草原与荒漠地区的湿地既是鸻鹬类的繁殖地，也是众多鸻鹬类的迁徙停歇地，保护鸻鹬类就要保护湿地生境。目前中国已经建立了一系列自然保护区，例如达里诺尔国家级自然保护区、内蒙古呼伦湖国家级自然保护区、上海崇明东滩鸟类国家级自然保护区、江苏盐城湿地珍禽国家级自然保护区等，为保护鹬类的重要栖息地提供了保障。中国还与东亚—澳大利西亚迁徙路线上的其他国家共同推进迁徙水鸟的保护，分别与日本和澳大利亚签订了《中日候鸟保护协定》《中澳候鸟保护协定》，中国的许多鸻鹬类都被列入协定保护的鸟类名录中。

鸻鹬类雏鸟早成性，出壳后几小时就会独立行走觅食，但恒温机制尚未建立，时常需要亲鸟抱暖。图为将雏鸟护在身下的反嘴鹬。张明摄

chicks

彩鹬
Rostratula benghalensis

石鸻
Burhinus oedicnemus

黑翅长脚鹬
Himantopus himantopus

反嘴鹬
Recurvirostra avosetta

ad.

juv.

br.

领燕鸻
Glareola pratincola

ad.

juv.

普通燕鸻
Glareola maldivarum

黑翅燕鸻
Glareola nordmanni

non-br.

non-br.

br.

br.

黄颊麦鸡
Vanellus gregarious

灰头麦鸡
Vanellus cinereus

凤头麦鸡
Vanellus vanellus

金鸻
Pluvialis fulva
br.
juv.

灰鸻
Pluvialis squatarola
br.
juv.

长嘴剑鸻
Charadrius placidus
br.
juv.

金眶鸻
Charadrius dubius
br.
juv.

环颈鸻
Charadrius alexandrinus
♀
♂
br.

铁嘴沙鸻
Charadrius leschenaultii
br.
non-br.

蒙古沙鸻
Charadrius mongolus
♂
juv.
♀
br.
br.

红胸鸻
Chradrius asiaticus

东方鸻
Charadrius veredus
♀
br.
♂
br.

姬鹬
Lymnocryptes minimus

孤沙锥
Gallinago solitaria

针尾沙锥
Gallinago stenura

丘鹬
Scolopax rusticola

扇尾沙锥
Gallinago gallinago

non-br.

半蹼鹬
Limnodromus semipalmatus

br.

大杓鹬
Numenius madagascariensis

白腰杓鹬
Numenius arquata

红脚鹬
Tringa totanus

泽鹬
Tringa stagnatilis

青脚鹬
Tringa nebularia

白腰草鹬
Tringa ochropus

林鹬
Tringa glareola
br.

矶鹬
Actitis hypoleucos
br.

翻石鹬
Arenaria interpres
non-br.
br.

小滨鹬
Calidris minuta
br.
non-br.

红颈滨鹬
Calidris ruficollis
br.
non-br.

斑胸滨鹬
Calidris melanotos
br.
non-br.

黑腹滨鹬
Calidris alpina
br.
non-br.

阔嘴鹬
Calidris falcinellus
br.
non-br.

流苏鹬
Calidris pugnax
♀
♂
♂
br.
br.

彩鹬

拉丁名：*Rostratula benghalensis*
英文名：Greater Painted-snipe

鸻形目彩鹬科

形态　体长约 25 cm。喙细而长，先端稍膨大而略下曲，黄褐色。翅短而圆。尾短。跗跖前后缘均被盾状鳞。脚灰绿色，后趾高于前三趾，飞行时脚向后伸直。雌雄异型。雌鸟体形大于雄鸟，色彩艳丽，头、颈至胸部栗色，头顶和胸部羽色较深，近黑色，具淡黄色顶冠纹，眼周白色并向后延伸，背部及两翼褐色，腹部白色。雄鸟体形较小，羽色亦较暗淡，头、颈及胸部与背部同为褐色，并缀以淡黄色斑点。

分布　广泛分布于非洲、亚洲南部和大洋洲，主要为留鸟。在中国分布于内蒙古、云南西部、西藏南部、四川中部，向东到长江下游、台湾，南至海南岛。长江以北为夏候鸟，以南为留鸟。

栖息地　栖息于平原、丘陵和山地中的湖边、芦苇水塘、沼泽地、河渠、河滩草地和水稻田中，也见于港湾和退潮后的滩涂。

习性　性胆小，善隐蔽，可在开阔环境中快速奔跑，也可在水中游泳和潜水。多在晨昏和夜间活动，白天多隐藏在草丛中。受惊扰时，常一动不动，直至危险特别近时，才突然飞起，边飞边叫。飞行时两脚下垂，速度较慢，飞不多远又落下。通常单独或呈松散的小群活动和觅食。

食性　杂食性，以昆虫、蝗虫、蟹、虾、蛙、蚯蚓、软体动物、螺等各种小型无脊椎动物和叶、芽、种子、谷物等植物性食物为食。

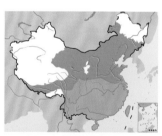

彩鹬。左上图为雄鸟，沈越摄；下图左雌右雄，许志伟摄

繁殖　作为有名的性别角色反转的鸟类，彩鹬在繁殖行为上性倒转，是一雌多雄制。繁殖期 5～7 月。繁殖期由雌鸟占域求偶，伴随着求偶行为，作求偶炫耀，直至雄鸟回应，立即交配。营巢于浅水芦苇丛、水草丛、稻田地上或草堆上，或营漂浮性巢。巢材主要是草茎和草叶。雌性主要负责产卵，一个雌鸟与几个雄鸟交配，并产数窝卵，分别由不同雄鸟承担孵卵及育雏任务。每窝产卵 4～6 枚，通常 4 枚。卵为梨形，棕黄色，缀有红褐色或黑褐色斑点。孵化期 19 天左右。雄鸟 1 年性成熟，雌鸟约需 2 年。

迁徙　在中国草原与荒漠地区为夏候鸟，每年的 3 月末 4 月初到达繁殖地，10 月初迁离繁殖地。

种群现状和保护　种群数量曾经较为丰富，但近年来可能由于沼泽地被开垦、环境污染及鸟卵被捡拾等原因，种群数量明显下降。据亚洲湿地鸟类冬季调查资料（IWRB，1990），1990 年冬季仅在南亚（印度）见到 575 只，东南亚 9 只，东亚的中国见到 752 只。IUCN 和《中国脊椎动物红色名录》均评估为无危(LC)。被列为中国三有保护鸟类。

黑翅长脚鹬

拉丁名：*Himantopus himantopus*
英文名：Black-winged Stilt

鸻形目反嘴鹬科

形态　中型涉禽，体长约 37 cm。喙长而直，黑色，鼻沟不超过喙长的一半。翅尖而长，第 1 枚初级飞羽最长。腿细而特长，胫部裸出，红色。跗跖超过中趾（连爪）长度的 2 倍。无后趾。雄鸟翅和背肩部黑色，闪金属光泽，上体余部和下体大都白色，繁殖期头顶至后颈黑色。雌鸟背肩部和三级飞羽暗褐色，繁殖期头颈白色，眼后有灰色斑，余部似雄鸟。幼鸟上体羽色较成鸟淡，头顶、眼周、耳羽、后颈及翕部褐色，羽缘沙棕色。

分布　在中国繁殖于内蒙古、新疆、青海、辽宁、吉林和黑龙江，迁徙季节途经河北、山东、河南、山西、四川、云南、西藏、江苏、福建、广东、香港和台湾，越冬于广东、香港和台湾。国外繁殖于欧洲东南部和中亚，越冬于非洲和东南亚，偶见于日本。

栖息地　栖息于草原与荒漠中的湖泊、河流浅滩、稻田和沼泽湿地等水域环境附近。

食性　主要以昆虫、蜘蛛、甲壳类、螺和小型鱼类等动物性食物为食。偶尔也食植物种子。取食时行走缓慢，边走边在水中取食，有时疾速奔跑追捕食物，有时也将嘴插入泥中探觅食物，有时甚至进到齐腹深的水中将头浸入水中觅食。

繁殖　每年 4 月初至 5 月初迁徙至繁殖地，4 月末至 5 月中下旬开始营巢、产卵。营巢于开阔的湖边沼泽、草地上、地面上、水中飘浮的水草堆上或水域的沙洲中。常集小群在一起营巢，有时也与其他水禽混群营巢。巢结构简陋，多置于地面凹陷处，内垫少许枯草茎、小石子或无任何内垫物。窝卵数 4 枚。卵呈黄绿色或橄榄褐色，具不规则黑褐色斑，卵色随孵卵时间延长而逐渐

黑翅长脚鹬。左上图为雄鸟繁殖羽，下图前雄后雌。沈越摄

栖息地 栖息于草原、半荒漠及荒漠地区的水域岸边、水稻田和鱼塘等地带，也栖息于盐碱沼泽地和海边沼泽地带。

食性 主要以小型甲壳类、昆虫及其幼虫、蠕虫和软体动物等小型无脊椎动物为食，有时也吃植物种子。常单独或成对在浅水中觅食，步履缓慢而稳健，边走边啄食，常将长而向上弯曲的嘴伸入水中或淤泥中左右反复摆动，搜食底栖蠕虫类或小型甲壳类。

繁殖 繁殖期为5~7月。巢多位于距水域不远的地面凹坑内。常成群繁殖，有时巢间距仅1 m左右，有时营单巢或与其他涉禽混群营巢。巢结构简陋，无任何内垫物，或仅垫有细小的叶子或少许枯草。窝卵数4枚。偶有3枚或5枚。卵灰黄绿色，具黑色和暗褐色斑点，斑点大小不一，均匀散布，有的卵斑溶成条状纹，似大理石花纹。雌雄亲鸟共同孵卵，孵化期24~25天。孵化时人若接近，亲鸟则飞起在上空大声惊叫，并迫近入侵者，护巢性较强。

迁徙 在中国草原与荒漠地区多为夏候鸟。每年4月初至5月初迁至北方繁殖地，9月中旬至10月离开繁殖地。常集小群迁徙。

种群现状和保护 IUCN和《中国脊椎动物红色名录》均评估为无危（LC）。在中国草原与荒漠地区分布地点较多，种群数量相对稳定。被列为中国三有保护鸟类。

变深。卵重29~32 g，卵大小（43~46）mm×（29~33）mm。孵化期为22~26天，雌雄亲鸟共同孵卵。1~2年达性成熟。

迁徙 在中国草原与荒漠地区为夏候鸟，每年4月初至5月初迁到繁殖地，9月中旬至10月初迁离繁殖地。常集群迁徙。

种群现状和保护 IUCN和《中国脊椎动物红色名录》均评估为无危（LC）。在中国草原与荒漠地区分布地点较多，种群数量相对稳定。被列为中国三有保护鸟类。

反嘴鹬

拉丁名：*Recurvirostra avosetta*
英文名：Pied Avocet

鸻形目反嘴鹬科

形态 中型涉禽，体长38~45 cm。喙细长而先端向上弯曲，黑色。腿、脚淡蓝灰色，少数个体呈粉红色或橙色。雌雄性羽色相同。眼先、前额、头顶及枕部黑色；翼尖、肩、翅上中覆羽和外侧小覆羽黑色；其余颈部、背、腰、尾上覆羽和整个下体白色；尾羽白色，先端灰色。幼鸟与成鸟相似，但黑色为褐色所代替，肩及翅覆羽羽缘褐色。

分布 在中国繁殖于内蒙古、辽宁、吉林、青海、新疆等地，迁徙季节遍及全国，越冬于福建、江苏、台湾、广东等地。国外分布于欧洲、中东、中亚、阿富汗、西西伯利亚南部和外贝加尔湖地区，越冬于里海南部、非洲、印度和缅甸等南亚和东南亚地区。

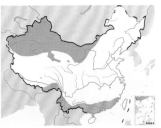

反嘴鹬。左上图唐文明摄，下图张明摄

石鸻

拉丁名：*Burhinus oedicnemus*
英文名：Eurasian Stone-curlew

鸻形目石鸻科

　　大型鸻鹬类，体长约41 cm。喙黑色，基部黄色。眼睛大而有神，虹膜黄色。腿长整体黄褐色而具斑驳的白色细纹，两翼各具一白色横纹；飞羽黑色，飞行时可见两道白斑。分布于南欧、北非、中东至中亚。在中国见于新疆。IUCN 和《中国脊椎动物红色名录》均评估为无危（LC）。被列为中国三有保护鸟类。

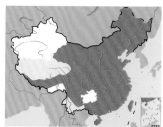

普通燕鸻。杨贵生摄

石鸻。沈越摄

普通燕鸻

拉丁名：*Glareola maldivarum*
英文名：Oriental Pratincole

鸻形目燕鸻科

　　形态　体长 20～28 cm。飞行和栖息姿势似家燕。喙短，基部较宽，先端较窄而向下弯曲，黑色，基部红色。跗跖和趾紫褐色，爪黑色，中爪内侧具栉缘。翼尖而长，折合时翼端超过尾端。繁殖羽上体灰褐色沾棕色，翼下覆羽棕红色，飞翔时极明显；颏、喉部棕白色，自眼先经眼的下缘至喉部后缘有一条黑色细纹，形成一半环形圈，圈内缘缀以白纹；上胸和两胁灰褐色，下胸棕色，腹部白色；尾黑褐色，呈叉状，尾上覆羽和尾羽基部白色。非繁殖羽与繁殖羽相似，但喉部淡褐色，围绕喉的白色和黑色圈不明显，而被暗褐色细纹所取代。幼鸟颏、喉部棕白，具暗褐条纹，而无成鸟的黑色半环形圈。

　　分布　在中国繁殖于黑龙江、吉林、辽宁、内蒙古、山东、河北、福建、广东、海南岛、台湾等地；迁徙时自繁殖地向西抵甘肃西北部、西藏昌都，向南至云南、台湾等地；少数在台湾、香港越冬。国外繁殖于贝加尔湖东南部、蒙古东北部、印度北部、缅甸、泰国、日本西部、琉球群岛、巴基斯坦、菲律宾等地；繁殖于北方的大多越冬于印度、东南亚、印度尼西亚、新几内亚、澳大利亚。

　　栖息地　栖息于开阔地带水域附近的沼泽、草地和耕地等环境。繁殖期间常单独或成对活动，非繁殖期则多集群活动。飞行迅速，并往往绕成半圈状飞行。

　　食性　主要以昆虫为食，嗜食蝗虫；也食甲壳类等其他小型无脊椎动物。能在飞行中捕食飞虫，亦能在地面上觅食。

　　繁殖　繁殖期 5～7 月。常成群营巢。营巢于离水域不远的地面、水中沙洲和稻田附近的地上凹坑内。普通燕鸻巢的结构简陋，内仅垫少许枯草，多数则直接产卵于沙土坑中。巢外径（15～21）cm×（11～17）cm，巢内径（8～11）cm×（7～10）cm，深 3～4 cm。窝卵数 2～4 枚。卵为椭圆形，卵色土黄，缀有暗褐色斑。卵平均大小为 30.4 mm×23.8 mm，平均重量为 9.6 g。白天靠阳光照射，亲鸟不坐巢孵卵，到晚上才回巢孵卵。

　　种群现状和保护　种群数量较丰富。在南亚次大陆越冬的种群数量估计在 2.5 万～100 万只，在东南亚和澳大利亚越冬的大约有 10 万～100 万只。在中国北方草原为常见种。IUCN 和《中国脊椎动物红色名录》均评估为无危（LC），被列为中国三有鸟类。

领燕鸻

拉丁名：*Glareola pratincole*
英文名：Collared Pratincole

形态　小型涉禽，体长 23～28 cm。上体灰褐色；自眼圈向下环绕喉部和前颈有一条黑色环领带，故而得名；胸部淡褐色，腹部白色；飞羽黑褐色，腋羽和翼下覆羽栗红色，次级飞羽的羽端缘白色。伫立时，翼尖与尾端平齐。飞行时，尾呈燕尾状，深度分叉（幼鸟或不明显分叉）。飞行姿势与燕鸥极似。喙黑色，嘴角和下喙基部橘红色。脚亦黑色。

分布　分布于欧洲、亚洲西南部、中亚、和非洲热带地区。在中国仅分布于新疆西部，如乌鲁木齐、塔城、乌苏、精河（艾比湖）、伊犁、天山、喀什等地，迷鸟偶尔记录于青海和香港。

栖息地　栖息于内陆干旱地区的水库附近、空旷的田野、河道、沼泽、荒漠草原和绿洲，不喜欢森林和浓密灌丛地带。迁徙至印度或非洲越冬时也会出现于海边。

习性　喜欢集群活动，5～8 只结伴而行。善于在地上活动和行走，腿脚看似较弱，但行走速度却不慢。双翅尖长，善于飞行，飞行速度亦快，上下起伏。常频繁地、较长时间地在空中飞行，身轻如燕，而且飞行高度较高。早上和傍晚时活动最频繁，通常在一天内最热的时候休息。歇息在地上。其喙短而宽，善于在空中飞行捕食。

食性　食物主要是昆虫及其幼虫，像家燕一样具有空中捕食的能力。

繁殖　在新疆，繁殖期为 5～7 月。常成群营巢繁殖。通常营巢于开阔平原上的湖泊与河流附近，巢多置于离水不远的岸边地上凹处或沼泽地边缘。每窝产卵 2～4 枚。卵白色或皮黄白色，大小为（30～32）mm×（22～24）mm。雌雄轮流孵卵，孵化期 17～18 天。

鸣声　2000 年 7 月 5 日上午，中国科学院一考察小组在新疆塔城和裕民县之间遇见一群约 14 只领燕鸻在荒野上空飞行，鸣声嘈杂刺耳似普通燕鸥 *Sterna hirundo*，会发出"咯——咯——咯——"的叫声。

种群现状和保护　分布范围广且有东扩之趋势，种群生存状况不详。因不接近物种生存的脆弱濒危临界值标准（如分布区域或活动范围小于 20 000 km²、栖息地质量差、种群规模小、分布区域碎片化等），因此 IUCN 和《中国脊椎动物红色名录》评估均为无危（LC）。属于《欧亚非迁徙水鸟保护协定》（AEWA）物种之一。被列为中国三有保护鸟类。

探索与发现　据杰米奇耶夫等记载，领燕鸻与黑翅燕鸻 *Glareola nordmanni* 的繁殖分布区在中亚及新疆有重叠，二者极为相似，有杂交记录。过去许多学者将此二种归为同一种的不同亚种，现各自独立为种。

黑翅燕鸻

拉丁名：*Glareola nordmanni*
英文名：Black-winged Pratincole

似领燕鸻但次级飞羽为黑色。繁殖于中亚，越冬于非洲撒哈拉以南地区。一直推测在中国新疆有繁殖，2016 年首次在新疆喀什拍摄到。IUCN 评估为近危（NT）。《中国脊椎动物红色名录》评估为数据缺乏（DD）。

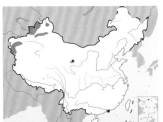

领燕鸻。左上图沈越摄，下图刘璐摄

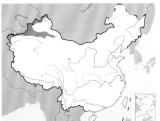

黑翅燕鸻。左上图为亚成鸟，下图为成鸟

凤头麦鸡

拉丁名：*Vanellus vanellus*
英文名：Northern Lapwing

鸻形目鸻科

形态　体形中等，体长29～34 cm。喙短而尖；具长的羽冠，长达97 mm；上体包括翼面黑色泛绿色光泽；飞羽黑色；尾羽基部有宽大白斑和黑色次端斑；喉至胸部黑色，腹部白色；尾下红棕色。虹膜暗褐色。喙黑色。跗跖及趾橙栗褐色或暗红色。后趾弱小。

分布　广泛分布于欧洲、亚洲、非洲，在中国境内见于各省。

栖息地　栖息于水域附近的沼泽、草地、水田、旱田、河滩和盐碱地等。

食性　以动物性食物为主，如蚯蚓、蜗牛、小螺、小鱼、鳞翅目和鞘翅目昆虫等，偶食小麦、草茎、草籽等植物性食物。冬季喜欢在麦地、菜地、豆地和绿肥田中觅食。食物以昆虫、软体动物、杂草种子和叶片等为主。

习性　飞行姿势似蝶状，振翅比较缓慢。迁飞时常结成大群，可达数百只。

繁殖　在新疆为常见的繁殖鸟。每年4月中旬迁来，占区性极强，很好斗，对于进入巢区的人和其他动物决不停止攻击和鸣叫，上下翻飞，大起大落，恫吓入侵者。营巢于沼泽矮草丛中，巢平铺于地面，呈浅盘状。巢外径20～26 cm，内径14～15 cm，深5～7 cm，边缘高于地面1～2 cm。5月初产卵，窝卵数4枚，很少多于或少于这个数字。卵为短梨形或圆锥形，壳灰绿色或灰褐色，密布褐色斑点。卵重约24 g，大小为（44.3～45.8）mm×（33.3～34.2）mm。黑龙江繁殖种群每年3月末前来，4月中旬开始配对、筑巢、产卵，巢密度为17～20巢/hm²。孵化期25～28天。幼鸟为早成鸟。

凤头麦鸡实行一雌一雄制的交配制度，但偶然也有"一雄二雌"现象发生。这时，双亲的繁殖分工发生了变化，由双亲共同孵化、照料幼雏和防卫变为单亲照料。显然，对于凤头麦鸡，性选择的结果是单配制更有利于后代成长。

鸣声　繁殖期喧闹异常，会发出拖长的鼻音，如"皮——威特，皮——威特，皮——威特"，边飞边叫。

种群现状和保护　分布范围广，种群数量丰富，但湿地国际2015年的报告显示其种群数量正在迅速下降，因此IUCN将其受胁等级提升为近危（NT）。《中国脊椎动物红色名录》仍评估为无危（LC）。被列为中国三有保护鸟类。

灰头麦鸡

拉丁名：*Vanellus cinereus*
英文名：Grey-headed Lapwing

鸻形目鸻科

形态　中型涉禽，体长32～36 cm。喙黄色而端部黑色。胫部裸露部分、跗跖及趾黄色，爪黑色。眼周裸露，黄色；眼先具黄色肉垂。繁殖羽上体灰褐色，头、颈部灰色，背肩部、腰部和三级飞羽淡褐色，初级飞羽和覆羽黑色，次级飞羽和大覆羽白色，翼上小覆羽及内侧次级飞羽与上体同色；喉及前胸灰色，胸部下方有黑褐色横带，下体余部白色；尾羽白色，除最外侧尾羽外，均具黑色次端斑和狭窄的白色端缘。非繁殖羽喉部白色，胸部下方的黑褐色横带变窄。

分布　在中国繁殖于黑龙江、吉林、辽宁、内蒙古和江苏等地；越冬于云南、贵州、广西、广东和香港；迁徙季节途经河北、山东、长江中下游地区、云南、贵州、四川、香港和台湾。国外分布于孟加拉国、柬埔寨、印度、日本、朝鲜、韩国、老挝、蒙古、缅甸、尼泊尔、菲律宾、俄罗斯、泰国、越南，越冬于亚洲南部。

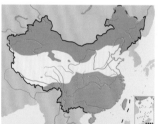

凤头麦鸡。沈越摄

灰头麦鸡。左上图沈越摄，下图唐文明摄

带雏的灰头麦鸡。杜卿摄

栖息地　栖息于开阔的沼泽、河岸、湿草甸、水田、耕地、草地等环境。

食性　主要以昆虫蠕虫、螺类、水蛭、水蚯蚓等小型无脊椎动物为食，也食水草、种子及嫩叶等植物性食物。

繁殖　繁殖期 5～7 月。一雌一雄制。繁殖季节常成对活动，但非繁殖季节喜集群活动。繁殖季节人靠近幼鸟或巢时，亲鸟在空中大声鸣叫。营巢于离水不远的、较干燥而生有稀疏植被的地面上。巢简陋，常利用地面上的凹坑为巢，内垫少许碎植物茎叶。窝卵数 3～4 枚。卵呈梨形，土黄色，杂以灰褐色斑点。2004 年 4 月 18 日研究者在内蒙古乌梁素海附近的白刺包阳坡见灰头麦鸡巢，内已有 4 枚卵，取走 1 枚，2 天后再去观察，灰头麦鸡既未弃巢也未补巢。卵产齐后开始孵卵，雌雄亲鸟轮流承担，以雌鸟为主。孵化期 28～29 天。雏鸟早成性。

迁徙　在中国草原与荒漠地区多为夏候鸟。每年 4 月初迁至繁殖地，9 月中旬开始陆续离开繁殖地迁往越冬地。

种群现状和保护　IUCN 和《中国脊椎动物红色名录》均评估为无危（LC）。但在中国种群数量不丰，不常见，应加强保护。被列为中国三有保护鸟类。

黄颊麦鸡

拉丁名：*Vanellus gregarious*
英文名：Sociable Lapwing

鸻形目鸻科

形态　体形中等，体长 27～30 cm。通体土黄色；过眼线黑色，额和眉纹白色，头顶黑色；颈、胸、背、腰橄榄灰褐色，腹部有阔的黑色和暗栗色横带；初级飞羽黑色，次级飞羽白色；尾羽基部有宽大白斑和黑色次端斑；尾下白色。腿和喙均为黑色。雌雄相似，雌鸟头顶和腹部羽色稍淡。

分布　主要分布于中亚及相邻地区，如蒙古、俄罗斯、哈萨克斯坦、吉尔吉斯斯坦、乌兹别克斯坦、阿富汗等；越冬于埃及、苏丹、以色列、沙特阿拉伯、伊拉克、伊朗、土耳其、巴基斯坦、

黄颊麦鸡

印度等地。在中国境内仅分布于新疆塔城地区及天山伊犁谷地，偶见于河北石臼砣。

栖息地　主要栖息于水域附近的草地、耕地、荒漠及比较干燥的内陆湿地（如沙漠绿洲、盐湖、盐泽、碱滩、季节性河流、季节性湖泊、戈壁和沙漠中的泉水溢出带）和附近的半干旱草原等。

习性　喜群居，迁徙性，具有较强的飞行能力。

食性　以蝗虫、蚱蜢、螺蛳、虾为食。

繁殖　繁殖期 4～6 月。营巢于地面，很少有铺垫。窝卵数 4 枚。具有极强烈的护巢行为，甚至攻击入侵的猛禽或人畜。

鸣声　发出尖锐的声音，如"克瑞——克瑞——"。

种群现状和保护　全球受胁物种，由于种群数量急剧下降和分布区缩小，2009 年被 IUCN 提升为极危物种（CR），是最为濒危的一种麦鸡。根据早期报告，黄颊麦鸡在 19 世纪下半叶在中国西部为繁殖鸟，现推测已局部地区绝灭。至今在中国唯一一个发表的记录是 1998 年在河北见到的 1 只迷鸟。《中国脊椎动物红色名录》评估为数据缺乏（DD）。

金鸻

拉丁名：*Pluvialis fulva*
英文名：Pacific Golden Plover

鸻形目鸻科

形态 小型涉禽，体长 22～26 cm。繁殖羽额白色，向后与眼上方宽阔的白斑汇合，向下与胸侧相连；上体余部淡黑褐色，渲染白色和金黄色；下体从喉至腹呈黑色；腋羽褐灰色。非繁殖羽颊侧和喉、胸黄色，杂有浅灰褐色斑纹，下胸和腹部中央不呈黑色。翅尖而窄，飞行时尾呈扇形展开。虹膜暗褐色。喙黑色，喙形直，端部膨大呈矛状。腿脚浅灰黑色，后趾缺如。

分布 繁殖于俄罗斯西伯利亚苔原地区、美国阿拉斯加西部及白令海诸岛屿等；迁徙经过中国、韩国、日本、蒙古、哈萨克斯坦、巴基斯坦、尼泊尔等；在孟加拉、印度、缅甸、斯里兰卡、老挝、泰国、马来西亚、印度尼西亚、澳大利亚、新西兰和南美洲等地越冬。在中国，迁徙季节见于各地。

栖息地 栖息于海岸线、河口、盐田、稻田、草地、湖滨、河滩等处。

习性 喜结小群活动，善于在地上疾走。飞行迅速而敏捷，

极善于跨洋长途迁徙。有过从美国阿留申地区直接飞越太平洋在夏威夷被回收的记录，其距离达 3000 km。曾被认为是世界上单次飞行时间最长的鸟类，续航能力极强。

食性 取食昆虫（鞘翅目、直翅目、鳞翅目等）、软体动物、甲壳动物等。

繁殖 繁殖期 5～6 月。雄鸟筑巢，以苔原刮起的植物物质，特别是干草、地衣和叶作为筑巢的原材料。雌鸟在巢中产 4 枚卵，卵白色或灰白色，上面布满深褐色和黑色斑点。雌雄亲鸟共同孵卵，雌鸟一般在白天，而雄鸟夜间孵卵。孵化期约 25 天。幼鸟早成性，22～23 日龄能飞，但在秋季迁徙途中，明显落后于成鸟。

鸣声 会发出一种突然的、连续的、呼啸的、快速的音符，也使用了各种不同的声音，其中包括吹哨声"啼呦咿——啼呦咿——"。

种群现状和保护 IUCN 和《中国脊椎动物红色名录》均评估为无危（LC）。被列为中国三有保护鸟类。

探索与发现 分类比较混乱，相似种如美洲金斑鸻 *P. dominica*、欧金鸻 *P. apricaria* 都可能出现在中国。1984—1998 年在香港的统计表明，秋季种群数量的波动幅度不大，而春季有较大的变化。说明其春秋两季的迁徙路线不完全一致，至少在局部地区会有一些变化。

金鸻。左上图为繁殖羽，下图为非繁殖羽。包鲁生摄

灰鸻

拉丁名：*Pluvialis squatarola*
英文名：Grey Plover

鸻形目鸻科

形态 小型涉禽，体长 26～32 cm。繁殖期下体包括眼先、颊、颏、喉至腹部浓黑色，有条大白带从眼上一直沿颈侧延伸至胸两侧；上体以黑褐色为主，羽缘白色，形成黑褐色与灰白色杂斑；腋羽黑色；尾羽白色，具淡黑褐色横斑。非繁殖期两颊、颈侧和胸具浅黑褐色纵纹，下体余部白色。喙形直，端部膨大呈矛状。具后趾但弱小，飞行时脚不伸出尾外。

分布 全球广布，繁殖于俄罗斯和北美洲环北极苔原地区，越冬于欧洲西南部、亚洲南部、非洲、澳大利亚、南美洲等热带和亚热带地区。在中国各地都有记录，主要为旅鸟或冬候鸟。

栖息地 迁徙季节出没于海岸潮间带、河口、水田、沼泽、河漫滩、湖岸、草地等，偶然出现于内陆和干旱地区的草原和湿地。

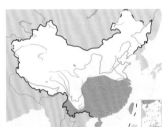

食性 取食昆虫、小型鱼类、虾、蟹、牡蛎及其他软体动物。觅食时重复"快跑—停顿—搜索—吞食"的模式，在食物丰富的情况下，每次移动 2～3 步，停顿 2～4 s，如果遇到大的猎物可能会大步追赶并延长停顿的时间。

繁殖 繁殖期 5～7 月，营巢地在苔原与森林北限的低洼潮湿地区，有时也会在较干燥的地方筑巢。巢是在地面上的凹陷，用小石块垒成，内衬苔藓和地衣。每巢产 4 枚卵，孵化期 26～27 天。双亲共同孵卵和育雏。2～3 年龄性成熟。

鸣声 重复的"啼呦——啼呦——"，或者"啼呦——哩哦——"。

种群现状和保护 IUCN 和《中国脊椎动物红色名录》均评估为无危(LC)。被列为中国三有保护鸟类。据 Barter(2002)统计，灰鸻春季大量出现在山东黄河口（14899 只）、鸭绿江口（7232 只）、天津沿海（6493 只）、盐城滩涂（5295 只）、辽河口（4248 只）、凌河口（2739 只）、河北石臼坨（1500 只）。秋季的数量较少，原因是秋季和春季迁徙路径不同，迁飞的方式也不同，秋季可能直接飞往越冬地。据刘运珍等（2000）记录，1990 年代初在鄱阳湖曾有大批个体出现（45000 只）。由于灰鸻大量捕食钉螺，在当地对血吸虫病的控制有一定的意义。

灰鸻。左上图为非繁殖羽，沈越摄，下图为繁殖羽，王志芳摄

长嘴剑鸻

拉丁名：*Charadrius placidus*
英文名：Long-billed Ringed Plover

鸻形目鸻科

形态 小型涉禽。雌雄羽色和体形大小均相似。喙略长，黑色，下喙基部略有黄色。胫、跗跖和趾土黄色或肉黄色。眼睑黄色，形成较细的黄色眼圈。繁殖羽前额白色，眉纹白色向后延伸，眼先和眼下的暗褐色窄带向后延至耳羽；头顶前部具有较宽的黑色带斑，背、肩、翅覆羽、腰、尾上覆羽、尾羽灰褐色；颏、喉、前颈白色，后颈的白色狭窄领环延伸至颈侧与颏、喉的白色相连，其下具一黑色胸带，下体余部皆白色。翅形尖长，三级飞羽特长。尾形短圆，尾羽 12 枚，尾羽近端部渲染黑褐色，外侧尾羽羽端白色。非繁殖羽额部白斑明显，眉纹沾黄色。

分布 在中国主要繁殖于黑龙江、吉林、辽宁、内蒙古、北京、河北、河南、山东、山西、陕西等地；越冬于河北、甘肃及长江以南各地。国外繁殖于俄罗斯远东地区、中东部和朝鲜、日本；在尼泊尔东部、印度东北部至中南半岛北部、朝鲜南部越冬。

栖息地 栖息于水域附近的沼泽、河滩、田埂、堤岸等湿地环境。

食性 主要以昆虫、小虾、蜘蛛、蚯蚓等小型动物为食，也食植物的叶片和细根等。

繁殖 4 月中期开始进入繁殖期。营巢于有一定高度河岸沙地的卵石和石块之中，巢无任何铺垫物。窝卵数 3～4 枚。卵呈圆锥形，黄色沾红色，具不规则的黑色斑点。

种群现状和保护 IUCN 评估为无危（LC）。在中国种群数量较少。主要原因是其栖息环境受到破坏，可栖息的环境迅速减少。《中国脊椎动物红色名录》评估为近危（NT）。被列为中国三有保护鸟类。

金眶鸻

拉丁名：*Charadrius dubius*
英文名：Little Ringed Plover

鸻形目鸻科

形态 小型涉禽，体长 16～18 cm。通体沙土色；前额、眉纹白色，头顶前部的黑色宽斑与黑色贯眼纹连接；具完整的黑色领环；上体棕褐色，下体白色。眼眶金黄色。喙形直，黑色。

分布 分布于欧亚大陆和北非。在中国各地都有分布。

栖息地 多单个或成对活动于近水的草地、盐碱滩、多砾石的河滩、沼泽和水田等。

习性 常急速奔跑一段距离后，稍事停息，再向前快速奔走。

食性 研究者曾分析 18 个胃的内容物，见昆虫（鞘翅目、鳞翅目、半翅目、直翅目等）、蜘蛛、螺类、小型鱼类、蝌蚪等，也有少量杂草籽（仅占 13%）。觅食时走走停停，动作较快。

繁殖 在山西 4～5 月开始营巢，巢十分简单，位于河心沙洲或近水滩地地面凹陷处，有时甚至在市区的楼顶上筑巢。窝卵数 4 枚，偶尔 3 或 5 枚。卵呈梨形，淡黄褐色，具暗绿色或褐色斑点。多在早晨 5：00～6：30 产卵。孵化期 18～22 天，幼鸟早成性，需要 22～25 天或更长时间的生长才能够飞行。有时会一年繁育 2 次，双亲共同孵卵，或仅雌鸟承担。

在吉林延吉 5～6 月营巢产卵，曾观察到一次空中交尾的记录。巢十分简陋，仅有石子铺垫。白天亲鸟常不在巢中，在中午的阳光下依靠自然温度孵化，据说这时的卵是直立排列在巢中的。

鸣声 常会发出"皮尤——皮尤——"的声音。

种群现状和保护 IUCN 和《中国脊椎动物红色名录》均评估为无危（LC）。天敌有虎斑颈槽蛇 *Rhabdophis tigrinus*、黄鼬 *Mustela sibirica*、艾虎 *M. eversmannii*、红隼 *Falco tinnunculus*、红脚隼 *Falco amurensis* 等。被列为中国三有保护鸟类。

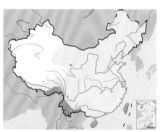

长嘴剑鸻。左上图沈越摄，下图张小玲摄

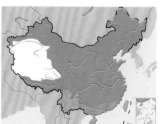

金眶鸻。上图为繁殖羽，下图为幼鸟。唐文明摄

探索与发现 鸻类通常单独觅食或只在稀疏的群体中觅食，而不是象鹬类喜欢集群活动。原因是前者依赖视觉和快速跑动来搜寻泥滩表面的食物，集群显然会造成较大的干扰；而后者则通过触觉在泥水中搜寻食物，集群更有利于防范天敌。

环颈鸻

拉丁名：*Charadrius alexandrinus*
英文名：Kentish Plover

鸻形目鸻科

形态 小型涉禽，体长 15～18 cm。额及眉纹白色，雄鸟头顶前部具黑色带斑，头顶后部及后颈为灰沙褐色，后颈的白环形成显著的白领；胸侧的黑斑绝不在胸前交连；飞羽和尾羽黑褐色；飞行时翅上有白斑，一直通向尾部。下体余部白色。喙细而直，黑色。

分布 广泛分布于欧洲、亚洲、非洲和美洲等许多国家，在中国各地都有记录。

栖息地 栖息于海边潮间带、河口三角洲、泥地、盐田、沿海沼泽和水田；在内陆空旷的河岸、沙滩、沼泽、草地、湖滨、盐碱滩等地和近水的荒地中亦比较常见。

习性 通常单独或者 3～5 只集群活动。迁徙期喜集群活动，有时与其他小型鸻鹬类结群觅食。环志记录表明，环颈鸻具有很

强的返回繁殖地或越冬地的能力。在南方一些地方并不迁徙，而是游荡。在山东、河北有一定的繁殖种群，并且在台湾和海南有少量的留鸟。

食性 觅食小型甲壳类、软体动物、昆虫、蠕虫等，也食植物的种子和叶片。食物种类十分复杂，研究者曾解剖 17 个鸟胃，发现其中含海水蝇、小蟹、海水蠕虫、水蜗牛、藻类、甲虫、其他甲壳动物、植物种子和沙粒等。在集小群觅食时，啄食频次显著大于不集群的时候。

繁殖 繁殖期 4～7 月。营巢于长有稀疏碱蓬的裸露盐碱地段上，周围的杂草高度均在 30 cm 以内。巢甚简陋。窝卵数 2～4 枚，以 3 枚居多。卵的颜色为淡褐色或土灰色，密布黑褐色的杂斑。雌雄共同孵卵，孵化期 22～27 天。窝卵数 3 枚与 4 枚的孵化时间明显不同，4 枚卵者孵化期延长。雏鸟早成。在孵化阶段只有雄鸟的体重下降较多，而且雄鸟通常在夜间卧巢。如果遇见危险，亲鸟常常装扮成受伤的样子，将一侧的翅膀拖拉在地面。

鸣声 如平滑的哨声"皮尤伊特——皮尤伊特——"。

种群现状和保护 种群数量较多，IUCN 和《中国脊椎动物红色名录》均评估为无危（LC）。被列为中国三有保护鸟类。在中国东部沿海地区至少分布有 8 万只，仅在深圳湾（后海湾）就汇集了东南亚地区种群的 1%～5%，香港近年统计到最大数量为 4000 余只。虽然实际上该种主要分布于内陆干旱地区，并不都沿着海岸线迁移。主要威胁来自于当地居民践踏、毁巢和拣蛋，田鼠和黄鼬也会偷食鸟蛋和雏鸟，自然灾害（如大雨、洪水等）也对鸟巢和卵产生较大的破坏。

环颈鸻。左上图为雄鸟繁殖羽，下图为非繁殖羽。张明摄

蒙古沙鸻
拉丁名：*Charadrius mongolus*
英文名：Lesser Sand Plover

鸻形目鸻科

形态　小型涉禽，体长 18～22 cm。通体沙土褐色，黑色贯眼斑直抵耳部和眼前；后颈与胸部棕红色，没有黑色或白色的颈圈，雄鸟胸部上缘或有细黑线；上体灰褐色；下体包括颏、喉、前颈、腹部白色。喙黑色，端部膨胀显著。跗跖紫黑色，爪黑褐色。

分布　繁殖于中亚至东北亚，越冬于非洲沿海、印度、东南亚及澳大利亚。在中国繁殖分布区见于青藏高原和蒙新高原，迁徙季节见于各地。

栖息地　栖息于海边、沙滩、河口、三角洲、水田、盐田，繁殖季节多见于内陆高原的河流、沼泽、湖泊附近的耕地、沙滩、戈壁和草原等。垂直分布高度从海平面至海拔 5500 m 的青藏高原。栖息环境多样化，特别是在迁徙季节。

食性　喜欢以软体动物和昆虫为食。研究者曾在 4 月剖检 3 个鸟胃，发现螺、蠕虫、蚱蜢、蝼蛄、黑小蜂及鞘翅目昆虫；10～12 月又剖检 3 个胃，多含小螺，其中 1 胃兼有蚁类碎片。

繁殖　在新疆，5～8 月繁殖，在砾石滩或沙地上营巢。窝卵数多为 3 枚，孵化期 22～24 天。

种群现状和保护　研究资料缺乏，种群状况不详。IUCN 和《中国脊椎动物红色名录》均评估为无危（LC）。被列为中国三有保护鸟类。

探索与发现　蒙古沙鸻分布区域狭窄，特别是繁殖区分散而不连贯，北上西伯利亚，南至青藏高原，因而形态变异很大，可分出 3～5 个亚种。环志研究证实其寿命至少有 10 年。

铁嘴沙鸻
拉丁名：*Charadrius leschenaultii*
英文名：Greater Sand Plover

鸻形目鸻科

形态　中等体形，全长 19～23 cm。与蒙古沙鸻相似，前额白色，有时被黑色纵线一分为二；繁殖期胸部渲染棕红色。嘴峰长度超过嘴基至眼圈的长度，或者嘴峰长度长于中趾（不连爪）。嘴黑色。跗跖灰色或肉色与淡绿色。

分布　东南亚迁徙路线上常见的鸻类，最远至澳大利亚以及欧洲和非洲沿海一些国家，偶尔分布至新西兰。在中国分布于新疆、内蒙古中部包括黄河流域；迁徙时遍及东部和中部各地；在海南为冬候鸟。

栖息地　多栖息于海滨、河口、内陆湖畔、江岸、滩地、水田、沼泽及其附近的荒漠草地、砾石戈壁和盐碱滩。

习性　常与体形较小的蒙古沙鸻混群。

食性　以软体动物、虾、昆虫、淡水螺类、杂草等为食。研究者 4 月及 12 月剖检了 13 个鸟胃，内含物有软体动物、甲壳动物、蠕虫及大量天牛、金龟子等昆虫碎片。

繁殖　营巢于内陆植被稀少的沙石地上，通常是离水源较近的低洼地。产卵期 4～5 月，卵橄榄褐色，密布黑褐色斑。双亲共同孵育。

鸣声　有一种难以用文字描述的低沉的颤音。

种群现状和保护　目前 IUCN 和《中国脊椎动物红色名录》均评估为无危（LC）。被列为中国三有保护鸟类。

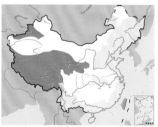

蒙古沙鸻。左上图为繁殖羽，沈越摄，下图为非繁殖羽，刘璐摄

铁嘴沙鸻。上图为雄鸟繁殖羽，下图为雌鸟。杨贵生摄

红胸鸻
拉丁名：*Charadrius asiaticus*
英文名：Caspian Plover

鸻形目鸻科

形态　中小型涉禽，体长约21 cm。体形纤细，颈长。喙近黑色。腿浅绿色或灰绿色，跗跖修长，胫下部亦裸出。中趾最长，趾间具蹼或不具蹼，后趾形小或退化。前额和喉白色，具黄褐色过眼纹，上体灰褐色，下体白色。雄鸟繁殖羽胸带锈红色或栗红色，在与腹部交界处镶有黑边。雌鸟胸灰褐色，无黑边。雄鸟冬羽似雌鸟，额和头侧的白色稍沾黄褐色。翅尖长。尾短圆，尾羽12枚。

分布　在中国繁殖于新疆，春季见于内蒙古鄂尔多斯高原。国外主要繁殖于里海西部、北部和东部，向东至哈萨克斯坦；在非洲的南部和东部地区越冬。

栖息地　栖息于荒漠、半荒漠、盐碱平原、开阔草原、农田、内陆干旱地区的湿地、水域的边缘、沼泽地及其附近的荒原和沙石地环境。

习性　常单只或成对活动和觅食，非繁殖季节常成群活动。

食性　主要以甲壳类、昆虫及其幼虫为食，也食小的螺类以及草籽等植物性食物。

繁殖　一雌一雄制。繁殖期4~5月。营巢于开阔的盐碱地面上或低矮的植被丛中。巢简陋，通常是盐碱地上或沙地上的凹坑，内垫有少许植物的茎叶和小圆石。窝卵数3枚，一年一窝。卵土黄色，布有黑褐色斑点。双亲共同孵卵，雌鸟多在夜间孵卵。双亲共同育雏，育雏期约30天。约2年达到性成熟。繁殖期间边飞边鸣唱，在月夜鸣唱至深夜。当人靠近时，成鸟围着人大声鸣叫，而雏鸟四处逃散。

种群现状和保护　种群数量相对稳定，1万~10万只。IUCN（2016）评估为无危（LC），《中国脊椎动物红色名录》评估为数据缺乏（DD）。被列为中国三有保护鸟类。

东方鸻
拉丁名：*Charadrius veredus*
英文名：Oriental Plover

鸻形目鸻科

形态　中小型涉禽，体长约25 cm。喙狭短，黑色。腿黄色或橙黄色，跗跖修长，胫下部裸出。后趾小或退化。繁殖羽额、眉纹、颏、喉及头两侧白色，细的贯眼纹褐色，耳羽灰白色；头顶、背沙褐色，前颈至胸栗色，雄鸟栗色后缘有一条黑色胸带，腹及尾下覆羽白色。非繁殖羽贯眼纹与耳羽连成一块，沙褐色；胸两侧为浅沙褐色，栗色褪去，无黑色胸带。翅尖长，尾短圆。幼鸟喙黑褐色，头枕、后颈至背沙黄色，布有黑色斑块，颏、喉、胸、腹乳白色。

分布　在中国繁殖于内蒙古中东部、包头以东地区，辽宁、吉林、黑龙江、华北和华东各省；迁徙季节见于内蒙古中西部、东部沿海各地、长江流域、广西、广东、福建和香港。国外繁殖于西伯利亚南部，蒙古的西部、北部和东部；在巽他群岛至澳大利亚越冬。

栖息地　栖息于干旱的草原、砾石荒地、耕地、浅水沼泽和水域的岸边。

食性　主要以昆虫及其幼虫为食。在草地、耕地、河流两岸及沼泽地带取食。常边走边觅食。奔走速度快，飞行迅速。

繁殖　繁殖期4~7月。营巢于地面上，十分简陋，常利用地面凹坑为巢，巢内垫有植物碎片。窝卵数2枚。雌鸟孵卵和抚育后代。危险来临时，亲鸟拟伤吸引天敌，给雏鸟赢得逃生的机会。

种群现状和保护　种群数量不普遍，全球约4.4万只。IUCN和《中国脊椎动物红色名录》均评估为无危（LC）。被列为中国三有保护鸟类。

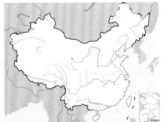

红胸鸻。左上图为雄鸟繁殖羽，Francesco Veronesi摄（维基共享资源/CC BY-SA 2.0）；下图左雌右雄，Tsrawal摄（维基共享资源/CC BY-SA 3.0）

东方鸻。左上图为雌鸟，下图雄鸟繁殖羽。张明摄

丘鹬

拉丁名：*Scolopax rusticola*
英文名：Eurasian Woodcock

鸻形目鹬科

形态 体态与沙锥相似，但体形较大，体长约 35 cm。与沙锥的区别是喙较短，头顶和枕部有 4 条灰褐色横斑。雌雄形态相似。上体锈红色，杂有黑色；下体灰白色，密布暗色横斑。体羽斑驳的色彩与腐朽叶子融为一体，是很好的保护色。丘鹬的眼睛较大，适应夜行性生活。眼睛位于头部的上方偏后，视眼开阔，可以在觅食时观察周围的情况。喙的末端略微膨大，布满神经细胞，便于感受土壤中的猎物。

分布 繁殖于欧亚大陆，在非洲北部、印度、中南半岛和日本越冬。在国内繁殖于新疆天山、东北北部、河北、甘肃西北部武威地区；迁徙季节见于东北南部、华北、西北，向南至长江流域；越冬于西藏南部、贵州、云南、四川及长江以南地区。1990～1993 年马鸣和万军连续 4 年在新疆阿克陶遇见丘鹬越冬个体。

栖息地 喜欢栖息于湿润的森林中。繁殖季节栖息于北温带的针叶林、阔叶林、混交林中。

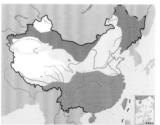

站在石头上的丘鹬，头和枕部的4条横斑清晰可见。张明摄

食性 主要取食蚯蚓、昆虫、蜗牛，有时也食植物的根、浆果和种子。主要在夜间觅食，觅食时将长长的喙插入潮湿泥土中，探觅土壤中的蚯蚓和昆虫幼虫。有时也直接在地面啄食。

繁殖 一雄多雌制。雄鸟通过飞行炫耀和鸣叫向雌鸟求爱，雌鸟负责孵卵、育雏。巢一般筑在密林深处小灌丛下面或枯枝落叶中。巢呈浅坑洼状，直径 15 cm 左右，巢材由干草叶及枯树枝构成。5 月中下旬产卵，年产一窝，窝卵数 3～4 枚。卵呈长梨形，大小为 42 mm×33.5 mm。卵底色为灰白色，另有黄乳白色、淡褐色和灰色等大小不等的斑点分布在钝端。孵化期 22～24 天左右。

种群现状和保护 IUCN 和《中国脊椎动物红色名录》均评估为无危（LC）。被列为中国三有保护鸟类。

姬鹬

拉丁名：*Lymnocryptes minimus*
英文名：Jack Snipe

鸻形目鹬科

形态 体态与沙锥相似，体形比沙锥小，体长约 18 cm。喙黄褐色，尖端黑褐色，喙长稍大于头长。雌雄羽色相似。头顶黑褐色，眉纹黄白色，贯眼纹黑褐色；上体有四条醒目的黄色纵斑；下体白色，前颈、胸部具有褐色纵纹。尾羽 12 枚，中央一对尾羽最长，使尾呈楔形。

分布 繁殖于欧亚大陆北部，在欧洲西部和南部、非洲北部和中部、中亚、印度、中南半岛越冬。在中国为旅鸟，仅见于迁徙季节。

丘鹬。沈越摄

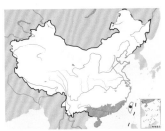

姬鹬。聂延秋摄

栖息地 繁殖于泰加林中的沼泽及漫滩生境，非繁殖季节栖息于水边沼泽地和沙滩。

习性 常单独活动。见到人时常蹲伏于草丛中一动不动，当人走到跟前，才突然从脚下飞起，而且飞不多远又落入草丛中。

食性 主要以蠕虫、昆虫、软体动物为食。觅食时将长喙插入土中，有节律地上下活动取食，有时也在地面啄食。多在黄昏和夜间觅食，白天隐藏在灌木丛或草丛中。

繁殖 常在沼泽地上筑巢，有时也将巢筑于灌丛间较干的地上。单配制。每窝产卵 4 枚，有时 3 枚。卵呈橄榄褐色，缀有锈色斑点。雌鸟孵卵，孵化期 21～24 天。

种群现状和保护 IUCN 和《中国脊椎动物红色名录》均评估为无危（LC）。被列为中国三有保护鸟类。

孤沙锥

拉丁名：*Gallinago solitaria*
英文名：Solitary Snipe

鸻形目鹬科

形态 体长 29～31 cm，翅长超过 15 cm，雌性比雄性略大。喙长而直，呈黄褐色，尖端黑褐色。雌性和雄性羽色相似。眉纹白色，头顶具有白色中央冠纹。上体黑褐色，背上有 4 条白色纵纹和锈色横斑；喉部白色沾淡褐色，胸部淡黄褐色，腹部至尾下覆羽污白色，两胁及腹侧具黑褐色横斑。尾羽 18 枚，中央 3 对尾羽黑色，有棕红色次端斑和皮黄白色端斑，外侧尾羽基部黑褐色，羽端皮黄色。

分布 有 2 个亚种，即指名亚种 *G. s. solitaria* 和东北亚种

G. s. japonica，在中国均有分布。国内繁殖于黑龙江、吉林、甘肃、青海和新疆；迁徙季节见于山东、河北、山西、陕西、四川、西藏南部、云南、江苏、广东和香港。国外繁殖于中亚、天山、阿尔泰山、蒙古、东西伯利亚等地区；迁徙季节见于伊朗、印度、缅甸和日本。

栖息地 通常栖息于海拔 2400 m 左右的山地森林中的湿地，在喜马拉雅山可以分布至海拔 5000 m。

习性 通常单独活动，受惊时常蹲伏于草丛中，直至人走到跟前，才突然从脚下飞走，常常飞行几十米后又落下。

食性 主要以甲虫及其幼虫、软体动物、甲壳类、蠕虫为食，也吃植物种子和芽。通常单独觅食。

繁殖 繁殖期 6～8 月。繁殖于山地附近的沼泽地和湖泊、溪流岸边，在小灌木下或草丛间地面筑巢。巢甚为简陋，多为地面上的凹坑，无衬垫物。窝卵数通常 4 枚。卵色黄褐，缀有较大的褐色斑点。繁殖初期雄鸟常作空中求偶飞行表演：快速飞入空中并作小圈飞行，随后尾羽展开成扇形，双翅半折叠，从高空垂直向下降落，但在途中多次暂停，分段向下降落，快到地面时又转身飞入高空，再次分段降落，如此反复多次。

种群现状和保护 IUCN 和《中国脊椎动物红色名录》均评估为无危（LC）。被列为中国三有保护鸟类。

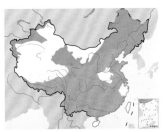

孤沙锥。左上图沈越摄，下图沈岩摄

针尾沙锥

拉丁名：*Gallinago stenura*
英文名：Pintail Snipe

鸻形目鹬科

形态　体长 23.5～27 cm，翅长不到 15 cm。喙长而直，先端黑褐色，基部黄色。腿和趾黄绿色，爪黑色。雌性和雄性羽色相似。头顶黑色，中央具一条宽阔的黄棕白色纵纹。上体绒黑色，杂有棕红色和棕黄色斑纹；颏和腹部灰白色；喉和胸部棕黄白色，杂有黑褐色斑纹。飞羽和翼上外侧覆羽黑褐色，羽端白色。针尾沙锥与大沙锥、扇尾沙锥外形非常相似，但尾羽不同：针尾沙锥外侧 8 对尾羽短且特别狭细而坚挺，形如针状，在近端三分之一处宽度不超过 2 mm。

分布　国内繁殖于黑龙江和吉林；迁徙时经过全国各地；在云南、广东、海南、香港、福建、台湾越冬。国外繁殖于欧亚大陆北部；在南亚、东南亚及东亚南部越冬，少部分在沙特阿拉伯、非洲东部及阿尔达布拉群岛越冬。

栖息地　栖息于湖泊、河流、水库、沼泽地，常在沼泽地、湖边、稻田、湿草地中觅食。

习性　单只或成松散的小群活动。由于体色与周围的杂草相似，不易被人发现，常借助植被的掩护躲避危险。当见人到来时，多就地隐伏在草丛下。往往当人走到近前时才突然飞起，但不远飞，飞到大约于 50 m 远处又落于草丛中。

食性　主要取食软体动物、昆虫及其幼虫、环节动物、甲壳类，偶尔吃植物种子和茎叶。常将坚硬而细长的喙插入泥中取食。主要在清晨和黄昏觅食。

繁殖　繁殖期 5 月下旬至 7 月中旬。雄鸟常作求偶表演。主要在苔原和沼泽地营巢。巢筑于湿地中相对干燥地带的草丛中。巢甚为简陋，常利用地面上的自然凹坑或刨一浅坑，内垫枯草即成。每窝产卵 3～4 枚。产卵间隔为 1 天。卵呈长梨形，灰黄色，并布有褐色、紫色斑点。卵的大小为 39.5 mm×28.21 mm。孵化期 20 天。

种群现状和保护　IUCN 和《中国脊椎动物红色名录》均评估为无危（LC）。被列为中国三有保护鸟类。

扇尾沙锥

拉丁名：*Gallinago gallinago*
英文名：Common Snipe

鸻形目鹬科

形态　体长 25～27 cm。雌性和雄性羽色相似，没有季节性差异。头上部黑褐色，稍杂有棕色斑纹，头顶中央具黄白色纵纹，两侧眼上有淡黄白色眉纹。颈侧和后颈棕红白色，具黑色羽干纹。上体黑褐色，杂以棕色和淡黄色斑纹，上背、肩羽和三级飞羽外翈羽缘淡黄白色，形成 4 道明显的纵纹。下体喉胸部灰棕黄色，余部白色，体侧具黑褐色横斑。尾羽黑色，近端棕红色，端缘棕白色，其间有黑色横斑。

分布　有 3 个亚种，繁殖于欧洲、亚洲北部及北美洲，在大西洋岛屿、非洲、印度半岛、中南半岛及美洲中部地区越冬。在中国分布的是指名亚种 *G. g. gallinago*，繁殖于新疆西部天山、黑龙江和吉林。

栖息地　栖息于湖泊、河流、芦苇塘和沼泽地带。尤其喜欢富有植物和灌丛的开阔沼泽和湿地，也出现于林间沼泽。

习性　常隐藏于草丛中，羽色与环境颜色浑然一体。平时多单独或成 3～5 只小群在水边觅食，迁徙期间可集成 30 多只的大群。

食性　以昆虫、蠕虫、蜘蛛、蚯蚓、小型甲壳类、软体动物

针尾沙锥。郑秋旸摄

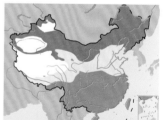

扇尾沙锥。杨贵生摄

等为食，也吃小型鱼类、植物的茎叶和种子。多在清晨和黄昏觅食，常将长而直的喙插入泥中探觅食物。

繁殖 繁殖期4～7月。一雄一雌制。繁殖期雄鸟会进行空中求偶飞行表演。营巢于富有水草或灌木的河岸、湖岸及其附近的沼泽地，有时也在林间沼泽地上营巢。巢筑于草丛中，为地面上的凹坑，内垫枯草茎叶。每窝产卵2～5枚，通常为4枚。卵呈梨形，绿黄色或橄榄褐色，布以深褐色斑纹。卵大小为38.8 mm×28.7 mm。雌鸟孵卵，孵化期17～20天。刚孵出的雏鸟体羽桃木红色，头和下体两侧淡棕褐色或黄褐色。雌雄亲鸟共同照顾雏鸟。雏鸟早成性，出壳后19～20天即可飞翔。

种群现状和保护 IUCN和《中国脊椎动物红色名录》均评估为无危（LC）。被列为中国三有保护鸟类。

半蹼鹬
拉丁名：*Limnodromus semipalmatus*
英文名：Asian Dowitcher

鸻形目鹬科

形态 体长约33～36 cm。喙细长，端部膨大，黑色，可以此与相似种黑尾塍鹬相区别。成鸟繁殖羽头和颈棕红色，额、头顶和颈侧有黑色纵纹；肩、上背、翼上覆羽和三级飞暗褐色，羽缘栗色或白色；腰、尾上覆羽和尾羽白色，具有黑褐色横斑；下体的颏、喉、胸锈红色，腹白色。雌鸟和雄鸟相似，但雌鸟的栗红色略淡。非繁殖羽上体浅黑灰色，具灰白色羽缘；颈部和胸部灰白色，具有细褐色斑纹。幼鸟与非繁殖羽相似，但颈部和胸部为浅黄褐色。

分布 国内繁殖于东北北部齐齐哈尔、白城、泰康和牡丹江西部；迁徙季节见于吉林、河北、湖北汉口、上海、福建、广东、香港以及台湾宜兰、大肚溪口、台南、屏东、澎湖列岛。国外繁殖于贝加尔湖南岸、西西伯利亚、远东和蒙古；越冬于越南、老挝、柬埔寨、泰国、印度、印度尼西亚、马来西亚、菲律宾。

栖息地 繁殖季节栖息于草原及森林草原地区的湖泊、河流沿岸及附近沼泽地。冬季主要在河口沙洲和海岸潮间带活动。

食性 主要以小鱼、软体动物、昆虫幼虫、蠕虫为食。

繁殖 繁殖期5月中旬至7月上旬。呈6～20对的小群集群营巢，常和白翅浮鸥 *Chlidonias leucopterus* 混群营巢。巢多位于植被稀疏的水边草丛中，有时甚至在裸露无草的地面上。巢呈浅坑状，多为地面凹坑，内垫少量植物茎叶。有时也在水面上营巢。每窝产卵2～3枚。每年繁殖一次。卵呈梨形，卵色沙黄、沙褐或棕色，缀有红褐色点斑。卵重22～33 g，大小为（40～56）mm×（29～35）mm，平均48 mm×32 mm。雌雄亲鸟轮流孵卵，孵化期22天。

种群现状和保护 种群数量较少，1986年的调查资料显示最大种群数量为4000只。目前已列入国际鸟类保护委员会（ICBP）《世界濒危鸟类红皮书》和《中国濒危动物红皮书》。IUCN和《中国脊椎动物红色名录》均评估为近危（NT）。被列为中国三有保护鸟类。在中国繁殖地可见到几十对。导致半蹼鹬数量减少的主要原因是环境污染和栖息地破坏。

半蹼鹬。左上图杨贵生摄，下图张明摄

白腰杓鹬

拉丁名：*Numenius arquata*
英文名：Eurasian Curlew

鸻形目鹬科

形态　大型鹬类，体长53～62 cm。喙很长，黑色，向下弯曲。雌性和雄性羽色相似。头颈与肩淡褐色，具细密的褐色羽干纹，头顶羽毛有白色羽缘，颊部污白色且具褐色纵纹；背羽棕褐色，具象牙白色羽缘，下背、腰及尾上覆羽均白色；尾羽白色且具棕褐色细横纹；初级飞羽暗褐色，次级飞羽具白色横点斑；胸及两胁白色，并具褐色羽干斑连成的纵向条纹，腹及尾下覆羽均为纯白色。

分布　有2个亚种，繁殖于欧亚大陆北部，越冬于欧洲南部、非洲、亚洲南部。分布于中国的为东方亚种 *N. a. orientalis*，在黑龙江、吉林为夏候鸟，辽宁、河北、山西、甘肃、青海、新疆、山东为旅鸟，西藏、广东、广西、福建、台湾为旅鸟或冬候鸟，江苏、浙江、江西、湖南、湖北、海南为冬候鸟。每年3月中旬从越冬地迁至内蒙古，9月下旬至10月初南迁。

栖息地　栖息于沼泽、草地、农田、河岸、海岸等生境。非繁殖期集群活动于沿海地区的河口、滩涂、海湾等，也见于内陆河流、湖泊沿岸。

习性　非繁殖期集群活动，迁徙季节在达里诺尔常见几百只成群在草原上觅食。遇险时短跑后缩颈升空直飞，鼓翼频率缓慢而飞行速度快，降落时滑翔。群飞时纵向或横行列队。

食性　以螃蟹、昆虫和其他水生无脊椎动物为食，也吃水藻、小型鱼类、小型爬行类、两栖类和浆果。常在水边用喙插入泥中搜索食物。

繁殖　繁殖期4～7月。4月底开始成对活动，求偶时雄鸟盘旋升降，翼尖摩擦常发出声响。在芦苇、碱茅和杂草丛生的地面浅凹处雌雄共同营巢，巢间距较远。巢呈皿型，用枯草茎叶铺垫。窝卵数3～4枚。卵色多变，淡绿色、灰绿色、橄榄黄色、橄榄灰色、橄榄黑色均有，卵上常缀褐色斑点。繁殖期亲鸟护巢行为明显，当发现入侵者进入其巢区范围时，立即飞起在上空盘旋，发出"ko——ae、ko——ae"尖锐的叫声；若在巢附近发现入侵者，则隐蔽潜行，跑离其巢，此时叫声低沉似啸声，非迫不得已决不起飞。雌雄共同孵卵，孵化期约27～29天。一般6月可见雏鸟。雌雄共同育雏，雏鸟随亲鸟在巢周围活动，育雏期32～38天。7月开始集群活动，准备南迁。

种群现状和保护　IUCN和《中国脊椎动物红色名录》均评估为近危（NT）。被列为中国三有保护鸟类。

大杓鹬

拉丁名：*Numenius madagascariensis*
英文名：Far Eastern Curlew

鸻形目鹬科

形态　体长约53～66 cm，是最大的杓鹬。与白腰杓鹬相似，但体形较大，且下背、腰、尾上覆羽与上背近同色，而非白色。喙下曲呈弧形，黑褐色。雌鸟和雄鸟羽色相似，但雌鸟体形较大，且喙长明显长于雄鸟。头顶黑褐色，眉纹白色；上体黑褐色，羽缘白色或象牙白色，背、翼覆羽、翼羽羽轴及近羽轴部分黑褐色羽干斑较大，故背和翼多呈黑褐色；初级飞羽外翈黑褐色，内翈浅灰褐色，且具许多白色横斑；腰和尾上覆羽边缘棕褐色；尾羽灰黄色，并杂有棕褐色横斑；下体乳白色，有黑褐色羽干纹，其

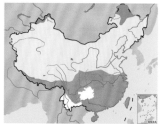

白腰杓鹬，飞行时可见白色腰部十分显眼。左上图杨贵生摄，下图王志芳摄

大杓鹬。左上图杨贵生摄，下图张明摄

中以喉部和胸部的羽干纹较密而细，颏部白色。

分布 在中国内蒙古东北部、黑龙江、吉林为夏候鸟；辽宁、河北、甘肃、江苏、浙江、山东、广东、广西、福建为旅鸟，江西为旅鸟或冬候鸟，台湾为冬候鸟。国外繁殖于蒙古东部、东西伯利亚、堪察加半岛和萨哈林岛；越冬于菲律宾、澳大利亚和新西兰。每年3月下旬～4月初迁至中国北方草原地区，一部分停留繁殖，一部分则继续北迁。8月下旬开始集群，9月中旬～10月初迁往南方越冬地。

栖息地 繁殖季节多栖息于沼泽、池塘、江河和湖泊沿岸、近水的草地、沼泽草甸等。非繁殖季节栖息于沿海地区的河口、潮间带、沼泽等生境。

食性 食物有甲壳类、软体动物、蠕虫、昆虫、植物种子、藻类、鱼、蛙等。常在浅滩、岸边用长喙插入泥水中取食，也在草原上取食昆虫和草籽。

繁殖 繁殖期5～7月。求偶时有婚飞行为：在高空中频频发出柔和鸣声，随后保持翅不动，徐徐降落，急速鸣叫，不断重复地表演。筑巢于河畔、沼泽附近塔头草甸的草丛中。巢简陋，在凹处或塔头上铺垫枯草茎叶而成。5月初开始产卵，每窝产卵3～4枚。卵为梨形，橄榄色，缀褐色斑点。雌雄亲鸟共同孵卵。孵化期23～25天。5月下旬至6月上旬见雏鸟。7月雏鸟长成，开始集群准备南迁。繁殖期间亲鸟领域行为明显，常攻击侵入领域的同类个体，亦驱逐进入领域的猛禽。有人接近其巢时，亲鸟惊起，在人头上盘旋，发出连续惊叫声。

种群现状和保护 IUCN 和《中国脊椎动物红色名录》均评估为易危（VU）。被列为中国三有保护鸟类。

红脚鹬
拉丁名：*Tringa totanus*
英文名：Common Redshank

鸻形目鹬科

形态 体长27～29 cm，体重85～155 g。雌雄相似。成鸟繁殖羽额、头顶、后颈及上背浅棕褐色，有黑褐色纵纹；下背、腰和次级飞羽白色，初级飞羽大都黑褐色；尾上覆羽和尾羽白色，有黑褐色横斑；下体白色，密布褐色斑点。脚橙红色。非繁殖羽头和上体灰褐色，黑褐色纵纹消失，具棕色横斑；头侧、颈侧及胸侧羽干纹淡褐色；尾上覆羽和尾羽灰白色，先端棕褐色；喉污白色，前颈和胸部灰白色并具黑色纵纹。

分布 在中国繁殖于内蒙古、新疆、西藏南部、青海、四川、甘肃、黑龙江、吉林、辽宁、河北；自东北南部、河北平泉，西至四川西部、云南东南部，南至海南为旅鸟和冬候鸟，在台湾为偶见冬候鸟。每年4月迁来内蒙古，秋季于10月迁离。国外繁殖于欧洲、亚洲中部；越冬于欧洲和亚洲南部及非洲。

栖息地 栖息于海滩、河滩、湖边浅水区、沼泽地、草原上的水泡子及附近的草地上。

习性 单独或成对活动，有时集成30～50只的小群。常与红嘴鸥、黑尾塍鹬、林鹬混杂在一起于湖边浅水中觅食。

食性 主要取食昆虫、鱼、虾、螺、甲壳类、环节动物等，也吃水草。

繁殖 繁殖期5～7月。营巢于海岸、湖边、湖中旱地、河岸及沼泽地。单独或成松散的小群营巢，在沿海地区一平方千米可多到100～300个巢，但在内陆一平方千米通常少于10个巢。巢很浅，多位于草丛中的地面凹坑中。一雄一雌制。每窝产卵3～5枚，大多为4枚。产卵间隔35～43小时。卵为梨形，淡绿色或沙黄色，布以褐色斑点。卵大小为45 mm×30 mm。雌雄亲鸟共同孵卵，孵化期23～25天。双亲照顾幼鸟，但育雏后期常常仅由雄性亲鸟照顾。1～2年龄性成熟并参与繁殖。最大寿命可到17年龄。

种群现状和保护 IUCN 和《中国脊椎动物红色名录》均评估为无危（LC）。被列为中国三有保护鸟类。

红脚鹬，左上图为成鸟繁殖羽，下图为亚成体。杨贵生摄

红脚鹬幼鸟。杨贵生摄

泽鹬

拉丁名：*Tringa stagnatilis*
英文名：Marsh Sandpiper

鸻形目鹬科

形态 体长 20 ～ 25.5 cm，体重 70 ～ 102 g。雌雄相似。喙黑色，细而直。成鸟繁殖羽头、颈及前胸灰白色，密布灰褐色斑纹；上背、肩羽褐色，下背和腰纯白色，尾上覆羽亦白色，但有黑褐色横斑。非繁殖羽眼先和眉纹白色，头顶、上体淡灰褐色，具苍白色羽缘；下体白色，颈侧和胸侧微具黑褐色纵纹。幼鸟似非繁殖羽，但上体褐色较浓，具有淡皮黄色或乳白色羽缘。

分布 在中国繁殖于内蒙古呼伦贝尔、黑龙江扎龙、吉林长白山；自东北南部、河北，西至新疆天山、甘肃，向南经山东、江苏、浙江、四川、贵州，到福建、广东、台湾为旅鸟；部分在西藏南部、海南、台湾、香港越冬。国外繁殖于欧洲东南部和亚洲中东部；在非洲、地中海、波斯湾、印度、中南半岛、马来群岛和澳大利亚越冬。

栖息地 栖息于河流岸边、沼泽、河口、湖泊沿岸。在内蒙古栖息于湖泊岸边浅水区、水泡子浅水处及各种沼泽地。

习性 常单独或成对在浅水处活动觅食。迁徙时在海滨可见到百余只的大群。

食性 主要以昆虫幼虫、甲壳类、软体动物、蠕虫、小鱼为食。常边走边取食。

繁殖 繁殖期 4 月下旬至 7 月。一雄一雌制。营巢于草原地区的湖泊、水泡子、河流、沼泽地附近的草地上。巢多筑于草丛中或土丘上。巢极简陋，大多为地面上的一浅坑，内垫以枯草。每窝产卵 3 ～ 5 枚。卵的形状为卵圆形或梨形，卵色淡黄和绿色，缀有红褐色斑点。卵平均大小为 38.43 mm × 26.93 mm。雌雄亲鸟共同孵卵和照顾雏鸟。首次繁殖年龄在 1 年或 1 年以上。

种群现状和保护 IUCN 和《中国脊椎动物红色名录》均评估为无危（LC）。被列为中国三有保护鸟类。

青脚鹬

拉丁名：*Tringa nebularia*
英文名：Common Greenshank

鸻形目鹬科

形态 体长 30 ～ 35 cm，重 148 ～ 245 g。雌雄相似。喙略微上翘，脚灰绿色。头顶黑褐色，有浅灰色纵纹；上体浅灰色，有黑褐色羽轴斑；腰至尾上覆羽白色，飞行时背部和腰的白色尤其明显；尾羽白色，有黑褐色横斑；前颈、胸白色，有褐色纵纹，腹、尾下覆羽白色。

分布 在中国越冬于长江以南地区，西抵西藏东南部，南至台湾、海南；其余大部地区为旅鸟。每年 4 月中旬迁到内蒙古东

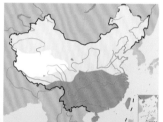

泽鹬。左上图为繁殖羽，沈越摄；下图为非繁殖羽，杨贵生摄

青脚鹬。杨贵生摄

北部，停歇数日后北飞；秋季 9 月飞来。迁徙时种群数量不大。国外繁殖于欧洲至亚洲北部；越冬于西北欧沿海地区、北非、地中海、西亚、波斯湾、南亚、东南亚、澳大利亚、新西兰。

栖息地 繁殖季节栖息于泰加林中的河流、湖泊、沼泽、林中空旷地带。迁徙季节见于沿海滩涂、河口及内陆湿地。

习性 单独或小群活动。觅食时在水边走走停停，也能快速奔跑。

食性 主要取食虾、蟹、小型鱼类、昆虫及软体动物。

繁殖 繁殖期 5～7 月。雄鸟较早到达繁殖地，常站在枯树枝顶端或枝桠上发出求偶鸣声。营巢于林中或林缘的湖泊、溪流岸边和沼泽地上，也在无树平原水域边的开阔苔原上营巢。巢多置于树桩或枯树脚下和沼泽中的土丘上，内垫少许苔藓和枯草。每窝产卵 3～5 枚。卵为灰色、淡皮黄色或红棕色。卵大小为 50 mm×33 mm。双亲轮流孵卵，孵化期 24～25 天。雏鸟早成性，孵出后大约 30 天就能飞。

种群现状和保护 IUCN 和《中国脊椎动物红色名录》均评估为无危（LC）。被列为中国三有保护鸟类。

白腰草鹬

拉丁名：*Tringa ochropus*
英文名：Green Sandpiper

鸻形目鹬科

形态 小型鹬类，体长 21～24 cm。总体特征是上体深暗，而下体白色；眼前有黑纹，嘴基与眼上方具白色短眉纹；头、后颈及背部均暗橄榄褐色，闪铜褐色光彩，并散布淡棕色和白色点斑；腰和尾上覆羽几纯白色；尾羽白色，中央尾羽端部具暗黑褐色横斑；下体白色，颈、胸及两胁具纤细的褐色纵纹；翼下黑褐色。喙较短，细而直。腿灰绿色。

分布 分布于欧洲、亚洲、非洲。在中国北方有繁殖记录，迁徙或越冬至长江以南地区。

栖息地 喜在高山溪流、泉眼、河滩、水田、水库边缘、沼泽觅食。在西藏的分布高度在海拔 1600～4500 m。

习性 内陆淡水湿地中比较常见的鹬类，多单只或成对活动。个性极其孤僻，除了迁徙季节，几乎完全单独活动。很少暴露在空旷的原野，附近总有杂草遮蔽。行动时尾巴上下摆动，受到惊扰时频频点头，身体也会摆动。

食性 食物有蜻蜓幼虫、蚊子等多种昆虫，也食软体动物、甲壳类和杂草籽。

繁殖 通常喜欢利用其他林鸟的旧巢，特别是密林中的鸫、鸽、喜鹊、鸦、伯劳等的旧巢，有时甚至兽穴。每窝产卵 3～4 枚，卵为梨形，桂红色、污白色、灰色或灰绿色，其上被有红褐色斑点。卵的大小为 34～42 mm×25～30 mm。雌雄轮流孵卵，孵卵期间亲鸟甚为护巢，若有入侵巢区者，亲鸟则在空中来回飞翔或站于附近树上鸣叫不已，直至入侵者离去。孵化期 20～23 天。

鸣声 响亮的金属敲击声，如"啼哦——特——特夫——啼——唯——"。

种群现状和保护 种群状况不详，目前 IUCN 和《中国脊椎动物红色名录》均评估为无危（LC）。被列为中国三有保护鸟类。

探索与发现 寿振黄（1936）和 Vaurie（1965）均认为白腰草鹬在河北有繁殖。据赵正阶（1985）报道，在吉林长白山地区遇见幼鸟，但未能找到巢穴。在新疆的阿尔泰山和天山繁殖于林区，分布海拔上升至 2500～3500 m。

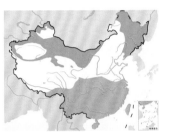

白腰草鹬。左上图为非繁殖羽，沈越摄，下图为繁殖羽，杨贵生摄

飞行的白腰草鹬，露出其标志性的白色腰部。彭建生摄

林鹬

拉丁名：*Tringa glareola*
英文名：Wood Sandpiper

鸻形目鹬科

形态　体长20～23 cm，重52～102 g。雌雄相似。成鸟繁殖羽颏、喉白色，眉纹白色，伸至眼后，头顶、后颈、上背、翅上覆羽、三级飞羽均为暗褐色，羽干纹黑色，羽缘具棕白色或白色斑点；初级飞羽和次级飞羽黑褐色，三级飞羽棕褐色，羽缘具白色或灰黄色缺刻状横斑；腰及尾上覆羽白色；尾羽白色，具黑褐横斑；上胸灰白色，略沾棕褐色，具淡黑褐色的细横斑；下胸和腹部白色，体侧有暗褐色横斑；尾下覆羽白色，有黑褐色横斑。非繁殖羽上体灰褐色，具有白色斑点；胸部具不清晰的褐色纵纹，两胁横斑不明显。

分布　国内繁殖于内蒙古东北部、黑龙江、吉林；迁徙时经过中国大部分地区，自东北西抵新疆、西藏昌都地区，南至海南；部分在广东、海南、台湾越冬。国外繁殖于欧亚大陆；在非洲中部和南部、地中海、波斯湾、南亚、东南亚及澳大利亚越冬。

栖息地　繁殖季节栖息于针叶林中的湿地及具有稀树或灌丛的湖泊、河流、沼泽地带。非繁殖季节主要栖息于海滨、河滩、湖边、沼泽地及草原和沙地中的各种湿地，与繁殖季节不同的是，通常与林木没有联系。

习性　常单独或成对沿水边活动，边走边觅食。性机警，见人靠近时立即起飞，边飞边叫。叫声似"chip、chip、chip"。迁徙时，在海滨可见到百余只的大群。

食性　主要以水生昆虫、陆生昆虫及其幼虫为食，如甲虫、半翅目昆虫、双翅目幼虫，也吃蠕虫、蜘蛛、甲壳类、软体动物和小型鱼类，甚至蝌蚪，有时也吃植物种子。常在浅水或泥滩中取食，也能在空中捕食飞虫。

繁殖　繁殖期5月～7月中旬。一雄一雌制。于林中湖泊周围、河流两岸、沼泽地上营巢。巢多筑于水边附近的草丛或灌木丛地上。巢极简陋，大多为地上的小浅坑，内垫以苔藓、植物茎和叶。也常在树上营巢。有时也利用其他鸟类的旧巢。每窝产卵3-4枚。产卵间隔1～2天。卵通常呈卵圆形或梨形。卵色为淡绿或皮黄，缀有褐色或红褐色斑点。卵的大小为39 mm×27 mm。由雌雄两性孵卵。孵化期22～23天。雏鸟7～10天后，通常仅由雄性亲鸟照顾。28～30天时可飞。一年后可参与繁殖。已知最大年龄的鸟为9年2个月。

种群现状和保护　IUCN和《中国脊椎动物红色名录》均评估为无危（LC）。被列为中国三有保护鸟类。

矶鹬

拉丁名：*Actitis hypoleucos*
英文名：Common Sandpiper

鸻形目鹬科

形态　体形较白腰草鹬略小，体长18～22 cm。背和尾上覆羽橄榄褐色，闪铜褐色光泽，具纤细的黑色羽干纹；背、肩和翅上覆羽具淡棕白色端缘和黑色横斑；飞羽黑褐色；翅具白色横斑；颏、喉白色；胸部灰褐色，有暗褐色纤细条纹，胸部下缘的暗色边缘平齐；翼角前缘具白色斑；下体余部纯白色。

分布　分布于整个欧亚大陆，越冬于大洋洲和非洲。在中国

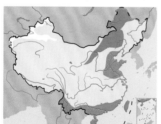

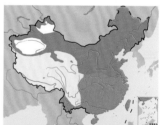

林鹬繁殖羽。左上图王志芳摄，下图杨贵生摄

矶鹬。左上图沈越摄，下图张强摄

各地都有分布记录。

栖息地 栖息于高山溪流、河流、湖泊、水库、池塘近岸浅滩、水田和沼泽地，在海南岛也出现于海滨。

习性 常单只或 3 ~ 5 只结小群活动。走动时身体的头部和尾部不停顿地上下摆动，如蜻蜓点水一般。在内陆干旱地区，矶鹬是一种比较常见的涉禽。野外考察时，总会伴随你的左右，跟踪或飞来飞去，大喊大叫。

食性 以水生昆虫、蠕虫、小鱼、水藻为食。王海昌（1984）在吉林延边剖检 20 只鸟胃，完全为动物性食物，如鞘翅目昆虫、蝼蛄、夜蛾、螺类、蠕虫等。但杨岚等（1995）报道其食物还包括水生昆虫和水藻等。研究者剖检 11 月采自云南宁蒗泸沽湖的 2 只鸟胃，食物为螃蟹、虾、鞘翅目昆虫碎片和藻类。

繁殖 在长白山多有集群营巢的习惯。繁殖前期雄鸟极其活跃，交尾时发狂似地张开双翅，蓬松着羽毛，在雌鸟周围炫耀。而雌鸟则蹲下，展翅翘尾，雄鸟立即上去交配。在吉林省延边营巢于江心沙洲或河边滩地。巢间距平均为 37.8 m。5 月中旬产卵，窝卵数 4 枚。孵化期约 20 天。雏鸟早成，出壳 12 ~ 24 小时即可离巢。王香亭（1990）在宁夏六盘山泾河边发现 1 巢大小为：内径 9 cm，外径 12 cm；内有 4 卵，卵大小为（33 ~ 36）mm×（26 ~ 27）mm。

鸣声 繁殖期可发出一串串"嘀——嘀——嘀——"或者"丢——丢——丢——"的声音，比较喧闹。

种群现状和保护 IUCN 和《中国脊椎动物红色名录》均评估为无危（LC）。但由于人类的水利开发活动，一些地区河漫滩减少，适宜于矶鹬繁殖和栖息的环境已经不复存在。被列为中国三有保护鸟类。

翻石鹬

拉丁名：*Arenaria interpres*
英文名：Ruddy Turnstone

鸻形目鹬科

形态 体长约 21 ~ 26 cm。黑色的喙短小尖锐，呈锥形。脚短，橙红色。雄性繁殖羽头颈为白色，头顶与枕具细的黑色纵纹；前额白色，颊部黑色横带与黑色颚纹相交；眼先、耳覆羽和喉白色，胸和前颈黑色，两端分别向颈侧延伸，形成两条带斑，前端与黑色颚纹相连，使喉仅中部为白色；其余下体纯白色；背、肩棕色，具黑色和白色斑纹；下背和尾上覆羽白色，腰部具一黑色横带；尾黑色，外侧 5 对尾羽具窄的白色尖端。雌性繁殖羽似雄性，但上体较暗，多为暗赤褐色，头部黑色纵纹较多。非繁殖羽上体棕色大多消失，变为暗褐色，背部和胸部黑色变为黑褐色，黑白斑驳亦不明显。幼鸟羽色似成鸟非繁殖羽，但上体羽色更暗，多为黑褐色，具皮黄白色羽缘。

分布 繁殖于欧亚大陆北部冻原带；越冬于非洲、东南亚和澳大利亚。有 2 个亚种，即指名亚种 *A. i. interpres* 和北美亚种 *A. i. morinella*，分布于中国境内的为指名亚种，在内蒙古、新疆、

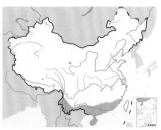

翻石鹬，左上图为繁殖羽，下图为非繁殖羽。杨贵生摄

黑龙江、吉林、辽宁、河北，西至青海湖，南至广东、福建、香港、台湾、海南和西沙群岛均为旅鸟；越冬于广东、海南、福建和台湾。

栖息地 栖息于海岸、海滨沙滩和潮间带。迁徙期间也出现于湖泊、河流、沼泽地。

习性 常单独或成小群活动，迁徙期间也集大群。飞行时振翅有力，路线较直，通常不高飞。

食性 鹬科鸟类在觅食时通常将长长的喙探进泥里，碰触到食物时再将其夹出，但翻石鹬却是其中少数的例外：它们的喙较短而且微微上翘，并不适合深深地插入泥中，因此它们最常使用的觅食方式是翻开地面的石头，寻找躲藏在下面的猎物。喜欢在潮间带、河口沼泽或是礁石海岸等湿地环境中觅食，常常成小群在滩地上走动，并不断用喙翻开沿途的石块或贝壳，以藏身其下的沙蚕、螃蟹等小型动物为食。

繁殖 繁殖期 5 ~ 7 月。一雌一雄制。繁殖于北极海岸、苔原带。常呈小群一起营巢于灌丛、岩石下及地上草丛中，也在沼泽中的小土丘上营巢。巢多利用地面凹坑，内垫以草叶和草茎。巢的直径为 12 ~ 16 cm，深 3 ~ 5 cm。通常每窝产卵 3 枚。卵呈梨形，沙黄色、赭土色、橄榄色、黄褐色或棕色，布有褐色或栗色斑点。卵大小为 48 mm×32 mm，重 22 ~ 33 g。雌雄共同孵卵和育雏，孵化期 19 ~ 24 天。

种群现状和保护 IUCN 和《中国脊椎动物红色名录》均评估为无危（LC）。被列为中国三有保护鸟类。

小滨鹬

拉丁名：*Calidris minuta*
英文名：Little Stint

鸻形目鹬科

形态　小型涉禽，体长约 14 cm。喙和脚黑色。繁殖羽上体棕红色，羽缘白色，上背具乳白色"V"字形带斑；颈、喉白色，胸部棕红色，具黑色斑点，其余下体白色。非繁殖羽上体和胸部褐灰色，眉纹白色。

分布　在中国为罕见旅鸟，内蒙古阿拉善地区、新疆、香港、河北北戴河、台湾有过分布记录。国外繁殖于欧洲大陆北部，西自斯堪的纳维亚半岛，东至楚科奇半岛。在地中海、里海、非洲、红海、波斯湾、马达加斯加岛、印度、孟加拉国、斯里兰卡和缅甸越冬。迁徙季节见于欧洲中部和南部、蒙古，偶尔游荡于阿留申群岛、阿拉斯加、冰岛、美国和加拿大海岸。

栖息地　栖息于开阔平原地带的河流、湖泊、水塘、沼泽等水边和邻近湿地。繁殖季节主要栖息于苔原地带的湿地，冬季和迁徙期间也出现于水田、鱼塘和海岸等水域地带。常成群活动，特别是迁徙期间常集成大群，并常与其他小型鹬类混群。

食性　主要以水生昆虫、昆虫幼虫、小型软体动物和甲壳动物等无脊椎动物为食，常在水边浅水处涉水啄食，边走边啄食，行走的速度较快。

繁殖　繁殖期 6～7 月。婚配制度较混乱，有的一雌一雄制，有的一雄多雌，有的一雌多雄。繁殖于北极冻原和冻原森林地带。在河流、湖泊岸边及其附近的沼泽地上营巢。巢为地面上的浅坑，

内垫树叶或其他植物碎片。每窝产卵 4 枚，有时 3 枚。卵呈橄榄绿色，缀有红褐色斑点。雌雄亲鸟轮流孵卵，在一雄多雌和一雌多雄的情况下由雌性或雄性单独孵卵。孵化期 20～21 天。最长寿命可达 8 年 10 个月。

种群现状和保护　IUCN 评估为无危（LC），但在中国不常见，种群数量少，《中国脊椎动物红色名录》评估为数据缺乏（DD），应加以保护。被列为中国三有保护鸟类。

红颈滨鹬

拉丁名：*Calidris ruficollis*
英文名：Red-necked Stint

鸻形目鹬科

形态　小型涉禽，体长约 15 cm。雌雄羽色相似。喙稍粗厚而直，黑色。脚短，黑色。繁殖羽头、颈、上胸红褐色，头顶、后颈具黑褐色细纹，背具黑褐色中央斑和白色羽缘。非繁殖羽红褐色消失，眉纹白色，黑褐色贯眼纹不甚明显；上体灰褐色，具黑褐色细轴纹；下体白色，胸两侧具少许灰色纵纹。

分布　在中国迁徙季节见于内蒙古、吉林、辽宁、青海、云南、广西、广东、香港和福建沿海，越冬于广东、海南、福建和台湾。国外繁殖于西伯利亚东北部、阿拉斯加，在东南亚、澳大利亚和新西兰越冬。

栖息地　繁殖期主要栖息于浅水沼泽、积水草甸、海岸、湖滨和苔原地带。冬季主要栖息于海边、河口，以及附近咸水或淡水湖泊及沼泽地带。迁徙季节出现于内陆湖泊浅水区与河流岸边。

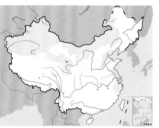

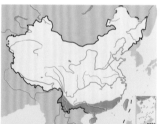

小滨鹬。左上图邢睿摄，下图王志芳摄

红颈滨鹬繁殖羽。杨贵生摄

习性 在中国主要为旅鸟。春季于 4～5 月，秋季于 9～10 月迁经中国。常成群活动。

食性 主要以昆虫及其幼虫、蠕虫、甲壳类和软体动物为食。喜欢在水边浅水处和海边潮间带活动和觅食。行动敏捷迅速。常边走边啄食。多在地面啄食，有时也将喙插入泥中探觅食物。

繁殖 繁殖期 6～8 月。繁殖于西伯利亚冻原地带芦苇沼泽和苔藓岩石地上。营巢于苔原草本植物丛中。通常每窝产卵 4 枚，偶尔 3 枚。卵为赭色或黄色，布有小的砖红色或棕红色斑点，尤以钝端较密。雌雄亲鸟共同孵卵、育雏，孵化期 20.5～22 天。寿命 10～15 年。

种群现状和保护 分布范围广，种群数量较稳定。IUCN 和《中国脊椎动物红色名录》均评估为无危（LC）。被列为中国三有保护鸟类。

黑腹滨鹬

拉丁名：*Calidris alpina*
英文名：Dunlin

鸻形目鹬科

形态 体长约 21 cm。雌雄羽色相似。喙黑色，较长，尖端微向下弯曲。脚黑色。眉纹白色。繁殖羽上体棕色，具黑色中央斑和白色羽缘；腰和尾上覆羽中央黑褐色，两侧白色；中央尾羽黑褐色，两侧尾羽灰色；颏、喉、前颈白色，前颈、胸具黑褐色纵纹，腹部具大型黑斑，其余下体白色。非繁殖羽上体灰褐色，下体白色，胸侧灰褐色，腹部无大型黑斑。中国境内有 2 亚种：北方亚种 *C. a. centralis* 羽色较浓，翅上白斑较多，胸部纵纹和腹部黑斑断开；而东方亚种 *C. a. sakhalina* 色淡，翅上白斑较少，胸部纵纹和腹部黑斑相连。

分布 繁殖于欧亚大陆北部，越冬于欧洲西海岸、非洲、亚洲南部。迁徙期间经过中国内蒙古、黑龙江、吉林西部、新疆，往南到长江流域；越冬于中国东南部沿海，西抵广西，南至广东、香港、海南、台湾和澎湖列岛。

栖息地 栖息于冻原、高原和平原地区的湖泊、河流、水库等水域岸边及附近的沼泽与草地上。

食性 主要以甲壳类、软体动物、蠕虫、昆虫及其幼虫等各种小型无脊椎动物为食。单独或成小群活动，常与其他涉禽混群在草地、沼泽地、沙滩和水域浅水处觅食。行动快速，进食忙碌，边跑边啄食，有时也将喙插入泥地和沙土中探觅食物。

繁殖 繁殖期 5～8 月。营巢于苔原沼泽和湖泊岸边苔藓地上和草丛中。窝卵数 4 枚，有时 3 枚。卵呈绿色或橄榄绿色，被有栗色和暗褐色斑点。雌雄亲鸟共同孵卵和育雏。孵化期 20～24 天。雏鸟早成性，孵出 18～24 天后即能飞翔。最长寿命可达 24 年。

种群现状和保护 分布范围广，种群数量趋势稳定，在中国境内多为旅鸟和冬候鸟。IUCN 和《中国脊椎动物红色名录》均评估为无危（LC）。被列为中国三有保护鸟类。

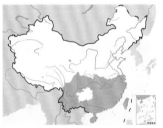

黑腹滨鹬。左上图为非繁殖羽，王志芳摄；下图为繁殖羽，刘璐摄

斑胸滨鹬
拉丁名：*Calidris melanotos*
英文名：Pectoral Sandpiper

鸻形目鹬科

形态 体长约 22 cm。喙较短，微向下弯曲，基部黄色、端部黑色。脚暗绿色、褐色或黄色。眉纹白色，但不明显。繁殖羽上体黑褐色，背肩部有白色羽缘形成的"V"形斑；腰和尾上覆羽中央黑色，两侧白色。雄性前颈、颈侧和胸部黑褐色，具白色斑点；雌性前颈、颈侧和胸部黄褐色，具黑褐色纵纹。非繁殖羽似繁殖羽，但羽色较淡，上体淡灰褐色，前颈、颈侧和胸部灰色，具黑褐色纵纹。幼鸟与成鸟繁殖羽相似，但前颈、颈侧和胸部皮黄色，具褐色纵纹。

分布 在中国为罕见旅鸟，内蒙古达里诺尔、香港米埔、河北北戴河和台湾有分布记录。国外繁殖于俄罗斯东北北部、阿拉斯加北部和西部、加拿大北部和哈德逊湾西部；在南美、夏威夷群岛、太平洋中的岛屿、美国东部和西部海岸、澳大利亚、塔斯马尼亚、新西兰越冬；偶尔见于日本。

栖息地 在草原与荒漠地区，主要栖息于湖泊和河流等水域的岸边及其附近的沼泽地和草地上。常单独或成小群活动。

食性 喜欢在沼泽或草地上活动和觅食。主要以各种昆虫及其幼虫为食。迁徙季节吃蝗虫、蟋蟀、环节动物、软体动物、甲壳类、蜘蛛等小型无脊椎动物及植物种子。

繁殖 繁殖于北极冻原地带。繁殖期 6～7 月。婚配关系较复杂，有的一雌一雄制，有的一雄多雌，有的一雌多雄。巢筑于沼泽地边缘的草丛或灌木丛下。巢较简陋，多为地面的小浅坑，内垫树叶、枯草。窝卵数 4 枚。卵呈淡黄色或灰绿色，缀有褐色斑点。雌鸟孵卵，雄鸟承担警卫工作。孵化期 21～23 天。雏鸟早成性，孵出 3 周后能飞翔。

种群现状和保护 分布范围广，种群数量较稳定，IUCN 评估为无危（LC）。但在中国较为罕见，《中国脊椎动物红色名录》评估为数据缺乏（DD），应加强保护。被列为中国三有保护鸟类。

阔嘴鹬
拉丁名：*Calidris falcinellus*
英文名：Broad-billed Sandpiper

鸻形目鹬科

形态 体长约 17 cm。喙黑色，较长，先端略向下曲，基部膨大。脚灰黑色。繁殖羽头顶、枕及后颈黑色，羽缘赤褐色，具白色眉纹与侧冠纹；上体及尾上覆羽黑褐色，具赤褐色羽缘及白色羽斑；下体白色，具黑褐色点状斑；中央尾羽暗褐色，两侧尾羽白色，具灰色端斑。非繁殖羽上体灰褐色，具白色羽缘；下体白色，暗色斑纹少而不明显。幼鸟羽色似成鸟繁殖羽，但颊、颈侧沾棕色。

分布 繁殖于欧亚大陆北部，从斯堪的纳维亚半岛往东到西伯利亚北部，往南到中亚吉尔吉斯、叶尼塞河和东西伯利亚南部；越冬于地中海、红海、印度、中南半岛和澳大利亚。在中国大部地区为旅鸟，迁徙期间经过新疆西部喀什、天山，黑龙江黑河、

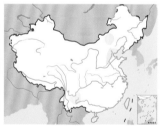

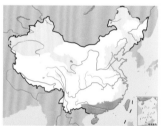

斑胸滨鹬。王乘东摄

阔嘴鹬，左上图为繁殖羽，下图为非繁殖羽。刘璐摄

伊春，河北，山东，江苏，福建，广东等地；仅台湾、海南等地有越冬。

栖息地　繁殖期主要栖息于冻原和冻原森林地带中的湖泊、河流、水塘、芦苇沼泽岸边和草地上。冬季主要栖息于海岸、河口以及附近的沼泽和湿地。喜集群。有时与红颈滨鹬、黑腹滨鹬混群活动。

食性　以水生昆虫、蠕虫、软体动物、环节动物、甲壳类、眼子菜、蓼科植物种子等为食，翻找食物时嘴垂直向下。

繁殖　繁殖期 6～7 月。繁殖于冻原和冻原森林地带的水域附近。窝卵数通常为 4 枚。卵呈梨形，淡褐色或黄灰色，具赤褐色斑点。卵大小为 32 mm × 23 mm。雌雄亲鸟轮流孵卵。

种群现状和保护　IUCN 和《中国脊椎动物红色名录》均评估为无危（LC）。被列为中国三有保护鸟类。

流苏鹬

拉丁名：*Calidris pugnax*
英文名：Ruff

鸻形目鹬科

形态　体形较大，体长 27～33 cm。嘴峰长度适中，直而具有柔性，上喙和下喙均具沟槽。翅长而尖，尾短而圆，尾上覆羽特长。跗跖长于嘴峰，跗跖前后均为盾状鳞。外趾与中趾间具一小蹼，后趾长度适中。雄鸟与雌鸟差异较大，雄鸟个体间的颜色差异亦很大。繁殖期雄鸟的头和颈有丰富的饰羽，面部有裸区，呈黄色、橘红色或红色，并有细疣斑和褶皱；尾侧白色覆羽较长，几乎抵尾尖；头两侧耳状簇羽如扇伸展至枕侧，在颈侧和胸部有十分夸张的流苏状饰羽。雌鸟体形小，面部无裸区，头和颈无饰羽；上体黑褐色，羽缘黄色或白色；下体白色，颈和胸多黑褐色斑。是唯一繁殖期易辨性别的鹬类。

分布　繁殖于欧亚大陆北部，繁殖区范围很大，从苔原极地到寒温带、温带；非繁殖区范围更大，越冬于地中海国家、非洲、亚洲南部等地。在中国迁徙季节见于新疆、西藏、青海、黑龙江、吉林、河北、北京、山东、江苏、福建、台湾、江西、广东沿海一带及香港（旅鸟，少数越冬）。

栖息地　迁徙季节出没于沼泽、湖畔、水田、河口、近水的耕地和草地。可至海拔 4300 m。

习性　集小群活动，有时与其他涉禽混合成较大的群。

食性　主要捕食软体动物、昆虫、甲壳类等，也食水草、杂草籽、水稻和浆果等。涉入水中啄取食物时，整个喙深入水里，甚至把头也浸在水里。

繁殖　多配制。雄鸟有求偶炫耀和争斗行为，求偶方式如同鸡类。通常一只雌鸟能与多只雄鸟交配。表演和交配场地被称作"竞技场"（Lek）。据马鸣（2001）记载，1999 年 5 月 20 日在天山巴音布鲁克沼泽草地上遇见 10 余只披有繁殖饰羽的团体，同一群体的饰羽颜色都不一样，如棕色、栗红色、白色、黑色等。这是一

流苏鹬。左上图为雄鸟繁殖羽，下图左雌右雄。聂延秋摄

群雄鸟，具有极其强烈的求偶炫耀行为，相互追逐、叼啄或踢踏。

繁殖期 5～8 月，营巢于沼泽湿地和水域岸边。巢置于草丛中或有其他植物隐蔽的地面上。巢较为隐蔽，不易被发现。巢很简陋，主要由雌鸟在地上掘一小坑，内垫以枯草和树叶。每窝产卵 4 枚，卵的颜色为橄榄褐色、黄褐色、淡绿色或淡蓝色，被有褐色或灰色斑。卵的大小为（39～48）mm×（28～33）mm。雌鸟孵卵，孵化期 20～21 天。

鸣声　性沉默，很少听到叫声。

种群现状和保护　行为诡异，多出没于无人区，种群现状不详。IUCN 和《中国脊椎动物红色名录》均评估为无危（LC）。被列为中国三有保护鸟类。

探索与发现　流苏鹬的社会结构比较复杂。雌鸟与雄鸟羽色不同，体形大小也不同（雄性大于雌性），区别很大，甚至拥有不同的英文名，雌鸟为 Reeve，雄鸟为 Ruff。Hogan-Warburg（1966）对流苏鹬社群行为（配偶竞争）的研究表明，雌鸟的择偶依据的是雄鸟的行为和羽衣特点。雄鸟通常持两种交配对策：采取"争夺领域"对策的雄鸟冠羽是黑色的，颈羽通常也是黑色的，具有绝对的支配权；而采取"偷袭交配"对策的雄鸟则生有白色冠羽和颈羽，属于附属者。这两种交配行为具有遗传性，至少可以说明羽色是由遗传来决定的。

三趾鹑类

- 三趾鹑类指三趾鹑科鸟类，全世界共2属16种，中国有1属3种，草原与荒漠地区仅黄脚三趾鹑1种
- 三趾鹑类形似鹌鹑，一般体长不超过20cm，无后趾，爪小而曲
- 三趾鹑类的交配制度为罕见的一雌多雄制，且由雄鸟孵卵和育雏
- 三趾鹑类对人居环境适应良好，但因被人类大量捕食而面临较高生存压力

类群综述

三趾鹑类指三趾鹑科（Turnicidae）鸟类，由于缺乏可供推测进化历史的更新世以前的资料，其起源和亲缘关系尚不明确，分类地位至今还存在争议。19世纪Lilljeberg（1866）把鸟纲分为12个目，其中三趾鹑科作为一个亚科划在鸡形目的穴鹑科（Crypturidae）之中。A. H. Evans和M. A. Clare（1909）把鸟纲分成15个目，三趾鹑科被归在鸡形目的三趾鹑亚目下；20世纪初，Baker（1929）在记述印度鸟类时，把三趾鹑单列为三趾鹑目三趾鹑科；La Touche（1931-1934）在《华东鸟类手册》中也使用了与Baker相同的分类系统；Peters（1934）提出的分类系统把三趾鹑科归在鹤形目的三趾鹑亚目下，该分类系统在较长时间内被普遍接受与采用；

2000年出版的《*Birds of the World: A Checklist*》（J F Clements, 2000）将三趾鹑科列入鹤形目。近代的DNA-DNA杂交实验表明，三趾鹑科可能是没有现代近亲的古老独立类群，也可能是新近衍生的类群，它们在遗传进化上与其他科距离较远。因此，Sibley和Monroe（1990）等人基于这些DNA杂交实验提出的分类系统中，将三趾鹑科划归在独立的三趾鹑目中。2008年Mayr在分子证据的基础上加入形态衍征的采样，对鸟类的系统发育树进行了重建，结果表明三趾鹑科应置于鸻形目的鸻亚目下。而2014年Jarvis等人基于全基因组序列建立鸟类系统演化树中由于缺乏三趾鹑样本，并没有涉及三趾鹑的分类地位。目前，将三趾鹑置于鸻形目下的新分类系

左：黄脚三趾鹑雄鸟

右：不同于大多数鸟类，三趾鹑类的雌鸟较雄鸟大且羽色鲜艳。图为黄脚三趾鹑雌鸟

统逐渐得到更多的认可,《中国鸟类分类与分布名录》第三版也采纳了这一分类意见。

三趾鹑类广布于非洲、大洋洲和欧亚大陆。全世界有 2 属 16 种,中国有 1 属 3 种,草原与荒漠地区有 1 属 1 种,即黄脚三趾鹑 Turnix tanki。

三趾鹑类体形与鹌鹑相似,但体形较小,一般体长不超过 20cm。头小,翅长不超过 10cm,尾短。胫部被羽,跗跖被盾状鳞,无后趾,爪小而曲。雌鸟较雄鸟体形大,且羽色较雄鸟鲜艳。

三趾鹑类栖息于草丛、灌丛、林缘及农田,取食、营巢、躲蔽天敌等均在地面,不上树。多以植物种子和小型动物为食。性机警、善隐蔽,在野外很难观察到。一旦遇到危险,它们就蹲下不动,靠羽毛的保护色来躲避天敌;当危险靠近时,它们匍匐前行或逃跑;当危险进一步逼近时,它们会以惊人的速度飞走。有时,在逃飞之前或之后会一动不动,此时人类可以徒手抓到。多在白天取食,奔走速度快,喜日光浴和沙浴。繁殖期 5 ～ 8 月,雌鸟占区并发出叫声,以吸引雄鸟,多为一雌多雄制,雌鸟间常因争夺雄鸟而发生格斗。利用地面凹陷处营巢。一般窝卵数 4 枚,有时可连产几窝。雄鸟孵卵和育雏。雏鸟早成性。

整体来说,三趾鹑类因其强大的适应能力和繁殖能力而较少受胁,它们广泛适应于人类的田园和农耕环境,尽管一些地区人类普遍将其作为食材进行猎捕,但其强大的繁殖能力似乎足以弥补这种损失。然而由于其善隐蔽的生活习性,人们对三趾鹑的了解其实相当有限,一些新独立的亚种或者新发现的种可能刚确立其物种地位就被列为濒危(EN)或极危(CR),如新喀三趾鹑 Turnix novaecaledoniae、非洲三趾鹑 Turnix hottentottus。中国分布的 3 种三趾鹑均被 IUCN 和《中国脊椎动物红色名录》列为无危(LC)。尚未列入保护名录。

黄脚三趾鹑
Turnix tanki

黄脚三趾鹑

拉丁名：*Turnix tanki*
英文名：Yellow-legged Buttonquail

鸻形目三趾鹑科

形态 体形与鹌鹑相似，体长 12～18 cm。雄鸟上体具黑褐色与栗褐色斑纹；胸部橙栗色，胁部浅棕黄色，胸侧和两胁有黑色圆点斑。脚淡黄色，仅 3 趾。雌鸟与雄鸟相似，但雌鸟体形较大，羽色亦较雄鸟鲜艳，下颈至上背具橙红色斑块，下体羽色亦稍较深。

分布 分布于南亚、东亚和东南亚。在中国分布的为南方亚种 *T. t. blanfordii*，见于内蒙古、黑龙江、吉林、辽宁、河北、河南、山东、陕西和长江中下游地区，往南到福建、广东、广西、香港和海南岛，往西至四川、贵州和云南。

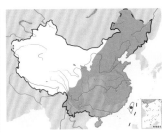

栖息地 栖息于低山丘陵、平原地带的灌丛、草地、林缘、疏林和农田地带。

食性 取食植物嫩芽、浆果、草籽、谷粒等植物性食物，也食昆虫和其他小型无脊椎动物等动物性食物。

繁殖 繁殖期 5～8 月。营巢于草原地带的草丛、麦田的地面凹陷处，内垫枯草、落叶。巢甚简陋。一雌多雄型，有争雌行为。一雌性有时可连产几窝卵。每窝产卵 3～4 枚。卵呈椭圆形或梨形，灰绿色或淡黄白色，缀有浅褐色或红褐色和暗紫色斑点。孵卵和育雏工作由雄鸟担任。孵化期约 12 天。孵出后 10 天左右幼鸟可以飞翔，7 周左右羽翼达到成鸟水平。

迁徙 中国境内，黄脚三趾鹑在北方为夏候鸟，长江以南为夏候鸟、旅鸟和冬候鸟，少部分为留鸟。在草原与荒漠地区为夏候鸟和旅鸟。每年的 4 月中旬迁到东北繁殖地，10 月初至 10 月中旬离开繁殖地。迁徙季节集小群迁飞。

种群现状和保护 《中国脊椎动物红色名录》评估为无危（LC），但在中国种群数量稀少，不常见，应加强保护。

黄脚三趾鹑。下图宋丽军摄

鸥类和燕鸥类

- 鸥类和燕鸥类指鸻形目鸥科鸟类，全世界共24属101种，中国有19属41种，草原与荒漠地区有5属19种
- 鸥类和燕鸥类多数上体灰色下体白色，翅尖长，但鸥类体形粗胖而燕鸥类体形纤细
- 鸥类和燕鸥类均为集群性鸟类，集群觅食和繁殖，大多具有迁徙性
- 鸥类和燕鸥类与人类关系密切，许多物种处于受胁状态，在中国草原与荒漠地区繁殖的遗鸥是其中的典型代表

类群综述

分类和分布　鸥类和燕鸥类指鸻形目鸥科鸟类，传统分类系统将它们分别归为独立的鸥科和燕鸥科，但新的分类意见将原来的燕鸥科和剪嘴鸥科都并入了鸥科。新的鸥科有 24 属 101 种，其中鸥类 12 属 52 种，燕鸥类 11 属 46 种，另有剪嘴鸥类 1 属 3 种。鸥类和燕鸥类分布范围遍及全球，繁殖于各个大陆，甚至包括南极和北极。中国有鸥类鸟类 19 属 41 科，其中鸥类和燕鸥类各 9 属 20 种，剪

中国草原与荒漠地区鸥科鸟类分类及分布

鸟种	拉丁学名	居留型	地理型	栖息地类型	保护等级
黑尾鸥	Larus crassirostris	旅鸟	东北型	湿地	三有
普通海鸥	Larus canus	旅鸟	全北型	湿地	三有
西伯利亚银鸥	Larus smithsonianus	夏候鸟、旅鸟	全北型	湿地	三有
黄腿银鸥	Larus cachinnans	夏候鸟、旅鸟	古北型	湿地	三有
灰背鸥	Larus schistisagus	旅鸟	东北型	海岸	三有
渔鸥	Ichthyaetus ichthyaetus	夏候鸟	中亚型	湿地	三有
遗鸥	Ichthyaetus relictus	夏候鸟	中亚型	湿地	国家 I 级
棕头鸥	Chroicocephalus brunnicephalus	夏候鸟	高地型	湿地	三有
红嘴鸥	Chroicocephalus ridibundus	夏候鸟	古北型	湿地	三有
细嘴鸥	Chroicocephalus genei	夏候鸟	古北型	湿地	三有
黑嘴鸥	Saundersilarus saundersi	旅鸟	东北型	海岸	三有
小鸥	Hydrocoloeus minutus	夏候鸟、旅鸟	古北型	湿地	国家 II 级
鸥嘴噪鸥	Gelochelidon nilotica	夏候鸟	环球热带－温带型	湿地	三有
红嘴巨燕鸥	Hydroprogne caspia	夏候鸟	环球热带－温带型	湿地	三有
普通燕鸥	Sterna hirundo	夏候鸟	全北型	湿地	三有
白额燕鸥	Sternula albifrons	夏候鸟	环球热带－温带型	湿地	三有
灰翅浮鸥	Chlidonias hybrida	夏候鸟	古北型	湿地	三有
白翅浮鸥	Chlidonias leucopterus	夏候鸟	古北型	湿地	三有
黑浮鸥	Chlidonias niger	夏候鸟	全北型	湿地	国家 II 级

左：遗鸥是中国草原与荒漠地区最具代表性的鸥类，它们只在荒漠地区湖泊中的湖心岛上繁殖，被列为中国国家一级保护动物。图为一对遗鸥正在交颈贴喙交流感情。杨贵生摄

嘴鸥类 1 属 1 种。中国的草原和荒漠地区有鸥类 5 属 12 种，其中鸥属 Larus 5 种，渔鸥属 Ichthyaetus 2 种，彩头鸥属 Chroicocephalus 3 种，黑嘴鸥属 Saundersilarus 和小鸥属 Hydrocoloeus 各 1 种；燕鸥类 5 属 7 种，其中噪鸥属 Gelochelidon、巨鸥属 Hydroprogne、燕鸥属 Sterna、小燕鸥属 Sternula 各 1 种，浮鸥属 Chlidonias 3 种；共计 5 属 19 种。

形态特征 鸥类的体形较为一致，但体重变化较大，分布于大西洋北部沿岸地区的大黑背鸥 Larus marinus 体重超过 2000 g，而小鸥体重仅 100 g 左右。体形较大的鸥类喙粗壮，先端弯曲呈钩状，可打开软体动物的壳；体形小的鸥类喙较细，弯曲幅度小，食物尺寸相对较小。鸥类雌雄羽色相似，雄性体形稍大。银鸥等头部为白色的鸥类喙常为黄色，其上有一红色斑点，是喂食雏鸟时的刺激信号。红嘴鸥、棕头鸥、遗鸥等喙通常为红色、深红色或黑色；繁殖季节头部为黑色或棕色，有白色的眼圈；非繁殖季节头部变成白色，耳部有黑色斑点。鸥类翅膀较长，折合时超出于尾羽末端，体形大的种类翅形较圆，

体形小的种类翅形狭长。有 11 枚初级飞羽，最外侧飞羽退化。尾羽 12 枚，尾呈方形。跗跖部前缘被有盾状鳞。前趾间有蹼，后趾小而位置稍高。幼鸟羽色通常较暗，有褐色斑，小型鸥类的幼鸟通常需要 2 年才能达到成年羽色，大型鸥类则需要更长时间，有些甚至到第 5 年还未完全达到成年羽色。鸥类的身体构造在各个方面倾向于一般化，善于飞行、游泳，也能在陆上行走，在水面起飞和降落时不需要长距离助跑和减速。

燕鸥类体长在 20 ～ 56 cm 之间，体重为 80 ～ 250 g。雌雄羽色相似，雄性体形比雌性大。燕鸥类体形修长，呈流线型。喙尖而细长。翅膀狭长；尾长，外侧的尾羽延长，使尾呈叉状。这种身体构造使燕鸥类飞行敏捷、灵活，擅长在飞行中捕食水面的鱼类。多数燕鸥类上体为灰色，下体为白色，头顶为黑色；白色的下体与天空融为一体，使燕鸥类捕食水中的猎物时，不易被下方的猎物发现。也有些燕鸥类通体白色或黑色。燕鸥类腿较短，趾间有蹼，可以在地上行走，但不如鸥类灵活。燕鸥类

鸥类的喙粗壮，先端弯曲呈钩状，腿相对较粗长，擅长行走、游泳，尾常为方形，体形粗胖。图为站在岩石上的西伯利亚银鸥。彭建生摄

鸥类和燕鸥类

燕鸥类喙直而尖，腿细短，尾常为叉形，体形修长，飞行灵活。图为捕得小鱼后掠过水面的普通燕鸥。彭建生摄

会落在水面上洗澡，但并不经常游泳，也不像鸥类那样在水面游泳觅食水面的食物。

鸥类和燕鸥类有相似之处，但区别也很明显，鸥类嘴端弯曲呈钩状，而燕鸥类的嘴是直的；鸥类腿比燕鸥类长，擅长行走、游泳，燕鸥类擅长在飞行中捕食，但不常游泳；鸥类的尾常为方形，燕鸥类的尾常为叉形；鸥类的体形通常比燕鸥类要大。

进化关系 鸥类大约在古新世从鸻形目其他鸟类中分离出来。可以确认的最早的鸥类化石出现在渐新世。在更新世地层中发现了 10 多个古代和现代鸥类化石，如海鸥和银鸥。燕鸥类和鸥类在许多方面都相似，但也在形态学和生态学上存在明显差别，因此其分类一直存在争议，经历了合—分—合的过程，目前仍有很多学者支持将燕鸥类作为独立的科，但将鸥类、燕鸥类和剪嘴鸥类并为一科的新分类系统也正在得到越来越多的认可。燕鸥很可能是在古新世从类似于海鸥的鸥科原始种类进化而来，演化为擅长飞行捕食的类群。

栖息地 鸥类适应性很强，栖息于各种生境，从北极到南极，从沿海到内陆荒漠都有鸥类分布。鸥类繁殖季节偏爱沿海岛屿生境，有些种类也在内陆湖泊、河流、沼泽繁殖；非繁殖季节栖息于沿海地区，也见于内陆湖泊。筑巢时选择岛屿、沙滩、

河流和湖泊中的沙洲、悬崖、沼泽、森林等生境，也有种类在屋顶筑巢。有的种类只在一种固定生境筑巢，例如遗鸥的繁殖生境是荒漠地区的湖泊，营巢于湖心岛，一些不具有湖心岛的荒漠湖泊，在繁殖季节虽也会有遗鸥活动，但不是繁殖群体。银鸥的适应性很强，繁殖生境多样，营巢于海岸及海岛上陡峻的悬岩、内陆湖泊沿岸、湖心岛、苔原、树林，甚至包括人工建筑。

燕鸥类繁殖于各个大陆，繁殖季节栖息于内陆湖泊、河流，沿海地区的河口、沙滩、悬崖及海岛，非繁殖季节栖息于沿海地区。燕鸥类营巢时选择天敌难以到达的地方，例如沿海地区的岛屿、悬崖、海角，内陆河流中的沙洲、湖泊中的湖心岛，或浅水区域的水面，有些种类在树上筑巢。

习性 鸥类和燕鸥类是集群活动的鸟类，集群迁徙、觅食、繁殖。

多数鸥类在繁殖过后会迁徙到温暖的地区越冬。亲鸟比幼鸟南迁要早，幼鸟在亲鸟迁走后会继续在繁殖地停留几周，之后扩散到距离不等的越冬地。大群的迁徙通常出现在夜晚，也在早晨、傍晚迁徙。一些鸥类会直接向温暖的低纬度地区迁徙，而有的鸥类会迁飞到没有结冰的开阔水域。小型鸥类迁徙的距离很远，可以达到几千千米，迁徙时结

成大的群体。在温带、亚北极地区繁殖的大型鸥类繁殖季节后仅迁徙到几百千米外的沿海地区和其他适宜的觅食地越冬。

　　大部分燕鸥类都有迁移的习性，在夜间及清晨或黄昏成群体迁移。在北温带地区繁殖的燕鸥类，在繁殖地以最短的时间求偶、配对、筑巢、育雏，然后匆匆地南迁，大多迁徙到热带或南半球越冬。北极燕鸥 *Sterna paradisaea* 在北极附近繁殖，到南极附近海洋越冬，每年在两极之间往返一次。普通燕鸥在较低的纬度地区繁殖，南迁前会在繁殖地附近停留几星期。在热带繁殖的种类非繁殖期会四处游荡，在热带的远洋岛屿繁殖的一些种类，全年都在繁殖区附近活动。在内陆湿地繁殖的燕鸥类，如白额燕鸥和浮鸥属等，繁殖后从内陆繁殖地迁移至海边，非繁殖期留在海边活动。

　　作为高度群居性鸟类，鸥类和燕鸥类有一套信息交流系统，包括鸣叫、行为展示。鸥类鸣声响亮刺耳，繁殖季节建立领域、驱赶入侵者时鸣声发挥重要作用。分散的个体间通过鸣声相互联系，集群觅食的鸥类在发现新的食物资源时通过鸣叫吸引同伴。此外求偶、筑巢期间也会发出各种鸣声、伴随有仪式化的行为。鸥类鸣声在种间和种内都有差异，鸥类亲鸟和幼鸟、配偶、邻居之间通过鸣声可以相互识别。繁殖季节识别邻居和陌生的入侵者可以减少过度的领域防御行为。

　　燕鸥类鸣声响亮，鸣叫频繁，在繁殖季节用鸣声保卫领域、求偶、驱赶入侵者、与雏鸟沟通。燕鸥类的巢区通常很吵闹，巢的密度越大，叫声越频繁。繁殖群体较小、巢的密度较低时，燕鸥会保持安静，避免暴露自己的位置。非繁殖季节燕鸥类集群迁徙及觅食时用鸣声相互联系，协调群体的活动。

　　食性　鸥类食性很杂，食物、觅食方法多样，觅食生境非常广泛，具体到每一个种也不局限于单一的觅食方式，但在一定时期、某一具体生境，鸥类有时会主要吃一种食物。鸥类主要取食鱼类、甲壳类、软体动物，兼食啮齿动物、爬行动物、两栖动物、昆虫、腐尸，当浆果等植物性食物很丰富或缺乏其他食物时也会吃植物性食物。鸥类也常在垃圾堆中觅食。有些鸥类会吃其他鸟类或鸟卵。大黑背鸥体形很大，是凶猛的掠食型鸟类，可以捕杀成年海鸟。

　　鸥类在多种自然生境觅食，包括远海、潮间带、海湾、河口、湖泊、河流、沼泽等；也适应在人工生境觅食，包括城市公园、鱼制品加工厂、垃圾场等。觅食方法灵活多变。小型鸥类比大型鸥类飞行灵活，常在飞行中捕食。在内陆河流、湖泊繁殖的小型鸥类常在水面上空来回飞行，捕食空中的昆虫，或沿

在内蒙古沙漠湖泊中的湖心岛上集群繁殖的遗鸥。戴东辉摄

鸥类和燕鸥类

水面飞行捕食刚刚飞出水面的昆虫。在飞行中，鸥类可以冲入水中，捕食在水面活动的鱼；在游泳时，鸥类可以捡拾水面漂浮食物，也可以把头深入水中觅食；在水边行走觅食时会用脚踩水，惊吓水中的无脊椎动物，吸引小鱼。鸥类在陆上也很灵活，经常在陆上或沿海岸行走捡拾食物，有时也会在沙滩、淤泥上挖洞觅食，一些鸥类用脚拍击地面，吸引蚯蚓爬到地面。

鸥类还有一些独特的觅食行为，如将有硬壳保护的软体动物衔到高空，丢到岩石、路面、屋顶等坚硬表面上，破坏其硬壳，取食里面的肉。这种行为需要后天学习才能掌握。鸥类也经常在空中追逐、抢夺其他鸟类衔有的食物，甚至从人类手中抢走食物。在繁殖地，鸥类会在抢走其他成鸟喂食雏鸟时

食物，一些鸥类幼鸟也会抢夺邻居幼鸟的食物。在成年个体中这种抢食行为更为常见，因为年长的个体飞行能力及经验更为丰富。当与其他鸟类混群时，鸥类的抢食行为会更为频繁。鸥类在海上常跟随在渔船后捕食被船搅动到海面上的鱼，以及船上扔下的废弃物，也经常出没在海洋哺乳动物、潜水的海鸟附近捕食被驱赶到海面上的鱼。

与鸥类相比，燕鸥类的觅食方法、食物种类较为固定，多数种类只在白天活动觅食。燕鸥类最常见的觅食行为是在水面上方几米至十多米处缓慢飞行，发现水中的鱼群时，俯冲入水捕鱼，然后衔着鱼从水面直接起飞。燕鸥类流线型的身体和长而尖的翅及喙与这种捕食行为相适应。燕鸥类也吃甲壳类，在淡水水域觅食的燕鸥类偶尔吃蛙类、蝌蚪，

捕食鱼类的棕头鸥。
彭建生摄

在内陆繁殖的燕鸥类还能捕食水面上空中的昆虫。很多燕鸥类和鸥类一样会跟随在其他海洋生物附近，觅食被驱赶到海面活动的鱼群。燕鸥类也经常抢夺其他鸟类的食物，尤其是在繁殖地，雄鸟成群地从觅食地衔着食物赶回巢中，喂食孵卵、育雏的雌鸟及雏鸟，此时燕鸥之间相互抢夺食物，或者抢夺其他种类鸟类的食物，但燕鸥类也经常会被体形大的鸥类抢走食物。燕鸥类的捕食能力与年龄相关，成年个体相比年轻的个体更有经验，觅食效率也更高。在同一水域捕食的燕鸥类中，年龄大的个体比年轻个体俯冲入水捕鱼的频率更高。一些种类中年轻个体首次繁殖的时间会推迟，可能由于年轻个体需要学习、熟练捕食技巧。

繁殖 鸥类是单配制鸟类，配偶关系可以持续多年，然而当繁殖失败时，鸥类也会和配偶"离婚"。当雄性个体数量不足时，常出现雌－雌配对的现象。分布区重叠的鸥类种间杂交现象也并不罕见。

鸥类集群筑巢繁殖，以便共同抵御入侵者。当入侵者出现时，最早发现入侵者的个体会大声警告，成群的鸥类会包围、攻击入侵者。鸥类繁殖集群的大小、密度与体形有关，大型鸥类更有能力应对入侵者，保护领域、卵和幼鸟，它们的繁殖群较小或者单独繁殖。小型鸥类更依赖于集体防卫，繁殖群大，密度高。许多鸥类与其他鸟类混群繁殖，包括燕鸥、苍鹭、鸬鹚、雁鸭类、海雀、企鹅等。鸥类对巢区的防御行为吸引其他鸟类和鸥类混群繁殖，但由于鸥类会捕食邻居的幼鸟，和鸥类做邻居有利也有弊。

集群繁殖的鸥类繁殖行为高度同步，这样可以集中群体孵卵、育雏的时间，集体防卫领域，提高繁殖成功率。繁殖季节鸥类通过鸣叫、行为展示求偶，并通过求偶喂食巩固配偶关系。多数种类在地面营巢，巢通常粗糙简陋，巢址远离在地面活动的捕食者。窝卵数一般为 3 枚。卵的颜色有伪装作用，不易被捕食者发现。雌性和雄性共同孵卵、育雏、驱赶入侵者。雄性承担更多的保卫领域、求偶喂食任务，雌性承担更多的孵卵、照顾雏鸟任务。孵化期约 22～26 天。雏鸟出壳后前一周或两周主要由雄鸟提供食物，雌鸟此时负责在巢中照看雏鸟；随后雌雄亲鸟轮流负责觅食、照顾雏鸟的任务。雏鸟出壳几周后就可以离开巢在附近活动，由于成年鸥类

遗鸥的求偶献食。赵超摄

会杀死邻居的幼鸟，幼鸟面临捕食者和邻居的双重威胁，在这一时期鸥类的领域会扩大，雏鸟有一定的活动空间，并得到亲鸟的悉心照顾。亲鸟会一直照顾雏鸟直到它们可以熟练飞行、独立生存，有些种类在幼鸟学会飞行后继续照顾幼鸟几周的时间。鸥类雏鸟要经过 2～5 年才开始繁殖。

燕鸥类同样是单配制鸟类，部分种类有雌－雌配对及种间杂交现象。燕鸥类通常一年繁殖一次，在不同地区繁殖的燕鸥类繁殖期有所不同，北极地区繁殖的燕鸥类繁殖期持续 2.5～3 个月，温带地区

鸥类和燕鸥类

4～5个月，热带地区3～5个月，一些在热带岛屿上繁殖的燕鸥类全年各个月份都能繁殖。长期的环志研究发现中小型燕鸥通常在2～4龄首次繁殖，体形较大的种类在3～5龄首次繁殖。

燕鸥类在繁殖期选择合适巢区集群繁殖。燕鸥类对巢区的忠诚度与繁殖地的稳定程度相关，很多种类对巢区忠诚度很高，环境稳定的巢区会持续使用多年，一些人迹罕至、捕食者难以靠近的悬崖、岛屿上的巢区甚至被持续使用了几个世纪。但当巢区频繁受到人类或捕食者干扰，或者由于自然环境变化导致繁殖生境改变，不再适合繁殖时，燕鸥类会放弃长期使用的巢区。有些燕鸥类会频繁更换巢址，如在内陆湿地筑巢繁殖的白额燕鸥和小白额燕鸥的巢址可能只用几年或仅仅1年。

燕鸥类繁殖季节会集群营巢，从几对到几千对，甚至上百万对。集群数量大、巢区面积小时，巢与巢之间的间距很小，如红嘴巨燕鸥和大凤头燕鸥经常几百对到几千对一起繁殖，巢间距很小，仅相当于身体的长度。而黑腹燕鸥和白额燕鸥集成几对的小群，巢间距远达上千米。有些燕鸥类

有单独繁殖对独自营巢繁殖的现象，也有单独的繁殖对在其他种类的燕鸥或者鸥类的巢区混群营巢的现象。体形大的燕鸥类巢的密度较大，巢间距小，亲鸟坐巢孵卵时身体可以碰触到自己的邻居。密集营巢限制了入侵者的活动空间，当入侵者靠近时，亲鸟紧紧地坐在巢上竖起羽毛，张大嘴不停地嘎嘎尖叫。小型燕鸥类的巢通常较分散，它们对付入侵者的策略是群起而攻之，当入侵者出现时它们会鸣叫警告同伴，飞向入侵者用喙攻击；此外它们的卵和雏鸟的颜色是有效的保护色，能减少被捕食者发现的概率。燕鸥类还经常与其他鸟类混群营巢，如有些燕鸥类会在海鸥的巢区营巢，海鸥保护巢区的行为使燕鸥类受益，同时燕鸥类集群攻击入侵者、保护巢区的习性也会吸引其他鸟类来到燕鸥类的巢区筑巢繁殖。

燕鸥类的求偶仪式主要有求偶展示和求偶喂食。雄性求偶时会先在地面和飞行中进行求偶展示，在配偶关系巩固、确定的阶段，求偶展示会更加频繁，并开始进行求偶喂食，将自己捕获的鱼儿献给雌性。求偶喂食可让雌鸟判断雄鸟的捕食能力并给

普通燕鸥的巢位于地面上的浅坑，垫有少许巢材防止卵向周围滚散。杨贵生摄

沾湿腹部羽毛为卵降温的白额燕鸥。颜重威摄

雌鸟提供产卵所需的能量，若喂食次数过少或带回的食物质量差，雌鸟会离它而去。配偶关系稳固后，雌鸟会留在领域内抵御入侵者，雄鸟有更多的时间外出觅食，并带回小鱼喂食雌鸟。

燕鸥类的巢大多比较简单，产卵临近时才选址筑巢，在地面扒一个浅坑，里面垫一些枯草即成。在树上筑巢的白燕鸥 Gygis alba 需要选择稳固、合适的树枝凹处产卵；在湖面上筑浮巢的灰翅浮鸥选择在水草繁茂的开阔水面营巢，以水草植株为基础，用水草茎叶堆成浅盘状，巢可随水波晃动，遇到大风时会移动。在悬崖峭壁筑巢的白顶玄燕鸥需要搬来珊瑚碎片或小石子堆放在巢的边缘，防止卵和雏鸟跌落。

燕鸥类雌雄亲鸟共同承担孵卵和育雏任务。雌鸟承担更多的孵卵任务，雄鸟则忙于捕鱼和喂食，当入侵者出现时，雌雄亲鸟会共同驱赶。燕鸥类的窝卵数因种类而异，乌燕鸥 Onychoprion fuscatus 等每窝产 1 枚卵，红嘴巨燕鸥、粉红燕鸥、北极燕鸥等每窝产 2 枚卵，鸥嘴噪鸥、普通燕鸥等每窝产 3 枚卵。窝卵数受食物资源影响，食物匮乏时窝卵数会减少，食物丰盛时则可能增多。多数种类的孵化

期为 21 ～ 28 天。在极地和温带地区繁殖的燕鸥类，孵卵期间亲鸟全天坐巢孵卵，以保持卵的温度，防止卵被冻死。在亚热带和热带繁殖的燕鸥类，亲鸟仅在夜间和清晨坐巢孵卵，白天最热的时刻，亲鸟会站在巢上阻挡阳光的曝晒，也会飞到临近水域弄湿腹部，用浸湿的羽毛给卵和雏鸟降温。

雏鸟出壳时用上喙的卵齿啄破卵壳，卵齿一般在 5 日龄内脱落。雄鸟外出觅食时先自己吃饱，再带食物返巢给其配偶和雏鸟。大部分燕鸥类每次仅带回 1 条鱼，粉红燕鸥和普通燕鸥偶而会带回好几条鱼，乌燕鸥、褐翅燕鸥、玄燕鸥等将好几条小鱼吞入胃里，待飞返巢中再反吐出来，如此可以减少往返旅程的次数。亲鸟将食物喂给雏鸟时，邻居的成鸟或雏鸟有时会来抢食，尤其是鱼儿体形较大，不能一口马上吞下时。因此，开始时亲鸟带回来的鱼儿较小，可以被雏鸟顺利吞咽，随着雏鸟不断长大，亲鸟带回的鱼儿也不断变大。亲鸟的喂食直接影响雏鸟的发育，在温带内陆湿地繁殖的燕鸥类一天内可以多次喂雏，在近海觅食的燕鸥类，喂雏也较为频繁，在远洋岛屿繁殖的燕鸥类，一般觅食地离巢较远，食物运送费时费力，雏鸟成长便慢很多。在

鸥类和燕鸥类

地面营巢的燕鸥类，雏鸟出壳 2 ~ 4 天后就可以离巢活动，在悬崖、树上繁殖的种类的雏鸟会一直在巢中活动，直到换羽。亲鸟在幼鸟羽翼丰满后就会带领幼鸟离开繁殖地，先到繁殖地附近觅食，而后才开始南迁到越冬地。燕鸥类的寿命都很长，而且实际寿命要比环志记录要长，红嘴巨燕鸥和普通燕鸥的环志年龄都超过 20 岁，北极燕鸥的寿命有 34 岁的记录。

种群现状和保护 鸥类适应性强，栖息生境广泛，但部分种类只栖息于特定生境，种群数量较少，且不稳定。

遗鸥是蒙古高原最具代表性的荒漠型鸟类之一，是中国国家一级重点保护野生动物，同时被列入《濒危野生动植物种国际贸易公约》（CITES）附录 I，1929 年在内蒙古西部戈壁中的弱水下游首次被采集到。遗鸥的繁殖生境是荒漠地区湖泊中的湖心岛，对遗鸥的主要越冬地、越冬种群了解很少。内蒙古鄂尔多斯高原遗鸥种群曾占到全球遗鸥数量的 70% ~ 80%。但由于繁殖生境的不断恶化，遗鸥逐渐移居到内蒙古与陕西交界的红碱淖尔，近年来红碱淖尔的种群数量也在下降。遗鸥种群数量少而不稳定，主要原因与其繁殖地湖心岛面积有关，而荒漠和半荒漠地带的湖心岛面积主要与降水相关。荒漠地区的降水量是相当不稳定的，可见保护遗鸥繁殖地湖心岛是保护遗鸥的关键。

燕鸥类同样有多个物种处于受胁状态。人为干扰、栖息地破坏、环境污染、气候变化、恶劣天气和天敌等是威胁燕鸥类生存的因素。如捡拾鸟蛋行为直接干扰、破坏燕鸥类的繁殖。沿海地区旅游、工业区和养殖渔业的开发挤压燕鸥类的栖息地。过度捕捞鱼类减少了燕鸥类的食物。杀虫剂、除草剂、化肥等造成的环境污染导致燕鸥类的生殖力下降。受全球变暖、极地冰架融化影响，北极燕鸥的繁殖地受到威胁。目前河燕鸥、中华凤头燕鸥、黑浮鸥被列为中国国家二级保护动物，其中中华凤头燕鸥是世界上最濒危的鸟类之一。

正在育雏的灰翅浮鸥，亲鸟给雏鸟带回小鱼，它们的巢是水面上的浮巢。沈越摄

br.

br.

西伯利亚银鸥
Larus smithsonianus

non-br.

non-br.

蒙古亚种
L. s. mongolicus

西伯利亚亚种
L. s. vegae

br.

br.

non-br.

黑尾鸥
Larus crassirostris

黄腿银鸥
Larus cachinnans

non-br.

br.

br.

non-br.

普通海鸥
Larus canus

灰背鸥
Larus schistisagus

br.

non-br.

棕头鸥
Chroicocephalus brunnicephalus

红嘴鸥
Chroicocephalus ridibundus

br.

non-br.

non-br.

细嘴鸥
Chroicocephalus genei

br.

non-br.

黑嘴鸥
Saundersilarus saundersi

br.

br.

non-br.

渔鸥
Ichthyaetus ichthyaetus

non-br.

遗鸥
Ichthyaetus relictus

小鸥
Hydrocoloeus minutus

鸥嘴噪鸥
Gelochelidon nilotica

红嘴巨燕鸥
Hydroprogne caspia

灰翅浮鸥
Chlidonias hybrida

普通燕鸥
Sterna hirundo

白额燕鸥
Sternula albifrons

白翅浮鸥
Chlidonias leucopterus

黑浮鸥
Chlidonias niger

西伯利亚银鸥

拉丁名：*Larus smithsonianus*
英文名：Herring Gull

鸻形目鸥科

形态 体形较大的鸥类，体长约 60 cm，体重 800 ～ 1200 g，翅长在 400 mm 以上。眼周裸出部分黄色。喙黄色，基部稍黑，下嘴近端缀有红斑。跗跖粉红色。雌雄羽色相同。繁殖羽头、颈、腰、尾上覆羽、尾羽及下体均为白色；背肩部和翼上覆羽暗灰色；初级飞羽近黑色，稍沾褐色，羽端白色，第 1、第 2 枚初级飞羽具白色次端斑；次级飞羽和三级飞羽灰色，具有较初级飞羽更大的白色端斑。非繁殖羽与繁殖羽相似，但眼周有细的黑圈，头顶、后颈淡灰色，上背具灰褐色稀疏纵纹。幼鸟第一年冬天喙肉色，端部黑色，灰褐色贯眼纹与后颈的灰褐色斑纹连成"U"形，背肩部羽毛呈灰色与褐色相杂状。幼鸟第二年夏季额、头顶灰白色，具黑褐色或褐色点斑，背已灰色，但较成体略沾肉色，淡灰色贯眼纹宽而边缘不清。

分布 繁殖于欧洲、亚洲、北美洲和非洲北部，越冬于欧洲西部、亚洲南部、北美洲西部到中美洲。在中国繁殖于新疆、内蒙古中西部、黑龙江西北部，迁徙期间见于黑龙江、吉林、辽宁、河北、宁夏、山东、长江流域、四川，在长江以南地区为冬候鸟。每年 3 月中旬迁来内蒙古，10 月末 11 月初迁离。

栖息地 主要栖息于沿海的岛屿、海湾和海岸，以及草原与荒漠中的河流、湖泊。迁徙期间常见于内陆地区较大的河流和湖泊。

习性 迁徙季节常单只或成 3 ～ 5 只小群在开阔湖面上漂游，或在湖面上空飞翔。秋季常成群在湖泊附近的草地上取食昆虫。飞行轻快敏捷，飞行时脚向下悬垂或向后伸直。

食性 主要取食动物性食物，包括鱼、虾、螺蛳、昆虫、蜥蜴、啮齿动物，有时也吃植物性食物。

繁殖 繁殖期 5 ～ 7 月。通常集群营巢，从十几对到几千对，也有成对或几对分散在其他海鸟营巢地的边缘地带营巢。营巢于海岸、海岛陡峻的悬岩上和内陆湖泊沿岸地面、湖心岛及苔原地面。巢间距 0.6 ～ 10 m，通常为 2 m 左右。巢呈浅盘状，以灌木小枝、植物茎叶等筑成。巢外径 50 ～ 70 cm，内径 20 ～ 23 cm。每窝产卵 2 ～ 3 枚，偶尔 1 枚或 5 枚。卵呈浅灰褐色或浅灰绿色，缀有不规则的褐色斑点。卵重 92.76 ～ 132.70 g，卵大小为 73.95 mm×53.05 mm。雌雄亲鸟轮流孵卵，孵化期 28 ～ 30 天。已记录的最长寿命为 32，通常首次繁殖年龄是 5 龄。

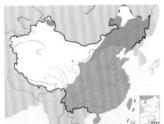

西伯利亚银鸥的繁殖参数 (高中信等, 1989)	
繁殖期	5 ～ 7 月
巢基支持	地面
巢间距	0.6 ～ 10 m
巢大小	外径 50 ～ 70 cm，内径 20 ～ 23 cm
窝卵数	2 ～ 3 枚
卵大小	73.95 mm×53.05 mm
卵重	92.76 ～ 132.70 g
孵化模式	双亲轮流孵卵
孵化期	28 ～ 30 天

西伯利亚银鸥繁殖羽。杨贵生摄

西伯利亚银鸥的巢和卵

西伯利亚银鸥亚成体。杨贵生摄

种群现状和保护 种群数量多，IUCN 和《中国脊椎动物红色名录》均评估为无危（LC），被列为中国三有保护鸟类。据亚洲水禽和湿地研究局在亚洲南部进行的隆冬水鸟调查，1990 年统计到 38 239 只，其中西南亚 17 391 只，南亚 3962 只，东亚 16 886 只；1993 年统计到 61 652 只，其中西南亚 34 608 只，南亚 9931 只，东南亚 3005 只，东亚 14 108 只；中国的数量也较多，1990 年统计到 11 589 只，1993 年统计到 8851 只（IWRB，1990，1993）。自 20 世纪 30 年代以来，种群数量不断增加，分布范围有扩大的趋势。近几年研究者发现其在内蒙古锡林浩特南部湿地和达里诺尔湿地集群繁殖。

探索与发现 银鸥是一个庞大的复合体，互相之间的分类关系难以厘清，一直存在争议和变动，一些亚种逐渐被认可为独立的物种，一些亚种则在不同种之间变动，本种就是一个典型例子。*Larus smithsonianus* 原本曾是银鸥 *L. argentatus* 的太平洋亚种 *L. a. smithsonianus*，最新的分类意见将其独立为种，并吸收了原本被归在其他种下的 2 个亚种，因此共有 3 个亚种——指名亚种 *L. s. smithsonianus*、西伯利亚亚种 *L. s. vegae* 和蒙古亚种 *L. s. mongolicus*。有的分类意见将西伯利亚亚种和蒙古亚种分别视为独立的种，即织女银鸥 *L. vegae* 和蒙古银鸥 *L. mongolicus*，有的

则将西伯利亚亚种和蒙古亚种视为同一个独立种织女银鸥下的 2 个不同亚种，还有的分类意见将西伯利亚亚种视为独立种——织女银鸥，蒙古亚种则归为黄腿银鸥 *Larus cachinnans* 下的一个亚种。中国早期的研究中将银鸥复合体中多个现已独立的鸟种统称为银鸥，因此容易混淆。以新的分类系统来看，以往的研究中提到在草原与荒漠地区繁殖的银鸥多为西伯利亚银鸥的西伯利亚亚种 *L. s. vegae* 和蒙古亚种 *L. s. mongolicus*。

黄腿银鸥

拉丁名：*Larus cachinnans*
英文名：Yellow-legged Gull

鸻形目鸥科

大型鸥类。体长 58 ~ 68 cm。原为银鸥下的亚种，似银鸥但腿辉黄色，背肩部淡灰蓝色，背和翼色浅，与黑色翼端对比鲜明。在欧亚大陆中部繁殖，西至黑海，东至中国新疆；越冬于波斯湾和印度洋沿岸。在中国仅繁殖于新疆，越冬于广东、香港、澳门。IUCN 和《中国脊椎动物红色名录》均评估为无危（LC），被列为中国三有保护鸟类。

黄腿银鸥

黑尾鸥

拉丁名: *Larus crassirostris*
英文名: Black-tailed Gull

鸻形目鸥科

中型鸥类，体长约 45 cm。喙、腿黄色，喙末端有黑色环带和红色点斑，尾羽具有宽阔的黑色次端斑。在亚洲东北部沿海地区繁殖，东部沿海及内部水域越冬。在中国辽宁至福建的沿海岛屿繁殖，迁徙经过东北、华北和西北地区，到东部沿海各地和长江流域及西南地区内陆湖泊越冬。在中国草原与荒漠地区为旅鸟。IUCN 和《中国脊椎动物红色名录》均评估为无危（LC），被列为中国三有保护鸟类。

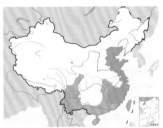

黑尾鸥，飞行时尾羽上宽阔的黑斑与下体洁白的羽色对比鲜明。左上图范忠勇摄，下图沈越摄

普通海鸥

拉丁名: *Larus canus*
英文名: Mew Gull

鸻形目鸥科

中型鸥类，体长 40 ～ 46 cm。喙和脚黄色，喙较细小，无斑环。头、颈、下体及尾羽均白色，背部青灰色。初级飞羽黑色，末端白色，飞行时可见大块白色翼镜。非繁殖羽头颈散布褐色细纹。第一冬幼鸟整体密布褐色斑纹，无白色翼镜，尾具黑色次端带。在中国迁徙经过东北地区，越冬于沿海各地及黄河下游、长江流域、珠江流域等内陆水域，在草原与荒漠地区为旅鸟。IUCN 和《中国脊椎动物红色名录》均评估为无危（LC），被列为中国三有保护鸟类。

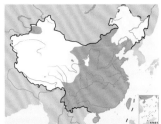

普通海鸥在中国无繁殖，图为普通海鸥非繁殖羽

灰背鸥

拉丁名: *Larus schistisagus*
英文名: Slaty-backed Gull

鸻形目鸥科

大型鸥类。体长 55 ～ 67 cm。似银鸥但背和翼羽色较深，脚粉红色。在中国东部及东南沿海越冬，迁徙经过东北地区。在草原与荒漠地区为旅鸟。IUCN 和《中国脊椎动物红色名录》均评估为无危（LC），被列为中国三有保护鸟类。

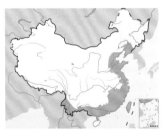

灰背鸥

棕头鸥

拉丁名：*Chroicocephalus brunnicephalus*
英文名：Brown-headed Gull

鸻形目鸥科

形态 体长约 46 cm，体重 380～480 g。喙、脚暗红棕色。雌雄体形大小、羽色均相同。繁殖羽眼上下缘及后缘白色，头颈部棕褐色，背、腰、翅上覆羽及三级飞羽浅灰色；第1、2枚初级飞羽黑褐色，近羽端内翈具白斑；其余体羽白色。非繁殖羽头部白色，眼后方和枕部有灰色斑块。亚成体似成鸟非繁殖羽，但头部有较多的灰色斑块，翅上覆羽颜色较深。

分布 在中国青海、新疆、西藏、内蒙古、甘肃为夏候鸟，河北、山西、四川为旅鸟，云南为冬候鸟。每年3～4月从越冬地迁至内蒙古西部和中东部地区，10月初迁往南方越冬。国外繁殖于帕米尔高原，越冬于印度、斯里兰卡、中南半岛等地。

栖息地 栖息于内陆海拔较高的高原地区的宽阔水域，如湖泊、水库、河流等生境。

习性 有群居习性。在达里诺尔和鄂尔多斯高原，每年8、9月份常集大群在湖泊浅滩和草原上活动，数量可达数百只，最大群近千只。鸣声"ga——ga"粗涩响亮。

食性 主要以鱼、虾、蟹、水生昆虫和蝗虫等为食，也食禾本科植物。

繁殖 繁殖期5～7月。营巢于湖泊、沼泽地中的地面凹处。常集群营巢。在鄂尔多斯高原与遗鸥混群营巢于湖心岛上。雌雄共同筑巢。巢呈圆形，巢材为少量碎石和干草。巢间距较近，有时几乎相连，比较密集。窝卵数3～6枚。卵呈绿白色，缀浅紫褐色及棕褐色斑点。卵平均重53.8 g，大小为

捕得鱼类的棕头鸥，非繁殖羽。彭建生摄

59.8 mm × 40.6 mm。雌雄亲鸟轮流孵卵。孵化期为23～25天。雏鸟晚成。刚出壳的雏鸟体被灰白色绒羽，6日龄时可在巢周围活动，10日龄可由亲鸟带领成群在湖边活动，15日龄可下水游泳。

种群现状和保护 IUCN 和《中国脊椎动物红色名录》均评估为无危（LC），被列为中国三有保护鸟类。在青海湖的数量较多，1981年廖炎发在青海湖鸟岛上统计到1.7万个巢；1992年冬季刘少初在西藏羊卓雍错和拉萨河湿地记录到532只。20世纪70年代研究者发现棕头鸥在内蒙古鄂尔多斯高原繁殖，数量在300只左右。近年来，秋季在内蒙古中东部草原的湖泊也发现有棕头鸥的分布。

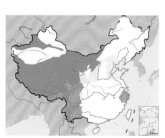

棕头鸥繁殖羽。左上图杨贵生摄，下图彭建生摄

红嘴鸥

拉丁名：*Chroicocephalus ridibundus*
英文名：Black－headed Gull

鸻形目鸥科

形态 体长约 39 cm，体重 300～380 g。眼周的上、下及后边白色，并连成白色的新月形圈。雌雄羽色相同。繁殖羽喙和脚暗红色，头和前颈棕褐色，后颈、上背和初级覆羽白色，下背、腰、肩羽灰色，尾羽白色，初级飞羽羽端黑色，下体羽白色。非繁殖羽喙红色，尖端黑色；繁殖期后头颈部羽色从棕褐色变为褐色、灰色、白色相杂，到南方越冬地时逐渐褪换为非繁殖羽，即除耳羽区为暗色外，其余头部呈白色。亚成体背褐色，羽缘棕黄色；肩羽和翼上覆羽具褐色斑点，羽缘棕色；眼圈黑色而无白色新月形圈；尾具黑色次端斑，尾端缘白色。随着月龄的增加，背部的褐色部分逐渐被灰色所代替，翼上覆羽和肩羽的褐色斑点亦减少。

分布 繁殖于欧亚大陆北部，向东到乌苏里地区，向南至西班牙东部、蒙古北部；在欧洲南部、非洲中北部及亚洲南部越冬。在中国繁殖于新疆、黑龙江、吉林、内蒙古，迁徙期间见于河北、山东、河南、甘肃、山西，越冬于东北南部、河北、山东、黄河下游、长江流域、西藏南部的河流和湖泊、沿海各省、云南、海南、

香港及台湾。3 月上旬迁来内蒙古，11 月上旬迁离。

栖息地 栖息于低海拔地区的海滨、内陆湖泊、河流、沼泽及水田中，在草原、荒漠、半荒漠中的水泡中亦为常见，也常出现于城市公园湖泊。

习性 善游泳，但不能潜水。经常在湖边河滩上休息，或结成几十只的小群于较平静的湖面上游荡觅食。在春秋季节也常集成百余只大群于湖附近的农田或草地上取食：如 1986 年 10 月 13 日研究者在内蒙古乌梁素海的湖西岸见有 100 多只红嘴鸥在草地上取食昆虫；1989 年 5 月 11 日在湖岸附近麦田中见有 300 多只红嘴鸥觅食被水灌出来的虫子，此时它们不甚畏人，场面壮观。

繁殖季节前，红嘴鸥常发出"ha——a,ha——a……"的鸣声，尤其在早晨和黄昏时，鸥群中的鸣声此起彼伏，连续不断。如一只个体被击落，附近的红嘴鸥迅疾飞往受伤个体的上空盘旋，高声鸣叫，有的甚至向下俯冲。

食性 食性较杂，并随栖居环境而变，包括鱼、昆虫、蜘蛛、甲壳类、蚯蚓、螺及小鼠等。在湖中主要吃鱼，常啄食鱼网上的鱼；在草地上主要吃昆虫。1983 ～ 1986 年研究者剖检捕自湖中的 15 只红嘴鸥的胃，其中 10 胃内容物全部为鱼，2 胃为甲壳类，3 胃为鱼和甲虫。在农田和草地上，以昆虫为主食，能够消灭大量有害昆虫，对农牧业有益。

繁殖 繁殖期 4 ～ 6 月。常集群营巢。巢群规模大多在 10 ～ 100 对，少数超过 10 000 对，很少单独营巢。巢间距较近，仅 1 m 左右。通常营巢于湖泊、水塘、沼泽等水域环境附近的芦苇丛或草地上。巢呈浅碗状，内径 18 cm 左右，深 3 ～ 5 cm。巢材主要是芦苇、蒲草和干草茎。窝卵数大多为 3 枚。卵呈灰褐色，缀以褐色斑点。卵平均大小为 42.0 mm × 29.9 mm。雌雄亲鸟轮流孵卵。孵化期 22 ～ 26 天。刚出壳的雏鸟淡棕色，头、颈部有黑色斑纹，喙、趾棕褐色，体长 120 mm，喙长 10 mm，体重 25 g。少数个体第 2 年即可参与繁殖。现有记录的最长寿命为 32 年。

种群现状和保护 种群数量较普遍，估计全世界种群数量超过 400 万只，其中欧洲西部繁殖种群有 150 万对。1990 年亚洲隆冬水鸟调查统计到西南亚有 56 408 只，南亚 24 641 只，东南亚 121 只，东亚 68 857 只，其中中国 34 685 只（IWRB，1990）。在内蒙古数量较多，为常见种或优势种。IUCN 和《中国脊椎动物红色名录》均评估为无危（LC），被列为中国三有保护鸟类。

细嘴鸥
拉丁名：*Chroicocephalus genei*
英文名：Slender-billed Gull

鸻形目鸥科

中型鸥类，体长 42 ～ 44 cm。喙直而细长，和脚同为暗红色。背和翼淡灰色，初级飞羽末端黑色，其余皆白色，繁殖羽胸、腹沾粉红色。幼鸟下体有浅灰色杂斑，尾尖有黑色窄条纹。冬季在中国河北、青海、云南、四川和香港偶有记录。2008 和 2009 年，马鸣等连续在夏季观察到细嘴鸥成对出现于新疆艾比湖，推测可能为夏候鸟。

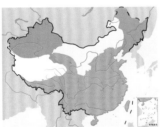

红嘴鸥。左上图为繁殖羽，下图为非繁殖羽。唐英摄

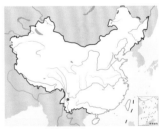

细嘴鸥。左上图董磊摄，下图刘璐摄

黑嘴鸥

拉丁名：*Saundersilarus saundersi*
英文名：Saunders's Gull

鸻形目鸥科

小型鸥类，体长 29 ~ 32 cm。喙黑色，脚紫红色。繁殖羽头部黑色，眼后缘有新月形白斑。背和翼蓝灰色，初级飞羽先端具黑斑，外侧 3 枚初级飞羽外翈白色。非繁殖羽头部白色，具灰褐色横斑，眼后有一黑褐色斑点。分布于中国东部和东南部沿海，以及日本南部和朝鲜半岛沿海。在中国草原与荒漠地区为旅鸟。IUCN 和《中国脊椎动物红色名录》均评估为易危（VU）。中国三有保护鸟类。

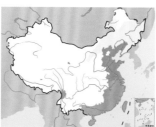

黑嘴鸥。左上图为繁殖羽，沈越摄；下图为非繁殖羽，黄珍摄

渔鸥

拉丁名：*Ichthyaetus ichthyaetus*
英文名：Great Black-headed Gull

鸻形目鸥科

大型鸥类，体长 60 ~ 72 cm。喙暗黄色，近末端有黑色和红色斑环。繁殖羽头部黑色，眼上下缘具新月形白斑。非繁殖羽头部白色，杂有浅黑褐色斑。与其他繁殖季节头部黑色的鸥类相比体形巨大，且喙粗厚。繁殖于俄罗斯、蒙古南部、中亚湖区沿岸岛屿及内陆水域，越冬于黑海、地中海、红海及印度洋北部沿海地区。在中国繁殖于西北及青藏高原，迁徙经过西部和中部广大地区，少数在云南、香港、台湾越冬。在草原与荒漠地区为夏候鸟和旅鸟。非受胁物种。中国三有保护鸟类。

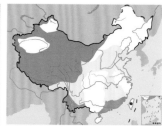

渔鸥繁殖羽。左上图为繁殖羽，下图为正在蜕换为非繁殖羽。沈越摄

遗鸥

拉丁名：*Ichthyaetus relictus*
英文名：Relict Gull

鸻形目鸥科

形态　体长约 46 cm，体重 510 ~ 570 g。喙和脚暗红色。繁殖羽头和颈上部黑色，眼后缘上下各有一半月形白斑；后颈及上背白色，稍沾浅灰色，下背灰色，腰、尾上覆羽及尾羽白色；下体灰白色；翅灰色，外侧 6 枚初级飞羽具黑色斑或纵形斑块。非繁殖羽头、颈部白色，头顶、眼后杂有黑褐色斑块。

遗鸥幼鸟第一年冬天的羽色似成鸟非繁殖羽，但耳覆羽无暗色斑，眼先有新月形暗色斑，后颈的暗色纵纹形成宽阔的带，部分翅上覆羽和三级飞羽暗褐色，尾端具一黑色横带。嘴黑色或灰褐色，脚灰褐色。雏鸟嘴黑色，端部银灰色。脚灰稍沾紫色。身被淡灰色绒羽，背腰部有暗灰色小斑。

分布　仅分布于亚洲中东部，是一个狭栖性物种。迄今发现的遗鸥繁殖地只有俄罗斯外贝加尔的托瑞湖，蒙古的塔沁查干淖尔，哈萨克斯坦的阿拉湖和巴尔喀什湖，及中国内蒙古鄂尔多斯高原上的桃力庙—阿拉善湾海子、敖拜诺尔、奥肯淖尔、红碱淖尔、锡林浩特白音库仑诺尔、呼和浩特袄太湿地。每年 4 月迁来内蒙古繁殖地，8 月开始离开繁殖地。在繁殖季节还见于内蒙古阿拉善额济纳旗，巴彦淖尔乌梁素海，赤峰达里诺尔，乌兰察布黄旗海及鄂尔多斯库布齐沙漠和毛乌素沙地中的湖泊中，但这些地区未见它们的营巢地；迁徙季节见于内蒙古乌兰察布商都、赤峰阿鲁科尔沁旗、包头达尔罕茂明安联合旗、呼伦贝尔呼伦湖湿地，陕西北部，河北康保和北戴河，山西，江苏和新疆。

栖息地　栖息于内陆沙漠或沙地湖泊。繁殖于干旱地区的湖泊，湖区生态环境单调而严酷，多为荒漠、半荒漠景观，或干草原中的沙地。湖水盐碱度较高，pH 值达 8.5 ～ 10.0，多数植物难以生存，因而湖中水生植物甚少。遗鸥选择在这种极为恶劣的生态环境中繁育后代是长期生存竞争的结果；也正是这种人烟稀少、荒凉偏僻的生境，使这种濒危珍稀鸟类的种族得以延续至今。

食性 以动物性食物为主，包括甲壳类、线形动物、摇蚊科幼虫、甲虫等，也吃藻类及柠条和白刺的嫩枝叶等植物性食物。白天多在湖边拣食被风浪推到岸上的水生昆虫，或在沙丘上觅食甲虫；黄昏前后在湖中啄食浮于水面的水生昆虫。在岸边捕鱼时用脚搅动泥沙，于浑水中捕食。繁殖期主要吃动物性食物，可消灭大量有害昆虫，对湖区及附近草地害虫的控制起着重要作用。

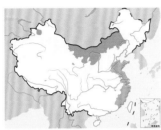

遗鸥。左上图为亚成鸟，张瑜摄；下图为繁殖羽，张明摄

繁殖 每年 3 月下旬至 4 月上旬，遗鸥陆续迁来繁殖地。在北迁起程之前，它们已更换了一身崭新而色彩绚丽的婚羽（即繁殖羽），为长途跋涉飞临巢区、吸引异性注意并结成配偶而做好了准备。有的在迁徙途中就相互结识、配合成对，而绝大多数却是到达繁殖地后，才积极寻求异性、相配成对。从选择巢位开始，到最后一枚卵产出，期间都有交尾行为发生；迟抵繁殖地的个体甚至在迁徙途中停歇时就开始了交配。在繁殖地通常选择巢址近旁进行交配，一般在黄昏前后交配的频率最高。

5 ～ 6 月间集群营巢于四周都是沙丘的湖心岛上。遗鸥对营巢地的选择甚为严格，人畜难至的湖心岛是必需条件，迄今发现的遗鸥巢无一不在湖心岛上。湖心岛的中央裸露而多石子的地面是首选巢址。较早到达繁殖地的遗鸥巢造得较为精致，先用喙和脚在地面上掘出 2 ～ 3 cm 深的浅坑，然后摆放锦鸡儿、白刺等灌木细枝，内铺禾草类、篙类绒草和羽毛，并在巢外围加一圈小石子固定。后迁来者搭建的巢往往相当简陋，有的仅为一浅穴，内垫灌木枝叶和杂草。雌雄亲鸟共同筑巢，多由雄鸟外出取材，衔回后交由雌鸟编筑。"夫妻"共同协作、齐心合力，为它们"爱情"的结晶——卵和雏鸟——建筑一个舒适的"家"而不辞辛劳。

集群营巢繁殖。在适宜的营巢地往往巢连着巢，巢间距最近仅 6 ～ 7 cm。如鄂尔多斯桃力庙—阿拉善湾海子仅有的 4 个湖心岛，总面积不过 13 958 m²，1998 年统计到的遗鸥巢就多达 4879 个，平均每 2.86 m² 的地面上就有 1 个巢。这种营建群巢的习性，既是对自然界内适宜巢址不足的适应，也是一种互利的集体安全体系。在孵化后期和育雏期间，集体护巢行为尤为突出，如有人或天敌接近巢区，成千上万只亲鸟几乎倾巢而出，在巢区上空狂飞乱舞，大声惊叫，有的不顾一切地向下俯冲，有的居高临下排泄粪便对付入侵者。这种集群水鸟的集体护卫本能对其种族的延续甚为有利。

迁飞的遗鸥。刘勤摄

内蒙古鄂尔多斯高原遗鸥的繁殖参数（张荫荪，1993）	
巢址	湖心岛
巢大小	外径 27.8 cm，内径 167 cm，巢高 4.5 cm，巢深 4.0 cm
窝卵数	2～3 枚
卵大小	59 mm × 43 mm
卵重	48 g
孵化模式	双亲轮流孵卵
孵化期	24～26 d

　　遗鸥通常隔日产 1 枚卵。卵的颜色变化较大，多数呈灰绿色，缀有分布不均匀的、大小不等的黑色、棕色或淡褐色斑点。产下第 1 枚卵即坐巢孵卵，雌雄亲鸟共同承担孵化任务，轮流坐巢，每日换孵四五次。孵化初期亲鸟极怕惊吓，如有人为干扰或猛禽等天敌入侵，往往导致弃巢；进入孵化中期以后又十分恋巢，不轻易弃巢且会主动攻击"入侵者"。雏鸟为半早成鸟，2 日龄时即能自行行走和从亲鸟口中啄食；3～4 日龄可自由奔跑，受惊时能下水游泳，但早晚和中午一般偎依在亲鸟的羽翼之下对抗低温和躲避日晒；亲鸟作半呕吐状，将食物推向嘴端供雏鸟啄食，此期间亲鸟护雏行为强烈，雄鸟变得很凶猛，人接近即主动俯冲攻击，并向"入侵者"的头上排泄粪便。遗鸥雏鸟的生长发育很快，75 天左右体重就达 550 g，与成鸟体重相差无几。

　　种群现状和保护　由于遗鸥的数量少而分布范围小，被列入《濒危野生动植物种国际贸易公约》（CITES）附录 I 和《迁徙野生动物物种保护公约》（MSC）附录 I，被 IUCN 列为易危物种（VU）；《中国脊椎动物红色名录》评估为濒危（EN），被列为中国国家一级重点保护野生动物。遗鸥种群数量少而不稳定，中亚种群 1969～1984 年期间的数量变化为 0～1200 对，1985～1989 年间为 11～305 对，而到了 1998 年，仅见 1 只鸟；远东种群 1967～1985 年间的数量变化为 0～1215 对；鄂尔多斯种群从 20 世纪 90 年代初期的 1000 余对上升至 1998 年的 3594 对，1999 年下降为 709 对，2000 年恢复至 3587 对，2001 年又降至 2887 对（何芬奇，2002）。Rose 和 Scott（1997）根据各地数量统计结果推算遗鸥总数量在 10 000～12 000 只。遗鸥种群数量不稳定的主要原因是其主要繁殖地湖心岛的面积波动，位于荒漠和半荒漠地带的湖心岛面积主要与降水相关，而荒漠地区的降水量是相当不稳定的，因此湖心岛面积也随之波动。保护遗鸥繁殖地的湖心岛是保护遗鸥的关键。

　　探索与发现　遗鸥是人类认识最晚的鸟种之一。自 1929 年 4 月 Ejnar Lonnberg 于内蒙古西部戈壁中的弱水下游首次采到标本以来，关于该物种能否成立，在鸟类学界曾有分歧意见：有人认为它是棕头鸥 *Larus brunnicephalus* 和渔鸥 *Larus ichthyaetus* 的杂交类型，有人则认为它是棕头鸥的变型。直至 1971 年，Auezov 依据采自哈萨克斯坦阿拉湖的多个标本，才将其确定为独立种，

并得到国际鸟类学界的广泛承认。20 世纪 90 年代初，中国鸟类学家在内蒙古鄂尔多斯高原发现了世界上数量最多的遗鸥繁殖种群，进一步澄清了该鸟种在分类认识上的歧异和疑问。此后，这种世界珍稀鸟类的现状和未来更加受到国际动物保护协会等国际组织的重视和国内外鸟类学家的关注。

　　到目前为止人们对于遗鸥的迁飞活动和越冬地了解甚少。但近年来在越南北部、土耳其、保加利亚观察到环志的中亚种群当年幼鸟，在北戴河、塘沽见到环志的鄂尔多斯种群当年幼鸟。有关研究人员依据环志资料以及 20 世纪 90 年代中期八九月份于秦皇岛附近所见大量当年幼鸟和 20 世纪 30～50 年代采自商都、康保、塘沽等地的标本推测，鄂尔多斯至渤海湾是遗鸥繁殖期后转飞它地的一条迁飞路线（何芬奇，2002）。曾有研究者在江苏盐城自然保护区见到 183 只的越冬群体（苏化龙，1998）。遗鸥的越冬地很可能在亚洲东南部，部分在韩国南部。

小鸥
拉丁名：*Hydrocoloeus minutus*
英文名：Little Gull

鸻形目鸥科

　　小型鸥类，体长 25～30 cm。喙黑色至暗红色，脚朱红色。繁殖羽头部黑色，背和翼灰白色，翼覆羽灰黑色，其余皆白色，下体沾玫瑰红色。非繁殖羽头部白色，黑色斑块仅限于耳、枕部。在中国繁殖于新疆准噶尔盆地、阿尔泰地区和内蒙古呼伦贝尔，迁徙时见于东部沿海，越冬情况不明。IUCN 评估为无危（LC），但在中国数量不多，《中国脊椎动物红色名录》评估为近危（NT）。被列为中国国家二级保护动物。

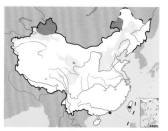

小鸥繁殖羽。左上图为展翅飞翔，聂延秋摄，下图为正在交配

鸥嘴噪鸥

拉丁名：*Gelochelidon nilotica*
英文名：Gull-billed Tern

鸻形目鸥科

中型燕鸥，体长 34 ~ 38 cm。喙和脚黑色。繁殖羽头上部为黑色，颈下部、背部和翼灰褐色，翼端黑褐色，其余体羽白色。非繁殖羽头部由黑色转为白色，眼后方有黑色斑块，背部羽色较淡。广泛分布于欧洲、亚洲、非洲、美洲和大洋洲，在中国北方繁殖，迁徙经过大部分地区，在浙江、江苏四季可见。在中国草原与荒漠地区为夏候鸟。IUCN 和《中国有椎动物红色名录》均评估为无危（LC）。被列为中国三有保护鸟类。

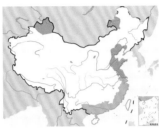

鸥嘴噪鸥。左上图为非繁殖羽，下图为繁殖羽

红嘴巨燕鸥

拉丁名：*Hydroprogne caspia*
英文名：Caspian Tern

鸻形目鸥科

体形较大，体长 50 ~ 55 cm。喙长且粗厚，红色而先端黑色。脚黑褐色。繁殖羽头上部为黑色，背和翼淡灰色。非繁殖羽头部则杂有白斑。栖息于沿海和内陆湖泊，主食中小型鱼类。在中国繁殖于东北地区及辽宁、山东、江苏、浙江、江西，迁徙经过大部分地区，在广东及海南终年留居，在台湾为冬候鸟。在草原与荒漠地区为夏候鸟。IUCN 和《中国有椎动物红色名录》均评估为无危（LC）。被列为中国三有保护鸟类。

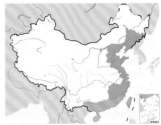

红嘴巨燕鸥繁殖羽。左上图杨贵生摄，下图吴英凯摄

白额燕鸥

拉丁名：*Sternula albifrons*
英文名：Little Tern

鸻形目鸥科

小型燕鸥，体长 20 ~ 26 cm。繁殖羽头上部黑色，但额、嘴基自头侧到眼后方白色；其余体羽主要为白色，背及翼灰色，外侧初级飞羽黑灰色。非繁殖羽额部的白色扩展至头顶和眼先。虹膜暗褐色。夏季喙黄色，先端黑色，跗跖橘黄色；冬季喙黑褐色，跗跖暗红色或黄褐色。广布于欧洲、亚洲、非洲和大洋洲。在中国繁殖于新疆和东部、南部地区。在草原与荒漠地区为夏候鸟。IUCN 和《中国有椎动物红色名录》均评估为无危（LC）。被列为中国三有保护鸟类。

白额燕鸥。左上图为非繁殖羽，袁晓摄；下图为繁殖羽，杨贵生摄

普通燕鸥

拉丁名：*Sterna hirundo*
英文名：Common Tern

鸻形目鸥科

形态 体长约 36 cm，体重 100 ~ 125 g。喙红色，嘴峰和嘴先端黑色；跗跖和趾红色。东北亚种 *S. h. longipennis* 的喙黑色，脚乌褐色。繁殖羽额至后颈黑色，头侧和颈侧白色，背、两肩和翼上覆羽灰色，腰羽、尾上覆羽、尾羽白色；飞羽灰色，第 1 枚初级飞羽黑色；下体羽白色，在胸腹部微沾葡萄灰色。非繁殖羽额前部白色，头顶具黑色纵纹，其余与繁殖羽相似。幼鸟下喙基部红色，眼先有一暗黑褐色斑块；额羽白色沾棕黄色，头顶前部灰白色，羽端杂有黑褐色和棕黄色；头顶后部、枕、后颈和耳羽暗黑褐色，颈侧、后颈基部和上背白色沾灰色；下背、两肩和三级飞羽灰色，羽缘棕色。

分布 繁殖于欧洲、亚洲、北美洲的温带地区，在中美洲和南美洲沿海地区、非洲、南亚和东南亚越冬。在中国繁殖于新疆、青海、甘肃、内蒙古、黑龙江、吉林、辽宁、河北、山东、山西、陕西、西藏、四川等省，迁徙季节见于陕西北部、湖北、福建及黄河以南至海南、香港、台湾。4 月下旬迁来北方草原与荒漠地区，10 月中旬迁离，居留期 5 个多月。

栖息地 栖息于海滨、河流、湖泊、水库、沼泽地及城市湿地公园。

习性 飞行轻快而敏捷。常三五成群在水面上空飞翔，并频频鼓动双翼，在空中翱翔，窥视水中食物，一见有猎物可取，就急速扎入水中以喙捕捞，随即又返回空中。繁殖季节多成对活动，时而于湖面上空翻飞，时而落于苇箔上。当一只或几只个体被击落于水中时，附近的普通燕鸥随即盘旋于伤毙者上空，大声鸣叫，有的甚至向下俯冲。

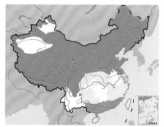

普通燕鸥。左上图沈越摄，下图王志芳摄

正在坐巢孵卵的普通燕鸥。杨贵生摄

普通燕鸥雏鸟。杨贵生摄

食性 主要以小型鱼类、甲壳类、蝼蛄、蜻蜓等为食。1986 年 4 ~ 8 月研究者在乌梁素海剖检 11 只普通燕鸥的胃，内容物均为小型鱼类。

繁殖 繁殖期 4 ~ 6 月。常集群营巢繁殖，从十几对到几千对，有时多达 6000 对；亦有单独成对营巢的。集群营巢的巢间距 0.4 ~ 5 m。营巢于岛屿岸边、湖泊及沼泽地。在内蒙古，5 月下旬见有普通燕鸥营巢。它们将巢营建于芦苇地或沼泽地附近地面上的草丛中，也有在水中芦苇堆上营巢的。巢甚简陋，呈浅坑状，巢内仅垫以少许枯草。巢的外径 24 cm，内径 13 cm，巢深 3 ~ 4 cm。每窝产卵 3 ~ 5 枚。卵呈灰绿色，布以褐色斑点。卵平均大小为 40.5 mm×30.5 mm，重 16 ~ 20 g。第 1 枚卵产下后亲鸟即开始孵卵。雌雄亲鸟轮流孵卵。孵化期 22 ~ 28 天。雏鸟早成性，孵出当天即能行走，离巢后多隐蔽在附近草丛中。由双亲喂养 30 天左右即可飞翔。3 ~ 4 年龄才能参加繁殖。最长寿命 25 年龄。

种群现状和保护 种群数量较多，全球至少有 25 万对，其中北美洲东部有 3.5 万对，欧洲有 14 万对。亚洲隆冬水鸟调查 1990 年统计到 6279 只，1993 年 16 889 只；中国越冬种群数量较少，1990 年统计到 672 只，1993 年仅统计到 92 只。繁殖季节在内蒙古草原湿地的数量较多，为常见种或优势种。IUCN 和《中国脊椎动物红色名录》均评估为无危（LC）。被列为中国三有保护鸟类。由于栖息地被破坏、石油泄漏等因素，普通燕鸥的种群数量在 20 世纪末有下降趋势，应注意保护。

灰翅浮鸥

拉丁名：*Chlidonias hybridus*
英文名：Whiskered Tern

鸻形目鸥科

形态　体形较小，体长约 25 cm，体重 70～100 g。翅尖而长，尾呈浅叉状。雌雄羽色相同。繁殖羽喙肉红色，嘴端栗色；脚红色；上部和后颈黑色，背肩部、腰、尾及两翅灰色；颏、喉、颊和颈侧白色，前胸深灰色，后胸和腹部灰黑色微沾紫色。非繁殖羽喙和脚呈黑色；前额白色，头顶、后颈黑色，具白色纵纹；贯眼纹和耳羽黑色，与头顶部黑色相连形成一半环状黑斑；上体灰色，下体白色。幼鸟背肩部暗红棕褐色，具有明显的黑色斑块。

分布　分布于欧洲南部、亚洲、非洲和澳大利亚。在中国繁殖于黑龙江、吉林、辽宁、内蒙古、山西、河北、河南、宁夏、江苏、江西等地，迁徙时途经福建、广东、云南东南部、香港，在台湾为冬候鸟。5 月中旬迁来内蒙古，9 月下旬迁离。

栖息地　栖息于湖泊、河口、水库、沼泽地及沿海地带。

习性　集群生活的水鸟，常集成数百只的大群，在湖中明水面上空飞翔或停歇在水草浮叶上。性极活泼，飞行轻快而有力，很少长时间站立不动。

食性　主要取食鱼、虾、昆虫，也吃水草及草籽。研究者在繁殖季节剖检 27 只灰翅浮鸥的胃，其中 22 个胃内容物全部为鱼，2 个胃中为鱼、虾和昆虫，1 个胃中为鱼、昆虫和水草，另 2 个胃中为昆虫、水草和草籽。

繁殖　繁殖期 5～7 月。集群营巢。由于巢的底部紧贴水面，巢内湿度很大。一般每日产卵 1 枚。卵呈短卵圆形，淡蓝色，密

布棕色斑点。在内蒙古乌梁素海最早看到产卵的日期是 5 月 25 日，最晚 7 月 1 日，集中产卵日期是 5 月末至 6 月初。如果巢被破坏，大部分会重筑新巢产卵，但后期窝卵数较少，仅 1～2 枚。第 1 枚卵产下后亲鸟即开始孵卵，研究者观察同一窝 3 枚卵胚胎的发育情况证实了这点：第 1 枚卵中胚体较大，体被较密的绒毛；第 2 枚卵中胚体较小，只有稀疏的绒毛；第 3 枚卵中胚体最小，绒毛还未长出。双亲轮流孵卵，一只亲鸟坐巢时，另一只亲鸟往往在巢附近觅食或落在巢旁。

最早于 6 月 17 日见到幼鸟。雏鸟早成，刚出壳时体被黄色绒羽，镶嵌有灰褐色斑块；体重 9 g，翅长 13 mm，跗跖 16 mm，嘴峰 8 mm，嘴裂 14 mm。刚出壳的雏鸟留在巢中，亲鸟卧在巢中温暖雏鸟。1 日后雏鸟可在巢周围的水草浮叶上走动，当人靠近时，就把身子一缩伏在水草上，此时正值水草开花，呈一片黄色，如果不仔细观察很难发现雏鸟。出壳 1～3 日的雏鸟身体还比较柔弱，离巢活动一段时间后，仍需返回巢中休息。

漂浮在水面上的浮巢　灰翅浮鸥的巢以与湖面平齐的水草为基础，在其上用水草茎叶堆成浅盘状巢。整个巢可随水波晃动，不遇大风并不漂走，若遇大风就会移位。如 1986 年 6 月 1 日刮了一夜 8 级以上西北风，第二天发现大多数巢移了位；6 月 26 日晚刮大风，27 日观察时发现研究者标记的 14 号和 15 号巢都移位了 10 m 以上。营巢地选择在水草最为繁茂的开阔水面或暂不通行且流速缓慢的湖中航道。在内蒙古乌梁素海的营巢地十分集中，主要在小洼、南天门东北侧和大泊洞三个地方，研究者于 6 月中旬采用绝对数量统计法统计了这三个营巢地灰翅浮鸥巢的数量，共 27 500 个巢，约 55 000 多只成鸟，巢间距离 4 m 左右，最近者不足 1 m。灰翅浮鸥每年繁殖一次，最早筑巢时间是在 5 月 20 日，大多数在 5 月末 6 月初，最晚持续到 6 月 28 日。在繁殖期间，因人为干扰或大风把巢吹翻，则进行第二次建巢。

雏鸟出壳　为了研究灰翅浮鸥雏鸟的出壳行为，研究者于 1986 年 7 月 19 日下午 5 点从湖中捡回 3 枚卵，其中一枚从钝端约三分之一处啄破一小孔，露出白色卵齿，并发出"唧，唧"叫声。20 日上午 11 时，小孔已扩大，幼雏不断鸣叫。研究者用棉花将卵围起来，放于培养皿中，再把培养皿置水盆内以增加湿度，然后放在阳光下观察，并记录到当时气温 20 ℃，卵壳内温

灰翅浮鸥。左上图为繁殖羽，杨贵生摄；下图为非繁殖羽，范忠勇摄

内蒙古乌梁素海灰翅浮鸥的繁殖参数（杨贵生，1986）

巢大小	外径 17（16～18）cm，内径 9（8～10）cm，巢深 1.6（1～2）cm
巢沿距水面高度	3.5（2～5）cm
窝卵数	2～4 枚
卵大小	38.1（35.5～42.0）mm×27.6（27.0～29.0）mm
卵重	15.0（13.5～16.5）g（*n*=39）
孵化期	19～23 天

灰翅浮鸥筑于水面上的浮巢，巢中嗷嗷待哺的雏鸟和捕食归来的亲鸟。沈越摄

度 22 ℃，幼雏体表温度 23.5 ℃，每分钟呼吸 36 次。1 小时后气温升高到 25 ℃，壳内温度 24.5 ℃，体表温度 28 ℃，雏鸟在壳内活动频繁，约每 20 秒钟就挺胸蹬腿一次；12 时 45 分卵裂开，显示雏鸟头部在卵钝端，夹在翅下，眼未睁开；12 时 55 分开始出壳，首先沿着卵壳缝隙伸出一条腿，然后伸出另一条腿，随后颈部伸长，整个身子一挺，雏鸟破壳而出。脱壳时见脐处和壳内遗留物之间有两条血管相连。壳内遗留物主要为卵清及少量卵黄。卵壳重 1．59 g。出壳 40 分钟后，雏鸟排出绿色粪便。

集体护巢行为　在孵化育雏期间，灰翅浮鸥的集体护巢行为尤为突出。一旦有人接近巢区，巢区内所有亲鸟几乎倾巢而出，在巢区上空惊慌地乱飞，发出急促的叫声，有的不顾一切地重新冲入巢，但还没站稳就又冲上空中，直到"危险"过去，才慢慢恢复平静。这种集群水鸟的集体护卫本能有利于其种族的延续，因为它们的巢营于开阔水面，没有丝毫遮蔽，集中在一起繁殖，相互传递信息，既能尽早发现敌害，又可以嘈杂的鸣叫俯冲，甚至居高临下排泄粪便对付入侵者，发挥集体的力量保卫巢区。

灰翅浮鸥集群营巢育雏，增强了集体护卫能力。有时为了营救同类，它们甚至不避子弹。1986 年 7 月 8 日，研究者为了研究需要以枪击伤一只灰翅浮鸥，它跌落水面，但并没有死，霎时间成百只鸥鸟，除灰翅浮鸥外还有普通燕鸥、红嘴鸥等，一起云集被击伤者上空，大声"吱——啦""吱——啦"地呼叫，有的

灰翅浮鸥亚成鸟。杨贵生摄

甚至向下俯冲到离伤者很近的地方，此时伤者嘴向上，目视前来营救的伙伴，并不停地扇动翅膀，在同伴的"鼓励"下，它突然起飞，混入大群，顿时鸥群散去，好象刚才什么事也没发生。

种群现状和保护　种群数量较多。在欧洲大约有 12 万对繁殖鸟。亚洲隆冬水鸟调查 1990 年统计到 29 318 只，其中东亚仅 46 只；1993 年统计到 28 532 只。IUCN 和《中国脊椎动物红色名录》均评估为无危（LC）。被列为中国三有保护鸟类。在内蒙古繁殖季节的数量较多，为优势种。近年来由于水环境被污染，灰翅浮鸥的种群数量有下降的趋势，应注意保护湿地生态环境。

白翅浮鸥

拉丁名：*Chlidonias leucopterus*
英文名：White-winged Tern

`鸻形目鸥科`

形态　体长约 24 cm，体重 60 ~ 100 g。雌雄羽色相似。繁殖羽喙和脚暗红色；头、颈、上背、胸和腹部黑色，下背、腰灰黑色；飞羽褐色，翅上小覆羽白色，其余覆羽银灰色；尾羽银灰色，尾上覆羽和尾下覆羽白色。非繁殖羽喙黑色，脚暗紫红色；头顶黑色杂有白斑，额白色，从眼至耳区有一黑色带斑；颈和下体白色，背部灰黑色。

分布　繁殖于欧洲南部和亚洲，在非洲中部以南、亚洲南部、澳大利亚及新西兰越冬。在中国繁殖于黑龙江、辽宁、吉林、内蒙古、新疆，迁徙时途经河北、山东、陕西、湖南及长江下游，在浙江、福建、江西、台湾、澎湖列岛及兰屿、广东、海南为旅鸟和冬候鸟。5 月中旬迁来内蒙古草原，9 月下旬迁离。

栖息地　栖息于内陆湖泊、河流、水泡、水塘、鱼池、稻田、沼泽地及港湾、河口等湿地环境。

习性　常集群活动，有时集成几百只的大群。

食性　主要以小型鱼类、虾和昆虫为食。经常在浅水水域低空飞行，频频鼓动双翼，嘴尖向下，发现食物后，立即冲下捕食。

繁殖　繁殖期 5 ~ 8 月。5 月中旬开始集群营巢。通常营巢于湖泊浅水处的明水面水草上。巢为浮巢，呈浅盘状，用苇叶、水草等堆集而成。每窝产卵 2 ~ 4 枚，通常 3 枚。卵呈淡褐色，密布暗褐色斑点。卵重约 11 g，大小为 35 mm × 24 mm。雌雄亲鸟轮流孵卵。孵化期 18 ~ 22 天。雏鸟出壳 20 ~ 25 天后可飞翔。

2 年龄性成熟。

种群现状和保护　种群数量现状不清楚。在欧洲中部数量稀少，但在欧洲东部、亚洲中部和东部可能数量较多。亚洲隆冬水鸟调查 1990 年统计到 1768 只，其中东亚 274 只；1993 年统计到 4196 只，其中东亚 30 只；中国越冬种群数量较少，1990 年统计到 274 只，1993 年仅 30 只（IWRB，1990，1993）。繁殖季节在新疆和内蒙古的数量较多，为常见种，局部地区为优势种。IUCN 和《中国脊椎动物红色名录》均评估为无危（LC）。被列为中国三有保护鸟类。

黑浮鸥

拉丁名：*Chlidonias niger*
英文名：Black Tern

`鸻形目鸥科`

体形较小，体长 24 ~ 28 cm。羽色似白翅浮鸥，但翼羽灰褐色，喙黑色，脚棕红色。分布于欧亚大陆至非洲大陆和美洲，在中国仅繁殖于新疆天山山脉西部、塔里木河上游地区和宁夏永宁黄河滩，迁徙经过北京、天津、香港等地。在草原与荒漠地区为夏候鸟。IUCN 和《中国脊椎动物红色名录》均评估为无危（LC）。但在中国数量较少，被列为国家二级保护动物。

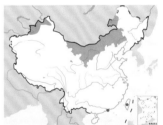

黑浮鸥。沈越摄

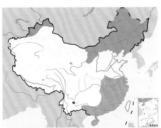

白翅浮鸥繁殖羽。左上图沈岩摄，下图杨贵生摄

> # 鹳类
>
> ■ 鹳类指鹳形目鹳科鸟类，全世界共5属19种，中国有4属7种，其中草原与荒漠地区有1属3种
>
> ■ 鹳类均为大型涉禽，喙、颈和腿长且粗壮，体羽大都呈黑色、白色或纯色，喙、脚和颊部裸露皮肤多为鲜艳的颜色
>
> ■ 鹳类主要栖息于湿地中，取食鱼类等水生动物，在高树上或悬崖上筑巢
>
> ■ 鹳类许多种类严重受胁，草原与荒漠地区的3种鹳类均被列为中国国家一级重点保护野生动物

类群综述

分类和分布 鹳类指鹳形目（Ciconiiformes）鹳科（Ciconiidae）鸟类。在传统分类系统中，鹳形目还包括鹭科（Ardeidae）、锤头鹳科（Scopidae）、鲸头鹳科（Balaenicipitidae）和鹮科（Threskiornithidae），但新的分类意见将这4个科都调整到了鹈形目，鹳形目下只有鹳科。鹳类广泛分布于温带和热带地区，全世界有5属19种，中国有4属7种，其中草原与荒漠地区有1属3种，其中白鹳可能在1980年前后已绝迹。

形态特征 鹳类均为大型涉禽，具有喙长、颈长和腿长的典型特征。鹳类的喙粗健，略侧扁，基部粗厚，先端渐变尖细，鼻孔呈裂缝状，不具鼻沟。体羽大都呈黑色、白色或纯色，喙、脚和颊部皮肤多为鲜艳的颜色。其中鹳属 *Ciconia* 的颈部有矛状长羽，求偶时能竖起来。鹳类每年在繁殖期间或繁殖后换羽一次，繁殖羽通常仅比非繁殖羽的颜色明亮一些，幼鸟的羽色为灰黄色或灰褐色。

系统演化 鹳科鸟类出现的时间大约在第三纪初期。依据放射性同位素测定，在第三纪渐新世地层中发现的鹳类化石有30种。现存的鹳属、凹嘴鹳属 *Ephippiorhynchus* 和秃鹳属 *Leptoptilos* 出现在中新世；裸颈鹳 *Jabiru mycteria* 和林鹳 *Mycteria americana* 出现在大约14万年前的更新世。许多现代分类学家认为鹳与美洲鹫科（Cathartidae）的亲缘关系可能更近。传统上将鹳科分为鹳亚科（Ciconiinae）和鹮鹳亚科（Mycteriinae），Kahl（1972）经过大量研究工作后，提出把鹳科分为三个族：鹮鹳族（Mycteriini）、鹳族（Ciconiini）和秃鹳族（Leptoptillini）。尽管对鹳科一些种的分类地位仍有争议，但目前已被确立的种有19个。

栖息地 鹳类主要栖息于水边及沼泽地环境，有时也到田园、牧场、稀树草原上活动。

习性 飞行时颈与脚均伸直，大部分种类可借助于热气流进行滑翔，尤其在迁徙中主要依赖于滑翔进行长距离飞行。

食性 鹳类主要在水中取食鱼、蛙、螺、虾等水生动物，有时也在水域附近草地上觅食蟾蜍、蜥蜴、蝗虫等陆生动物。在草原与荒漠栖息的鹳类大多在浅水、沼泽地及其附近的草地上捕食鱼、软体动物、甲壳类、蛙、蟾蜍、蜥蜴、蛇、小型哺乳动物及各种昆虫。它们的日食量较大，如幼年黑鹳的日食量可达400～500 g。鹳类觅食的范围差异很大，如白鹳一般在离巢3 km内取食，而营群巢的黑头鹮鹳 *Mycteria americana* 可飞达离巢130 km处取食。鸟类学家认为，鹳类的长腿、长颈和长嘴，有利于它们在水中觅食或捕获距离较远和试图逃跑的动物。

繁殖 鹳类常将巢筑在高树上、建筑物的顶上、悬崖峭壁上，或高压输电线路的杆塔顶部，还有在岩石性岛上营巢的。巢极为庞大而厚实，巢材主要是树枝。

进入繁殖季节，通常是雄鸟先到繁殖地，占有大小约1 km² 的一块领地，十分粗暴和有力地防卫同种雄鸟的入侵。它们演化出一种特殊的求偶炫耀行为，被称为"后仰—前弓（up-down）"的方式，即当配偶中的一方返回巢中时，会进行有规律的抬头和低头并伴随着一些声音或击喙的嗒嗒声。单独

左：鹳类均为大型涉禽，拥有高挑的身形，逐水而居。图为雪中的黑鹳。刘璐摄

营巢的种类，雄鸟最终只选择一只雌性作为配偶，每年都会在同一巢中进行繁殖；而营群巢的种类则每年都会结成新的配对。每窝产卵 2 ~ 6 枚。雌雄共同承担孵卵任务，孵化期为 31 ~ 34 天。雏鸟大多为晚成性。

种群现状和保护　由于农业和渔业的发展、杀虫剂的过度使用、树木的砍伐，鹳类的生存环境受到严重破坏，它们的种群数量普遍下降，多数已处于濒危或易危状态。全世界 19 种鹳类中的 5 种被列为全球受胁物种，15 种为区域受胁物种。分布于中国的鹳类数量正在明显减少，白鹳可能已区域灭绝，东方白鹳已处于濒危状态，黑鹳则被评估为易危，秃鹳和彩鹳则仅偶有记录。中国草原与荒漠地区分布的白鹳、东方白鹳、黑鹳均已被列为国家一级重点保护野生动物。

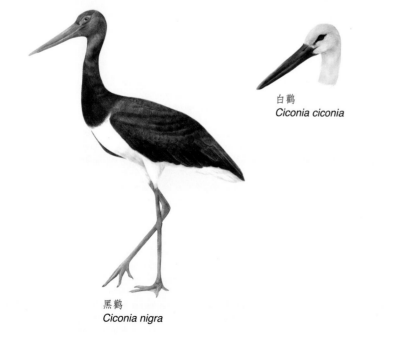

黑鹳
Ciconia nigra

白鹳
Ciconia ciconia

东方白鹳
Ciconia boyciana

黑鹳

拉丁名：*Ciconia nigra*
英文名：Black Stork

鹳形目鹳科

形态 体长约 110 cm。虹膜暗褐色。嘴红色。脚和趾红色。繁殖羽头、颈、上体黑褐色，具有紫色和绿色金属光泽；前胸浓褐色，有青铜色反光，下体余部纯白色。非繁殖羽上体和上胸黑色，带紫和绿色光泽，下体余部纯白色。幼鸟体羽褐色，颈和上胸有白色斑点，嘴和脚灰绿色。飞翔时头向前伸，两脚伸向体后成一直线。

分布 在草原与荒漠地区主要为夏候鸟。

栖息地 栖息于湖泊、河流、沼泽地。

食性 喜取食鱼类，也吃蛙、蛇、虾、蟹、软体动物及昆虫。

繁殖 繁殖期 4 ~ 7 月。营巢于河流两岸或沼泽地附近的悬崖峭壁上。有修补沿用旧巢的习性。每年产一窝卵，每窝产卵 3 枚。卵乳白色，大小为 50 mm×66 mm。孵化期 31 ~ 34 天。雏鸟晚成性。

种群现状和保护 IUCN 评估为无危（LC），已列入 CITES 附录 II。在中国数量稀少，《中国脊椎动物红色名录》评估为易危（VU）。被列为国家一级重点保护动物。

 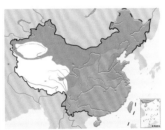

黑鹳。左上图彭建生摄，下图杨贵生摄

白鹳

拉丁名：*Ciconia ciconia*
英文名：White Stork

鹳形目鹳科

体长约 115 cm。除飞羽黑色外，全身羽毛均为白色。眼周、眼先和喉部裸出皮肤黑色。嘴和脚红色。繁殖于欧洲、非洲北部至亚洲中部，越冬于非洲撒哈拉以南和南亚次大陆。在中国新疆西部的天山及喀什地区可能有繁殖。在欧洲种群数量丰富，IUCN 评估为无危（LC）。但在中国 1980 年后已绝迹，《中国脊椎动物红色名录》评估为区域灭绝（RE）。被列为国家一级重点保护动物。

白鹳。左上图AT摄，下图宋迎涛摄

东方白鹳

拉丁名：*Ciconia boyciana*
英文名：Oriental Stork

鹳形目鹳科

形态 体长约 115 cm。体羽白色，飞羽黑色，并有铜绿色光泽。脚红色。与白鹳相似，但眼周、眼先及喉的裸出部朱红色，嘴黑色，以此区别于白鹳。

栖息地 栖息于河流、水泡、湖泊、水渠岸边及其附近的沼泽地和草地。

食性 主要以鱼类为食，也吃软体动物、环节动物、节肢动物、蛙、蛇、蜥蜴和小型啮齿动物，也吃少量植物。

繁殖 繁殖期 4 ~ 6 月。通常营巢于高树顶端枝叉上，也有的营巢于高压线水泥杆塔顶部。巢用干树枝堆集而成，内垫有枯草、绒羽等。每窝产卵 2 ~ 6 枚。卵白色，大小为 76 mm×57 mm。雌雄亲鸟轮流孵卵，孵化期 32 ~ 35 天。雏鸟晚成性。

种群现状和保护 IUCN 和《中国脊椎动物红色名录》均评估为濒危（EN）。已列入 CITES 附录 I。在中国被列为国家一级重点保护动物。

 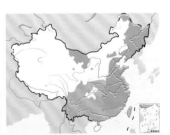

东方白鹳。左上图宋丽军摄，下图沈越摄

鸬鹚类

- 鸬鹚类指鸬鹚科鸟类，共，中国有2属6种，草原与荒漠地区有2种
- 鸬鹚类为大中型游禽，羽色以黑色为主，善于潜水捕鱼
- 鸬鹚类在悬崖上、树上或芦苇丛中繁殖，雌雄共同筑巢、孵卵和育雏
- 鸬鹚类的受胁情况较严重，在中国有2种被列为国家二级重点保护动物

类群综述

鸬鹚类指鸬鹚科（Phalacrocoracidae）的鸟类，基于形态和习性的相似性，传统分类系统一直将它们归在鹈形目（Pelecaniformes）下，而现代分子证据显示，它们虽然与传统鹈形目下的军舰鸟科（Fregatidae）、鲣鸟科（Sulidae）和蛇鹈科（Anhingidae）关系密切，但与鹈鹕科之间却还隔着原鹳形目的鹭科和鹮科，因此最新的分类系统将鸬鹚科、军舰鸟科、鲣鸟科和蛇鹈科一起从鹈形目中独立出来组建了一个新的目——鲣鸟目（Suliformes）。

鸬鹚科的种属分类目前尚存在较大分歧，不同的分类意见下有 35 ~ 42 种，分属 2 ~ 7 属。中国分布的鸬鹚包括 2 属 6 种，草原与荒漠地区仅 2 种，即广泛分布于全国各地的普通鸬鹚 Phalacrocorax carbo 和新记录于新疆的侏鸬鹚 Microcarbo pygmaeus。

鸬鹚类羽色以黑色为主，带有不同程度的金属光泽。喙长，颈长，嘴端有钩，全蹼足。善于潜水捕鱼，有大大的喉囊用于储存食物。由于腿的位置靠后，它们在陆地上行走时显得笨拙，停栖时往往将身体垂直站立并以尾羽辅助支撑。虽然是游禽，但鸬鹚类缺乏其他水鸟通常具有的尾脂腺。没有了油脂的保护，鸬鹚类的羽毛防水性差，潜水后经常需要晾晒翅膀。

鸬鹚类喜欢群居，经常成大群出现，繁殖时也营庞大的群巢。在悬崖上、树上或芦苇丛中筑巢。

在全球湿地退化和消失的大环境下，鸬鹚类作为水鸟的生存空间也被大大压缩，受胁情况较严重。以 IUCN 认可的 35 个物种而论，就有 11 种被列为受胁物种，受胁率高达 34%，还有 1 种已灭绝。中国分布的 6 种鸬鹚虽然都是无危物种，但除普通鸬鹚外，其他几种在国内并不多见，海鸬鹚 Phalacrocorax pelagicus 和黑颈鸬鹚 Microcarbo niger 被列为国家二级重点保护动物，其他几种也列为三有保护鸟类。

左：不同于大多数水鸟，鸬鹚类没有发达的尾脂腺，因此羽毛防水性差，潜水后常张开翅膀晾晒羽毛。颜重威摄

br. non-br.

br.

non-br.

普通鸬鹚
Phalacrocorax carbo

侏鸬鹚
Microcarbo pygmaeus

普通鸬鹚

拉丁名：*Phalacrocorax carbo*
英文名：Great Cormorant

鲣鸟目鸬鹚科

形态 体长约 90 cm。通体黑色，带墨绿色金属光泽，眼下方有一橙黄色裸皮，颊及颏白色。繁殖期头部和颈部有白色丝状长羽，下胁有白色斑块；非繁殖期头部的白色丝状羽、下胁的白色块斑消失。虹膜绿色。上嘴黑褐色，下嘴基部黄褐色。脚黑色。

分布 广泛分布于整个旧大陆至北美洲和澳大利亚等地，在中国全国各地可见。繁殖于内蒙古、新疆、西藏、青海、黑龙江，迁徙途经甘肃、河北、河南、四川以及东北南部，越冬于长江以南地区。

栖息地 栖息于沿海和内陆的各种的水体，在草原与荒漠地区常见于湖泊、池塘等湿地，以及河畔胡杨林中。

习性 喜集群生活，潜水后会站立于岩石、地面或粗大的树干上理羽晾翅。

食性 主要以鱼类为食，也吃两栖类、甲壳类等动物。

繁殖 繁殖期 3 ～ 7 月。巢址和巢材因地制宜，在草原与荒漠地区的湿地中多营巢于芦苇丛中，巢材以芦苇为主；在有树林的地区则营巢于树上，以树枝为巢材；在岛屿上则直接营巢于岸边悬崖上。每窝产卵 2 ～ 6 枚，卵白色沾蓝色，大小约 52 mm×39 mm。雌雄亲鸟共同孵卵，孵化期约 28 天。雏鸟晚成性，育雏期 50 ～ 60 天。

种群现状和保护 分布广泛而数量庞大，IUCN 和《中国脊椎动物红色名录》均评估为无危(LC)。被列为中国三有保护鸟类。

迁徙时排成人字形的普通鸬鹚。马鸣摄

集群飞往夜宿地的普通鸬鹚。谷连福摄

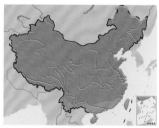

普通鸬鹚。左上图为繁殖羽，颜重威摄；下图为非繁殖羽，范忠勇摄

芦苇丛中普通鸬鹚的巢群。赵国君摄

侏鸬鹚

拉丁名：*Microcarbo pygmaeus*
英文名：Pygmy Cormorant

鲣鸟目鸬鹚科

形态 体长 45 ～ 55 cm，翼展 75 ～ 90 cm。相对于普通鸬鹚，它的个头较小，喙较短，嘴尖还有一点弯曲。脖子粗短，有喉囊，尾巴相对较长。全身羽毛黑褐色，背部泛金属光泽，头与颈部为棕色。

分布 点状分布于欧洲南部、西南亚和中亚等地。在中国为新记录鸟种，2018—2019 年冬季记录于新疆西部和北部，如伊宁、博乐、玛纳斯、卡拉麦里等地，共记录到约 90 多只。

栖息地 多生活在内陆淡水和微咸水域，如河沟、池塘、岛屿、湖边苇丛及三角洲上，隐藏在杂树丛生、灌木和芦苇茂密的区域。

习性 单独或集群生活。

食性 主要以鱼类和甲壳类动物为食。

繁殖 繁殖期 5 ～ 7 月。在茂密的芦苇荡、柳树上或湿地灌木丛中营巢，经常与白鹭、苍鹭和白琵鹭为邻。孵化期 27 ～ 30 天。

种群现状和保护 侏鸬鹚虽然分布区域狭窄，但种群数量较为庞大且有增长趋势，IUCN 评估为无危（LC）。在中国为新记录，比较罕见，尚未列入保护名录。其栖息地受到人类活动影响，包括湿地排水、污染、偷猎以及因挂在渔网中溺水而亡。

探索与发现 其实早在 100 多年前，就有人在新疆西部记录过侏鸬鹚，但由于缺乏旁证，一直没有被国内专家采纳。而这次只是侏鸬鹚的重新发现。

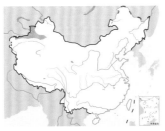

侏鸬鹚。杨永光摄

捕得小鱼的侏鸬鹚。杨永光摄

停栖在芦苇上的侏鸬鹚与上方飞过的疣鼻天鹅。杨永光摄

鹮类和琵鹭类

- 鹮类和琵鹭类指鹮科鸟类，全世界共14属35种，中国有5属6种，草原与荒漠地区有2属2种
- 鹮类和琵鹭类为中型或大型，羽色多为白色、黑色、红色或其他纯色，鹮类的喙呈柱状下弯，琵鹭类的喙宽则呈扁形且前端延展为匙状
- 鹮类和琵鹭类栖息于草原上的湿地中，在树上或芦苇地等灌丛草丛中营群巢，单配制
- 鹮类和琵鹭类受胁严重，草原与荒漠地区的鹮类和琵鹭类均被列为中国国家二级重点保护动物

类群综述

鹮类和琵鹭类指鹮科（Threskiornithidae）鸟类，长期以来，分类学家将它们归为鹳形目，但新的证据表明它们应该属于鹈形目。鹮科鸟类广布于全球温带和热带地区，共14属35种，其中琵鹭属 Platalea 6种统称为琵鹭类，其他物种统称为鹮类。中国有鹮科鸟类5属6种，草原与荒漠地区有2属2种，即黑头白鹮 Threskiornis melanocephalus 和白琵鹭 Platalea leucorodia，均为夏候鸟，栖息于草原上的河流、湖泊浅水区及其附近沼泽地带。

鹮类大多为中型涉禽，体羽为白色、黑色、红色或其他纯色，黑色羽毛常具彩色金属光泽。喙呈柱状下弯，鼻孔位于长嘴基部，适于在缝隙中探取沉在浅水沼泽中，甚至沼泽底部泥沙沉积层中的食物。琵鹭类为大型涉禽，体羽白色或粉红色，喙呈宽扁形且前端延展为匙状，形似琵琶，故名为琵鹭。

鹮类和琵鹭类生性宁静，很少发声。主要在水中取食鱼、蛙、螺、虾等水生动物，它们的脸和眼先均裸出，上嘴两侧具长形鼻沟，利于捕食时双侧视野重叠和准确瞄准猎物。

鹮类和琵鹭类多在树上或芦苇地等灌丛草丛中营群巢，常和鹭类、鸬鹚等鸟类合用营巢区。交配系统为一雌一雄制，雌雄共同筑巢，通常由雄鸟带回巢材，雌鸟进行巢的搭建。每窝产卵2～6枚。雌雄共同承担孵卵任务。孵化期体形中等的种类为21～28天。雏鸟晚成性。

黑头白鹮
Threskiornis melanocephalus

白琵鹭
Platalea leucorodia

白琵鹭

拉丁名：*Platalea leucorodia*
英文名：White Spoonbill

鹅形目鹮科

形态　体形大，体长约 86 cm。喙黑色，先端黄色。嘴形直而平扁，先端扩大成匙状，上嘴背面具波状横向凹凸纹。眼先、额前缘黑色，眼下缘和眼前下角黄白色。雌雄羽色相似，繁殖羽全身白色，具一丛橙黄色枕冠，冠羽长约 100 mm，前颈基部具宽阔的橙黄色横带，颊和喉的裸出部黄色，向后变为红色。非繁殖羽与繁殖羽相似，但前颈基部及颈的橙黄色变为白色。亚成体嘴较短，肉黄色，上嘴基段黑褐色，上嘴背面无波浪状凸起。

分布　繁殖于新疆、内蒙古、黑龙江、吉林、辽宁、河北、山西、甘肃和西藏，在长江下游、江西、广东、福建和台湾等地越冬。国外分布于欧洲南部、非洲及亚洲。

栖息地　栖息于湖泊、河流及沼泽地。

 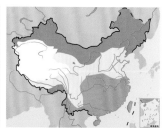

习性　喜集群在浅水环境活动，群体大小通常为 10～20 只，有时多达 100 只。飞翔时嘴、颈向前伸，两腿伸向体后伸直，全身成一直线，排成"一"字队或"人"字队，易与大白鹭相区别。

食性　以昆虫、蜥蜴、小鱼、蛙、软体动物和水生植物为食。喜集成小群觅食，很少单独觅食。觅食姿态非常奇特，以其平扁而长长的嘴在浅水中从一侧划向另一侧，来回划动，而且边划边向前缓慢走动，以此方式寻觅食物。

繁殖　喜集群营巢，常与大白鹭、草鹭、苍鹭的巢杂混在一起。筑巢于稠密的苇丛中，巢材主要为芦苇茎，巢内垫有苇叶等。在产卵和孵卵期有补巢现象。窝卵数 3～4 枚。产卵间隔 1～3 天。卵白色，有的具褐色小斑。从产下第 1 枚卵开始孵卵。雌雄亲鸟轮流孵卵。孵化期 23～24 天。雏鸟晚成。雏鸟全身被有稀疏的白色绒羽，腿和嘴为桔红色。35～40 日龄即可飞翔。3～4 年性成熟。

种群现状和保护　繁殖地在不断减少，尤其是欧洲西部。各地种群数量普遍不高，多数国家都只有几百对繁殖种群。由于湿地干涸、水环境污染，种群数量呈逐年下降的趋势。IUCN 评估为无危（LC）。列入 CITES 附录Ⅱ。《中国脊椎动物红色名录》评估为近危（NT）。被列为中国国家二级重点保护动物。

白琵鹭。左上图为繁殖羽，下图为迁徙群体，主要为成体非繁殖羽，翼尖黑色的为亚成体。杨贵生摄

捕鱼的白琵鹭。柴江辉摄

黑头白鹮

拉丁名：*Threskiornis melanocephalus*
英文名：Black-headed Ibis

鹈形目鹮科

体长约 75cm。喙黑色，长而下弯。腿黑色。通体羽毛白色，头颈裸露皮肤黑色。主要分布于印度、中国华南及华东、日本和东南亚。在中国，繁殖于东北地区，越冬于华东和华南地区，包括台湾。IUCN 评估为近危（NT）。在中国数量快速下降，近年来已十分罕见。《中国脊椎动物红色名录》评估为极危（CR）。被列为国家二级重点保护动物。

黑头白鹮。林植摄

黑头白鹮。彭建生摄

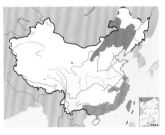

鹭类和鸭类

鹭类和鸭类

- 鹭类和鸭类指鹭科鸟类，全世界共17属60种，中国有9属26种，草原与荒漠地区有8属13种
- 鹭类和鸭类是典型的大型或中型涉禽，喙长、颈长、腿长，头部多有红色裸露皮肤或大型羽冠，羽色多为白色、灰色、黑色或混合色，雌雄相似
- 鹭类和鸭类栖息于开阔的湿地或草地，常集群生活，单配制，配偶关系可维持终生
- 鹭类和鸭类在中国文化中具有特殊的地

类群综述

分类和分布　鹭类和鸭类指鹭科（Ardeidae）鸟类，传统的分类学根据形态和习性的相似将它们归入鹳形目，但新的分类证据表明它们应归为鹈形目。鹭科鸟类全球有 19 属 64 种，分布于除南极洲以外的世界各地，在中国有 9 属 26 种，主要分布于长江以南地区，在北方干旱地区种类较少，草原与荒漠地区有 8 属 13 种。

形态特征　鹭类和鸭类为典型的涉禽，喙长、颈长、腿长，大、中、小型皆有。喙侧扁而直，先端尖锐，上嘴两侧各有一狭窄的鼻沟，鼻孔位于沟基部。体羽疏松，多为单色，如白色、蓝色、棕色、灰色、紫色等，有些种类具深色条纹。鹭属 Ardea、白鹭属 Egretta、池鹭属 Ardeola、绿鹭属 Butorides 等的大多数种类羽衣无性别差异，也没有显著的年龄和季节变化，但在繁殖期不少种类在头、颈下部和背部具有枕冠或丝状蓑羽。一年要换 2 次羽，繁殖前为不完全换羽，繁殖后进行完全换羽，繁殖期后的换羽顺序一般是从头顶部开始，随后是肩部和飞羽，尾羽是从外侧尾羽开始，逐渐向中央尾羽进行替换。

中国草原与荒漠地区鹭科鸟类分类及分布

鸟种	居留型	地理型	栖息地类型	保护等级
苍鹭　*Ardea cinerea*	夏候鸟	古北型	湿地及邻近草地	三有
草鹭　*Ardea purpurea*	夏候鸟	古北型	湿地及邻近草地	三有
大白鹭　*Ardea alba*	夏候鸟	环球温带－热带型	湿地及邻近草地	三有
白鹭　*Egretta garzetta*	夏候鸟	东洋型	湿地	三有
黄嘴白鹭　*Egretta eulophotes*	夏候鸟	东北型	湿地	国家 II 级
牛背鹭　*Bubulcus ibis*	夏候鸟	东洋型	湿地及邻近草地	三有
池鹭　*Ardeola bacchus*	夏候鸟	东洋型	湿地及邻近林地	三有
绿鹭　*Butorides striata*	夏候鸟	环球温带－热带型	湿地	三有
夜鹭　*Nycticorax nycticorax*	夏候鸟	环球温带－热带型	湿地	三有
黄斑苇鸦　*Ixobrychus sinensis*	夏候鸟	东洋型	苇蒲沼泽	三有
紫背苇鸦　*Ixobrychus eurhythmus*	夏候鸟	季风型	苇蒲沼泽	三有
栗苇鸦　*Ixobrychus cinnamomeus*	夏候鸟	东洋型	苇蒲沼泽	三有
大麻鸦　*Botaurus stellaris*	夏候鸟	古北型	苇蒲沼泽	三有

左：中国草原与荒漠中的湿地是许多鹭类和鸭类的繁殖地，其中大白鹭最为常见，经常可以见到百余只的大群。图为繁殖期在草原湖泊中觅食的大白鹭。程斌摄

系统演化 鹭科鸟类的起源较古老，可追溯到大约 5500 万年前的始新世。现存的一些属也很古老，如鹭属出现于 700 万年前的中新世，而夜鹭属 Nycticorax 在第四纪早期就已出现。至今已发现 34 种鹭科鸟类的化石记录，大多数发现在欧洲。传统上将鹭科分为鸦亚科（Botaurinae）和鹭亚科（Ardeinae），这 2 个亚科在形态学、结构和行为特征上差异较大。20 世纪 70 年代 R. B. Payne 和 C. J. Risley 在对鹭类 33 个骨骼的特征进行数值分类学研究的基础上，提出将鹭科分为日鹭亚科（Ardeinae）、夜鹭亚科（Nycticoracinae）、鸦亚科（Botaurinae）和虎鹭亚科（Tigrisomatinae）。前 3 个亚科在中国有分布。

栖息地 鹭类和鸦类大都栖息于低海拔地区，一般会避开山区。但也有些物种可以生活在新几内亚、中亚、马达加斯加及南美洲高海拔的高原上，如夜鹭被记录到出现在智利高拔 4 816 m 的高地。一些物种也出现在中低海拔的山上，如海南鸦 Gorsachius magnificus，生活在中国山区或高山森林地区的水源附近，栗头鸦 Gorsachius goisagi 生活在日本的低山森林附近的湿地。

鹭类和鸦类多生活在水环境的边缘地带，如海岸、沼泽地、河流和湖中岛，在水域的边缘或在浅水中寻觅食物，避开深水区域活动。然而，有些物种也出现在远离水源的区域，如啸鹭 Syrigma sibilatrix 就栖居在南美洲开阔的热带大草原，黑头鹭 Ardea melanocephala 生活于多草的非洲草原。鹭类中最偏向于陆栖的物种是牛背鹭，它分布广泛，且适应于各种不同的非水域栖息地，如牧场、农田、甚至城郊。

鹭类中分布广泛的物种有牛背鹭、大白鹭、绿鹭和苍鹭。其中苍鹭是鹭属中分布最北的鸟种，它们在寒冷地区的开阔湿地中占据了适宜的栖息地。鹭类中大多数物种生活在有浅水水域的开阔湿地，但是有些更喜欢生活在沿海地区沼泽地，如大嘴鹭 Ardea sumatrana 栖息于东南亚和澳大利亚的海岸线；而黄嘴白鹭是生活在沿海的另一个比较有特色的物种，它在远东地区的数量稀少，在中国被列为国家二级重点保护的野生动物。白鹭属中的岩鹭 Egretta sacra 甚至栖息于珊瑚礁。当然，白鹭属中的其他鸟类则更喜欢栖息于淡水湿地，且并未在海岸边被发现过，这其中包括栖居在喜马拉雅南山坡脚下沼泽地的白腹鹭 Ardea insignis 和蓝灰鹭 Egretta vinaceigula。

夜鹭属鸟类栖居于海洋沿岸和内陆湿地，并且

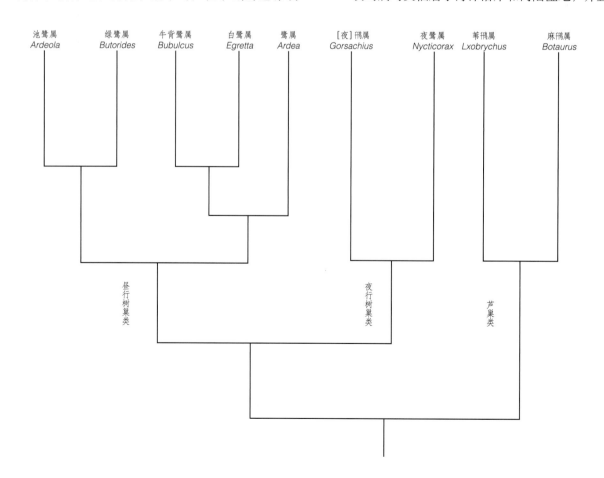

鹭科各属鸟类亲缘关系示意图

鹭类和鸦类

鹭类和鸦类大多以鱼
类为食，多采取静候
突袭的策略。图为捕
获小鱼的黄斑苇鸦。
沈越摄

在淡水湖、半咸水湖和咸水湖都有可能出现。它们
是夜行性或晨昏性鸟类，白天躲在覆盖度高的灌木、
乔木或芦苇丛中，如红树林沼泽地、河边密林、内
陆湖泊中航道两侧的芦苇地。

鸦类通常栖居在60°N～40°S之间的淡水湿地。
体形较大的鸦类，如大麻鸦，更喜欢栖息在温带地
区广阔的浅水区，以便轻松的行走。它们通常选择
水位相对恒定和具有高密度植被的环境，如芦苇和蒲
草地。而小型鸦类主要栖居在苇蒲地及其附近草丛。
黑苇鸦 *Ixobrychus flavicollis* 通常栖息在有茂密森林
的水源附近。但在迁徙期间鸦类能够占据的栖息
地类型很宽泛，包括内陆小范围的水域，甚至沿海
地区。

食性 鹭类和鸦类喜欢捕捉活的食物。大中型
种类多以鱼为食，它们常静立水边等待食物或在浅
水中漫步取食，也有一些种类如大白鹭、苍鹭常在
水域附近的草原或沙地觅食小型啮齿动物和蜥蜴。
小型种类以鱼、虾、螺、昆虫为食，有时也吃水草。

繁殖 鹭类和鸦类大多集群营巢，在草原与荒
漠地区它们主要将巢筑于苇丛或蒲草上，但在东北、
福建等地多在树上营巢。巢材与营巢环境有关，主
要为芦苇、蒲草或树枝。

多数为单配制，但每年都会结成新的配对。雌
雄共同筑巢，通常由雄鸟带回巢材，雌鸟进行巢的

搭建。每窝产卵2～6枚。雌雄共同承担孵卵任务。
孵化期与体形大小有关，孵化期21～28天，大型
种类的孵化期可长达30天以上，小型种类的孵化期
短，如黄斑苇鸦等小型鸦类孵化期仅14～15天。
雏鸟大多为晚成性。

鸣声 鹭类和鸦类的鸣声通常与求偶和竞争行
为紧密相联。多数物种在非繁殖季节不鸣叫，尤其
是中白鹭、池鹭和小苇鸦等；也有一些种类经常鸣
叫，如苍鹭、白鹭等。有些种类有特殊的鸣叫本领，
如从喉部发出刺耳的呱呱、咕咕声，有些种类则通
过打开和闭合上下喙来发声，例如夜鹭。在飞行期间，
啸鹭会发出很有特点的高频率呼叫。

大型鸦类会发出非常独特的鸣叫声。因为它们
拥有可以调节的气管，通过充气产生共鸣箱，并通
过大量的呼气发出低沉的低频声音，传播距离很远。
如大麻鸦在繁殖季节经常发出"Mu——Mu——"
低沉而相当响亮似牛叫的鸣叫声，5 km之外也能听
得很清晰。由于这些物种独自营巢，要通过鸣叫来
吸引雌鸟和保护领域，雌鸟会以相似的鸣叫来应答。
这种低沉的鸣叫一般会连续的发生数次，每次只间
隔几秒，尤其在黄昏时段。小型鸦类在吸引雌鸟时
发出的鸣叫通常是一系列很长的喉部发出的咕咕声
和呱呱声，如小苇鸦。而黄斑苇鸦的一种鸣声与老
虎的哼声非常相似。

鹭类多集群营巢于树上。图为华北地区在松树上集群营巢的苍鹭。沈越摄

习性　鹭科鸟类飞行速度很慢，也不很敏捷，但很有力。一般为扑翼飞行，飞行速度为28 ~ 56 km/h。飞行时颈部缩成"S"形，脚伸于体后，停栖时两腿多直立，体态似驼背状，颈也多缩曲，故有"水骆驼"之称。

除虎鹭属和苇鳽属鸟类独居外，大多数鹭类都是集群生活的。鹭类集群生活的好处主要有两方面：一是信息传递快，有利于在较短的时间内迅速找到食物丰富的区域；二是集群行为可以有效抵御天敌。但人们还不清楚在鹭类社会行为的演化中这两个因素哪一个发挥着更为决定性的作用。除此之外，集群营巢还对刺激生殖、缩短求偶时间和提高繁殖同步性等有影响。最近的研究表明，集群筑巢还有利于它们选择合适的伙伴。

在繁殖季节，大多数的日行性和夜行性鹭类都是集群的。有些物种混群营巢，在一个营巢地有上千个鸟巢。在大型的栖息地中，如坦桑尼亚的扎尕那山，有 50 000 对鹭类和其他物种的巢；另一个大的栖息地是在越南，1979 年调查时记录到 12 种鹭类，数量达 10 万只以上。

尽管在同一栖息地中，鹭类不同物种的巢通常是非常相似并且难以区分，但是详细的、定量的行为研究显示，在不同物种之间的巢位选择存在显著的差异。通常情况下，大型鹭类会将它们的巢置于栖息地中最高的位置。

在大型繁殖群落中，鹭类的捕食区域非常广阔。人们在地中海发现一个鹭类的混合群落，捕食区域达到 8600 hm²。在尼日尔三角洲，鹭类以群落栖息地为中心，在半径 20 ~ 30 km 的范围内搜寻食物，其中苍鹭的觅食范围半径可达 38 km。

苇鳽类不与其他鹭类混群，特别是体形较大的苇鳽，因为它们具有高度隐蔽的体色，而且被惊扰时会隐藏在植被中，身体直立，颈和喙近似垂直于地面，酷似苇草，并可持续数小时保持不动，天敌很难发现它们。

迁徙　鹭科中大多数鸟类都有季节性迁徙行为。研究结果表明，鹭类的迁徙活动一般发生在晚上。通常单独或小群呈线性迁徙，以此来节约能量。也有成大群迁徙的，如苍鹭的迁徙群有 200 ~ 250 只，夜鹭为几百只，而大白鹭则有成百上千只。对于单独活动的种类，如小苇鳽，它们通常组成 40 ~ 50 只的群体。偶尔也会发现混群迁徙的鹭类鸟群。

在欧洲繁殖的鹭类，大多数向西南方向飞至非洲中部越冬，少数迁飞到欧洲中南部或者印度；但在亚洲繁殖的迁徙群体，在繁殖过后，飞往亚洲南部和东南亚，远至马来西亚和印度尼西亚越冬；在北美洲繁殖的鹭类飞往北美洲南部、中美洲和南美洲的热带地区度过冬季。

鹭类具有强劲的飞行力，能够不停歇的飞行很远的距离。苍鹭可以保持连续的扑翼与短的滑翔交替飞行10多个小时，每小时的飞行速度为32～50 km。环志结果显示，一只白鹭在不到78小时内完成了1500 km的飞行。尽管鹭类喜欢沿着海岸线或者河流迁徙，但它们也会穿过沙漠。迁徙期间，草鹭、白鹭、池鹭等会在绿洲停歇觅食，而小苇鳽曾以单程航线穿过地中海和沙哈拉沙漠。

鹭类在繁殖期结束后，秋季迁徙之前，有分散的迁徙现象。这是鹭科家族中非常普遍的习性，目的是为了寻找新的食源地，从而可以降低在繁殖地的个体密度。这种分散的迁徙是广泛的，并且是向各个方向的，往往与秋季真正迁徙时去往的方向相反。年轻的苍鹭飞离繁殖地的平均距离在6月份可达150 km，在8月份是250 km。小苇鳽可能会飞离繁殖地220 km，而大白鹭和白鹭会飞离400 km，夜鹭甚至会飞离800 km以上。由于鹭类的分散迁移，人们可以在这些鸟类繁殖地范围外更远的地方观察到它们。

鹭类中有些物种显示出明显的漂泊趋势，如白颈鹭 Ardea pacifica、巨鹭 Ardea goliath、小蓝鹭 Egretta caerulea、牛背鹭等。由于强风，鹭类有时候也可以漂泊到距原分布区很远的地方，如在澳大利亚观察到黄斑苇鳽，美国东部海岸记录到苍鹭和白鹭，在冰岛、亚速尔群岛和加那利群岛见到大麻鳽，在大西洋南部的特里斯坦－达库尼亚群岛和戈夫岛上观察到白颈鹭、白鹭和绿鹭。

鸟类学家发现，气候变化可能使鹭类中某些种类的迁徙发生变化，如环境适宜时，苍鹭有留居繁殖地而不迁徙的趋势；近年来繁殖地气候变得更加温和，大白鹭和大麻鳽的迁徙范围也在缩小。研究者还发现，性未成熟的鹭类常年留在越冬地区的现象也是常见的，如苍鹭、草鹭和非洲大陆的马岛池鹭 Ardeola idae，而白鹭甚至与当地种群进行繁殖。

种群现状和保护 随着现代化工业和农业对地表的改造，全球湿地正在迅速消失和退化，生活在其中的鹭类和鳽类等水鸟则面临着栖息地丧失的威胁，因此种群数量普遍下降，多数体形较大的种类已处于濒危或易危状态。在中国，除了个别新记录种外，所有鹭类和鳽类均被列入保护名录，其中黄嘴白鹭、岩鹭、小苇鳽、海南鳽为国家二级重点保护动物，其他为三有保护动物。

鹭类和鳽类的飞行姿态很有特点，不同于大多数鸟类飞行时头颈伸直，它们颈部缩成"S"形。图为飞行的苍鹭。马正魏摄

苍鹭
Ardea cinerea

草鹭
Ardea purpurea

大白鹭
Ardea alba

黄嘴白鹭
Egretta eulophotes

白鹭
Egretta garzetta

non-br.

br.

牛背鹭
Bubulcus ibis

br.

non-br.

池鹭
Ardeola bacchus

绿鹭
Butorides striata

夜鹭
Nycticorax nycticorax

♀ ♂

紫背苇鸦
Ixobrychus eurhythmus

♂

♀

黄斑苇鸦
Ixobrychus sinensis

大麻鸦
Botaurus stellaris

♀ ♂

栗苇鸦
Ixobrychus cinnamomeus

苍鹭

拉丁名：*Ardea cinerea*
英文名：Grey Heron

鹈形目鹭科

形态　大型鹭类，是中国体形最大的鹭类。体长约 96 cm，体重 900～1000 g。眼先裸露皮肤黄绿色。喙黄色，嘴峰褐色。胫裸露部分和跗跖后缘黄色，跗跖前缘黄褐色，趾淡紫褐色，爪黑色。雄鸟繁殖羽的头、颈、胸腹部及尾下覆羽白色，头顶两侧及枕部黑色，羽冠黑色，其中两枚冠羽特长，长约 20 cm。前颈中部有一黑色纵纹，胸部披有长形白色丝状羽毛，前胸两侧至肛周有深黑色大块斑纹。上体灰色，两肩及肩间披有灰色长羽，羽端分散，呈灰白色，具纤细的蓝黑色羽干纹。尾羽灰色，羽轴黑褐色。飞羽与背同色。雌鸟繁殖羽颜色与雄鸟相似，只是黑色羽冠稍短，背、肩部羽色较深。繁殖期过后，雄鸟和雌鸟枕部的两枚长羽脱落，背、肩部羽色变深，呈浅褐灰色。

分布　几乎分布于全国各地，自东北、内蒙古，西抵甘肃、青海、四川中部及西南部为夏候鸟，云南西北部为留鸟，台湾为冬候鸟。国外分布于欧洲、亚洲、非洲的中部和南部。在中国草原与荒漠地区，3 月上旬开始有少数苍鹭迁来内蒙古草原中的湖泊，最早记录到的迁来日期是 3 月 5 日（2000 年）。大多数苍鹭在 3 月中下旬陆续迁到，未见有成群迁来的。10 月下旬迁离内蒙古草原。

栖息地　栖息于淡水和咸水湖泊、沼泽、河流、海岸、三角洲及开阔的草地。在内蒙古分布于海拔 1000～1500 m 之间的湿地。在贵州见于海拔 2400 m 的地方，而在印度西北部可见于海拔 3500～4000 m 的高原上。

习性　经常单个或成对站在湖边浅水中，单腿直立，颈缩在两肩之间。飞行时颈缩成 "S" 形，两脚向后伸直，飞行速度缓慢。夜间多成群栖息于湖中沙洲或高大的树上。白天多一动不动地站立在苇地边或捕鱼的网箱上，双眼紧盯水面，等待着鱼类等食物的到来；黄昏时，经常在浅水中边走边觅食，如 1986 年 4 月 15 日 19：30～20：30，在乌梁素海见有 14 只苍鹭在浅水中不时低头觅食。育雏期曾多次见到苍鹭静立在湖泊周围的沙地中，捕食走近的蜥蜴和沙土鼠等小型陆生动物。1986 年 4 月 11 日，在浅水苇丛见到 10 对苍鹭，它们成对活动，时而飞起，时而又落在苇丛中觅食，每次只飞 5～10 m 远。

食性　主要在湖泊、河流、浅水沼泽区捕食鱼类，也吃虾、蜥蜴、蛇、软体动物、水生昆虫，甚至一些小鸟。研究人员在内蒙古乌梁素海对 8 只苍鹭的胃进行剖检，全部胃中都有鱼，大多是鲫鱼，其中 2 个胃中有蜥蜴、虾和蝼蛄。苍鹭捕食鱼类的长度一般为 10～25 cm，但有时也吃重达 500 g 的鱼。平均日食量 330～500 g。

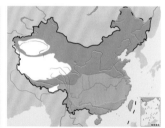

苍鹭。左上图为繁殖羽，聂延秋摄，下图为非繁殖羽，杨贵生摄

苍鹭一般在高大的树上或岩壁上用树枝筑巢，图为在树林里集群筑巢的苍鹭。宋丽军摄

繁殖 繁殖期 3～6 月。迁来北方草原与荒漠湖泊的初期，常单独在冰雪初融的湖边浅水区觅食。3 月下旬，它们飞入远离居民点的苇蒲地深处，开始选择巢区，进行营巢活动。苍鹭常和草鹭、大白鹭集群营巢。1986 年观察的一个鹭类群巢，巢区面积约 200 m²，共有 16 个鹭巢，其中大白鹭 2 巢，草鹭 12 巢，苍鹭 2 巢，2 巢苍鹭的巢间距仅 2 m，苍鹭与草鹭巢最近距离为45 m，苍鹭与大白鹭巢最近距离为 8 m。雌雄共同完成筑巢任务，它们把巢建在上年未被收割的芦苇丛或蒲草丛上。大多数巢是将芦苇或蒲草向心弯折，以此为基础，然后在上面堆放 20～30 cm长的枯芦苇编造而成。开始产卵时巢还很简陋，为浅盘状；在产卵后期及孵化期间，亲鸟用枯苇秆不断加高巢缘。巢底距水面约50～100 cm，不受水位变化的影响。卵长椭圆形，淡绿色。产下第 1 枚卵后亲鸟就开始坐巢孵卵。雏鸟属晚成鸟，刚出壳时整个身体湿润，柔软无力，不能站立，不能抬头，用半导体点温计测得 0 日龄雏鸟的腋下温度为 37 ℃，泄殖腔温度 36 ℃。刚孵出的雏鸟体重 45 g，体长 131 mm，嘴峰 15 mm，嘴裂 24 mm，跗跖长 20 mm，中趾长 15 mm，中爪长 2.5 mm，翅长 15 mm。双亲育雏约 40 天后，雏鸟方可由亲鸟带领觅食。

在草原与荒漠地区，苍鹭也筑巢于苇丛深处，以干枯的芦苇茎叶为巢材。图为在内蒙古达里诺尔芦苇丛中的苍鹭巢和巢中雏鸟。宋丽军摄

内蒙古乌梁素海湿地苍鹭的生活史参数（杨贵生，1996）

窝卵数	4～5 枚
卵大小	57 mm×41.25 mm
卵重	62 g
孵化期	23～26 天
从啄壳到出雏耗时	24～72 小时

种群现状和保护 IUCN 和《中国脊椎动物红色名录》均评估为无危（LC）。20 世纪 90 年代，欧洲的苍鹭种群数量在增加，大约有 10 万只；而亚洲的种群数量较少并有减少的趋势，如1990 年国际水禽与湿地研究局统计到 34 811 只，1993 年统计到23 689 只（IWRB，1990，1993）。目前虽不是全球受胁物种，但应注意保护，特别是要对它们的栖息环境进行保护。苍鹭在中国的数量也在减少，1990 年冬季统计到 18 347 只，1993 年仅 6 088只。繁殖季节，内蒙古的苍鹭数量较多，为常见种，2011～2016年在内蒙古达里诺尔、乌梁素海等湿地 7 月份的密度达每平方千米 6.5 只，被列为中国三有保护鸟类。

与人类的关系 苍鹭的主要食物是鱼类，但因种群数量不高，对当地渔业生产不构成危害，而在维持湖区自然生态平衡方面有一定作用。它们捕食啮齿动物，对人类有一定益处。

草鹭

拉丁名：*Ardea purpurea*
英文名：Purple Heron

形态 体形较苍鹭稍小，体长约 95 cm，体重 950～1200 g。眼先裸露皮肤黄色，喙暗黄色，胫裸露部分黄色，跗跖和趾栗褐色。额、头顶、枕部羽毛蓝黑色，枕部着生两条灰黑色长羽，悬垂于头后。背、腰、尾上覆羽及尾羽暗灰褐色，上背两侧靠近翼角处各有一撮棕色矛状羽。颏、喉白色，颈部棕栗色，自两侧嘴裂处各有一条蓝黑色纵纹，向后经颊至枕部。前颈基部具有浅银灰色杂有蓝黑色的矛状羽，下胸和腹部中央蓝黑色，其两侧和上胸暗棕栗色。双翅初级飞羽和初级覆羽暗褐色，次级飞羽深灰色，次级覆羽灰褐色。幼鸟额基蓝黑色，头顶和枕部浅栗棕色，头顶两侧杂有蓝黑色羽毛，具短的栗棕色羽冠。颏、喉白色，颈部浅棕色，具黑褐色纵纹。

分布 在东北、华北、内蒙古、甘肃、陕西南部、长江中下游为夏候鸟或旅鸟，云南为留鸟，广东、四川、福建、台湾、海南为旅鸟或冬候鸟，偶见于新疆。国外分布于欧洲西部、亚洲和非洲。3 月上旬迁来内蒙古草原，10 月下旬迁走。迁入内蒙古南部的时间较到达黑龙江扎龙湿地的时间早 15～20 天。

栖息地 栖息于湖泊、水库、河流、沼泽及草地，喜栖于稠密的芦苇或蒲草丛中。

习性 常 3～5 只成小群活动。有时在浅水中慢步觅食，有时单脚站立于水边，等待鱼类等食物的到来。在内蒙古乌梁素海，草鹭喜欢在水稍深的浅滩及航道两侧取食，有时在开阔水面漂游，姿态颇像天鹅，很少像大白鹭及苍鹭一样在岸边草滩活动。飞行时头颈缩于两肩之间，呈 "Z" 字形，脚向后伸直于尾后。鸣声响亮而带嘶哑，似 "呱呱" 声。

食性 食物主要是鱼，也吃鼠类、昆虫和水草，有研究发现在微山湖草鹭的食物中有负蝗和飞蝗。

繁殖 繁殖期 4～6 月。3 月上旬迁来内蒙古草原时已配对，双双觅食一段时间后，于 4 月初开始繁殖。在芦苇地或高草丛中营群巢，与苍鹭、大白鹭的巢混在一起。巢区周围的苇莲稠密，人类行走十分困难，巢区水深 80 cm 左右，距明水区 50～300 m。巢以把芦苇或香蒲的茎叶从四周向内弯折作为基础，上面以苇秆、苇叶及蒲草编织而成，内蒙古乌梁素海的巢内垫有苇穗等柔软物，而黑龙江扎龙湿地的巢中没有任何铺垫物。雌雄共同营巢。在孵

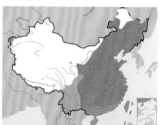

草鹭。左上图为成鸟繁殖羽，沈越摄；下图为幼鸟，杨贵生摄

草鹭主要以鱼为食，但也会捕食鼠类。图为内蒙古草原上在鼠洞前等候猎物的草鹭。杨贵生摄

卵后期有补巢现象。刚产下的卵深蓝色，第 2 天稍变浅，第 3 天变为灰蓝色，之后颜色越来越浅。在产卵期若有人触动或偷去巢中的卵，草鹭往往会把剩下的卵也抛出巢外，1986 年邢莲莲等研究者在内蒙古乌梁素海观察了 4 窝，均有此现象，有些甚至连被动过的巢也弃掉，而在近旁另造新巢。产下第 1 枚卵便开始坐巢孵卵。内蒙古乌梁素海繁殖种群的产卵间隔较短，大多间隔 1 天，未见有如黑龙江扎龙湿地一样间隔 3～5 天的情况，孵化期则较扎龙繁殖种群长约 1～2 天。由于产卵间隔时间不同，而且产下第 1 枚卵即开始孵卵，所以雏鸟孵出的时间不同。

刚孵出的雏鸟颈下、后腹部及腋下裸出，只在头、背部及尾部有稀疏湿润的绒毛，能在巢中爬行。出壳 12～14 天后，其颈两侧、肩部、翅上侧、腹、背及尾部都长出了羽干，羽干端生有一撮羽枝。约 13 日龄的雏鸟在人靠近时可立即从巢中爬出，钻到巢下苇丛中隐蔽，受惊时往往把食物吐出。近 50 日龄后，往往晚上回巢，白天在离巢 10～20 m 的苇丛上呆立，2 个月后就可飞到离巢区较远的明水浅滩觅食。

据邢莲莲等研究者 1986 年在内蒙古乌梁素海的研究，10 巢草鹭产下 41 枚卵，共孵出雏鸟 30 只，孵化率 73%。但幼鸟成活率很低，4 日龄前死亡 13 只，死亡率 43%；4 日龄后死亡率降低，直到 16 日龄，期间只死亡 2 只，存活 15 只。可见草鹭的种群增长较慢，1～16 日龄幼鸟成活率仅 50%。实际上成活率还要更低，因为 16 日龄后的幼鸟还有被淘汰的可能。

研究者在观察草鹭繁殖习性的同时，重点研究了其雏鸟的生长发育规律，并用数学公式进行模拟，探讨了幼鸟的成活率和当时气候的关系。草鹭跗跖、嘴峰、尾长生长较慢，而体重及飞羽生长最快并和日龄间呈曲线相关。据普遍规律，幼鸟的生长大多符合逻辑斯蒂曲线，如郑生武（1983）在人工饲养情况下对蓝马鸡幼鸟生长发育规律的研究，发现幼鸟从刚出壳到成长至成鸟体重期间，其体重和日龄间的关系符合逻辑斯蒂曲线。但在野外自然状态下 15 日龄后的草鹭雏鸟就难以捕捉了，研究者只能获得 15 日龄之前的数据，只能代表雏鸟早期的发育情况，最终得到的体重和日龄之间关系符合幂函数曲线，类似逻辑斯蒂曲线拐点以前的部分。

种群现状和保护 IUCN 和《中国脊椎动物红色名录》均评估为无危（LC）。种群数量比苍鹭少。1990 年冬季在亚洲部分地区统计到 1585 只，其中中国 295 只；1993 年冬季在亚洲统计到 2 140 只，在中国仅见到 31 只。近年来内蒙古草鹭的数量明显减少，如 40 年前草鹭在乌梁素海为常见种，1995 年后逐年减少，变为少见种。其主要原因可能与水环境污染有关。草鹭不但吃部分昆虫和鼠类，而且具有观赏价值，应加强保护。在中国被列为三有保护鸟类。

内蒙古乌梁素海草鹭的生活史参数

巢缘距水面	90～155 cm
巢大小	外径 80～106 cm，内径 35～50 cm，高 25～40 cm，深 7～14 cm
窝卵数	3～5 枚
卵大小	长径 53～64 mm，短径 40～42.5 mm
卵重	46.5～54 g
孵化期	23～26 d

注：数据来源于杨贵生 1986 年 5 月对 3 个巢的测量

内蒙古乌梁素海草鹭雏鸟的生长发育度量（1986年5月9～24日）

观测日期	日龄（d）	体重（g）	体长（mm）	嘴峰（mm）	嘴裂（mm）	跗跖（mm）	翅长（mm）	第1枚飞羽长（mm）	尾长（mm）	体温（℃）	气温（℃）
9/5	0	40.5	120	15	22	22	17			39	
10/5	1	45	120	16	25	23	18				
11/5	2	50.5	125	16	27	23	17			40	
12/5	3	70	144	19	32	28	18			35	15
13/5	4	94	150	20	32	30	20			36.5	19
14/5	5	128	200	23	35	33	23			37.5	21
15/5	6	159	232	24	37	39	27			38	28
16/5	7	195	235	28	43	39	39			39	26
17/5	8	235	270	32	45	43	33	2		38	24
18/5	9	290	273	35	49	55	47	6		39	21
19/5	10	345	280	39	55	57	52	10	5	39	23
20/5	11	375	310	43	60	60	57	12	9	36	18.5
21/5	12	435	320	45	64	67	67	16	10	37	22
22/5	13	470	355	49	66	70	73	21	11	37	23
23/5	14	525	370	51	69	75	87	28	16	31	20
24/5	15	540	410	54	71	80	87	31	17	37	20

大白鹭

拉丁名：*Ardea alba*
英文名：Great White Egret

鹈形目鹭科

形态 体形最大的白色鹭类。体长约95 cm，体重1300～1500 g。喙黑绿色，先端黄绿色，胫裸露部分淡紫黄灰色，跗跖和趾、爪黑色。繁殖羽全身雪白色，上背及肩部生有弧形排列的三列长蓑羽，向后延伸至尾部，最长蓑羽近350 mm，末端超过尾部。蓑羽羽干呈象牙白色，羽枝远端无羽小枝，分散成发状。非繁殖羽与繁殖羽相似，但背部无蓑羽，喙黄色，尖端黑色，面部及眼周裸露皮肤黄绿色。幼鸟全身亦白色，与成鸟非繁殖羽相同。

分布 在新疆、内蒙古、东北、北京、福建、云南为繁殖鸟，甘肃、陕西南部、青海东部、西藏、山东、河南、长江下游、江西、广东为旅鸟和冬候鸟。国外分布于欧洲东南部、非洲南部、亚洲、美洲中部和南部及澳大利亚和新西兰。3月上旬迁来中国北方，10月下旬～11月初迁离。

栖息地 栖息于河流、湖泊、水田、沼泽地等各种湿地环境。主要在海拔较低的平原和山地丘陵活动，但也有记录在前苏联海拔1 800 m的高地营巢，在安第斯山脉北部常漫游到海拔3 000～4 000 m的高度活动。大白鹭在内蒙古的栖息高度为海拔100～1 200 m。

习性 喜集群。1986年3月29～4月13日，研究人员先后6次在乌梁素海观察，分别见有30只、100只、12只、50只、12只、50只的大白鹭群在浅水中觅食或休息。成群休息或觅食时，常有2只担任警戒任务，不时伸头环视周围动静，当人靠近大约

大白鹭主要以鱼类为食，多采取静候突袭策略。图为捕得鱼类后从水面飞起的大白鹭。沈越摄

100 m远时，放哨的大白鹭先飞起，其他的随即起飞，向湖深处飞去。成对活动时则通常一只放哨站岗，另一只低头取食或颈曲成"Z"形休息。

内蒙古的3～4月，天气多变，常刮大风。在大风天，常见大白鹭成群呆立在芦苇湾避风，如1986年4月13日下午刮起约6级西风，研究人员在浅水苇湾发现50只大白鹭成单排或双排站成不太规则的队，并陆续有3～5只小群的大白鹭参加到这个队列中。

食性 主要以鱼、两栖类、蛇、蜥蜴、水生昆虫、甲壳类为食，也吃陆生昆虫、小鸟和小型兽类。1986年研究者剖检大白鹭胃3个，其中2个胃中全是鱼，1个胃中有鱼和蜥蜴。早春(3月下旬～4月中上旬)，常成群在食物丰富的湖泊岸边浅水中觅食。

繁殖 繁殖期在3～7月。常与苍鹭、草鹭、白琵鹭集群营巢于芦苇丛中。在内蒙古乌梁素海繁殖的大白鹭，多选择在远离居民点的苇蒲地营巢。巢筑于上年未被收割净的干苇丛和干蒲丛中。巢区离明水面约30～200 m，水深70～80 cm，水位变化幅度不大，蒲苇多成片生长，相对比较稀疏，光线和通风性较好，有利于大白鹭等鹭类孵卵育雏。巢区周围苇莤极稠密，人畜难以徒步进入。大白鹭巢高出水面80～115 cm，故在新生芦苇未长高之前极易被发现。当芦苇高度长到1.5 m以上时，巢变得十分隐蔽。在鹭类巢区营巢的还有赤嘴潜鸭、白骨顶和凤头䴙䴘等水鸟。

大白鹭迁来不久，就寻找适合的营巢地点进行营巢活动，营巢任务由雌雄鸟共同承担。多数大白鹭每年选择新巢区，少数在旧巢区筑巢，但未见有用旧巢的。在内蒙古乌梁素海从3月下旬开始营巢，比黑龙江扎龙湿地早大约1个月，可能是因为这里早春气温回升比东北地区早。据1986年对5个巢的测量，巢高30～40 cm，外径80～108 cm，内径40～50 cm，深8～14 cm，巢址水深80 cm左右。巢底距水面较高，因此不易受水位变化的影响。大白鹭筑盘状悬巢，它们把枯苇秆或蒲秆向心弯折，以此

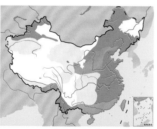

大白鹭。上图为繁殖羽，沈越摄；下图为非繁殖羽，杨贵生摄

为巢基，在其上堆集小段苇秆编织成巢。巢的结构较为简陋，内垫物也仅是些细苇茎、苇叶及苇穗等，没有发现毛发等内垫物。大白鹭在孵卵期间有补巢现象，多半是用苇秆不断加高巢缘，当雏鸟发育 10 多天后，又在巢旁弯折干蒲苇并踏出一个 1 m² 左右的平台作为雏鸟活动场地。

在乌梁素海繁殖的大白鹭每年产卵一次，窝卵数 4~5 枚，多数为 4 枚。产卵间隔 1~2 天。刚产出的卵天蓝色，无斑点，随后卵色逐日变浅，呈灰蓝色。据 9 枚卵测量，卵平均重 66 g，卵径 63.96 mm×42.52 mm。大白鹭产出第一枚卵后就开始孵卵。孵卵由雌雄亲鸟共同完成。在孵卵期间，亲鸟十分恋巢，不轻易弃巢。孵化期为 27~28 天。从啄壳到雏鸟出壳需 20~40 小时。每窝雏鸟全部出壳要延续 6~9 天。当小雏出壳后，亲鸟把卵壳啄出巢外水中。

大白鹭卵的孵化率很高，1986 年研究者在乌梁素海统计了 5 巢 21 枚卵的孵化情况，其中 4 巢中的卵（共 17 枚）全部孵出，只有 1 巢（共 4 枚卵）中的 1 枚卵没有出雏，孵化率达 95%。

1986 年 5 月 7 日研究者在乌梁素海苇地深处的蒲草丛中观察到了大白鹭雏鸟的出壳过程，当时巢中有 3 只雏鸟和 1 枚卵，卵距钝端 0.5 cm 处被雏鸟啄开一个小孔，随后在小孔旁 0.5 cm 处又啄一孔，并不断啄大孔径。破壳过程中雏鸟每隔 15~20 分钟鸣叫一次，每次鸣叫持续几秒至 20 秒。

大白鹭雏鸟属晚成鸟，刚孵出的幼雏腹部极大，突出如球状，体被灰白色胎绒羽，但前颈、腹部和腋下裸露无羽，全身湿润。1 日龄，胎绒羽变干。7 日龄，背两侧、腹两侧和两肩长出带状布局的羽毛，刚出壳时的胎绒羽仍在新羽尖端，飞羽羽鞘破裂，长出羽枝。10 日龄，胎绒羽褪掉，尾羽长出，能站立，当人接近时，一边大声鸣叫一边探出脖子用嘴啄人，已有较强的自卫能力。15 日龄，眼先裸区黄绿色，飞羽长 37 mm，见人靠近便离巢躲到巢外平台。17 日龄，体羽开始长出羽枝。21 日龄，白色体羽基本

大白鹭的巢和卵。杨贵生摄

全身刚长满白色体羽的大白鹭幼鸟。杨贵生摄

覆盖全身。26 日龄，飞羽长 127 mm，尾羽长 56 mm，有扇翅动作，经常在巢外平台活动，见人靠近时跳出巢外，在巢区走动，捉之困难，但不能飞。40 日龄能扇翅跳飞，已很难捉到。45 日龄，飞羽长 238 mm，尾长 130 mm，能飞 3~5 m 远。50 日龄，已具备了飞行能力，在巢区上空自由飞翔，但并不远离巢区，仍由双亲喂养。研究者带回一只 48 日龄的雏鸟，在实验室用小鲫鱼喂养，此时尚不会自主取食，把小鱼塞到它嘴里时会立即咽下，直到 59 日龄才能主动啄食盘中的鱼。

在测量体长拉颈时，大白鹭雏鸟常有逆呕现象，10 日龄曾一次吐出 3 条长 50~60 mm 的小鲫鱼，14 日龄吐出 1 条长 100 mm 的鲫鱼。

大白鹭雏鸟成活率很高，研究者观察的 5 巢孵出的 20 只雏鸟全部成活至飞离巢区，成活率达 100%。虽然期间研究者每天进入巢区观察一次（约半小时），但没有对它们的孵化率和成活率造成明显影响。

种群现状和保护　19 世纪和 20 世纪早期，大白鹭羽毛的贸易导致其种群数量急剧下降和分布区缩小。自 20 世纪禁止羽毛贸易以来，大白鹭的数量逐渐增多。如在美国东南部的佛罗里达，1912 年仅有大白鹭 800 只，到 20 世纪 30 年代增加到 80 000 只。但在古北区西部，主要由于其栖息地的丧失，仍然受到威胁。在亚洲，1990 年冬季的调查在西南亚记录到 766 只，南亚 13 737 只，东南亚 1023 只，东亚 2536 只，总计 18 062 只。1992 年冬季调查统计到西南亚 6676 只，南亚 24 084 只，东南亚 883 只，东亚 1192 只，总计 32 835 只。数量明显增加。但在中国的数量较少，1990 年冬季记录到 2271 只，1993 年 2200 只（IWRB，1993）。在内蒙古为常见种，20 世纪 80 年代中期鸟类迁徙季节在乌梁素海可见到 100 多只的大群，但近年来数量有减少的趋势，应加强保护。

日龄	观察时间	体温（℃）腋下	泄殖腔	气温（℃）	体重（g）	体长（mm）	嘴峰（mm）	嘴裂（mm）	跗跖（mm）	中趾（mm）	中爪（mm）	翅长（mm）	飞羽长（mm）	尾长（mm）
0	5月5日	34	–	–	49	111	10.5	27	20	16	2	17		
1	5月6日	40	–	–	55	155	13	28	22	18	2	18		
2	5月7日	38	37.5	–	67	170	17	29	25	20	2.2	19		
3	5月8日	37.5	37.5	–	90.5	182	19	31	30	22	2.5	21		
4	5月9日	41	39	–	119	212	22	34	31	26	3	24		
5	5月10日	–	–	–	147	219	23	41	40	30	3.5	27		
6	5月11日	39.5	38.5	–	196	230	25	42	41	32	4	28		
7	5月12日	39	36	15	248	260	29	45	43	35	4	34	2	
8	5月13日	39	37	19	375	272	31	53	48	41	5	42	4	
9	5月14日	39	37	21	315	280	35	56	60	49	5	50	7	
10	5月15日	40	38.5	28	390	303	36.5	60	64	52	5.5	55	13	3
11	5月16日	39	63	26	425	350	41	62	68	62	6.5	63	15	5
12	5月17日	38	37	24	500	360	44	67	70	66	7	70	18	7
13	5月18日	39	39	21	525	395	48	73	75	67	8	74	21	8
14	5月19日	39	38	23	600	397	51	75	80	78	9	85	25	12
15	5月20日	38	37	18.5	665	400	53	79	80	80	9	100	37	15
17	5月22日	39	39	23	700	415	59	87	83	83	10	127	47	20
19	5月24日	39	38	20	785	445	63	92	87	87	11	142	57	28
21	5月26日	40	40	30	857	510	69	100	90	90	11	170	83	30
23	5月28日	39	40	29	865	560	75	105	93	93	11	195	105	34
26	5月31日	41	40	34	955	600	80	115	96	96	13	220	127	56
30	6月4日	–	–	31	1100	610	86	123	98	98	14	270	165	65
45	6月19日	–	–	–	–	780	100	128	103	103	17	362	238	130

表题：内蒙古乌梁素海大白鹭雏鸟的生长发育度量（数据来源于杨贵生等1986年5月的测量）

白鹭

拉丁名：*Egretta garzetta*
英文名：Little Egret

鹈形目鹭科

　　体长约 61 cm。通体白色。似大白鹭，但体形较小，嘴裂不达眼后，喙和脚均为黑色，趾黄色。广分于欧洲、亚洲和非洲，在北方为夏候鸟，南方为留鸟。在中国主要分布于长江流域及以南地区，在草原与荒漠地区为夏候鸟，但并不常见。IUCN 和《中国脊椎动物红色名录》均评估为无危（LC）。被列为中国三有保护鸟类。

黄嘴白鹭

拉丁名：*Egretta eulophotes*
英文名：Chinese Egret

鹈形目鹭科

　　体长约 68 cm。通体白色。似白鹭，但体形稍大，喙黄色，脚黑色偏黄绿色。繁殖于西太平洋沿岸，从俄罗斯、朝鲜、韩国到中国，越冬于菲律宾、印度尼西亚和马来西亚。在草原与荒漠地区罕见，迁徙偶经内蒙古东南部。IUCN 和《中国脊椎动物红色名录》均评估为易危(VU)。被列为中国国家二级重点保护动物。

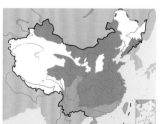

白鹭。左上图为繁殖羽，杨贵生摄；下图为非繁殖羽，夏乡摄

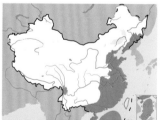

黄嘴白鹭繁殖羽。左上图沈越摄，下图聂延秋摄

牛背鹭
拉丁名：*Bubulcus ibis*
英文名：Cattle Egret

鹈形目鹭科

体长 46～55 cm。头、颈、嘴橙黄色。通体乳白色。繁殖羽头、颈、上胸呈淡黄至橙黄色，前颈基部着生橙黄色蓑羽，背上具一束桂皮红棕色蓑羽。非繁殖羽几全白色。分布于亚洲南部及非洲北部、北美东部和南美中北部，越冬于南太平洋诸岛及澳大利亚等地。在国内大部分地区有繁殖，包括内蒙古草原地区。常伴随牛活动，喜欢站在牛背上或跟随在耕田的牛后面啄食翻耕出来的昆虫和牛背上的寄生虫。IUCN 和《中国脊椎动物红色名录》均评估为无危（LC）。被列为中国三有保护鸟类。

牛背鹭。左上图为繁殖羽，沈越摄；下图为非繁殖羽，郭亮摄

池鹭
拉丁名：*Ardeola bacchus*
英文名：Chinese Pond Heron

鹈形目鹭科

体长约 50 cm。虹膜黄色。嘴黄褐色，尖端黑褐色。脚橙黄色。繁殖羽头、后颈、胸红棕色，颏和腹部白色，背部黑色；两翅和尾羽白色，飞翔时明显可见。非繁殖羽颈部具黑褐色和黄白相间的纵纹。广布于欧洲、亚洲和非洲，在中国除黑龙江外均有分布，在草原与荒漠地区为夏候鸟。IUCN 和《中国脊椎动物红色名录》均评估为无危（LC）。被列为中国三有保护鸟类。

池鹭。左上图为繁殖羽，沈越摄；下图为非繁殖羽，唐文明摄

绿鹭
拉丁名：*Butorides striata*
英文名：Striated Heron

鹈形目鹭科

体长约 43 cm。头顶及冠羽黑色，翅及尾青蓝色并具绿色光泽，羽缘皮黄色，形成翼上特征性斑纹；腹部粉灰色，颏白色。幼鸟具褐色纵纹。分布于亚洲东部、欧洲及非洲中部，在中国分布于东北、华北、华东、华南和西南地区，在草原与荒漠地区为夏候鸟。IUCN 和《中国脊椎动物红色名录》均评估为无危（LC）。被列为中国三有保护鸟类。

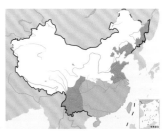

绿鹭。左上图沈越摄，下图彭建生摄

夜鹭

拉丁名：*Nycticorax nycticorax*
英文名：Black-crowned Night Heron

鹈形目鹭科

形态 中等体形的鹭类，体长约54 cm，体重500～550 g。喙黑色，眉纹白色，眼先裸露皮肤黄绿色，跗跖和趾黄绿色。雄鸟额、头顶、枕部、羽冠棕黑褐色，额基杂有白色，枕部生有两枚长约120 mm的带状白羽。上背及两肩暗黑褐色，腰、尾上覆羽及尾羽灰棕褐色。双翅棕褐色，内侧初级飞羽、次级飞羽具白色端斑。颏喉部、前颈白色沾淡灰色，胸腹部淡灰白色，羽缘淡棕褐色。雌鸟与雄鸟羽色大致相同，但枕部没有白色带状长羽，颏喉部羽毛白色。亚成体上体棕褐色，翅和尾羽具白色星状端斑。

分布 在东北中部和南部、河北、内蒙古、河南、山东青岛、甘肃、陕西南部、四川西至雅安、峨眉山、长江流域以南地区为夏候鸟，华南为留鸟。国外分布于欧洲、亚洲、非洲的热带地区和南非，也分布于美洲中部和南美洲。

栖息地 栖息于淡水、稍咸的水域和咸水环境，尤其喜欢栖于长有水生植物的湖泊、水塘、沼泽地及岸边有树的河流。

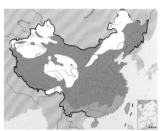

夜鹭。左上图为繁殖羽，沈越摄；下图为非繁殖羽，唐文明摄

在树上集群营巢的夜鹭。赵纳勋摄

习性 多在夜间活动。喜集群，白天结群隐藏于苇丛或密林中。在乌梁素海，乘船在远离居民点的航道中行进时，时而可见夜鹭猛然从航道两侧的苇丛中飞起。

食性 以鱼、蛙、蝌蚪、蛇、蜥蜴、昆虫及其幼虫、蜘蛛、甲壳类、软体动物、小型啮齿动物、其他鸟的卵及幼鸟为食。内蒙古大学的研究人员于1986年6月14日剖检1胃，胃内发现21条线虫。在内蒙古乌梁素海常钻入网箱取食鱼类。

繁殖 集群营巢于树上或芦苇丛中，有时在悬崖上甚至地上营巢。繁殖期在5～7月。在乌梁素海营巢于苇丛中，雌雄共同筑巢，巢的结构相当简陋，系各种苇茎叶堆集而成。也有用旧巢的习惯。巢大小为（40～51）cm×（28～32）cm，深8～9 cm，高12～15 cm。窝卵数3～5枚。卵呈卵圆形，淡蓝色。卵重23～27 g，大小为（41.0～47.5）mm×（30.5～37.0）mm。产卵间隔约48小时，产第1枚卵后即开始孵卵，孵卵期约21天。孵卵由雌雄鸟共同完成。双亲育雏，雏鸟出壳2～3天内靠双亲喂食，之后雏鸟啄亲鸟的嘴，使亲鸟把食物吐出。雏鸟3～4周离巢，但此时仍不会飞，直到近6周才独立。2～3年性成熟。

种群现状和保护 种群数量较多，分布广泛。IUCN和《中国脊椎动物红色名录》均评估为无危（LC）。马来西亚的种群数量从1965年的4 000只增加到1986年到12 000只；但自20世纪90年代以来，数量锐减，1990年1月见到2529只，1993年1月1只也没有见到。印度1990年1月记录到11 099只，1993年1月6657只。非洲热带地区种群数量较多，1990年估计有70 000～100 000只。1990年中国记录到3318只，1992年见到3168只（IWRB，1992）。水环境恶化是导致夜鹭种群数量迅速减少的主要原因。被列为中国三有保护鸟类。

黄斑苇鳽

拉丁名：*Ixobrychus sinensis*
英文名：Yellow Bittern

鹈形目鹭科

形态 小型鹭类，体形较小而瘦，体长约 35 cm，体重 50～90 g。喙和脚长，飞行时颈部弯曲。眼先裸露皮肤淡黄绿色，嘴淡黄色，嘴峰暗褐色，跗跖和趾黄绿色。雄鸟额、头顶和枕部羽黑色，头侧淡棕色沾紫色，颏、喉部白色，有淡棕色中央纵纹。前颈淡棕色，颈侧及后颈栗红色，胸部淡棕黄色，胸两侧具黑色斑，腹部、两胁和尾下覆羽淡黄白色。背、肩部暗棕褐色，腰和尾上覆羽石板灰色。飞羽和尾羽黑色。雌鸟似雄鸟，只是头顶黑色部分较少，不达到上颈，颏、喉一直延伸到胸部的中央纵纹较雄鸟显著。幼鸟的头上部、颈部具有黑色斑纹，前颈、胸部的黑色纵纹粗著而密集。

分布 国内自东北中部和西南部、内蒙古南部、河北、山东、山西，西抵陕西南部、四川西昌，南抵云南西部和东南部以东地区为夏候鸟；台湾兰屿、广东及海南为留鸟。国外分布于日本、印度半岛、斯里兰卡、中南半岛、印度尼西亚诸岛屿、新几内亚岛及加罗林群岛。5 月初迁来中国北方，于 10 月上旬迁离，居留期约 5 个月。

栖息地 栖息于湖泊、水库、沼泽地，常在苇蒲地、岸边草

地活动，也经常在苇丛间飞翔，落在苇秆上休息。因体色似枯苇而不易被发现。

食性 以昆虫、螺蛳、小鱼为食，也吃水草及草籽。据 8 月份 13 个胃的剖检，12 个胃中有昆虫，其中 8 个胃内容物 100% 是昆虫；仅 3 个胃中有鱼，3 个胃中有水草和草籽。

繁殖 在芦苇和蒲草丛中营巢。将芦苇弯折作为支架，内垫苇枝及苇叶而成。巢距水面 80～100 cm，巢外径 15～19 cm，内径 10～12 cm，高 10～13 cm。窝卵数 6～7 枚，卵为卵圆形，白色无斑。据 13 枚卵的测量，卵平均重 8.6 g，平均大小为 24.5 mm×32.5 mm。一边产卵一边孵化，孵化期 20 天，幼鸟 14～15 天离巢。刚孵出的雏鸟体重仅 7 g，体长 77 mm，嘴峰 9 mm，翅长 11 mm，跗跖 13 mm。除腹部和下颈外，全身被有金黄色绒羽。嘴淡黄白色，虹膜黑褐色，脚肉色。身体相当软弱，双脚不能站立，但已能吱吱鸣叫，可抬头、不停地扇动双翅、笨拙地移动身体，并已能睁眼。在乌梁素海，黄斑苇鳽于 6 月份营巢产卵，7 月份育雏。1988 年 8 月 20～24 日，见有很多黄斑苇鳽 在湖边沼泽地觅食，也有的在水中水草上觅食，其中有当年幼鸟。

种群现状和保护 IUCN 和《中国脊椎动物红色名录》均评估为无危（LC）。在内蒙古乌梁素海和哈素海数量较多，为常见夏候鸟。1990～1993 年国际水禽研究局组织的亚洲隆冬水鸟调查统计到的数量较少：1990 年在南亚记录到 46 只，东南亚 1 416 只，东亚 196 只；1993 年在南亚记录到 371 只，东南亚 75 只，东亚 280 只。在中国 1990 年记录到 196 只，1992 年 25 只，1993 年 284 只。被列为中国三有保护鸟类。

黄斑苇鳽。左上图为雄鸟，沈越摄；下图为雌鸟，王志芳摄

捕得小鱼的黄斑苇鳽。沈越摄

紫背苇鳽

拉丁名：*Ixobrychus eurhythmus*
英文名：Von Schrenck's Bittern

鹈形目鹭科

　　体长约 33 cm。雄鸟头顶黑色，上体紫栗色，下体具皮黄色纵纹，喉中央有一条深色纵纹形成的中线向下延伸至胸部。雌鸟整体褐色，上体具黑白色及褐色杂点，下体多纵纹。分布于欧洲、亚洲和非洲北部，在中国分布于东北、华北、华东、华南和西南地区，在草原与荒漠地区为夏候鸟。IUCN 和《中国脊椎动物红色名录》均评估为无危（LC）。被列为中国三有保护鸟类。

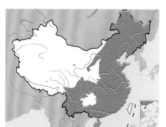

紫背苇鳽。左上图为雄鸟，沈越摄；下图为雌鸟，聂延秋摄

栗苇鳽

拉丁名：*Ixobrychus cinnamomeus*
英文名：Cinnamon Bittern

鹈形目鹭科

　　体长约 41 cm。雄鸟上体栗色，下体黄褐色，喉中央有一条深色纵纹形成的中线向下延伸至胸部，两胁具深色纵纹，颈侧具偏白色纵纹。雌鸟偏褐色，下体多纵纹。分布于东亚、东南亚和南亚，在中国分布于辽东半岛和华北、华东、华南和西南地区，在草原与荒漠地区罕见，仅偶见于内蒙古南部。IUCN 和《中国脊椎动物红色名录》均评估为无危（LC）。被列为中国三有保护鸟类。

栗苇鳽。左上图为雄鸟，沈越摄；下图为雌鸟，聂延秋摄

大麻鸦

拉丁名：*Botaurus stellaris*
英文名：Eurasian Bittern

鹈形目鹭科

形态 大麻鸦体形较大，体长约 76 cm，体重 750～860 g。嘴黄绿色，跗跖和趾绿黄色。雄性额、头顶、枕部棕黑色。眉纹淡黄白色，具褐色小点。后颈下部及颈侧棕黄色，有波浪状细棕黑色横纹。上体余部包括背肩部、尾羽和两翅内侧覆羽均呈棕黄或淡棕栗色，其中背肩部有数条粗著的黑色纵纹，翅内侧覆羽具有不太规则的虫蠹状棕黑色斑纹。两翅飞羽、外侧覆羽及小翼羽棕红色，有褐色横斑或不规则大斑纹。颏、喉及前颈中部淡黄白色，从颏至胸有棕褐色纵纹。胸、腹部棕黄色，具褐色纵纹，两胁具虫纹状褐色横纹。雌性羽色似雄性，只是稍暗淡些。幼鸟似成鸟，但头顶偏褐色，体羽较暗淡。

分布 在新疆、内蒙古中东部、东北北部、河北为夏候鸟，东北南部、山西、甘肃、河南、山东为旅鸟，长江流域、云南南部、广东、福建、台湾为冬候鸟。国外分布于欧洲、亚洲及非洲。

 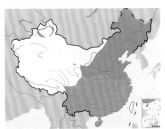

大麻鸦。左上图沈越摄，下图沈岩摄

在苇丛深处伪装成芦苇的大麻鸦。柴江辉摄

栖息地 栖息于湖泊、河流、池塘等湿地的芦苇丛、草丛中。

习性 夜间活动，白天大多栖于苇地深处。在繁殖季节，白天经常可以听到大麻鸦发出的"Mu，Mu…"低沉而相当响亮的鸣叫声，似牛叫，在岸上几千米之外的人也能听到，故当地人称其为"水牛"。大麻鸦性不畏人，见人接近时，将嘴向上伸，散开颈部似枯苇状的长羽，伪装成芦苇以迷惑人。除繁殖期外常单只活动。1986 年 4 月中旬，研究人员在乌梁素海苇地见有 1 只大麻鸦站立在苇茬间，体羽松散，远远望去与雕鸮相似。

食性 主要食物是鱼和昆虫，也吃少量水草和苇叶。1983 年 8 月 19 日和 1989 年 4 月 13 日剖检了 3 个胃，1 个胃中有鱼，2 个胃中有昆虫，2 个胃中有苇叶，1 个胃中有水草。

繁殖 在苇蒲地营巢繁殖。每窝产卵 4～6 枚。卵棕绿色，大小为 49.5～54.5 mm×38.0～39.5 mm。雌鸟孵卵，孵化期为 25～26 天。雏鸟晚成，留巢哺育期为 56 天。1 年性成熟。

种群现状和保护 自 19 世纪以来，由于栖息地破坏、环境污染、猎捕等原因，种群数量普遍减少。尤其是欧洲地区，种群数量明显下降，1976 年统计到 2500～2700 对，1992 年估计有 1020～1350 对。在亚洲地区种群数量亦较少，国际水禽研究局组织的亚洲隆冬水鸟调查 1990 年记录到 991 只，1992 年 258 只，1993 年 1338 只（IWRB，1990，1992，1993）。在中国 1990 年记录到 892 只，1992 年 230 只，1993 年 379 只。在内蒙古的数量较少，为少见种。应注意保护其栖息地。

鹰类

- 鹰类指鹰形目鸟类，全世界共4科75属266种，中国有2科25属55种，草原与荒漠地区有2科17属35种
- 鹰类翅大而宽阔，喙强大粗壮，端部具钩，基部有蜡膜，脚强而有力，爪弯而具钩，雌鸟体形多大于雄鸟
- 鹰类均为肉食性鸟类，飞行能力强，目光敏锐，听觉发达，多单独或成对觅食
- 鹰类位于食物链顶端，是维持生态系统平衡的重要一环，在中国均被列为国家一级或二级重点保护动物

类群综述

分类和分布 鹰类指鹰形目（Accipitriformes）鸟类，包括鹗科（Pandionidae）、鹰科（Accipitridae）、蛇鹫科（Sagittariidae）和美洲鹫科（Cathartidae）。在传统分类系统中，它们与隼科（Falconidae）一起组成了隼形目，但基于全基因组的鸟类系统演化树显示原隼形目中隼科以外的4个科与隼科的亲缘关系较远，应分离出去组成独立的鹰形目。还有研究甚至认为美洲鹫科也应独立为美洲鹫目（Cathartiformes）。

鹰形目全球共75属266种，全世界除南极和少数海洋岛屿外均有分布。中国分布有鹗科和鹰科。鹗科仅1属1种，即鹗 Pandion haliaetus，广布于除南美洲外的世界各大洲，中国大部分地区均可见到，在北方草原与荒漠地区繁殖。鹰科是鹰形目数量最为庞大的科，也是鸟类中最大的科之一。全世界共68属256种，中国有24属54种，其中鹰属 Accipiter 7 种，鹞属 Circus、𫛭属 Buteo 各6种，海雕属 Haliaeetus、兀鹫属 Gyps 及雕属 Aquila 各4种，𫛭鹰属 Butastur 3 种，蜂鹰属 Pernis、鹃隼属 Aviceda 和鹰雕属 Nisaetus 各2种，黑翅鸢属 Elanus、鸢属 Milvus、栗鸢属 Haliastur、隼雕属 Hieraaetus、棕腹隼雕属 Lophotriorchis、渔雕属 Ichthyophaga、白兀鹫属 Neophron、胡兀鹫属 Gypaetus、秃鹫属 Aegypius、黑兀鹫属 Sarcogyps、短趾雕属 Circaetus、蛇雕属 Spilornis、乌雕属 Clanga 及林雕属 Ictinaetus 各1种；草原与荒漠地区有16属34种。

形态特征 鹰类体形大小不一，变化幅度很大，如分布于南美的珠鸢 Gampsonyx swainsonii 全长不到 25 cm，体重不足 100 g；几种大型雕类的雌鸟体重则达 4 ~ 6 kg，有的甚至达到 7 ~ 9 kg；最大的秃鹫 Aegypius monachus 重 8 ~ 12.5 kg；大多数𫛭、鸢、鹞及苍鹰的体重在 250 ~ 1300 g 之间；鹰类体长通常在 40 ~ 80 cm，仅一些具长尾的大型鸟类体长达 100 ~ 150 cm；高山兀鹫的最大翼展超过了 3 m，胡兀鹫 Gypaetus barbatus 和秃鹫的翼展为 250 ~ 280 cm，而有些种类翼展不足 50 cm。与大多数鸟类恰好相反，猛禽的雌鸟体形大于雄鸟，且越是凶猛的种类雌雄两性体形差距越大。雌雄体形的差异还会随鸟类食性的不同而不同，其中腐食性猛禽雌雄体形差异相对较小，甚至一些种类雄性体形稍大。

与隼类一样，鹰类也都拥有强壮有力且弯曲锐利的喙及爪，而与隼类不同的是，隼类上嘴两侧各具一枚齿突，而鹰类大多无齿突（仅鹃隼属具有双齿突），喙基部被以蜡膜或羽须。其中鹗演化为专食鱼类的猛禽，具有一些与其独特生活方式相适应的形态特征。例如，羽毛密集紧凑且富含油脂、鼻孔具瓣膜，这有助于在潜水时将水隔离；腿相对较长、爪锋利而特弯曲，这适于捕鱼；外趾能向后反转成对趾型、趾底和跗跖后缘具有刺突，这些都有助于抓紧和携带光滑的鱼；此外，鹗与其他食鱼鸟类一样有着长长的小肠，有助于消化鱼刺、鱼骨等。

大多数鹰类成鸟雌雄羽色相似，但雌鸟较为暗淡。鹗的羽毛为白色和黑色，形成鲜明对比，头部羽毛呈鳞片状；其他鹰类往往通体黑褐色或灰褐色，

左：鹰类以其矫健的身姿与强大的攻击力为人所熟知，大型种类更是威武强健，堪称空中霸主。图为捕食的棕尾𫛭。王志芳摄

鹰科鸟类的翅形钝而宽圆，适于高空翱翔。初级飞羽打开后在翅尖分离，形如叉开的手指，被称为"翼指"，图为在空中翱翔的草原雕。邢睿摄

一些种类体羽颜色变异较大，分为暗色型、淡色型及中间型，如大鵟 *Buteo hemilasius*、普通鵟 *Buteo buteo*。鹗的翅尖而长，第 3 枚初级飞羽最长；鹰科大多数鸟类的翅短而阔，善翱翔，外侧 4～5 枚初级飞羽远端的内翈具有深缺刻而变窄。鹰类的尾型十分多样化，其中鹗的尾呈扇形，鹰属的尾较长且呈方形，蜂鹰属的尾稍圆，鸢属的尾呈叉状，鹞属的尾长而窄，呈方形或稍圆，鵟属的尾长而宽呈圆形，雕属的尾长度适中呈圆形或近圆形，海雕属的尾呈圆形或楔形。

演化关系　在传统的形态、解剖、行为、换羽模式等研究的基础上，化石记录及分子生物学等手段使得人们更加准确地认识猛禽之间的系统发育关系。虽然鹰类和隼类过去长期被归在同一目下，但至今没有化石资料表明这些昼行性猛禽各科有共同的祖先，各科的相似性有可能是类群多地起源后的趋同进化结果，化石资料或现存鸟类物种中都没有其近亲。猛禽的系统分类研究仍处于初级阶段，因此现在的分类只是暂定的。

最早的猛禽化石是距今 7500 万年的英国始新世鹰类化石。来自 3500 万年前始新世晚期和渐新早世期的法国以及渐新世早期的南美洲的鸟类化石，其形态似鹗，但与现存的鹗在种系发生上没有关联，而二者均有可能起源于冈瓦纳。

鹗的化石记录至少可追溯到 1000～1500 万年前的中新世中期，西欧、北美和巴哈马群岛的中新世晚期至更新世的化石发现表明，鹗的分布范围和现在差别不大。鹗科作为单独一科或是鹰科下的亚科一直存在争议，近年来的 DNA 杂交实验结果支持其作为鹰科下的亚科。

由于现在通常将鹗单独作为一科，因此鹰科没有亚科。鹰科依据其形态特征或生态习性的异同，可划分为鸢、鹰、雕、鵟、鹞等，传统分类学中也有人称之为亚科。分布于非洲、亚洲和欧洲的 5 种旧大陆秃鹫（鹰科）在外形上与美洲大陆的 7 种新大陆秃鹫（美洲鹫科）极为相似，但二者来自不同的祖先，其外形的相似性是对相同生活方式的趋同进化结果。已知旧大陆秃鹫来自中新世早期到更新世晚期，与新大陆秃鹫同样分布在美洲大陆，但前者后来在该地区消失了。

栖息地　鹰类主要栖息于高山、平原、海岸、草原地区，栖息环境多样。鹗是适应水域环境的典型代表，由于其腿长至多能伸到水下 1 m，只能捕食栖息或活动于浅滩或海岸线的鱼类，因此其分布也受到食物可获得性的限制，常在江河、湖泊、水库、河流、沼泽地一带活动。某些海雕和秃鹫有时从远离海岸的地方飞到鄂霍次克海和白令海，从流动的冰山中捕鱼。有大量的种类栖息于森林和林地，南美州的原始雨林中有多达 18～20 种鹰。凤头蜂鹰 *Pernis ptilorhynchus* 多在稀疏林中或森林周围却从

鹰类

不在森林内部和干旱平原活动；黑鸢 Milvus migrans 广泛分布于河流沿岸、山地、草原、疏林及村镇等；而鹰属鸟类则栖息于森林、林缘及灌丛，部分种类也活动于平原、农田及村镇；鹞属鸟类主要栖息于开阔平原、草原或林缘，部分种类栖息于湿地附近、沼泽地。雕类常活动于森林地带和高山草原；鹞类常在开阔的草原、农田及村庄附近活动。很少的种类栖息于农田，部分鹞会在周围有林地的农田活动。雀鹰、部分鸢和鹞会在绿化良好且有着丰富小型鸟类的城镇、郊区及居民区活动。

许多种类在不同地区、不同季节的栖息地会发生变化，比如欧洲或者北美的鹞和雀鹰繁殖季节在温带地区的森林和林地营巢，在这些栖息地以外觅食，而在冬季则白天活动于农田、公园或稀疏林地，夜晚返回林地边缘栖息。北美的白头海雕 Haliaeetus leucocephalus 和欧亚大陆的白尾海雕 H. albicilla 营巢于河湖岸边的林地，白天到开阔的湿地觅食，晚上返回森林夜栖。温带候鸟通常选择与其繁殖地环境结构非常类似的地方越冬，例如，3 种欧亚大陆繁殖的鹞迁徙到非洲或印度时会根据它们对繁殖地的偏好选择越冬栖息地，白头鹞 Circus aeruginosus 占据最西部地区，草原鹞 C. macrourus 占据最干旱的地区，乌灰鹞 C. pygargus 则在中间的草原活动。

食性　草原与荒漠地区的鹰类均为肉食性，多单独或成对觅食。它们通常选择数量较为丰富且容易捕获的猎物（幼雏、生病个体或老年个体），其食物包括哺乳动物、鸟类、鸟卵、昆虫、爬行类、鱼类、腐肉及垃圾。鹗捕食活的鱼类，偶尔也吃死鱼及鼠类；玉带海雕 Haliaeetus leucoryphus、虎头海雕 H. pelagicus 等也主要以鱼类为食；兀鹫主食腐食，食物贫乏时也吃小型动物或昆虫等；凤头蜂鹰主要食昆虫；普通鵟、毛脚鵟 Buteo lagopus 等主要以鼠类、鸟类等为食；黑鸢的食谱广泛，从腐肉到啮齿动物、鱼类、两栖类和昆虫均可作为其食物。

鹰类的觅食方式随它们的栖息地结构和食物类型及形态适应性而变化。最常见的捕食方式是栖于树上或土丘上伺机捕食，而一些翅膀大而宽阔的种类捕食时在开阔生境上空缓慢翱翔或低空盘旋，发现猎物后迅速直下掠之；食虫性鹰类则边飞边捕食，其翅形尖锐似隼类，适于迅速飞行追捕猎物。鹗通常缓慢飞行于水面上空 10 ~ 40 m 的高度，一边飞行一边寻找猎物，发现猎物后立即俯冲而下抓捕猎物；一些鵟和雕集群觅食，有助于提高捕食成功率；秃鹫不仅依靠其高度敏锐的视力，还依靠其他鸟类的发现而寻找动物尸体；黑鸢、玉带海雕有时会盗取其他鸟类的食物。

鹰类占据不同的栖息地，遍布高山、平原、海岸、草原地区。图为在高山峡谷巡视的金雕。董磊摄

鹰科鸟类的食性分化较大，大部分捕食小型陆生脊椎动物，尤其是啮齿目和兔形目等小型哺乳动物，海雕捕食鱼类和水鸟，兀鹫主食动物尸体，蜂鹰则以昆虫为食。图为捕得一只松鼠的黑鸢。雷洪摄

鹰类通常在清晨或傍晚觅食，雨天多停止觅食。在森林或开阔地栖息的种类通常天亮后进行短时间的觅食，食虫类多在天亮 1 ~ 2 小时之后进行觅食，而利用悬飞进行觅食的种类通常觅食时间较晚，原因是它们必须等待暖气流。有些种类则利用一些昆虫黄昏时定期集群活动的特性在傍晚觅食。很少有种类在天亮前觅食，仅纹翅鸢 Elanus scriptus 会在黄昏甚至到有月光的晚上捕食夜间活动的啮齿类，而秃鹫偶尔在月光下进食腐食。

休息和沐浴 可能是飞行很费体力，许多猛禽白天花很长时间进行休息，再飞前常会伸展其双翼和腿，特别是大型种类有此习性。除了食腐的种类，大多数猛禽很少饮水。清晨时，许多种类喜欢在水中沐浴，如鹗；有些种类也进行日光浴。

繁殖 鹰类的巢多由树枝构成，内垫树皮、枯草及羽毛等。鹗营巢于树顶、悬岩、沼泽或小岛的地面，有利用旧巢的习性；巢址分散或营群巢，大多为一雌一雄，在群巢中有一雄多雌现象。鹰科鸟类营巢于悬崖、树上、芦苇深处、草丛或地面上，亦常沿用旧巢。

鹗通常雌鸟和雄鸟分别返回用过的旧巢址，特别是繁殖成功的巢址；巢址确定后，雌鸟常向配对的雄鸟乞食，饥饿时也会向附近的其他雄鸟乞食，雄鸟先在巢附近自己食用后再将鱼带给雌鸟。鹰科的部分鸟类是雄鸟留居或先到达繁殖地，部分为雌

鸟先到达，还有一些晚到的候鸟则是雌雄同时到达且似乎已经完成配对；雄鸟除了强烈的巢防御、配偶保卫及求偶喂食行为外，还进行飞翔展示来再次宣示其对领域的主权，以及吸引配偶或加强婚配关系。

鹰类通常一年繁殖一窝，雏鸟晚成性，双亲育雏，雄鸟捕食，传递给雌鸟，再由雌鸟饲喂雏鸟。鹗的窝卵数 2 ~ 4 枚，以 3 枚居多；雌雄共同孵卵，孵化期约 40 天；鹗 5 ~ 6 年达性成熟，也有的 3 ~ 4 年即可繁殖。鹰科鸟类的窝卵数随成鸟体形大小而异，大型种类 1 ~ 2 枚，小型种类 3 ~ 5 枚；孵化期长短亦是如此，大型种类长达 44 ~ 50 天，小型种类 26 ~ 30 天；性成熟的年龄也随体形大小而不同，小型鹰类 1 ~ 2 年性成熟，鸢类等 2 ~ 3 年，也有的需 4 ~ 5 年，体形最大的兀鹫甚至出生后 6 ~ 9 年才能开始繁殖。

鸣声 在繁殖期，鹰类雌鸟会向雄鸟发出乞食鸣叫。鹗常以鸣叫警告接近其巢或栖息地的入侵者，也用来吸引异性、宣示主权等。大多数的鹰类在迁徙和冬季很少鸣叫，在繁殖季节鸣叫，这通常与繁殖、空中炫耀、交尾、亲代照料、配对、领地防御及进攻等行为相关。不同种类的鸣声变化多样，但一种鸟类的鸣声变化是非常有限的。

迁徙 大部分温带地区及热带开阔地区的鹰类进行季节性迁移，可能是为了适应食物供应的季节

鹰类

性波动。通常有两种典型的情况：一种是全部种群在繁殖地和越冬地之间进行的长距离的有规律的迁徙；另一种是部分种群迁徙，即北方种群几乎全部迁徙而南方种群不迁徙，如鹗、雀鹰、白尾海雕、白头鹞等。前者最长的迁徙距离约每年 30 000 km，如斯温氏鵟 Buteo swainsoni。

鹗只有在冬季结冰的地区繁殖的种群才进行迁徙，分布于欧洲中部和北部的鹗均为候鸟，它们大多繁殖于地中海沿岸。而澳大利亚海岸繁殖的鹗，在繁殖期过后迁入内陆；北半球的鹗冬季向南迁到有一些鹗常年居留的地方越冬。北美和古北区的鹗，于夏末至初秋向南迁徙，常单独迁徙，约历时 1 个月到达越冬地，亚成体到得晚些，通常 11 月中旬绝大多数鹗已到达越冬地，2 月中下旬开始向北迁徙，迁徙速度比秋季快，通常返回原繁殖地。

几乎所有的猛禽都在白天进行迁徙，也有证据表明乌灰鹞和草原鹞能在晚上迁徙，无线电跟踪显示东方雀鹰 Accipiter brevipes 可能白天和夜晚交替迁徙。猛禽迁徙主要利用两种不同动力的飞行方式：翱翔和鼓翼。翅膀宽阔的鹰类迁徙时利用上升气流或热气流飞行，它们避免鼓翼飞行和横穿海域，因为海域仅有微弱的热气流。多选择天气好的时候在陆地上空集群迁徙，多种鸟类集成几百只的群很常见，如鹰、鸢、雕等，这样能够共享可利用的气流来节省能量。飞行高度通常距地面 200 ～ 1000 m，条件良好时它们能飞得很高，最高记录达 2000 ～ 4000 m，而斯温氏鵟在巴拿马上空甚至达 5000 ～ 6400 m，还曾有人在珠穆朗玛峰高达 8000 m 处发现一只金雕 Aquila chrysaetos 的尸体。鸢、鵟、鹰、雕、秃鹫等大型翱翔种类的迁徙路线有限，通常迁徙非常长的距离，途经生境也可能不宜停留或觅食，尤其是无法支持庞大的迁徙群体。因此很多种类演化出适应长距离迁徙的特征，比如在迁徙前积累脂肪。有资料显示，蜂鹰在迁徙途中可以几乎不进行觅食。

体形较小的鹰类如鹗、雀鹰及苍鹰等，虽然也能利用热气流，但它们一般通过鼓翼飞行进行长时间的迁徙。这使它们能有更广泛的迁徙路线、白天更长的迁徙时间及更轻易地穿过较为宽广的水域，常单独迁徙。利用鼓翼飞行的种类能够更好地选择适宜的停歇生境，以至于它们每天都可进行觅食，因此也不必积累脂肪。雀鹰的迁徙常与它们捕食的

鹰类营巢于悬崖、树上、芦苇深处、草丛或地面上。图为在悬崖上繁殖的草原雕。马鸣摄

同时期集群迁徙的雀形目小鸟有着紧密的联系。另外，有些较小的种类也利用热气流集大群进行长距离不停歇的迁徙。鹗大多数沿海岸或内陆的山脊迁徙，并不利用上升气流和热气流进行迁徙，因此个体通常可以穿越水域或沙漠，如加勒比海、地中海及撒哈拉沙漠，花费 40 ~ 60 h 迁飞约 2000 km。

每种鸟类都有自己的迁徙季节模式和日模式。例如，欧洲的黑鸢在 8 月最早离开，也是于 3 月最早返回。一些候鸟在秋季迁走的较晚，而春季很早就迁来。欧洲的黑鸢成鸟比幼鸟早离开 3 ~ 4 周；而短距离迁徙的种类正好相反，幼鸟比成年迁徙得早，而且大多数成鸟留居，如雀鹰和苍鹰等。有时成鸟和幼鸟在越冬地也有分离现象，如中非的草原雕。

成年猛禽一般对繁殖地有很强的专一性，甚至未成年鸟类也喜欢居留于出生地，或短距离扩散，通常温带鸟类均在出生地附近 100 km 之内活动。许多研究显示它们对越冬地也有类似的专一性。例如，鹗喜欢返回出生地进行繁殖，特别是巢址丰富的地方。当出生地巢址有限时，成对的鹗向更远的地方扩散。雀鹰和金雕返回同一栖息地或巢址的概率可能与前一年份的繁殖成功率和食物有关。

一些候鸟集群迁徙的地点，如山脊和狭窄通道，常被观鸟爱好者用来计数迁徙过境的鸟类从而跟踪其每年的种群状态。鹰类最令人印象深刻的迁徙地点当属中美洲地峡，在巴拿马一个秋季迁徙期间曾记录到 260 万只猛禽；位于红海东北端的埃拉特春季迁徙期间曾记录到 28 种近 120 万只猛禽；中国的北戴河也是重要的候鸟集群地点，每年春秋迁徙期间有数万甚至数十万只候鸟过境。

与人类的关系　猛禽自古以来都是诗人笔下吟颂的对象，人类受猛禽的启发而制造飞机、电子鹰眼等，部分种类还可驯养为猎禽用作捕捉其他小型动物。猛禽位于食物链的顶端，对其猎物的种群密度起着调节和控制作用，对阻断传染性疾病的传播起着积极作用。许多猛禽为腐食性，被誉为"自然界的清道夫"。其中，高山兀鹫是取食藏族人天葬尸体的主要鸟类之一，被视为"神鸟"。由于人类对自然界大规模的开发与利用，杀虫剂和重金属污染、灭鼠导致二次中毒及人为猎杀等，猛禽赖以生存的栖息环境和食物资源在不断减少，许多猛禽的繁殖能力和繁殖率下降，数量锐减。比如，鹗等以鱼类为食的猛禽常遭到渔民的捕杀；玉带海雕的尾羽是珍贵饰羽，胡兀鹫的尾下覆羽也曾被当作饰羽，因此遭到人类的捕杀。

种群现状和保护　在中国，所有猛禽都被列入国家重点保护的野生动物名录中，其中在草原与荒漠生存的 35 种鹰类中，属于国家一级重点保护动物的有金雕、白肩雕、胡兀鹫等 6 种，其余均为国家二级重点保护动物；列入《濒危野生动植物种国际贸易公约》（CITES）附录 I 的有白尾海雕和白肩雕 2 种，其余的均列入附录 II；列入《中日候鸟保护协定》、《中澳候鸟保护协定》的分别有 6 种和 1 种；被世界自然保护联盟（IUCN）列为濒危物种（EN）的有 2 种，易危物种（VU）3 种，近危物种（NT）4 种。

多数猛禽都要在越冬地与繁殖地之间往返，鹰形目猛禽多数白天迁徙。图为迁徙中的雌性鹊鹞。张明摄

鹰类

物种	学名	中国国家保护级别	中国濒危动物红皮书	中国脊椎动物红色名录	CITES	IUCN Red List 2019	中日候鸟保护协定	中澳候鸟保护协定
			中国草原与荒漠地区鹰形目鸟类的保护和受胁现状					
鹗	*Pandion haliaetus*	II	R	NT	II	LC	—	—
胡兀鹫	*Gypaetus barbatus*	I	V	NT	II	NT	—	—
白兀鹫	*Neophron percnopterus*	II	—	—	II	EN	—	—
凤头蜂鹰	*Pernis ptilorhyncus*	II	V	NT	II	LC	—	—
高山兀鹫	*Gyps himalayensis*	II	R	NT	II	NT	—	—
兀鹫	*Gyps fulvus*	II	—	NT	II	LC	—	—
秃鹫	*Aegypius monachus*	II	V	NT	II	NT	—	—
短趾雕	*Circaetus gallicus*	II	I	NT	II	LC	—	—
鹰雕	*Nisaetus nipalensis*	II	—	NT	II	LC	—	—
乌雕	*Clanga clanga*	II	R	EN	II	VU	—	—
靴隼雕	*Hieraaetus pennatus*	II	—	VU	II	LC	—	—
草原雕	*Aquila nipalensis*	II	V	VU	II	EN	—	—
白肩雕	*Aquila heliaca*	I	V	EN	I	VU	—	—
金雕	*Aquila chrysaetos*	I	V	VU	II	LC	—	—
褐耳鹰	*Accipiter badius*	II	R	NT	II	LC	—	—
日本松雀鹰	*Accipiter gularis*	II	—	LC	II	LC	◎	—
松雀鹰	*Accipiter virgatus*	II	—	LC	II	LC	—	—
雀鹰	*Accipiter nisus*	II	—	LC	II	LC	—	—
苍鹰	*Accipiter gentilis*	II	—	NT	II	LC	—	—
白头鹞	*Circus aeruginosus*	II	—	NT	II	LC	◎	—
白腹鹞	*Circus spilonotus*	II	—	NT	II	LC	—	—
白尾鹞	*Circus cyaneus*	II	—	NT	II	LC	◎	—
草原鹞	*Circus macrourus*	II	—	NT	II	NT	—	—
鹊鹞	*Circus melanoleucos*	II	—	NT	II	LC	—	—
乌灰鹞	*Circus pygargus*	II	—	NT	II	LC	—	—
黑鸢	*Milvus migrans*	II	—	LC	II	LC	—	—
白腹海雕	*Haliaeetus leucogaster*	II	I	VU	II	LC	—	◎
玉带海雕	*Haliaeetus leucoryphus*	I	V	EN	II	EN	—	—
白尾海雕	*Haliaeetus albicilla*	I	I	VU	I	LC	—	—
虎头海雕	*Haliaeetus pelagicus*	I	E	EN	II	VU	◎	—
灰脸鵟鹰	*Butastur indicus*	II	R	NT	II	LC	◎	—
毛脚鵟	*Buteo lagopus*	II	—	NT	II	LC	◎	—
大鵟	*Buteo hemilasius*	II	—	VU	II	LC	—	—
普通鵟	*Buteo japonicus*	II	—	LC	II	LC	—	—
棕尾鵟	*Buteo rufinus*	II	R	NT	II	LC	—	—

注：中国国家保护级别：I 为中国国家一级重点保护野生动物；II 为中国国家二级重点保护野生动物。中国濒危动物红皮书：E 为濒危；V 为易危；R 为稀有；I 为未定；一为未列入。中国脊椎动物红色名录：EN 为濒危；VU 为易危；NT 为近危；LC 为无危。濒危野生动植物种国际贸易公约（CITES）：I 为附录一；II 为附录二。世界自然保护联盟濒危物种红色名录（IUCN Red List）：EN 为濒危；VU 为易危；NT 为近危；LC 为无危。"◎"为列入中日、中澳候鸟保护协定的鸟类。

鹗
Pandion haliaetus

胡兀鹫
Gypaetus barbatus

juv.

ad.

白兀鹫
Neophron percnopterus

♀

♂

凤头蜂鹰
Pernis ptilorhynchus

兀鹫
Gyps fulvus

高山兀鹫
Gyps himalayensis

短趾雕
Circaetus gallicus

秃鹫
Aegypius monachus

乌雕
Clanga clanga

鹰雕
Nisaetus nipalensis

靴隼雕
Hieraaetus pennatus

ad.

juv.

juv.

ad.

浅色型

深色型

juv.

ad.

草原雕
Aquila nipalensis

juv.

ad.

白肩雕
Aquila heliaca

ad.

juv.

ad.

juv.

金雕
Aquila chrysaetos

ad.

ad.

juv.

juv.

褐耳鹰
Accipiter badius

日本松雀鹰
Accipiter gularis

松雀鹰
Accipiter virgatus

雀鹰
Accipiter nisus

苍鹰
Accipiter gentilis

白头鹞
Circus aeruginosus

白腹鹞
Circus spilonotus

白尾鹞
Circus cyaneus

草原鹞
Circus macrourus

鹊鹞
Circus melanoleucos

乌灰鹞
Circus pygargus

黑鸢
Milvus migrans

ad.

juv.

白腹海雕
Haliaeetus leucogaster

ad.

juv.

ad.

ad.

juv.

ad.

juv.

玉带海雕
Haliaeetus leucoryphus

白尾海雕
Haliaeetus albicilla

ad.

虎头海雕
Haliaeetus pelagicus

ad.

juv.

灰脸鵟鹰
Butastur indicus

毛脚鵟
Buteo lagopus

大鵟
Buteo hemilasius

普通鵟
Buteo japonicus

棕尾鵟
Buteo rufinus

鹗

拉丁名：*Pandion haliaetus*
英文名：Osprey

鹰形目鹗科

形态 体形中等，体长 55～58 cm，雄鸟体重 1.2～1.6 kg，雌鸟 1.6～2 kg。白色头部的顶部缀有较多黑色纵纹，黑色的过眼纹延伸至颈后。上体暗褐色，背肩部羽端棕白色。翅狭长，翅下覆羽主要呈白色，端部黑色。下体白色，胸部具棕褐色粗纹。雌鸟稍大于雄鸟，后者前胸及头顶处斑纹较少。幼鸟头顶、头侧和颈部的暗褐色纵纹较成鸟多，褐色胸斑较淡而不显著，尾羽先端淡色羽缘较宽。

分布 国外遍布于欧洲、非洲、亚洲、澳洲和南北美洲等温带和亚热带地区。国内见于新疆、青海、西藏、内蒙古东部（夏候鸟），内蒙古中部（旅鸟），内蒙古西部阿拉善盟和台湾（留鸟），黑龙江的哈尔滨、长白山地区，东南沿海、海南。

每年 3～4 月，3～5 只鹗沿着河流结群北返华北繁殖区，途经北京近郊玻璃河、永定河等水域停歇觅食；于 3～4 月迁到新疆；4～5 月迁到辽宁朝阳地区，9～10 月迁离；在浙江温岭湖水库为冬候鸟；部分鹗 9～11 月在台湾垦丁地区为过境鸟，部分则在当地越冬至次年 4 月迁离。

栖息地 常见于江河、湖泊、水库及海岸地带，有时在水面上空飞翔，有时停落于岩壁、乔木枝、水中木桩或堤岸上。

习性 繁殖期有领域行为；非繁殖期不存在领域行为，栖停行为约占所有行为的 48%，当受到其他鸟类驱逐和攻击时多采取逃避方式。

食性 主要以鱼类为食，因此又名"鱼鹰"，有时也捕食蛙、啮齿动物及鸟类，均为活物。捕鱼时常在距水面 10～40 m 的空中盘旋，发现鱼类后立即俯冲而下，用双爪抓捕，其外趾可以向后反转，而且趾底具刺突，可将鱼牢牢抓住然后带到树上或电线杆上啄食。通常单独取食，在食物充足时也集成小群共同捕食。

繁殖 在新疆 3 月底～4 月初营巢，常沿用旧巢。多为单配制，当雄鸟有能力同时守卫 2 个巢时也有多配偶的现象。营巢于距地面 10～20 m 的高树上或悬崖峭壁缝隙中，有时也在地面做巢。巢内铺以树皮、枯草、羽毛及碎纸等。窝卵数 1～4 枚，通常为 3 枚。孵化期 30～35 天，同窝雏鸟在 1～7 天内分别出壳。雏鸟晚成，3 年达到性成熟，而 60%～70% 的幼鸟并不能有幸存活到性成熟。生理寿命为 20～25 年。

种群现状和保护 非全球受胁物种，IUCN 评估为无危（LC）。第二次世界大战后，DDT 的使用使得欧洲中部地区鹗的繁殖成功率下降。1960 年代，美国切萨皮克种群数量每年降低 2%～6%。之后由于杀虫剂的威胁减少，在 1980 年代后期，芬兰繁殖种群达 900～1000 对，瑞典则至少有 2000 对。在中国，鹗的分布较广泛，但种群数量较低，近几十年来已不多见。在内蒙古有分布记录的地点偶尔可遇到 1～2 只，常单独活动。鹗常遭到渔民的捕杀，其繁殖能力和繁殖率由于受极端气候及人类活动的影响而降低。被列入 CITES 附录 II，在《中国濒危动物红皮书》中列为稀有物种（R），《中国脊椎动物红色名录》评估为近危（NT），被列为中国国家二级重点保护野生动物。

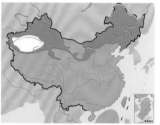

鹗的繁殖参数（马鸣，1991）	
巢大小	外径 1～1.4 m，内径 0.4～0.45 m 高 0.5～0.6 m，深 0.1～0.14 m
窝卵数	1～4 枚，通常为 3 枚
卵大小	64.5 mm×46.3 mm
卵重	75 g
孵化期	30～35 天
育雏期	42 天

鹗。左上图赵国君摄，下图唐文明摄

胡兀鹫

拉丁名：*Gypaetus barbatus*
英文名：Bearded Vulture

鹰形目鹰科

形态　体长 110～134 cm，体重 4500～7100 g，翼展 250～282 cm，是欧亚大陆翼展最宽的猛禽之一。雌雄相似。前额至头顶白色，眉纹黑色，枕和颈部淡橙色，颏下有簇极为明显的黑色羽须；上体黑褐色，有银灰色光泽；下体淡橙色，楔形尾呈黑褐色。跗跖被羽，羽毛覆盖到趾或几乎到趾。幼鸟全身羽色较深。

分布　分布于欧洲南部、非洲、中东及印度。在中国境内见于新疆、青海、宁夏、内蒙古、山西、甘肃、西藏、四川、云南、湖北、河北、辽宁等地。不迁徙，全部为留鸟。

栖息地　栖息于高山裸岩、草原及稀树草甸地带。

习性　单独活动，繁殖时结小群。常在山顶或山坡上空缓慢飞行和翱翔。

食性　以大型动物尸体为食，动物尸体约占取食总量的 85% 以上。除尸体腐肉外，也猎捕雉类、野兔等中小型脊椎动物。

1974 年在青海尖扎猎获的 2 只胡兀鹫胃内有旱獭爪、麝毛、羊蹄壳和毛等。常与秃鹫结群盘旋或翱翔于高空中，最高达 5500 m，在空中盘旋寻食持续时间可达 10 小时。当发现地面有尸体时，盘旋下降后降落在距尸体 50 m 左右处，窥视周围，确定无危险时才缓慢走向尸体取食，发现险情则迅速飞离。胡兀鹫还可借助尾的摆动和翅的微微转动在距地面 3～5 m 高度迅速飞行，追捕猎物。取食过程中似乎与渡鸦、秃鹫有互利关系：通常发现猎物后，首先渡鸦前来啄食，并高声鸣叫，随后秃鹫前来取食内脏，胡兀鹫最后来撕食肉骨，而渡鸦捡食碎屑。

繁殖　已知猛禽中繁殖周期最长的，几乎全年均在进行与繁殖相关的行为活动。通常为单配制，也有多配制（1 雌 2 雄，或 1 雌 3 雄），具领域行为。是中国唯一在冬季产卵孵化的猛禽，在欧亚大陆产卵期为 12 月上旬至 2 月中旬，而在南非为 5 月下旬至 7 月上旬。营巢于悬崖峭壁上。巢由枯草和灌木枝条搭建而成，内垫羽毛、兽毛、干草等。巢的平均直径为 1 m，高度为 0.6 m；有的巢直径甚至可达 1.5～2.5 m，高度可达 1 m，有些甚至可以容纳人类进入。在繁殖领域内通常有 3～5 个巢每年轮换利用，巢结构长期保持良好状态。窝卵数通常为 2 枚，偶有 3 枚和 1 枚。卵为黄褐色，具暗色斑，卵大小平均为 84 mm×66 mm。双亲共同孵卵和育雏，孵化期为 53～58 天。育雏期为 110～120 天。幼鸟孵出后 106～130 天会飞，7～12 个月才能独立生存。约 7 龄性成熟，寿命达 40 年以上。胡兀鹫是猛禽中产卵间隔（5～7 天）

胡兀鹫。左上图彭建生摄，下图王小炯摄

站在草原上的胡兀鹫。刘璐摄

和雏鸟异步孵化出壳间隔（5～8 天）最长的，这可能也是它年年繁殖却每年只能哺育成活 1 只雏鸟的原因。

种群现状和保护 19～20 世纪种群数量在欧洲、非洲南部和北部、亚洲西部急剧下降，尤其在欧洲。仅有少量的隔离种群存活，在 20 世纪 90 年代早期，非洲东部地区约有 1400～2200 对，中亚和喜马拉雅山地区似乎也有很多。在中国，1973～1987 年西藏和青海鸟类调查中仅在少数偏僻山区或天葬台有发现。近年来因草原大面积灭鼠导致二次中毒或人为猎杀而数量急剧下降，青藏高原的遇见率（调查期间随机遇见的胡兀鹫总数 / 有效野外工作天数）从 2.42 只 / 天（1992—1993 年）降低到 0.93 只 / 天（2010—2012 年）。此外，其尾下覆羽曾被当做饰羽而进入贸易市场，商品名为马鹰根子，也是受胁因素之一。IUCN 评估为近危（NT），被列入 CITES 附录 Ⅱ。《中国濒危动物红皮书》将其列为易危种（V），《中国脊椎动物红色名录》评估为近危（NT），被列为中国国家一级重点保护野生动物。

胡兀鹫的繁殖参数	
巢大小	平均直径 1 m，高 0.6 m
窝卵数	1～3 枚，通常为 2 枚
产卵间隔	5～7 天
卵大小	84 mm×66 mm
孵化期	53～58 天
育雏期	110～120 天

白兀鹫

拉丁名：*Neophron percnopterus*
英文名：Egyptian Vulture

鹰形目鹰科

小型兀鹫，体长约 85cm。成鸟整体白色，仅飞羽黑色，飞行时黑白分明，易于辨识。喙细长，面部裸皮和蜡膜黄色。幼鸟整体深褐色，有浅色斑点。广泛分布于南欧、北非、西亚和南亚。在中国 2012 年首次记录于新疆乌恰，2018 年再次在新疆塔什库尔干拍摄到。IUCN 评估为濒危（EN）。虽然是中国新记录种，但作为猛禽，天然属于国家二级重点保护动物。

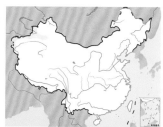

白兀鹫。左上图为幼鸟，董文晓摄，下图为飞行的成鸟，郭宏摄

凤头蜂鹰

拉丁名：*Pernis ptilorhynchus*
英文名：Oriental Honey Buzzard

鹰形目鹰科

形态 中型猛禽，体长约 55 cm。体羽颜色变异较大，分为深色型和浅色型，还有很多中间色型。深色型雄鸟通体栗褐色，具黑色羽干纹；头具短冠羽，头顶、头侧及耳羽为灰色，眼周有鳞片状小羽；颏及下喉白色或淡黄色，前颈黑色；胸和上腹部白色，缀黑褐色纵纹；飞羽和尾羽具褐色横斑。雌鸟似雄鸟而体形略大，头顶褐色，尾呈灰褐色而具横斑。

浅色型上体褐色或黄褐色，翅上有淡灰色横斑；下体白色，有些具浅褐色横纹；飞翔时飞羽和尾羽的腹面横斑不及深色型显著。

幼鸟上体黑褐色；次级飞羽色淡，与黑褐色尾羽均具横斑纹；下体白色，具黑色羽干纹。

分布 繁殖于中西伯利亚，东至萨哈林岛，以及日本和朝鲜，常年留居于菲律宾、马来半岛、印度尼西亚和印度等地。在中国境内繁殖于黑龙江、吉林、辽宁、内蒙古东北部、四川、云南，在内蒙古中部和西部、河北、山西、宁夏、青海、新疆、江苏、山东、云南、广西、广东、海南、台湾为旅鸟或冬候鸟。

栖息地 栖息于山区、丘陵的稀疏针叶林和针阔混交林中，有时也到林外村屯、农田和果园等人工林内活动。在长白山地区主要活动于海拔为 800~1100 m 的红松阔叶林带。

习性 常单独活动，快速扇动双翅从一棵树飞到另一棵树，偶尔也在森林上空缓慢滑翔，且边飞边鸣，似哨声"pi-ioa"。

食性 主要以蜜蜂、蝴蝶等昆虫的成虫和幼虫为食，亦兼食蝗虫、蛴螬等，有时捕食鼠类、蛙、蛇及小鸟等。通常在飞行中捕食，育雏期常将整个蜂巢衔回巢中。

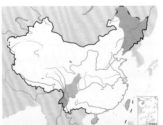

凤头蜂鹰。左上图沈越摄，下图王志芳摄

凤头蜂鹰的繁殖参数	
窝卵数	1~3 枚
卵大小	(49.8~58.2) mm×(37.9~46.2) mm
孵化期	30~35 天
孵卵模式	雌鸟孵卵
育雏期	40~45 天

繁殖 繁殖期 4~6 月。在树上营巢，巢呈盘状，主要由枯枝构成，内垫少许杂草。有时利用苍鹰和鸢的旧巢。每窝产卵 1~3 枚。卵淡灰黄色而带红褐色，密布咖啡色斑点。卵的大小为 (49.8~58.2) mm×(37.9~46.2) mm。雌鸟孵卵，孵化期 30~35 天。育雏期 40~45 天。

种群现状和保护 非全球受胁物种，IUCN 评估为无危（LC）。在北极繁殖带罕见，而在乌苏里兰较为常见，在日本罕见或局部常见。在长白山地区为夏候鸟，每年 4 月末或 5 月初迁来，9 月末或 10 月初迁离。据 1987—1989 年春、夏、秋三季 67.3 hm² 范围内的调查结果，遇见率为 0.12 只/hm²（高玮，2002）。在北京为迁徙过境鸟，2012 年以后的监测数据显示其春秋季迁徙高峰期分别是 5 月 11—15 日和 9 月 15—20 日，在高峰期迁徙的凤头蜂鹰占总迁徙数量的 70% 以上（张鹏，2016）。已被列入 CITES 附录 II，被《中国濒危动物红皮书》列为易危种（V），《中国脊椎动物红色名录》评估为近危（NT），被列为中国国家二级重点保护野生动物。

探索与发现 2014 年 5 月 1 日，几位重庆观鸟会的成员早早登上了巴南区南泉的铜锣山，这次观鸟是自 2013 年 5 月在缙云山等地观测到数千只以凤头蜂鹰为主的大规模猛禽过境后的一次摸底。在该地区，蜂鹰的迁徙路线是从西南到东北，恰好与重庆西南—东北走向的缙云山、南山、歌乐山等山脉走向一致，这些山脉有利于形成上升气流，猛禽飞行时可节省体力。鹰群随着气流盘旋、上升，形成一个"鹰柱"，场面十分壮观，其飞行高度甚至可高过飞机。出乎意料的是，当日过境猛禽飞得很低，突然就出现在了观鸟者的头顶处仅 20 m 左右的超低空中。当日记录到 2341 只猛禽过境，是 2014 年重庆首个"千猛日"（超过千只以上数量的猛禽过境日）（郝赢，2014）。

自然之友野鸟会猛禽组负责人、资深观鸟者宋晔记录了他在北京香山观察到的凤头蜂鹰迁徙过程：起初在头顶上只看到一只凤头蜂鹰，它并不着急飞走，而是在空中打转，飞出一个大大的正圆形。很快，第二、第三只蜂鹰陆续出现，从四面八方向这只靠拢，加入了盘飞的队伍，队伍不断壮大，数目很快增长到了几十只。最终形成一个由众多凤头蜂鹰在不同高度盘旋所组成的巨大"鹰柱"。不知过了多久，其中某只蜂鹰率先沿切线方向脱离鹰柱笔直飞去，其余个体纷纷跟随，一个临时团体未来一段时间的旅程就这样开启了（宋晔，2013）。

兀鹫

拉丁名：*Gyps fulvus*
英文名：Eurasian Griffon

鹰形目鹰科

形态 大型猛禽，体长95～110 cm，翼展近3 m。头及颈裸露皮肤黄白色，颈基部具松软的近白色翎领。亚成鸟具褐色翎领。甚似高山兀鹫，区别在于飞行时上体黄褐色而非浅土黄色，胸部浅色羽轴纹较细。下体浅色，尾呈平形或圆形。雌雄羽色相似，无季节性变化。

分布 广泛分布于古北界纬度较低的中纬度地区（温带与暖温带），包括中欧、北非、中亚及南亚。偶尔出现在中国的西部边陲，如新疆和西藏。

有2个亚种，指名亚种 *G. f. fulvus* 分布于欧洲南部、非洲北部至亚洲中部；印巴亚种 *G. f. fulvescens*，分布于阿富汗至印度北部。

栖息地 为了寻觅食物，活动范围很大，个体觅食范围半径达50～60 km。可能出现在丘陵、山区、空旷的原野。随着牲畜的季节性迁移和数量消长，兀鹫的活动区域和种群数量也相应变

化。战争年代会追随军队出征，收拾战场。

食性 喜食腐尸，特别是大型哺乳动物的软组织，如内脏和肌肉。偶尔也食野鸭和死鱼，很少攻击活物。

繁殖 产卵期变化很大，可能在12月及1～5月，甚至更晚。营巢于悬崖峭壁边缘或洞穴中，也有在树上。巢穴经常是松散地聚集在一起，这取决于悬崖的结构。巢由树枝搭建而成，巢内垫衬树叶和杂草。

种群现状和保护 19世纪到20世纪，欧洲、中东、非洲北部种群受到直接捕杀、毒杀捕食牲畜的猛兽等影响，数量骤减。在一些区域，食物减少、畜牧业管理模式的转变同样影响着其种群数量。近年，风力发电、电击、双氯芬酸类兽药的滥用等都对其构成巨大的威胁。IUCN评估为无危（LC），已经列入CITES附录Ⅱ。《中国脊椎动物红色名录》评估为近危（NT），被列为中国国家二级重点保护野生动物。

兀鹫的繁殖参数	
产卵期	12月，1～5月，通常在2月末
窝卵数	1枚
孵化期	48～54天
孵化模式	双亲孵卵
育雏期	110～115天
育雏模式	双亲喂养
性成熟	4～5龄

兀鹫

高山兀鹫

拉丁名：*Gyps himalayensis*
英文名：Himalayan Griffon

鹰形目鹰科

形态　体长 116～150 cm，体重 8000～12 000 g，翼展 260～310 cm。雌雄相似。头和颈部裸露，被象牙白色绒羽，颈基具淡黄褐色的披针形长簇羽（领羽）；背和翅上覆羽淡黄褐色；前胸布满白色绒羽，其余下体淡黄褐色。飞行时，下体和翼下覆羽的白色与黑色飞羽形成明显对比。幼鸟头部羽毛稀疏松软，上体黑褐色，具浅黄色纵纹；下体亦黑褐，具灰白色羽干纹。

分布　留鸟。分布于巴基斯坦、印度北部、塔吉克斯坦、吉尔吉斯斯坦。中国境内见于甘肃武威、岷山，青海祁连山，宁夏，内蒙古马鬃山北部边境、白音敖包自然保护区，四川北部，西藏南部，云南西双版纳和新疆天山。

栖息地　栖息于高山和高原地区，常在高山森林上部或高原草地、荒漠和岩石地带活动。主要活动于海拔 1500～4000 m 的高山，在尼泊尔甚至在海拔 5000 m 也有记录。冬季活动于低海拔地区，而少数幼鸟则到平原活动。据报道可飞越珠穆朗玛峰顶。

食性　主要取食腐肉，常结群撕食动物尸体。也取食兔、羊、雪鸡、旱獭，在食物贫乏时甚至取食蛙、蜥蜴、昆虫等。

鸣声　不善于鸣叫，鸣声似 "si-si" 或 "哼-哼" 的喉音。

繁殖　2012～2014 年马鸣等研究者在新疆天山对高山兀鹫的繁殖行为进行了系统研究。喜集群营巢，研究者在新疆天山发现的最长巢区绵延 7.3 km，有近 90 个巢，距离最近的另一个巢区约 47 km。沿用旧巢，每年会增加新的巢材。有相对固定的繁殖定居点，成鸟夜栖地离巢穴特别近。窝卵数通常为 1 枚。卵呈白色，偶见稀疏褐色斑点，卵平均大小为 94.8 mm × 70.1 mm。

孵化期约 50 天。在青藏高原每年 12～3 月营巢，1～4 月产卵，1～5 月孵卵，直到 7～10 月幼鸟才飞出。是中国境内育雏期最长的鸟类，从 3～4 月雏鸟破壳至 8～10 月幼鸟离巢，长达半年之久，最长甚至达 7 个月，再加上筑巢期、产卵期及孵化期，整个繁殖期跨度达 9～11 个月。雏鸟出壳期亲鸟具强烈的恋巢行为，受干扰离开后归巢非常迅速，通常 3 分钟后即返回卧巢暖雏；雏鸟 2～3 周龄时亲鸟的归巢时间约为 15 分钟；之后双亲或单亲在巢附近守候，不再卧巢暖雏。雏鸟 2～3 周龄时已能够站立和走动，有时站着理羽、打盹、伸腿、展翅、哈欠、晒太阳、排泄等，遇天敌干扰可躲藏到隐蔽处。与其他猛禽不同，高山兀鹫喂食是嘴对嘴将嗉囊内的碎肉吐给幼鸟，整个过程持续 5～10 分钟。先是幼鸟做出俯身、伸翅、呻吟、衔嘴、乞讨等动作，然后顶撞或叩啄亲鸟嗉囊，将喙伸入亲鸟口内，刺激亲鸟吐食。幼鸟一天大部分时间在睡觉，每天获得食物 1～2 次；后期运动频率增加，喂食次数却减少，1～2 天喂食 1 次。雏鸟 2 个月左右离巢。

种群现状和保护　作为中亚及青藏高原特有物种，也是中国分布的 8 种鹫类中最常见的一种。在贯穿巴基斯坦、印度、西藏和尼泊尔的喜马拉雅山脉地区为常见种，在华中地区的山脉属偶见种。据记载曾因取食中毒的老鼠导致二次中毒，引起种群数量下降。在青藏高原是取食藏族人天葬尸体的主要鸟类之一，被视为"神鸟"，受到当地人民的尊崇和保护。被列入 CITES 附录 Ⅱ，2014 年 IUCN 将其濒危等级从无危（LC）提升到近危（NT），2017 年评估仍为近危（NT）。在《中国濒危动物红皮书》中被列为稀有种（R），《中国脊椎动物红色名录》评估为近危（NT），被列为中国国家二级重点保护的野生动物。

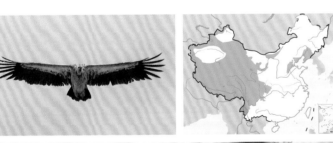

高山兀鹫。左上图魏希明摄，下图刘璐摄

被人类投喂的动物尸体吸引而来的高山兀鹫。彭建生摄

秃鹫

拉丁名：*Aegypius monachus*
英文名：Cinereous Vulture

鹰形目鹰科

形态 体长约 110 cm，为大型猛禽，飞翔时翼展可达 2.3 m。雄鸟通体黑褐色；额、头顶和枕部为暗褐色绒羽，眼先被以黑褐色须状羽；喙强大，先端弯曲带钩，额鼻圆形；颏及下喉黑褐色；前颈和后颈皮肤裸露呈铅蓝色；皱领淡褐色；肩、背、腰和尾上覆羽均为暗褐色；尾略呈楔形；胸前具绒羽，两侧具矛状长羽；胸、腹具淡色纵纹；尾下覆羽和肛周褐白色；覆腿羽暗褐色。初级飞羽黑色，次级飞羽和三级飞羽暗褐色。雌鸟似雄鸟。

幼鸟较成鸟体色暗，头上绒毛近黑色，后缘淡褐色；前颈羽较短；各羽干纹色淡。

分布 国内繁殖于新疆西部、青海南部及东部、甘肃、宁夏、内蒙西部、四川北部，其他地区零星分布。国外繁殖于西班牙、保加利亚、希腊、土耳其、亚美尼亚、阿塞拜疆、乔治亚、乌克兰、俄罗斯、乌兹别克斯坦、哈萨克斯坦、塔吉克斯坦、土库曼斯坦、吉尔吉斯斯坦、伊朗、阿富汗、印度北部、巴基斯坦北部、蒙古，少数在巴黎。越冬于苏丹、沙特阿拉伯、伊朗、巴基斯坦、印度西北部、尼泊尔、不丹、缅甸、老挝以及朝鲜半岛。

栖息地 主要栖息于低山丘陵、高山荒原与森林中的荒岩、草地、山谷、溪流边和林缘地带，常单独活动，偶尔也成小群，特别在食物丰富的地方。在西班牙地区，栖息于 300 ~ 1400 m 的丘陵和山区；在亚洲筑巢于 2000 ~ 5000 m 的高山裸岩上。

食性 以大型动物的尸体和腐烂动物为食，常在开阔而较裸露的山地和平原上空翱翔，窥视动物尸体。偶尔也沿山地低空飞行，主动攻击中小型兽类、两栖类、爬行类和鸟类。有时也因为食物短缺而袭击家畜幼体。

秃鹫的头部特写。马鸣摄

秃鹫的繁殖参数	
巢位高度	6 ~ 10 m
巢大小	直径 1.3 ~ 2.2 m，厚度 0.6 ~ 1.1 m
窝卵数	1 枚
卵颜色	污白色，或具红褐色条纹和斑点（血迹）
卵大小	(84 ~ 97) mm×（64 ~ 72) mm
卵重	约 200 g
孵化期	52 ~ 55 天
孵化模式	雌雄轮流孵卵
育雏期	90 ~ 150 天
性成熟	5 ~ 6 龄

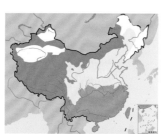

秃鹫。在上图杨贵生摄；下图为与高山兀鹫站在一起，正中为秃鹫，刘璐摄

繁殖 产卵期 3 ~ 5 月。在亚洲多筑巢于山坡或悬崖边缘的巨石上，在欧洲多筑巢于树上。巢呈盘状，主要由枯树枝构成，巢内放有细的枝条、杂草、细叶、树皮、棉花和兽毛等。巢域和巢位都较固定，有沿用旧巢的习惯，但会对旧巢进行修理并增加巢材，使得巢变得非常庞大。

种群现状和保护 种群数量主要受到两大因素影响——人类活动和食物减少。人类活动包括蓄意破坏和伤害，如捕杀、毁巢、毒杀等，以及无意的间接影响，如用于毒杀危害家畜捕食者的毒饵、风力发电、采矿、砍伐、兽药的滥用、畜牧业管理方式的转变、城市化等。此外栖息地丧失、气候变化、人类干扰导致的弃巢等，都会导致其数量的下降。IUCN 评估为无危（LC），已列入 CITES 附录 II。《中国脊椎动物红色名录》评估为近危（NT），被列为中国国家二级重点保护野生动物。

短趾雕

拉丁名：*Circaetus gallicus*
英文名：Short-toed Snake Eagle

鹰形目鹰科

形态 中型猛禽，体长 62～67 cm，雌鸟体重 1200～2000 g，雄鸟 1300～2300 g，翼展 170～185 cm。头颈部黑褐色，背及腰部暗褐色；尾羽暗灰褐色，具黑褐色横斑，尾端白色；颏、喉、胸部褐色，腹部、翅下及尾下覆羽均呈白色而具黑褐色横斑。趾短小。幼鸟上体棕褐色，颏棕黄色，尾下覆羽白色，尾端棕白色。

分布 繁殖于欧洲南部、非洲北部和亚洲南部，在印度和印度尼西亚等地为留鸟，越冬于非洲中部。在中国境内繁殖于新疆天山；见于内蒙古贺兰山、腾格里沙漠、乌梁素海及赤峰，但在这些地区是否繁殖尚未确定；也分布于甘肃张掖、酒泉、河北及辽宁大连。每年 3～4 月迁至甘肃、天山进行繁殖，在北京、河北北戴河为旅鸟，每年 9～10 月南迁。

 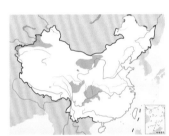

栖息地 喜在开阔空旷的平原和树木稀少的山地、丘陵上空飞翔。

习性 飞行十分轻捷，像隼一样能在空中悬飞，窥视地面猎物。

食性 主要以爬行类和鼠类为食，食谱中包括蛇类、蜥蜴、蛙、鼠类、野兔及小鸟。

繁殖 在湿润的、夹杂着干旱浅山丘陵和荒漠沙地的、植物稀少的开阔地带繁殖。营巢于矮树顶部，偶见于岩壁上营巢。有沿用旧巢的习性，每年由雌鸟修补。巢由细枝和枯叶构成，内垫带绿叶的树枝。巢直径 60～70 cm。每窝产卵 1 枚，极少数 2 枚。卵白色，卵圆形，大小为 73.5 mm×57.8 mm，雌鸟孵卵。孵化期 45～47 天。双亲共同育雏，育雏期 70～75 天。寿命最长的记录为 17 年。

种群现状和保护 19 世纪在欧洲中部和北部的大部分地区消失，20 世纪末种群可能趋向稳定。据估计在 20 世纪 90 年代，俄罗斯欧洲地区有 1000 对，白俄罗斯 200～250 对。在亚洲的报道很少，数量非常稀少，可能以色列有 100～200 对，土耳其 100～1000 对。IUCN 评估为无危(LC)，被列入 CITES 附录 II。《中国脊椎动物红色名录》评估为近危（NT），被列为中国国家二级重点保护野生动物。

短趾雕。上图沈越摄，下图柴江辉摄

鹰雕

拉丁名：*Nisaetus nipalensis*
英文名：Mountain Hawk-Eagle

鹰形目鹰科

形态　体形较大，体长 67 ～ 86 cm，体重 1800 ～ 3500 g，翼展 130 ～ 165 cm。雌雄羽色相似，雌鸟体形较大。头、颈部黑色，部分亚种具黑色羽冠，具棕白色眉纹；上体和两翅褐色，飞羽具暗褐色横斑，腰和尾上覆羽有银灰色横斑；尾羽褐色，具 4 ～ 5 道淡褐色横斑；颏、喉和胸部皮黄色，颏、喉部具明显的中央纵纹，胸部具有黑褐色纵纹；腹部白色，两胁密布褐色和白色相间的横纹。幼鸟头、颈部及下体白色，渲染褐色；上体褐色，具皮黄色羽缘；尾羽银灰色，具窄的黑色横斑和宽的黑色亚端斑与白色端斑。

分布　分布于印度、斯里兰卡、中国、缅甸、泰国和中南半岛。中国境内见于东北地区、内蒙古东北部、安徽、浙江、福建、广东、广西、海南和台湾。每年 4 月末左右迁至吉林，10 月初南迁。

栖息地　栖息于高山密林，也到平原地区高大乔木上，在云南多分布在海拔 2000 ～ 2600 m 高山森林中。

习性　多停落在枯枝上，飞翔时较为迅速而有力。

食性　主要以野兔、鸡类和鼠类为食，也捕食其他小型鸟类和大型昆虫。多俯冲捕食地面猎物，也在开阔湖边捕食鱼类。

繁殖　繁殖期 2 ～ 5 月。营巢于近河溪的大树上。巢由树枝搭建而成，内垫树叶和纤细枝条等。有利用旧巢的习性。每窝产卵 1 ～ 2 枚。卵白色，具红色点斑，大小为 69.9 mm×53.8 mm。雌鸟孵卵，雄鸟喂养巢中的雌鸟。孵化期和育雏时间还不清楚，估计总共约需 80 天。

种群现状和保护　种群数量较少。IUCN 评估为无危（LC），已列入 CITES 附录 Ⅱ。《中国脊椎动物红色名录》评估为近危（NT），被列为中国国家二级重点保护野生动物。

 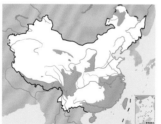

鹰雕。左上图王昌大摄，下图沈越摄

乌雕

拉丁名：*Clanga clanga*
英文名：Greater Spotted Eagle

鹰形目鹰科

形态　体形较金雕稍小，体长 63 ～ 70 cm。雌雄羽色相似，雌鸟体形稍大。头顶、后颈、上背及肩部均为黑褐色，具紫色金属光泽；背和腰羽暗褐色，两翅黑褐色，初级飞羽黑褐色，外翈稍淡，基部白色，内翈具白色斑，初级覆羽和大覆羽黑紫褐色；尾羽黑褐色，羽端污白色；尾上覆羽先端灰白色，尾下覆羽棕白色；下体黑褐色，喉部较淡，腹部灰褐色。幼鸟上体羽毛尖端具淡皮黄色大型芝麻状点斑，尾上覆羽白斑显著，尾端污白色，腹羽具淡褐色纵纹。在高空盘旋飞翔时，可见整体乌黑色，上体尾基部有一大白斑。

分布　繁殖于亚洲北部，往南到蒙古和印度西北部；越冬于欧洲南部、非洲东北部、肯尼亚、亚洲南部、中南半岛、马来半岛等地。中国境内在黑龙江、辽宁、吉林、新疆为留鸟；在内蒙古繁殖于锡林郭勒以东地区，秋季见于乌梁素海，冬季见于呼和浩特；在河北、河南为旅鸟，浙江、福建、广东、台湾为冬候鸟。

栖息地　多栖息于近沼泽的林地，开阔的平原、草原。

食性　以运动性食物为主，食物多为小型动物如黄鼠、旱獭、野兔、鸟类等，食物短缺时，也食蛙类、鱼类，有时也食蝗虫、金龟子等昆虫。喜在空中盘旋或蹲在高岗处寻食，常单独活动。

繁殖　繁殖期 4 ～ 5 月。常营巢于高山岩石上或高大的松树顶端，距地面高达 10 ～ 25 m。在草原地区，多筑巢于土堆的侧面。巢呈平坦盘状，巢材为粗大枯枝，内垫细枝，甚为简陋，偶尔占用其他鹰类旧巢，并稍加修整。地面巢的外径 150 ～ 160 cm，内径 70 ～ 80 cm，深 5 ～ 7 cm，高 15 ～ 20 cm；树上巢外径 100 ～ 120 cm，内径 60 ～ 70 cm，深 5 ～ 7 cm，高 60 ～ 80 cm。

 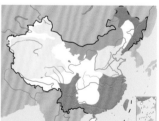

乌雕。左上图杜卿摄，下图董文晓摄

年产1窝卵，5月中旬产卵。卵平均大小为68.7 mm×54.8 mm，卵重84~96 g。每窝产卵1~3枚，多见2枚。雌鸟孵卵，经42~44天雏鸟出壳。刚出壳的雏鸟体重76~80 g，留巢哺育约60~65天离巢。

种群现状和保护 全球种群数量可能仅10 000只，俄罗斯3000对，欧洲不到900对。在中国吉林向海自然保护区内，种群密度为每平方千米0.05~0.1只。内蒙古的数量较少，许多地区每次调查仅有1~2只的记录。IUCN评估为易危（VU），已列入CITES附录II。被《中国濒危动物红皮书》列为稀有种（R），《中国脊椎动物红色名录》评估为濒危（EN），被列为中国国家二级重点保护野生动物。

靴隼雕

拉丁名：*Hieraaetus pennatus*
英文名：Booted Eagle

鹰形目鹰科

形态 小型猛禽，体长45~54 cm。羽色有两种色型：淡色型和暗色型。淡色型前额、眼先白色，头顶至颈部茶褐色或茶棕色，通常有窄的黑色眉纹；背、腰暗土褐色，肩、翅上具有宽阔的白色羽缘；下体纯白色或皮黄白色，具褐色纵纹，尤以颈部最密，下胸、腹和两胁纵纹不明显；尾方形、较长，尾上覆羽淡黄褐色或黄白色，尾羽棕褐色或暗褐色，具暗灰褐色横斑；附跖被羽白色，具不明显的棕色横斑。暗色型体羽暗褐色，缀有淡红色，尤以下体显著；胸和腹有暗色纵纹，尾淡红褐色。

幼鸟下体更显棕色，纵纹较成鸟更粗而显著。

分布 繁殖于欧洲西南部、非洲西北部至亚洲中部和印度北部，以及非洲南部，在中国繁殖于新疆、黑龙江、吉林、辽宁、西藏和内蒙古等地；越冬于非洲、印度、缅甸北部和中国东部地

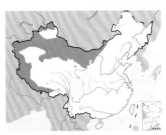

靴隼雕。上图为浅色型，甘礼清摄；下图为深色型，王志芳摄

正在育雏的靴隼雕。马鸣摄

靴隼雕的繁殖参数

巢位高度	5~20 m
巢直径	80~102 cm
窝卵数	1~3枚，通常2枚
卵颜色	蓝色、白色、绿白色、灰白色，偶隐有淡红色或黄褐色斑
卵形状	椭圆形
卵大小	(52~64) mm×(42~49) mm
孵化期	37~40天
孵化模式	雌鸟孵卵
育雏期	50~58天
育雏模式	双亲喂养，雄鸟捕猎，雌鸟喂食

区及云南。

栖息地 栖息于山地森林和平原森林地带，特别是针叶林和混交林，荒漠胡杨林中有营巢繁殖记录。冬季多见于开阔地区的疏林地带，偶见于农田和村庄附近。

习性 常单独活动，迁徙时集群。

食性 主要以啮齿类、鸟类、爬行类等为食，包括红嘴鸥、黑水鸡、黑翅长脚鹬、红脚鹬、鸬鹚、鸽子、斑鸠、雉、大杜鹃、戴胜、野鸭、家禽、蜥蜴、野兔和大耳猬。

繁殖 繁殖期4~6月，而在非洲南部的开普勒，产卵期则在9月末。营巢于森林里高大的乔木上。巢置于树上部枝杈上，主要由枯枝构成，有时也利用其他鸟类的旧巢。在非洲也在崖壁边缘、缝隙或崖边小树上筑巢。国内研究表明，靴隼雕每年3月中旬迁徙到新疆，4月份开始交配、营巢和产卵。每窝产卵1~3枚，孵化期37~40天，雌鸟孵卵，雄鸟则负责警戒、捕食等。育雏期48~58天，由雌雄双亲共同喂养。7~8月份幼鸟离巢。

种群现状和保护 在欧洲，栖息地退化、捕杀、人类活动干扰等导致了靴隼雕种群数量下降。森林砍伐、城市化、过度放牧等造成的生境丧失、有机氯农药导致繁殖率下降、风力发电等都对其种群造成影响。IUCN评估为无危（LC），已列入CITES附录II。《中国脊椎动物红色名录》评估为易危（VU），被列为中国国家二级重点保护野生动物。

草原雕

拉丁名：*Aquila nipalensis*
英文名：Steppe Eagle

鹰形目鹰科

形态　大型猛禽，体长 72 ~ 81 cm，体重 2400 ~ 3900 g，翼展 160 ~ 200 cm。雄鸟上体浓褐色；飞羽黑褐色，布有淡色横斑，外侧飞羽黑色，内翈基部具有褐色和污白色相间的横斑，内侧飞羽和次级飞羽尖端具三角形棕白斑；尾羽黑褐色，最长的尾上覆羽呈白色，尾下覆羽淡棕色，杂褐色斑。雌雄羽色相似，雌鸟呈深褐色，体形较大。幼鸟及亚成体近黑色，次级飞羽、大覆羽及尾羽具宽阔的棕色端斑，在翅背面形成 2 条宽带。

分布　繁殖于欧洲东南部至外贝加尔地区；越冬于非洲、印度、缅甸、泰国和越南。中国境内繁殖于新疆、青海、内蒙古、河北、黑龙江、喜马拉雅山脉；迁徙或越冬于江苏、湖南、福建、甘肃、四川、西藏、云南和海南。

栖息地　栖息于开阔草原、荒漠和低山丘陵地带。

习性　有时在荒地或草原的上空翱翔，有时长时间栖息在电线杆上、孤立的树上或地上。翱翔时两翅平伸，微向上举。

食性　主要捕食鼠类、野兔、沙蜥、鸟等小型脊椎动物和昆虫，有时也吃尸体和腐肉。发现猎物时从栖止地或正在盘旋的空中俯冲向猎物，也在地面上行走四处搜寻猎物。有时也从其他食肉鸟类处夺取食物。

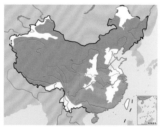

草原雕。左上图为成鸟，田穗兴摄；下图为亚成鸟，沈越摄

草原雕的巢和卵。丁鹏摄

草原雕的巢和幼鸟。马鸣摄

繁殖　繁殖期 4 ~ 5 月。巢筑在悬岩、小丘上的岩石堆中、地面上、土堆上、干草堆中或小山坡上。巢材主要是枯枝，内垫枯草茎、草叶、羊毛和鸟羽等。巢结构较大，直径 70 ~ 100 cm，呈浅盘状。每窝产卵 1 ~ 3 枚，少数 4 枚甚至 5 枚。卵白色，无斑或有黄褐色斑点。卵大小为 (67 ~ 73) mm × (54 ~ 57) mm。孵卵由雌雄亲鸟共同承担。孵化期约为 45 天，雏鸟晚成性，由雌雄亲鸟共同喂养，55 ~ 65 天后离巢。人工饲养下的最长寿命为 41 年。

种群现状和保护　欧洲种群数量正在急剧下降。由于巢位开阔，卵和幼雏损失率较高。在中国种群数量较少。(IUCN) 评估为濒危 (EN)，已列入 CITES 附录Ⅱ。被《中国濒危动物红皮书》列为易危种 (V)，《中国脊椎动物红色名录》评估为易危 (VU)，被列为中国国家二级重点保护野生动物。

白肩雕

拉丁名：*Aquila heliaca*
英文名：Imperial Eagle

形态 大型猛禽，体长 72 ～ 84 cm，体重 2450 ～ 4530 g，翼展 180 ～ 215 cm。雄鸟全身黑褐色，背、腰及尾上覆羽具紫色光泽，纯白色肩羽极显著；初级飞羽褐色，内 杂白色；尾羽灰色，具 6 ～ 8 条黑色细横斑，先端具白色狭缘；尾下覆羽淡黄色且杂暗褐纵纹。雌鸟羽色似雄鸟，但紫色光泽不显著，且体形较大。幼鸟头、后颈和上背土褐色，具细的棕白色羽干纹；尾羽土灰褐色，具宽阔的皮黄色端斑；下体棕褐色，颏和喉较浅淡，胸、腹和两胁缀以棕色纵纹。

分布 繁殖于从南欧、东欧，向东至贝加尔湖地区；越冬于非洲东北部、印度北部、阿拉伯半岛等地。中国境内繁殖于新疆天山、内蒙古呼伦贝尔，越冬于青海、陕西、长江中下游和福建、广东、香港、台湾，迁徙季节见于吉林、辽宁、内蒙古、河北、河南、山东。

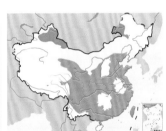

栖息地 常栖息于山地森林、低山丘陵、森林平原、小块丛林和林缘地带，也见于荒漠、草原和沼泽及河谷地带。

食性 主要以啮齿类等哺乳动物和雉鸡、石鸡、鹌鹑、野鸭等鸟类为食，也吃爬行动物和动物尸体。在开阔的空地、耕地捕食。主要以追逐或翱翔的方式在地面抓捕猎物。1952 ～ 1956 年曾被观察到在兰州徐家湾屠宰场附近吃丢弃的牛羊内脏。

繁殖 繁殖期 4 ～ 5 月。通常在森林中高大的树上营巢。巢呈盘状，巢材主要为枯树枝或鲜树枝，内垫细枝、兽毛、羽毛、枯草茎和草叶。巢外径 121 cm，高 90 ～ 122 cm。每窝产卵 2 ～ 3 枚。卵白色，大小为 72.5 ～ 75.1 mm×59 ～ 60 mm。雌雄亲鸟轮流孵卵，孵化期 43 ～ 45 天。雏鸟晚成性，雌雄亲鸟共同喂养，55 ～ 60 天后离巢。5 ～ 6 年龄性成熟。饲养情况下可活 21 年，甚至可达 50 多年。

种群现状和保护 全球濒危物种，是猛禽中最稀少的物种之一。现今全球种群可能仅 2000 对，欧洲约 350 对，亚洲种群相对大一些，哈萨克斯坦约有 1200 对。种群数量少的主要原因是栖息环境的改变、主要食物野兔种群数量的减少、毒药、意外伤亡和低的存活率。IUCN 评估为易危（VU）。已列入 CITES 附录 I。被列入《中国濒危动物红皮书》易危种（V），《中国脊椎动物红色名录》评估为濒危（EN），被列为中国国家一级重点保护野生动物。

白肩雕。上图为亚成鸟，下图为成鸟。刘璐摄

金雕

拉丁名: *Aquila chrysaetos*
英文名: Golden Eagle

鹰形目鹰科

形态 大型猛禽，有"空中霸王"之称，体长为 76 ～ 102 cm。体羽主要为栗褐色，幼鸟与成鸟大致相似，但是羽色更暗，刚出生一年幼雕尾羽白色和黑色端斑，次年以后，翼下和尾部白色逐渐退去，尾下覆羽先有棕褐色变到赤褐色，最后变成暗赤褐色。头顶长有金色的羽毛，颈部羽毛尖长，呈柳叶状，羽基暗赤褐色，羽端金黄色，具黑褐色羽干纹。一双摄人心魄的黑眼睛和弯钩状的尖嘴，灰色的喙和黄色的蜡膜。背和两翅暗褐色，具紫色光泽，肩羽色较淡；内侧飞羽基部白色，形成翼斑。胸部、腹部均为暗褐色，胸部中央具有纵纹。腿部被有羽毛，黄色的大脚，三趾向前，一趾朝后，趾上长着又大又强健的黑爪。金雕不同的亚种及成长的不同阶段羽色均不同。

金雕双翼张开时可达 2.5 m，高超的飞翔能力，飞行速度快。善于滑翔和翱翔，经常在高空中一边呈直线或圆圈状盘旋，一边俯视地面寻找猎物；翱翔时两翼上举，呈"V"形。在追击猎物时，金雕的速度不亚于隼，也正是因为这一点，分类学家最初将它列为隼的一种。

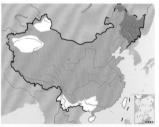

金雕。上图为成鸟，彭建生摄，下图为亚成鸟，王志芳摄

分布 分布于亚洲东南部、欧洲大陆、美洲和非洲。在美洲的分布区从北美洲的墨西哥中部开始，沿着太平洋沿岸地区向落基山脉延伸，一直到美国阿拉斯加北部和加拿大纽芬兰，也有少量沿美国阿巴拉契亚山脉向南方的北卡罗来纳州分布。

在中国境内繁殖于黑龙江尚志、沾河、哈尔滨、齐齐哈尔、牡丹江、佳木斯、绥化、伊春、大兴安岭、吉林白城、通化、延边、吉林、辽宁本溪、丹东、大连、锦州、朝阳、内蒙古呼伦贝尔、新疆西部昆仑山和天山、青海西宁、门源、青海湖、甘肃武威、武都、文县、甘南、河西、兰州、山西雁北、忻州、太原、吕梁、晋中、上党、临汾、运城、北京房山、怀柔、密云、陕西、湖北、贵州贵定、兴义、四川巴塘、万源、巫溪、金阳、康定、石渠、茂县、汶川、广元、金堂、云南西部、喜马拉雅山脉等地，留鸟或旅鸟。新疆是中国繁殖猛禽种类最多的省份，在新疆 80 多个县市中有 60% ～ 70% 的县市有过金雕分布的记录。

栖息地 主要栖息于海拔 2600 ～ 4000 m 的高山、森林（针叶林、次生林）、草原、荒漠、河谷、农田等生境，冬季见于丘陵、山脚平原地带或农林上空。在喜马拉雅山脉，记录到的最高海拔达 6200 m。在苏格兰高地，金雕偏爱的土地覆盖类型顺序为山地森林 > 石楠花灌丛 > 杂乱的草地 > 牧场 > 平整的草地 > 沼泽 > 阔叶林 > 人工幼龄树林 > 人工成年林 > 其他的栖息地。

习性 多单独或成对行动，冬季结小群活动。视觉敏锐，性凶猛，飞行速度快且持久。白天喜欢站立在高山岩石之巅以及空旷地区的高大树上歇息，或在荒山坡、墓地、灌丛等处觅食。

食性 肉食性，凶猛而力强，位于食物链的最顶端。主要食物是啮齿动物，如野兔、长尾黄鼠和旱獭等，也捕食其他兽类和鸟类、爬行类。有报道认为金雕只捕食活物，无论怎样饥饿，也不肯去吃自毙动物尸体。在山西庞泉沟国家级自然保护区的研究中发现，金雕主要以鸟类、兽类、幼年家畜和家禽为食，有抓捕活物和啄食尸体两种捕食行为，其中抓捕活物出现频率为 73.58%，啄食尸体为出现频率为 26.42%，可见金雕的食物以活物为主。国外学者研究金雕的食物组成，其中哺乳类占 79.9%、鸟类占 18.8%、爬行类仅 1.3%。在新疆北部的准噶尔盆地，研究者确认的金雕食物种类有鸟类 8 种、兽类 6 种，以草兔和鹅喉羚的幼仔为主。

繁殖 单配制。繁殖较早，每年冬季就有成对活动的个体。对巢域高度忠诚，沿用旧巢的习性，寿命较长，生殖率则相对较低。选定巢址后通常雌雄共同营巢。巢营建于悬崖峭壁的平台或凹处，呈扁盘状。

3 月中旬 ～ 4 月产卵，窝卵数 1 ～ 3 枚。孵化期 40 ～ 45 天，雌雄共同孵卵，但以雌鸟为主，雄鸟多为孵卵雌鸟提供食物，仅在雌鸟离巢时替换孵卵。孵化率 83.33%。刚孵出的雏鸟重约 83 ～ 92 g，全身披白色胎羽，头大颈细，两眼紧闭，腹部如球，侧身躺卧。雌雄共同育雏，雄鸟外出捕食，雌鸟在巢附近守候并

在巢中育幼的金雕。李振东摄

金雕的繁殖参数	
巢大小	外径 140 ~ 161 cm×85 ~ 129 cm，高 40 ~ 98 cm 内径 39 ~ 91 cm×31.2 cm，深 13 ~ 22.5 cm
产卵期	3 月中旬~ 4 月
窝卵数	1 ~ 3 枚，通常为 2 枚
卵颜色	纯白色，偶带污色
卵大小	80.19±3.69 mm×61.72±1.36 mm
卵重	148.5±10.90 g
孵化期	40 ~ 45 d
育雏期	69 ~ 81 d

将雄鸟的猎物带回巢中，夜间仅雌鸟留巢。雏鸟在巢中啄食亲鸟叼回的食物，72 ~ 81 天后离巢，离巢后的雏鸟仍需亲鸟在巢外抚育相当长的时间才能独立生活。

种群现状和保护 由于分布极其广泛，全球种群数量较为庞大，IUCN 评估为无危（LC）。但作为大型猛禽，金雕是生态系统中的顶级消费者，对维持生态平衡有一定的作用，已列入 CITES 附录 II。在局部地区，金雕数量稀少，处于濒危状态，被列入保护动物。例如美国已颁布法律对金雕加以保护，墨西哥则把金雕作为国鸟保护。在中国，金雕被《中国脊椎动物红色名录》评估为易危（VU），并被列为国家一级重点保护野生动物。由于栖息地破坏、非法狩猎、杀虫剂、化学毒性污染以及食物资源的急剧减少，中国金雕种群正在快速下降。哈萨克民族传统的鹰猎活动，对金雕雏鸟、亚成体和成鸟的捕捉，也是金雕种群数量减少的重要原因。

褐耳鹰

拉丁名：*Accipiter badius*
英文名：Shikra

鹰形目鹰科

小型猛禽，体长约 33 cm。雄鸟上体浅蓝灰色，与黑色的初级飞羽成对比；下体白色，喉部具浅灰色纵纹，胸及腹部具棕色细横纹。雌鸟背褐色，喉部灰色较浓。分布于从非洲、中亚、南亚到东南亚的林缘和稀树草原。在中国分布于新疆西部及云南、贵州、广西、广东、海南、台湾等南方地区。ICUN 评估为无危（LC），已列入 CITES 附录 II。《中国脊椎动物红色名录》评估为近危（NT），被列为中国国家二级保护动物。

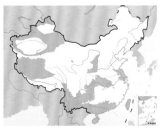

褐耳鹰。左上图张明摄，下图刘璐摄

日本松雀鹰

拉丁名：*Accipiter gularis*
英文名：Japanese Sparrow hawk

鹰形目鹰科

形态 小型猛禽，体长 29～34 cm。雄鸟额、头顶至后颈石板黑色，背至尾上覆羽石板黑灰色沾棕色；颏、喉部乳黄色，中央具黑色纵纹；胸白色，各羽均具 1～2 道褐色横纹；尾羽灰褐色，具 3 道暗色横斑，并具宽阔的深色次端斑；翅下覆羽白色，具灰褐色横斑。雌鸟体形较雄鸟大，上体褐色；颏、喉部的黑褐色中央纹较粗；下体自颏、腹、胁及覆腿羽均为白色，具较稠密的暗褐色横斑。幼鸟额、头顶深褐色，眉纹、两颊乳黄色，耳羽棕褐色；颏、喉部白色，喉中央近黑色纵纹较成鸟宽，下体白色，胸部具棕褐色"心"状或棒状斑，下胸、腹部均具横斑；尾羽灰褐色，具 4 道深黑褐色横斑，羽端棕白色。

分布 繁殖于俄罗斯中南部的新西伯利亚、萨彦岭山脉、勒拿河流域，以及蒙古的肯特山脉，东抵太平洋沿岸、萨哈林岛、千岛群岛南部、朝鲜半岛、日本北海道、本州、琉球群岛；越冬于印度的安达曼群岛、尼科巴群岛、缅甸东南部、马来西亚、泰国及中南半岛等地。中国境内繁殖于黑龙江、吉林、辽宁、内蒙古东部及河北北部；迁徙途经内蒙古锡林浩特、呼和浩特，向西直到鄂尔多斯及巴彦淖尔等中国中、东部的广大地区；越冬于长江中下游以南，包括台湾。5 月初迁至长白山，9～10 月迁离。

栖息地 主要栖息于针叶林、阔叶林、混交林及开阔的林缘地带。

习性 常在山地、人工林、林缘及附近的丘陵、农田上空活动。常集群南迁。

食性 以小型鸟类、昆虫和蜥蜴等为食。

繁殖 在长白山 5 月下旬和 6 月初筑巢，6 月中下旬开始孵卵，7 月中下旬可见到离巢幼鸟。日本松雀鹰筑巢于高大的树上，巢位于近树干处或较粗的树枝上，距地面 12～24 m。巢壁较厚，盘或杯状，内垫鸟羽、松针、树叶及干草，巢材中往往有带绿叶的细松枝，从上方观察似一团绿枝。亲鸟护巢行为强烈，如人靠近其巢则反复向人扑来。窝卵数 4～6 枚，隔日产卵。卵白色沾蓝色，钝端有赤褐色斑点，其他部位的斑点稀而小。

种群现状和保护 种群现状了解很少，IUCN 和《中国脊椎动物红色名录》均评估为无危（LC），已列入 CITES 附录 II。被列为中国国家二级重点保护野生动物。

日本松雀鹰的繁殖参数（邢莲莲，1996）	
巢大小	外径 28～36 cm，内径 15～18 cm，高 15～20 cm，深 5～7 cm
窝卵数	4～6 枚
卵重	9.5～12 g
卵大小	(36～39) mm×(27～30) mm
孵化期	25～28 天

松雀鹰

拉丁名：*Accipiter virgatus*
英文名：Besra

鹰形目鹰科

小型猛禽，体长约 33 cm。雄鸟上体深灰色，尾黑褐色且具粗横斑；下体白色，喉部具黑色中央纹，两胁棕色且具褐色横斑。雌鸟上体褐色，两胁棕色少，下体多具红褐色横斑。亚成鸟似雌鸟但胸部具纵纹。分布于印度、中国到东南亚。IUCN 和《中国脊椎动物红色名录》均评估为无危（LC），已列入 CITES 附录 II。被列为中国国家二级重点保护动物。

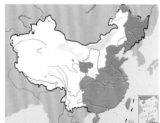

日本松雀鹰。左上图为成年雄鸟，刘松涛摄；下图为亚成鸟，杨贵生摄

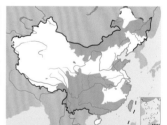

松雀鹰。左上图沈越摄；下图彭建生摄

雀鹰

拉丁名：*Accipiter nisus*
英文名：Eurasian Sparrow Hawk

鹰形目鹰科

形态 小型猛禽，体长 28～38 cm，雄鸟体重 110～196 g，雌鸟 185～342 g，翼展 60～75 cm。雄鸟眉纹白色，颊栗红色，颏、喉部具黑色细纵纹，但无中央纵纹；上体灰蓝色；下体白色，颈侧羽缘赭色，胸、腹、两胁具有红褐色横斑；尾羽灰褐色，具 5 条黑褐色横斑，尾先端白色。雌鸟上体灰褐色，眉纹污白色，头顶至上背铅灰色；下体污白色，胸以下满布褐色沾棕色横纹。幼鸟似雌鸟，但额、头顶至后颈黑褐色，下体白色或稍沾黄色，胸部具中间锈红色、边缘暗褐色的三角形斑点，向腹部渐成点斑及横斑。雌性幼鸟上体红褐色较窄而不显，下体横斑较雄性幼鸟宽，色亦较深。

分布 繁殖于欧亚大陆，向南至非洲西北部，向东到伊朗、印度及日本；越冬于地中海、阿拉伯地区、印度、缅甸、泰国及东南亚国家。中国境内繁殖于东北、新疆、华北一带，西至甘肃、宁夏，西南至四川西部；越冬于云南，南至广西及海南岛。

栖息地 栖息于山地森林和林缘地带、湖边草原、人工林、低山丘陵、山脚平原、农田地边以及村屯附近。

习性 喜欢在林缘、有小块林地的湖边、农田边活动。常单独生活。

食性 以小型啮齿类、小型鸟类、两栖类和爬行类为食。雏鸟在 7 日龄前食物主要为昆虫，10 日龄后主要为啮齿类及小型鸟类。视力敏锐，发现猎物，可迅速追捕。

吉林地区雀鹰的繁殖参数（高玮，2002）	
巢大小	外径 (35～42) cm×(44～46) cm，内径 (20～21.5) cm×(21～23) cm 高 20～22.3 cm，深 6.4～8.5 cm
窝卵数	4～5 枚
卵大小	(43.4～49.3) mm×(36.4～42.6) mm
卵重	21.6～27.4 g
孵化期	35～40 天

繁殖 4～6 月繁殖，在中国南方 2 月开始繁殖，而东北地区则为 6 月上旬开始。巢大多营于高大的针叶树上，距地面 4～10 m，巢材主要为细树枯枝。多为雌鸟筑巢，有时雄鸟也参与运输巢材，巢经 6～10 天筑成。巢呈浅杯形，内垫树皮及羽毛。不沿用旧巢。窝卵数 4～5 枚，也有 3 枚和 6 枚的，偶尔也有 7 枚、8 枚，甚至 10 枚的记录，这也许是有 2 只雌鸟在同一巢中产卵所致。卵为卵圆形，无光泽，青灰色或沾绿色，有时无斑点，但大多数具有赤褐色或稍带紫色块斑、点斑或条纹。产于英国的 100 枚卵平均大小为 39.82 mm×31.83 mm。而据刘焕金（1986）在中国山西测量的 16 枚卵平均大小为 44.7 mm×38.4 mm，平均重 23.6 g。每 2～3 天产 1 卵，从产下第 2 枚、第 3 枚或产完最后一枚开始孵卵。通常是雌鸟单独孵卵，雄性提供食物，少数情况下雄鸟也参与孵卵。孵化期通常 35 天，也有的 32～34 天。雄鸟用脚把食物带到巢内，或是空中飞行时传递给雌鸟。育雏期 24～30 天。刚出壳的雏鸟体重约为 11.8 g。1～3 年达性成熟，个体存活年龄很少超过 7 年，存活最长记录为 15 年。

种群现状和保护 分布广泛，数量普遍。20 世纪 50～60 年代，杀虫剂的使用导致欧洲种群急剧下降，到 60～70 年代禁止使用杀虫剂的法令实施后种群数量开始逐渐恢复。20 世纪 80 年代欧洲大约有 10 万对，包括英国约 2.5 万对，法国 1 万～2 万对等。被列入 CITES 附录 II。IUCN 和《中国脊椎动物红色名录》均评估为无危（LC），被列为中国国家二级重点保护野生动物。

雀鹰。左上图为成年雌鸟，董磊摄；下图张强摄

苍鹰

拉丁名：*Accipiter gentilis*
英文名：Northern Goshawk

鹰形目鹰科

形态　中型猛禽，体长 48～68 cm，雄鸟体重 517～1170 g，雌鸟 820～1509 g。雌雄羽色相似。上体灰褐色，白色眉纹显著，耳羽黑色；飞羽暗褐色，初级与次级飞羽内翈白色，具褐色横斑，三级飞羽中央具白色横斑；下体污白色，喉部具黑褐色细纵纹，胸腹部密布褐色横斑；翅下覆羽白色，具黑褐色横斑；尾羽灰褐色，具 4 条宽阔的黑色横斑。幼鸟上体褐色，多具棕黄色或棕白色羽缘和大的白斑；下体棕白色，布以粗而显著的暗褐色纵纹；尾羽具 4～5 条暗褐色横斑。

分布　繁殖于北美和欧亚大陆，向南至北非、伊朗和印度西南部；越冬于印度、缅甸、泰国和印度尼西亚。中国境内分布于全国各地，在新疆、内蒙古东部、黑龙江、吉林、甘肃、四川、西藏、云南及台湾繁殖；越冬地主要有黑龙江流域、新疆、内蒙古西部、东北南部、河北、甘肃、青海、长江流域各地、云南及广东、广西地区。4 月下旬迁到东北繁殖，5 月初配对，8 月中旬南迁，亦有部分留居于繁殖地。

栖息地　栖息于针叶林、混交林和阔叶林，也见于平原和丘陵地带的疏林和小块林地。

食性　以鼠类、野兔及小型鸟类为食。喜欢在旷野和林地的边缘捕食。捕食时或贴地面作直线滑翔追击，或隐蔽在树枝间窥视猎物，发现后迅速扑去。

繁殖　繁殖期 5～6 月。在高大乔木上或苇丛蒲草地面营巢。巢材主要为粗的枯枝，巢呈厚皿状。窝卵数 3～4 枚，偶尔

苍鹰的繁殖参数（邢莲莲，1996）	
窝卵数	3～4 枚
卵大小	(52.7～65.5) mm×(42.9～47.8) mm
孵化期	35～38 天
育雏期	35～42 天

也有 2 或 5 枚的。卵呈卵圆形，表面有点粗糙，蓝白色或白色沾灰褐色，无斑点。50 枚卵的平均大小为 59.2 mm×45.1 mm，最大的 65.5 mm×47.3 mm 和 61.4 mm×47.8 mm，最小的 52.7 mm×43.9 mm 和 56.1 mm×42.9 mm。每隔数日产 1 枚卵。产满窝卵之前即开始孵卵。主要由雌鸟孵卵，雄鸟将食物带回巢中供给正在孵卵的雌鸟。孵化期 35～38 天。育雏期 35～42 天，双亲共同参与育雏。2～3 年后性成熟，有时 1 年后即达性成熟（特别是雌鸟）。最长存活记录为 19 年。

在东北地区，繁殖的苍鹰 4 月下旬抵达。常修补利用旧巢，产卵后仍持续修巢，随雏鸟的长大，修巢速度加快。修补后的巢大小为：外径 87 cm×63 cm，内径 46 cm×62 cm，高 24 cm，深 14 cm。产卵最早见于 4 月 28 日，有的在 5 月中旬。孵卵期间雌雄亲鸟均不鸣叫，雌鸟整日卧于巢内，雄鸟除捕食外，多在附近栖落，当有乌鸦、喜鹊接近时则抬头瞭望，偶尔在巢上空盘旋。在育雏初期，雌鸟的行为以暖雏为主，随雏鸟的长大而减少暖雏时间，后期则在巢周落栖。雄鸟负责警戒。暖雏结束后亦不再修巢。巢在后期已成平盘状，外径 58 cm×96 cm，内径 50 cm×69 cm，高 38 cm。

种群现状和保护　20 世界 90 年代早期，俄罗斯欧洲地区约有 70 000 对苍鹰，白俄罗斯 4500～5000 对，挪威 2000～3000 对，瑞典 5000 对，芬兰 6000 对，土耳其 100～250 对，日本 300～480 只繁殖鸟。1988—1990 年中国吉林左家自然保护区 42 km² 范围内的调查显示，3 年间的种群密度依次为每平方千米 0 只、0.095 只、0.095 只。ICUN 评估为无危（LC），已列入 CITES 附录 Ⅱ。《中国脊椎动物红色名录》评估为近危（NT），被列为中国国家二级重点保护野生动物。

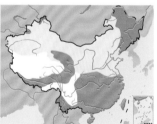

苍鹰。左上图为成鸟，赵纳勋摄；下图为亚成体，沈越摄

白头鹞

拉丁名：*Circus aeruginosus*
英文名：Western Marsh Harrier

鹰形目鹰科

形态　中型猛禽，体长 48～56 cm，雄鸟体重 405～667 g，雌鸟 540～800 g，翼展 110～130 cm。雄鸟上体多黑褐色，头、颈部米黄色，杂以黑褐色羽干纹，背、肩羽栗褐色；颏部米黄，具黑褐色纵纹，喉、胸部米黄色至赤褐色，带有宽度不同的棕褐色纵纹；下胸、腹部、两胁及覆腿羽均为棕褐色；尾羽暗银灰色沾褐色，尖端白色，尾下覆羽近白色；翅外侧 5 对初级飞羽远端近一半为黑色。雌鸟体形较大，羽色似雄鸟而富棕黄色，头颈棕

黄白色，上体自背肩部至腰部褐色，羽缘淡棕黄色；尾羽褐色，羽端淡棕色。

幼鸟羽色似雌鸟，下体羽色较成鸟深，往往呈巧克力色或棕褐色；尾羽黑褐色，羽端米黄色；小覆羽黑褐色，有时具米黄色羽缘，但不像成鸟那样在翅前缘形成米黄色边缘。当年冬羽和幼鸟无明显差异；到第2年5月份以后，两性幼鸟就更像雌性成鸟，只是雄性幼鸟的尾部开始带有轻微的灰色调，外侧尾羽赤褐色，有时出现带斑；直到第3年的冬羽才达到成体羽色。

分布 繁殖于欧洲，北至英国、瑞典和芬兰南部，南至地中海，往东经小亚细亚半岛、高加索山脉、伊朗、伊拉克、中亚、乌拉尔、西西伯利亚，一直到叶尼塞河；越冬于非洲、印度和斯里兰卡。在中国境内繁殖于新疆、内蒙古、东北长白山及黑龙江扎龙；迁徙时遍布辽宁、华北一带；在长江中下游、福建、台湾、广东和海南岛为旅鸟或冬候鸟。

在黑龙江，每年4月迁来繁殖，9月迁离；在呼伦贝尔草原乌尔逊河乌兰泡，每年4月中旬迁来繁殖，9月南迁越冬。在湖北沙湖自然保护区，2006年春季最后一次见到白头鹞是4月5日，秋季初次见到是10月3日。在贵州六盘水地区，1993年～1995年的调查显示，白头鹞于9月15日～10月13日到达，次年3月27日～4月12日迁离。

栖息地 栖息于河流、湖泊和沼泽地带。在乌梁素海活动于芦苇丛中、湖周湿地及牧场。

食性 以中小型鸟类、鼠类、蛙、昆虫、鱼及小型爬行类为食。觅食时在低空翱翔，发现猎物时，企图惊吓猎物，俯冲向地面或水面以抓取猎物。

白头鹞。左上图为雄鸟，杨飞飞摄；下图为雌鸟，沈岩摄

呼伦贝尔草原白头鹞的繁殖参数（常家传，1988）	
巢大小	外径36～80 cm，内径20～27 cm，高14～50 cm，深7～12 cm
窝卵数	2～7枚，通常为4～5枚
卵大小	(45～54) mm×(35.6～42.1) mm
孵化期	28～36天

繁殖 在呼伦贝尔草原的繁殖期为5～6月。在生有苇丛的浅水地、湿地、旱地营巢。巢材有苇茎叶、薹草、糙隐子草，不同营巢地选用的巢材有一定的差异，在湿地和旱地巢中均有冷蒿、碱草，但仅旱地巢有干柳枝而无蒲草。求偶时可看到雌鸟在水边芦苇丛中缓慢扇动翅膀直线飞行，雄鸟则在雌鸟周围上下翻飞，而且不断鸣叫。当雌鸟落到芦苇丛中，雄鸟也随之落下并在地上进行交配，交配时发出断断续续的鸣叫。有时可见到争偶现象，两只雄鸟在空中盘旋并用爪互相攻击，常发出较长的鸣叫声。在产卵期及以前，雌雄共同营巢，孵化期则主要由雄鸟搜集巢材。在孵卵过程中，巢的结构和巢材逐渐复杂起来，大致可分4层：芦苇或干柳枝基底层、苇茎碎段层、衬垫层（苇叶、薹草等）、上层外缘（糙隐子草等）。巢被破坏后，若基底层未被破坏，可在原基底层上继续建巢，重建主要由雌鸟负责。每年4月下旬开始产卵，5月初为盛期，5月下旬结束。每年只产1窝。日产1枚或隔日产1枚，窝卵数多为4～5枚，偶见2枚、3枚或6枚、7枚。卵青白色，无光泽，斑点很少。产完最后一枚卵雌鸟即开始孵卵，而雄鸟盘旋于附近，驱赶误入巢区的同种个体。坐巢雌鸟在13：00～14：30离巢次数多，孵化中的雌鸟多由雄鸟供应食物，恋巢性强，当人走到距巢5～6 m时，才从巢中起飞，在巢的上空盘旋并快速扇动翅膀，发出急促响亮的"ga、ga"声；人离开巢100 m左右，雌鸟即可回巢。巢和卵被触动后，一般不发生弃巢毁卵现象。孵化期28～36天。一只雏鸟从破壳到出壳需要2～3天甚至4天，不能出雏的卵会被亲鸟吃掉。雏鸟为半晚成鸟。留巢育雏约3周，此后雏鸟开始在巢附近活动。育雏期由雄鸟供给食物，雄鸟用脚把食物带回巢的附近，雌鸟飞起在空中把食物接住，用嘴叼回巢中喂雏；有时雄鸟把食物直接投掷到巢中。每次喂食量约22.1 g，一般每次叼回巢的食物只供1只雏鸟食用。育雏期间雌性亲鸟会将由于缺食而奄奄一息的弱雏叼死，在巢中撕碎，喂给其他雏鸟。育雏期间也毁坏雁鸭类、鹭类等水鸟的卵和巢，甚至捕食成鸟。

种群现状和保护 在20世纪80年代，欧洲（不包括苏联）种群约10 000对，而且仍在增加，德国最大种群达2225～2350对，波兰1500～2000对，土耳其100～250对；在90年代早期，据估计白俄罗斯种群为2200～3000对。总的种群数量与分布区域均有下降趋势。IUCN评估为无危（LC），已列入CITES附录Ⅱ。《中国脊椎动物红色名录》评估为近危（NT），被列为中国国家二级重点保护野生动物。

白腹鹞

拉丁名：*Circus spilonotus*
英文名：Eastern Marsh Harrier

鹰形目鹰科

形态 体形中等的猛禽，体长 43～59 cm，体重 490～790 g，翼展 115～145 cm。雄鸟通体银灰色，头顶、后颈黄白色，眼先、耳羽黑褐色；背、肩及腰部黄褐色；初级飞羽褐色，基部淡黄色；尾羽淡黄色，而中央一对呈灰色，具棕褐色横斑；颈、喉部淡黄色，有褐色纵纹；胸部白色，具稀疏点斑或横斑；腹部及两胁具栗褐色羽干纹。雌鸟体形较大，上体褐色，腹部以下为茶褐色；尾羽灰色或灰褐色，具栗色斑点；翅下覆羽黄褐色，飞羽褐色。幼鸟羽色似雌鸟而稍淡，上体和腹部以下均呈棕褐色。

分布 分布于亚洲东部，从西伯利亚贝加尔湖地区往东到俄罗斯远东太平洋沿岸，以及蒙古、日本北部为繁殖鸟；在东南亚到大洋洲越冬或为留鸟。中国境内见于东北西北部、辽宁、华北至青海湖、新疆、四川、长江中下游，向南至福建、广东、云南、海南和台湾。北方繁殖，南方越冬。

栖息地 活动于沼泽、湖边和大片的芦苇地，非繁殖季节喜在稻田、牧草地等开阔环境活动。

食性 以鸭类、鹏鹧、白骨顶等中小型鸟类及其卵和幼鸟为食，也食小型鼠类、蛙类及小型爬行动物和昆虫。捕食时在开阔生境上空作低空盘旋，发现猎物后迅速直下掠之，之后在地上将其撕开后吞食。

白腹鹞的繁殖参数	
繁殖期	4 月中旬～6 月上旬
窝卵数	3～7 枚
卵大小	(48.5～53) mm×（37～39.5) mm
孵化期	33～38 天
孵卵模式	雌鸟孵卵
育雏期	35～40 天

繁殖 繁殖期 4 月中旬至 6 月上旬。主要在芦苇丛中筑巢，有时也筑巢于沼泽地地面上。巢相当大，巢材多为芦苇的茎叶，无内垫物。窝卵数 3～7 枚。卵青白色，无斑纹。卵大小为 (48.5～53) mm×（37～39.5) mm。孵卵由雌鸟担任，孵化期 33～38 天。育雏期 35～40 天。2～3 年达到性成熟。

在新疆大约 4 月上旬开始筑巢、产卵，雏鸟于 5 月 23 日前后出壳，5 月下旬至 7 月上旬为育雏期，7 月 2 日之后 4 只幼鸟陆续离巢。育雏期雌雄亲鸟分工明确，雄鸟负责巡逻、捕猎，空中传递食物给雌鸟，然后雌鸟回窝喂雏。6 月 16 日全天观察发现平均每小时喂食 2～3 次，食物多为雁鸭类、鸻鹬类及水鸡等幼鸟。育雏期间雌鸟还经常衔枝、草回巢，随幼鸟的长大不断加固、扩大、垫高巢穴。

种群现状和保护 有关种群大小和趋势的数据非常少。在中国，近年来数量减少，1989～1991 年向海自然保护区的调查中每小时遇见率为 0.05 只。IUCN 评估为无危 (LC)，已列入 CITES 附录 II。《中国脊椎动物红色名录》评估为近危 (NT)，被列为中国国家二级重点保护野生动物。

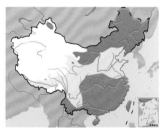

白腹鹞。左上图为成年雄鸟，张明摄；下图为雌鸟，赵建英摄

白尾鹞

拉丁名：*Circus cyaneus*
英文名：Hen Harrier

鹰形目鹰科

形态 中型猛禽，体长 43～52 cm，雄鸟体重 350 g，雌鸟 530 g，翼展 99～120 cm。尾上覆羽白色，以此区别于白腹鹞。雄鸟头、枕、背至腰青铜色微沾灰色；喉、胸及胸侧蓝灰色；腹部、两胁、腋羽及覆腿羽白色，具浅褐色小点斑；外侧初级飞羽黑褐色。雌鸟颊部及耳羽褐色，头顶、颈及上背棕黑色，具黄褐色羽缘；胸腹部羽毛棕色，具深褐色纵纹；尾羽浅棕色，具黑褐色宽带斑。幼鸟羽色似雌鸟，但上背和腰羽先端具黑斑，下体栗褐色。

分布 繁殖于欧亚大陆、北美，越冬于欧洲南部和西部、北非、伊朗、印度、缅甸、泰国、中南半岛和日本。中国境内繁殖于新疆、东北及内蒙古东部呼伦贝尔、兴安、赤峰及锡林郭勒，在呼和浩特和巴彦淖尔地区为留鸟；迁徙季节见于河北、山东、山西、四川、湖北；在内蒙古阿拉善、山西中部、甘肃、青海、长江中下游至福建、广东、广西、云南、西藏和台湾越冬。

栖息地 活动于开阔的草地、湿草甸、旷野和耕地，尤喜栖息于平坦或坡度较缓的陆地。

习性 通常栖止于地面，但也栖止于电线杆、树或岩石上。非繁殖季节常集群，一般为 10 余只的小群，有时也集成多达 200 只的大群。

食性 在迁徙季节，飞行敏捷，在低飞中寻找、捕食小型鸟

扎龙湿地白尾鹞的繁殖参数（高中信和李英南，1986）	
繁殖期	5～6 月
窝卵数	4～8 枚
卵大小	(46～55) mm×(38～43) mm
卵重	27～50 g
孵化期	28～31 天
孵卵模式	雌鸟孵卵

类，也捕食啮齿类、昆虫、两栖类及蜥蜴等；而冬季以鼠类为主食。在猎捕地面食物时主要靠听觉，低空飞翔，缓慢扇翅。通常单独捕食，远离栖息地或巢址。在非繁殖季节可到距栖息地 10 km 或更远处捕食。

繁殖 繁殖期 5～6 月。营地面巢，常把巢筑在沼泽地、丘陵、斜坡、芦苇地或田地里，巢主要由植物的枝叶堆积而成，主要由雌鸟负责营巢。每窝产卵 4～8 枚，平均每 3 天产 1 枚卵。孵化期 28～31 天，由雌鸟承担。在扎龙地区的研究中，16 枚卵平均大小为 50.2 mm×38 mm，平均重 43 g。通常 2～3 年达到性成熟，约有 30% 的个体 1 年龄开始繁殖，雌性的存活率较高，个体存活最长的记录是 16 年。

种群现状和保护 不同地区的种群趋势有差异，但总体呈下降趋势。在 20 世纪 80 年代，法国 2800～3800 对，瑞典 1000～2000 对，芬兰约 3000 对，西班牙 300～400 对；90 年代早期，据估计白俄罗斯有 300～500 对，俄罗斯欧洲地区约 15 000 对。在中国向海保护区，1989 年的每小时遇见率为 0.5 只，至 2000 年下降至仅 0.05 只；在内蒙古东北部、中部和西部为常见种。已被列入 CITES 附录 II，IUCN 评估为无危（LC）。《中国脊椎动物红色名录》评估为近危（NT），被列为中国国家二级重点保护野生动物。

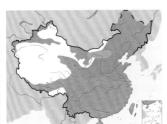

白尾鹞。左上图为成年雄鸟，沈越摄；下图为雌鸟，刘璐摄

草原鹞

拉丁名：*Circus macrourus*
英文名：Pallid Harrier

鹰形目鹰科

形态 中型猛禽，体长 43～52 cm。雄鸟通体白色；眼先、额和颊侧白色，耳羽灰色；嘴须黑色；头顶、背和翅上覆羽石板灰色；颈、喉和上胸银灰色；尾羽具明显的灰白色横斑，中央尾羽灰色，具暗色横斑，尾上覆羽也具灰色横斑；第 1 枚初级飞羽银灰色，第 2 枚初级飞羽外翈灰色，内翈黑色。雌成鸟较雄鸟体形稍大，具面盘；上体褐色沾灰色，具不显的暗棕色羽缘；头至后颈淡黄褐色，各羽具暗褐色横斑，次端斑较宽阔，尾羽端缘黄褐色；翅上覆羽和飞羽黑褐色。下体皮黄白色，具宽阔的褐色羽干纵纹，覆腿羽和尾下覆羽白色，具不规则的淡棕褐色斑纹。

幼鸟似雌性成鸟。头顶和后颈深棕褐色；上体棕褐色；尾羽灰褐色；翅上覆羽和飞羽黑褐色；下体污白色，胸、腹及尾下覆羽棕褐色。

分布 分布较广，见于欧洲罗马尼亚、俄罗斯、瑞典、德国等地，散布至非洲和亚洲西南部。在中国境内见于四川、新疆、内蒙古、西藏、广西、河北、天津、重庆、江西、海南、江苏。

栖息地 栖息于草原和开阔平原，偶见于林缘。冬季有时也到河谷和村庄农田地带。

食性 主要食物为草原鼠类，也吃草原上的鸟类，如百灵、鹨类等，包括雏以及鸟卵。还吃野兔、野鸭、蛙、蜥蜴、昆虫等。

繁殖 4～6 月繁殖，在地面筑巢，多在草原凹陷干燥处，有时也在草丛和矮小灌丛中营巢。

种群现状和保护 IUCN 评估为无危（LC），已列入 CITES 附录 II。《中国脊椎动物红色名录》评估为近危（NT），被列为中国国家二级重点保护野生动物。

草原鹞的繁殖参数	
巢大小	外径 50 cm；内径 15～20 cm
窝卵数	3～6 枚
卵颜色	白色或淡蓝色，微带淡红色或褐色斑点
卵大小	（40～50）mm×（32～37）mm
孵化期	30 天
孵化模式	雌鸟孵卵
育雏期	35～45 天
育雏模式	双亲喂养

鹊鹞

拉丁名：*Circus melanoleucos*
英文名：Pied Harrier

鹰形目鹰科

形态 体长 41～49 cm，雄鸟体重 265～325 g，雌鸟 390～455 g。站立时似喜鹊。雄鸟头、颈、喉及胸部黑色，腹部、尾下覆羽及翅下覆羽白色，外侧初级飞羽及中覆羽亦白色，肩及腰部灰白色沾褐色；尾羽银灰色，先端灰白色。雌鸟上体暗褐色，两翅及腰羽具暗褐横斑；白色下体的暗褐色纵纹比雌性白尾鹞更为粗重明显。幼鸟似雌鸟，但下体多栗色或棕色；中央尾羽灰褐色，外侧尾羽棕黄色。

分布 繁殖于西伯利亚、蒙古、朝鲜北部，在缅甸、印度、斯里兰卡和菲律宾等地越冬，在缅甸西北部为留鸟。中国境内繁殖于东北大部、内蒙古东部地区；迁徙时途经内蒙古乌梁素海及阿拉善贺兰山、青海、河北和山东，越冬于四川、云南、贵州、广西、广东、福建、海南岛和台湾。

每年 4 月中下旬迁到长白山，8～9 月末南迁。秋季迁徙经

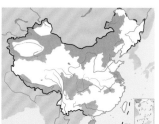

草原鹞。上图为雄鸟，王昌大摄；下图为雌鸟，杨飞飞摄

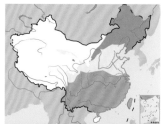

鹊鹞。左上图为雄鸟，下图为雌鸟亚成。张明摄

长白山地区鹊鹞的生活史参数（高玮，2002）

巢内径	37×40 cm
巢外径	71×67 cm
巢深	4.8 cm
窝卵数	4～5 枚
卵大小	43.8 mm×34.8 mm
孵化期	30 天

过北戴河的时间为 8 月下旬至 10 月下旬。迁到贵州六盘水地区越冬的时间为 8 月下旬至 9 月上旬，翌年 3 月上旬、中旬离开。

栖息地 栖息于低山丘陵、草原、旷野、河谷、沼泽地、林缘和林中沼泽地。

食性 主要以鸟、鼠、蛙、蜥蜴、蛇、昆虫等小型动物为食。

繁殖 繁殖期 5～6 月。营巢于疏林灌丛草甸的草丛、芦苇丛、灌丛中或地上。巢结构简单，浅盘状，以草茎等可利用的植物茎叶为巢材。在地面上交尾。窝卵数 4～5 枚，每隔 2 天产 1 枚卵。卵乳白色或淡绿色，椭圆形。卵大小为 43.8 mm×34.8 mm。5 月中下旬产卵，产下第 1 枚卵即开始孵卵，雌雄轮流孵卵。孵化期约 30 天。由于非同步孵化，导致同窝雏鸟之间个体大小有明显差异。雏鸟为晚成鸟，由雌雄亲鸟共同抚育，一个多月后雏鸟离巢。

种群现状和保护 分布范围较小，种群趋势和数量知之甚少。在山西各地的平均每小时遇见率分别为：庞泉沟国家级自然保护区 0.035 只，历山国家级自然保护区 0.065 只，太原南郊区的汾河滩涂地段 0.09 只，运城盆地 0.11 只。1980 年代后期在北戴河秋季迁徙期间记录到的数量迅速下降：1986 年 14534 只，最多一天为 2978 只；1990 年共记录到 1917 只，最多一天为 556 只。被列入 CITES 附录Ⅱ，IUCN 评估为无危（LC），《中国脊椎动物红色名录》评估为近危（NT），被列为中国国家二级重点保护野生动物。

乌灰鹞

拉丁名：*Circus pygargus*
英文名：Montagu's Harrier

鹰形目鹰科

形态 中型猛禽，体长 41～52 cm。雄鸟上体石板蓝灰色，颏、喉和上胸暗蓝灰色，下胸、腹和两胁白色，具显著的棕色纵纹，肛区、尾下覆羽和覆腿羽亦为白色或淡灰白色；外侧 6 枚初级飞羽黑色，其余初级飞羽和次级飞羽灰色，次级飞羽上面具一条黑色横带，下面具两条黑色横带；翼下覆羽白色，具模糊的红褐色纵纹。雌鸟上体暗褐色，领羽不明显；腰白色，下体皮黄白色，具较粗著的暗红褐色纵纹；尾上覆羽白色而具暗色横斑。

幼鸟和草原鹞幼鸟非常相似，但羽色较暗而更富棕色，下体无纵纹。

乌灰鹞。左上图为雄鸟，张岩摄；下图为雌鸟，张明摄

分布 繁殖于欧洲、中亚和非洲西北部，东至西伯利亚西部，南至中东、阿富汗；越冬于非洲、里海、伊朗、印度、中南半岛和斯里兰卡。在中国繁殖于新疆天山和阿尔泰山，迁徙和越冬期间偶见于山东、长江流域、福建和广东。

栖息地 栖息于低山丘陵和山脚平原以及森林平原地区的河流、湖泊、沼泽和林缘灌丛等开阔地带，有时也到疏林、小块丛林和农田地区活动。

食性 主要以鼠类、蛙、蜥蜴和大型昆虫为食，也吃小型鸟类、雏鸟和鸟卵。多在地上捕食。

繁殖 繁殖期 5～8 月。通常营巢于水域附近地面草丛中或干的芦苇丛中。巢主要由细的灌木枝条、芦苇和草构成，巢内垫有干草。

种群现状和保护 在非洲越冬地主要受到蝗虫防治、干旱以及过度放牧、森林砍伐、烧荒导致的生境退化的影响。农业集约化对其繁殖的干扰较大，并使得食物资源减少。已列入 CITES 附录Ⅱ，IUCN 评估为无危（LC），《中国脊椎动物红色名录》列为近危（NT），被列为中国国家二级重点保护野生动物。

乌灰鹞的繁殖参数	
窝卵数	3～6 枚
卵颜色	白色，偶有褐色斑点
卵大小	(41～45) mm×(34～35) mm
孵化期	27～30 天
孵化模式	雌鸟孵卵
育雏期	35～42 天

黑鸢

拉丁名：*Milvus migrans*
英文名：Black Kite

鹰形目鹰科

形态 体长 55～60 cm，体重 567～941 g。全身羽毛大多暗褐色。头和颈两侧棕白色，具黑褐色羽干纹，耳羽黑褐色，故又名黑耳鸢。胸部以下浓褐色，两胁棕色，飞翔时可见翼下具大型白斑。与其他猛禽的圆形尾不同，尾呈叉状，暗褐色，微具横斑。雌雄羽色相同，雌鸟体形大于雄鸟。幼鸟体色较淡，具显著斑点，翼下白色块斑较小。

分布 分布于欧亚大陆、非洲、南亚次大陆，一直到澳大利亚。在中国分布很广，各地区均可见到。每年 4 月下旬迁徙至北方地区，10 月末～11 月初南迁。

栖息地 从半荒漠、草原、森林草原到人工林地均有分布，而在茂密的森林中不多见。

习性 常在江河、湖泊、河流、旷野、村镇等处活动，在空中翱翔，窥视地面猎物。迁徙时常结群。

食性 适应性强，捕食范围广，屠宰场、渔场、垃圾场均可见到黑鸢捕食。从腐肉到小型啮齿动物、鱼类、两栖类和昆虫均可作为其食物。在地面或水面上捕食，当捕食昆虫时，边飞边捕食，并在飞行中吃掉食物；有时也偷取其他捕食者或鸟类的食物。

繁殖 在中国华北地区繁殖期为 5～6 月，西北地区为 4 月，南方为 2 月。营巢于高大的树上、峭壁或建筑物上。巢浅，由粗树枝、草、毛、塑料、布、纸等堆积而成，巢内常垫有麻丝、芦苇、破布、树叶及树皮碎片等物。有利用旧巢的习性。窝卵数 1～4 枚，每隔 1～2 天产 1 枚卵。卵椭圆形，呈灰白色带淡蓝绿色，缀以红褐色斑点和细纹。孵化期 26～38 天，孵卵主要由雌鸟承担。在整个孵化期内，若雄鸟能提供充足的食物，雌鸟几乎不离巢。幼鸟 1 年后可达性成熟，参与繁殖，有记载的存活时间最长为 23 年。

种群现状和保护 最为常见的昼行性猛禽。虽然大范围内种群数量下降，但在非洲撒哈拉沙漠以南地区及南亚次大陆仍然丰富，20 世纪 60 年代仅新德里就有约 2400 对。在中国全国各地皆有分布，但数量稀少。IUCN 和《中国脊椎动物红色名录》均评估为无危（LC），已列入 CITES 附录 II，被列为中国国家二级重点保护野生动物。

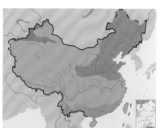

黑鸢的繁殖参数	
巢大小	外径 55～60 cm，内径 28～32 cm 高 25～35 cm，深 7～8 cm
窝卵数	1～4 枚
卵重	62 g
孵化期	26～38 天

黑鸢。左上图为成鸟，沈越摄；下图为幼鸟，王小炯摄

白腹海雕

拉丁名：*Haliaeetus leucogaster*
英文名：White-bellied Sea Eagle

鹰形目鹰科

形态　大型猛禽，体长 70～85 cm，翼幅 180～218 cm。雌雄羽色相似，雄鸟体重 2120～2900 g，雌鸟 2900～3400 g。背黑灰色，头部、颈部及下体为白色；尾楔形，尾基灰色，端部三分之一为白色；飞翔时从下面看过去除飞羽和尾基为黑色外，其余为白色。幼鸟上体暗褐色，下体棕褐色；尾基白色，具暗褐色宽横斑。

分布　分布于印度和斯里兰卡，经亚洲东南部、菲律宾、新几内亚和俾斯麦群岛直至澳大利亚和塔斯马尼亚。中国境内主要见于广东、福建、台湾、香港和海南，偶见于江苏、浙江及内蒙古（达里诺尔、乌梁素海）。国内多为留鸟，仅海南和台湾为旅鸟。

栖息地　典型的海岸鸟类，栖息于从海平面至海拔 1400～1700 m 的海岸湖泊、湿地、河口，以及周围有林地及开阔生境

的内陆湿地。

习性　常成对于水域上空翱翔，偶尔在岩礁或孤立的大树上停息。

食性　以哺乳动物、鸟类、爬行类、鱼类、腐肉和垃圾为食。有时从其他捕猎者处夺取食物。

繁殖　营巢于树上、多岩石的开阔地区的地面、海岛岩礁上，巢离地面 3～20 m。有利用旧巢的习性，修补沿用多年。巢体积较大，巢材为枯树枝，内铺植物茎叶。窝卵数 1～3 枚，通常为 2 枚。卵白色，卵圆形，平均大小为 72.2 mm×53.8 mm。孵化期约 51 天，雌雄亲鸟交替孵卵，以雌鸟为主。雏鸟晚成，离巢后仍需伴随亲鸟 6 个月后才独立活动。

种群现状和保护　数量稀少，国内外种群均在下降。IUCN 评估为无危（LC），已列入 CITES 附录 II。《中国脊椎动物红色名录》评估为易危（VU）。在中国属于国家二级重点保护野生动物。

白腹海雕的繁殖参数	
窝卵数	1～3 枚，通常为 2 枚
卵大小	72.2 mm×53.8 mm
孵化期	约 51 d
孵卵模式	双亲轮流孵卵，雌鸟为主

白腹海雕。左上图为亚成鸟，沈越摄；下图为成鸟，曹黎明摄

玉带海雕

拉丁名：*Haliaeetus leucoryphus*
英文名：Pallas's Fish Eagle

鹰形目鹰科

形态 大型猛禽，体长 72～84 cm，体重 2040～3700 g，翼展 180～205 cm。上体暗褐色，头顶、后颈及肩间部淡赭褐色，头侧及颏淡乳黄色。下体棕褐色。翼下覆羽及腋羽黑褐色，略具白斑。尾黑色，中段具白色宽带斑。雌雄羽色相似，雌鸟体形稍大。幼鸟尾部中段具白色点状斑。

分布 繁殖于亚洲中部和南部，从哈萨克斯坦（目前可能已地区性灭绝）到蒙古，在巴基斯坦、印度北部、缅甸为留鸟。在中国繁殖于新疆、青海、黑龙江、西藏、内蒙古，也见于甘肃、四川、河北和江苏等地区。3 月迁至内蒙古繁殖。

栖息地 栖息于湖泊、河流、湿地和水塘等开阔地区，偶见于渔村和农田上空；经常出现在干旱地区和大草原。在高原和峡谷亦有分布，在西藏可达海拔 5200 m 的高处。冬季可能活动于内陆湖泊。

食性 主要以鱼类为食，也捕食水禽、蛙、爬行类、啮类动物和腐肉。有时从集群的水禽中捕食幼鸟，也从鹰类和其他鸟类处偷取食物，或捕食羊羔及其他小牲畜。在乌梁素海玉带海雕

常到渔民的网箱中抓鱼。常单独在浅水区捕鱼，有时停栖在树上或土丘上，伺机捕食，有时停息于旱獭、鼠兔洞旁 10 m 左右处，当猎物出洞时猛扑过去。

繁殖 繁殖期 3～4 月。筑巢于高大的树上、芦苇丛、岩壁或地面上。巢位较高，距地面最高可达 30 m。巢体积庞大，以枯树枝、芦苇茎秆为主，内垫新鲜的植物叶。巢可重复使用。窝卵数 2～3 枚，有时 4 枚，卵纯白色，光滑无斑。孵化期约 35～40 天，孵卵主要由雌鸟承担。雏鸟由雌雄亲鸟共同抚育，70～105 天后离巢。

种群现状和保护 曾经分布范围较广，但自 20 世纪中期开始分布范围迅速缩小，在很多国家已多年未见，前苏联的繁殖种群可能已经灭绝，而在巴基斯坦 1974 年估计不到 40 个繁殖对。在中国内蒙古分布较广，20 世纪 50 年代在乌梁素海数量较多，由于其尾羽（商品名为腰羽）供销国外，被当地渔民大量捕杀。现今数量极少，见到最多的一次为 4 只（1996）。IUCN 和《中国脊椎动物红色名录》均评估为濒危（EN）。已列入 CITES 附录 II。被列为中国国家一级重点保护野生动物。

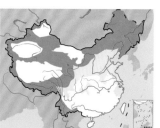

乌梁素海玉带海雕的繁殖参数（邢莲莲，1996）	
巢大小	外径 100 cm，内径 45 cm，高 65 cm，深 20 cm
窝卵数	2～4 枚
卵大小	(65.5～68) mm×（55～55.5) mm
孵化期	35～40 天

玉带海雕。彭建生摄

白尾海雕

拉丁名：*Haliaeetus albicilla*
英文名：White-tailed Sea Eagle

鹰形目鹰科

形态 大型猛禽，体长 69～92 cm，翼展 200～245 cm。雌雄相似，雌鸟体形较大，雄鸟体重 4100 g，雌鸟 5500 g。喙黄色。头、后颈淡黄褐色，上背褐色，下背至尾上覆羽暗褐色；喉部黄褐色，胸腹部褐色，羽缘颜色较淡；尾羽纯白色，尾下覆羽淡棕色。跗跖覆羽。幼鸟上体棕黄色，下体白色，尾羽羽基灰白色，尖端棕褐色，具棕褐色点斑。幼鸟需 5～6 年才能达到成年羽色，而喙 4～5 年龄才变为黄色，尾到第 8 年才为白色。

分布 全北型种，分布极广。繁殖于格陵兰岛西南部、冰岛西部、欧亚大陆中部和北部，向南至希腊和土耳其、黑海南部。在地中海、波斯湾、印度北部、朝鲜、日本等地越冬。在中国境内繁殖于新疆和黑龙江，迁徙经过或越冬于吉林、辽宁、河北、山东、青海、甘肃、长江以南沿海地区、香港和台湾。在内蒙古从东到西依次为繁殖鸟、旅鸟、冬候鸟，内蒙古最西端的阿拉善盟也有分布记录，但在该地是否为冬候鸟还不确定。

栖息地 栖息于湖泊、河流、海岸、岛屿及河口地区，非繁殖期也见于山地草原，迁徙途中停息也多在江河地带。

习性 常单独活动，春季也成对活动，飞行缓慢，呈直线。1987 年 3 月 10 日在乌梁素海见到一对白尾海雕在未解冻的苇滩湖面上空飞过。春季返回繁殖地的时间与当地河流解冻时间相吻合，图们江通常每年 3 月上中旬薄冰开始融化，此时白尾海雕也正开始迁回。

鸣声 雄鸟叫声如"gri——gri"，雌鸟明显不同，似"gra——gra"。

食性 主要捕食鱼类、水禽、雉鸡、野兔、鼠类、幼鹿及其他鸟类等。取食鱼类时，先在水面上空低飞，一旦发现目标立即以锐爪抓起。据郑作新（1963）记述，除大型鱼类外，白尾海雕也吃动物尸体和渔场附近的废物，还经常袭击家禽等。1983 年 4 月下旬，研究者在三江平原东北部的森林中发现 1 个白尾海雕巢，巢内有 3 只幼雏，还有重 1～1.5 kg 的鲤鱼及一个鱼头。他们将出生 5 个月的幼鸟带走进行人工饲养，幼鸟食量很大，每次进食 1～1.5 kg，饲养至 11 月南迁。该鸟虽然食量很大，但它的耐饥力却较强，能 45 天不进食。马鸣等在塔里木河流域通过巢内残留食物分析鉴定出其食物种类有鲢鱼、草鱼、鸬鹚、赤嘴潜鸭、红头潜鸭、环颈雉、白骨顶、塔里木兔和家禽。

繁殖 在苏格兰大约 4 月中旬开始繁殖，其他地区从 2 月末～4 月中旬开始繁殖。营巢于海岸悬崖的突出物、悬崖深处及高大的树上，有时也把巢筑在山尖岩石上或湖中平坦的小岛上，甚至沼泽地或芦苇丛中、港湾沙堤上。在树上筑巢时，巢材主要为树枝，内垫小枝条、树皮、羽毛、枯草等。筑成的大型皿形巢可沿用多年，据记载有巢沿用了 150 年。巢径 1～2 m，4 年的老巢重量可达 240 kg。雌雄共同营巢，雄鸟主要衔回巢材，雌鸟负责修筑。窝卵数 2 枚，老年个体有时仅产 1 枚，偶尔有 3 枚。卵钝卵圆形，白色，有时沾污黄色，无斑点。卵平均大小为 75.8 mm×58.7 mm。产下第 1 枚卵即开始孵卵。孵卵工作主要由雌鸟担任，雄鸟也参与，但主要任务是携带鱼或其他食物给正在孵卵的雌鸟。孵化期 35～38 天。刚孵出的雏鸟体被淡黄色或淡黄灰白色绒羽，颏喉部较白，眼下方、后方、翅上及尾部较为灰白。双亲共同育雏，雄鸟用爪把食物带回巢中，雌鸟分别喂给每只雏鸟。绒毛期约 50 天，但需 10 周才羽翼丰满，此后幼鸟再在巢附近活动 4～5 周。约 5 年性成熟。自然环境下最长寿命为 27 年，人工驯养寿命可达 42 年。

种群现状和保护 19 世纪种群数量开始明显减少，20 世纪 80～90 年代，有可靠数据报道的各地区种群数量在 15～1500 对之间，挪威、德国和瑞典分别约 1500 对、200 对、100 对。造成种群数量减少的原因有直接伤害、毒药的使用、栖息环境的破坏，20 世纪中期杀虫剂和重金属污染导致繁殖成功率受到严重影响。要使种群数量得到恢复，需采取积极保护措施，如保护鸟巢、冬季投放食物、进行人工培育等。在内蒙古的野外调查中，见到数量最多的一次为 4 只（1996 年 10 月）。IUCN 评估为无危（LC），已列入 CITES 附录 I。《中国脊椎动物红色名录》评估为易危（VU），被列为中国国家一级重点保护野生动物。

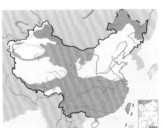

白尾海雕。左上图沈越摄，下图马正魏摄

白尾海雕的繁殖参数	
巢大小	直径 1～2 m
窝卵数	1～3 枚，通常为 2 枚
卵大小	(67.5～84.2) mm×(53.4～64) mm
孵化期	35～40 天
孵卵模式	主要由雌鸟承担，雄鸟喂食

虎头海雕

拉丁名：*Haliaeetus pelagicus*
英文名：Steller's Sea Eagle

鹰形目鹰科

形态 体形最大而凶猛的海雕，体长近 100 cm。雌雄相似。喙宽大，先端向下弯曲具钩，呈黄色。前额白色，头顶至后颈及头侧暗褐色，具淡灰褐色羽干纹；背、肩部暗褐色，小覆羽白色，在翅前缘形成一条白色带斑；腰、尾羽及覆腿羽白色，尾楔形；下体浓褐色，喉部羽色较暗。幼鸟全身暗棕褐色，羽基白色，翼上具白斑。

分布 古北界东亚亚界种。繁殖于白令海西海岸、俄罗斯远东地区、萨哈林岛，越冬于朝鲜、日本。中国境内见于吉林珲春，辽宁旅顺、营口，偶见于台湾、河北，为不常见冬候鸟，在内蒙古东部为旅鸟。20 世纪 90 年代一只携带无线电发射器的虎头海雕在内蒙古科尔沁湿地停留了 1 个月。每年 3 月初迁至图们江下游防川一带，3 月 23 日离开。1998 ~ 1999 年两年的 3 ~ 4 月观察共遇见 7 只，而且均在 3 月的中下旬。秋季 11 月迁至大连越冬。

栖息地 栖息于近海岸河流的河口、湖泊，偶见于山地湖泊附近。

习性 飞行缓慢，经常在空中滑翔盘旋或长时间站在岩石岸边，有时亦站在乔木树枝上或岸边沙丘上。常单独栖息江面上，附近常分布有白尾海雕和乌鸦，停歇行为与白尾海雕相似。

食性 主要以鱼为食，也食死鱼，食谱还包括海鸥、雁鸭类、海豹幼体、北极狐、野兔、鼠类和腐肉等。习惯性的捕食方法是站在水面上方 5 ~ 30 m 高的树上或岩石上，发现猎物时冲下捕食。也在水面上方 6 ~ 7 m 处飞翔，搜寻水中猎物，发现后冲向水中捕食；或站在浅水中、堤岸上抓取食物。

繁殖 繁殖期 3 ~ 4 月。通常 4 月末 5 月初产卵。营巢于树上或悬崖上，巢材为粗树枝。巢巨大，宽达 2.5 m，深 4 m。巢多年重复使用。每窝产卵 1 ~ 3 枚，通常为 2 枚。卵白色，渲染淡绿色。卵大小为 80.5 mm × 60.4 mm，重约 160 g。孵化期 38 ~ 45 天。雏鸟体被白色绒羽。孵出后约 70 天可飞行，通常双亲只能哺育成活 1 只雏鸟。

种群现状和保护 全球种群数量约 7500 只，其中 5600 只为成鸟；1200 ~ 1500 对繁殖于堪察加半岛，约 2200 只越冬于日本北海道。中国的种群数量较少。虎头海雕数量减少的主要原因是生境的改变和人类的猎杀。其繁殖率较低，每对成鸟每年平均育成 0.51 ~ 0.55 只幼鸟，所以受到干扰后种群恢复较慢。IUCN 评估为易危（VU），已列入 CITES 附录 II。在《中国濒危动物红皮书》中列为濒危种（E），《中国脊椎动物红色名录》评估为濒危（EN），被列为中国国家一级重点保护野生动物。

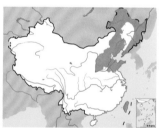

虎头海雕的繁殖参数	
巢大小	径 2.5 m，深 4 m
窝卵数	1 ~ 3 枚，通常为 2 枚
卵大小	80.5 mm × 60.4 mm
卵重	160 g
孵化期	38 ~ 45 天

虎头海雕。左上图郭睿摄，下图许阳摄

灰脸鵟鹰

拉丁名：*Butastur indicus*
英文名：Grey-faced Buzzard

鹰形目鹰科

形态 中型猛禽，体长45 cm。雌鸟较雄鸟羽色暗而体形大。眉纹白色，颊和耳羽灰色；头顶至后枕褐色，肩较腰色深；喉白色，具较宽的中央喉纹；下胸、腹部白色，具土黄色横斑；飞羽外侧羽片和羽端为黑褐色；尾羽褐色，贯以3~4条黑褐色带斑；翅下覆羽、尾下覆羽白色，具棕褐色横斑。幼鸟上体暗褐色，具棕色和棕白色羽缘，尾羽黄褐色，具宽阔的黑褐色横斑；下体白色，上胸有褐色纵纹，腹部向后具红褐色纵纹，胁部横斑少。

分布 繁殖于中国、日本和朝鲜；在印度、中南半岛、菲律宾、马来半岛、印度尼西亚和新几内亚越冬。中国境内繁殖于黑龙江、吉林、辽宁、内蒙古东部地区、河北和河南；越冬于长江以南，南达广东沿海、福建和台湾，西达云南；迁徙季节经过河北、安徽、山东和台湾等地。每年3月份可在中国东部地区见到，4月份完成配对，5月迁至内蒙古兴安盟及东北地区繁殖，9月迁往南方，部分个体冬季也可见到。

栖息地 繁殖期主要栖息于阔叶林及针阔叶混交林，秋冬季多栖息于林缘、山地、丘陵、草地、农田和村屯附近等开阔地区。

习性 常单独隐蔽活动，有时直线飞行，有时圈状翱翔。迁徙时亦常单独行动。

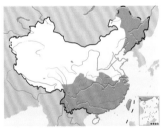

灰脸鵟鹰。左上图沈越摄，下图韩笑摄

灰脸鵟鹰的繁殖参数	
窝卵数	2~4枚
卵大小	(45~52) mm×(39~41) mm
卵重	约52 g
孵化期	28~33天
育雏期	34~36天

正在取食的灰脸鵟鹰亚成鸟。沈越摄

食性 食物以小型动物如鼠、兔、蛇、蛙为主。常常停落在树尖窥视猎物。

繁殖 繁殖期5~7月，营巢于树上或林中沼泽草甸上。巢材为树枝，巢内垫以枯草、树皮和羽毛。巢呈盘状，1990年3月底修补后的巢大小为：外径145 cm×105 cm，内径33 cm×31 cm，高51 cm，深16 cm（高玮，2002）。每窝产卵2~4枚。卵白色，具锈色或红褐色斑点。卵大小为 (45~52) mm×(39~41) mm，卵重约52 g。雌鸟单独孵卵，雄鸟在巢附近栖落。孵卵期间雌鸟恋巢性很强，即使人至树下轻打巢树也不飞离。孵化期28~33天，雏鸟孵出后34~36天可飞行。雌雄亲鸟共同育雏。幼鸟离巢1周内，亲鸟和幼鸟多在巢附近活动，亲鸟仍给幼鸟喂食。

2007年研究者首次发现灰脸鵟鹰繁殖于河南董寨国家级自然保护区，通常2月底至3月初迁至，最早2月27日。通过全区域搜索法调查后发现该保护区内的繁殖种群密度约为每平方千米0.35对。巢多位于树冠的下部、粗大分枝的基部、近中心的位置，距地面高度约10 m。测量的6巢大小为：外径53.2 cm×69.8 cm，内径16.9 cm×18 cm，深约7 cm，高约27 cm。观察的14个巢中有11个巢繁殖成功，另3巢均为在孵卵期间弃巢。

种群现状和保护 种群大小及变化趋势人类知之甚少。在日本为常见种，在泰国是最常见的猛禽之一，俄罗斯的种群数量有所下降。迁徙期间大量经过中国台湾。被列入CITES附录Ⅱ，IUCN评估为无危（LC）。被《中国濒危动物红皮书》列为稀有种（R），《中国脊椎动物红色名录》评估为近危（NT），被列为中国国家二级重点保护野生动物。

毛脚鵟

拉丁名：*Buteo lagopus*
英文名：Rough—legged Hawk

鹰形目鹰科

形态 中型猛禽，体长 50 ～ 60 cm，翼展 120 ～ 150 cm。雌雄羽色相似，雌鸟体形较大。与其他种类不同的是其跗跖被羽一直到脚趾基部，也因此而得名。头部、上背羽毛白色，缀黑褐色羽干纹，背及腰浅褐色；初级飞羽近端白色，远端褐色，外沾灰色；尾羽白色，具宽阔的褐色次端斑；颏、喉及胸部白色，杂黑褐色斑纹；腹部及两胁羽毛基部白色，远端褐色；翼下覆羽白色，具深褐色不规则斑纹，初级飞羽处的翼下覆羽外翈黑褐色。幼鸟羽色似成鸟，体羽具黄白色羽缘，上体羽色较浅淡；下体淡黄色，胸部缀棕褐色纵纹。

分布 繁殖于欧亚大陆北部苔原带和针叶林带的北部；越冬于繁殖区南约 55°N 以南的温带地区。中国境内见于新疆、黑龙江、吉林、辽宁、内蒙古、河北、山东、陕西、江苏、福建、广东和台湾。每年 10 月下旬迁到中国东北地区，部分于翌年 2 ～ 3 月下旬迁离。

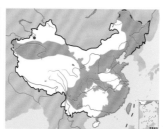

栖息地 主要栖息于林地，常活动于树林、湿地、牧场、旷野和广阔的农田区。冬季多活动于农田附近。

食性 主要捕食啮齿动物和环颈雉等。站在岩石上、电线杆上或其他的有利地势处等待猎物。在空旷地和沼泽地觅食，有时也在垃圾堆中觅食。食物消化残余物成团吐出，食团最大直径达 28 mm。

繁殖 不在中国繁殖。通常繁殖于崖壁上、岩石洞内、高堤上砾石堆中、冻土地上、也在山林内繁殖。用枝条、植物枯叶或地衣混合泥土而筑成巢，巢内垫有枯草，以嫩的松枝修饰。通常几个巢聚在一起，挨的很近。巢可被利用几年。每 2 天产 1 枚卵，窝卵数通常 3 ～ 5 枚。卵白色，多数染有红棕色或深棕色，具不规则的褐色或灰色条纹或斑点。卵平均大小为 55.03 mm×43.59 mm。主要由雌鸟孵卵，雄鸟在巢附近警戒。可能从产下第 1 枚卵就开始孵卵。孵化期约 31 天。育雏期约 41 天。在此期间，雄鸟外出捕食，用脚将食物带回巢中，由雌鸟喂给雏鸟。

种群现状和保护 虽然种群分布范围和数量存在波动，但是从中长期来看大致是稳定的。1986 年北美冬季种群数量达 5 万只，20 世纪 90 年代早期在俄罗斯欧洲地区约 10 万对。冬季在中国东部地区是常见猛禽。IUCN 评估为无危（LC），已列入 CITES 附录 Ⅱ。《中国脊椎动物红色名录》评估为近危（NT），被列为中国国家二级重点保护野生动物。

毛脚鵟。张明摄

大鵟

拉丁名：*Buteo hemilasius*
英文名：Upland Buzzard

鹰形目鹰科

形态 大型猛禽，体长约 64 cm。羽色变化较大，有暗色型和淡色型 2 种色型。暗色型上体暗褐色，肩和翼上覆羽羽缘淡褐色；头和颈部羽色稍淡，羽缘棕黄色，眉纹黑色；下体淡棕色，具暗色羽干纹及横纹；覆腿羽暗褐色；尾淡褐色，具 6 条淡褐色和白色横斑，羽干及羽缘白色；翅暗褐色，飞羽内翈基部白色，次级飞羽及内侧覆羽具暗色横斑，内翈边缘白色并具暗色点斑，翅下飞羽基部白色，形成白斑。浅色型头顶、后颈几为纯白色，具暗色羽干纹；眼先灰黑色，耳羽暗褐色；背、肩、腹暗褐色，具棕白色纵纹的羽缘；尾羽淡褐色，羽干纹及外侧尾羽内翈近白色，具 8～9 条暗褐色横斑；尾上覆羽淡棕色，具暗褐色横斑，飞羽的斑纹与深色型的相似，但羽色较暗型为淡；下体白色淡棕，胸侧、下腹及两胁具褐色斑，尾下腹羽白色，覆腿羽暗褐色。

幼鸟上体体羽羽缘棕色；颏、喉有棕色纵纹；下体胸、腹、两胁有粗的棕褐色纵纹。

分布 国内分布于黑龙江、吉林、辽宁、内蒙古、西藏、新疆、青海、甘肃等地，在北方或为留鸟；在北京、河北、山西、山东、上海、浙江、广西、四川、陕西等地为旅鸟、冬候鸟。国外繁殖于亚洲中部，东至西伯利亚东南部；越冬于朝鲜、日本和印度北部。

栖息地 栖息于山地、山脚平原和草原等地区，也出现在高山林缘和开阔的山地草原与荒漠地带，垂直分布高度可以达海拔 4000 m 以上的高原和山区，如青藏高原。冬季也常出现在低山丘陵和山脚平原地带的农田、芦苇沼泽、村庄、甚至城市附近。

食性 主要以啮齿动物、蛙、蜥蜴、蛇、雉鸡、石鸡、昆虫等动物性食物为食。

繁殖 繁殖期 5～7 月。通常营巢于悬崖峭壁上或大树上，在青藏高原也在高压电线杆上筑巢。在准噶尔盆地，巢位于树上，附近大多有小的灌木掩护。巢呈盘状，巢主要由干树枝构成，里面垫有干草、兽毛、羽毛、碎片和破布。

种群现状和保护 在中国境内如青藏高原及新疆巴音布鲁克，过度放牧使得草场退化可能会对其种群构成威胁。IUCN 评估为无危 (LC)，已列入 CITES 附录 II。《中国脊椎动物红色名录》列为易危 (VU)，被列为中国国家二级重点保护野生动物。

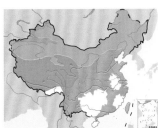

大鵟。上图杨贵生摄，下图马鸣摄

大鵟的繁殖参数	
窝卵数	2～5 枚
卵颜色	淡赭黄色，被有红褐色和鼠灰色的斑点，以钝端较多
卵大小	(56～70) mm×(43～52) mm
孵化期	30 天
孵化模式	雌鸟孵卵
育雏期	45 天
育雏模式	双亲喂养

普通鵟

拉丁名：*Buteo japonicus*
英文名：Eastern Buzzard

鹰形目鹰科

形态 中型猛禽，体长50～56 cm。体色变异大，分为黑色型和棕色型。黑色型头部褐色，具黑褐色纵纹，眉纹黑色；上背和腰褐色，下背至尾栗色；初级飞羽黑褐色而具紫色金属光泽；尾羽暗褐色，具不显著横斑；颏、喉部黄色，杂棕褐色；胸、腹部棕褐色斑纹浓著，前腹稍淡。棕色型上体灰褐色，羽缘和内侧羽片白色；背和肩羽棕黄色；两翅棕褐色；尾羽灰褐色，具暗褐色横斑，尾端灰白色；下体棕黄色，喉具淡棕色纵纹，胸及两胁杂棕黄色粗纹，腹部具棕褐色横斑。雌雄相似，雌鸟羽色偏暗淡而体形较大。

分布 繁殖于西伯利亚南部至蒙古、中国、日本，越冬于亚洲南部。中国境内繁殖于东北小兴安岭、长白山及内蒙古；迁徙经过新疆西部喀什和天山、青海、四川北部松潘、东北南部及西南部、河北、河南、山东威海、青岛；越冬于长江以南地区，西抵四川西部巴塘，云南西北部，南至西藏、云南南部及海南岛；迷鸟见于台湾。

栖息地 栖息于开阔的山地、草原、农田和村落附近。

习性 成对生活，秋季多集成小群，冬季常单独生活。飞翔缓慢，常作翱翔姿态，发现猎物时即收拢双翅，骤然俯冲捕获。也常栖息于树上或高岗上观察和等候猎物。

食性 主要以鼠类、鸟类、蛙、蛇及昆虫为食；育雏期以昆虫为主。

繁殖 繁殖期4～6月。营巢于林缘、疏林的树上或垂岩上，距地面7～12 m。巢主要由枯树枝构成，内垫树叶、杂草等。窝卵数2～4枚。卵青白色，具有栗褐色及紫褐色细点和斑纹，卵大小为60 mm×40 mm。雌雄亲鸟都孵卵，但以雌鸟为主，雄鸟负责把食物带回巢。孵化期33～35天。雏鸟晚成性，约60天会飞。3年性成熟，最长寿命记录25年。

种群现状和保护 常见的猛禽，在中国为广布种，数量普遍。被列入CITES附录Ⅱ，IUCN和《中国脊椎动物红色名录》均评估为无危（LC），被列为中国国家二级重点保护野生动物。

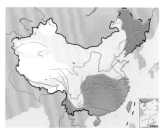

普通鵟。左上图张明摄，下图沈越摄

棕尾鵟

拉丁名：*Buteo rufinus*
英文名：Long-legged Buzzard

鹰形目鹰科

形态 中大型猛禽，体长 50～65 cm。体色变异较大，通常有 2 种色型：淡色型和暗色型，一般以淡色居多，均较其他色淡。淡色型上体淡褐色到淡沙褐色，具暗色羽轴斑；喉和上胸皮黄白色，下胸白色，腹和覆腿羽暗褐色；尾为淡桂皮红色或浅棕色，无横带或具暗褐色横带。暗色型似大，上体主要为暗褐色，头缀棕色且有黑色羽轴纹，羽缘微棕色；颏、喉和上胸白色，棕色羽缘较宽；尾淡棕色或棕褐色。

幼鸟上体羽色较成鸟暗，下体皮黄白色，具暗色纵纹。

分布 繁殖于欧洲东南部，东至亚洲的蒙古，南至北非；越冬于北非、欧洲东南部，越冬地穿过伊朗至印度西北部。全世界共有 2 个亚种，指名亚种 *B. r. rufinus* 繁殖于欧洲中部至亚洲中部，越冬于北非；北非亚种 *B. r. cirtensis*，分布于毛里塔尼亚至埃及以及阿拉伯半岛。中国仅有指名亚种 *B. r. rufinus*，繁殖于新疆，冬季偶见于西藏南部。

栖息地 栖息于荒漠、半荒漠、草原、山地平原（夷平面），垂直分布高度可达海拔 4000 m 的高原地区。单独或成对活动在开阔、干燥的荒野。常站立在岩石、地面高处、电线柱上，偶尔也站立在树上。冬季也到农田地区活动。

食性 主要以啮齿动物、蛙、蜥蜴、蛇、雉鸡、石鸡和其他鸟类及鸟卵为食，有时也吃死鱼和其他动物尸体。繁殖期食物以啮齿类和其他小型哺乳类为主。

繁殖 繁殖期 4～7 月。营巢于悬崖上或树上、以及电线杆上。巢主要由枯枝构成，巢内垫有枯草。在新疆准噶尔盆地的研究表明，巢材以巢周围的低矮灌木为主，多由梭梭、沙拐枣、麻黄等灌木的粗大枯枝组成，巢内的铺垫物有羊毛、布片、破碎编织袋及衣物等。

种群现状和保护 植树造林、风力发电、农业集约化、电击死亡等对其种群造成威胁。在保加利亚，果园与葡萄园的开发使得其栖息环境丧失。在沙特阿拉伯，采石场的开发致使其种群数量下降。在非洲撒哈拉地区，极易受到由过度放牧、伐木、烧荒以及农药导致的环境退化的影响。在中国发现其巢内有垃圾以及废料等作为巢材，这可能会对其繁殖造成影响。IUCN 评估为无危（LC），已列入 CITES 附录 II。《中国脊椎动物红色名录》列为近危（NT），被列为中国国家二级重点保护野生动物。

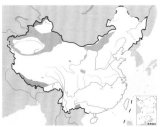

棕尾鵟的繁殖参数	
巢大小	外径（81～95）cm×（56～81）cm，高 28～61 cm 内径 19～26 cm，深 3.5～14 cm
窝卵数	2～5 枚，平均 4 枚
卵颜色	白色或皮黄白色，具黄色或红褐色斑
卵大小	（51～63）mm×（41～46）mm
孵化期	28～31 天
孵化模式	雌雄轮流孵卵，雌鸟为主
育雏期	28～30 天
育雏模式	双亲喂养

棕尾鵟。左上图韦铭摄，下图刘璐摄

鸮类

■ 鸮类指鸮形目鸟类，全球共2科37属251种，　中国有2科13属32种，草原与荒漠地区常见的有5属8种
■ 鸮类头部具面盘，双眼向前；喙强壮，先端具钩；腿强健，爪发达而锐利
■ 鸮类为夜行性猛禽，昼伏夜出，以各种动物为食，利用天然洞穴或其他鸟类的旧巢繁殖
■ 鸮类许多物种处于受胁状态，在中国所有鸮类均被列为国家二级保护动物

类群综述

鸮类指鸮形目（Strigiformes）鸟类，俗称猫头鹰。鸮形目下有 2 个科，即鸱鸮科（Strigidae）和草鸮科（Tytonidae），鸱鸮科全世界有 26 属 222 种，中国有 11 属 29 种；草鸮科仅 2 属 16 种，中国有 2 属 3 种。

鸮类的外形极具特色，绝不会与其他鸟类类群混淆。它们身形矮胖，头部宽大，尾短圆；喙强壮，先端具钩；大而有神的眼睛位于头部前方而非两侧，眼周羽毛向外辐射排列，形成面盘，有些物种头顶两侧具有耳状簇羽；腿强健，爪发达而锐利。

鸮类多为夜行性猛禽，白天隐匿，夜间捕食。均以动物为食，从蚯蚓、昆虫等无脊椎动物，到鱼类、蛙类、爬行类、鸟类和哺乳类等脊椎动物。体形较大的种类捕食中小型哺乳类，如鼠类、兔类；体形较小的种类捕食昆虫；一些栖息于湿地的种类则捕食鱼类等水生动物。捕食时常将猎物整个吞下，然后将不能消化的皮毛、骨头和几丁质等混成团状吐出。

适应于夜行性生活，鸮类的羽色暗淡，多为棕色、褐色或灰色，并形成斑驳图案，具有很好的隐蔽性。它们的羽毛膨松柔软，初级飞羽外缘具有梳齿结构，有很好的消音作用，在夜间可以迅速而无声地接近猎物而不被发觉。瞳孔很大，视网膜富有视杆细胞而不含视锥细胞，对弱光的敏感性好，适于在昏暗的夜间发现猎物。

鸮类广布于全世界，除了被大洋覆盖的北极地区以外，全球各地都有它们的踪迹。它们适应于多种多样的栖息地，从寒带到热带，从森林到荒漠，从荒野到城市，从海平面到海拔 4700 m 的高地，都能成为它们的栖身之所。中国草原与荒漠地有鸮类 5 属 8 种。

鸮类多为单配制，少数种类有一雄多雌和一雌多雄现象。它们利用天然树洞、岩穴或大小合适的其他鸟类弃巢繁殖，仅个别种类自行营巢。一般雌鸟孵卵，雌雄双亲共同育雏。

跟其他猛禽一样，作为食物链顶端的类群，鸮类的种群较脆弱，容易受到各种因素的威胁，许多物种处于受胁状态。在中国所有鸮类均被列为国家二级重点保护动物。

左：鸮类为夜行性猛禽，因头部具有面盘、双眼向前、或具耳簇羽而形似猫的头部，故俗称猫头鹰。图为暮色中的雕鸮，正蹲在岩石上等待猎物。徐永春摄

下：鸮类以各种动物为食，图为正在捕食刺猬的雕鸮。杨艾东摄

灰色型

棕色型

纵纹角鸮
Otus brucei

西红角鸮
Otus scops

雕鸮
Bubo bubo

雪鸮
Bubo scandiacus

花头鸺鹠
Glaucidium passerinum

纵纹腹小鸮
Athene noctua

长耳鸮
Asio otus

短耳鸮
Asio flammeus

西红角鸮

拉丁名：*Otus scops*
英文名：Eurasian Scops Owl

鸮形目鸱鸮科

形态 巴掌大小的猫头鹰，体长 17～20 cm。面盘灰褐色，耳羽较长，基部棕色，端部暗灰褐色；额羽灰褐色，具黑色羽干纹，杂以棕白色斑点；眼先灰白色，眉纹灰色；颏棕白色；上体灰褐

西红角鸮的繁殖参数	
巢距地面高度	70～110 cm
巢大小	外径 9～20 cm；内径 12～20 cm，洞深 25～43 cm
窝卵数	3～6 枚，通常为 4 枚
卵大小	长径 29～34 mm，短径 25～29 mm
卵颜色	白色，光滑无斑
卵形状	卵圆形
卵重	9～14 g
孵化期	22～25 天
孵化模式	雌鸟孵卵
育雏期	21 天
育雏模式	双亲喂养

西红角鸮。左上图吕自捷摄，下图沈越摄

色，密杂以黑褐色斑纹和棕白色斑点；下体灰白色，密杂以暗褐色纤细横斑和粗而显著的黑褐色羽干纹；翅上具棕白色斑，飞羽黑褐色，翼缘棕白色；尾与背同色，有不完整的棕色横斑。

另具棕色型，体背部和胸部均沾棕栗色，甚至全身均染此色；上体黑色羽干纹不显著，肩羽白色特别显著，后颈偶有白羽；下体具纤细羽干纹。

分布 广泛分布于亚欧大陆大部分地区以及非洲。亚种分化仍有争议，目前普遍认为全世界有 5 个亚种：新疆亚种 *O. s. pulchellus* 分布于哈萨克斯坦至西伯利亚南部以及喜马拉雅山西部；*O. s. scops* 分布于法国、意大利至高加索地区；*O. s. mallorcae* 分布于巴利亚利岛、伊比利亚半岛以及非洲西北部；*O. s. cycladum* 分布于希腊南部、克里特岛至土耳其南部、叙利亚以及约旦；*O. s. turanicus*，分布于伊拉克以及巴基斯坦西北部。

中国仅分布有新疆亚种，仅分布于新疆西部和北部。

栖息地 栖息于山地针叶林、平原阔叶林和混交林中，也出现于林缘次生林和居民点附近的树林内。在国外常出现于种植园、季节性河流、河边林带、牧场等地，越冬期多选择林地环境。

食性 主要以昆虫、小型无脊椎动物和啮齿类为食，也吃两栖类、爬行类和鸟类。研究表明，繁殖期间主要以昆虫如蝗虫、飞蛾等为食；越冬期主要以小型哺乳动物如鼩鼱为食；其他非繁殖期则以小型无脊椎动物为食，也捕食鸟类、壁虎以及啮齿类。

繁殖 繁殖期 5～8 月。营巢于树洞中，也在岩石缝隙和人工巢箱中营巢，有时也利用鸦科鸟类旧巢。巢由枯草和枯叶构成，内垫苔藓和少许羽毛。

种群现状和保护 IUCN 和《中国脊椎动物红色名录》均评估为无危（LC）。已列入 CITES 附录 II。被列为中国国家二级重点保护野生动物。

纵纹角鸮

拉丁名：*Otus brucei*
英文名：Pallid Scops Owl

鸮形目鸱鸮科

形态　小型鸮类，体长 20 ~ 22 cm。脸盘灰色。耳羽簇不明显，亦呈灰色；前额和头顶两侧灰色，尖端暗褐色；其余上体淡灰褐色或淡黄白色，具细的暗黄褐色斑和黑色纵纹。颏白色，其余下体淡黄白色，亦具暗灰褐色斑和黑色纵纹；胸部黑色纵纹较粗著；两胁和腹多呈白色。尾赭灰色，具暗褐色斑和不清晰的淡色横斑。跗跖被羽到趾，皮黄色具暗褐色纵纹。

分布　繁殖于伊朗、伊拉克、土耳其、以色列，可能繁殖于叙利亚和黎巴嫩。越冬于地中海地区、埃及东北部、阿拉伯半岛、印度南部至孟买。全世界有 4 个亚种，指名亚种 *O. b. brucei* 分布于咸海至吉尔吉斯斯坦和塔吉克斯坦；*O. b. exiguus* 分布于以色列、伊拉克南部至巴基斯坦西部以及阿拉伯半岛东北部；*O. b. obsoletus* 分布于土耳其南部、叙利亚北部至乌兹别克斯坦以及阿富汗北部；*O. b. semenowi* 分布于塔吉克斯坦南部至巴基斯坦北部、阿富汗东部。中国仅分布有 1 个亚种，即 *O. b. semenowi*，仅见于新疆西部。

栖息地　栖息于低山和平原地区的农田和森林地带，尤以河谷森林、耕地树丛、绿洲、果园以及宅边林地中较多见，有时也出现在荒野和半荒漠地区。

 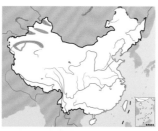

纵纹角鸮。左上图为成鸟，下图为幼鸟。张岩摄

纵纹角鸮的繁殖参数	
窝卵数	4 ~ 6 枚
卵大小	长径 29 ~ 33 mm，短径 25 ~ 28 mm
卵颜色	白色
孵化模式	雌鸟孵卵

习性　夜行性，多活动于黄昏和夜晚。

食性　主要以昆虫为食，也食小型啮齿类、其他小型哺乳类和鸟类。

繁殖　繁殖期 4 ~ 6 月。营巢于树洞中，也常利用鸦科鸟类的旧巢，或在墙壁洞中以及旧建筑物上营巢。

种群现状和保护　农药的使用可能会对其造成威胁。IUCN 评估为无危（LC），已列入 CITES 附录 II。在国内研究较少，《中国脊椎动物红色名录》评估为数据缺乏（DD），被列为中国国家二级重点保护野生动物。

雕鸮

拉丁名：*Bubo bubo*
英文名：Eurasian Eagle-owl

鸮形目鸱鸮科

形态　大型鸮类，体长 59 ~ 89 cm。面盘显著，淡棕黄色；眼先和眼前被白色刚毛状羽；眼的上方有一大黑斑。皱领黑褐色；耳羽特别发达，显著突出于头顶两侧。颏和喉白色，胸棕色，具黑褐色羽干纹。后颈和上背棕色，具黑褐色羽干纹；肩、下背和翅上棕色至灰棕色，具黑色羽干纹。腰及尾棕色至灰棕色，具黑褐色细斑。上腹和两胁的羽干纹变细，下腹几乎纯棕白色。

分布　遍布于大部分欧亚地区。从斯堪的纳维亚半岛，向东过西伯利亚至萨哈林岛和千岛群岛，南至伊朗、印度北部、缅甸北部。中国大部分地区可见。

亚种分化存在巨大争议，目前全世界较为承认的亚种共 16 个，中国有 6 个：北疆亚种 *B. b. yenisseensis* 分布于新疆北部阿尔泰山地区，国外分布于西伯利亚中部至蒙古；天山亚种 *B. b. hemachalana* 分布于内蒙古西北部、青海东北部、新疆天山和西部喀什地区以及西藏普兰、日土等地，还可能分布于喜马拉雅山西部地区；塔里木亚种 *B. b. tarimensis* 分布于新疆塔里木盆地和罗布泊地区，国外分布于蒙古南部；西藏亚种 *B. b. tibetanus* 分布于青海玉树、四川、云南以及西藏中部、南部和西南地区；乌苏里亚种 *B. b. ussuriensis* 分布于黑龙江下游和乌苏里地区，国外分布于西伯利亚东南部、蒙古东部至西伯利亚东部；华南亚种 *B. b. kiautschensis* 分布于甘肃南部、陕西南部、山东、河南，南至广东、广西、福建，西至四川北部和云南东南部，国外还分布于朝鲜。国内提出分布于东北和北部的东北亚种 *B. b. inexpectatus*、分布于新疆准噶尔盆地的准格尔亚种 *B. b. auspicabilis* 尚未得到国际承认。

此外，*B. b. turcomanus* 分布于哈萨克斯坦至蒙古西部，记录认为新疆西北部同样有分布，但尚未有明确分布证据；*B. b.*

omissus 分布于伊朗东北部、土库曼斯坦至中国西部，国内尚未有相关记录；*B. b. hispanus* 分布于伊比利亚半岛；*B. b. bubo*，分布于斯堪的纳维亚半岛、法国至俄罗斯西部；*B. b. interpositus* 分布于土耳其至保加利亚、罗马尼亚以及乌克兰南部；*B. b. nikolskii* 分布于伊拉克东部至巴基斯坦西部；*B. b. ruthenus* 分布于俄罗斯欧洲地区的中部、东部和南部；*B. b. sibiricus* 分布于俄罗斯欧洲地区东部的乌拉尔山区、西伯利亚西部、中部至西南部；*B. b. jakutensis* 分布于西伯利亚中北部及东北部；*B. b. borissowi* 分布于萨哈林岛和千岛群岛。

栖息地 栖息于山地森林、平原、荒野、林缘灌丛、疏林以及裸露的高山和峭壁等生境中。在新疆和西藏地区，分布海拔可达 3000～4500 m。国外也见于泰加林、河流峡谷、采石场以及农田附近的悬崖。

习性 通常远离人群，活动在人迹罕至之地。除繁殖期外常单独活动。

食性 主要以鼠类为食，也食兔类、蛙、刺猬、昆虫、雉鸡和其他鸟类。国外主要以哺乳类为食，从小型的啮齿类到兔子，也食大型的鹭、鸬，甚至会捕食其他鸮类。

繁殖 繁殖期随地区不同，中国东北地区繁殖期 4～7 月；四川的繁殖期从 12 月开始；北欧斯堪的纳维亚半岛的繁殖期在 2～8 月；法国种群则在 12 月产卵。通常营巢于树洞、悬崖峭壁

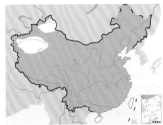

雕鸮。宋丽军摄

捕食刺猬的雕鸮。杨艾东摄

雕鸮幼鸟。刘兆瑞摄

雕鸮的繁殖参数

巢大小	径 27～32 cm，深 6～13 cm
窝卵数	2～5 枚
卵颜色	白色
卵形状	椭圆形
卵大小	长径 55～58 mm，短径 44～48 mm
卵重	50～60 g
孵化期	35 天
孵化模式	雌鸟孵卵

下的洞穴，或直接产卵于地上，雌鸟扒一小坑即成。偶尔也利用其他物种的旧巢。几个较好的巢址间轮换使用并沿用数年。巢内无任何内垫物，产卵后则垫以稀疏的绒羽。

种群现状和保护 种群数量的下降主要由人类活动导致，轻微的干扰都会导致亲鸟弃巢，如越野滑雪、登山等活动都会导致对未知巢穴的干扰。此外还面临着人类捕杀、含汞药剂毒杀、穿越公路以及带刺铁丝网致死等威胁。IUCN 评估为无危（LC），已列入 CITES 附录 II。在中国数量极为稀少，《中国脊椎动物红色名录》评估为近危（NT），被列为中国国家二级重点保护野生动物。

雪鸮

拉丁名：*Bubo scandiacus*
英文名：Snowy Owl

鸮形目鸱鸮科

形态 大型鸮类，体长53～65 cm。雄鸟通体白色；头圆而小，面盘不显著，无耳羽簇；眼先和脸盘有少许黑褐色斑点；嘴基长满须状羽；颈基和腰具少许褐色斑点；下体几纯白色，仅腹部具褐色横斑；尾羽白色，端部具一道褐色横斑。雌鸟与雄鸟相似，通体亦为白色，但头部有褐色斑点，背、胸、腹和两胁有暗色横斑，腰具成对褐色斑点。尾具褐色横斑。

幼鸟与雌鸟相似，但横斑显著。

分布 国外分布于环北极冻土带和北极岛屿，冬天可见到欧洲、高加索、土耳其、朝鲜、日本和北美。国内见于黑龙江大兴安岭、呼玛、德都、齐齐哈尔、哈尔滨，辽宁本溪、复县、黑山县，河北秦皇岛和新疆西北地区（冬候鸟）。

栖息地 夏季主要栖息于北极冻原带、冻原苔原丘陵、海岸和邻近荒原与沼泽，冬季主要栖于苔原森林、平原、旷野和泰加林中，特别是开阔的疏林。也曾记录在新疆天山海拔3000m以上的针叶林。国外繁殖于苔原或林线上以上的高海拔地区，偏好于视野开阔散布岩石的环境。

习性 休息时多站在地上，有时也在树上栖息。捕食时常通过低飞或栖于高处，然后扑向猎物。飞行灵活，可在空中捕食小型鸟类。

雪鸮的繁殖参数	
窝卵数	3～13枚，通常4～7枚
卵大小	长径54～70 mm，短径42～49 mm
卵色	白色
孵化期	32～34天
孵化模式	雌鸟孵卵
育雏期	51～57天
育雏模式	双亲喂养

食性 在北极地区主要以旅鼠和田鼠为主。也捕食野兔、松鼠、鼬等哺乳动物。在非繁殖期还能捕食一些鸟类，如雉类、水鸟、雁鸭类、海鸟等。

繁殖 主要繁殖于北极冻原地带，在中国为冬候鸟。繁殖期5～8月。通常营巢于苔原地表，雄鸟选定领域，雌鸟筑巢于干燥、风吹而无积雪覆盖的小山坡上。雌鸟在地表扒出一小土坑，并用身体压平即为巢。

种群现状和保护 在加拿大，触电、与车辆撞击以及被捕鱼工具缠绕等为主要死因。全球气候变化明显改变其繁殖地的季节更替和融雪时间，可能会影响到食物来源。已列入CITES附录Ⅱ。因气候变化和碰撞汽车、建筑物等导致北美、北欧和俄罗斯种群数量急剧下降，2017年IUCN将其受胁等级提升为易危（VU）。在中国数量极为稀少，《中国脊椎动物红色名录》评估为近危（NT），被列为中国国家二级重点保护野生动物。

探索与发现 2014年6月和9月，研究人员分别在内蒙古大兴安岭汗马国家级自然保护区和根河嘎拉牙林场拍摄到1只雄性和1只雌性雪鸮，这是中国境内首次在夏季发现雪鸮。

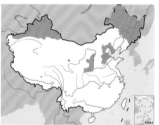

雪鸮。左上图为雌鸟，下图为雄鸟。张明摄

花头鸺鹠

拉丁名：*Glaucidium passerinum*
英文名：Eurasian Pygmy Owl

鸮形目鸱鸮科

小型鸮类，体长仅18 cm。面盘不显著，没有耳簇羽。上体灰色而布满白色点斑；眼先及眉纹白色；下体偏白色，具灰褐色纵纹和淡黄白色横斑。分布于欧洲、俄罗斯和蒙古。在中国仅分布于东北地区、河北北部和新疆，非常罕见。IUCN评估为无危（LC）。已列入CITES附录Ⅱ。《中国脊椎动物红色名录》评估为近危（NT）。被列为中国国家二级保护动物。

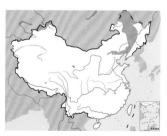

花头鸺鹠

纵纹腹小鸮

拉丁名：*Athene noctua*
英文名：Little Owl

鸮形目鸱鸮科

形态 小型鸮类，体长 20～27 cm。面盘和皱翎不明显，无耳簇羽；眼先白色，具黑色羽干纹；眼上白色，形成两道眉纹并在前额联结成"V"形斑；头部羽色稍暗，有浅黄白色羽干纹，后颈和上背处斑点较大；颏、喉白色；前颈白色，具褐色横带，形成半颈环状；上体大致为暗沙褐色，翅上和背具白色斑点；下体棕白色，胸和两胁具显著褐色纵纹，腹中央至肛周白色；尾暗沙褐色；跗跖和趾被羽。

分布 分布于欧洲、非洲东北部、中东、中亚、远东、蒙古、中国和朝鲜。国内见于黑龙江、吉林、辽宁、内蒙古、甘肃、青海、新疆、河北、山西、陕西、河南、江苏、四川和西藏。

全世界共有 13 个亚种，其中中国分布有 4 个亚种：普通亚种 *A. n. plumipes* 国内分布于东北、内蒙古、宁夏、河北、陕西、山西、河南、江苏，国外分布于蒙古以及西伯利亚中南部；新疆亚种 *A. n. orientalis* 国内分布于新疆，国外分布于哈萨克斯坦东北部；西藏亚种 *A. n. ludlowi* 国内分布于西藏、四川，国外见于喜马拉雅山区；青海亚种 *A. n. impasta* 国内分布于甘肃、青海、四川。

栖息地 栖息于低山丘陵、林缘灌丛和平原森林地带，也出现在农田、荒漠、绿洲和村屯附近的树林。主要在晚间活动，常栖息在荒坡或农田边的大树顶端或电线杆上。

食性 主要以鼠类和鞘翅目昆虫为食，也捕食小型鸟类、蜥蜴、蛙和其他小型动物。国内研究表明，在陕西，繁殖期以昆虫为主食，越冬期以鼠类为主食；在山西繁殖期则以鼠类为主。国外繁殖期的食物以鸟类和蛙类为主。

繁殖 繁殖期 5～7 月。通常营巢于悬崖缝隙、岩洞、废弃建筑物洞穴等各种天然洞穴，有时也在树洞营巢或自己掘洞为巢。

种群现状和保护 在欧洲可能受到繁殖地丧失以及农药的影响。农业集约化、剧毒化学物质的使用以及车辆撞击等都对其种群造成影响。老建筑的翻修以及老树树洞的减少也影响其种群数量。已列入 CITES 附录 II。IUCN 和《中国脊椎动物红色名录》均评估为无危（LC），在中国数量极为稀少，被列为中国国家二级重点保护野生动物。

纵纹腹小鸮的繁殖参数	
窝卵数	2～8 枚，通常为 3～5 枚
卵颜色	白色
卵大小	长径 33～38 mm，短径 28～30 mm
孵化期	28～29 天
孵化模式	双亲轮流孵卵
育雏期	26 天

纵纹腹小鸮。左上图唐文明摄，下图马鸣摄

长耳鸮

拉丁名：*Asio otus*
英文名：Long-eared Owl

鸮形目鸱鸮科

形态 中型鸮类，体长 33～40 cm。面盘显著，棕黄色，中部白色而略带黑褐色；皱翎完整，耳羽簇发达，位于头顶两侧，酷似两耳；上体棕黄色，杂以显著的黑褐色羽干纹；颏白色，其余下体棕白色且具粗而显著的黑褐色羽干纹；胸具宽阔的黑褐色羽干纹，上腹和两胁羽干纹较细，下腹中央棕白色；尾上棕黄色，具黑褐色细斑，外侧尾羽横斑细密；跗跖和趾被棕黄色羽。

分布 分布于欧亚大陆北部，东至鄂霍次克海岸、朝鲜、萨哈林岛、日本，南至印度西北部、喜马拉雅山脉，北至斯堪的纳维亚半岛南部，以及非洲北部、北美洲。

全世界共 4 个亚种：指名亚种 *A. o. otus* 分布于欧洲、亚洲以及非洲北部；大西洋亚种 *A. o. canariensis* 分布于大西洋加那利群岛；加拿大亚种 *A. o. tuftsi* 分布于加拿大西部至墨西哥北部；北美亚种 *A. o. wilsonianus* 分布于加拿大中南部、东南部至美国中南部和东部。

中国仅有指名亚种 *A. o. otus*，繁殖于东北、内蒙古东部、河北、青海东部以及新疆西北部，越冬于长江流域以南沿海各省。

栖息地 栖息于针叶林、针阔叶混交林和阔叶林等各种森林类型中，也出现于林缘疏林和农田防护林地带。

习性 夜行性，白天常栖息于树干旁侧枝上或林中空地草丛中，黄昏和晚上才开始活动。迁徙期和冬季集群。

食性 主要以鼠类等啮齿类为食，也捕食小型鸟类、哺乳类和昆虫。在不同分布区食性差异较大。在河北保定、新疆乌鲁木齐、辽东山区的研究表明，啮齿类是越冬时期的重要食物来源；而在北京的研究则发现越冬期还捕食大量的蝙蝠。在北欧以及地中海地区，主要以啮齿类为食；在意大利西北部，冬季以鼠类、鸟类为食，繁殖期间以鸟类为食；在耶路撒冷，鸟类则是其主要食物。

繁殖 繁殖期 4～6 月。营巢于森林中。通常利用乌鸦、喜鹊或其他猛禽的旧巢，有时也营巢于树洞中。国内研究表明，长耳鸮喜占用较大较完整的喜鹊巢，占巢后一般不做整理，也不放内衬。日产 1 卵，年产 1 窝。

种群现状和保护 在欧洲，其种群数量下降受到灰林鸮 *Strix aluco* 数量爆发、农业集约化以及田鼠数量下降的影响。在美国，河岸的丧失、草场等其他开阔环境的开发导致其数量下降。其他受胁因素还包括农药的使用、捕杀以及交通工具的撞击。已列入 CITES 附录 II。IUCN 和《中国脊椎动物红色名录》均评估为无危（LC）。在中国数量极为稀少，被列为中国国家二级重点保护野生动物。

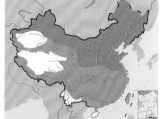

长耳鸮的繁殖参数	
巢大小	外径 59～67 cm，内径 27～33 cm 深 22 cm，厚 49 cm，高 9～12 m
窝卵数	3～8 枚，通常为 4～6 枚
卵颜色	白色
卵形状	卵圆形
卵大小	长径 39～45 mm，短径 32～35 mm
卵重	19～20 g
孵化期	27～28 天
孵化模式	雌鸟孵卵
育雏期	23～24 天

长耳鸮。左上图宋丽军摄，下图杨贵生摄

长耳鸮幼鸟。沈越摄

短耳鸮

拉丁名：*Asio flammeus*
英文名：Short-eared Owl

鸮形目鸱鸮科

形态 中型鸮类，体长 33～40 cm。面盘显著，棕黄色杂以黑色羽干纹，眼周黑色，眼先及眉斑白色；耳短小，黑褐色；皱翎白色；颏白色；胸部棕色，多黑褐色纵纹，下腹、尾下以及覆腿羽无斑；上体棕黄色，有黑色和皮黄色斑点及条纹；下体棕白色，腰和尾上棕黄色，无羽干纹；尾棕黄色，具黑褐色横斑和棕白色端斑；跗跖和趾被羽，棕黄色。

分布 广泛分布于欧亚大陆、北非、美洲大陆和太平洋以及大西洋一些岛屿。

世界上共有 11 个亚种：指名亚种 *A. f. flammeus* 分布于北美洲、欧洲、非洲北部以及亚洲北部；*A. f. cubensis* 分布于古巴；*A. f. domingensis* 分布于伊斯帕尼奥拉岛；*A. f. portoricensis* 分布于波多黎各岛；*A. f. bogotensis* 分布于哥伦比亚、厄瓜多尔以及秘鲁西北部；*A. f. galapagoensis* 分布于加拉帕戈斯群岛；*A. f. pallidicaudus* 分布于委内瑞拉、圭亚那以及苏里南；*A. f. suinda* 分布于秘鲁南部、巴西南部至火地岛；*A. f. sanfordi* 分布于福克兰群岛；*A. f. sandwichensis* 分布于夏威夷群岛；*A. f. ponapensis* 分布于加罗林岛东部。

中国仅分布有指名亚种，繁殖于内蒙古东部大兴安岭、黑龙江、辽宁；冬季广泛分布于全国各地。

栖息地 冬季栖息于各类生境，尤以开阔平原草地、沼泽和湖岸地带较多见。多在黄昏和晚上活动，但冬季也在白天活动。多栖息于地上或草丛中。

食性 主要以鼠类为食，也吃小鸟、蜥蜴和昆虫，偶尔也吃植物果实和种子。研究表明，在四川越冬时主要以小型哺乳类为食；而在山西春季则以鼠类和鸟类为食。

繁殖 繁殖期 4～6 月。通常营巢于沼泽附近地上草丛中，也在次生阔叶林内朽木洞中营巢。巢通常由枯草构成。

种群现状和保护 容易受到环境变化的影响，如放牧、耕地、风力发电、建筑等。在欧洲主要受农业集约化、毒杀鼠类、城市化和交通工具撞击等影响。家养或野生的猫狗造成的干扰，鼬科动物的捕食也是影响种群动态的因素。IUCN 评估为无危（LC），已列入 CITES 附录 II。在中国数量极为稀少，《中国脊椎动物红色名录》评估为近危（NT），被列为中国国家二级重点保护野生动物。

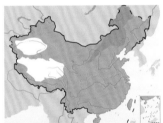

短耳鸮的繁殖参数	
窝卵数	3～14 枚，通常为 4～6 枚
卵颜色	白色
卵形状	卵圆形
卵大小	长径 38～42 mm，短径 31～33 mm
孵化期	24～28 天
孵化模式	雌鸟孵卵
育雏期	24～27 天

短耳鸮。左上图宋丽军摄，下图沈越摄

戴胜类

■ 戴胜指犀鸟目戴胜科鸟类，该科仅1属2种，中国仅1种，草原与荒漠地区有分布

■ 戴胜头顶具扇形羽冠，特征十分明显

■ 戴胜主要以土壤中的昆虫幼虫为食，在树洞或岩石缝隙、地面洼坑处营巢

■ 戴胜适应性极强，从湿地、森林到草原与荒漠地区均有分布

类群综述

戴胜指犀鸟目（Bucerotiformes）戴胜科（Upupidae）鸟类，该科仅1属2种，其中戴胜 Upupa epops 广泛分布于欧亚大陆和非洲北部，马岛戴胜 U. marginata 仅分布于马达加斯加。中国仅1种，即戴胜，全国各地均有分布，包括草原与荒漠地区。

戴胜体形中等，体长19～32cm。头顶具扇形羽冠，通体沙棕色，翅、尾和羽冠末端具黑白相间的横斑，特征十分鲜明。野外易于辨识，不易与其他种类混淆。

戴胜的喙细长而微向下弯曲，适于在地面翻开土壤表层寻找其中的昆虫幼虫或软体动物。翅圆阔，飞行时振翅缓慢，一起一伏呈波浪式前进。性情温顺，不甚怕人，常一边行走一边觅食。在树洞或岩石缝隙、地面洼坑处营巢。

戴胜适应性较强，栖息于各种环境，如从平原到山地，从湿地到荒漠，从森林到草地，乃至农田、村庄、果园和城市绿地等人工环境，都能见到戴胜的踪迹。

左：戴胜的形态特征十分鲜明，与其他鸟类绝无类似，十分易于辨识。魏希明摄

戴胜
Upupa epops

戴胜

拉丁名：*Upupa epops*
英文名：Eurasian Hoopoe

犀鸟目戴胜科

形态 中等体形，体长 28～32 cm。特征鲜明，头顶具扇形羽冠，通体沙棕色，羽色华丽。翅膀宽圆，具黑白相间的横斑。嘴形细长而微向下弯曲。野外易于辨识，不与其他种类混淆。

分布 广布于欧亚大陆和非洲北部，几乎遍布中国各地，在中国为夏候鸟。

栖息地 适应性较强，栖息于各种环境，如山地、平原、森林、河谷、绿洲、农田、草地、村庄和果园等多样化的环境，在城市的绿地亦较为常见。

习性 多单独或成对活动，繁殖后期可见 4～6 只组成的家庭群。喜欢在地面上慢步行走，边走边觅食。受惊时飞上树枝或飞一段距离后又落地。飞行时翅膀扇动缓慢，呈一起一伏的波浪式前进。羽冠张开形如一把扇子，遇惊后则立即收起。性情较为温顺，不太怕人，一边行走一边不断点头。

戴胜亲鸟不爱清洁巢洞，弄得巢内肮脏不堪。同时还会有意分泌恶臭物质，以驱赶天敌、杀灭寄生虫和细菌，故又有"臭姑姑"或"臭包包"的俗名。

食性 食虫鸟，常在地面觅食，一边走一边用长嘴寻找土壤中的昆虫幼虫或软体动物。

繁殖 单配制，但有时候也存在激烈的争斗。每年 4～6 月繁殖，选择天然树洞或啄木鸟凿空的树芯里营巢产卵，有时也在岩石缝隙、地面洼坑、断墙残垣的窟窿中营巢。每窝产卵 4～7 枚，卵壳为白色。孵化期 15～18 天，育雏期近 1 个月。

鸣声 成鸟可发出独特的声音，如低沉而轻柔的"包布——包——吃——"，或"喔——喔——，喔——喔——"清亮的声音。而幼鸟遇到危险，会发出蛇一样骇人的"嘶——嘶——"声。

种群现状和保护 IUCN 和《中国脊椎动物红色名录》均评估为无危（LC）。滥用杀虫剂对戴胜种群构成巨大威胁。戴胜捕食大量害虫，因而作为益鸟受到人们的爱戴和呵护，并得到许多国家法律的保护，甚至成为"国鸟"。在中国被列为三有保护鸟类。

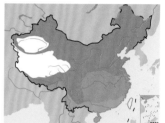

戴胜。魏希明摄

在地面觅食的戴胜。颜重威摄

给巢中幼鸟喂食的戴胜。沈越摄

蜂虎和佛法僧类

蜂虎和佛法僧类

- 蜂虎和佛法僧指佛法僧目蜂虎科和佛法僧科鸟类，全球共有蜂虎3属25种，佛法僧2属12种，中国分别有2属9种和2属3种，草原与荒漠地区分别有1属2种和1属1种
- 蜂虎和佛法僧均羽色艳丽，蜂虎体形细长，佛法僧相对粗壮
- 蜂虎和佛法僧主要以昆虫为食，蜂虎嗜食蜂类，有些佛法僧可捕食蜥蜴
- 蜂虎和佛法僧在中国研究较少，需得到更多关注

类群综述

蜂虎和佛法僧指佛法僧目（Coraciiformes）蜂虎科（Meropidae）和佛法僧科（Coraciidae）鸟类。传统的佛法僧目包括一些形态各异、习性多样的攀禽，如蜂虎、佛法僧、翠鸟、戴胜、犀鸟等。在新的分类系统中，戴胜和犀鸟一起被划为犀鸟目（Bucerotiformes），佛法僧目下留置6个科，除蜂虎科和佛法僧科外，还有地三宝鸟科（Brachypteraciidae）、翠鸟科（Alcedinidae）、短尾鸿科（Todidae）、翠鸿科（Momotidae）。

蜂虎科和佛法僧科的物种数量均不多。蜂虎科全球共3属25种，常见于非洲、欧洲南部、东南亚和大洋洲，中国有2属9种，草原与荒漠地区有1属2种。佛法僧科全球共2属12种，广布于旧大陆的温热带地区，以热带和亚热带地区最为丰富，中国有2属3种，草原与荒漠地区仅1属1种。

蜂虎和佛法僧均羽色艳丽，蜂虎体形细长，佛法僧相对粗壮。蜂虎的喙细长而尖，先端略下弯。佛法僧的上喙先端具钩。

蜂虎和佛法僧均主要以昆虫为食。蜂虎顾名思义，嗜食蜂类，但也捕食象甲、榆毒娥、虻、蜻蜓、白蚁、蝴蝶等其他昆虫。佛法僧主要捕食大型昆虫，有时也吃软体动物、蜥蜴、蛙类，乃至小型鸟类和啮齿类。

蜂虎和佛法僧均集群繁殖，群巢的巢间距很小。蜂虎通常在沙质崖壁上挖洞为巢，佛法僧则在树洞、陡崖、冲沟、河岸或建筑物的裂隙、房檐下筑巢。

蜂虎和佛法僧在中国研究较少，多被列为三有保护鸟类，需得到更多研究和保护关注。

左：佛法僧是荒漠地区少有的羽色艳丽的鸟类，从苍茫背景中鲜明地跳脱出来，给人一种不真实的感觉。图为育幼的蓝胸佛法僧。邢新国摄

黄喉蜂虎
Merops apiaster

蓝颊蜂虎
Merops persicus

蓝胸佛法僧
Coracias garrulous

黄喉蜂虎

拉丁名：*Merops apiaster*
英文名：European Bee-eater

佛法僧目蜂虎科

形态 身体细长，全长 23～29 cm。羽色艳丽，喉部黄色，其下有一窄的黑色领带；胸部以下的整个下体蓝色。头顶至上背栗色，肩部黄棕色。具有细长的中央尾羽。

分布 广布于南欧、北非、中亚和西亚。在中国只分布于新疆西北部，为夏候鸟。

栖息地 多见于新疆北部的沙漠、绿洲、农田、河谷，特别是季节性洪水冲出的干河沟、台地及有稀疏林木的荒地。

食性 顾名思义，喜食蜂类（Bee-eater）。边飞边捕食飞虫，主要是膜翅目昆虫。育雏期每天的捕获量约 260 只，可谓食虫能手。为了消除各种毒蜂的刺痛和威胁，黄喉蜂虎会用坚硬有力的喙，反复猛夹蜂头，致其很快丧失战斗力。

繁殖 繁殖期 5～7 月，集群在沙质土崖壁上打洞筑巢。与崖沙燕一样，善于挖掘隧洞，用嘴掏出 1～2 m 深的洞为巢。窝卵数 5～8 枚，卵壳白色。孵化期大约 20 天。雏鸟晚成性，雌雄亲鸟共同育雏。

鸣声 繁殖季会发出喧闹的鸣声，如流畅的"唔——喔唔——唔——"，或类似于吹口哨"嘟噜——嘟噜——嘟噜——"及"嘀溜——嘀溜——嘀溜——"的声音，喜欢集群活动，边飞边叫，异常热闹。

种群现状和保护 IUCN 评估为无危（LC）。但在中国属于狭域分布的物种，数量有限，《中国脊椎动物红色名录》评估为近危（NT）。作为农林业益鸟被列为中国三有保护鸟类。

与人类的关系 黄喉蜂虎天生嗜食蜂类，但对蜂农来说"危害"并不大。因为它们食谱非常多样化，更喜欢体形较大的野蜂（如胡蜂、马蜂、熊蜂等），捕食的工蜂不到其食物量的 1%。

黄喉蜂虎。刘璐摄

捕食的黄喉蜂虎。江志华摄

蓝颊蜂虎

拉丁名：*Merops persicus*
英文名：Blue-cheeked Bee-eater

佛法僧目蜂虎科

体长 27～33 cm。羽色艳丽。整体绿色，脸颊蓝色，具黑色贯眼纹，喉栗色。中国鸟类新记录，2014 年记录于新疆阿尔金山，后来发现在伊犁河谷有繁殖。IUCN 评估为无危（LC）。

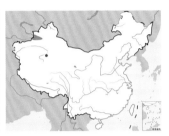

蓝颊蜂虎。左上图刘璐摄，下图Derek Keats摄（维基共享资源/CC BY 2.0）

蓝胸佛法僧

拉丁名：*Coracias garrulous*
英文名：European Roller

佛法僧目佛法僧科

形态 体形居中，体长 31～33 cm。通体锈蓝色，除了栗褐色背羽外，身体大部分为蓝色。蓝胸佛法僧羽色艳丽，在荒凉的干旱地区看上去很突兀，犹如画出来的鸟类，令人疑心其并非真实存在。

分布 分布于中亚、北非和欧洲。在中国主要分布于新疆的天山南北，为夏候鸟。它是佛法僧科在中国西部荒漠地区分布的唯一成员，独一无二。

栖息地 在新疆主要栖息于平原林区、荒漠、草原、绿洲和农区，海拔 300～1500 m 之间的河谷和盆地。

食性 食虫能手，繁殖期野外观测到每小时育雏 15～20 次，全天不间断，每日捕食数百只昆虫。可在空中翻滚、追逐昆虫，也食爬行类、鸟类和鼠类。

繁殖 繁殖期 5～7 月。在树洞、墙洞或者土崖洞中营巢，窝卵数 4～6 枚。雌雄轮流孵卵，但主要由雌鸟负责，孵化期 17～19 天。雏鸟晚成性，育雏期 25～30 天。

鸣声 可发出类似于乌鸦一般粗粝的声音，如"喳咯——喳咯——喳咯——""啊呵——啊呵——啊呵——"，或"嘎——嘎——嘎——"单调的声音。

种群现状和保护 IUCN 评估为无危（LC）。但在一些国家绝迹或种群数量下降（至少 25%），原因是滥用杀虫剂、森林砍伐及栖息地丧失。在中国分布范围有限，《中国脊椎动物红色名录》评估为近危（NT）。被列为中国三有保护鸟类。

探索与发现 蓝胸佛法僧能在各大洲之间长距离迁徙，从新疆的繁殖地飞越上万千米到达撒哈拉以南的非洲，迁飞轨迹像一条抛物线，翌年春天再度重复这一旅程。每年 4 月初，在西非的海岸线可观察到特别壮观的候鸟迁移行为，其中有无数的蓝胸佛法僧沿着坦桑尼亚到索马里的狭窄海岸线向北飞行，蔚为壮观。在阿拉伯海上空，曾经发生过蓝胸佛法僧与飞机相撞的事件。最近 30 年，蓝胸佛法僧"东扩"的趋势比较明显。

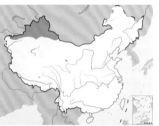

蓝胸佛法僧。沈越摄

啄木鸟类

- 啄木鸟指啄木鸟目啄木鸟科的鸟类，全球共33属254种，中国有14属33种，草原与荒漠地区有3属5种
- 啄木鸟雌雄羽色相似，但雄鸟常有特殊红色斑；脚短而强，对趾型，趾端具锐爪，喙强直面呈锥形
- 啄木鸟善于啄取树干中的害虫为食，巢营于天然洞穴、树洞中或自行啄洞为巢
- 啄木鸟有"森林医生"的美誉，在植物保护与维持自然生态平衡方面具有重要作用，应加强保护

类群综述

分类与分布 啄木鸟类是指啄木鸟目（Piciformes）啄木鸟科（Picidae）的鸟类。因其善啄取木材中的害虫为食而有"森林卫士"或"森林医生"的美誉。

啄木鸟科全世界计有 33 属 254 种，分布于除南极和澳洲外的世界各地。中国有 14 属 33 种，分布于全国各地。

形态 啄木鸟雌雄性羽色相似，但雄性常有特殊红色斑。脚短而强，跗跖前面被有盾状鳞，后面为网状鳞。足呈对趾型，趾端具锐爪。啄木鸟大多数种类有特化结构及功能：颈较长；嘴强直而呈锥形，不仅能啄开树皮，而且也能啄开坚硬的木质部分；舌细长而柔软，具一对角舌骨，围在头骨的外面，起到特殊的弹簧作用，舌角骨的曲张，可以使舌头伸缩自如，舌尖角质化，有成排的倒须钩和黏液，适于取食；拥有海绵状的厚头骨，在其频繁、迅速而有力地敲啄树木时保护大脑不受影响；啄木鸟眼睛内具透明瞬膜，保护其眼球；尾为平尾或楔尾，尾羽 12 枚，羽干坚硬富有弹性，在啄木时支撑身体。

一般习性 大多数啄木鸟终生都在森林或疏林中度过，只有少数种类在地上觅食。善攀缘于树干上。多无社群性，往往独栖或成对活动。中国草原与荒漠中分布的啄木鸟类多为留鸟，少数种类有迁徙的习性。

食性 多数啄木鸟以动物性食物为食，尤以树干中的昆虫为主，少数种类取食地上的蚁类和蛴螬；有的种类也吃植物果实和树的汁液。

繁殖 繁殖期雄性啄木鸟有领域行为，并常常啄击空洞的树干，偶尔还敲击金属，从而增加声响向雌鸟求偶。巢营于天然洞穴、树洞中，或自行啄凿洞穴，无巢材或仅少量巢材。每窝产卵 3～5 枚，卵一般为白色。雌雄性轮流孵卵和育雏。孵化期 12～17 天。雏鸟为晚成性，雏鸟留巢约 4 周。

种群现状和保护 啄木鸟类在植物保护与维持自然生态平衡方面具有重要作用，其种群数量较小，应加强保护。

左：啄木鸟是典型的攀禽，腿短而强，对趾足，爪强健而锐利，能够稳稳地攀缘于树干上。适应于啄木取食的生活方式，它们的喙强直如锥，可以凿开树皮乃至木质部，尾羽羽干坚硬，可作为第三支撑点。图为正从树干里啄取出昆虫的大斑啄木鸟。韦铭摄

右：啄木鸟雌雄外形相似，但雄鸟有特殊的红色斑。图为一对大斑啄木鸟，可见左侧的雄鸟枕部为红色，而雌鸟无此红斑。魏希明摄

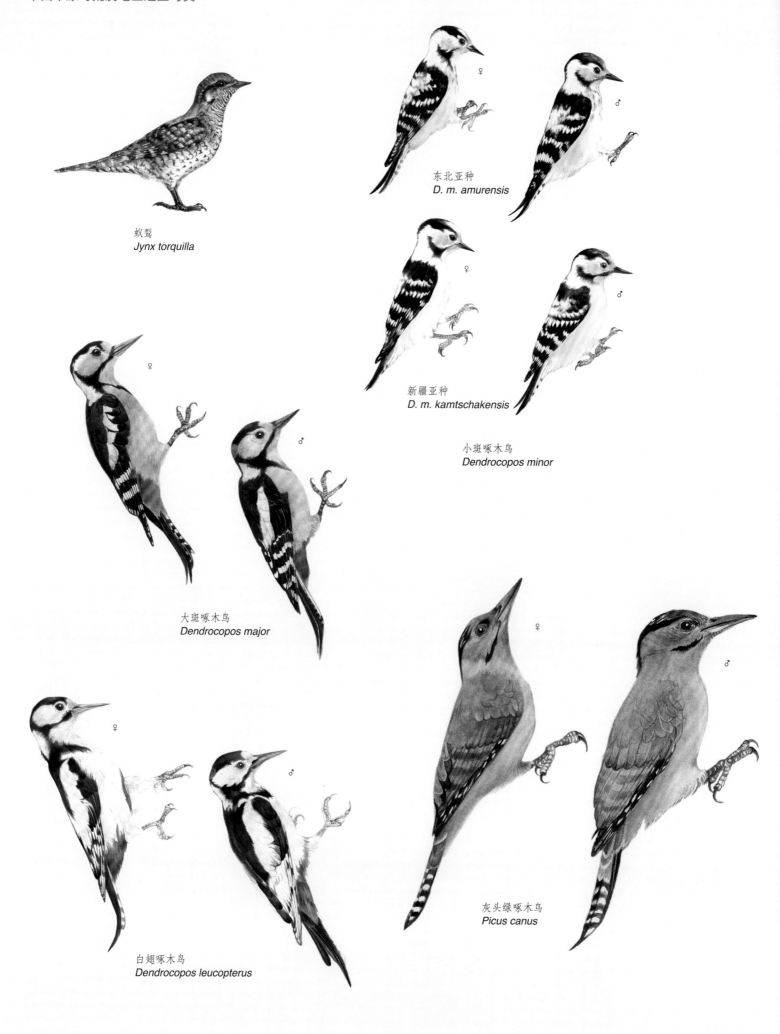

蚁䴕
Jynx torquilla

东北亚种
D. m. amurensis

新疆亚种
D. m. kamtschakensis

小斑啄木鸟
Dendrocopos minor

大斑啄木鸟
Dendrocopos major

白翅啄木鸟
Dendrocopos leucopterus

灰头绿啄木鸟
Picus canus

蚁䴕

拉丁名：*Jynx torquilla*
英文名：Eurasian Wryneck

啄木鸟目啄木鸟科

形态 小型鸟类，体长约 18 cm。雌雄同色。嘴直，尖锥形，淡灰色。颈灵活，能伸颈，并像蛇一样向各方扭转，故又称歪脖。上体大都呈淡银灰色，自后头至背中央有一黑褐色斑块，并杂以棕褐色；两翼表面稍沾黄褐色，均杂以黑褐色细纹和粗纹，似树皮和蛇蜕的颜色；颏黄白色，颊、喉、胸及体侧呈淡棕黄色，缀以狭细的黑褐色斑；腹黄白色，布满黑褐色矢状细斑。尾较长，末端圆形，银灰色，具有宽阔的暗褐色横斑。脚淡灰色，对趾足。

分布 分布于欧亚大陆、日本，南到印度，越冬于非洲、印度、日本、泰国和中南半岛。有 4 个亚种，中国分布有 3 个亚种：指名亚种 *J. t. torquilla* 分布于新疆西部；普通亚种 *J. t. chinensis* 分布于全国各地；西藏亚种 *J. t. himalayana* 分布于西藏南部。在长江以北多为夏候鸟，长江以南为冬候鸟或旅鸟。春季于 4～5 月迁到繁殖地，秋季于 9～10 月迁离繁殖地。

栖息地 主要栖息于低山和平原开阔的疏林地带，尤喜阔叶林和针阔叶混交林，有时也出现于针叶林、林缘灌丛、河谷、田边和居民点附近的果园等处，栖止于树枝上、树干上，但有时也栖息在低灌木和草地上。

习性 除繁殖期成对以外，常单独活动。多在地面觅食，行走时跳跃式前进。飞行迅速而敏捷，常突然升空，后又突然下降，行动诡秘。是北方唯一具有迁徙行为的啄木鸟。

食性 主要以蚂蚁、蚂蚁卵和蛹为食，也吃一些小甲虫。舌长并长有刺毛，先端具钩，舌面覆盖有唾液腺分泌的胶状黏液，舌可伸入树洞和蚁巢中取食。

繁殖 繁殖期 5～7 月。在树上啄洞为巢或利用废弃的树洞，也在腐朽树木和树桩上的自然洞穴中营巢，甚至在建筑物墙壁和空心水泥电柱顶端营巢。巢材为碎木屑、枝叶。每窝产卵 6～12 枚。卵白色，卵圆形或长卵圆形。雌雄共同孵卵，孵化期 12～14 天。雏鸟晚成性，雌雄亲鸟共同育雏，经过 19～21 天的喂养，雏鸟即可离巢飞翔。

种群现状和保护 IUCN 和《中国脊椎动物红色名录》均评估为无危（LC）。被列为中国三有保护鸟类。

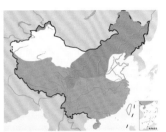

蚁䴕。左上图沈越摄，下图杨贵生摄

嘴里叼满食物的蚁䴕。宋丽军摄

小斑啄木鸟

拉丁名：*Dendrocopos minor*
英文名：Lesser Spotted Woodpecker

啄木鸟目啄木鸟科

形态　体长约 16 cm。雌雄相似，但雄鸟头顶红色，雌鸟头顶黑色。嘴灰黑色或角灰色。额和颊白色，后颈至上背黑色，下背白色而具黑色横斑。两翅黑色，具白色横斑。尾黑色，外侧尾羽具白色横斑。下体灰白色，两侧具黑色纵纹。脚黑褐色。

分布　全世界有 11 个亚种，分布于欧洲、北非、小亚细亚至蒙古、俄罗斯外兴安岭、萨哈林岛、朝鲜和中国。中国分布有勘察加亚种 *P. m. kamtschatkensis* 和东北亚种 *P. m. amurensis*，分布于黑龙江、吉林、辽宁、甘肃南部、内蒙古东北部和南部、新疆北部。

栖息地　小斑啄木鸟为留鸟，是林区比较常见的一种鸟类，无论山地、平原、丘陵、河谷，只要有树木的地方，皆有分布，海拔 300～1800 m 均可见到，其中尤以阔叶林和针阔混交林中最为常见，有时也到林缘、村屯和庭园中活动。

习性　除繁殖期外多单独活动，常由树干下部和中部螺旋式向上攀登，有时沿水平枝攀缘。

食性　主要以各种昆虫及其幼虫为食。取食于树的粗枝和枝叶间，秋冬季节亦常到林缘次生林、道旁或地边疏林、庭院和果园中觅食。

繁殖　繁殖期 5～6 月。营巢于树洞中，巢洞由雌鸟和雄鸟一起啄凿而成，一般多选择在树心腐朽的树木上。不利用旧巢，每年都要重新啄洞。洞口多为圆形或近圆形，巢洞一般距地高 3～10 m，洞口直径为（2.6～3.2）cm×（2.6～3）cm，洞深 16～22 cm，内径（6.5～8）cm×（8.5～7.0）cm，洞内通常垫少许木屑。每窝产卵 3～8 枚，卵白色，椭圆形。雌雄亲鸟共同孵卵，孵化期约 14 天。雏鸟晚成性，由雌雄亲鸟共同觅食喂雏，育雏期约 21 天。

种群现状和保护　分布范围广，种群数量稳定。IUCN 和《中国脊椎动物红色名录》均评估为无危（LC）。被列为中国三有保护鸟类。

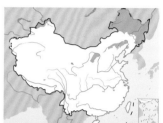

小斑啄木鸟。左上图为雌鸟，沈越摄，下图为雄鸟，杨贵生摄

捕得食物的小斑啄木鸟。马鸣摄

大斑啄木鸟

拉丁名：*Dendrocopos major*
英文名：Great Pied Woodpecker

啄木鸟目啄木鸟科

形态 雌雄羽色相似，但雌鸟枕部无红斑。嘴黑色，下嘴色淡，嘴峰成"嵴"状。体羽主要为黑白色。前额、眼先及两颊棕白。眉纹白色。头上部亮黑色，雄性枕部具红色斑块。翅黑色，具一大型白斑。下体灰褐色。尾羽羽端尖，外侧尾羽具黑白相间的横斑，尾上覆羽黑色，尾下覆羽红色。脚黑褐色。

分布 有 14 个亚种，分布于欧洲北部、哈萨克斯坦、蒙古、俄罗斯、朝鲜、日本、中国等地。中国分布有 9 个亚种：新疆亚种 *P. m. tianshanicus*，北方亚种 *P. m. brevirostris*，东北亚种 *P. m. japonicus*，华北亚种 *P. m. cabanisi*，西北亚种 *P. m. beicki*，西南亚种 *P. m. stresemanni*，东南亚种 *P. m. mandarinus*，海南亚种 *P. m. hainanus* 和内蒙古亚种 *P. m. wulashanicus*。分布几乎遍及全国各地。

栖息地 栖息于针叶林、针阔叶混交林和阔叶林，尤其喜欢在有大量枯树的林间沼泽、湿地和火烧迹地，也出现于林缘次生林、农田防护林及灌丛地带。

习性 常单独或成对活动，繁殖后期则成松散的家族群活动。性极活跃，行动敏捷。

食性 主要以各种昆虫、幼虫及虫卵为食，也吃蜗牛、蜘蛛等其他小型无脊椎动物。冬季食物贫乏时，也吃橡实、松子、稠李和草籽等植物性食物。常在高大树干和粗枝上寻食，如发现树皮或树干内有昆虫，以舌探入树皮缝隙或从啄出的树洞内用舌钩取食物。

繁殖 繁殖期 4～6 月。每年繁殖 1 次。3 月末即开始发情，期间常敲啄树干，发出声响来引诱异性。营巢于心材已腐朽的树干或粗的侧枝上，巢洞由雌鸟和雄鸟共同啄凿而成，每个巢洞约需 15 天完成。每年啄凿新洞，不沿用旧巢。巢洞距地高 2～10 m。洞口圆形，直径 4.5～6 cm，洞内径（9.5～12）cm×（9.5～12）cm，洞深 23～29 cm。巢内无任何内垫物，仅有少许木屑。每窝产卵 3～6 枚。卵白色，椭圆形，光滑无斑。雌雄亲鸟共同孵卵和育雏，孵化期 13～16 天。雏鸟晚成性，育雏期 20～23 天。

种群现状和保护 分布范围广，种群数量稳定。IUCN 和《中国脊椎动物红色名录》均评估为无危（LC）。被列为中国三有保护鸟类。

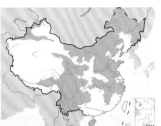

大斑啄木鸟。左上图为雌鸟，下图为雄鸟。沈越摄

啄开树皮的大斑啄木鸟。赵国君摄

白翅啄木鸟

拉丁名：*Dendrocopos leucopterus*
英文名：White-winged Woodpecker

啄木鸟目啄木鸟科

形态 小型鸟类，体长 22～23 cm。身体黑白相间，翅上的大白斑尤为明显。雄鸟在头后和尾下点缀有鲜艳的红色，而雌鸟和幼鸟枕部无红色块斑。

分布 分布于中亚内陆干旱地区，见于中国、伊朗、阿富汗、塔吉克斯坦、土库曼斯坦、乌兹别克斯坦、吉尔吉斯斯坦和哈萨克斯坦。在中国只分布于新疆的南部和西北部，为留鸟。

栖息地 唯一能够在极度干旱的沙漠绿洲之中生活的啄木鸟。主要栖息于海拔 1600 m 以下的盆地中，特别喜欢沙漠边缘的胡杨林、灰杨林等。当然，其他各种人工林中也可遇见。

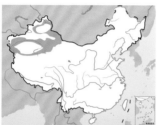

白翅啄木鸟。左上图为雌鸟，王昌大摄；下图为上雄下雌，唐文明摄

正在啄木的白翅啄木鸟。魏希明摄

习性 在新疆常单独活动，繁殖期成对活动。很少见到其饮水，在干旱地区或无雨的季节依靠吃昆虫获取水分。

食性 主要以昆虫为食，也吃蜘蛛、蠕虫等其他小型无脊椎动物。在冬季食物不足时，也吃植物的果实和种子。

繁殖 繁殖期为 3～5 月，营巢于枯树洞中。选择心材腐朽、易于啄凿的阔叶树种营巢。巢洞由雌雄鸟轮流啄。洞中垫有木屑和柔软多纤维质的韧皮。每窝产卵 4～6 枚，卵壳白色，光滑无斑。雌雄轮流孵卵，孵化期 16～17 天。雏鸟晚成性。雌雄亲鸟共同育雏，经过 23～24 天的喂养，雏鸟才可离巢。

鸣声 会发出粗粝的"驾——驾——"或"呵哦——呵——"大叫声，或单调的"克哟——克哟——克哟——"声音，并伴随有敲击木头的声音。

种群现状和保护 IUCN 评估为无危（LC）。但属于狭域分布的物种，在中国比较罕见。《中国脊椎动物红色名录》评估为近危（NT），被列为中国三有保护鸟类。

与人类的关系 人们对白翅啄木鸟知之甚少，常常与大斑啄木鸟 *Dendrocopos major* 混淆，甚至在形态、行为、亚种描述上张冠李戴。

灰头绿啄木鸟

拉丁名：*Picus canus*
英文名：Grey-headed Woodpecker

啄木鸟目啄木鸟科

形态 体长约 30 cm。嘴铅灰色，嘴峰稍弯。鼻孔被粗的羽毛所掩盖。全身羽毛以绿色为主，颊部和颏喉部灰色，髭纹黑色。枕部灰色，常杂以黑色羽干纹，雄鸟头顶前端具红色斑块。初级飞羽黑色具有白色横条纹。颏、喉和前颈灰白色，胸、腹和两胁灰绿色，尾下覆羽亦为灰绿色，羽端草绿色。强凸尾，大部为黑色。跗跖和趾灰绿色，爪浅褐色。雌雄相似，但雌鸟额至头顶暗灰色，具黑色羽干纹和端斑。

分布 全世界计有 11 个亚种，分布于欧亚大陆中部，南到喜马拉雅山、马来西亚和印度尼西亚。中国有 9 亚种：东北亚种 *P. c. jessoensis* 分布于内蒙古东部、黑龙江、吉林、辽宁；河北亚种 *P. c. zimmermanni* 分布于河北和山西大部分地区以及河南和山东；青海亚种 *P. c. kogo* 分布于青海、甘肃、四川西北部和西藏昌都地区；西南亚种 *P. c. sordidior* 分布于四川西南部、云南西北部德钦、丽江以及西部和西南部；华东亚种 *P. c. guerini* 分布于陕西南部、山西南部、湖北、江西、安徽北部、江苏和浙江；华南亚种 *P. c. sobrinus* 分布于湖南、广西、广东、安徽南部和福建；台湾亚种 *P. c. tancolo* 分布于台湾；海南亚种 *P. c. hainanus* 分布于海南；云南亚种 *P. c. hessei* 分布于云南南部西双版纳。

栖息地 主要栖息于阔叶林和混交林，也出现于次生林和林缘地带，很少到原始针叶林中。秋冬季常出现于路旁、农田周围的防护林，也常到村庄附近小林内活动。

习性 多单独行动，秋天有三五只的小群出现，但很快又分散成单只。不作远距离迁徙，只是在冬季由海拔高的山区向海拔低的山脚地带短距离迁移。

食性 主要以蚂蚁、小蠹虫、天牛幼虫和其他鳞翅目、鞘翅目、膜翅目等昆虫为食，偶尔也吃植物果实和种子，如山葡萄、红松子、黄波萝球果和草籽。灰头啄木鸟常在树干或枝杈上跳行攀援觅食，夏秋季多在地面取食，尤其在地面倒木和蚁冢上活动较多。觅食时常由树干基部螺旋上攀，当到达树杈时又飞到另一棵树的基部再往上搜寻，能把树皮下或蛀食到树干木质部里的害虫用长舌粘钩出来。

繁殖 繁殖期 4～6 月。雌雄共同啄洞营巢，每年重新啄洞，不用旧巢。巢多筑于心材腐朽的阔叶树上。巢距地面高 2.7～11 m。洞口圆形，直径 5～6 cm，洞内径 13～15 cm，洞深 27～42 cm。巢内除少量木屑外，无其他巢材。每年产卵 1 窝，窝卵数 8～11 枚。卵椭圆形，乳白色，光滑无斑。雌雄亲鸟共同孵卵和育雏。孵化期 13～14 天。雏鸟晚成性，育雏期 23～24 日，幼鸟离巢后由亲鸟带领觅食。

种群现状和保护 分布范围广，种群数量稳定。IUCN 和《中国脊椎动物红色名录》均评估为无危（LC）。被列为中国三有保护鸟类。

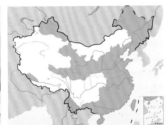

灰头绿啄木鸟。左上图为雌鸟，下图为雄鸟。杨贵生摄

隼类

类群综述

分类和分布　隼类指隼形目（Falconiformes）隼科（Falconidae）鸟类，跟鹰类同为昼行性猛禽，因此在传统分类系统中二者长期被归在同一目下，但基于全基因组的鸟类系统演化树则显示隼科与原隼形目其他科的亲缘关系较远，而与鹦鹉等亲缘关系更近，因此把其他4个科分离出去组成独立的鹰形目，隼形目下仅保留隼科1个科。

隼科全世界共10属63种，除南极和少数海洋岛屿外均有分布。中国有2属13种，其中隼属 *Falco* 11种，小隼属 *Microhierax* 2种；草原与荒漠地区有1属9种。

形态特征　隼类多为小型猛禽，部分为中型猛禽。同样作为昼行性猛禽，隼类跟鹰类具有几个典型的共同特征，如雏鸟晚成，脚强而有力，爪弯而锐利，适于抓握；喙强大而粗壮，端部具钩，基部有蜡膜；目光敏锐，可迅速调节焦距而定位猎物；听觉发达；多为候鸟；雌性体形大于雄性。与鹰类不同的是，隼类的上嘴两侧各具一枚齿突，而绝大多数鹰类无此特征。隼类鼻孔呈圆形，中间有骨质柱状凸起。另一个显著区别于鹰类的特征是，隼类的翅又尖又长，适于快速飞行，而鹰类的翅则是适于翱翔的宽大翅形。隼类体羽多灰色或棕色，头部具明显的髭纹；初级飞羽最长，次级飞羽内翈具有缺刻，有些种类初级飞羽内翈也具缺刻，飞羽的换羽是从初级飞羽的前4枚开始；尾羽长度中等，呈圆尾或凸尾状。

演化关系　隼科是较为原始的鸟类类群，与潜鸟、鸸鹋一样具有古老的化石历史。依据非常不完整的证据，英国一个来自5500万年前下始新世的微小化石，被认为是隼科的一个新属。而第一个确凿

有记录的隼科物种出现在大约3600万年前始新世到渐新世的法国，北美和南美的类群大约出现在2300万年前的中新世。现代的隼属可能在上新世到更新世发生了爆发性的快速辐射，它们的亲缘关系都非常近，至少20种现存的隼科鸟类来自更新世。隼科的多样性主要集中在新热带区，这里有8个属，其中7个是特有属。隼属中的17个种繁殖于非洲及其附属岛屿，其中10种为特有种，另有6个北方繁殖的种类在该地区越冬。上述17种中有10种是产于非洲的茶隼，占全球茶隼种数的76%，而且包括被认为是最原始的茶隼种类。因此，非洲及其附属岛屿形成一个茶隼多样化的中心，或许也是整个隼属的多样化中心。

栖息地　隼类在大部分生境都有分布，主要见于开阔地或疏林，不见于大片稠密森林，从热带雨林到沙漠，再从旷野到城市都有隼类的身影。隼科的绝大多数种类在接近热带地区繁殖，仅有2种繁殖于遥远的北极苔原。隼类中许多种类有独特的巢址要求，因此受到繁殖所需的适宜栖息地的限制。比如，很多种类需要树洞，而集群营巢的艾氏隼 *Falcon eleonorae* 喜欢遥远的小岛和有许多隐蔽洞穴的多岩石的海边悬崖。

食性　隼类主要以昆虫、小鸟、鼠类及其他小型哺乳动物等为食。常快速振翅，作滑翔或空中暂停，很少盘旋，或在空中从背后攻击飞行中的鸟类，或从空中垂直俯冲捕捉地面猎物，或在疏林树上停栖窥伺地面猎物。有时会盗取其他鸟类的食物，甚至有时结群抢劫其他猛禽的食物。

隼类往往黎明便离开栖息地开始觅食，阴雨天有所推迟。白天大部分时间进行休息，荒漠种类有

左：隼类的翅长而尖，适于快速飞行。图为起飞瞬间的猎隼。徐永春摄

隼类主要以昆虫、小鸟、鼠类及其他小型哺乳动物等为食，图为刚刚捕获小型雀鸟的灰背隼。沈越摄

时会进行沙浴。

繁殖 隼类营巢于树洞中、废弃房屋缝隙中或草丛和岩石上，有时亦占用喜鹊、乌鸦等新筑好的巢；通常为雌雄一起独立营巢，也有集群营巢的，但为双亲繁殖；大多终身配偶，但雌鸟有时更换配偶，甚至有的种类有第 2 只雄鸟插足；而在红隼 Falco tinnunculus、游隼 F. peregrinus 及灰背隼 F. columbarius 中记录到一种奇怪的多配偶制，通常是 1 只雄鸟照顾巢址相邻的 2 只雌鸟。

隼类中留鸟整年都维持婚配关系，而在其他地方度过非繁殖期的种类则雄鸟先返回营巢地，许多种类的雄鸟护送雌鸟到潜在的巢址，在栖息地进行求偶展示，包含雌鸟俯首、屈膝蹲伏等仪式，并发出鸣叫声，这些展示行为可能引发交配，但有时没有这些仪式也可发生交配。

隼类通常一年繁殖一窝，窝卵数 3 ~ 4 枚，多则 5 ~ 6 枚。隼类的窝卵数受食物可利用性变化的影响不大，但食物不足可能导致不繁殖或弃巢。通常产 2 ~ 3 枚卵后开始孵卵，因此雏鸟出壳通常是同步的。孵卵主要由雌鸟担任，孵化期和留巢育雏期等往往随个体大小而异，小型隼类的孵化期约 28 天，体形较大的矛隼 Falco rusticolus 达 35 天。雏鸟晚成性，双亲育雏。小型隼类 1 年性成熟，体形较大的种类需 2 ~ 3 年，且雄鸟平均比雌鸟晚一年性成熟。大型隼类可繁殖 20 年以上，小型隼类约 15 年。

鸣声 隼科鸟类的鸣管不同于其他鸟类，大多数隼科鸟类的鸣声为重复的单音节，并且能够通过改变音高和重复频率来适应不同的环境，因此通过鸣声并不能区分隼科中的不同种类。隼类的鸣声有威胁、警告、炫耀、乞食等作用；有些森林隼类利用对于猎物具有指向信息的鸣声来吸引其所捕食的小鸟；此外，笑隼 Herpetotheres cachinnans 因其受到惊扰时发出的鸣叫似笑声而得名。

迁徙 隼类许多种类在热带地区繁殖，并不迁徙。迁徙的种类主要是隼属鸟类，其中全部种群均迁徙的种类有黄爪隼 Falco naumanni 和红脚隼 F. amurensis，它们从欧亚大陆迁徙到非洲，二者集群繁殖且常混群迁徙；另外两个典型的例子是非洲隼 F. cuvierii 和东非隼 F. fasciinucha，它们从地中海迁到马达加斯加岛；灰背隼也曾被认为是全部迁徙的种类，但是不列颠群岛、冰岛及中亚山脉的部分种群留居于繁殖地。部分种群进行迁徙的种类如游隼，

隼类

在中低纬度的种群为留鸟，如若进行迁徙很大程度上是因为天气和食物。繁殖后的短暂食物短缺影响草原隼 *F. mexicanus* 的迁徙时间，在仲夏进入休眠的地松鼠是该种鸟类的主要食物，因此全部种群在仲夏分散开去寻找其他食物。有些种类如红脚隼，其迁徙往返路线不尽一致。

在西非，鸟类向北迁徙与雨季的到来相关，而随着旱季的开始而迁回。澳洲隼 *Falco cenchroides* 迁往新几内亚的个体主要是雌性幼鸟；矛隼成鸟倾向于停留在繁殖地而幼鸟进行游荡，在繁殖地以南 2000 km 的地区出现的通常也是当年幼鸟，然而在食物极为匮乏的年份，全部种群向南迁移导致有大量的成鸟出现。澳大利亚黑隼 *Falco subniger* 的迁移通常受天气和食物影响，在内陆干旱时期缺乏食物而迁移到沿海。

跟鹰类一样，大多数隼类也在迁徙前通过储存多余的脂肪增加体重；比如美洲隼在仲夏体重增加 4%，雌鸟比雄鸟增加的多。一些种类如姬隼 *Falco* *longipennis*，跟随其猎物雀形目鸟类的集群迁徙而迁徙，而且这些物种能在飞行中追捕及捕食猎物，这一特征可能对于穿越水域尤其重要。

种群现状和保护 作为顶级消费者，隼类跟其他猛禽一样占据食物链的最顶端，对维持生态平衡有重大意义。然而，草原与荒漠地区的一些游牧民族有驯养猛禽进行打猎的传统，也就是所谓的"鹰猎文化"，隼类也是他们的目标之一，尤其是猎隼。尽管无论是国内还是国际上，隼类都跟其他猛禽一样属于保护物种，法律并不允许进行捕捉、饲养和贸易，但隼类还是深受盗猎的威胁。

在中国，隼类跟其他猛禽一样都被列为国家二级重点保护动物。在草原与荒漠生存的 9 种隼类中，列入《濒危野生动植物种国际贸易公约》（CITES）附录 I 的有矛隼和游隼 2 种，其余的均列入附录 II；列入《中日候鸟保护协定》的有 3 种；被《中国脊椎动物红色名录》列为濒危物种（EN）的有 1 种，易危物种（VU）1 种，近危物种（NT）5 种。

隼类常利用其他鸟类的旧巢，图为利用喜鹊旧巢繁殖的红脚隼。王志芳摄

新疆地区的游猎民族
驯隼。马鸣摄

物种	学名	中国国家保护级别	中国濒危动物红皮书	中国脊椎动物红色名录	CITES	IUCN Red List 2019	中日候鸟保护协定
黄爪隼	*Falco naumanni*	II	—	VU	II	LC	—
红隼	*Falco tinnunculus*	II	—	LC	II	LC	—
红脚隼	*Falco amurensis*	II	—	NT	II	LC	—
西红脚隼	*Falco vespertinus*	II	—	NT	II	NT	—
灰背隼	*Falco columbarius*	II	—	NT	II	LC	◎
燕隼	*Falco subbuteo*	II	—	LC	II	LC	◎
猎隼	*Falco cherrug*	II	V	EN	II	EN	—
矛隼	*Falco rusticolus*	II	—	NT	I	LC	◎
游隼	*Falco peregrinus*	II	—	NT	I	LC	—

中国草原与荒漠地区的隼形目鸟类的保护和受胁现状

注：中国国家保护级别：I 为中国国家一级重点保护野生动物；II 为中国国家二级重点保护野生动物。中国濒危动物红皮书：E 为濒危；V 为易危；R 为稀有；I 为未定；一为未列入。中国脊椎动物红色名录：EN 为濒危；VU 为易危；NT 为近危；LC 为无危。濒危野生动植物种国际贸易公约（CITES）：I 为附录一；II 为附录二。世界自然保护联盟濒危物种红色名录（IUCN Red List）：EN 为濒危；VU 为易危；NT 为近危；LC 为无危。"◎"为列入中日候鸟保护协定的鸟类。

黄爪隼
Falco naumanni

红隼
Falco tinnunculus

西红脚隼
Falco vespertinus

红脚隼
Falco amurensis

灰背隼
Falco columbarius

燕隼
Falco subbuteo

猎隼
Falco cherrug

矛隼
Falco rusticolus

新疆亚种
F. p. babylonicus

游隼
Falco peregrinus

南方亚种
F. p. peregrinus

普通亚种
F. p. calidus

黄爪隼

拉丁名：*Falco naumanni*
英文名：Lesser Kestrel

隼形目隼科

形态　小型猛禽，体长 29～32 cm。雄鸟头顶、后颈、颈侧、头侧均为淡蓝灰色，前额、眼先棕黄色，耳羽具棕黄色羽干纹；背、肩砖红色或棕黄色，无斑；颏、喉粉红白色或皮黄色，胸、腹和两胁棕黄色或肉桂粉黄色，两侧具黑褐色圆形斑点；胸和腹中部几乎无斑；翅上小覆羽、中覆羽砖红色，外侧羽缘和大覆羽蓝灰色，飞羽黑褐色；腰和尾淡蓝灰色，尾具一道宽阔的黑色次端斑和窄的白色端斑。雌鸟前额污白色，具一条细的白色眉纹；头、肩、背及两翅棕黄色或淡栗色，头顶至后颈具黑褐色羽干纹，背和肩具黑褐色横斑；颏、喉、颊白色，其余下体肉桂皮黄色或淡棕黄色，胸具黑色纵纹；尾淡栗色，具灰褐色横斑。

幼鸟与雌鸟相似，但上体纵纹和横斑粗且显著；腰和尾淡棕色，缀淡褐色横斑；中央尾羽蓝灰色，具宽阔的次端斑；外侧尾羽淡肉桂色或棕色。

分布　繁殖于非洲西北部和西班牙南部，广泛分布于欧洲南部至中亚、蒙古，主要越冬地在非洲南部、西班牙南部、土耳其南部以及马耳他。在中国境内繁殖于新疆西部及北部、内蒙古、河北中部及西部，经山东、四川南部及河南至云南西部越冬，迁徙期间偶见于吉林和辽宁。

栖息地　栖息于开阔的荒山旷野、荒漠、草地、林缘、河谷和村庄附近以及农田边缘的丛林地带。虽然在新疆可上到海拔

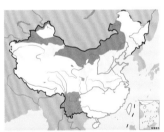

黄爪隼的繁殖参数	
迁入繁殖地	4月末～5月中
窝卵数	3～7枚，通常为4～5枚
卵大小	(32～38) mm×(26～31) mm
孵化期	28～29 天
孵化模式	雌雄轮流孵卵，雌鸟为主
育雏期	26～28 天
育雏模式	雄鸟为主
迁离繁殖地	9月至11月

2100 m 的山地，但常见于起伏的低海拔地区以及人类建筑区域。特别喜欢在荒山岩石地带和有稀疏树木的荒原地区活动。

食性　主要以蝗虫、蚱蜢、甲虫、蟋蟀、金龟子等大型昆虫为食，也捕食啮齿动物、蜥蜴、蛙、小型鸟类等脊椎动物。通常在空中捕食昆虫，有时也在地上捕食。繁殖期主食昆虫。在新疆特别喜欢捕食直翅目的螽斯、飞蝗等昆虫，偶尔捕食鼠类等较大猎物。

繁殖　繁殖期5～7月。营巢于山区河谷悬崖峭壁上的凹陷处、岩石顶端岩洞或采石场的石洞中，也有在大树洞中营巢的。在国外主要营巢于城镇或郊外的人类建筑中，如大型的旧建筑或废墟等，多在房檐下或凹陷处筑巢。集群繁殖。在新疆发现约7个巢相对集中于一段不足100 m的孤立山崖上，最近巢间距3～9 m。在国外，常见的繁殖群大小不超过25对，也可达百对。

种群现状和保护　在古北区西部，农业集约化、植树造林以及城镇化导致其繁殖栖息地丧失及退化。在非洲南部，农业集约化、植树造林以及精细的牧场管理破坏了重要的草原环境，过量的农药使用使得其食物减少、死亡率上升。IUCN 评估为无危(LC)，已列入 CITES 附录Ⅱ。《中国脊椎动物红色名录》评估为易危（VU），被列为中国国家二级重点保护野生动物。

黄爪隼。上图为雌鸟，张明摄；下图为雄鸟，刘璐摄

红隼

拉丁名：*Falco tinnunculus*
英文名：Common Kestrel

隼形目隼科

形态 小型猛禽，体长 31 ～ 39 cm。雄鸟头顶、头侧、后颈、颈侧蓝灰色，具黑色羽干纹；前额、眼先和眉纹棕白色；眼下有一黑色纵纹沿口角垂直向下；颏、喉乳白色或棕白色，胸、腹和两胁棕黄色或乳白色，具黑褐色纵纹；背、肩和翅砖红色，具黑色斑点；翅上初级覆羽和飞羽黑褐色，具淡灰褐色端缘；腰和尾上覆羽蓝灰色，具暗灰褐色羽干纹；尾蓝灰色，具宽阔的黑色次端斑和窄的白色端斑。雌鸟上体棕红色，头顶、后颈、侧颈具黑褐色羽干纹；脸颊部和眼下口角黑褐色；翅上覆羽与背同为棕黄色，飞羽黑褐色；背到尾上覆羽具黑褐色横斑；下体乳黄色，胸、腹和两胁具黑褐色纵纹；尾棕红色，具黑色横斑和黑色次端斑与棕黄白色尖端。

幼鸟似雌鸟，但上体斑纹较粗且显著。

分布 分布于欧亚大陆、北非、大西洋岛屿、日本和印度北部。多数为留鸟，北部繁殖种群多南迁到中非、印度和斯里兰卡越冬。在中国广泛分布于全国各地。

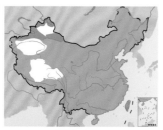

红隼。左上图为雄鸟，沈越摄；下图为雌鸟，徐永春摄

全世界有 11 个亚种：指名亚种 *F. t. tinnunculus* 分布于非洲北部、欧洲、中东东部至东西伯利亚以及远东地区；普通亚种 *F. t. interstinctus* 分布于青藏高原东部过东南半岛北部、中国南部和中部至朝鲜半岛和日本，越冬于印度、马来群岛和菲律宾；印度亚种 *F. t. objurgatus* 分布于印度南部和斯里兰卡；马德拉亚种 *F. t. canariensis* 分布于大西洋马德拉群岛和加拉利群岛西部；加拉利亚种 *F. t. dacotiae* 分布于大西洋加拉利群岛东部和兰萨罗特岛；北佛得角群岛亚种 *F. t. neglectus* 分布于大西洋佛得角群岛北部；南佛得角群岛亚种 *F. t. alexandri* 分布于大西洋佛得角群岛南部；埃及亚种 *F. t. rupicolaeformis* 分布于非洲东北部和阿拉伯半岛；索科特拉亚种 *F. t. archerii* 分布于索科特拉岛、索马里和肯尼亚沿岸；中非亚种 *F. t. rufescens* 分布于非洲中部及西部，东至埃塞俄比亚，南至坦桑尼亚南部和安哥拉北部；南非亚种 *F. t. rupicolus* 分布于安哥拉北部、扎伊尔南部、坦桑尼亚南部至南非南部。

中国分布的是指名亚种和普通亚种，前者繁殖于新疆、内蒙古和黑龙江北部，越冬于福建、广东、海南岛和台湾；后者繁殖于内蒙古东北部、吉林长白山、辽宁、华北、甘肃、青海、四川等地，西至西藏西南部、云南，南至海南岛，在中国北部主要为夏候鸟，南部主要为留鸟。

栖息地 栖息于山地森林、森林苔原、低山丘陵、草原、旷野、森林平原、农田耕地和村庄附近等各类生境，较喜欢林缘、林间空地、疏林和有稀疏树木生长的旷野、河谷和农田地区。分布自海滨至林线以上的草原，最高海拔可达 4500 m。栖木、电线杆、建筑等高处对于红隼的栖息地选择和捕食行为有重要作用。

食性 以小型哺乳类为主，如啮齿类；也吃雀形目鸟类、蛙、蜥蜴、昆虫等。在吉林的研究表明，繁殖期红隼的食物约 95% 为啮齿类。在欧洲，约 90% 的食物为啮齿类和鼩鼱；繁殖期的食物以雀形目鸟类为主，也吃蜥蜴和昆虫。在地中海和非洲，则以昆虫为主食，如甲虫、蝗虫、白蚁等。常在地面低空飞行觅食，或站立在高处等待猎物出现。多在空中捕食昆虫、鸟类，偶尔也有蝙蝠。在吉林四平，研究者发现一例红隼储藏小鼠的案例，说明红隼存在贮食行为。

繁殖 繁殖期 5 ～ 7 月。通常营巢于悬崖、山坡岩石缝隙、土洞、树洞，也侵占喜鹊、乌鸦、金雕以及其他鸟类的旧巢，没有明显的筑巢行为。巢较简陋，由枯枝构成，巢内垫有草茎、落叶和羽毛。不同地区的产卵期变动较大。在欧洲和亚洲北部的喜马拉雅地区，产卵期为 3 ～ 6 月，通常在 4 ～ 5 月；在非洲撒哈拉南部通常 8 ～ 9 月产卵。存在"一雄二雌"配对繁殖现象，但雄鸟的繁殖投入以第一雌鸟为主。

鸣声 在繁殖期，红隼的叫声可分为正常叫声、警戒叫声、焦急叫声、交配叫声和递食叫声。在树间栖息、盘旋飞行或雄性间戏要打斗时，发出音节近似"kli, kli, kli……"的尖锐叫声，此为正常叫声。警戒叫声近似于"gi, gi, gi……"，高亢、尖厉、

捕得鼠类的红隼。徐永春摄

急促的鸣叫用于震慑入侵者。受到巢区内人或动物干扰时，发出近似于"er，er，er……"的焦急叫声，鸣声或紧密衔接构成音段，或单独构成听觉上的一声，时而伴有梳羽行为。交配时发出类似于焦急叫声的音节"er"，但更加急促，音调也略高。递食叫声常发生在雌雄鸟递食间，发出"er，er，er……"与"zi，zi，zi……"一系列鸣声，雌雄鸟会相互回应。

种群现状和保护 在欧洲，农业集约化使得红隼的种群数量呈下降趋势；在非洲西部，伐木、过度放牧、放火等致使其栖息地退化，农药的使用也影响到红隼生存。此外，红隼易受到风力发电的影响。IUCN 和《中国脊椎动物红色名录》均评估为无危（LC），已列入 CITES 附录 II。被列为中国国家二级重点保护野生动物。

中国红隼的繁殖参数	
迁入繁殖地	3 月中旬至 4 月中旬（或留居）
窝卵数	3～8 枚，通常 4～5 枚
产卵间隔	1～2 天
卵大小	(36～42) mm×(29～33) mm
卵重	16～23 g
颜色	白色或赭色，有红褐色斑点
孵化期	28～30 天
孵化模式	雌鸟为主，偶尔替换
育雏期	约 30 天
育雏模式	双亲喂养
迁离繁殖地	10 月（或留居）

红隼的巢和巢中幼鸟。宋丽军摄

红脚隼

拉丁名：*Falco amurensis*
英文名：Amur Falcon

隼形目隼科

形态 体长 28 ～ 30 cm，雄鸟体重 97 ～ 155 g，雌鸟 111 ～ 188 g。眼圈、喙部蜡膜及脚均橙黄色。雄鸟通体石板灰色，下体羽色稍淡，翼下覆羽纯白色，腹部及尾下覆羽棕红色。雌鸟眼先、颊、眼周及髭纹黑色；背部似雄性，但稍沾青铜色；下体棕白色，具石板黑色纵纹；翼下覆羽白色，杂以近黑色波状横纹；尾上覆羽及尾羽深灰色稍沾褐色，缀约 10 道规则的灰褐色横斑，近端部横斑较宽；覆腿羽棕黄色。第 1 年冬季幼鸟额乳黄色，羽干淡黑色，头顶淡棕色具黑褐色狭纹，颈部淡棕色，上体似雌性成鸟而沾棕色。

分布 繁殖于西伯利亚东南部和蒙古东北部，向南至阿默兰，向东至朝鲜北部；越冬于非洲南部，主要从马拉维至堪斯维尔。中国境内繁殖于黑龙江、吉林、辽宁、内蒙古、河北、山东、山西、甘肃、江苏、河南和陕西，迁徙季节见于湖南、贵州、广东、福建等地，越冬于福建、江苏、湖南、贵州、云南、广东及香港。

5 月初迁至内蒙古，9 月下旬迁走。

栖息地 生活于开阔的沼泽附近的森林、林地边缘及村镇，但很少出现在无树的大草原和茂密的林地。冬季，在热带稀树草原和牧场，常集群栖息于树丛中，惯用的栖息地可聚集成百上千只的大群。

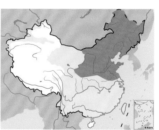

红脚隼。左上图为雄鸟，沈越摄，下图为雌鸟，徐永春摄

捕得猎物的红脚隼。沈越摄

食性 主要以昆虫、小型鸟类和蜥蜴为食。一般在清晨和傍晚取食，非繁殖季节常集群捕食，常站在树上或电线上搜寻猎物，会在同一栖息地上休息很长时间。空中或地面捕食，可在空中悬飞，俯视猎物。

繁殖 5 月 ～ 6 月开始产卵。巢筑于针叶树或阔叶树上，或在树洞中营巢，多占用乌鸦或喜鹊的巢。有研究者在 1987—1990 年 4 年间观察到的 56 个红脚隼的巢全部为占用喜鹊巢，通常选择完整且与其他猛禽等较大型鸟类的巢距离大于 30 m 的巢。4 月下旬至 5 月中旬红脚隼已配对，开始抢夺喜鹊的巢，雌雄鸟各站在喜鹊巢两侧的枝头，不许喜鹊接近巢，直到喜鹊重新选址筑巢，红脚隼便开始产卵、孵化、育雏。窝卵数 2 ～ 6 枚，通常 3 ～ 4 枚。卵呈卵圆形，浅黄色或沾砖红色，杂以不规则红褐色斑点。卵大小为 (22.6 ～ 29.3) mm×(29.5 ～ 37) mm，重约 15 g。每 2 天产 1 枚卵。未等产完满窝卵即开始孵卵，幼鸟先后出巢，个体差异较大。孵化期 28 ～ 30 天，雌雄亲鸟均参与孵卵、喂雏，均有孵卵斑。育雏期 30 ～ 31 天。

2005 年 7 月中旬，研究者在草原少有的一高大杨树上见到红脚隼 8 只：巢内有 5 只幼鸟，个体相差很大，最大的一只已可以在巢周围飞来飞去；巢外有 2 雄 1 雌回巢喂食，雌鸟来巢喂食时直接落在巢缘，将食物喂与幼鸟，而雄鸟带回食物时，先落于巢附近的枝头观察一会儿，然后落到巢缘喂食后又迅速离开。有一次，一只雄鸟刚落到巢缘，另一只雄鸟也飞了回来，后飞回的雄鸟立即将已到巢缘的雄鸟驱走，两只雄鸟各抓着一只蜥蜴在巢附近的枝头对视 15 分钟左右分别飞离。1 小时内 3 只成鸟飞回巢 14 次，9 次喂食。每次食物均为蜥蜴，喂食是按雏鸟个体从小到大的顺序。较小的幼鸟还不会撕咬食物，将蜥蜴整个吞下；大些的幼鸟把食物撕碎后吞咽，均从头部开始撕扯。喂食其中一只时，其他幼鸟并不争食。

红脚隼的繁殖参数	
窝卵数	2～6 枚，通常 3～4 枚
卵大小	（22.6～29.3）mm×（29.5～37）mm
卵重	约 15 g
孵化期	28～30 天
孵卵模式	雌雄轮流孵卵
育雏期	30～31 天
育雏模式	双亲共同育雏

种群现状和保护 种群数量不详，但在局部地区为常见种，例如贝加尔湖东南部和蒙古。1987 年 8 月下旬～10 月下旬有892 只红脚隼迁徙途经中国北戴河。1987～1990 年繁殖季节在吉林左家自然保护区样带内的种群密度为每平方千米 20～24只。IUCN 评估为无危（LC），被列入 CITES 附录 II。《中国脊椎动物红色名录》评估为近危（NT），被列为中国国家二级重点保护野生动物。

西红脚隼

拉丁名：*Falco vespertinus*
英文名：Red-footed Falcon

隼形目隼科

小型猛禽。雄鸟似红脚隼，但翼下覆羽及腋羽暗灰色而非白色。雌鸟则与红脚隼差异较大，上体偏褐色，头顶棕红色；下体棕红色，具稀疏的黑色纵纹；眼区近黑色，颊、眼下斑块及领环偏白色；两翼及尾灰色，尾下具横斑。翼下覆羽褐色。IUCN 和《中国脊椎动物红色名录》均评估为近危（NT），已列入 CITES 附录II，被列为中国国家二级重点保护动物。

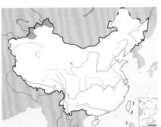

西红脚隼。左上图为雄鸟，邢新国摄；下图为左雌右雄，刘璐摄

灰背隼

拉丁名：*Falco columbarius*
英文名：Merlin

隼形目隼科

形态 小型猛禽，体长 26～33 cm。雄鸟前额、眼先、眉纹、头侧、颊和耳羽均为污白色，具纤细的黑色羽干纹；头顶至后颈蓝灰色，后颈有一道棕褐色领圈，并杂有黑斑，其余上体淡蓝灰色，具黑褐色羽干纹；尾具宽的黑褐色次端斑和灰白色端斑；颏、喉白色；胸、腹和尾下淡棕黄白色，具粗而显著的棕褐色羽干纹。雌鸟前额、眼先、眉纹、头侧、颊和耳羽黄白色，具纤细的黑色羽干纹；颏、喉灰白色；胸、腹和其余下体污灰白色，具粗而显著的棕褐色纵纹；背至尾上暗褐色，尾棕灰褐色，具 5 道黑色横带和白色端斑。

幼鸟和雌鸟相似，但更富于棕色，头顶羽缘棕栗色更显著，下体自胸往下具粗著的暗栗褐色纵纹，飞羽具棕色端斑。

分布 全世界共有 9 个亚种，广泛分布于欧亚大陆、北美洲至南美洲北部。中国分布有 4 亚种：新疆亚种 *F. c. lymani*，国内繁殖于新疆天山，越冬于新疆西部喀什和青海东北部；国外分布于中亚山区以及俄罗斯阿尔泰地区和蒙古；普通亚种 *F. c. insignis*，国内为冬候鸟，越冬于中国长江以南的广大地区，西至四川和云南，南至东南沿海和香港，迁徙途经黑龙江、吉林、辽宁、河北、内蒙古、新疆、甘肃和青海；国外繁殖于西伯利亚中北部，向南迁徙越冬于非洲东北部至亚洲东部；太平洋亚种 *F. c. pacificus*，国内为冬候鸟，越冬于福建，迁徙途经内蒙古，偶见于河北秦皇岛；国外繁殖于东西伯利亚鄂霍次克海沿岸，越冬于日本；西藏亚种 *F. c. pallidus*，国内为冬候鸟，越冬于西藏、新疆；国外繁殖于亚洲中西部的干草原地区。

其余 5 种在中国没有分布：冰岛亚种 *F. c. subaesalon* 繁殖于冰岛，越冬于欧洲西部；欧洲亚种 *F. c. aesalon* 繁殖于欧洲以及西伯利亚西北部，越冬于非洲北部；哥伦比亚亚种 *F. c. columbarius* 繁殖于阿拉斯加至纽芬兰岛以及美国北部，越冬于南美洲北部；加拿大亚种 *F. c. suckleyi* 繁殖自阿拉斯加东南部至华盛顿北部；美国亚种 *F. c. riehardsonii* 繁殖于加拿大中部、中南部以及美国中北部，越冬于墨西哥北部。

栖息地 栖息环境多样，见于开阔的低山丘陵、山脚平原、灌木草原、高沼地、海岸和森林苔原带，尤其喜欢林缘、林中空地、山岩和有稀疏树木的开阔地带。迁徙季节也见于荒山河谷、平原旷野和农田地区。国外多沿海岸线迁徙。

食性 繁殖季节主要以小型鸟类为食。在迁徙途中或越冬期也取食体形稍大的鸟类（如沙锥、黑腹滨鹬）、昆虫（如蜻蜓、蝗虫）、啮齿类、蝙蝠（如墨西哥无尾蝠）、鼩鼱等。偶尔也捕食蜥蜴、蛙和小型蛇类。通常在空中捕食猎物，偶尔也在地面捕食。有时会成对捕食或者与其他猛禽如纹腹鹰合作捕食。也会食用交通工具撞死的动物尸体。甚至可能还有贮食行为。

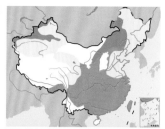

灰背隼。左上图为雄鸟，沈越摄；下图为雌鸟，彭建生摄

灰背隼的繁殖参数	
窝卵数	2～7枚，通常3～4枚
卵大小	(37～42) mm×(29～34) mm
卵颜色	砖红色，有暗红褐色斑点
孵化期	28～32天
孵化模式	双亲轮流孵卵
育雏期	25～30天
育雏模式	双亲轮流喂养

繁殖 繁殖期5～7月。通常占用乌鸦、喜鹊以及其他鸟类旧巢，偶尔营巢于树洞、悬崖，有时也在地上营巢。巢的结构简陋，主要由枯枝构成。

种群现状和保护 自20世纪60年代氯化烃农药的使用，导致其卵壳变薄。同时面临着与人类工具撞击的威胁，如交通工具、风力发电机等。过度放牧、农业集约化等导致栖息地丧失，以及旅游业对于繁殖的干扰，都对其种群造成影响。IUCN评估为无危（LC），已被列入CITES附录Ⅱ。《中国脊椎动物红色名录》评估为近危（NT），被列为中国国家二级重点保护野生动物。

燕隼

拉丁名：*Falco Subbuteo*
英文名：Eurasian Hobby

隼形目隼科

形态 体长28～36 cm，雄鸟体重131～232 g，雌鸟141～340 g，翼展69～84 cm。雌雄羽色相似，雌鸟体形较大。额、眼先及眉纹乳黄色，耳羽及髭纹黑色；头顶、后颈灰黑色，后颈具棕白色领斑；上体余部暗灰色沾褐色，腰和尾部稍淡；飞羽黑褐色，内翈具棕黄色横斑，翼下覆羽褐色，具灰白色点斑；尾羽暗灰色，具黑褐色横斑；颏、喉、前胸乳白色，下体余部乳黄色沾棕色，并具黑褐色纵纹；腹部、尾下覆羽及覆腿羽棕红色。幼鸟上体淡灰褐色，背、肩及腰羽具锈红色横斑；下体淡黄色，具棕色纵纹。

分布 繁殖于欧亚大陆和非洲西北部，越冬于非洲南部、印度、缅甸和日本等地。中国境内有2个亚种，指名亚种繁殖于内蒙古、东北地区、河北、河南、山西、陕西、甘肃、青海、新疆，在西藏越冬，在北京、山东为旅鸟；南方亚种繁殖于长江以南地区、四川、云南，偶见于台湾，在最南部为留鸟。

每年5月10日左右迁至吉林左家自然保护区，8月中上旬幼鸟出飞，8月下旬至9月中旬南迁。

栖息地 从半干旱地区到北方的针叶林，主要栖息于低海拔地区的平原和山地，但在海拔4000 m的山中也有分布。喜栖息于开阔的、有树木的地区，如稀树草原、灌丛、零星的杂树林、边缘有树的农田等。

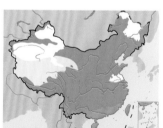

燕隼。左上图沈越摄，下图刘璐摄

吉林地区燕隼的繁殖参数（高玮，2002）	
巢大小	外径 77 cm×65 cm，内径 30 cm×28 cm，高 48 cm，深 21 cm
窝卵数	2～4 枚
卵大小	38 mm×30 mm
孵化期	28～33 天

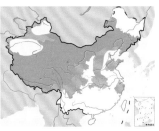

食性　食物以昆虫和雀形目鸟类为主，也捕食鼠类。在拂晓和黄昏非常活跃，常到猎物的巢或集群地捕食。燕隼飞行迅速，常作短距离滑翔，能够鼓动双翅在空中迎风停留，窥伺地面猎物，发现猎物后迅速俯冲至地面，或在空中追捕猎物。由于飞行速度快、飞行技巧高，可以捕食行动非常敏捷的鸟类。秋季常追逐迁徙的燕类或在农田取食谷物的麻雀，也在城镇的郊区捕食。

繁殖　繁殖时间相对较晚，主要在 6～7 月。很少自己营巢，占用鸦、鹊或其他鹰类的巢。巢区固定，一个巢要沿用几年。巢多位于林缘的高树上，距地面约 12 m。研究者曾在废旧的民房顶蓬上采得一巢，内有 6 枚卵。隔 2～3 天产 1 枚卵。卵白色，密布红褐色粗斑和细点。孵卵主要由雌鸟承担。通常 2 年性成熟，有时 1 年。存活最长时间记录为 10 年。

种群现状和保护　20 世纪 80 年代，欧洲（不包括前苏联）的燕隼种群有 11 000～14 000 对，或许上升到 20 000 对；摩洛哥和土耳其 500～1 000 对。90 年代早期，俄罗斯欧洲地区约有 7 万对，白俄罗斯 1100～1600 对。IUCN 和《中国脊椎动物红色名录》均评估为无危（LC），已列入 CITES 附录 II。被列为中国国家二级重点保护野生动物。

猎隼

拉丁名：*Falco cherrug*
英文名：Saker Falcon

隼形目隼科

形态　中型猛禽，体长 45～55 cm，雄鸟体重 730～990 g，雌鸟 970～1300 g，翼展 102～129 cm。雌雄羽色相似，雌鸟体形较大。眉纹白色，向后渐成淡棕色，髭纹显著；头顶砖红色，具褐色纵纹，头及后颈黄白色；上体余部暗褐色，具砖红点斑和横斑；翅黑褐色，飞羽内翈和覆羽缀砖红色横斑，羽端较淡，为黑褐色；下体棕白色，具暗褐色纵纹。幼鸟上体较成鸟偏暗褐，羽端淡褐色，横斑不显著；下体具褐色粗纵纹。

分布　繁殖于东欧、亚洲北部和中部，从匈牙利、罗马尼亚到巴尔干半岛，向东至西伯利亚中部、蒙古，向南至伊朗、中亚。越冬于地中海周边地区、阿拉伯半岛及非洲北部和中部。中国境内繁殖于新疆、青海、内蒙古、四川、甘肃、西藏，迁徙或越冬于东北南部、河北、北京等地。

栖息地　非繁殖季节可栖息的生境范围较广，但环境中必须有开阔的空地，从平原、丘陵到山地和高原，可达海拔 4700 m。常活动于没有树木的大草原、树木繁茂地带、开阔的林地、悬崖、峡谷等陡峭的多岩石地域，海岸、湿地上空或湖区附近。

猎隼。左上图为成鸟，董磊摄；下图为亚成鸟，杨贵生摄

食性　主要以鼠和兔等小型哺乳动物为食，有时也捕食小型鸟类和蜥蜴等。多在地面上捕食，有时在空中向下俯冲捕食鸟类。可数小时站在有利地点监视动物，有时也会近地面低空飞行，搜寻地面上的猎物。常快速振翅后再作短距离滑翔，偶尔在空中盘旋，常到离巢或栖息地较远处觅食。

繁殖　繁殖期 4～5 月。营巢于海拔较高的峭壁裂缝或洞中，也在较高的树上营巢。有时占用鸦、鹊等鸟类的巢。多年利用同一巢或多年在轮换使用某几个巢，有补巢行为。窝卵数 2～6 枚，通常 3～5 枚。孵化期 28～30 天，孵卵工作主要由雌鸟承担。雏鸟晚成性。育雏期 40～50 天，由雄鸟捕猎食物，交给雌鸟撕成碎块喂食雏鸟。2～3 年性成熟。

种群现状和保护　全球种群数量约 3.5 万～4 万对，蒙古境内约有 6000 只。中国猎隼的数量较少，2001—2015 年，中科院在中国西北地区（新疆、青海、西藏）上万千米范围内对猎隼的分布和数量进行调查，仅记录到 100 只成鸟。内蒙古种群数量估计在 200 只以下，每百平方千米为 0.37 只。IUCN 评估为濒危（EN），已列入 CITES 附录 II。被《中国濒危动物红皮书》列入易危种（V），《中国脊椎动物红色名录》评估为濒危（EN），被列为中国国家二级重点保护野生动物。

矛隼

拉丁名：*Falco rusticolus*
英文名：Gyrfalcon

隼形目隼科

形态 体形最大的隼类，体长 50 ～ 63 cm，雄鸟体重 961 ～ 1321 g，雌鸟 1262 ～ 2100 g，翼展 120 ～ 135 cm。有暗色型（又被称为阿尔泰隼）、白色型（俗称北极隼或白隼）和灰色型。暗色型头白色，头顶具粗的暗褐色纵纹，两颊纵纹较细，有髭纹但不显著；上体灰褐色到暗石板褐色，具白色横斑和斑点；飞羽石板色或褐色，具有断裂的白色横斑；尾羽棕褐色，具白色横斑；下体白色，有点状或矛状暗色斑。白色型体羽主要为白色，背和翅具褐色斑点。灰色型羽色介于上述两者之间。幼鸟上体暗褐色，下体白色，有粗的褐色纵纹；翅下覆羽褐色，有白色圆形斑点。

分布 全北界种，或被称为北极隼、白隼。繁殖于欧亚大陆极地附近的北极地区、北美、格棱兰岛和冰岛，迁徙到繁殖地以南的寒温带针叶林越冬。中国境内越冬于黑龙江、内蒙古达赉湖

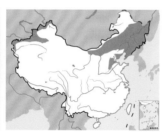

和辉河。

栖息地 栖息和活动于开阔的山地、岛屿、海岸、河谷和苔原地带。广泛分布于从海平面至海拔至少 1400 m 的苔原地带和泰加林。繁殖生境是海边、河流附近和山地环境。

食性 主要以鸟类和小型哺乳类为食。在一定高度上飞行或站在栖止地点搜寻猎物，一旦发现猎物先上升高度，后迅速向下俯冲。多在地面或水面捕食。

繁殖 营巢于北极海岸、河谷悬岩，偶尔也营巢于苔原森林的树上，也利用人造的结构和矿坑或输油管道。巢呈平盘状，巢材主要为枯枝。窝卵数通常为 3 ～ 4 枚。卵褐色或赭色，有暗褐色斑点。孵化期 34 ～ 36 天，主要由雌鸟承担。雏鸟晚成性，体被白色绒羽，由雌雄亲鸟共同喂养 46 ～ 49 天后离巢。通常 2 ～ 3 年达到性成熟，开始第 1 次繁殖，也有些在第 1 年末即开始参与繁殖。存活时间最长的野生个体为 13 年。

种群现状和保护 据估计全球种群数量在 5000 ～ 7000 对和 15 000 ～ 17 000 对之间；美国阿拉斯加有 375 ～ 635 对，俄罗斯欧洲地区约 50 对。分布广泛，部分地区罕见，部分地区常见。在中国数量稀少。IUCN 评估为无危(LC)，已列入 CITES 附录 I。《中国脊椎动物红色名录》评估为近危（NT），被列为中国国家二级重点保护野生动物。

矛隼。左上图为白色型成鸟，Olafur Larsen摄（维基共享资源／CC BY-SA 2.0）；下图为暗色型

游隼

拉丁名：*Falco peregrinus*
英文名：Peregrine Falcon

隼形目隼科

形态 中型猛禽，体长 34 ～ 50 cm。头顶和后颈暗石板蓝灰色到黑色，脸颊和髭纹黑褐色；下体白色，喉和髭纹前后无斑纹，上胸和颈侧具黑褐色羽干纹，其余下体具黑褐色横斑；背、肩、翅上覆羽蓝灰色，具黑褐色羽干纹和横斑，飞羽黑褐色，具污白色端斑；腰和尾稍浅蓝灰色，尾具黑褐色横斑和淡色尖端。雌鸟体形较雄鸟大。

幼鸟上体暗褐色或灰褐色，具皮黄色或棕色羽缘；下体淡黄褐色或皮黄白色，具黑褐色纵斑；尾蓝灰色，具肉桂色或棕色横斑。

分布 全世界有 16 ～ 19 个亚种，其中中国分布有 6 个亚种：普通亚种 *F. p. calidus*，迁徙或越冬于中国东北、华北、往南至长江以南、广东和海南岛；国外繁殖于欧亚大陆的极地苔原，自俄罗斯莫曼斯克省至西伯利亚亚纳河与因迪吉尔卡河，向南迁徙越冬，可达南亚以及非洲撒哈拉以南地区。新疆亚种 *F. p. babylonicus*，或独立为拟游隼，国内仅见于新疆，繁殖于天山南北，越冬于新疆西部喀什；国外分布于伊朗东部、阿富汗东北部以及印度西北部兴都库什山脉至蒙古阿尔泰地区。指名亚种 *F. p. peregrinus*，国内分布于新疆阿尔泰地区；国外繁殖于欧亚大陆温带地区，北至苔原，南达比利牛斯山脉、巴尔干半岛和喜马拉雅山脉，西起英格兰岛东部，东抵远东乌苏里兰以及满洲以北地区。南方亚种 *F. p. peregrinator*，国内分布于江苏、福建、四川、云南、青海、山东和台湾；国外分布于南亚，自巴基斯坦经印度、孟加拉国至斯里兰卡，缅甸北部和老挝北部。东方亚种 *F. p. japonensis*，国内分布于台湾和海南岛；国外分布于西伯利亚东北部向南堪察加半岛至日本。东南亚亚种 *F. p. ernesti*，2010 年 2 月在云南普洱有 1 只的观测记录；国外分布于泰国南部、马来半岛、菲律宾、印度尼西亚、新几内亚岛以及俾斯麦群岛。其他亚种分别分布于北美洲、南美洲、欧洲、非洲、大洋洲、大洋洲等世界各地。

栖息地 栖息于各种生境，山地、荒漠、海岸、草原、沼泽等，冷热干湿均可，栖息地高度自海平面到海拔 4000 m。

食性 以鸟类食物为主，如鸠鸽类、水鸟、鸣禽等中小型鸟类，甚至体形较小的隼。偶尔也捕食小型哺乳类，如啮齿类、蝙蝠、野兔、鼩鼱等，以及鱼类。善于在空中捕食。

繁殖 不同地区繁殖期变化较大。北温带在 2 ～ 3 月，北半球高纬地区在 4 ～ 5 月，南半球在 8 ～ 10 月，赤道地区在 6 ～ 12 月。几乎没有筑巢行为。在悬崖、土丘、地面等松软的土壤扒出一个凹坑即可，或者利用其他鸟类的巢，或者在人类建筑上产卵。

种群现状和保护 风力发电、人类攀岩活动等可能对其造成影响。在非洲西部，伐木、过度放牧、农药使用、放火等致使其栖息地丧失。IUCN 评估为无危（LC），已列入 CITES 附录 I。在国内数量稀少，《中国脊椎动物红色名录》评估为近危（NT），被列为中国国家二级重点保护野生动物。

探索与发现 该种的分类一直存在争议，有人认为新疆亚种和另一个在中国无分布的亚种 *F. p. pelegrinoides* 应独立为新种——拟游隼 *F. pelegrinoides*，过去中国的很多研究者大多采纳了这一观点。但近期的基因证据表明，该种应该作为游隼的亚种，而非独立成种。最新出版的《中国鸟类分类与分布名录》第三版也采纳了新的分类意见，因此本书也将中国以前的研究中提到的拟游隼作为本种的新疆亚种处理。

游隼的繁殖参数	
窝卵数	2 ～ 6 枚，通常 2 ～ 4 枚
卵大小	(49 ～ 58) mm × (39 ～ 43) mm
卵色	红褐色
孵化期	28 ～ 32 天
孵化模式	双亲轮流孵卵
育雏期	35 ～ 42 天
育雏模式	双亲喂养

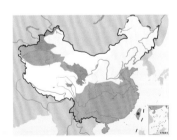

游隼。左上图为成鸟，沈越摄；下图为亚成鸟，袁晓摄

捕食鸟类的游隼新疆亚种。丁进清摄

伯劳类

伯劳类

- 伯劳指雀形目伯劳科的鸟类，全世界共4属33种，中国有1属12种，草原与荒漠地区常见的有11种
- 伯劳类喙侧扁，较粗壮，先端具钩；翅短圆，尾长；多数具有宽的深色过眼纹，形如"眼罩"
- 伯劳类性凶猛，以昆虫和小型脊椎动物为食，堪称"雀中猛禽"
- 伯劳类主要为单配制，在树枝或灌丛间以植物纤维及草茎等编织成杯状巢，雌鸟孵卵，双亲育雏

左：伯劳喙粗壮，先端具钩，宽阔的深色贯眼纹形如"眼罩"，站在树枝上身姿挺立，给人威风凛凛的感觉。它们体形虽小，却性情凶猛，不仅取食昆虫，还能捕食蛙类、蜥蜴等小型脊椎动物，有"雀中猛禽""屠夫鸟"之称。图为捕食蜥蜴的红尾伯劳。颜重威摄

下：伯劳双亲共同育雏，图为正在育雏的灰伯劳。魏希明摄

类群综述

分类与分布　伯劳指雀形目（Passeriformes）伯劳科（Laniidae）的鸟类。全世界共 4 属 33 种，广布于欧洲、亚洲、非洲及北美洲。中国有 1 属 12 种，几乎遍布全国各地；草原与荒漠地区常见的有 11 种。

形态　小型鸟类，嘴较粗壮，侧扁，上嘴先端具钩且有缺刻，嘴须发达。鼻孔圆形，或多或少被羽或须所覆盖。翅大都短圆，初级飞羽 10 枚，第 1 枚较短，仅为第 2 枚之半。尾羽 12 枚，且较长，多为凸尾。腿脚强健，爪锐利，跗跖前缘具盾状鳞。体色多为棕、黑、灰、白等色，多数种类自嘴基过眼至耳羽区有一宽的深色的过眼纹。两性羽色相似或不同。幼鸟体羽一般具横纹或横斑。

习性　伯劳多数种类有迁徙行为，在中国为候鸟。多栖息于平原、丘陵和山地等较为开阔地带的疏林、灌丛或林缘。栖止时上体较直立，且有大幅度前后摆尾的习性。飞行姿态呈直线型。多单独或成对活动，在繁殖及越冬地均有很强的领域行为。

鸣声　伯劳类叫声噪厉，常听到的是"zhi-ga-zhi-ga……"和"gar-，gar-……"。许多种类在繁殖期还有悦耳的鸣啭和效鸣，会模仿附近鸣禽的鸣啭声。

食性　性凶猛，主要以昆虫为食，也捕食蛙、蜥蜴、鼠类及鸟类等小型脊椎动物，有"雀中猛禽""小猛禽""屠夫鸟"之称。喜栖于树稍、灌丛顶端、电线等高处，眼观八方，发现猎物时急速起飞抓捕，有时甚至能捕杀比自身体形大得多的鸟类。有把猎物尸体穿挂于棘刺上撕食的习性。

繁殖　繁殖期 5～8 月，营巢于树杈间或灌丛中，以植物纤维及草茎等编成杯状巢，窝卵数 3～8 枚，卵淡青色，具灰褐色或红褐色斑，在钝端较密集。主要由雌性亲鸟孵卵，孵化期 14～20 天。雏鸟晚成性，雌雄亲鸟共同育雏，育雏期 15 天左右，雏鸟离巢后仍需雌雄亲鸟照料约 15 天左右。

种群现状和保护　伯劳类多数被 IUCN 列为无危（LC），受胁物种数的比例较低。但作为肉食性鸟类，伯劳位于食物链的顶层，在生态系统中起着重要作用，且多数种群数量不丰，应加强保护。在中国，所有伯劳类均被列入《国家保护的有益的或者有重要经济、科学研究价值的陆生野生动物名录》。

虎纹伯劳
Lanius tigrinus

牛头伯劳
Lanius bucephalus

普通亚种
L. c. lucionensis

指名亚种
L. c. cristatus

红尾伯劳
Lanius cristatus

红背伯劳
Lanius collurio

荒漠伯劳
Lanius isabellinus

棕尾伯劳
Lanius phoenicuroides

西南亚种
L. s tricolor

台湾亚种
L. s formosae

棕背伯劳
Lanius schach

灰背伯劳
Lanius tephronotus

北方亚种
L. e. sibiricus

灰伯劳
Lanius excubitor

黑额伯劳
Lanius minor

宁夏亚种
L. e. pallidirostris

楔尾伯劳
Lanius sphenocercus

虎纹伯劳

拉丁名：*Lanius tigrinus*
英文名：Tiger Shrike

雀形目伯劳科

形态 体长 15～19 cm。喙粗厚，黑色，上嘴先端弯曲成钩状，下嘴有齿突。头顶至后颈栗灰色。背、两翼及尾上覆羽栗棕色，具黑色鳞状横斑。下体白色，仅胁部具隐约可见的暗灰色鳞斑，腿部覆羽白色略沾淡棕色。尾羽红棕褐色，隐约杂以暗褐色横斑，外侧尾羽微具白端。雌雄相似，但雌性背部红棕色较淡，胸侧及两胁具黑褐色横斑；雄鸟额基部黑色并与黑色贯眼纹相连。跗跖及趾暗褐色，爪黑色。

分布 分布于俄罗斯、朝鲜、日本、中国、中南半岛及马来半岛等地。在国内，除新疆、青海、西藏和海南外，其余各地皆有分布。在云南、广东、广西、湖南、福建、台湾为冬候鸟，在其他地区为夏候鸟。

栖息地 喜栖息于森林和林缘地带，尤以开阔的次生阔叶林、灌木林和林缘灌丛地带较常见，常静立于灌木或乔木顶端。

习性 性凶猛，常见于灌木、乔木的顶端或电线上，四处张望，寻找食物。当发现空中或地面的猎物后往往急飞捕食，捕食后多返回原栖息处取食或转往别处。

食性 以昆虫为主食，也捕食蜥蜴、鸟类等小型脊椎动物，还取食少量植物。

繁殖 每年繁殖 1 次。繁殖期 5～7 月。雌雄亲鸟共同筑巢，常建巢于带荆棘的小树或灌丛间。巢呈杯状，以草叶、细树枝以及羽毛等构成。窝卵数 4～7 枚。由雌鸟孵卵，雄鸟在附近警戒并喂养雌鸟。孵化期 13～15 天。雏鸟晚成性，雌雄亲鸟共同育雏，育雏期 13～15 天。

种群现状和保护 分布范围广，种群数量稳定。IUCN 和《中国脊椎动物红色名录》均评估为无危（LC）。被列为中国三有保护鸟类。

 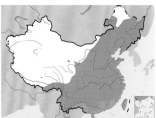

虎纹伯劳。左上图为雌鸟，下图为雄鸟。沈越摄

牛头伯劳

拉丁名：*Lanius bucephalus*
英文名：Bull-headed Shrike

雀形目伯劳科

形态 体长约 19 cm。喙粗短，先端向下，上嘴黑褐色，基部灰褐色，下嘴颜色稍淡。头大，具黑色贯眼纹及白色眉纹。额部、头顶、后颈至上背栗棕色，背、腰及尾上覆羽灰褐色。颏、喉棕白色，其余下体浅棕色，杂以黑褐色波状横斑。雄鸟初级飞羽基部白色，形成白色翅斑。尾略长，尾羽暗褐色，具浅灰褐色端斑。脚强壮、爪锐利，跗跖及趾、爪黑色。

分布 分布于俄罗斯远东地区、中国、朝鲜、日本。有 2 个亚种，中国均有分布，其中甘肃亚种 L. b. sicarius 仅分布于中国。在国内，指名亚种 *L. b. bucephalus* 繁殖于东北，越冬于华北、华中和长江流域以及东南沿海地区和台湾；甘肃亚种分布于内蒙古通辽、甘肃中部和南部、四川，往东到河北北部。

栖息地 栖息于林缘疏林、河谷灌丛、农田防护林及灌丛草甸、村落附近等开阔地带。

习性 单独或成对活动。性活泼，常出没于灌丛或枝叶间，有时也静静地停留于树枝顶端，看到猎物时，会突然起飞捕取。

食性 以昆虫为主食，也猎食鸟类等小型脊椎动物。有将剩余食物串挂于枝头上的行为。

繁殖 每年繁殖 1 次。繁殖期 5～7 月。常建巢于疏林或灌丛低枝上。以细树枝、枯叶、松针、草茎、细根等编成杯状巢。窝卵数多为 4～7 枚。卵淡青色或灰色，被以褐色、灰棕色或红色斑点。雌鸟孵卵，孵化期 14～15 天。雏鸟晚成性，雌雄亲鸟共同育雏，育雏期 13～14 天。4 月迁到繁殖地，9 月下旬到 10 月初离开繁殖地。

种群现状和保护 种群数量较少，不常见。IUCN 和《中国脊椎动物红色名录》均评估为无危（LC）。被列为中国三有保护鸟类。

 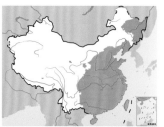

牛头伯劳。左上图为雄鸟，下图为雌鸟。包鲁生摄

红尾伯劳

拉丁名：*Lanius cristatus*
英文名：Brown Shrike

雀形目伯劳科

形态 体长 18～21 cm。喙黑色。雄鸟额部和头顶前部淡灰色，贯眼纹黑色，自嘴基部经眼先直达耳部，眉纹白色；头顶到后颈以及上背、肩羽褐色，下背和腰部、尾上覆羽、尾羽棕褐色；翅黑褐色；下体近于白色，两胁染棕色。雌鸟似雄鸟，但羽色较淡，贯眼纹黑褐色。脚铅灰色。

分布 分布于西西伯利亚，从额尔齐斯河和阿尔泰往东到太平洋沿岸的阿纳德尔盆地和堪察加半岛、朝鲜、蒙古、中国，日本，冬季也见于印度、中南半岛、马来西亚、菲律宾和印度尼西亚。有 4 个亚种，即指名亚种 *L. c. cristatus*、东北亚种 *L. c. confusus*、普通亚种 *L. c. lucionensis* 和日本亚种 *L. c. superciliosus*，中国均有分布。在国内，分布于黑龙江、吉林、辽宁、内蒙古、甘肃、宁夏、青海、陕西、河北、河南、山东、四川、江苏、浙江、安徽、湖北、湖南、江西、福建、广东、广西、云南、贵州、海南和台湾。

栖息地 主要栖息于疏林、灌丛和林缘地带，尤其在有稀矮树木和灌丛生长的开阔旷野、河谷、湖畔、路旁和田边地头灌丛中较常见，也栖息于草甸灌丛、山地阔叶林和针阔叶混交林林缘灌丛及其附近的小块次生杨桦林内。

习性 单独或成对活动，性活泼，常在枝头间跳跃或疾飞，有时也在小树顶端或电线上静静地观察猎物的动静，一有机会便飞扑过去，然后飞回原地。

食性 主要以昆虫为食，也捕捉蜥蜴，并将之穿挂于树木或灌丛的尖枝杈上，然后撕食其内脏和肌肉等柔软部分，剩余部分则挂在树上不再回顾。偶尔吃少量植物种子。

繁殖 每年繁殖 1 次。繁殖期 5～7 月。领域性较强。营巢于隐蔽性较好的树枝间或灌丛中，距地多为 2～15 m。雌雄亲鸟共同筑巢，历时 8～10 天。巢由枯草茎、叶构成，呈杯状，巢内垫有细草茎、植物纤维和羽毛等。窝卵数 6～7 枚。卵灰白色，近气室端和中部缀有不规则的红褐色斑点。孵化期 14～15 天，雌鸟承担孵卵任务，雄鸟负责警戒和饲喂雌鸟。雏鸟晚成性，雌雄亲鸟共同育雏，留巢期 14～16 天，雏鸟离巢后仍需亲鸟喂养 16～20 天。5 月迁至繁殖地，10 月初离去。

种群现状和保护 分布广泛，种群数量较大，但数量减少趋势显著。IUCN 和《中国脊椎动物红色名录》均评估为无危 (LC)。被列为中国三有保护鸟类。

红背伯劳

拉丁名：*Lanius collurio*
英文名：Red-backed Shrike

雀形目伯劳科

形态 体长约 19 cm。喙黑色。雄鸟头顶灰色，背栗红色，翅黑褐色，初级飞羽基部白色，形成翅斑；尾上覆羽灰色，中央尾羽黑色，外侧尾羽黑色且具白色端斑；下体淡白色，胸、胁具不清晰鳞斑。雌鸟头、背褐棕色，下背、肩及尾上覆羽具少数鳞纹；翼上不具翅斑；下体近白色，尾羽褐色，外侧 2 对尾羽有鲜明的白色端斑及白缘。脚黑色。

分布 分布于中亚、东亚及俄罗斯，在南亚次大陆及非洲越冬。有 2 个亚种，中国分布有北疆亚种 *L. c. pallidifrons*，仅见于新疆。

栖息地 喜栖息于灌丛和开阔林地。

食性 主要以昆虫为食。

种群现状和保护 种群数量少。IUCN 和《中国脊椎动物红色名录》均评估为无危 (LC)。被列为中国三有保护鸟类。

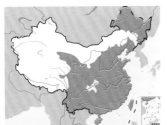

红尾伯劳。左上图为雄鸟，沈越摄；下图为雌鸟，刘勤摄

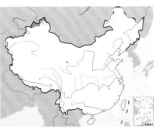

红背伯劳。左上图为雄鸟，下图为雌鸟。沈越摄

荒漠伯劳

拉丁名：*Lanius isabellinus*
英文名：Isabelline Shrike

雀形目伯劳科

形态 体长 17～20 cm。通体沙褐色，上体偏灰沙褐色，下体比较淡。过眼纹黑色，腰至尾上覆羽染以锈红棕色，似红尾伯劳；飞羽为暗褐色，或有白色翼斑；喉部白色，胸、胁、腹部污白色。喙端具有像猛禽一样的弯钩，脚爪强劲。

分布 繁殖期见于哈萨克斯坦、蒙古等中亚国家及中国，越冬于东北非及南亚。在中国为夏候鸟，分布于西北干旱地区，如新疆、甘肃、青海等。

栖息地 出没于荒漠地区的各种环境，包括胡杨林、梭梭林等疏林地带，红柳灌木丛，沙漠绿洲，村落附近。喜欢栖落在枝头或路边的电线上。

食性 肉食性鸟类，俗称雀类中的"猛禽"。善于捕捉小型动物，如昆虫、蜥蜴、鼠类、小型鸟类等。可在飞行中捕获昆虫，并将猎物挂在刺头上肢解、分享或者储存起来。

繁殖 建巢于树上或灌木丛中。窝卵数 4～7 枚。卵壳粉色或白色，有暗褐斑。孵化期 15～16 天。双亲共同育雏，雏鸟晚成性。巢内育雏期 13～15 天。

鸣声 会模仿其他小鸟的叫声，如窃窃私语、惟妙惟肖。在繁殖期发出刺耳的"嘁呵——嘁呵——"尖叫声，或者"叽啊——叽啊——"的大叫声，以警示或驱赶入侵者。

种群现状和保护 作为顶级消费者，荒漠伯劳处于食物链的顶端，是北方干旱地区比较常见的鸟类，它在荒漠生态系统中扮演着一个重要角色，需要特别保护。IUCN 和《中国脊椎动物红色名录》均评估为无危（LC）。被列为中国三有保护鸟类。

探索与发现 被称之为"屠夫"的荒漠伯劳，极少有什么天敌。但是在西部荒漠地区出现了"一物降一物"的现象，因为大杜鹃会选择荒漠伯劳作为巢寄生宿主，成为荒漠伯劳最大的麻烦。在新疆的古尔班通古特沙漠地区，荒漠伯劳被大杜鹃寄生的概率高达 10%～30%，往往白白辛苦一年，却在为其他物种养育后代。这种寄生现象对荒漠伯劳的种群数量有一定控制作用。

棕尾伯劳

拉丁名：*Lanius phoenicuroides*
英文名：Red-tailed Shrike

雀形目伯劳科

由荒漠伯劳天山亚种 *Lanius isabellinus phoenicuroides* 和内蒙古亚种 *L. i. speculigerus* 独立成种，二者长期以来与红尾伯劳、红背伯劳等混淆不清，分类争议较多，各方意见不一，目前多数学者认可棕尾伯劳从荒漠伯劳中独立出来。似荒漠伯劳，但头顶羽色偏深，为黄褐色至红褐色，眼罩上方具明显的白色眉纹，下体羽色更白净，而非荒漠伯劳的污白色。繁殖于俄罗斯、乌克兰、阿富汗、伊朗、伊拉克、阿尔泰山及天山北部，迁徙经过印度，越冬于非洲东北部。在国内繁殖于天山西部、乌鲁木齐、准噶尔盆地、玛纳斯。栖息地和习性同荒漠伯劳。IUCN 和《中国脊椎动物红色名录》均评估为无危（LC）。被列为中国三有保护鸟类。

荒漠伯劳。左上图为雄鸟，宋丽军摄；下图为雌鸟，魏希明摄

棕尾伯劳。魏希明摄

棕背伯劳

拉丁名：*Lanius schach*
英文名：Long-tailed Shrike

形态 体形较大的伯劳，体长 23～28 cm。通体为棕红色与黑色相间。两翼和长尾均为黑色，上体从下背至腰和尾上覆羽为棕红色；下体喉至腹中部白色，其余下体淡棕红色或棕白色，两胁和尾下覆羽棕红色或浅棕色，亚种之间有变化。

分布 主要分布于南亚，是环绕青藏高原分布的一个物种。在中国长江流域及南方各地为留鸟，如四川、江西、浙江、福建、云南、广东、台湾、海南岛等，向北扩散至新疆、甘肃为夏候鸟。

栖息地 喜欢开阔的草地、灌木丛、杂木林等，栖息环境多样。在中国西部可出现在树木稀疏的半荒漠地区，或亚高山河谷地带。

习性 领域性甚强，特别是繁殖期间，为了保卫自己的领域

而驱赶入侵者。情绪紧张时尾巴向两边不停地摆动，看上去非常焦躁和激动。在温带地区为候鸟，而在热带或亚热带地区则为留鸟或迁徙不明显。

食性 喜欢捕食飞行中的昆虫。常常立于高枝上，观察地面上的猎物，一旦发现猎物迅速飞下扑杀之。食物包括胡蜂、蝗虫、甲壳虫等。棕背伯劳性情凶猛，攻击性很强，食谱广泛，不仅善于捕食昆虫，也能捕杀小鸟、蜥蜴、小蛇、湖蛙、鱼和啮齿类。

繁殖 营巢于大树上或较高的灌木上，高于地面 3～8 m。巢呈碗状，每窝产卵 3～7 枚，通常 4～5 枚。卵壳颜色变化多端，有大小不一的暗色褐斑。孵化期 14～16 天，在巢育雏期 15～18 天，双亲哺育。

鸣声 喜欢站立在树顶端枝头上高声鸣叫，其声似"吱嘎啊——吱嘎啊——"不断重复的粗粝声音。也能模棕鸟、黄鹂等其他鸟类的鸣叫声。繁殖期鸣声圆润、婉转动听。

种群现状和保护 同其他伯劳一样，棕背伯劳是处于食物链顶层的终极消费者，对生态系统的重要性自不必说。IUCN 和《中国脊椎动物红色名录》均评估为无危 (LC)。被列为中国三有保护鸟类。

棕背伯劳。左上图魏希明摄，下图沈越摄

灰背伯劳

拉丁名：*Lanius tephronotus*
英文名：Grey-backed Shrike

雀形目伯劳科

形态 体长约 25 cm。喙黑色。前额基部、眼先、颊部、眼周、耳羽黑色，从而形成宽阔的贯眼纹，十分醒目；头顶至下背暗灰色，腰部和尾上覆羽棕色，尾黑褐色，羽缘浅棕色；翅黑褐色，初级飞羽不具翅斑；下体白色，两胁和尾下覆羽棕色。雌雄羽色相似，但雌鸟额基黑色较窄，眼上略有白纹，头顶染浅棕色，尾上覆羽可见细疏黑褐色鳞纹，肩羽染棕色；下体污白色，胸、胁染锈棕色。脚黑色。

分布 分布于巴基斯坦、印度、中国及中南半岛。共 2 个亚种，仅指名亚种 *L. t. tephronotus* 见于中国，分布于内蒙古阿拉善左旗、甘肃、宁夏、陕西、青海、新疆南部、四川、贵州、西藏、云南。在云南为留鸟，其他地区为夏候鸟或旅鸟。

栖息地 栖息于疏林、灌丛以及农田、村庄附近的树梢或电线上。

食性 主要以昆虫为食，也吃鼠类及杂草。常在树梢、灌丛顶部或电线上停留，俯视四周，一旦发现捕食目标，迅疾抓捕。

繁殖 每年繁殖 1 次。繁殖期 5～7 月，营巢于小树杈基部或灌木侧枝上。巢呈杯状，由枯草茎、草叶、草根、细枝等材料构成，有时还混有棉花和毛发。巢内垫有细草茎，有时还垫有兽毛。窝卵数 4～5 枚，卵淡粉色或淡青色，上布淡褐色或紫灰色斑点，钝端色斑更为集中。

种群现状和保护 分布范围广，种群数量稳定。IUCN 和《中国脊椎动物红色名录》均评估为无危（LC）。被列为中国三有保护鸟类。

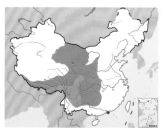

灰背伯劳。左上图董磊摄，下图沈越摄

黑额伯劳

拉丁名：*Lanius minor*
英文名：Lesser Grey Shrike

雀形目伯劳科

形态　体形居中，体长 20～23 cm，体重 42～58 g，看似小一号的灰伯劳。上体灰色，下体白色。雄性成鸟自嘴基至额黑色，与黑色眼罩连成一片，头顶至尾上覆羽浅蓝灰色；翅覆羽及飞羽黑色，羽端染褐色，内侧飞羽的端缘有淡边，羽基白色，形成大白斑；中央尾羽纯黑色，外侧尾羽白色；颏、喉纯白色，胸以下白色或沾灰，前胸、胸腹侧方及胁羽或染淡粉色，尾下覆羽白色。雌性成鸟似雄鸟，但黑额及黑眼罩不如雄鸟鲜明，略杂有褐羽；体羽略沾灰褐色。立姿甚直，尾直朝下。

分布　繁殖地从欧洲中部、南部向东一直到亚洲中部，如伊朗、阿富汗、哈萨克斯坦和俄罗斯；越冬地在阿拉伯高原以南地区和非洲南部。在中国只分布于新疆，为夏候鸟，近年有"东扩"的趋势。

栖息地　栖息于从平原到海拔 1500 m 的山前丘陵和河谷地带，主要分布于森林、草原、绿洲、荒漠、园林和耕作区。

食性　会在空中或地面捕食猎物。以昆虫为主食，多为甲虫、

蝗虫、双翅目昆虫、鳞翅目的幼虫和成虫等。也吃蜗牛、蜥蜴、小鸟和鼠类，偶亦取食浆果和其他果实。也喜欢将尸体挂在荆棘或铁丝网上，慢慢享受血淋淋的味道。飞行不似其他伯劳波动，凌空捕食技能较强。

繁殖　在北疆繁殖于 5 月中旬至 6 月。巢置于树的主干附近有分叉或水平枝杈基部，由树枝、草茎、根编成，内衬草茎、羊毛及羽毛，也选用具有芳香气味的蒿草等整株植物编巢。巢内径 7.5～9.0 cm，深 3.5～5.0 cm。窝卵数通常 5～7 枚。卵淡黄色或淡灰色，具褐色或紫褐色斑点，大小为 18.3 mm×24.8 mm。双亲孵卵，但以雌鸟为主。孵化期约 15 天，巢内育雏期约 14 天，雏鸟离巢约 2 周后方可独立活动。

鸣声　粗哑的喘息叫声或"吱呦——吱呦——"的哨音，鸣声噪厉如喜鹊，声如"啾呵——啾呵——"或"嚓呦呵——啾呵——"。也能模仿领域附近其他动物的叫声。

种群现状和保护　IUCN 和《中国脊椎动物红色名录》均评估为无危（LC）。因为农业开垦造成栖息地丧失，而大量使用农药使得昆虫数量减少，造成食物短缺。在一些地区，黑额伯劳已经成为受威胁物种，需要加强保护。被列为中国三有保护鸟类。

探索与发现　众所周知，伯劳都喜欢将猎获物挂在荆棘上，据推测这可能是一种储存食物的行为，但也有人认为这是为了下一次捕食而设下的"诱饵"。但根据研究者在新疆的观察，这两种推测均不能成立。

黑额伯劳。左上图邢新国摄，下图刘璐摄

灰伯劳

拉丁名：*Lanius excubitor*
英文名：Great Grey Shrike

雀形目伯劳科

形态 体形较大的伯劳，体长 24 ~ 26 cm，体重 50 ~ 70 g。上体灰色或灰褐色，头顶至尾上覆羽烟灰色，眼先黑色并延伸过眼至耳羽；翅黑或黑褐色，具白色翅斑；中央尾羽纯黑色，外侧尾羽黑色但具白端；下体近白或淡棕白色，有黑褐色鳞纹。

分布 繁殖区贯穿欧亚大陆人口稀少的北方，从欧洲中部一直到亚洲北部，在中亚、南亚以及非洲等地越冬。在国内分布于黑龙江、吉林、辽宁、河北、内蒙古、新疆、甘肃、宁夏等北方地区，大多为旅鸟或冬候鸟，少数亚种为夏候鸟。

栖息地 从平原、丘陵到山地的草原、疏林、灌丛、林间空地附近，许多种群适应于在荒漠及半荒漠地带的疏林中生活，特别是冬季出没于弃耕地、红柳灌丛、梭梭林、胡杨林中。冬季亦常在堆置稻草、高粱和玉米秆的村庄附近活动。

鸣声 尖而清晰的"嘶呲喏——嘶呲喏——"哨音，或拖长的带鼻音的叫声"哦咿呵——哦咿呵——"。遇到入侵者，上蹿下跳，也发出粗哑的"嘎——嘎——嘎——"警戒声。

食性 性凶猛，捕食昆虫及小型脊椎动物，如沙蜥、小鸟、鼠类等，会将猎物刺挂在树上撕食。

繁殖 在 4 月上旬即已成对鸣啭，5 月筑巢。巢置于不高的树上，距地 0.5 ~ 1.5 m。结构粗糙，外壁以灌木的树枝编成，内壁为细枝、干草、植物纤维及绒羽等编织而成。巢外径 12 ~ 14 cm，内径 7 ~ 9 cm。窝卵数 4 ~ 7 枚。卵淡青色，具灰色斑。卵大小（18.5 ~ 19.2）mm ×（24.7 ~ 26.1）mm。雌雄亲鸟共同

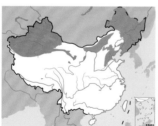

灰伯劳。左上图魏希明摄，下图马鸣摄

正在育雏的灰伯劳。魏希明摄

灰伯劳的巢和巢中嗷嗷待哺的雏鸟，可见巢的外壁粗糙，内壁则垫有棉絮等柔软材料。魏希明摄

负责孵卵，孵化期 20 天。雏鸟大约 20 日龄即能飞翔，在此之前已离巢。

种群现状和保护 欧洲有 25 万 ~ 40 万繁殖对，相当于 75 万 ~ 120 万只，而欧洲种群占全球的 24% ~ 50%，因此，全球的数量大约为 240 万只，数量之多可见一斑。IUCN 和《中国脊椎动物红色名录》均评估为无危（LC）。被列为中国三有保护鸟类。

探索与发现 灰伯劳的分类同样长期以来存在争议，曾经共约有 18 个亚种，一直以来有将部分亚种独立为南灰伯劳 *Lanius meridionalis*、草原灰伯劳 *L. pallidirostris*、北灰伯劳 *L. borealis* 的不同意见，不同时期的著作对种的划分和部分亚种的归属都存在摇摆。中国有 6 个亚种，分别是宁夏亚种 *L. e. pallidirostris*、北方亚种 *L. e. sibiricus*、东北亚种 *L. e. mollis*、准噶尔亚种 *L. e. funereus*、新疆亚种 *L. e. homeyeri*、天山亚种 *L. e. leucopterus*。其中宁夏亚种的分类地位争议最大，曾被列为南灰伯劳的一个亚种，后又被列为单型种草原灰伯劳，这里参考《中国鸟类分类与分布名录》第三版仍作为灰伯劳的亚种处理。

楔尾伯劳

拉丁名：*Lanius sphenocercus*
英文名：Chinese Gray Shrike

雀形目伯劳科

形态　体形最大的伯劳，体长约 28 cm。喙强健且具钩和齿，黑色。宽阔的贯眼纹黑色，眉纹白色；上体灰色，翅黑色，初级飞羽黑色，具大型白色翅斑；下体灰白色，胸部以下微沾淡粉色；尾楔形，尾羽较长，中央尾羽黑色，具白色端斑。雌雄相似，但雌鸟的黑色部分染褐色。跗跖和趾黑褐色，爪钩状，黑色。

分布　有 2 个亚种，指名亚种 *L. s. sphenocercus* 分布于俄罗斯、蒙古、朝鲜和中国，国内繁殖于内蒙古、黑龙江、吉林，在甘肃、宁夏、青海、陕西、辽宁以南直至长江流域为冬候鸟或旅鸟，在福建、广东、台湾为冬候鸟；西南亚种 *L. s. giganteus*

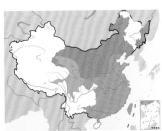

仅分布于中国，繁殖于青海东部、柴达木盆地东缘、西藏昌都北部、四川西部和北部，在四川南部越冬。

栖息地　主要栖息于低山、平原和丘陵地带的疏林和林缘灌丛草地，也出现于农田地边和村屯附近的树上，冬季有时也到芦苇丛中活动和觅食。

食性　主要以昆虫为食，也捕食鼠类、鸟类、蜥蜴等小型脊椎动物。性凶猛，常单独或成对站在高的树冠顶枝上守候，伺机捕猎附近出现的猎物。能长时间追捕小鸟，抓捕后就地撕食或挂于树木的尖枝杈上撕食。

繁殖　每年繁殖 1 次。繁殖期 5 ~ 7 月。巢建于树杈基部或灌木上，距地 2 ~ 4 m。巢的结构粗糙，以树枝、草茎、兽毛、羽毛及植物纤维等编成，呈杯形。窝卵数 5 ~ 6 枚。卵淡青色，布有灰褐色或灰色斑点。孵化期 15 ~ 16 天。育雏期约 20 天，离巢之后在亲鸟的带领下活动。领域性强，若有其他鸟侵入巢区，则雌雄亲鸟同时攻击入侵者，直至将其赶出巢区。

种群现状和保护　分布范围广，种群数量稳定。IUCN 和《中国脊椎动物红色名录》均评估为无危（LC）。被列为中国三有保护鸟类。

楔尾伯劳。左上图杨贵生摄，下图沈越摄

鸦类

- 鸦类指雀形目鸦科鸟类，全世界共21属123种，中国有12属29种，草原与荒漠地区有9属17种
- 鸦类是在雀形目鸟类中体形较大，草原与荒漠地区的种类羽色多呈单一黑色、蓝黑色或白色
- 鸦类性情凶猛，有贮食行为，单配制，通常在树上营建十分牢固的大型巢
- 鸦类适应能力极强，较少受胁，但生活在荒漠地区的鸦类由于当地生态系统脆弱而容易受胁

类群综述

分布　鸦类指雀形目鸦科（Corvidae）鸟类，全世界共有21属123种，除极地和南美洲最南端外，广泛分布于世界各地。中国有12属29种，其中黑头噪鸦 Perisoreus internigrans 为中国青藏高原特有种。荒漠与草原地区有9属17种，其中噪鸦属 Perisoreus、松鸦属 Garrulus、灰喜鹊属 Cyanopica、蓝鹊属 Urocissa、鹊属 Pica、星鸦属 Nucifraga 各1种，地鸦属 Podoces、山鸦属 Pyrrhocorax 各2种，鸦属 Corvus 6种，遍布于各个区域。

形态　鸦科鸟类是雀形目中体形最大的一类。体长20～70 cm，体重为70～680 g。其中，鸦属的体形最大，为大型鸦类，体长在50～70 cm之间，体重370～680 g；噪鸦属为小型鸦类，体长20～40 cm，体重70～120 g；其他属的鸦类大多体形中型，体长40～60 cm，体重80～350 g。鸦类喙粗而短、体壮、腿部肌肉发达，尾短，不同种类的跗跖和喙颜色差异较大；翅膀强壮、结实而宽大，初级飞羽10枚，第1枚初级飞羽较长；尾羽12枚。大多数鸦类的羽毛为单一的暗色，仅少数种类具有鲜艳的羽色；除蓝头鸦 Gymnorhinus cyanocephalus 外，所有种类的鼻孔均被刚毛状的羽毛所覆盖。热带地区的鸦类羽色多数比较鲜艳，而草原与荒漠地区的鸦类多数羽色较单一，主要以黑色或蓝黑色为主，例如大嘴乌鸦 Corvus macrorhynchos、红嘴山

左：鸦类是公认最聪明的鸟类，它们的适应性极强，从苍茫的无人区到繁华的城市，从湿热的丛林到干旱的沙漠，从低矮的平原到高寒的喜马拉雅山脉，从北极圈到赤道，都有鸦类的踪迹。图为白尾地鸦，是少数在干旱的沙漠中生存的鸟类。唐文明摄

右：虽然大部分鸦类羽色单一，但也有一些种类具有艳丽的羽衣。图为身披蓝色羽衣的红嘴蓝鹊。魏东摄

鸦 *Pyrrhocorax pyrrhocorax* 等；有些物种的羽毛是黑色和白色，如白颈鸦 *Corvus pectoralis*；还有一部分鸦科鸟类的羽毛是蓝紫色的，如喜鹊 *Pica pica*、灰喜鹊 *Cyanopica cyanus* 等。大多数鸦类雌雄体形大小及羽色相似，幼鸟与成鸟也相似，但幼鸟羽色较浅淡。

栖息地　鸦科鸟类生存能力极强，几乎可利用地球上所有的陆地作为其栖息地。从湿热的丛林到干旱的沙漠，甚至在高寒的喜马拉雅山脉，都能见到鸦科鸟类的身影，也有不少物种生存在城市、乡镇或农村。有研究显示，鸦科中的一些物种可以生存于严酷的环境，其范围从极寒而具有漫长黑夜的北极圈到温度极高的沙漠。在鸦科中，乌鸦无疑是适应各种生存条件最成功的一类，它们分布广泛，适应多种环境，但是对森林内部、低矮的林地、灌木丛等避而远之。

习性　鸦类非常凶猛，不惧怕任何攻击它们巢址的大型动物，如狗、猫和猛禽。一些鸦类有着强大的群体组织，寒鸦群体具有严格的社会等级制度。鸦类种群的大小和结构在一年之中会发生很大的变化，尤其是生活在温带地区的鸦类，其种群随着季节变化而变化。

有研究表明，鸦科鸟类的大脑占体形大小的比例要大于其他鸟类。它们智商较高，躲避天敌的袭击、贮藏和搜寻食物、识别人类是否持枪的能力、避免被捕获、追踪食肉动物如狼以求不劳而获以及伪装的能力都是其高智商的表现。鸦类经常进行游戏活动，包括操纵、传递和平衡木棒等，在光滑的表面向下滑行也属于它们乐于参与的游戏之一。年轻的鸦类喜欢参加复杂的社交游戏，这些游戏在增强鸟类的适应性和生存能力上扮演了重要角色。

鸦类的配偶选择上是相当复杂的，它们用多种社交游戏来决定配偶。在被异性选择成为配偶之前，年轻的鸦类会经历一系列的考验，其中包括"特技飞行"。

鸣声　鸦科鸟类能够发出多种叫声，其鸣声在雀形目鸟类中是非常有特点的，主要是由于其复杂的社会关系所造成的，一些物种的单一鸣声或者是一组鸣声都代表着它们表达的不同想法。鸦类更倾向于一夫一妻制的生活，一生中只有一个配偶，大而洪亮的鸣声对维持这种牢固的伴侣关系来说至关重要。

鸦类

食性 多数鸦类是杂食性的，食源包括无脊椎动物、雏鸟、小型哺乳动物、果实、种子和腐肉等，它们捕食许多农业害虫，包括夜蛾、线虫、蚱蜢等，也取食一些有害杂草。有些鸦类，如乌鸦属于伴人物种，其食源主要来自人类，如面包、面条、米饭、馒头等剩饭，狗粮，牲畜饲料等。在冬季，它们多集群觅食。生活在温带以及北极区的鸦科鸟类的食物随着季节的变化而变化。

在一些地区，乌鸦与狼有着紧密的联系，甚至可以说是一种"共生关系"，因为乌鸦可以指导食肉动物找到食物，然后分享其残留物。吃松树种子时，它们把种子放在一只脚的内趾与中趾之间，用另一只脚趾的爪打开一条裂缝，以喙啄食松籽仁。贮藏食物是鸦科鸟类的常见行为，当食物过多以至于短时间内消耗不完的时候，它们就会把食物存储起来。一些鸦类表现出很强的对存贮食物的记忆能力，它们会在几天或几个月内把食物存贮在几百个地点，然后在一段时间内将这些食物找到。

繁殖 鸦类繁殖行为的追踪调查显示，不同地区的物种有较大的差异，甚至同一物种的不同种群，因其所处地理位置的不同，其繁殖行为也不尽相同。许多鸦科物种均有自己的领地，它们常年或者在繁殖期保护着自己的领地。在某些情况下，它们只在白天守卫领地，夜间则成对在非领地栖息。在某些鸦科鸟类中，栖息地可以是共享的，且共享同一栖息地的群体数量非常大。

鸦类某些物种的伴侣关系非常牢固，甚至终生保持同一个伴侣。有研究显示，正是这种非常牢固的一夫一妻制关系，使得鸦科的一些物种在繁殖上取得了巨大的成功。在鸦科鸟类中，多以年龄相仿的雌鸟和雄鸟配对繁育。这种年龄相仿的组合配对可能会提高其繁殖力。

在草原地区，鸦科的繁殖期为3~7月。雄鸟和雌鸟一起在树上筑巢。通常将巢置于树杈中间，这样会使得巢穴更加牢固。一些人造建筑如屋顶、外墙壁、电线杆也被鸦类用来筑巢。它们营巢地的选择主要决定于其周围是否有充足的食源来繁育下一代。巢由粗大的树枝组成，内垫有人类的丝织物或其他鸟类的羽毛等。筑巢完成后开始产卵，窝卵数3~10枚，多数4~7枚。卵多为绿色，带有褐色斑点。孵卵由雌鸟承担，孵化期15~20天，在孵化期间，雄性喂养雌鸟。雏鸟晚成性，在巢中停留长达6~10周。

有些鸦科鸟类集群繁殖，这种群体大多是家族式的，群体中有一些不繁育的帮助者，它们帮助筑巢、喂养正在孵卵的雌鸟、照顾幼鸟。在鸦科中，集群繁

鸦类为杂食性，从植物到昆虫乃至小型脊椎动物都是鸦类的食物。图为正在取食植物浆果的喜鹊。宋丽军摄

鸦类多数为单配制，配偶关系十分牢固，有的甚至保持终身，它们通过各种社交游戏寻找配偶，维系感情。图为一对喜鹊同步飞行交流情感。宋丽军摄

殖与纬度有着很大的联系，主要出现在低纬度地区。

鸦类的后代会通过扩张领地来增强其对环境的适应能力，这样，既增加后代继承它们领地的机会，又使后代安全地分散到邻近还未被占据的地区，以便于后代更好地生存和繁殖。父母双方照顾其后代一般不会超过 2 年，特别是对于一些雌鸟来说，但是有一小部分雄鸟会一直照顾其后代长达 6 年之久，直到其后代可以独立完成繁育为止。多数鸦科鸟类 2 龄左右开始追求伴侣进行配对，通常雌鸟较雄鸟更早地发育成熟。

迁徙 生活在北半球的部分鸦类具有迁徙行为，而生活在南半球的则常年停留在其栖息地。迁徙距离根据物种的不同而不同，甚至同一物种其不同种群的迁徙距离也不尽相同。通常，生活在高海拔地区的鸦类迁徙距离较短。有时迁徙距离也跟食物相关，有记录显示，某种鸦科鸟类在 1929—1938 年平均每年迁徙 2200 km，在 1950 年迁徙了 1900 km，而到了 1971—1985 年间，平均每年仅迁徙 1400 km，这可能与人类的活动有关，城市数量的增加为鸦类提供了更丰富的食源，所以每年迁徙距离不断减少。

一些鸦科鸟类每天都会往返于栖息地与觅食区，通常栖息地与觅食区不远，缩短了旅途中所花费的时间。这就是 "Patch-sitting" 假说，该假说提出，鸟类会把巢穴筑在离它们每天的活动中心区域或者离现有充足的食物供应地区近的地方，以便于哺育其后代。

与人类的关系 与其他鸟类往往因人类干扰而生存受到威胁不同，鸦类，特别是乌鸦，由于人类的发展，反而种群不断壮大。某些乌鸦的生存与繁殖的成功得益于与人类活动的紧密联系。牧场、生活垃圾、富含浆果和昆虫的灌木丛，为鸦科鸟类的生存提供了资源。但一些地鸦属鸟类生活在荒漠地区，当地生态系统较为脆弱，容易受到栖息地破坏的威胁。在中国，仅有少数鸦类被列为三有保护鸟类，一些生存受胁的种类尚未得到保护，需要进一步加强保护。

云南亚种
G. g. leucotis

东北亚种
G. g. brandtii

北噪鸦
Perisoreus infaustus

松鸦
Garrulus glandarius

普通亚种
G. g. sinensis

灰喜鹊
Cyanopica cyanus

红嘴蓝鹊
Urocissa erythroryncha

喜鹊
Pica pica

黑尾地鸦
Podoces hendersoni

白尾地鸦
Podoces biddulphi

星鸦
Nucifraga caryocatactes

红嘴山鸦
Pyrrhocorax pyrrhocorax

黄嘴山鸦
Pyrrhocorax graculus

寒鸦
Corvus monedula

达乌里寒鸦
Corvus dauuricus

秃鼻乌鸦
Corvus frugilegus

小嘴乌鸦
Corvus corone

白颈鸦
Corvus pectoralis

大嘴乌鸦
Corvus macrorhynchos

渡鸦
Corvus corax

北噪鸦

拉丁名：*Perisoreus infaustus*
英文名：Siberian Jay

雀形目鸦科

形态 体长约 31 cm，重 72～101 g。雌雄羽色相似，但雌鸟羽色较暗淡。嘴、跗跖和脚黑褐色。嘴短而小，呈圆锥状。鼻须淡白色沾黄色，额基污白色，头顶、头侧、耳羽、枕部和后颈深褐色或暗褐色，头顶和枕部羽毛有点延长；背、肩、腰橄榄棕褐色；翅灰褐色，飞羽基部亮棕色，形成明显的棕色翅斑；尾羽灰褐色，外侧 2 枚棕色；颏、喉浅灰色，胸腹部赤褐色沾棕色，两胁棕褐色，尾下覆羽红棕色。

分布 留鸟。国外分布于欧洲北部和东部、蒙古。在国内分布于内蒙古东北部、新疆阿尔泰地区、黑龙江小兴安岭地区和乌苏里流域。

栖息地 典型的寒带泰加林鸟类。主要栖息于针叶林和以针叶树为主的针阔混交林，经常成小群活动于云杉和冷杉林中。

食性 杂食性。主要以松树的枝叶、浆果、种子等为食，夏季也会取食昆虫等小型无脊椎动物、鱼类、其他鸟类的鸟卵以及小型啮齿动物等动物性食物。

鸣声 鸣声为"gaga——gaga——"或为发音较长的"ga——ga——"，有时发出一连串哨音、吱吱嘎嘎音、颤音及模仿叫声。

繁殖 繁殖期 3 月下旬至 5 月。繁殖季节开始得很早，有的地区，松鸦开始繁殖时地面仍然有雪覆盖。单独营巢，雄鸟先开始营巢，雌鸟之后加入。主要营巢于云杉、冷杉、落叶松等松树上。巢多位于树枝的主干和侧枝交叉处或侧枝上，呈杯状，体积相当大，外层用树枝、苔藓、地衣、树根和树皮搭建而成，内垫以动物的毛发以及鸟类的羽毛。营巢完成后即产卵，产卵时间为 4 月中旬，卵椭圆形，绿灰色或灰白色，被有暗色斑点。通常在产出第一枚卵后即开始孵卵，孵化完全由雌鸟承担。雏鸟破壳后开始由雌鸟育雏，雄鸟负责寻找食物，后期双亲一起育雏。雏鸟约三周后离巢。

种群现状和保护 IUCN 评估为无危（LC），《中国脊椎动物红色名录》评估为近危（NT）。被列为中国三有保护鸟类。

北噪鸦的繁殖参数	
交配系统	单配制
营巢期	11～26天
巢距地面高度	2～10 m
巢大小	内径9～12 cm，外径14～23 cm
窝卵数	3～4枚，偶尔5枚
卵大小	（23～28）mm×（21～23）mm
孵化期	16～19天
育雏期	21～24天

北噪鸦。聂延秋摄

松鸦

拉丁名：*Garrulus glandarius*
英文名：Eurasian Jay

雀形目鸦科

形态　小型鸦类，体长约 33 cm。嘴黑色，较粗而直，上嘴端处具缺刻。跗跖肉色。雌雄羽色相似。头顶与后颈呈棕褐色，背、肩、腰灰色沾棕色，尤以上背和肩棕褐色或红褐色较重；前额基部黑色，具明显的黑色颊纹；飞羽黑色，初级飞羽外翈灰白色，初级覆羽和次级飞羽外翈基部具黑、白、蓝三色相间的横斑；尾上覆羽白色，尾羽黑色，微具蓝色光泽；颏、喉灰白色，胸、腹、两胁葡萄红色或淡棕褐色，肛周和尾下覆羽灰白色至白色。

分布　留鸟。分布于欧洲北部，往东到俄罗斯东部、日本、朝鲜，往南到阿尔泰、中国、缅甸。在国内分布于内蒙古东北部、黑龙江、吉林、辽宁、新疆北部阿勒泰地区、华北、西北、华南、西南、台湾。

栖息地　山地森林鸟类，栖息在海拔 800～1900 m 的针叶林、阔叶林、针阔混交林中，有时也到林缘疏林和天然次生林内，很少在平原耕地、草原等地势低的地方活动，冬季偶尔可到林子周围的居民点附近觅食。

食性　杂食性，食物组成随季节和环境而变化。繁殖季节主要以动物性食物为主，例如金龟子、天牛、尺蠖、松毛虫、象甲、地老虎等昆虫和昆虫幼虫，也吃蜘蛛、鸟卵、雏鸟等。温度较低的季节则主要以植物性食物为主，如松子、橡子、栗子、浆果、草籽等植物果实与种子。

鸣声　叫声似"ga——ga——gaa"。比较单调，有时也发出粗哑短促的、哀怨的咪咪叫。

繁殖　繁殖期 4～7 月。每年繁殖 1 次。巢址常选在山地溪流和河岸附近的针叶林及针阔混交林中，筑巢于树冠枝叶茂密的高大松树或杉树上，巢多位于隐蔽的乔木树枝叉上。雌雄共同营巢。巢呈杯状，开口向上。巢的外层主要是树枝、枯草等，内垫须根、绒羽。营巢完成后隔天开始产卵。窝卵数 3～10 枚，通常 5～8 枚。卵呈椭圆形，卵色变化较大，从沙灰色、浅绿色至深绿色，被有褐色斑点、斑纹及斑片。卵产齐后开始孵卵。孵卵主要由雌鸟承担，其间雄鸟负责警戒、觅食等。雏鸟晚成性，刚破壳的雏鸟全身赤裸无羽，头大颈细，双目紧闭，腹部如球。雌雄亲鸟共同育雏，雏鸟离巢后还需亲鸟喂养 9～10 天才可以独立觅食、自由飞翔。

种群现状和保护　IUCN 和《中国脊椎动物红色名录》均评估为无危（LC）。松鸦不仅捕食大量森林害虫，对森林有益，而且由于它有贮藏种子的习性，对种子的传播亦是有益的，应注意保护。被列为中国三有保护鸟类，有的地方还将它列为省级保护动物。

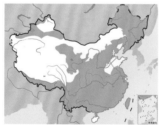

松鸦的繁殖参数	
巢距地面高度	1.8～4.1 m，平均2.5 m
交配系统	单配制
营巢期	5～10天
巢大小	外径19 cm，内径14 cm，深7.5 cm，高16 cm
窝卵数	3～10枚
卵大小	长径36～39 mm，平均37 mm；短径18～24 mm，平均22 mm
新鲜卵重	7～9.5 g，平均8 g
孵化期	16～17天
孵化率	94.29%
育雏期	19～20天
繁殖成功率	90.91%

松鸦。左上图沈越摄，下图吴秀山摄

灰喜鹊

拉丁名：*Cyanopica cyana*
英文名：Azure-winged Magpie

雀形目鸦科

形态　中型鸦类。体长约38 cm，雄鸟重80～118 g，雌鸟重76～112 g。雌雄羽色相似。嘴、跗跖、趾和爪均为黑色。前额到颈项和颊部黑色闪淡蓝或淡紫蓝色光泽，背、肩、腰和尾上覆羽土灰或棕灰色，在后颈黑色与上体土灰色交汇处羽色较白，形成领圈状。颏、喉近白色，胸和腹部白色沾棕或葡萄灰。两翅表面灰蓝色，最外侧两枚初级飞羽黑褐色，其余的六枚初级飞羽内翈黑褐色，外翈先端白色，因而在翅膀折合起来时形成一个长形的近末端的白斑。尾羽灰蓝色具白色端斑。幼鸟体色大多数较暗和较褐而且有较淡的羽缘。额、头顶、头侧、后颈黑褐色，头顶具淡牛皮黄色的羽缘。

分布　分布于西班牙、法国、蒙古国、俄罗斯黑龙江流域和乌苏里地区、中国、朝鲜、日本。在国内分布于内蒙古东部、黑龙江、辽宁、华北、山西、甘肃、四川以及长江中下游直至福建，在大部分地区为留鸟。

栖息地　作为伴人鸟类，分布较广。主要栖息于低山丘陵和山脚平原地区的次生林和人工林内，也见于田边、地头、路边和村屯附近的小块林地内，有时会出现在城市公园的树上。秋冬季节多在山麓地区的林缘疏林、次生林和人工林中活动，有时甚至到农田和居民点附近活动。

鸣声　叫声清脆：嘎——唧唧唧唧！嘎——唧！嘎。

食性　杂食性。主要以动物性食物为主，如半翅目、膜翅目、鳞翅目、鞘翅目昆虫及其幼虫，也经常盗吃其他鸟的雏鸟及卵，也食植物果实和种子。

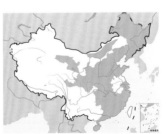

灰喜鹊。左上图沈越摄，下图李全胜摄

秋冬季节取食植物果实的灰喜鹊。赵国君摄

灰喜鹊的繁殖参数

交配系统	单配制
营巢期	4～5天
巢距地面高度	6～13m
巢大小	外径17～19 cm，内径11～13 cm，高13～14 cm，深6.8～7.5 cm
窝卵数	2～8枚
卵大小	（23～30）mm×（18.5～21.5）mm
新鲜卵重	4.7～7.1 g
孵化期	15～19天
育雏期	17～20天

繁殖　3月开始配对。每年繁殖1次。大多数筑新巢，少数对往年的旧巢或乌鸦的废弃巢进行修补利用。营巢于光线较好的高大乔木或茂密的竹林中。集群营巢。雌雄共同筑巢。巢大多位于树冠中上部主枝与侧枝的交汇处。巢为浅盘状或平台状，巢材的选用与当地可利用的材料有关。外层为枯枝叶、草根等，内层垫以兽毛、绒羽以及少量的布条和棉花等。营巢完成翌日开始产卵。卵呈椭圆形或圆锥形，灰褐色、灰白色、浅绿色或灰绿色，点缀大小不一的褐色斑点。卵产齐后开始孵卵，孵卵主要由雌鸟承担，其间雌鸟具有极强的恋巢性，雄鸟主要负责喂雌鸟。孵卵期亲鸟特别怕惊动，如遇人上树1～2次便弃巢。灰喜鹊对窝卵数很敏感，但对卵色、卵形等不敏感，如将别的鸟卵放入巢中，亲鸟可能会将自己的卵推出巢外来保持卵数的稳定。雌雄鸟共同育雏。雏鸟晚成性。刚孵出的雏鸟通体肉红色。灰喜鹊对雏鸟的识别能力较差，杜鹃常将卵产到灰喜鹊巢内由其代孵，由于杜鹃的卵较灰喜鹊的卵早破壳，灰喜鹊会将自己的卵推出巢外，抚育杜鹃的雏鸟长大。

种群现状和保护　IUCN和《中国脊椎动物红色名录》均评估为无危（LC）。被列为中国三有保护鸟类。

红嘴蓝鹊

拉丁名：*Urocissa erythroryncha*
英文名：Red-billed Blue Magpie

雀形目鸦科

形态 体长约 64 cm，雄鸟重 145～192 g，雌鸟 106～155 g。雌雄羽色相似。嘴朱红色。跗跖和趾橙红色。头、颈暗黑色，头顶至后颈具大型白色块斑，背、肩、腰紫蓝灰色或灰蓝色沾褐色，腹部白色；翅黑褐色，初级飞羽外翈基部紫蓝色，末端白色，次级飞羽内外翈均具白色端斑，外翈羽缘紫蓝色；尾上覆羽淡紫蓝色或淡蓝灰色，具黑色端斑和白色次端斑；中央尾羽蓝灰色，具白色端斑，其余尾羽紫蓝色或蓝灰色，具白色端斑和黑色次端斑；中央尾羽特长，外侧尾羽依次渐短，呈阶梯状。幼鸟羽色较成鸟暗淡，头顶的斑块较淡，且延伸至前额；嘴淡蓝色，脚淡黄色。

分布 分布于中国、老挝、越南、尼泊尔、泰国和印度。在国内见于内蒙古赤峰、辽宁、北京、河北、陕西、山西、甘肃、四川、贵州、云南、广东、香港、福建和海南，在大部分地区为留鸟。

栖息地 主要栖息于海拔 500～3000 m 的山区常绿阔叶林、针阔混交林以及林缘周围的灌丛，有时也到附近的村庄活动。

食性 杂食性。动物性食物主要以蝗虫、蚱蜢、苍蝇、蟋蟀、甲虫等昆虫及其幼虫为食，也食蜗牛、青蛙、蜥蜴等小型动物，其他鸟类的雏鸟等，植物性食物主要有果实、种子。

繁殖 繁殖期 5～7 月。雌雄共同营巢。巢址选择在高大的杨树、榆树等乔木上，巢常位于主干与侧枝交叉处。巢呈碗状或盘状，外层由细的树枝、枯草叶、藤条等搭建而成，内垫有动物的毛发、纤维、薹草及鸟类的绒羽等。巢筑好翌日开始产卵。卵呈椭圆形，淡黄褐色沾蓝色，布有大小不一的红褐色斑点，两端斑点最密集。产出第 1 枚卵就开始孵卵，雌雄亲鸟轮流孵卵。孵卵期间，亲鸟的护巢行为极强，性情十分凶悍，如有惊扰便发起攻击。雌雄亲鸟共同育雏。雏鸟晚成性。

种群现状和保护 IUCN 和《中国脊椎动物红色名录》均评估为无危（LC）。被列为中国三有保护鸟类。

红嘴蓝鹊的繁殖参数	
交配系统	单配制
营巢期	7～9 天
巢距地面高度	5～10 m
巢大小	外径17～24 cm，内径10～17 cm，高8～14 cm，深4～7 cm
窝卵数	3～6枚，多为4～5枚
卵大小	32.7 mm×23.5 mm
新鲜卵重	7～8 g
孵化期	18～20天
育雏期	18～20天

红嘴蓝鹊。沈越摄

喜鹊

拉丁名：*Pica pica*
英文名：Common Magpie

雀形目鸦科

形态 中型鸦类，体长约 46 cm，雄鸟重 214～268 g，雌鸟 185～247 g。嘴、跗跖和趾均黑色。头、颈、背和尾上覆羽辉黑色，后头及后颈带紫蓝色金属光泽，背部稍沾蓝绿色金属光泽，肩羽纯白色；翅黑色，具蓝绿色金属光泽，初级飞羽内翈白色，形成大型白色翅斑；尾黑色，具铜绿色金属光泽，末端有蓝和紫蓝色光泽带；颏、喉和胸黑色，上腹和两胁纯白色。雌雄羽色基本相似，但雌鸟光泽不如雄鸟显著。幼鸟形态似雄鸟，但体黑色部分呈褐色或黑褐色，白色部分为污白色。

分布 广泛分布于欧洲、亚洲、非洲和美洲。在中国境内各地均有分布。

栖息地 伴人鸟种。分布广泛，除荒漠和无树草原很少见到外，在山区、平原、城市公园、村庄等都可以见到。

鸣声 叫声单调、响亮，似"zha-zha-zha"声，常边飞边鸣叫。成群鸣叫时，叫声甚为吵闹。

食性 杂食性，食物组成随季节和环境而变化。夏季主要以蝗虫、蚱蜢、甲虫、螽斯、地老虎、松毛虫、蟓象、蚂蚁、蝇等昆虫及其幼虫为食，也吃小鼠、蛙类、蜥蜴以及其他鸟类的雏鸟和卵。其他季节则主要以乔木和灌木等植物的果实和种子为食，也吃玉米、高粱、黄豆、豌豆、小麦、莜麦及瓜果等农作物。除此之外，喜鹊还常常食用人类遗弃的面包、饼干等。

 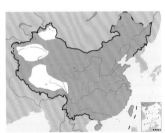

喜鹊。杨贵生摄

喜鹊的巢虽然看似粗糙，但结构非常复杂，实用性强。整体近球状，左右开口，上方有顶盖，可挡风雨。图为喜鹊的巢。宋丽军摄

喜鹊的繁殖参数	
交配系统	单配制
巢距地面高度	7～15m
巢大小	外径48～85 cm，内径18～35 cm，高44～60 cm，巢口径（9～11）cm×（10～15）cm
窝卵数	5～8枚
卵大小	（23～26）mm×（32～38）mm
新鲜卵重	9～13 g
孵化期	17～18天
育雏期	25～30天

繁殖 繁殖期 3～6 月。每年繁殖 1～2 次。选择在居民区附近光线较好的高大乔木的顶端营巢，如榆树、杨树等；也在村庄附近和公路旁的大树上，或高大的烟囱上，甚至在高压电塔上营巢。雌雄共同营巢。巢非常大，外层用粗树枝、杂草等搭建，内部涂有家畜的粪便或泥土，并垫上禾本科植物茎叶、兽毛、鸟类的羽毛，以及附近人类丢弃的麻绳、棉花等。巢两侧各开一个小口，巢顶很厚，厚度达 30 cm 以上。远看貌似粗糙，实则结构非常复杂、精细，可挡风雨，常被隼类占为已有，所以经常会出现喜鹊和红脚隼夺巢的现象。营巢完成后即产卵。卵为圆形或椭圆形，淡绿色或淡褐色，布有大小不一的褐色、灰褐色斑点。产下第 1 枚卵就开始孵卵，孵卵由雌雄亲鸟共同承担。雏鸟晚成性，雌雄亲鸟共同育雏。刚孵出的雏鸟全身裸露，呈粉红色。

种群现状和保护 21 世纪初以来，喜鹊的种群数量在中国北方较多，为常见种。IUCN 和《中国脊椎动物红色名录》均评估为无危（LC）。被列为中国三有保护鸟类。

黑尾地鸦

拉丁名：*Podoces hendersoni*
英文名：Mongolian Ground-jay

雀形目鸦科

形态 体形较小的鸦类，体长 26 ～ 30 cm，重 104 ～ 128 g。通体沙土褐色，背及腰红褐色略浓重，头冠黑色具蓝色光泽；两翼及尾亦黑色，且闪耀辉蓝色金属光泽，飞行时初级飞羽的大块白色斑比较明显。

分布 狭域分布的物种，仅见于蒙古和中国西部，偶然分布至与新疆相邻的俄罗斯和哈萨克斯坦。在国内见于新疆、青海、甘肃、内蒙古等。

栖息地 典型的内陆干旱地区荒漠物种，栖息于荒漠和半荒漠地区，包括植被稀疏的戈壁、多砾石的沙漠、极度干旱的盐漠等。海拔 300 ～ 3800 m 区域都有分布记录。

鸣叫 遇到敌情会发出类似拨浪鼓"呵啦——呵啦——"串音，或招呼同伴的粗哑哨声。

习性 很少长距离飞行，也飞不高，多喜欢在地上奔跑。

食性 杂食性，采食植物的叶、果实、多汁的茎和根，繁殖期亦捕食甲虫、飞蝗、蚂蚁、蜜蜂、麻蜥、沙蜥等。在地面觅食，喜欢在公路附近的垃圾场寻找人们丢弃的食物，包括剩饭、麦粒和玉米粒等。

繁殖 在新疆北部的准噶尔盆地，4 月下旬即可见到出壳的雏鸟。通常在 4 月上旬产卵，窝卵数 3 ～ 4 枚。卵椭圆形，卵壳灰色或灰蓝色，具暗褐色斑，钝端的褐斑较大而且密集。2005 年 5 月 6 日，测量一窝 3 枚卵，卵的重量和大小分别为 9 g，31.3 mm × 22.5 mm；8 g，30.6 mm × 22.2 mm；9 g，30.9 mm × 22.3 mm。其巢位于低矮的灌木中，如梭梭、红柳等，环境干旱，地势平坦，植被稀疏，缺地表水。巢由致密的细枝构成，内垫兽毛、羽毛、树皮纤维和叶片等。刚出壳的雏鸟双眼紧闭，皮肤裸露，头顶、背、翅缘、眼眶上方有白色细绒毛。亲鸟十分恋巢，人接近到距 3 ～ 4 m 仍坚守巢中。

种群现状和保护 黑尾地鸦为中亚特有种，虽然 IUCN 评估为无危（LC），但分布的地区条件极其恶劣，分布范围狭窄，种群数量受到限制，应该尽快纳入保护物种名录。根据 2006 年的路线调查，新疆地区黑尾地鸦的种群密度为每平方千米 0.05 ～ 0.08 只，依此推算其种群数量约在 5 万只左右。在新疆北部，其天敌有虎鼬、赤狐、猎隼、棕尾鵟、金雕、草原雕等，研究者曾经在这些猛禽的窝里找到地鸦的羽毛或残骸。中国西部大开发已造成地鸦的栖息地丧失，公路撞击也对亚成鸟构成威胁。2016 年出版的《中国脊椎动物红色名录》评估其在中国的状态为易危（VU）。

新疆准噶尔盆地黑尾地鸦的繁殖参数	
巢距地面高度	50～70 cm
巢大小	外径20 ～ 25 cm，内径10 cm
窝卵数	3～4枚
卵大小	长径30.6～31.3 mm，短径22.2～22.5 mm
卵重	8～9 g

黑尾地鸦。左上图为飞行时，可见初级飞羽的大块白斑，王小炯摄；下图为站在地面上，可见其栖息的环境为植被稀疏的荒漠戈壁，沈越摄

但在中国，黑尾地鸦至今尚未列入保护名录，亟需加强保护。

探索与发现　俗话说"天下乌鸦一般黑"，但其实不都是这样。鸦科有近半数物种并非纯黑色，如喜鹊、地鸦等。黑尾地鸦是一个行为特殊的物种，其应对极度干旱环境的本领和生理适应性都值得人类去研究与学习，在维持生态平衡及物种多样性方面亦有明显价值。

白尾地鸦

拉丁名：*Podoces biddulphi*
英文名：Xinjiang Ground-Jay

雀形目鸦科

形态　体形较小的鸦类，体长 26～31 cm，重 120～141 g。通体沙褐色，头顶至后颈的羽毛黑色，略带蓝色的金属光泽；颌部羽色亦为黑色，脸部、耳羽、颈侧均为黄沙色；初级飞羽白色，端部黑色；次级飞羽紫黑色，端部白色。尾上覆羽乳白色；尾羽白色，但两枚中央尾羽具黑色羽干。下体自喉部至尾下覆羽均为污白色。喙黑色，且长而下弯。

分布　仅分布于西部的荒漠地区，可见于新疆的南疆地区、塔里木盆地周围、塔克拉玛干沙漠腹地。近年来，科研人员多次在甘肃敦煌西湖国家级自然保护区内发现此鸟，经常雌雄为伴，证明了敦煌西湖是它的第二个分布地。

栖息地　栖息于松软的沙漠、荒漠灌丛及多灌木的荒野，多于稀疏的盐生灌木和半灌木内的地面活动。

鸣叫　重复的三音节"嘀——嘀——嘀——"或"啾——啾——啾——"声，最后一音上扬。另有快速而下抑的一连串"嘀哩——嘀哩——"的哨音，呼唤同伴。

习性　飞行能力较弱，一次飞行的最长距离也不过 500 m。但极善于在沙地上奔跑，无长距离迁移的习惯。不远飞，飞得也不高，喜欢刨土。

食性　主要以荒漠中可以找到的昆虫为食，其中又以鞘翅目的各种步甲为主，此外还有直翅目、双翅目昆虫以及小型蜥蜴。亦食植物的种子及果实。见白尾地鸦在沙漠公路边捡拾人们丢弃的垃圾、馕饼，并有储食行为。

繁殖　因为生活在酷热的沙漠，白尾地鸦的繁殖开始较早，每年的 3 月下旬就开始产卵，在 5 月底结束繁殖。营巢于胡杨树上或红柳灌丛中。巢呈杯状，由树枝搭建而成，内垫羊毛、干草、枯叶、兽毛、多毛的种子和毛发等。窝卵数 3～5 枚。卵的外径为 33×23 mm，土灰色或青灰色，具褐色斑点。双亲共同育雏。孵化期和育雏期不详。

新疆白尾地鸦的繁殖参数	
巢距地面高度	50～70 cm
巢大小	外径26～55 cm，内径 12～15 cm，厚17～28 cm，深7～16 cm
窝卵数	3～5枚或1～3枚
卵大小	33 mm×23 mm
卵重	8～10 g

白尾地鸦。左上图魏希明摄，下图唐文明摄

种群现状和保护 由于无知和迷信，一些平民以入药为目的对白尾地鸦进行大肆捕杀，以及栖息地的破坏，使其自20世纪80年代以来数量开始锐减。目前，其数量已经不足7000只，被IUCN评估为近危（NT），《中国脊椎动物红色名录》评估为易危（VU）。在新疆，它们的天敌是猛禽，如鸢、隼、鹞、小鸮、耳鸮、雕鸮等，还有中小型猛兽，如狐狸、家猫和狗等。作为不喝水的小精灵，白尾地鸦在中国国内受到的研究和保护关注依然不够，至今白尾地鸦在中国仅被列为三有保护鸟类，尚未被纳入国家或地区重点保护的野生动物保护名录中。

探索与发现 中国有许多特有物种，然而这其中中国人自己命名的却寥寥无几，这是因为生物学家们遵循林奈分类系统大量命名新物种时，中国还处于社会动荡、科学技术发展落后的状态。因此就连许多在中国采集到模式标本的物种乃至中国特有物种，虽然中国自古就有记载，但学名却是以外国人的名字命名的。白尾地鸦的命名就是这样一个故事。

作为新疆惟一的特有物种，白尾地鸦在当地早就为人熟知，当地人称其为"克里尧盖"，但是其在分类学上的发现和定名与两个英国人密切相关，即模式标本采集者 John Biddulph（约翰·毕杜夫）和定名人 Allan Hume（阿兰·休默）。

大约是在一百四十多年前，正是动物学界发现新种的高峰时期，许多博物学家、探险家、军人和传教士等（其中也包括罪恶的侵略者、盗墓者、间谍、军人、商人）深入到亚洲腹地无人区勘测和寻找"宝藏"。中国西部的新疆和西藏更是探险家逐鹿的乐园。

约翰·毕杜夫在1873—1874年间以军人的身份参加了"第二次叶尔羌河流域探险队"（Second Yarkand Mission），涉足帕米尔高原、西喜马拉雅山、喀喇昆仑山、新疆南部的莎车等地，在巴楚意外采集到白尾地鸦标本。

阿兰·休默是19世纪后半叶英国驻殖民地印度的政府官员，同时也是"业余"动物分类学家。他一直利用工余时间关注印度及邻近地区的鸟兽研究，自费创办鸟类刊物（如《Stray Feathers》1872-1888）。根据考证，他可能没有实地考察过新疆，但是在1862—1884年间却收藏、鉴定和命名了不少探险家们带回的标本。中国鸟类中至少有40个种或亚种是他命名的，包括中国全部2种地鸦和最初被误归为地鸦属的地山雀 Pseudopodoces humilis（最初被命名为 Podoces humilis），地山雀的种加词 humilis 甚至直接来自于休默自己的名字。1874年，阿兰·休默根据毕杜夫等人的标本在《Stray Feathers》发表了新物种——白尾地鸦，因其在身体大小、羽色和行为表现上都与此前发表的黑尾地鸦和里海地鸦相似，白尾地鸦被归在地鸦属 Podoces，种加词则选择了模式标本发现者毕杜夫，合起来就是 Podoces biddulphi。

正在觅食的白尾地鸦。刘璐摄

星鸦

拉丁名：*Nucifraga caryocatactes*
英文名：Nutcracker

雀形目鸦科

形态 中等体形鸦类。体长约 34 cm，重 124～220 g。雌雄羽色相似。嘴黑色，粗而直，呈圆锥状。跗跖和趾、爪黑色。体色为深咖啡色，布以密集的白色斑点。额前部为很暗的咖啡褐色，头顶至枕黑褐色或紫黑色，额基杂有白纹，眼先为污白色或乳白色，头侧、眼周和颈侧黑褐色或暗棕褐色，具短的白色纵纹，后颈、背、肩、腰棕褐色或赭土褐色，各羽末端均具白色圆形斑点，下背至腰白色斑点逐渐变小而稀疏；翅上覆羽和飞羽黑褐色，微具金属光泽；尾上覆羽和尾羽黑褐色，尾羽具金属光泽，除中央一对尾羽外，其余尾羽具白色端斑，最外侧尾羽几乎全为白色；颊部、喉和颈部羽毛棕褐色具白色纵纹，胸、腹、两胁亦为棕褐色，各羽先端均具椭圆形白斑；尾下覆羽纯白色。幼鸟羽色较淡，在成鸟为白色点斑和条纹的相应部位，幼鸟则为淡棕色代替。

分布 分布于欧洲北部和东部，往东一直到远东鄂霍次克海岸、堪察加半岛、萨哈林岛，往南到吉尔吉斯斯坦、蒙古、中国、朝鲜、日本、尼泊尔和缅甸。在国内分布于东北、内蒙古、河北、北京、山西、山东、河南、陕西、湖北、甘肃、新疆、西藏、云南和台湾。

栖息地 主要栖息于海拔 100～2500 m 的针叶林或针阔叶混交林中，有时也出现在公园、果园中。

鸣声 叫声为干哑的"kraaaak"，有时不停地重复。轻声而带哨音和咔哒声的如管笛的鸣声，以及嘶叫间杂模仿叫声。雏鸟发出带鼻音的咩咩叫声。

食性 杂食性。动物性食物有昆虫及其幼虫，植物性的食物以云杉和落叶松等针叶树种子为食，也吃浆果和其他树木种子。

繁殖 繁殖期 4～6 月。每年繁殖 1 次。在针叶林或针阔混交林内争占领域，巢址常选择于云杉、落叶松等针叶树的树枝叉上。雌雄共同筑巢。巢呈碗状，外层用树枝、枯草、枯枝叶、松针等搭建，内垫有苔藓、兽毛等。筑巢完成后翌日开始产卵，卵椭圆形或圆形，淡绿色，具暗色或黄色斑点。卵产齐后开始孵卵，雌雄亲鸟轮流坐巢孵卵。雏鸟晚成性。刚破壳后的雏鸟全身赤裸无羽毛，通体粉红色。雌雄亲鸟共同育雏。

种群现状和保护 IUCN 和《中国脊椎动物红色名录》均评估为无危（LC）。被列为中国三有保护鸟类。星鸦有储食习性，可传播树种，维护森林发育，应加强保护。

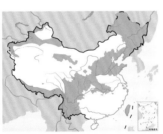

星鸦。左上图彭建生摄，下图刘璐摄

星鸦的生活史参数	
交配系统	单配制
巢距地面高度	6.5～13m
营巢期	6～8天
巢大小	外径21.6 cm，内径16.3 cm，深8.6 cm，高17.8 cm
窝卵数	3～5枚
卵大小	长径36.6～39.5 mm，平均37 mm；短径23.8～25.0 mm，平均24.3 mm
新鲜卵重	8.3～9.7 g，平均9.0 g
孵化期	17～18天
育雏期	18～19天

红嘴山鸦

拉丁名：*Pyrrhocorax pyrrhocorax*
英文名：Red-billed Chough

雀形目鸦科

形态 体长约 43 cm，重 207～375 g。雌雄羽色相似。虹膜褐色或暗褐色。嘴和脚朱红色，嘴细长且向下弯。体黑色，闪蓝色金属光泽；两翅和尾纯黑色，具蓝绿色金属光泽。幼鸟全身纯黑褐色，无金属光泽，两翅和尾稍有辉亮；嘴灰黑色，脚污褐色。

分布 分布于欧洲西部、南部和东部，非洲北部和东部，亚洲西部和南部。在国内分布于东北、内蒙古、新疆、青海、西藏、云南西北部、四川、甘肃、陕西、河南、山东等地。

栖息地 栖息于海拔 600～4500 m 的低山丘陵、山崖。常在平原、高山草地、草坡、稀树草坡、草甸、山地裸岩、荒漠堆石、沟壑土崖、古旧城墙等开阔地带成小群活动，有时进到农田、苗圃、村寨和城镇附近觅食。

鸣声 善鸣叫，叫声为粗犷尖厉的"keeach"声。

食性 杂食性。主要以动物性食物为主，如天牛、金龟子、蝗虫、蚱蜢、蟛象、蚊子、蚂蚁等昆虫，也吃植物的果实、种子、嫩芽等。

繁殖 繁殖期3～6月。1年繁殖1次，有返回原宗地繁殖的习惯。雌雄共同筑巢。大多在山地、平原、沟壑土崖、古旧城墙的岩石缝隙中、岩洞和岩边往内的凹陷处营巢。巢呈碗状，外层由枯枝叶、草的茎叶、短树枝等搭建而成，内层垫有动物的毛发、植物的须根、棉花、鸟类的羽毛等。筑巢完成后开始产卵，卵呈椭圆形，淡绿色或白色，布有大小不一的褐色斑点，钝端斑点尤其密集。亲鸟恋巢护卵性强，遇有家猫、家狗、家猪等家畜侵入其巢域，雄鸟奋力驱赶。但种内领域行为不强。孵卵由雌鸟承担。雏鸟晚成性，育雏由雌雄亲鸟共同承担。刚孵出的雏鸟两眼紧闭，赤裸无羽。

种群现状和保护 IUCN 和《中国脊椎动物红色名录》均评估为无危（LC）。在中国数量较多，为常见种。被列为中国三有保护鸟类。

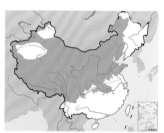

红嘴山鸦。左上图沈越摄，下图魏希明摄

红嘴山鸦的繁殖参数	
交配系统	单配制
巢大小	外径29～34 cm，内径25～27 cm，高11～13 cm，深7～9 cm
窝卵数	3～6枚
卵大小	(36.6～42) mm×(27～28) mm
新鲜卵重	12～14 g
孵化期	17～18天
育雏期	25～31天

黄嘴山鸦

拉丁名：*Pyrrhocorax graculus*
英文名：Yellow-billed Chough

雀形目鸦科

形态 体长约38 cm，雄鸟重194～277 g，雌鸟重160～254 g。雌雄羽色相似。虹膜褐色或红褐色。嘴黄色，较红嘴山鸦细长，且向下弯。脚红色。全身羽毛黑色沾褐色，具绿色金属光泽，尤以两翅和尾较明显。幼鸟腿灰色，嘴上黄色较少。

分布 分布于欧洲、亚洲及非洲。在国内分布于内蒙古中西部、新疆、西藏、四川、青海、甘肃。

栖息地 典型的高原鸟类。喜欢栖息于海拔600～8000 m的地区。主要栖息于高山、灌丛、平原草地、荒漠或半荒漠，冬季有时也下到山脚地带。有时会到农田、牧场、居民区垃圾堆附近活动。

鸣声 叫声似淌水般的"preeeep"声及降调的哨音"sweeeoo"，比红嘴山鸦叫声尖厉。警告时发出卷舌的"churrr"声，进食时发出恬静的吱吱鸣啭的叫声。

食性 杂食性。以动物性食物为主，如昆虫和昆虫幼虫、蜗牛、啮齿类、爬行类等。植物性食物有各种植物的浆果、种子，如野樱桃、黑刺果、苹果、西瓜等。

繁殖 繁殖期4～6月。单配制，终生只有一个伴侣。常成群营巢。雌雄共同营巢，雄鸟采集巢材，雌鸟筑巢。通常筑巢于山间峭壁的洞穴或岩石缝隙、屋顶的烟囱或旧建筑的屋顶梁上。巢呈杯形，外层由粗的枯枝叶、树根等搭建而成，内垫有兽毛、羽毛、细草等。窝卵数3～4枚。卵灰白色或淡黄色，具少量褐

黄嘴山鸦。左上图魏希明摄，下图董磊摄

色斑点。雌鸟单独孵卵，雄鸟负责喂食。孵化期18～21天。双亲共同育雏。育雏期29～31天。

种群现状和保护 IUCN和《中国脊椎动物红色名录》均评估为无危（LC）。但在中国种群数量不丰富，应注意保护。被列为中国三有保护鸟类。

寒鸦

拉丁名：*Corvus monedula*
英文名：Jackdaw, Eurasian Jackdaw

雀形目鸦科

形态 为中小型鸦类。体长约34 cm，重136～265 g。雌雄羽色相似。嘴较细短，黑色。跗跖、趾和爪黑色。体色以黑色为基色。前额、眼先、头顶前半部分黑色，耳枕边灰白色，后枕灰黑色，后颈有一宽阔的灰白色颈圈向两侧延伸至胸和腹部；背部、腰部纯黑色；初级覆羽闪蓝绿色光泽，次级飞羽闪蓝紫色光泽；喉、颏纯黑色，胸、腹部黑灰色。幼鸟体羽乌黑色，具颈领，但较成鸟暗。

分布 分布于中欧、东欧、西亚、南亚、中国和蒙古等地。在国内分布于新疆喀什、霍城、伊宁、新源、巩留、尼勒克，以及西藏西南部。

栖息地 栖息于山地、丘陵、平原、农田、旷野等各类生境中。夏季多见于山中阔叶林、针阔叶混交林林缘、草坡、亚高山灌丛及草甸草原等开阔地带，秋冬季多下到低山丘陵和山脚平原地带，冬季见于平原。由于城市的热岛效应，非繁殖季节寒鸦常与其他鸦属鸟类一起密集于城市中，占据路边、公园、小区的高大乔木作为夜宿场所。白天则飞往郊区在垃圾堆、农田中觅食。

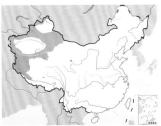

寒鸦。魏希明摄

鸣声 叫声短促、尖锐、单调，其声似"garp-garp"，飞行时叫声为"chak"。

食性 杂食性。以动物性食物为主，如昆虫、蠕虫等，也吃小型无脊椎动物、鸟卵、其他鸟类的雏鸟、腐肉、动物尸体等。植物性食物有植物果实、种子以及农作物幼苗等。有时也取食居民区的垃圾。

繁殖 繁殖期4～6月。喜欢夺取喜鹊的新巢。大多数每年筑新巢，营巢于距离农田较近的开阔地、高大乔木的树洞、树杈和岩崖上，有时也营巢于烟囱、屋檐等人工建筑中。集群营巢，有时亦见单对营巢的。雌雄共同筑巢。巢呈浅盘状或球形，侧面开口，外层用粗树枝搭建，内层垫有树皮、棉花、纤维、麻、羊毛、人发、兽毛、羽毛等柔软材料。筑巢完成后开始产卵，卵椭圆形或圆形，呈蓝绿色、淡青白色或淡蓝色，被有大小不等、形状不一的紫色或暗褐色斑点。孵卵由雌鸟承担，雄鸟负责给雌鸟喂食。双亲共同承担育雏任务，雏鸟晚成性。刚出壳的雏鸟通体呈肉红色，仅背中央，翅基，两胁具少量稀疏的灰白色绒羽，其余部位裸露，眼未睁开。

在树洞中繁殖的寒鸦。马鸣摄

寒鸦的繁殖参数	
交配系统	单配制
巢大小	巢径440～470 mm，巢高170～210 mm，巢深30～50 mm
窝卵数	3～8枚
卵大小	(32.3±2.7) mm×(27.3±2.5) mm (*n*=11)
新鲜卵重	11.3±1.5 g (*n*=11)
孵化期	17～19天
育雏期	30天左右

种群现状和保护 20世纪70年代，中国寒鸦种群数量较多，时常可见到200多只的大群，但近年来有减少的趋势。IUCN和《中国脊椎动物红色名录》均评估为无危（LC）。被列为中国三有保护鸟类。

达乌里寒鸦

拉丁名：*Corvus dauuricus*
英文名：Daurian Jackdaw

雀形目鸦科

形态 体长约 34 cm，体重 200～300 g。雌雄羽色相似。嘴、脚黑色。体色以黑色为基色，后颈、颈侧、上背、胸部和腹部白色或污白色，后头、耳羽杂有白色细纹，其余体羽黑色具紫蓝色金属光泽。另有黑色型达乌里寒鸦全身黑色。幼鸟前额、头顶褐色具紫色光泽，后颈、背部、腰部黑褐色，翅和尾深褐色至黑褐色；下体褐色至浅褐色，各羽羽端缀白色羽缘。当年幼体在秋季换羽后直到第 2 年秋季换羽前全身为黑色或黑灰色。

分布 繁殖于中亚和东西伯利亚南部，越冬于朝鲜、日本、中亚南部。在国内繁殖于内蒙古、东北、河北、北京、河南、山东、山西、青海、甘肃，往西至新疆东部哈密，往南至四川、贵州、云南和西藏东南部；部分在东北南部、华北、华东、长江流域、东南沿海和西藏南部地区越冬。

栖息地 栖息于山地、丘陵、平原、农田、旷野等各类生境中。夏季多见于山地阔叶林、针阔混交林林缘、草坡和亚高山灌丛与草甸草原等开阔地带，秋季栖息于低山丘陵和山脚平原地带，冬季见于平原。非繁殖季节，占据路边、公园、小区的高大乔木作为夜宿场所。

鸣声 叫声短促、尖锐、单调，其声似"garp-garp"，飞行时叫声为"chak"。

食性 杂食性。以植物性食物为主，例如小麦、玉米等农作物；动物性食物有蝗虫、蟋蟀、金龟子、蚂蚁等昆虫及虫卵，有时也取食蜗牛、鸟卵等。

繁殖 繁殖期 3～5 月。主要营巢于黄土沟壑的悬崖壁、土洞或裂隙的洞中，也在树上、高大建筑物的屋檐下筑巢。集群营巢，有时亦见单对营巢的。巢呈圆形，外层是粗树枝，窝底为细树枝，内层垫有兽毛、苔藓、羽毛等。筑巢完成后即产卵，卵呈圆形或椭圆形，污白色或淡蓝色，被有大小不等、形状不一的紫色或暗褐色斑点。双亲共同育雏。

种群现状和保护 在中国分布较广，种群数量较丰富。IUCN 和《中国脊椎动物红色名录》均评估为无危（LC）。被列为中国三有保护鸟类。

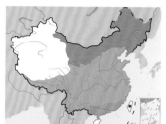

达乌里寒鸦。左上图沈越摄，下图杨贵生摄

达乌里寒鸦的繁殖参数	
交配系统	单配制
巢距地面高度	7～10 m
巢大小	洞口（30～50）cm×（20～25）cm，深80～240 cm
窝卵数	4～6枚
卵大小	（34～35）mm×（24～25）mm
孵化期	20天左右

集群夜宿的达乌里寒鸦。杨贵生摄

秃鼻乌鸦

拉丁名：*Corvus frugilegus*
英文名：Rook

雀形目鸦科

形态 体长约45 cm，重370 g左右。雌雄同形同色。嘴长而直，纯黑色。跗跖、趾和爪黑色。额和嘴基裸露，覆以淡黄色皮膜。体羽亮黑色，闪金属光泽；两翅和尾黑色，闪绿色光泽。幼鸟和成鸟相似，但通体暗黑色无光泽，额和嘴基不裸露，鼻孔被覆刚毛。

分布 分布于欧洲西部、中部和南部，西亚、中亚和东亚。在国内分布于内蒙古大部分地区、新疆西北部、青海、甘肃、四川、东北、华北，往南至长江中下游。部分迁徙到广东、广西和福建一带越冬，偶尔分布在台湾和海南岛。

栖息地 主要栖息于草地、林地及农田。

鸣声 叫声似"嘎、嘎、嘎"，比小嘴乌鸦叫声更枯涩乏味。也发高而哀怨的"kraa-a"及其他叫声。

食性 杂食性。以昆虫及其幼虫、植物果实和种子、动物尸体为食。繁殖季节更偏向取食动物性食物。

繁殖 繁殖期4～7月。营巢于林缘、水域附近的小块树林、城镇公园、寺庙、村庄附近高大乔木上。巢多置于高大乔木顶部枝杈上。集群营巢。雌雄共同筑巢。巢呈碗状。外层由枯树枝搭建，内垫枯草茎和叶、细草根、苔藓、棉絮、纤维、兽毛、羽毛

正在鸣叫的秃鼻乌鸦。杜卿摄

秃鼻乌鸦的繁殖参数	
交配系统	单配制
营巢期	25～30天
巢距地面高度	10～30 m
窝卵数	5～6枚
卵大小	(30～44) mm×(24～34) mm
孵化期	16～18天
育雏期	29～30天

等柔软材料。巢筑好后即开始产卵。卵呈椭圆形，天蓝色或浅绿色，布有大小不一的褐色和灰褐色斑点。孵卵由雌鸟承担。雏鸟晚成性，雌雄亲鸟共同育雏。秃鼻乌鸦1龄即性成熟，通常在2龄时参与繁殖。

种群现状和保护 IUCN和《中国脊椎动物红色名录》均评估为无危（LC）。被列为中国三有保护鸟类。在中国的种群数量曾经较为丰富，但由于环境污染、森林砍伐，近来种群数量明显下降。

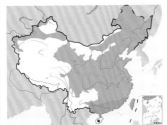

秃鼻乌鸦。左上图杨贵生摄，下图聂延秋摄

小嘴乌鸦

拉丁名：*Corvus corone*
英文名：Carrion Crow，Eurasian Crow

雀形目鸦科

形态 大型鸦类。体长约 50 cm，重约 560 g。雌雄羽色相似。嘴较秃鼻乌鸦细而短，嘴峰较直，基部被黑色羽毛覆盖。跗跖、趾和爪黑色。通体黑色，除头顶、后颈和颈侧之外，其他羽毛外均闪紫蓝色金属光泽，下体羽色较上体稍淡。头顶羽毛窄而尖，喉部羽毛呈披针形。额弓较低不外突，可以此区分于大嘴乌鸦。

分布 广布于非洲北部和欧亚大陆。在国内除西藏和台湾以外，各地均有分布。

栖息地 主要栖息于低山、平原地带的疏林及林缘地带，有时也出现在有零星树木生长的半荒漠地区。

鸣声 叫声为粗哑的嘎嘎声 "kraa"。

食性 杂食性鸟类。主要以蝗虫、蝼蛄等昆虫和植物果实与农作物种子为食，也吃蛙、蜥蜴、鱼、小型鼠类、雏鸟、鸟卵，以及腐尸、垃圾等。

繁殖 繁殖期 3～6 月。有利用旧巢的习惯，常在原巢址上

小嘴乌鸦的繁殖参数	
交配系统	单配制
巢距地面高度	8 m以上
巢大小	外径36～65 cm，内径15～25 cm，高 11～25 cm，深6.7～12 cm，重1.2～2.4 kg
窝卵数	4～8枚
卵大小	长径43.7～47.0 mm，平均45.4 mm；短径29.0～29.7 mm，平均29.3 mm
新鲜卵重	15～25 g，平均23 g
孵化期	17～22天
育雏期	30～34天

修筑新巢。喜欢营巢于高大的阔叶乔木顶端的枝杈上。单独营巢。雌雄共同筑巢。巢呈碗状，巢外层由枯树枝、干草等搭建而成，内垫有树皮、细草茎和根、兽毛、羽毛等松软的材料。筑巢完成后即产卵。卵呈圆形或椭圆形，淡蓝色或蓝绿色，被有褐色或灰褐色线状和块状斑。产下最后一枚卵即开始孵卵，孵卵任务由雌鸟承担，雄鸟负责喂食。雏鸟晚成性，雌雄亲鸟共同育雏。雏鸟出壳后通体皮肤粘湿裸露，双目紧闭，头顶、颈和背中线，两肩及腿侧具灰色细绒毛。

种群现状和保护 在分布区内为常见种，数量较多。每到冬季，与喜鹊、达乌里寒鸦等鸦科鸟类成大群聚集夜栖在气温较高的市区树林。IUCN 和《中国脊椎动物红色名录》均评估为无危（LC）。被列为中国三有保护鸟类。

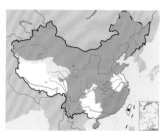

小嘴乌鸦。左上图沈越摄，下图刘璐摄

白颈鸦

拉丁名：*Corvus pectoralis*
英文名：Collared Crow

雀形目鸦科

形态 体长约 50 cm，重 450～550 g。雌雄羽色相似。嘴纯黑色，向下弧度弯曲较小。跗跖、趾、爪均黑色。头顶、前额、耳羽黑色而闪蓝绿色金属光泽，枕、后颈、上背、颈侧和胸白色，形成一宽阔的白色领环；两翅黑色而闪绿色光泽，尾黑色但较两翅色浅；颏、喉部羽毛呈披针形，黑色且闪蓝绿色金属光泽，腹部和肛周亦黑色。幼鸟与成鸟相似，但白色领环不显著，多显土黄色或浅褐色。

分布 仅分布于中国和越南北部。在国内见于内蒙古南部、北京、河北南部、陕西南部、甘肃南部、黄河中下游，往南经长江流域到广东、福建、海南岛和台湾，东至山东、江苏、浙江、福建沿海，西至四川、贵州和云南东北部。

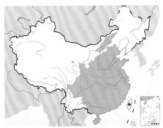

栖息地 喜欢栖息于河流、湖泊附近的灌木丛、林缘疏林、小块丛林和稀树草坡。在村庄和城镇附近树林和公园中较常见。常到附近的农田和村落活动。有时在居民房屋屋顶上栖息。

食性 杂食性。主要以半翅目、鳞翅目等昆虫，小型爬行类，其他雏鸟和鸟卵为食。有时也食用玉米、土豆、黄豆等植物性食物，甚至垃圾、腐肉、动物尸体。

繁殖 繁殖期 3～6 月。单独营巢。单配制。通常营巢于村寨附近的高大乔木上或崖洞内。巢呈碗状，外层由枯枝、树叶搭建而成，内垫有兽毛、羽毛、细草、纤维和碎布片。筑巢完成后开始产卵。窝卵数 2～6 枚。卵呈椭圆形，大小为（31～35）mm×（21～27）mm，淡蓝绿色，布有橄榄褐色条纹及块斑。

种群现状和保护 IUCN 和《中国脊椎动物红色名录》均评估为近危（NT）。被列为中国三有保护鸟类。

白颈鸦。左上图彭建生摄，下图吴秀山摄

大嘴乌鸦

拉丁名：*Corvus macrorhynchos*
英文名：Large-billed Crow

雀形目鸦科

形态 大型鸦类，体长约 55 cm，重 500～680 g。雌雄羽色相似。嘴粗大，嘴基有长羽，伸至鼻孔处，嘴峰弯曲，峰嵴明显。跗跖、趾和爪黑色。额头特别突出，喉部羽毛呈披针形。后颈羽毛柔软松散如发状，羽干不明显。全身羽毛黑色，除头顶、枕、后颈和颈侧光泽较弱外，上体余部均具紫蓝色金属光泽；下体亦具紫蓝色光泽，但明显较上体弱。

分布 分布于俄罗斯、中国、日本、朝鲜、马来西亚、印度尼西亚、印度和斯里兰卡等地。在国内分布于内蒙古、东北、山东、河北、山西、陕西、甘肃、青海、西藏南部一线以南地区。

栖息地 栖息地很广泛，在山区、平原、城市、郊区等都可见到。但主要栖息于海拔为 1800～2200 m 的针叶林、阔叶林、针阔叶混交林、人工林等各种森林类型中，尤以疏林和林缘地带较常见。有时也见于林间路旁、河谷、海岸、农田、沼泽和草地，也在山顶灌丛、高山苔原地带、农田和村庄等人类居住地附近活动。

鸣声 雄鸟在繁殖期频繁地活动于森林中，其鸣声有"哇哇哇……""啊啊——啊……""嗯——嗯——"，多种声调并带有颤音。

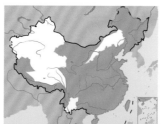

食性 大嘴乌鸦为杂食性鸟类。主要以玉米、小麦、红薯等植物性食物为主，也食蝗虫、金龟甲、金针虫、蝼蛄、蛴螬等昆虫、昆虫幼虫和蛹、雏鸟、鸟卵、鼠类、腐肉、动物尸体等动物性食物。

繁殖 繁殖期 3～6 月。大多数大嘴乌鸦每年营造新巢，但是有部分个体会将新巢搭建在以前的旧巢址上。营巢前期，如有人为干扰，可能会弃巢另筑新巢。单独营巢。新巢址喜欢选择于山坡的针叶林中，如落叶松、油松。雌雄共同筑巢。巢呈浅盘状，外层由针叶、粗树枝等搭建而成，内垫有兽毛、羽毛以及细草等松软的材料。营巢结束后立即产卵。卵呈椭圆形，淡蓝色或青色，布有大小不一的褐色和灰褐色斑点，钝端斑点较密。卵产齐后当日或翌日开始孵卵。雌鸟承担孵卵任务，雄鸟负责警戒。雏鸟晚成性，雌雄亲鸟共同育雏。

种群现状和保护 IUCN 和《中国脊椎动物红色名录》均评估为无危（LC）。被列为中国三有保护鸟类。近年来，由于农药的使用，数量明显减少，有些地区数量下降到很少能见到。

大嘴乌鸦的繁殖参数	
交配系统	单配制
巢距地面高度	7～10 m
巢大小	外径（34～56）cm×（30～43）cm，内径（17～28）cm×（16～25）cm，高16～27 cm，深7～12 cm，重900～2100 g
窝卵数	3～6枚
卵大小	（34.5～38）mm×（23.5～27.8）mm
新鲜卵重	12.8～17.0 g
孵化期	15～16.5天
育雏期	27～31天

大嘴乌鸦。可见其额部明显隆起。左上图沈越摄，下图杨贵生摄

渡鸦

拉丁名：*Corvus corax*
英文名：Common Raven

雀形目鸦科

形态 体形最大的雀形目鸟类，体长 63～71 cm，翼展 116～118 cm，体重 890～1600 g，青藏亚种最大体重记录甚至达 2.65 kg。通体黑色，闪烁金属光泽。喉与胸前的羽毛较长，呈披针状；鼻须亦长，几乎覆盖到上嘴的一半；飞行时可见楔形尾。喙粗壮、厚实，略微弯曲。嘴、跗跖和趾均为黑色。

分布 鸦属中分布最广的物种，遍布整个全北区，包括欧亚大陆、北美等，无论是低海拔如吐鲁番盆地还是海拔 5000 m 以上的高原都有其分布，在高达 6350 m 的珠穆朗玛峰大本营附近也有其踪影。在中国，主要分布于黑龙江、内蒙古、河北、甘肃、新疆、青海、西藏、四川等地。

栖息地 见于各种生境，如植被稀疏的荒漠、沙漠、寒冷的高原、绿洲、大草原、森林及雪线附近等。只要有人类活动，甚至是不毛之地，也能够见到其踪影。

鸣声 喉咙鼓起，发出浑厚的鸣声，如"喔——喔——喔——"或"嘎哦——嘎哦——嘎哦——"，简单而粗厉。其实，渡鸦是具有"语言"交流能力的，其"词汇"很复杂，能发出多种多样的鸣叫声，具独特而深沉的内涵，甚至不同地方的种群有不同的"方言"。喉部发出的呱呱声、尖锐刺耳的金属声、模仿出的敲打声、低沉的嘎哦嘎哦声及接近音乐的响声，都在传递着不同的信息。

习性 智商较高，行为复杂，表现有较强的适应力和社会活动力。

食性 杂食性，主要取食啮齿类、鸟类的卵和幼鸟、爬行类、昆虫和其他动物，尤其喜欢大型动物的腐尸，也取食植物的果实和谷物。被认为是机会主义者和"清道夫"，总是最先发现尸体，招呼其他动物帮助其"开肠破肚"。也偷食别人的食物，甚至捡食人类垃圾堆里的剩余食物。在恶劣的环境条件下，渡鸦会储存多余的食物，特别是那些含有脂肪的尸体。

繁殖 巢多建在悬崖之上，有时也建在桥洞或电线杆上。巢硕大，深碗状，外观粗糙，外径可达 1.5 m，由粗树枝筑成，内衬以毛发或撕碎的树皮纤维并铺以软质物料，如动物毛皮、羽毛、布条等。窝卵数 3～7 枚，卵壳青绿色，有暗褐色斑点。孵化期为 18～21 天。巢内哺育期 35～42 天。幼鸟会与双亲一起生活达 6 个月之久。

种群现状和保护 渡鸦起源于旧大陆，但其横跨白令陆桥前往美洲新大陆已有上百万年的历史，可见其扩张能力。虽然分布广泛，IUCN 和《中国脊椎动物红色名录》均评估为无危（LC），但渡鸦的种群数量却并不多，在一些地方因为滥用农药、环境污染、驱赶和猎杀已经绝迹。在中国，乌鸦被认为是不吉利的动物，渡鸦的生活地区总是远离人类栖居地，似乎在渡鸦与人类之间是一种"敬而远之"的关系。被列为中国三有保护鸟类。

渡鸦。左上图魏希明摄，下图杜卿摄

攀雀类

- 攀雀类指雀形目攀雀科鸟类，全世界共3属12种，中国仅1属3种，均见于草原与荒漠地区
- 攀雀类体形娇小，喙较尖锐，翅短圆，尾长
- 攀雀类喜结小群活动，采食昆虫，某些季节也以种子、花蜜等植物性食物为食
- 攀雀类在树梢或苇叶下编织吊巢，雄鸟筑巢，双亲共同育雏

类群综述

　　攀雀类指雀形目攀雀科（Remizidae）鸟类。攀雀科是一个非常小的科，仅3属12种，分布于欧亚大陆、非洲、北美洲。中国仅1属3种，均见于草原与荒漠地区。

　　攀雀是体形娇小的雀类，体长为7.5～11 cm，嘴细小且薄，翅膀短而圆，尾短且为锯齿状。羽毛颜色是淡灰色、黄色、白色。顾名思义，它们善于攀树，栖息于空旷地区的树木或灌木丛、沙漠、沼泽、林地等各类生境中。喜结小群生活活动，采食昆虫，某些季节也以种子、花蜜等植物性食物为食。

　　攀雀繁殖期为4～6月。它们的巢为囊状，悬挂于树梢上或苇叶下，由绒羽、兽毛和一些植物等柔软物编织而构成，结构非常精美，其英文名"Penduline Tits"即来源于此，意为"做吊巢的山雀"。每巢产卵4～8枚。卵白色、蓝色或暗绿色，光洁无斑。孵化期13～14天。双亲共同育雏，育雏期约3周。

　　目前攀雀均被IUCN评估为无危（LC），但一些亚种的分布十分有限，相关研究也甚少。在中国，仅中华攀雀 Remiz consobrinus 被列为三有保护鸟类。而黑头攀雀 R. macronyx 十分罕见，仅在新疆极西部有过记录，白冠攀雀 R. coronatus 也仅分布于新疆，都有待加强保护关注。

白冠攀雀
Remiz coronatus

黑头攀雀
Remiz macronyx

中华攀雀
Remiz consobrinus

左：攀雀类以其悬挂于树梢或苇叶下的囊状巢著称。图为在芦苇丛中收集苇絮作为巢材的中华攀雀。刘璐摄

白冠攀雀

拉丁名：*Remiz coronatus*
英文名：White-crowned Penduline Tit

雀形目攀雀科

形态　体形纤小，体长 9～12 cm，体重 8～11 g。通体土褐色，头顶白色，额及脸罩黑色；颏、喉、后颈和颈侧白色，与上背之间形成一条白色领环；背棕色，而下背、腰、尾上覆羽逐渐变为棕黄色；下体白色，胸和两胁棕色。飞羽黑褐色，具有白色羽缘；尾羽黑褐色，但是尾下覆羽为白色，而且外侧尾羽外翈和内翈的羽缘都是白色。

分布　主要繁殖于中亚地区，如吉尔吉斯斯坦、哈萨克斯坦、蒙古、俄罗斯等；迁徙至南亚越冬，如印度、巴基斯坦、阿富汗等。在中国分布于西北干旱地区，新疆的伊犁谷地、塔城地区、阿尔泰、乌鲁木齐等地是其主要繁殖地。

栖息地　栖息于水域附近的树林及苇丛，喜欢在杨树、柳树、桦树等阔叶树种间营巢，也活动于村庄、平原、丘陵、山地森林等。

鸣声　细声的"哔咿呦——哔咿呦——"似乎是在寻找配偶，或者在报警。飞行时会发出"嘀——嘀——嘀——嘀——"一连串的声音。

习性　冬季结群，常集小群在一起活动，但在繁殖期多为单独或成对生活。比较活泼，善于攀缘，与其他攀雀相比，更加喜欢栖于柳树上。

食性　主要以昆虫为食，有时也会食植物果实和种子等植物性食物。

白冠攀雀的巢和幼鸟。马鸣摄

白冠攀雀的繁殖参数	
巢形状	囊袋状
窝卵数	4～8 枚
卵颜色	淡蓝色或白色，无斑
孵化期	13～14 天
育雏期	约 3 周
育雏模式	双亲喂养

繁殖　在新疆，白冠攀雀繁殖期为 5～7 月。营巢于湖泊、河流等水域附近的柳树、杨树、桦树等阔叶树上。营巢始于 4 月下旬，5 月达到高峰，至 7 月上旬结束。营巢树种以柳树为主，研究者记录到的 125 个巢中，有 86 个巢建于柳树上，占比 68.80%；37 个巢营于杨树上，占比 29.60%；2 个巢建于桦树上，占比 1.60%。巢由柳絮、芦花等植物性柔软材料和一些兽毛编织而成，结构精致。白冠攀雀营巢过程较快，仅需 7～8 天即可完成如此复杂精美的巢。

种群现状和保护　IUCN 和《中国脊椎动物红色名录》均评估为无危（LC）。尚未列入中国国家保护名录。但在中国的分布局限于新疆，在当地因其小巧玲珑被称之为"灵雀"。在阿勒泰地区，有人搜集其巢作为中药材，对其繁殖具有一定的破坏性负面影响。仍需加强保护关注。

探索与发现　攀雀不同寻常的繁殖系统与性冲突（Sexual Conflict）导致了较高的弃巢率。雌鸟和雄鸟之间的关系比较复杂，它们都有可能在繁殖期间弃巢。初步调查表明，白冠攀雀弃巢率为 22.1%。

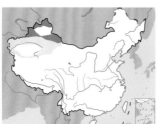

白冠攀雀。沈越摄

中华攀雀

拉丁名：*Remiz consobrinus*
英文名：Chinese Penduline Tit

雀形目攀雀科

形态 体形纤小，体长约 11 cm。嘴短小而尖，上嘴黑褐色，嘴先端、嘴缘和下嘴基部浅黄白色。雄鸟额基、眼先、颊部和耳羽连成黑色斑块，眉纹白色，头顶浅灰白色，具褐色羽干纹；上背棕色，飞羽暗褐色，尾羽暗褐色；颏喉部白色，下体余部白色沾棕。雌鸟额基、眼先、颊部和耳羽呈棕褐色，余部与雄鸟相似。跗跖、趾、爪栗褐色。

分布 分布于中国、日本、朝鲜。在国内繁殖于黑龙江、吉林、辽宁、内蒙古中部和东北部、宁夏和甘肃东北部，迁徙期间见于河北、北京、天津、河南和山东，越冬于自湖北沙市至江苏镇江和上海一带的长江流域，部分在长江流域繁殖。在云南怒江一带和香港为旅鸟和冬候鸟。

栖息地 栖息于针叶林或混交林、林缘、芦苇丛。

食性 主要以昆虫为食，也食植物种子、嫩芽和浆果。常倒悬于树枝上取食。

繁殖 繁殖期 4～7 月。多在靠近水边的柳树、杨树等的枝梢远端筑巢。雌雄鸟共同营巢。巢呈囊袋状，主要由羊绒毛、植物纤维等编织而成。巢口位于顶端侧面。1 年繁殖 1 窝，每窝产卵 5～8 枚，最多可达 10 枚。卵白色，光滑无斑，为长椭圆形，钝端微具晕带或具红纹。卵产齐后即开始孵卵，由雌鸟孵卵。雏鸟晚成性，由雌雄亲鸟共同育雏。

种群现状和保护 在中国的种群数量较少。IUCN 和《中国脊椎动物红色名录》均评估为无危（LC）。被列为中国三有保护鸟类。

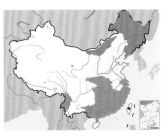

中华攀雀。左上图为雄鸟，沈越摄，下图为正在筑巢的一对个体，左雌右雄，徐永春摄

黑头攀雀

拉丁名：*Remiz macronyx*
英文名：Black-headed Penduline Tit

雀形目攀雀科

形态 体形娇小，体长 10～11 cm，体重 8～10 g。通体灰褐色，繁殖羽雄鸟头部黑色，后颈至背部栗褐色；下体白色，体侧沾浅黄褐色；飞羽和尾羽黑褐色，具浅色的边缘。喙较尖锐。

分布 曾被认为是欧亚攀雀 *Remiz pendulinus* 的一个亚种，分布于中亚地区，如哈萨克斯坦的巴尔喀什湖流域、斋桑盆地等。偶见于中国西部的新疆伊犁河流域、塔城额敏河流域、阿勒泰额尔齐斯河流域等。

栖息地 喜欢具有浅水的芦苇荡、灌木丛，也进入柳树林、杨树林、桦木林等。

鸣声 叫声欷吁悠长，"噼——呦——噼——呦——"，似有无限的哀怨。

食性 夏季主食昆虫，偶然采食植物的嫩芽、细叶、花蕾、种子等。

繁殖 繁殖期 5～7 月。成对或集小群活动，营巢于水面上方 1～2 m 的垂柳枝上，悬挂于空中。每窝产卵 5～7 枚。

探索与发现 2008—2010 年，新疆生态与地理研究所的考察队在新疆阿勒泰边境地区考察时，偶然遇见黑头攀雀出现在白冠攀雀的分布区，并且观察到一些中间类型，显然二者存在杂交。

黑头攀雀。Rene van Dijk摄

百灵类

- 百灵指雀形目百灵科鸟类，全世界共21属95种，中国有7属14种，草原与荒漠地区多有分布
- 百灵大小似麻雀，羽色多为土褐色，形成很好的保护色
- 百灵为地栖鸟类，生活在开阔环境，主要以草籽为食，但繁殖季节以昆虫及其幼虫育雏
- 白灵因善于鸣唱受到人们喜爱，但也因此面临被捕捉贩卖的风险

类群综述

百灵类指雀形目百灵科（Alaudidae）鸟类，全世界共21属95种，广布于除南极洲外的各大洲，尤其以欧亚大陆为多。中国有7属14种，其中歌百灵 *Mirafra javanica* 见于南方的矮草地或稻田中，其余13种均见于典型的草原与荒漠地区。

百灵类大小似麻雀，嘴较细小而呈圆锥状，鼻孔常被羽毛覆盖；跗跖后缘较钝，具有盾状鳞，后爪一般长而直；翅膀稍尖长，尾较短，头上或有羽冠；羽色多为土褐色，形成很好的保护色。百灵是草原

左：百灵类是草原上的代表性物种，它们生活在开阔的草原与荒漠地区，多数具有很好的保护色，以动听的歌声著称。图为正在歌唱的小云雀。颜重威摄

下：百灵类直接在地面筑巢，为了避免天敌的捕食，它们的卵和雏鸟也具有很好的保护色。图为在卧巢中不动的云雀雏鸟，与背景浑然一起，很难发现。宋丽军摄

或者荒漠草原上的代表性物种，它们多数结群生活，较少单独活动。主要在地面活动觅食，善于短距离奔跑。食物以各种植物种子为主，有时也吃一些昆虫。百灵的鸣声十分婉转动听，是鸟中有名的"金嗓子"。它们虽然并不远飞，但却也拥有自己的独门秘技，它们能从草丛中拔地而起、直冲云霄，在空中保持着力的平衡，悬翔于一点进行鸣唱，然后歌声中止，骤然垂直下落，接近地面后再重新飞起。繁殖季节，一对对百灵雌雄鸟从草丛中冲天而起，悬停在空中边飞边唱，此起彼落，是草原上独特的风景。

百灵类繁殖期5～7月。3月底就开始配对并选择巢区。巢建在草丛或灌丛基部的地面上。巢呈杯状，由草茎和草叶等构成，内垫以少许兽毛、羽毛等柔软材料。窝卵数大多为2～5枚。卵壳棕白色，上面散缀深色斑点，在钝端斑点密集，形成一个暗褐色的圆圈。雌鸟孵卵，孵化期10～15天。雏鸟晚成性。刚出壳的雏鸟双眼紧闭，全身裸露，只在一些部位长有绒羽。双亲共同育雏，主要以高能量的昆虫饲喂雏鸟。有些种类一年可以繁殖2窝。

百灵自古以其善于鸣唱为人熟知，但人们对其歌声的喜爱却给这些鸟儿带来了厄运。在中国，百灵是名贵的笼养鸟。繁殖季节，贩鸟图利的人们大量捕捉幼鸟向外销售，往往造成大量伤亡，这也成为它们受胁的主要因素。但世界范围内而言，百灵鸟大多分布广泛，数量丰富，受胁比例较低。在中国，歌百灵、蒙古百灵、云雀、小云雀和角百灵已列入国家林业局发布的《国家保护的有益的或者有重要经济、科学研究价值的陆生野生动物名录》，即被列为中国三有保护鸟类。

双斑百灵
Melanocorypha bimaculata

蒙古百灵
Melanocorypha mongolica

草原百灵
Melanocorypha calandra

♂

♀

黑百灵
Melanocorypha yeltoniensis

长嘴百灵
Melanocorypha maxima

细嘴短趾百灵
Calandrella acutirostris

大短趾百灵
Calandrella brachydactyla

短趾百灵
Alaudala cheleensis

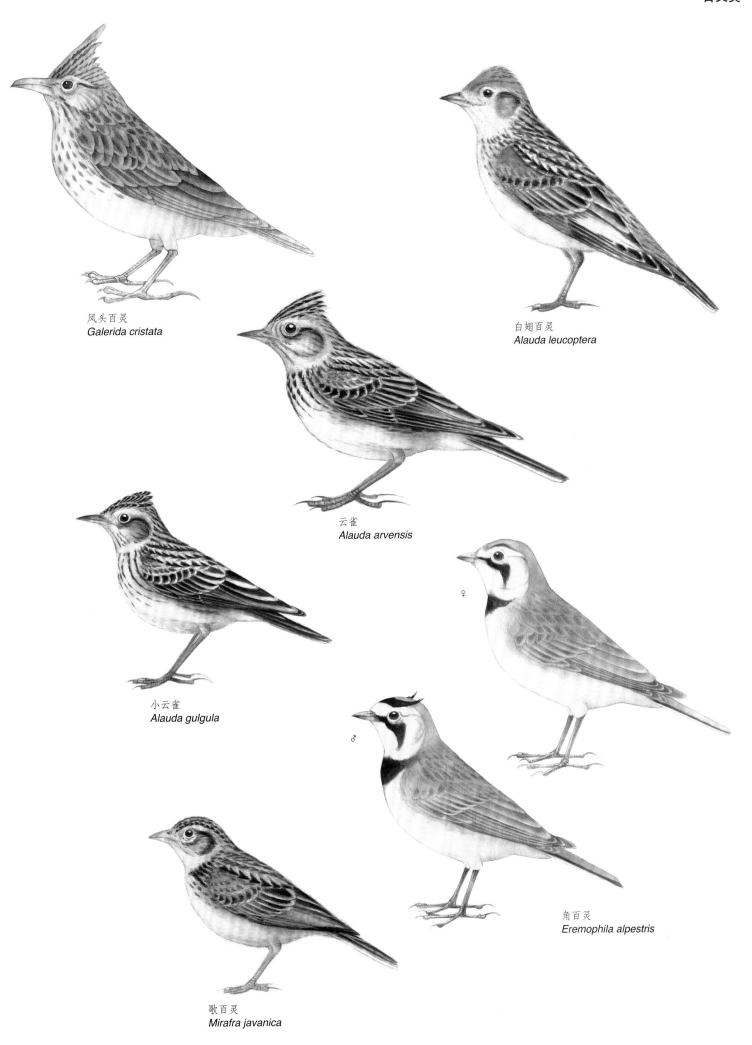

凤头百灵
Galerida cristata

白翅百灵
Alauda leucoptera

云雀
Alauda arvensis

小云雀
Alauda gulgula

角百灵
Eremophila alpestris

歌百灵
Mirafra javanica

草原百灵

拉丁名：*Melanocorypha calandra*
英文名：Calandra Lark

雀形目百灵科

形态　体形略大的一种百灵，体长为19～22 cm。通体灰褐色，上体多褐色斑纹，羽缘为棕黄色；下体近白色，胸部两侧有团状黑斑。飞羽是黑褐色的，在飞行时显示出它的翅膀短而宽，具有明显的白色羽缘（区别于其他百灵）。尾羽深褐色，外侧的尾羽白色。

分布　从欧洲南部及非洲北部一直分布到亚洲中部，最近在中国新疆的伊犁谷地有少量的记录，推测为夏候鸟。

栖息地　喜欢集群生活于空旷的原野，如草原、沙漠、多小灌木的荒漠和近水的滩地等。

习性　常在地面行走和鸣唱，声音非常悦耳。也会作波状飞行，边飞边叫，或在空中振翅、悬空，同时缓慢垂直下降，伴随动听的鸣唱。亦喜欢站在高土岗或沙丘上鸣啭不休，"呦——呦——"鸣声多变，尖细而优美。在遭受侵袭时，常藏匿草丛中不动，因其保护色而不易被发觉。

大部分地区的草原百灵是不迁徙的，但在俄罗斯繁殖的种群，冬季要南下迁徙到遥远的阿拉伯半岛和埃及去越冬，这是比较罕见的现象。

食性　平时在地面上觅食，寻找草籽、植物嫩芽、浆果等。也捕食昆虫，特别是在育雏期间，大量捕食蟋蟀、蚱蜢、蝗虫等。

繁殖　雄鸟求偶时的行为表现为空中鸣唱或拍动翅膀。通常营巢于土坎、草丛根部，巢由杂草构成，置于地面稍凹处或草丛间，利用垂草来掩蔽巢穴。窝卵数4～5枚，孵化期11～12天。雏鸟晚成性，刚出壳的雏鸟全身赤裸，只在一些部位长有绒羽。亲鸟主要以昆虫的幼虫喂食雏鸟。遇到危险，幼鸟可能提前离巢，并且在第14～15天开始练习飞行。

种群现状和保护　IUCN评估为无危（LC），《中国脊椎动物红色名录》评估为近危（NT）。在中国，只有新疆西部的伊犁河谷有一个小的孤立种群，数量稀少。目前尚未列入国家保护名录，每年春季，幼鸟面临被捕捉和贩卖的命运，处境极为不佳。建议尽早纳入国家保护名录，立法严禁捕捉。

双斑百灵

拉丁名：*Melanocorypha bimaculate*
英文名：Bimaculated Lark

雀形目百灵科

形态　体形略小，体长16～18 cm。通体沙褐色，上体具浓褐色杂斑；颏、喉及颈前白色，其下有2块黑色的项斑，其名字种的"双斑"就是来源于此；下体沙白色。在飞行时可显示出与草原百灵的区别，其翼下是灰棕色的，无白色的翼后缘；尾巴仅具狭窄的白色羽端，并无几乎全白色的外侧尾羽。

分布　分布区从非洲北部、欧洲西部一直延伸到亚洲中部的温带地区，从土耳其、伊朗、吉尔吉斯斯坦分布至哈萨克斯坦。

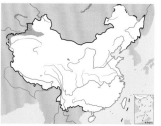

草原百灵。左上图邢新国摄，下图杨晓成摄

双斑百灵

在中国比较罕见，偶然记录于新疆一隅。

栖息地 生活在干旱地区，如荒漠草原、砾石戈壁及半沙漠地带，亦见于海拔较高的青藏高原边缘地区。

习性 经常在地面或飞行中鸣唱，飞行叫声为"啾咿嘟——啾咿嘟——"，洪亮而略感沙哑。也作"嗺哦啼——嗺哦啼——"的叫声，为多变调的短句并加上拖长的卷舌哨音。

食性 在繁殖季节，食物主要是杂草种子和昆虫。

繁殖 繁殖期4～5月。营巢于杂草丛生的地面凹陷处，巢由杂草构成，比较粗糙。窝卵数3～4枚，刚出壳的雏鸟双眼紧闭、赤身裸体，仅一些部位长有绒羽。双亲共同育雏，食物主要是昆虫的幼虫。

种群现状和保护 IUCN和《中国脊椎动物红色名录》均评估为无危（LC）。但在中国其实是非常罕见的种类，仅分布于新疆西部。尚未列入国家保护名录，偶尔会出现在鸟市上，亟待加强保护，严禁捕捉和贩卖。

探索与发现 "双斑"并不是双斑百灵独有的特征，相似的种类比较多，如草原百灵、长嘴百灵、蒙古百灵等。在野外，要注意区分。

蒙古百灵

拉丁名：*Melanocorypha mongolica*
英文名：Mongolian Lark

雀形目百灵科

形态 体长约18 cm，体重50～60 g。虹膜褐色。嘴铅色。跗跖肉色，爪褐色。雄鸟繁殖羽头顶中部棕黄色，四周栗红色，眉纹棕白色，向后延伸至枕部，颊和耳羽土黄色；背和腰栗褐色，羽缘沙黄色；翅上大、中、小覆羽均栗红色，中央尾羽栗褐色，其余尾羽黑褐色，羽端白色；下体白色，上胸两侧具有显著的黑色块斑，胁部缀不明显的栗色细纵纹；内侧初级飞羽和次级飞羽白色，飞翔时非常显眼。雄鸟非繁殖羽羽色浅淡。雌鸟似雄鸟非繁殖羽，上体羽色较淡，上胸两侧黑色块斑较小。幼鸟前额、头顶黑褐色，眉纹棕黄色，眼先、颊及耳羽棕白色；下体近白色，喉部具暗色斑，胸和两胁棕黄色。

分布 分布于蒙古东部、俄罗斯外贝加尔地区、中国及朝鲜。在国内分布于内蒙古、河北、北京、天津、宁夏、陕西、黑龙江、吉林、甘肃和青海。

栖息地 栖息于草原和半荒漠地区，喜栖于草本植物生长茂密的典型草原。夜间多栖于干燥且有一定坡度的细沙质草地。

习性 繁殖季节成对活动，非繁殖季节喜成群活动，常与短趾百灵、云雀混群，与短趾百灵同域分布，除繁殖生境有一定差别外，在食性、习性等方面差别不大。

食性 杂食性。主要以禾本科植物种子为食，兼食蝗虫、蚱蜢等昆虫。雏鸟食物几乎全部是昆虫，主要是蝗虫，其次为鞘翅目、鳞翅目昆虫。

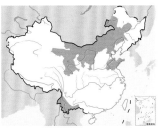

蒙古百灵。杨贵生摄

蒙古百灵的巢和卵。杨贵生摄

繁殖 繁殖期5～7月。在繁殖初期，雌鸟和雄鸟成双飞舞，时而直插云霄，时而垂直下落，在地面奔跳，载歌载舞。雌雄鸟经对歌相恋后，便开始营巢。巢的位置非常隐蔽，多筑于锦鸡儿、针茅等灌草丛下的地面凹坑中，较难发现。雌鸟筑巢，偶见雄鸟叼送巢材。巢呈浅杯状，坑穴1日挖成，多在次日开始铺垫，4～7日即筑成。每日产卵1枚，个别隔日产卵。每窝产卵2～4枚。卵淡沙色，缀大小不等的褐色斑点，钝端斑点甚密集。卵大小23.6 mm×18.4 mm。孵化期10～12天。每年繁殖1～2窝。雏鸟晚成性。刚出壳的雏鸟赤身裸体，只在一些部位长有绒羽，7天后才睁开双眼。

蒙古百灵巢中嗷嗷待哺的雏鸟。杨贵生摄

蒙古百灵离巢的幼鸟。杨贵生摄

与人类的关系　蒙古百灵鸣声清脆悦耳，观赏价值高。十分遗憾的是，这种嘹亮悦耳的鸣声却给它们带来了厄运。它们的效鸣堪称一绝，经过学习后，能模仿猫、狗、鸡等动物的语言，生动逼真，惟妙惟肖，因而成为北方名贵的笼养鸟。然而百灵鸟的人工繁育并不像家禽或者虎皮鹦鹉一样成熟，市场上的蒙古百灵大部分来自野外捕捉。唯利是图的人们在繁殖季节潜入草原大量捕获幼鸟，运往外地销售，不但直接造成了大量个体的死亡，更是严重干扰其繁殖活动，破坏了栖息地，对野外种群的损害难以估量。

种群现状和保护　蒙古百灵的种群数量为罕见到局部常见。IUCN 评估为无危（LC），《中国脊椎动物红色名录》评估为易危（VU）。主要由于人类的捕捉，种群数量呈急剧减少的趋势。21世纪以来，蒙古百灵被列为中国三有保护鸟类，其主要分布区的森林公安加强了管理和保护的力度，使其种群数量显著增加。2013 年 5—7 月，研究者在内蒙古四子王旗格根塔拉和苏尼特右旗赛罕塔拉的荒漠草原、锡林浩特市毛登牧场和白银库伦牧场的典型草原，采用固定样线法调查了 8 条样线，记录到蒙古百灵 224 只，在荒漠草原的平均密度为每平方千米 3.75 只，典型草原为每平方千米 136.25 只。

探索与发现　为了揭开鸟类鸣声的秘密，科学家已经做了很多相关研究。鸟类鸣声的含义极为丰富，有寻找配偶的鸣唱，也有互相联络的歌声，还有报警、示威等叫声。近年来，随着录音和声谱分析技术的不断发展，鸟类鸣声的研究已逐渐受到鸟类行为学研究人员的重视。内蒙古大学杨贵生教授的团队曾对分布于内蒙古草原的百灵科鸟类的鸣声进行了初步研究。发现蒙古百灵在不同季节，一天的不同时段、不同行为状态下的鸣声均有其特点。如蒙古百灵清晨鸣声的振幅非常低，轻柔委婉，有比较强的规律性，通常会不断地重复或者间歇性的重复，这在清晨过后是不存在的。清晨的鸣声比较简单，通常以单声为主，发声的时间也比较短。蒙古百灵清晨的鸣声中，有上渐进音，下渐进音，双向渐进音，渐进音通常会出现在简单、重复的鸣叫一段后的时间里，说明了百灵鸟不是在每天一开始就进行大声复杂的鸣叫，而是在不断调整中逐渐增大的。在清晨，蒙古百灵典型的鸣声是由 3 个音节组成的，一段鸣声的时间约为 0.6124 秒，第一个音节的时间约为 0.0987 秒，频率约为 5857 Hz，间隔 0.0987 秒；第二个音节的时间约为 0.0813 秒，频率约为 5684 Hz，间隔 0.1073 秒；第三个音节的时间约为 0.2264 秒，频率在 4823～5167 Hz 之间。又如，蒙古百灵求偶期显著的鸣声特征是颤音，颤音意指鸣声在一个很短的时间内频率上下变动。蒙古百灵求偶期颤音在 0.0133～0.0145 秒的间隔内在 1 387～66 546 Hz 的频率内上下变动。颤音在非求偶期也是存在的，但是出现的频率非常低，可以忽略。在非求偶期鸣声频率介于清晨鸣声和求偶期鸣声之间，可能是属于鸟类的领域鸣声，具有保卫领域的功能和种内及种间个体识别的用途。

百灵科鸟类的鸣声在人耳倾听中感觉极为相似，但是提取鸣声最低频率和最高频率经统计学处理后发现，蒙古百灵、云雀、短趾百灵、大短趾百灵的鸣声最低频率和最高频率与凤头百灵比较均存在极显著差异（p<0.01）。凤头百灵的发音频率显著低于蒙古百灵、云雀、短趾百灵和大短趾百灵。可以推测，蒙古百灵、云雀、短趾百灵、大短趾百灵的亲缘关系较近，而凤头百灵相对其他 4 种百灵的亲缘关系较远。尽管鸟类鸣声是相互联系和传递讯息的手段，但也同时反映出遗传特征，可作为系统分类研究的资料。

内蒙古草原地区蒙古百灵的鸣声特点（苏仁娜，杨贵生，2011）	
清晨鸣声频率	1894～5167 Hz
清晨鸣声持续时间	0.4296～1.7270 秒
求偶期鸣声频率	1387～6546 Hz
求偶期鸣声持续时间	0.3628～1.0304 秒
非求偶期鸣声频率	1387～6201 Hz
非求偶期鸣声持续时间	0.4470～1.7270 秒
最低发音频率	2868.21±856.423 Hz
最高发音频率	5045.52±935.878 Hz

长嘴百灵

拉丁名：*Melanocorypha maxima*
英文名：Tibetan Lark

雀形目百灵科

形态 体形较大的百灵，体长 20～24 cm，体重 70～86 g。上体土褐色，头和腰羽沾棕色，各羽中央暗褐色，边缘色淡；眉纹和颊部近白色，耳覆羽茶黄色，颈部羽毛常明显沾灰色，边缘茶褐色；下体近白色，略沾灰棕色，胸两侧各具一不甚显著的黑褐色斑块。翅膀稍尖长，尾较翅短；除中央一对尾羽外，端部均呈白色，最外侧尾羽几乎全为白色。嘴黄白色，嘴端黑色，较尖锐而呈圆锥状，嘴尖处略下弯。跗跖后缘较钝，具有盾状鳞，后爪长而直。雌雄相似。

分布 青藏高原特有种，只分布于中国西藏及其邻近地区，如青海、四川、甘肃、新疆等地，以及国外的克什米尔地区。

栖息地 栖息于青藏高原海拔 3600～4600 m 的湖泊周围的草丛。栖息地多为较湿润的高山草甸、草原或沼泽，往往杂草茂密，冻土地势高低凹凸形成许多草墩，在湖泊周围、河湾、滩地最易见到。

鸣声 鸣声细弱而且不连贯，间杂以模仿其他鸟如鹬类的叫声，受惊时发出响亮悦耳的哨音。

习性 栖息地比较局限和固定，并不见成群活动和迁飞，总是成对或单个分散在这一栖息地区，似乎各自占有一片地盘。在激烈的炫耀表演时，雄鸟两翼下垂，尾上举以显露其白色尾端，同时左右摇摆。

食性 杂食性，主要以草籽为食。研究者剖检其胃，也发现有青稞和甲虫等。亦会出现在居民点附近，在垃圾堆上觅食。

繁殖 在新疆阿尔金山或昆仑山，长嘴百灵 6～7 月份繁殖。巢呈碗形，用杂草筑于地面的浅土穴里，位于较干燥的土墩之间，边缘多为沼泽，不易受到人畜干扰和侵害。窝卵数 2～3 枚。卵表面乳黄色或橄榄绿色，密布褐色细点斑，有的甚至几乎全为这种点斑所遮盖。卵大小约为 29 mm×19 mm。

种群现状和保护 种群数量未有量化统计，一般描述为当地常见，IUCN 和《中国脊椎动物红色名录》均评估为无危（LC）。

黑百灵

拉丁名：*Melanocorypha yeltoniensis*
英文名：Black Lark

雀形目百灵科

形态 小型鸣禽，体长 18～21 cm。雄鸟通体黑色，秋冬季节背面或有一些苍白的羽毛条纹；嘴淡黄色或肉粉色，容易识别。雌鸟通体土褐色，下体羽色较淡；翼合拢时偏黑色，飞行时翼下亦为黑色。根据翅上无白斑、尾缘极少白色可将黑百灵雌鸟与其他百灵区别开来。

分布 繁殖地在哈萨克斯坦及俄罗斯南部。在中国，只分布至新疆。

栖息地 栖居多草的干旱平原，或沼泽与盐泽附近。

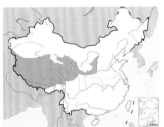

长嘴百灵。左上图董磊摄，下图杜卿摄

黑百灵。左上图为雌鸟，张明摄；下图为雄鸟，刘璐摄

鸣声 飞行时的叫声似云雀，很会模仿。边飞边唱，歌声入云；进入高潮，振翼放慢。也常站立高土岗或沙丘上鸣啭不休，被誉为"疯狂的歌手"，鸣声婉转而优美。

习性 有漂泊的习性，甚喜游荡迁徙，不同年份可能不断更换繁殖地。冬季喜欢集大群，抱团取暖。为了食物，它们四处漂泊，居无定所。偶然会在寒冷的天气，进入古尔班通古特沙漠，寻找积雪下的植物种子。

食性 以昆虫和植物种子为食。繁殖期主要捕食昆虫，如蛾类、蚱蜢、蝗虫等。

繁殖 营巢于地面上的土坎或草丛根部，巢呈浅杯形，用杂草构成。繁殖期在4～6月，每窝产4～5枚，卵白色或近黄，表面光滑而具褐色细斑。两性轮流孵化，11～12天雏鸟破壳而出。

种群现状和保护 IUCN和《中国脊椎动物红色名录》均评估为无危（LC）。在欧洲，20世纪以来黑百灵的种群数量下降了99%，几乎绝迹。特别是在俄罗斯伏尔加格勒地区，物种数量从1960年代中期到2000年都在逐年下降。同时，在哈萨克斯坦中部的栖息地，种群数量正在上升，估计有数十万只，甚至有上百万的繁殖对，可见其种群的分布地正在发生改变，存在向东扩张之趋势。黑百灵在中国的繁殖种群非常有限，而干扰却非常严重，如开垦荒地、过度放牧、捕捉或贩卖幼鸟等。1994年，新疆维吾尔族自治区政府将黑百灵列入《新疆维吾尔族自治区重点保护动物名录》，列为二级保护动物。但至今尚未列入国家保护名录。

将尾羽高高翘起的黑百灵雄鸟。刘璐摄

大短趾百灵

拉丁名：*Calandrella brachydactyla*
英文名：Greater Short-toed Lark

雀形目百灵科

形态 体长约16 cm，体重20～25 g。嘴黄褐色。脚肉色。雌雄羽色相似。眉纹白色，耳羽褐色，上体棕褐色，具黑色纵纹；初级飞羽黑褐色，具沙棕色羽缘，第4枚初级飞羽显著短于前3枚，翅覆羽沙棕色；尾羽黑褐色，具白色端斑，最外侧尾羽几乎全为白色；下体羽淡皮黄色，上胸两侧有小块黑斑，胸侧有褐色纵纹，腹部和尾下覆羽白色。

分布 繁殖于欧洲南部、蒙古北部和东北部、中国北方、非洲，越冬于非洲、印度和缅甸北部。在国内分布于新疆、西藏、青海北部、甘肃东南部、宁夏、内蒙古、山西、陕西、河北、北京、天津、河南、江苏、云南、四川、上海和台湾。

栖息地 栖息于具有稀疏植物和矮小灌丛的草原、荒漠及半荒漠地带。

习性 喜集群，有时结成百只以上的大群活动。喜鸣叫。秋季由北向南集群迁徙。

鸣声 清晨的鸣声较长，音节的时间约为0.1277秒，频率约在2239～4478 Hz之间，叫声没有规律，持续时间不定。求偶期颤音的频率为3439～5512 Hz，但其颤音的跳动比较大，而且大短趾百灵也会发出类似于"巧其"的音节，这是内蒙古草原5种百灵求偶期都会发出的音节，由此可以看出"巧其"这个音节是5种百灵鸟求偶期共同的声音。

食性 主要以杂草种子和昆虫为食。

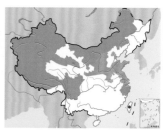

大短趾百灵。杨贵生摄

捕捉昆虫育雏的大短趾百灵。董磊摄

大短趾百灵的繁殖参数

巢位	地面巢
巢大小	外径 8.2 cm，内径 5.5 cm，高 7.2 cm，深 5.7 cm
窝卵数	3～4 枚
卵色	黄褐色或淡白色，缀以灰色或褐色斑点
卵大小	长径 20.6～23.1 mm，平均 21.5 mm；短径 14.3～15.4 mm，平均 14.8 mm
孵化期	13 天
在巢育雏期	9～10 天

繁殖　繁殖期 4～7 月。雌雄共同筑巢。营巢于地面凹坑，巢材主要是草茎和草叶，巢内垫以少许马尾、羊毛和羽毛。巢具有明显的出入口，一般在巢口方向的地面上可见由约 1 cm² 大小土块铺成的露出沙土的"走道"，其他方向则不见。每日产 1 枚卵，卵黄褐色或淡白色，缀以灰色或褐色斑点，钝端斑点密集，形成环带。窝卵数 3～4 枚。在内蒙古草原，大短趾百灵每年繁殖 1～2 次，第一次在 4～5 月，第二次在 6～7 月。雌鸟孵卵，孵化期约 13 天。雏鸟晚成性。刚孵出的雏鸟双眼紧闭，听到声音或被触动则张开口接食，全身几乎裸露，仅头顶、颈侧、翅后缘及腹面龙骨突起至泄殖孔有少许黑灰色长绒毛。雌雄共同育雏，在巢育雏期为 9～10 天。

种群现状和保护　种群数量为常见或局部丰富。IUCN 和《中国脊椎动物红色名录》均评估为无危（LC）。20 世纪 90 年代早期，全球繁殖种群数量有 220 万～260 万对；在葡萄牙较常见，有 10 万～100 万对；而在法国的数量较少，1000～5000 对；克罗地亚 1000～1500 只；罗马尼亚 6000～8000 只；乌克兰 7000～11 000 对；俄罗斯 10 万～100 万对；在北非，常见于摩洛哥，广布于阿尔及利亚北部，非常广泛的分布于突尼斯，在利比亚和埃及东北部很少。

在中国很常见，种群数量较多。2013 年 5—7 月，研究者在四子王旗格根塔拉和苏尼特右旗赛罕塔拉的荒漠草原、锡林浩特毛登牧场和白银库伦牧场的典型草原，进行了数量调查，共记录到大短趾百灵 80 只，密度为荒漠草原每平方千米 45 只，典型草原每平方千米 41.9 只。

细嘴短趾百灵

拉丁名：*Calandrella acutirostris*
英文名：Hume's Short-toed Lark

雀形目百灵科

形态　体形较小的百灵，体长 13～14 cm。通体沙土灰色，短眉纹皮黄色，冠羽不明显，颈侧具黑色的小块斑。上体具近黑色纵纹，下体苍白而无条纹。外侧尾羽具白色边缘，嘴较长而尖。

分布　青藏高原特有种，见于中国西部，包括新疆、甘肃、四川、青海、西藏等，冬季漂泊至阿富汗、巴基斯坦及印度北部。

栖息地　栖息于地势开阔的荒漠草原、高寒草地、杂草丛生及斑驳陆离的荒地，可上升至海拔 3600～4900 m 的山区及高原。

鸣声　叫声似其他短趾百灵，悠扬悦耳，飞行时的叫声为饱满的卷舌音，如"嘀呦儿——嘀呦儿——"。

习性　在地面生活，善于奔走。受惊扰时常藏匿土坎边，纹丝不动，依赖其优越的保护色而不易被发觉。在寒冷的冬季，分布于青藏高原特别是昆仑山脉的细嘴短趾百灵四处漂泊，会下降到海拔较低、环绕青藏高原的地方越冬。

食性　以植物性食物为主，如植物的嫩芽、叶片、花朵、种子等。繁殖季节兼食昆虫，如蝗虫、蟋蟀等。

繁殖　成对或集小群活动，营巢于有稀疏植被的地面。每年的 5～7 月是繁殖期，通常产卵仅 3 枚，卵壳灰白色，具褐色细斑。

种群现状和保护　多分布于高海拔无人区，受到人类的威胁比较小。但其栖息环境十分恶劣，植被稀疏，种群繁衍受到限制。IUCN 和《中国脊椎动物红色名录》均评估为无危（LC）。在中国尚未列入国家保护名录。

细嘴短趾百灵。左上图唐军摄，下图张连喜摄

短趾百灵

拉丁名：*Alaudala cheleensis*
英文名：Asian Short-toed Lark

雀形目百灵科

形态 体长约 16 cm，体重 20～24 g。嘴黄褐色。跗跖和趾肉色。雌雄羽色相似。眉纹、眼周棕白，颊部棕栗色；上体羽浅沙棕色，略沾粉红色，尾上覆羽浅红棕色，各羽均具黑褐色纵纹，多而密，甚显著；飞羽淡黑褐色，羽缘棕白色；尾羽黑褐色，最外侧一对尾羽几乎全为白色；下体颏喉部污灰白色，前胸灰白色，缀栗褐色纵纹，腹部和尾下覆羽白色，腹侧和两胁具栗褐色纵纹和浅棕色羽缘。与大短趾百灵的主要区别是上胸两侧不具黑斑。

分布 繁殖于从大西洋加那利群岛至地中海、伊朗、俄罗斯南部、高加索、哈萨克斯坦到蒙古和中国的广大区域，迁徙到埃及、苏丹、伊拉克南部、伊朗、阿富汗东南部及印度越冬。在国内分布于新疆、西藏东北部、甘肃、青海、宁夏、内蒙古、陕西、山西、河北、北京、天津、东北、山东、江苏、四川和台湾。

栖息地 栖息于草原和半荒漠的沙质环境。

习性 常成十几只小群活动于芨芨草沙地和白刺沙地。喜鸣叫，鸣声婉转动听，边飞边鸣。它们能从草丛中拔地而起、直冲云霄，在空中保持着力的平衡，悬翔于一点进行鸣唱，凭此绝技表演极易被识别。当然，它们有时也呈波浪形往前飞。

鸣声 通常在清晨发出间断或连续发出轻柔的叫声，声音比较短促，音节的时间约为 0.1771 秒，频率在 2583～6373 Hz 之间，此叫声没有特定规律，时间间隔不定，持续时间不定。求偶期短趾百灵的发声与其他百灵鸟相似，最大特点是鸣唱持续时间长、频率变化大、歌声复杂，并且会发出颤音。短趾百灵颤音的 4 个

音节大致相同，音节间隔为 0.0688～0.0094 秒，单个音节持续时间为 0.1538～0.3483 秒，频率在 2411～6373 Hz 的范围内上下变动，会发出类似于"巧其"的音节，第一个音节的颤音不明显，第二个音节为十分明显的颤音，时间为 0.2786 秒，在 0.0046 秒的间隔内在 3445～4995 Hz 上下变动。

食性 主要以杂草种子为食，有时也吃少量昆虫。1987 年有研究者剖检 3 胃观察，均为杂草籽。

繁殖 繁殖期 5～7 月。营巢于草丛中地面上或庄稼地。巢呈碗状，内垫以杂草。每窝产卵 3～4 枚。卵呈椭圆形。卵色灰白，具有黑褐色斑点。卵的大小为（14.0～14.5）mm×（19.0～20.0）mm，卵重 2 g。

与人类的关系 鸣声动听，给草原增添了生趣，受到人们喜爱。若在鸟类繁殖季节置身于大草原，常能听到一阵阵清脆委婉的鸟鸣就在头顶萦回，仰望高空，却只有蓝天白云，凝神细看，或许在几十米、上百米处的空中隐约可见一小小褐色点，那就是短趾百灵正悬于空中高唱情歌。

种群现状和保护 分布广泛，种群数量为常见。IUCN 和《中国脊椎动物红色名录》均评估为无危（LC）。广泛分布于许多国家的草原和半荒漠，在适宜的栖息地内密度很高。加那利群岛东部 1.7 万～1.9 万对，西班牙 23 万～26 万对，乌克兰 1 万～1.7 万对，俄罗斯可能多于 30 万对。在亚洲，从常见到部分地区丰富，俄罗斯的许多地区为常见，但在伊比利亚种群数量减少，伊比利亚亚种 *A. c. apetzii* 被认为是近危物种，分布于在加那利群岛的亚种 *A. c. polatzeki* 被认为是濒临灭绝的物种，指名亚种 *C. c. cheleensis* 在特纳利夫岛是易危种群。在中国为常见种。2013 年 5—7 月，研究者对内蒙古四子王旗格根塔拉和苏尼特右旗赛罕塔拉的荒漠草原、锡林浩特毛登牧场和白银库伦牧场的典型草原，采用样线法进行了统计，记录到短趾百灵 324 只，荒漠草原的平均密度为每平方千米 34.4 只，典型草原的密度为每平方千米 131.25 只。

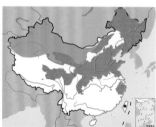

短趾百灵。左上图沈越摄，下图为幼鸟，王志芳摄

短趾百灵的巢和卵。王志芳摄

凤头百灵

拉丁名：*Galerida cristata*
英文名：Crested Lark

雀形目百灵科

形态 体形略大的百灵，体长 17～18 cm，体重 35～55 g。通体沙土褐色，具明显的羽冠，比较容易识别；背部和胸部具暗褐色纵纹，腹部及尾下较白。

分布 从西亚、北非一直到欧洲，广泛分布于温带地区。在中国见于新疆、青海、甘肃、宁夏、内蒙古等北方各地，为留鸟或夏候鸟。

栖息地 适应于地栖生活，喜欢干旱的荒漠草原、绿洲（沙漠边缘）、弃耕地、荒山及村落附近。冬季经常在羊圈或粪堆中取暖过夜，而使得浑身散发出恶臭气味。

鸣声 善于鸣唱，歌声悦耳，蜿蜒曲折，变化莫测。能发出流畅的哨音，如"唯呦——唯呦——"，或者圆润的笛音"嘀哒呦——嘀哒呦——"，"叽叽啾——叽叽啾——"。繁殖期长时间鸣叫，此起彼伏，一边飞一边叫，非常热闹。

习性 飞行模式是波浪式起伏状，并不能长距离远飞。

食性 食物包括各种粮食作物，如燕麦、小麦、大麦，还有杂草种子和昆虫等。

繁殖 繁殖期 4～7 月，每年繁殖 1～2 窝。在凹陷的地面上营巢，由干杂草絮成杯状巢，内垫兽毛或鸟羽。每窝产卵 3～5 枚，卵壳密布细褐斑。孵化期 11～13 天，雌雄轮换孵卵。双亲

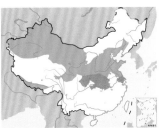

凤头百灵。左上图沈越摄，下图杨贵生摄

巢中张开大嘴乞食的凤头百灵雏鸟。魏希明摄

共同抚育后代，幼鸟在 8～11 日龄以后就可以离开巢穴，但还不能飞行，要到 16～19 日龄才开始练习飞行。

种群现状和保护 IUCN 和《中国脊椎动物红色名录》均评估为无危（LC）。因为滥用农药，一度在农村销声匿迹，种群数量明显下降，尚未列入国家保护名录，需要加强保护。

探索与发现 凤头百灵被认为是"半晚成鸟"，就是说幼鸟在巢内生长期到一半时便蠢蠢欲动，一遇到危险就会提前离开巢穴。民间有"七日在巢，八日就跑"的说法，这是地面营巢鸟类在捕食压力下进化出的逃离危险的本能。

白翅百灵

拉丁名：*Alauda leucoptera*
英文名：White-winged Lark

雀形目百灵科

形态 小型鸣禽，身长 17～19 cm，翼展约 35 cm，体重 44～48 g。通体棕色，上体褐灰色，具宽的黑褐色羽轴纹；下体近白色，喉及上胸具浅褐色点斑及暗色羽干纹，颈侧和胸部沾褐。雄鸟头顶、耳羽、肩部淡红棕色，背部褐灰色，具黑褐色羽轴纹；初级飞羽褐色，次级飞羽和三级飞羽的端部为白色，因此得名"白翅"；尾羽除中央一对为黑褐色外，其余各羽均具白端，且最外侧具白缘；腰赤褐色亦具深色的纵纹。雌鸟较雄鸟体色浅，头部无红棕色。

分布 从高加索地区一直到中亚，向北至西伯利亚西部，冬季可能向更南的地区游荡，居无定所。在中国仅见于新疆。

栖息地 见于内陆干旱地区，如干燥草原、低洼的盐泽、荒漠与半荒漠地区。也见于湖边的草丛、赤贫的盐碱滩和弃耕地等。

鸣声 会发出金属般的颤音"啾咿特——啾咿特——"，类似于云雀。也有深沉洪亮的"嘶哧哦——嘶哧哦——嘶哧哦——"

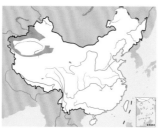

白翅百灵。左上图关学丽摄

云雀
拉丁名：*Alauda arvensis*
英文名：Eurasian Skylark

雀形目百灵科

形态 体形居中或略大的百灵，体长 17～20 cm。羽冠短而不明显。通体土褐色，上体有暗纹，下体为较淡的皮黄色，外侧尾羽白色。雄鸟的翅膀比雌鸟更宽一些，是其喜欢长时间悬空飞舞炫耀鸣唱的一种进化。

分布 广泛分布于北温带和寒温带，亚种分化较多，遍布欧洲和亚洲，甚至作为"宠物鸟"被引入世界其他地区。在中国分布于北方各地，如新疆、青海、内蒙古、河北、山东、吉林、黑龙江等。

栖息地 喜欢活动于低矮的草丛之中，如荒漠草原、湿地周边的草地、农场的弃耕地等。

鸣声 云雀其貌不扬，叫声却比较复杂，变化多端，"哔——哟——哔——哟——"，"唧——唧——啾——唧——唧——啾——"，或"咯哟——咯哟——"，十分悦耳。雄鸟喜欢悬空鸣唱，或冲上百米高空，歌声在云端。

习性 具有漂泊习性，繁殖期过后，就停止鸣唱而销声匿迹了。在寒冷的北方地区，云雀是迁徙的，各地的居留型都不一样，有时难以判定。

叫声。长时间鸣唱，韵律平稳。有时模仿其他鸟的叫声，惟妙惟肖。

食性 平时在地上寻食昆虫和植物种子。夏季主要以草籽、嫩芽等为食，也捕食昆虫，如甲虫、蚱蜢、蝗虫、飞蛾等。

繁殖 从 4 月初开始营巢，持续到 5 月底。巢一般筑在开阔的原野，比较低洼和隐蔽的地方，巢呈浅杯形，用杂草构成，置于地面稍凹处或草丛间。繁殖期为 4～7 月，每巢卵量 4～6 枚。

种群现状和保护 IUCN 和《中国脊椎动物红色名录》均评估为无危（LC）。但在中国极其罕见，种群数量稀少，曾经被评估为最不受关注的物种，尚未列入国家保护名录。农业开垦是其栖息地丧失的主要原因，现状不容乐观，亟待有关部门加强保护。

探索与发现 白翅百灵曾长期被归为百灵属 *Melanocorypha*，但最新研究将白翅百灵归入云雀属 *Alauda*。白翅百灵所谓的"白翅"，在双翼合拢时并不易被看到，只有在飞行时才清晰可见。但需要注意的是，"白翅"并不是其独有的特征，百灵科的其他一些种类也有白色大翅斑，如蒙古百灵。

食性 主食植物的种子和昆虫等。育雏期，幼鸟的食物全部是昆虫及其幼虫，如鳞翅目幼虫、鞘翅目和直翅目昆虫等。

繁殖 营巢于草地上，比较隐蔽。繁殖期在 4～7 月，窝卵数 3～6 枚。卵壳白色或土灰色，密布深色斑点。孵化期 10～12 天。一年产 2～3 窝卵，繁殖力较强。

白翅百灵的繁殖参数	
窝卵数	3～8 枚，通常 4～6 枚
卵壳颜色	白色、浅绿色或近黄色，表面光滑而具褐色细斑
卵形状	椭圆形
卵大小	约为 23 mm × 18 mm
孵化期	12～13 天
孵化模式	双亲轮流孵卵
育雏模式	双亲喂养

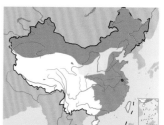

云雀。左上图沈越摄，下图杨贵生摄

云雀的巢和卵。宋丽军摄

巢中张嘴乞食的云雀雏鸟。宋丽军摄

离巢的云雀幼鸟。杨贵生摄

与人类的关系　云雀广泛分布于欧亚大陆，且繁殖期雄鸟善于悬空飞舞、炫耀鸣唱，受到人们喜爱。因此在传统的民间文化元素中，云雀是美丽歌唱家的化身，经常出现在各民族的音乐、诗歌和文学作品之中。

种群现状和保护　IUCN 和《中国脊椎动物红色名录》均评估为无危（LC）。但单一的农业种植方式和滥用农药，使得云雀种群数量快速下降。而由于动听的鸣声，云雀成为民间广受欢迎的笼养鸟，这些笼养的云雀，大都来自不法分子从野外捕捉的幼鸟，给对野外种群数量造成了严重威胁。2000 年，云雀被列为中国三有保护鸟类。

小云雀

拉丁名：*Alauda gulgula*
英文名：Oriental Skylark

雀形目百灵科

形态　比云雀及其他百灵类体形瘦小一些，体长 14～16 cm，体重 20～25 g。通体土黄褐色，具有纵斑纹和白色尾羽羽缘。雌雄外形相似，上体沙棕或棕褐色，布满黑褐色羽条纹。浅色眉纹，具不明显的羽冠。下体淡棕色或棕白色，胸部密布黑褐色羽干纹。翅和尾羽为黑褐色。

分布　青藏高原特有物种，周边的缅甸、尼泊尔、印度、巴基斯坦、阿富汗等都有分布，最近扩散到南亚和中亚一些国家。在中国分布于中西部和南部各省，如新疆、西藏、甘肃、青海、宁夏、四川、云南等（留鸟）。

栖息地　栖息于高原上靠近水体的开阔草原、低山荒漠、沼泽草丛和弃耕地等。

鸣声　繁殖期鸣声高昂、悦耳，如"哔呦——啼呦——"或"嘀哦啾——嘀哦啾——"。非繁殖期的叫声多为干涩的的喊喳声，比较单调。

习性　在大部分地区为留鸟，不作周期性迁徙。但在新疆、甘肃、青海、西藏、陕西等北方地区繁殖的种群，会在冬季到来之前南迁。

发情期经常像火箭似的快速冲入云空，并伴随动听的鸣唱，而且为了吸引伴侣，能在空中悬停和歌唱。

食性　地栖性鸟类，以杂草的种子和各种昆虫为食。偶然也吃田间的谷物。

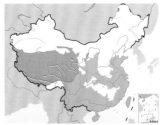

小云雀。左上图彭建生摄，下图林剑声摄

小云雀的巢和卵。颜重威摄

小云雀2日龄雏鸟，全身仅被少数绒毛，尚且无力睁开双眼，但却本能地张开大嘴向亲鸟乞食。颜重威摄

小云雀的繁殖参数	
巢形状	杯状
巢大小	外径 11～12 cm，内径 5.5～7.2 cm，高 4.4～5 cm，深 2.6～3.2 cm
窝卵数	3～5 枚
卵颜色	淡灰色或近白色，有暗褐斑
卵大小	长径 21.4～22.0 mm，短径 15.5～15.9 mm
孵化模式	雌雄轮流孵卵
育雏模式	双亲育雏

繁殖 繁殖期 4～7 月，南方比北方要早些。通常营巢于地面凹处，有草丛遮蔽，安全性好。巢主要由枯草茎、细叶混合构成，内垫有细禾草茎和须根等软物。窝卵数 3～5 枚。雌雄轮流孵卵，双亲共同育雏。繁殖期亲鸟会通过减少出入巢的频次和缩短滞留时间，来减少被天敌发现的概率，保护巢中的卵或雏鸟。

种群现状和保护 IUCN 和《中国脊椎动物红色名录》均评估为无危(LC)。但由于气候变化、生境的破坏和人为作用的影响，导致数量减少。在一些地方，常被人们捕捉贩卖为笼鸟，以欣赏其动听的鸣唱。2000 年，小云雀被列为中国三有保护鸟类。

角百灵

拉丁名：*Eremophila alpestris*
英文名：Horned Lark

雀形目百灵科

形态 小型鸟类，体长 15～18 cm，翼展 31～35 cm，体重 31～38 g。不像大多数百灵类那样朴素，角百灵的外观非常独特，具有黑白鲜明的"花脸"。雄鸟前额和眉纹为白色或浅黄色，连为一体；头顶前部左右各有一簇黑色羽毛向后延伸，形成两个小角；上体灰色或葡萄棕色，下体为苍白色。飞行时可见尾与翅是褐色的，外侧尾羽白色。雌鸟色暗，无"角"，但头部图纹同雄鸟，只是颜色对比较弱。

分布 广泛分布于北半球，如欧亚大陆、北美洲及北非等，甚至到达一些离散的岛屿和北极的苔原地区。在中国，分布于西藏、青海、新疆、甘肃、四川、内蒙古等地区。

栖息地 栖息于高原或北方寒冷地区，多见于海拔 1300～4700 m 区域，如林线以上的草甸、高山草原、低山荒漠、山前戈壁等。冬季也会出现在低洼盐碱地、弃耕地、沿海滩涂和村庄周围。

鸣声 常在空中歌唱，"哦嘀哟——哦嘀呦——"，发声高亢。在空中飞行时的叫声，有上升的颤音，音高而忧郁；在地面的叫声如"啡咿哦——啡咿哦——"，是轻快的哨音或嘶声。

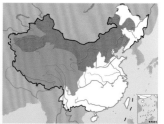

角百灵。左上图为雄鸟，沈越摄；下图为雌鸟，唐军摄

离巢的角百灵幼鸟。杨贵生摄

习性 主要为留鸟，冬季具有集群漂泊的习性。对于在中国分布的角百灵来说，除一些种群冬季漂泊外，其他大部分长期栖居在出生地，或从山上移到山下，不作周期性迁徙。

食性 以杂草草籽和各种昆虫为食，在农区亦食青稞。在繁殖季节，主要的食物是昆虫的幼虫。

繁殖 繁殖期5~8月，在低海拔较温暖的地区会提前于其他地区产卵。通常营巢于有草丛的地面上或灌木丛中。巢由杂草、鸟羽、根须等构成，内垫有羊毛或花穗等柔软物。窝卵数2~5枚。

种群现状和保护 IUCN 和《中国脊椎动物红色名录》均评估为无危（LC）。在一些地区，角百灵是鸟类中最经常被飞机或风力涡轮机杀死的种类，同时也导致这些机器机械故障，最终两败俱伤，导致其数量的减少。在中国，已被列为三有保护鸟类。

探索与发现 角百灵最开始曾被归为云雀属 Alauda，后来独立为仅具2个物种的角百灵属 Eremophila。这一物种的亚种非常之多，达到42个，简直就是"一团乱麻"。据最近的遗传分析表明，它们是由6个不同分支组成，将来有可能被认为是各自独立的6个物种。

角百灵的繁殖参数	
巢形状	浅杯型
巢大小	外径8.0~11.5 cm，内径4.7~6.8 cm，高4.8~5.3 cm，深3.5~4.2 cm
窝卵数	2~5枚
卵颜色	浅褐色或近白色，上密级褐色细斑
卵大小	长径22~25 mm，短径15~17 mm
孵化期	12~13天
孵化模式	雌雄轮流孵卵
育雏期	约25天
育雏模式	双亲育雏

歌百灵

拉丁名：*Mirafra javanica*
英文名：Horsfield's Bush Lark

雀形目百灵科

体形较小的百灵，体长约14 cm。上嘴褐色，下嘴偏黄色。脚偏粉色。上体暗褐色，头顶具短羽冠，翅覆羽和飞羽具宽阔的棕色羽缘，飞行时尤为显著，可以此区分于其他百灵类；下体浅皮黄色，胸具黑色纵纹，外侧尾羽白色。分布于非洲、印度、中国东南部和东南亚。在中国记录于广西、广东及香港。栖息于开阔的草地、农田或牧场，习性似云雀，但飞行能力较云雀弱。IUCN 评估为无危（LC），《中国脊椎动物红色名录》评估为易危（VU）。被列为中国三有保护鸟类。

歌百灵。Patrickkavanagh摄（维基共享资源/CC BY 2.0）

苇莺类

- 苇莺类指雀形目苇莺科鸟类，全世界共6属53种，中国有3属16种，草原与荒漠地区有3属10种
- 苇莺类体形纤细，翅圆，尾长，体羽以棕褐色为主，通常有浅色眉纹和深色背部纵纹，常在芦苇丛中活动，主要取食昆虫
- 苇莺类在芦苇丛、灌丛或树上建造杯形巢，多数双亲共同育雏，但一雄多雌制的种类由雌鸟育雏
- 苇莺类受胁比例较高，需要加强保护关注

左：大多数苇莺类栖息于水域附近的高草丛、芦苇丛和灌丛地带，经常在芦苇丛中活动。图为站在芦苇梢头鸣唱的大苇莺。王志芳摄

下：除了栖身于芦苇沼泽中的种类外，苇莺类中还有一些物种依赖干燥而长满矮树、灌丛及草簇的环境。图为站在灌丛中的靴篱莺。董江天摄

类群综述

苇莺类指雀形目苇莺科（Acrocephalidae）鸟类。苇莺科（Acrocephalidae）是一个新建立的科，是根据分子证据从传统的莺科（Sylviidae）中分离出来的，由原苇莺亚科（Acrocephalinae）的部分物种组成。苇莺类分布于欧亚大陆，少数扩散到大洋洲，全世界共6属53种。中国有苇莺3属16种，其中3属10种繁殖于草原与荒漠地区。

苇莺类体形纤细，喙尖细，翅圆，尾长。雌雄羽色相似，体羽以棕褐色为主，背部条纹明显，通常有浅色眉纹。顾名思义，苇莺是出没于芦苇丛中的莺类，因此以苇莺属 Acrocephalus 为代表的大多数苇莺类栖息于芦苇沼泽和水域附近的高草丛及灌丛地带。但也有一些物种依赖干燥而长满矮树、灌丛及草簇的环境，如靴篱莺属 Iduna、篱莺属 Hippolais、薮莺属 Nesillas。

苇莺类主要以昆虫等小型无脊椎动物为食，也取食植物果实和种子。常在芦苇丛或灌草丛中跳跃。苇莺在芦苇丛、灌丛或树上建造杯形巢，由雌鸟或双亲建造。窝卵数 2～6 枚；孵化期 12～14 天，由雌鸟或双亲负责；育雏期 12～14 天，由双亲共同育雏，但一雄多雌制的雄鸟则不饲养雏鸟。

由于体形小、单位面积栖息地可支持的种群数量高，雀形目鸟类的受胁比例往往较非雀形目低，然而苇莺类的受胁比例却令人大跌眼镜，根据《世界自然保护联盟濒危物种红色名录》（IUCN Red List of Threatened Species），全世界现存的 53 种苇莺有 16 种被 IUCN 列为全球受胁物种，受胁比例高达 30.2%，远高于世界鸟类总体受胁比例 13.7%。这是因为苇莺类依赖的沼泽湿地环境受到人类影响而退化或消失，还有一些物种则仅分布于岛屿，容易受到生物入侵的影响。中国草原与荒漠地区分布的苇莺虽然均被 IUCN 评估为无危（LC），但其实一些物种在中国甚为罕见，有待加强保护和关注。

大苇莺
Acrocephalus arundinaceus

须苇莺
Acrocephalus melanopogon

蒲苇莺
Acrocephalus schoenobaenus

稻田苇莺
Acrocephalus agricola

布氏苇莺
Acrocephalus dumetorum

芦莺
Acrocephalus scirpaceus

厚嘴苇莺
Arundinax aedon

赛氏篱莺
Iduna rama

靴篱莺
Iduna caligata

草绿篱莺
Iduna pallida

大苇莺

拉丁名：*Acrocephalus arundinaceus*
英文名：Great Reed Warbler

雀形目苇莺科

体形甚大的苇莺，体长约 20 cm。喙粗厚而端部色深。上体灰橄榄褐色，眉纹淡黄色，上体暖褐色，腰及尾上覆羽棕色。下体白色，胸侧、两胁及尾下覆羽沾皮黄色。羽色匀净，无纵纹。在中国繁殖于新疆、甘肃和内蒙古中部，迁徙经过云南南部。IUCN 和《中国脊椎动物红色名录》均评估为无危（LC）。被列为中国三有保护鸟类。

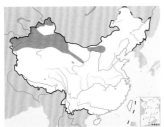

大苇莺。左上图张明摄，下图沈越摄

须苇莺

拉丁名：*Acrocephalus melanopogon*
英文名：Moustached Warbler

雀形目苇莺科

中等体形的苇莺，体长约 13 cm。前额较平，喙强而尖。上体棕褐色，背部具深色纵纹，具宽而显著的淡皮黄白色眉纹和明显的深色顶冠；下体白色，胸和两胁沾棕色。繁殖于地中海、黑海、里海至咸海一带，越冬于繁殖地以南，包括地中海沿岸、中东、阿富汗和印度西北部。在中国为新记录，记录于新疆乌鲁木齐，推测为天山地区的夏候鸟。IUCN 评估为无危（LC）。

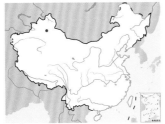

须苇莺。Dr. Raju Kasambe摄（维基共享资源/CC BY-SA 4.0）

蒲苇莺

拉丁名：*Acrocephalus schoenobaenus*
英文名：Sedge Warbler

雀形目苇莺科

中等体形的苇莺，体长约 13 cm。上体褐色，头顶和背具黑褐色纵纹，腰和尾上覆羽棕栗色，具宽而显著的淡皮黄色眉纹，其上具明显的黑褐色眉上纹；下体白色，两胁沾皮黄色。繁殖于欧洲、中亚至西西伯利亚，越冬于非洲。在中国繁殖于新疆西北部，迁徙经过内蒙古中部。IUCN 和《中国脊椎动物红色名录》均评估为无危（LC）。

蒲苇莺。聂延秋摄

稻田苇莺

拉丁名：*Acrocephalus agricola*
英文名：Paddyfield Warbler

雀形目苇莺科

中等体形的苇莺，体长约 13 cm。喙短，羽色单纯无纵纹。上体淡棕褐色，腰和尾上覆羽较鲜亮，具宽而显著的淡皮黄色眉纹，其上具狭窄的黑褐色眉上纹；下体白色，胸、腹和两胁沾皮黄色。似芦莺，但眉纹较长且显著。繁殖于欧洲南部至中亚，越冬于非洲。在中国繁殖于新疆，迁徙经过云南。IUCN 和《中国脊椎动物红色名录》均评估为无危（LC）。

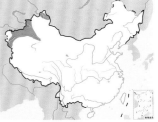

稻田苇莺。魏希明摄

布氏苇莺

拉丁名：*Acrocephalus dumetorum*
英文名：Blyth's Reed Warbler

雀形目苇莺科

中等体形的苇莺，体长约 14 cm。喙细长，翅短圆。羽色单纯无纵纹。上体灰褐色，具短的皮黄色眉纹，腰沾橄榄绿色；下体白色，两胁沾皮黄色。较芦莺或稻田苇莺上体多灰色，整体色调偏冷。繁殖于欧洲、中亚至俄罗斯中部；越冬于喜马拉雅山脉南麓、印度及缅甸。在中国繁殖于新疆北部，四川、香港有迷鸟记录。IUCN 和《中国脊椎动物红色名录》均评估为无危（LC）。

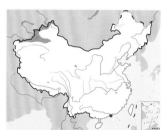

布氏苇莺。左上图魏希明摄，下图张明摄

芦莺

拉丁名：*Acrocephalus scirpaceus*
英文名：Eurasian Reed Warbler

雀形目苇莺科

中等体形的苇莺，体长约 13 cm。喙长，顶冠略尖，翅钝圆。羽色单纯无纵纹。上体橄榄褐色，腰及尾上覆羽沾棕色，具模糊的白色眉纹；下体白色，胸侧及两胁沾栗黄色。似布氏苇莺，但色调更暖。繁殖于欧洲至中亚，越冬于非洲。在中国为夏候鸟或旅鸟，见于新疆，云南南部有迷鸟记录。IUCN 和《中国脊椎动物红色名录》均评估为无危（LC）。

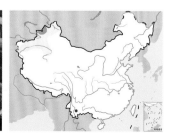

芦莺。魏希明摄

芦莺。魏希明摄

厚嘴苇莺

拉丁名：*Arundinax aedon*
英文名：Thick-billed Warbler

雀形目苇莺科

体形较大的苇莺，体长约 19 cm。喙粗短。上体橄榄棕褐色，眼先和眼周淡皮黄色，无眉纹；下体白色，喉以下染皮黄色。无眉纹而具浅色眼圈和明显的凸尾可区别于其他大型苇莺。繁殖于西伯利亚南部至中国东北和西北以及朝鲜等地，越冬于喜马拉雅山脉南麓和中南半岛。在中国繁殖于东北地区、新疆和云南；迁徙经过华北、华东和长江以南地区。IUCN 和《中国脊椎动物红色名录》均评估为无危（LC）。

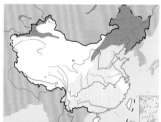

厚嘴苇莺。左上图张永摄，下图聂延秋摄

靴篱莺

拉丁名：*Iduna caligata*
英文名：Booted Warbler

雀形目苇莺科

小型莺类，体长仅 11 cm。上体灰褐色，腰和尾上覆羽沾棕色，眉纹长，近白色；下体污白色，两胁及尾下覆羽沾皮黄色。方形尾，外侧尾羽羽缘白色。喙短小。较赛氏其他篱莺体形小，且额和头顶较圆，喙和尾较短，眉纹较长。繁殖于俄罗斯欧洲部分中部和南部、中亚、西西伯利亚至蒙古西北部和中国西北部；越冬于印度东部和东南部。在中国为夏候鸟，仅见于内蒙古西部和新疆。IUCN 和《中国脊椎动物红色名录》均评估为无危（LC）。在中国数量稀少，缺乏关注，尚未列入保护名录。

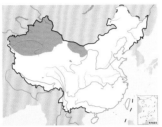

靴篱莺。左上图甘礼清摄，下图蓝添艺摄

赛氏篱莺

拉丁名：*Iduna rama*
英文名：Sykes's Warbler

雀形目苇莺科

小型莺类，体长约 12 cm。上体灰褐色，眉纹近白色；下体近白色。似靴篱莺，但体略大，上体褐色较少而更偏灰色，下体少皮黄色而更偏白色，喙较大，额及头顶较平。繁殖于中亚至伊朗、巴基斯坦，越冬于南亚，部分地区有小的留鸟种群。在中国为留鸟，见于新疆西部和北部，以及云南中部。IUCN 和《中国脊椎动物红色名录》均评估为无危（LC）。在中国数量稀少，缺乏关注，尚未列入保护名录。

赛氏篱莺。刘璐摄

赛氏篱莺。刘璐摄

草绿篱莺

拉丁名：*Iduna pallida*
英文名：Olivaceous Warbler

雀形目苇莺科

中型莺类，体长约 14 cm。上体灰褐色，眉纹短而窄，黄白色，眼周黄白色；下体近白色。尾羽细长，尾略呈方形。似靴篱莺和赛氏篱莺，但相对喙长而眉短。繁殖于欧洲南部至中亚和非洲北部，越冬于非洲中部。在中国为夏候鸟，仅见于新疆西部。IUCN 和《中国脊椎动物红色名录》均评估为无危（LC）。在中国数量稀少，缺乏关注，尚未列入保护名录。

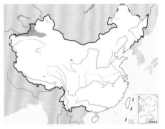

草绿篱莺。刘璐摄

燕类

燕类

■ 燕类指雀形目燕科鸟类，全世界共20属83种，中国有6属14种，草原与荒漠地区有5属6种

■ 燕类体形较小，嘴短而阔，翅尖长，外侧尾羽延长形成叉状尾，飞行能力出色，常张着嘴在空中飞行捕捉昆虫为食

■ 燕类多数为单配制，在洞穴中、岩石裂缝中或建筑物顶上筑巢繁殖，有重复利用往年巢区的习性

■ 燕类常栖息于人类居住点附近，受到人类活动的影响较大

类群综述

分类和分布 燕类指雀形目燕科 (Hirundinidae) 鸟类，全世界共 20 属 83 种。除两极和新西兰外，分布于全球各地。中国境内有 6 属 14 种。中国的草原与荒漠地区有 5 属 6 种，其中沙燕属 *Riparia* 2 种，燕属 *Hirundo*、岩燕属 *Ptyonoprogne*、毛脚燕属 *Delichon*、金腰燕属 *Cecropis* 各 1 种。

形态特征 燕类体形较小，体长 11～20 cm，体重 11～30g。脚、跗跖黑色或深褐色。嘴形短，嘴基部阔，呈三角形，上嘴近先端有一小缺刻。嘴裂甚阔，鼻孔裸出，嘴须短而弱。颈部较短。翅尖而长，似镰刀状，初级飞羽 10 枚，第 1 枚与第 2 枚几等长；次级飞羽短，最长者只达翅中部。尾羽 12 枚，呈叉状。跗跖短且细弱，大多腿部裸露无羽。雌雄羽色相似。幼鸟似成鸟，但上体羽缘较为苍淡。

栖息地 燕类分布较广，喜欢活动于比较开阔的地方，尤其喜欢在水域附近活动，从大草原和农田到沿海的树林，从偏远的山区到繁华的城镇都可以看到燕科鸟类的身影。它们充分利用了人类建造的桥梁、涵洞、水井、房屋和其他建筑作为其栖息地。

鸣声 燕类能够发出多种不同的叫声或鸣唱，用来表达兴奋、求偶时的交流，或者捕食者侵入领域的警报。雄性的叫声反应了其体质状态，雌性常常以此来判断雄性是否适合作为配偶。当幼鸟向亲鸟索要食物时，它们会发出乞讨的叫声。燕类典型的鸣声非常简单，但有时候也会发出一些有韵律的叽叽喳喳的叫声。

习性 燕类常在岩壁周围、河岸及土沟的沙岸峭壁附近、田野上空飞翔，在树木、芦苇以及玉米之类的农作物上进行休息，也在悬崖、桥下、石壁、树上或电线上休息，很多种类喜栖于电线上。

燕科的所有种类均是出色的飞行者，通常利用这个技巧进行觅食和求偶。它们飞行速度很快，飞行动作多样，其中包括绕圈飞行，以及与滑翔混合的振翅飞行。在捕获快速移动的猎物时，会迅速地进行一连串的转弯，除非猎物活动极其敏捷，否则很容易被燕类捕获。

食性 大部分燕类主要以昆虫为食。它们经常在树木、灌丛和池塘、湖泊、河流及沼泽地周围捕获昆虫。由于许多昆虫的生命周期中有一段离不开水的过程，因此，水周边是燕类的重要觅食地，尤其是在恶劣的天气，水周围往往聚集较多的昆虫。在繁殖期，它们往往会在巢周边几百米的范围内觅食。

燕类通常在飞行中搜寻猎物，因此需要足够的开阔空间。它们会避开某些猎物，尤其是像蜜蜂和黄蜂这样的刺蜇昆虫。除了昆虫，一些燕科鸟类偶尔也吃水果和其他植物。有时也在树枝上或地面上觅食。当几种不同种类的燕子生活在同一生境时，它们往往会在不同的生态位觅食，一些物种靠近地面，另一些则在较高的空中获取食物。

繁殖 燕类的交配制度为一雄一雌制。许多种类在选择繁殖栖息地时倾向于食物供应充分的区域，一些种类集大群筑巢繁殖。非迁徙的燕科鸟类，配对的一方常年停留在其繁殖区附近守护着鸟巢；迁徙的种类每年都回到原来的繁殖区。一年性成熟的种类通常选择靠近它们出生和长大的地点附近筑

左：燕类在洞穴中、岩石裂缝中或建筑物顶上筑巢繁殖，图为草原与荒漠地区的燕类代表——崖沙燕，偏爱在沙质土崖上掘洞为巢。杨贵生摄

巢。温带物种的繁殖期是季节性的，而亚热带或热带的种类可以全年繁殖或同样有季节性。亚热带或热带地区的季节性繁殖种类的繁殖期通常与昆虫活动的高峰期相重合，大多是在雨季，但一些物种为了避免它们在河岸的栖息地被洪水淹没而选择在旱季繁殖。

一般情况下，雄鸟会选择一个巢穴，然后用歌声和飞行吸引雌鸟，并且守护它们的领地。领地的大小因种类而异，在集群筑巢的物种中，领地范围往往是很小的。繁殖季节后期的一段时间内，幼鸟向它们的父母学习觅食和躲避天敌，其间如果有其他燕类离它们的领地太近，亲鸟就会在巢的周围攻击入侵者，保护幼鸟并守卫自己的领地。

部分燕科鸟类，例如树燕属 *Tachycineta* 和崖燕属 *Progne* 将巢筑在洞穴中，如枯树中啄木鸟凿出的洞穴、河岸边的废弃洞穴或者岩石上的裂缝等。这些种类的繁殖地主要分布在林地、峭壁或海崖等，但是有些物种更倾向于在房顶、水管道或路灯上筑巢繁殖。崖燕属将其繁殖地选择在河岸边，但同时，它们也在路基或采石场边筑巢，进而扩展了其繁殖栖息地。一些种类则在悬崖、树木、洞穴的墙壁和河堤上用泥筑巢，例如，为应对恶劣天气和躲避捕食者，毛脚燕属 *Delichon* 等在靠近屋顶的地方建造泥巢。但在湿度较高的地区，泥巢的种类特别有限，因为潮湿导致泥巢更易破碎，不利于燕类的栖息与繁殖。由于人类活动的影响，燕科鸟类的繁殖地经常被破坏，它们的应对措施是选择洞穴作为暂时的营巢地。当然，暂时营巢地可能会变为永久营巢地。草原与荒漠地区的燕科鸟类繁殖期为3月至7月中旬。雌雄鸟共同筑巢。营巢于岩石上、河岸峭壁土洞中、屋檐下、屋内墙上；大多以泥土和杂草筑巢。

筑巢完成后，雌鸟开始产卵。燕类的卵通常是白色的，用泥筑巢的种类的卵有些具有斑点。在草原与荒漠地区繁殖的燕科鸟类，窝卵数为 2 ~ 5 枚。孵卵任务由雌雄亲鸟共同完成或由雌鸟承担，孵化期 10 ~ 21 天，通常为 14 ~ 18 天。刚刚孵出的幼鸟眼睛是闭着的，10 天之后才完全睁开。通常，3 周后亲鸟将幼鸟带离巢穴，但它们还是会经常回到巢中休息。

种群现状和保护　燕类经常出现在人类活动的环境，尤其是经常利用人工建筑作为营巢地，受到人类活动的影响较大。由于栖息地的丧失，许多燕科鸟类濒临灭绝。例如，仅分布于泰国的白眼河燕 *Pseudochelidon sirintarae* 已多年无记录，被 IUCN 评估为极危（CR），分布于岛屿的巴哈马树燕 *Tachycineta cyaneoviridis* 和加岛崖燕 *Progne modesta* 为濒危物种（EN）。在中国，所有燕类均被列为三有保护鸟类。

除了在洞穴中营巢的种类外，其他燕类主要在悬崖壁、洞穴壁乃至人工建筑的墙壁上用泥筑巢，其中一些种类常生活在人类聚居区，选择在屋檐下筑巢以躲避风吹雨打。图为正在育雏的家燕。徐永春摄

崖沙燕
Riparia riparia

淡色崖沙燕
Riparia diluta

岩燕
Ptyonoprogne rupestris

家燕
Hirundo rustica

毛脚燕
Delichon urbicum

金腰燕
Cecropis daurica

崖沙燕

拉丁名：*Riparia riparia*
英文名：Collared Sand Martin

雀形目燕科

形态　雄鸟体长约 13 cm，雌鸟约 12 cm。体重 11～19.5 g。体形较家燕小。喙短且宽扁，基部宽大，呈倒三角形，上喙近先端有一缺刻，口裂极深，嘴须不发达。上体棕黄色或灰褐色，额、腰和尾上覆羽沾棕色；飞羽和尾羽深黑褐色，闪淡绿色光泽；下体白色，胸部有暗褐色胸带。翅狭长而尖，尾呈浅叉状。嘴、脚黑褐色。脚短而细弱。幼鸟颏、喉部黄褐色，背部羽毛有较宽的淡色边缘。

分布　繁殖于欧亚大陆、北美洲、非洲西北部；越冬于东南亚、南美洲和非洲。在中国，分布于新疆、青海、山西、河北、北京、天津、东北、山东、河南、江苏、上海、四川、广西、广东、海南和台湾。

栖息地　栖息于田野、河川、湖沼的泥沙滩上或附近的岩石、土崖。

鸣声　平时鸣声为尖厉的"ji-ji"，当遇到危险时则发出高低音的警报音"zhi zhi"，兴奋时的鸣唱音为"zhi-zhi-zhi-zhi-zhi-zhi"或"zhi-zhi-zhi-zhi-zhi-jiu"，屈服时则发出"ji"的一声。

习性　多集成几十只的小群一起穿梭飞行于水面上，动作轻快且敏捷。有时也群栖于农田、村庄道路两旁的电线上休息。

食性　主要以昆虫为食，善于捕食低空飞行的昆虫，如蚊、蝇、虻、蚁等，也食少量的蜘蛛。觅食的时间和地点有时会根据当时当地活动的昆虫种类而发生变化。

繁殖　在内蒙古繁殖季节为 5 月中旬至 7 月中旬。集群营巢，多利用以前的旧巢繁殖，有的也在旧巢区内或附近光线较好的沙质土崖上营建新巢洞。崖沙燕的洞道均为水平洞道，洞口椭圆形，洞末端扩大成椭圆形巢室，多单洞道，但也有分支现象。2013 年，研究者在内蒙古鄂尔多斯伊金霍洛旗曾见到一处群巢，巢数多达

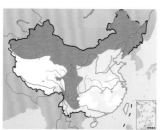

崖沙燕。左上图杨贵生摄，下图张明摄

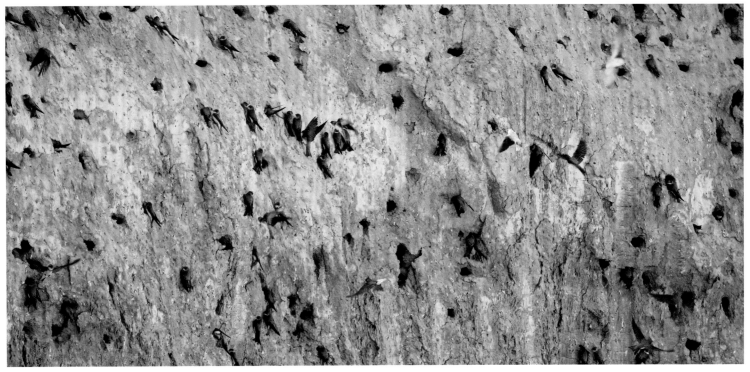

在沙质土崖上集群营巢的崖沙燕。魏希明摄

崖沙燕的繁殖参数	
交配系统	单配制
巢距地面高度	2～5 m
洞道大小	内径（5.94±0.69）cm，洞高（3.82± 0.42）cm，深（64.38± 11.73）cm（n=50）
巢室大小	高（8.97±0.44）cm，宽（12.76± 0.66）cm
巢大小	高（5.72±0.35）cm，深（2.47±0.23）cm，内径（5.26±0.42）cm，外径（12.37±0.75）cm
窝卵数	2～6 枚
卵大小	长径（12.2±0.2）mm，（17.2±0.7）mm（n=25）
新鲜卵重	（1.42±0.09）g（n=25）
孵化期	12～13 天
育雏期	19 天
繁殖成功率	83.04%

100 多个，每平方米就有 10 多个巢洞。在四川南充的繁殖期是 2～4 月，巢区内洞的密度极大，最密处达每平方米 31 个巢洞。洞口相距虽近，但洞内并无相通现象。巢多半圆形，少数椭圆状，巢外层一般为早熟禾、白茅、蒿类的茎，内层铺有雁鸭类等鸟类的羽毛及少量禾本科植物的枝叶。卵纯白色，光滑无斑。刚孵出的雏鸟眼睛紧闭，全身裸露，仅头顶有一丛纤细绒毛，随后在后头、肩部和背部长出几丛纤细绒毛，直至全身长满羽毛后，才开始睁眼。

种群现状和保护 分布广泛而常见，种群数量丰富。20 世纪 90 年代，欧洲和俄罗斯的种群数量估计有 280 万～ 1400 万对。1970—1990 年西欧种群数量大规模降低，1984 年英国种群数量只有 20 世纪 60 年代中期峰值的 10%；北美大部分种群数量稳定。IUCN 和《中国脊椎动物红色名录》均评估为无危。被列为中国三有保护鸟类。

淡色崖沙燕

拉丁名：*Riparia diluta*
英文名：Pale Sand Martin

雀形目燕科

由原崖沙燕部分亚种独立成种，在中国分布的有指名亚种 *R. d. diluta*、青藏亚种 *R. d. tibetana* 和福建亚种 *R. d. fohkienensis*。与崖沙燕相似，但羽色更浅淡，胸带不甚明显。作为夏候鸟，繁殖于西伯利亚、蒙古至中国西北，越冬于印度西北部和中国东南部，在青藏高原和中国南方为留鸟。IUCN 和《中国脊椎动物红色名录》均评估为无危（LC）。被列为中国三有保护鸟类。

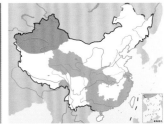

淡色崖沙燕。左上图董磊摄，下图刘璐摄

家燕

拉丁名：*Hirundo rustica*
英文名：Barn Swallow

雀形目燕科

形态 体长约 18 cm，体重 16～24 g。嘴黑褐色，跗跖和趾黑色。雌雄羽色相似。上体为闪金属光泽的蓝黑色；颏、喉及上胸栗色，颈部有一圈黑色颈环，有的中间段被上胸的栗色介入；腹部灰白色杂有少量棕色，无斑纹。尾长，尾叉深，最外侧 2 枚尾羽细而长，除中央尾羽外，其余羽毛内翈均有白斑，且白斑互相连成 "V" 字形，飞行时黑白分明尤其醒目。与金腰燕羽色相似，但腹部没有纵纹。幼鸟羽色与成鸟相似，但额、颏、喉为灰白色，上体羽色较暗淡，下体羽色比成鸟深，呈栗棕白色，尾羽较成鸟短。

分布 广布于全北界，繁殖于欧洲、亚洲、北美洲和非洲北部，在非洲南部、南亚、澳大利亚北部及美洲南部越冬。在中国，夏季全国各地可见，秋季向南迁徙，在云南南部、海南和台湾为冬候鸟。

栖息地 栖息于人类居住点附近，常在居民点及其附近农田活动。在房屋墙上、树枝上停歇，也常栖于电线杆上和电线上。

习性 常成群飞行在村庄的上空。繁殖季节成对活动于居民点及其附近农田。从清晨开始就在空中飞来飞去，有时急速闪过田间，有时掠过水面，忽上忽下，忽左忽右，在飞行中捕食昆虫。

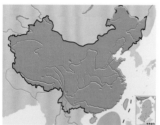

家燕。左上图沈越摄，下图魏希明摄

8 月份数量较多，常成小群在居民点附近活动；9 月至 10 月初湖中的蚊子很多，此时成千上万只家燕在湖中飞舞，捕食蚊虫。

食性 主要以蚊、蝇、金龟甲、象甲、叩头甲、叶蝉、蛾类、蚁、蜂等昆虫为食，有时还取食少量杂草的茎叶。

繁殖 4 月中旬迁来中国北方，4～9 月为繁殖期。雌雄亲鸟共同筑巢。筑巢于村庄房屋的房檐下或无人居住的屋内梁上。喜欢将旧巢修补后继续使用，叼出旧巢内层的旧枝叶及绒羽，垫上新的巢材。营造新巢一般需 14～16 天。巢呈半碗形，较浅。以唾液将湿泥和短草根混合成丸状泥块砌成外壳，内层用唾液将细干草根粘在巢底，再铺少许绒羽。筑巢 1～2 天后开始产卵，一般每年产卵 2 窝。卵产齐后开始孵卵。卵呈椭圆型，卵壳白色，布以大小不一的褐色或红褐色斑点，钝端斑点密集。雌鸟孵卵。约 15 天，雏鸟出壳。刚出壳的雏鸟两眼闭合，通体肉红色，嘴白色透明，具卵齿，眼泡大，灰黑色；腹部膨大、圆球状，跗跖白色，爪白色透明；头顶、肩胛部和腰部被以稀疏的淡灰色绒羽。雏鸟经双亲喂食 20 天后出飞。第 1 窝和第 2 窝幼鸟常一起跟随双亲活动。9 月份集群，10 月初迁离繁殖地，留居期约 5 个多月。

家燕的繁殖参数	
交配系统	单配制
巢距地面高度	2.2～5.6 m
巢大小	巢口内径 8.0～15.0 cm，外径 9.0～20.0 cm。
窝卵数	第 1 窝 4～6 枚，多数 5 枚；第 2 窝卵数 2～5 枚，多数 4 枚。
卵大小	长径（19.18±0.90）mm，短径（14.18±0.41）mm
新鲜卵重	（2.57±0.38）g
孵化期	15～17 天
育雏期	22～23 天

与人类的关系 家燕在中国居留期间以蚊、蝇、牛虻等有害昆虫为食。在育雏期间一对家燕平均每天捕捉 450 只昆虫饲喂雏鸟，它们每年养育 2 窝雏鸟，加上它们自己食物所需，捕食的昆虫确实是一个很大的数目。可见，家燕是一种重要的食虫益鸟。此外，它们常栖居于庭院内，春来秋去，提示着时令的变化，也美化了环境，与人类的关系密切。同时可预测天气变化，如燕子低飞，可能大雨将来临。

种群现状和保护 家燕分布广泛，种群数量非常普遍。IUCN 和《中国脊椎动物红色名录》均评估为无危（LC）。被列为中国三有保护鸟类。在北美地区，1966—1994 年间，美国的种群数量在增加，而加拿大的数量有减少的趋势；1980 年在南美洲首次发现筑巢繁殖；在欧洲和俄罗斯，总繁殖数量大约 1300 万～3300 万对。2013 年 5—7 月，研究者在内蒙古四子王旗格根塔拉荒漠草原、苏尼特右旗赛罕塔拉荒漠草原和锡林浩特毛登牧场典型草原，调查了 8 条样线，记录到家燕 10 只，估算其在荒漠草原的平均密度为每平方千米 6.25 只，典型草原则未有记录。

岩燕

拉丁名：*Ptyonoprogne rupestris*
英文名：Eurasian Crag Martin

雀形目燕科

形态 小型燕类，体长 13～16 cm，翼展可达 32～35 cm，体重 20～25 克。通体土灰色，头顶和背部的颜色依次为灰褐色、黑褐色，且背羽具有光泽；颏与喉呈污白色，部分具有暗褐色或灰色斑点；两翅狭长且尖，颜色为暗褐色；尾短而呈方形，呈暗褐色，几乎所有尾羽尖端附近都有白色的斑块，例外的是最外面和中央的尾羽没有。

分布 繁殖区在欧洲南部、中亚、南亚、喜马拉雅山脉。越冬地在北非、中东及印度次大陆。在中国的西北、西南地区及青藏高原有繁殖，如内蒙古、宁夏、青海、甘肃、新疆、西藏、云南等。

栖息地 主要栖息于海拔 1800～4600 m 的山区，夏季生活或营巢于岩隙、峭壁、悬崖、桥涵和隧道中。繁殖温度需要达到 20℃ 左右，越冬区的温度大约需要 15℃，这样才能保证有足够的飞虫可以捕食，因此北方的岩燕冬季会迁徙至中国南方越冬。

鸣声 音调如"噼吔——噼吔哦——"、"吱——吱——"或"哧瑞——哧瑞——"的叫声，类似于毛脚燕。

食性 在飞行中捕食昆虫，食物的种类取决于当地活动的昆虫种类，如蚊、蝇、虻、蜂等。捕食区域多集中在巢附近分布有丰富昆虫的区域。

繁殖 常成对或成松散的群体营巢，营巢的数量通常不超过 10 个。各个巢之间的距离为 10～30 米，亲鸟具有保护领域的行为。用泥巴混合杂草筑巢，由雌雄共同建造。繁殖期在 5～8 月，通常营巢于临近水域附近的岩壁缝隙、山崖峭壁、洞穴或人造建筑物中。筑巢所花费的时间为 1～3 周，可能被多次利用。巢由泥丸粘结而成，呈半碗状，内衬柔软的材料，如羽毛、兽毛或细软干草。窝卵数 2～5 枚。

种群现状和保护 IUCN 和《中国脊椎动物红色名录》均评估为无危（LC）。被列为中国三有保护鸟类。在过去几十年里，岩燕越来越多地使用房屋和其他人造建筑筑巢，这将有可能扩大繁殖范围，从而也引起与其他燕类的竞争。

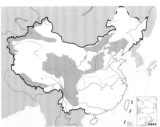

岩燕的繁殖参数

巢形状	半碗形或半球形泥巢
窝卵数	2～5 枚，平均 3 枚
卵颜色	白色，具褐色和灰色的斑点
卵大小	平均 20.2 mm×14.0 mm
卵重量	2.08 g
孵化期	13～17 天
孵化模式	以雌鸟孵卵为主
育雏期	14～21 天
育雏模式	双亲育雏
喂食频次	2～5 分钟一次

岩燕。左上图贾陈喜摄，下图彭建生摄

正在育雏的岩燕。贾陈喜摄

毛脚燕

拉丁名：*Delichon urbica*
英文名：Common House Martin

雀形目燕科

形态　体长约 13 cm，体重 16～23 g。体形较小。雌雄羽色相似。额基、眼先绒黑色，头顶、背、肩黑色具蓝黑色金属光泽。后颈羽基白色，形成一个不明显的领环。腰和尾上覆羽白色。翼黑褐色，飞羽内翈羽缘色淡，小覆羽边缘有蓝色光泽。尾叉状，黑褐色。下体自颏到尾下覆羽为白色。幼鸟上体褐色，下体淡褐色，胸部两侧褐色。

分布　分布于欧洲、亚洲和非洲。在中国，分布于新疆、西藏、山西、河北、北京、天津、东北地区、山东、河南、四川、湖北、江苏、上海和广东南部。

栖息地　栖息于海拔为 1000～4500 m 的高山山坡、悬崖或者附近以及居民区。

鸣声　鸣声短促像哨声，为"ji"或"ji-ji"的单声或复声。

食性　主要以双翅目、半翅目、鞘翅目等昆虫为食，有时也食草籽等植物性植物。

繁殖　在内蒙古繁殖期为 6～7 月。大多数使用往年的旧巢，极少数筑新巢。新巢一般选择在旧巢区内，喜欢在岩壁缝隙、岩洞、废弃房屋墙壁筑巢。距离地面 15 m 左右的高度巢最多。雌雄亲鸟共同营建群巢。巢呈半球型，大多开口向上，少数横向。巢的外层为湿泥和干草叶，内垫动物毛发和鸟的绒羽。巢筑好后即产卵，每年繁殖 1 次。卵呈椭圆型，纯白色，无斑点。产卵完

毛脚燕的巢。魏希明摄

毛脚燕的繁殖参数	
交配系统	单配制
巢大小	外径 15～17 cm，内径 8～13 cm，高 7～12 cm
窝卵数	4～6 枚
卵大小	长径 17.2～18.6 mm，短径 12.6～13.8 mm
新鲜卵重	1.6～2.0 g
孵化期	12～14 天
育雏期	25～27 天

成后开始孵卵，双亲共同育雏。雏鸟为晚成鸟。刚出壳的幼雏通体粉红色，腹部硕大，嘴透明似软骨，眼泡浅灰色，周围有一黑圈，头侧、枕、肩以及腰部着生稀疏柔软的几簇羽毛，后肢上部、跗跖及趾均被白色短绒毛，余部裸露。

种群现状和保护　IUCN 和《中国脊椎动物红色名录》均评估为无危（LC）。在欧洲的数量总体稳定，但近期一些地区数量在下降。如 1982—1992 年比利时的布鲁塞尔下降了 75%，20 世纪 90 年代，荷兰种群数量只有 1965 年的 35%。但以色列的种群数量从 20 世纪 40 年代的几对，到 70 年代增加至约 2000 对；在德国柏林，1979—1984 年间数量增长了 36%。在中国局部地区种群数量较普遍。被列为中国三有保护鸟类。

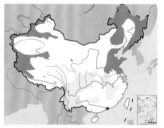

毛脚燕。魏希明摄

金腰燕

拉丁名：*Cecropis daurica*
英文名：Red Rumped Swallow

雀形目燕科

形态 体长约 17 cm，体重 19～29 g。体形稍大于家燕。嘴黑褐色，跗跖和趾暗褐色。雄鸟眼先灰棕色，羽端沾黑色，耳羽暗棕黄色，具褐色细纵纹，颊和颈侧赤栗褐色；上体为辉亮的蓝黑色，腰部栗色，翅及尾黑色，具有金属光泽，最外侧尾羽延长，尾呈深叉状；下体棕白色，满杂以黑色纵纹。雌鸟似雄鸟，但尾较雄鸟短。幼鸟与成鸟相比羽色较暗淡，尾下覆羽淡棕色，尾较成鸟短。

分布 分布于欧洲南部、俄罗斯远东地区、蒙古、中国、朝鲜、日本、印度和尼泊尔，欧洲的分布范围自 20 世纪 20 年代已向北扩展到伊比利亚，50 年代已扩展到巴尔干；1970—1990 年在葡萄牙、保加利亚和罗马尼亚的分布范围大幅度扩展。在中国，除新疆、青海和西藏西北部外，全国各地均有分布。

栖息地 栖息于低山丘陵和平原地区的村庄、城镇等地。喜欢栖息在清澈的河流、具有阔叶树的草原以及居民区附近。

习性 性善飞，极活跃。常成小群在空中飞行捕食，或停栖在电线上，并发出啾啾声。

食性 主要以蚁、蜂、蝇、蚊、虻等昆虫为食，有时也食鳞翅目、鞘翅目昆虫。食物的多样性取决于生活地区昆虫的多样性。

繁殖 繁殖期 4～9 月。营巢于居民区的房屋及农舍的横梁或房檐上。一年繁殖 2 窝。雌雄亲鸟共同筑巢。常数巢置于同处，巢间距很小。巢瓶状，底部圆形，颈部圆筒形，由湿泥和草茎相混合而成。喜欢将往年旧巢修补后继续使用，旧巢可以连续使用 2～3 年。有时占用家燕的旧巢，在往年家燕碗状旧巢的基础上筑成自己的巢。筑好巢后即开始产卵。卵白色，部分具棕褐色斑点。雌鸟孵卵，产完满窝卵后就开始孵卵。雏鸟出壳后由双亲共同育雏。

种群现状和保护 IUCN 和《中国脊椎动物红色名录》均评估为无危（LC）。欧洲估计有 6.3 万对，大多数分布在伊比利亚半岛和巴尔干半岛。被列为中国三有保护鸟类。

金腰燕的繁殖参数	
交配系统	单配制
巢距离地面高度	3～15 m，其中 3m 处巢最多
巢大小	口径宽 5.6～16.0 cm，巢高 5.4～22.0 cm，巢宽 15.5～37.0 cm，巢颈长 2.0～13.0 cm，巢全长 17.0～32.0 cm
窝卵数	第 1 窝 4～6 枚；第 2 窝 2～5 枚。
卵大小	长径 19～23.5 mm，短径 13～15 mm
新鲜卵重	1.6～1.9 g
孵卵期	16～18 天
育雏期	20～25 天
繁殖成功率	83.3%

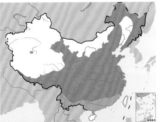

金腰燕。沈越摄

位于屋檐下的金腰燕巢和巢中探出头来的幼鸟。杨贵生摄

莺鹛类

- 莺鹛类指雀形目莺鹛科鸟类，全世界共20属65种，中国有14属37种，草原与荒漠地区有2属5种
- 莺鹛类形态变化较大，翅或短圆或尖长，尾或短或长，喙有的细而直，有的短而粗厚但体形均纤细灵巧
- 莺鹛类常在树枝、草丛间跳跃、鸣唱，主要以昆虫和其他无脊椎动物为食，也有一些会取食浆果、种子、花蜜等
- 莺鹛类多数为单配制，雌雄亲鸟共同参与繁殖的全过程

类群综述

莺鹛类是指雀形目莺鹛科（Sylviidae）的鸟类。在传统分类系统中"Sylviidae"原本被称为莺科，包括苇莺、蝗莺、柳莺、树莺、地莺、林莺等一系列体形相似的小型鸣禽。但新的分类意见将苇莺、蝗莺、柳莺、树莺都分别单列成科，建立了苇莺科（Acrocephalidae）、蝗莺科（Locustellidae）、柳莺科（Phylloscopidae）和树莺科（Cettiidae），新的"Sylviidae"中只保留了林莺属 Sylvia、金胸雀鹛属 Lioparus、莺鹛属 Fulvetta、山鹛属 Rhopophilus，并吸收了传统的画眉科（Timaliidae）经历大分解后分离出来的猫鹛属 Parophasma、绿鹛属 Myzornis、鹛雀类及鸦雀亚科（Paradoxornithinae）物种，这些物

种在系统演化上介于莺类和鹛类之间，因此中国学者将其改称为莺鹛科，以与传统的莺科相区别。

莺鹛类全世界共有 20 属 65 种，主要分布于旧大陆。中国分布有 14 属 37 种，其中草原与荒漠地区有 2 属 5 种。

莺鹛类不同物种间的形态差异较大。小的体长仅 7 cm，大的可达 28 cm；有的翅短圆，有的则相对尖长，跟是否需要迁徙有关；尾有的较短，有的特长；一些物种的喙细而直，一些物种则短而粗厚。但总的来说，它们的体形纤细灵巧。

莺鹛类大多生性活泼但隐蔽，因此而喜欢植被茂密的环境，如森林、灌丛、草原和芦苇沼泽，常在树枝、草丛间跳跃、鸣唱，鸣声清脆悦耳。它们主要以昆虫和其他无脊椎动物为食，也有一些会取食浆果、种子、花蜜等。

莺鹛类的巢位于灌丛、芦苇、草丛间或树上。巢的位置和形状在不同类群间也多有变化，多数为杯形，但也有的为深杯形甚至囊状。巢以树皮、草茎、竹叶、苔藓、蛛网等材料编织而成。窝卵数 2～8 枚，卵白色或蓝色。孵化期 10～18 天，育雏期 11～19 天。雌雄亲鸟共同参与繁殖的全过程，分担筑巢、孵卵和育雏的工作。

大部分莺鹛类物种被 IUCN 评估为无危（LC）。但有一些受到栖息地破坏或丧失的影响，例如，斑胸鸦雀 Paradoxornis flavirostris 等 5 个物种被 IUCN 列为易危（VU）。中国草原与荒漠地区分布的 5 种莺鹛类均为无危物种，但较少受到关注，实际生存状态并不明晰。

左：莺鹛类是一个比较复杂的类群，类群中不同物种形态差异较大。图为将长长的尾羽高高翘起的山鹛。沈越摄

下：不同于翅圆尾长的山鹛，林莺属的物种尾长度中等，但翅尖长。图为灰白喉林莺。沈越摄

白喉林莺
Sylvia curruca

漠白喉林莺
Sylvia minula

荒漠林莺
Sylvia nana

灰白喉林莺
Sylvia communis

指名亚种
R. p. pekinensis

新疆亚种
R. p. albosuperciliaris

山鹛
Rhopophilus pekinensis

白喉林莺

拉丁名：*Sylvia curruca*
英文名：Lesser White-throat

雀形目莺鹛科

形态 小型鸣禽，体长 11～13 cm。头灰色，耳羽和眼罩深黑灰色，上体灰褐色或沙褐色；喉白色，下体近白色，胸和两胁沾褐色或淡粉色。嘴褐色或黑色，下嘴基部较淡；脚呈黄绿色或灰铅色。

分布 繁殖于欧亚大陆，包括中亚、俄罗斯、蒙古、哈萨克斯坦和中国北方；越冬于北非及西南亚，如伊朗、印度、巴基斯坦和孟加拉国。在中国，繁殖于新疆、青海，迁徙经过宁夏、陕西、内蒙古等地。

栖息地 栖息于山麓的农作区、森林林缘及仅有疏树生长的灌丛草坡，也出没于湖泊周围、河流岸边、苇塘、戈壁、荒漠、绿洲等。有时亦在居民区附近的树丛灌丛中活动。生性隐蔽，难被发现。

鸣声 鸣声有细弱的悦耳颤鸣声开始，发展成尖厉刺耳的"嘟嗤咔—嗤咔—嗤咔……"，重复有序。叫声为沙哑的泣咳及喊喳声。

食性 食物主要为昆虫，兼食一些植物性食物。

繁殖 繁殖期为 5～7 月。营巢于灌丛中，多置于灌木上茂密的枝叶间，距地高 0.2～1.5 m；一般不易被发现。巢呈杯状，主要由枯草茎、叶编织而成，内层为更细的草茎、须根和柔软的植物纤维。营巢主要由雌鸟承担。巢为杯状，外径 8.5～13 cm，内径 5～6 cm，巢高 5～7.7 cm，巢深 2～5 cm。每窝产卵 4～7 枚。卵壳灰白或乳白色，被有暗褐色或橄榄色斑点。

种群现状和保护 分布广泛，种群数量稳定。IUCN 和《中国脊椎动物红色名录》均评估为无危（LC）。尚未列入保护名录，

探索与发现 新疆分布有形态相近的几种林莺，普遍认为它们的分异时间是在所谓的"冰期"，被隔离在不同的"飞地"。当大冰盖退缩后，这种地理隔离导致的生殖隔离已经形成。

漠白喉林莺

拉丁名：*Sylvia minula*
英文名：Desert Whitethroat

雀形目莺鹛科

形态 小型鸣禽，体长 12～13 cm，体重 8～13 g。通体土灰色，翅暗褐色；喉及下体白色，整体色调浅灰色。

分布 仅见于亚洲中部的沙漠中，繁殖区从伊朗东部和土库曼斯坦东部的干旱低地，一直到中国西部；越冬至巴基斯坦及印度西北部。在国内为夏候鸟，繁殖于新疆、甘肃、宁夏、青海东部和内蒙古西部

栖息地 栖息于具稀疏植被的荒漠灌丛与绿洲之中，如红柳包、胡杨林、梭梭林、旱生芦苇丛等。

鸣声 发出沙哑的颤音，如"嘀——嘀——嘀——嘀咯——"串音，或悦耳的"呵哟——呵哟——"鸣唱。有时候也会像夜莺一样窃窃私语"唧唧咕——啾喊—"婉转动听。

食性 捕食昆虫，也兼食植物成分。

繁殖 营巢于灌丛间或胡杨树上，窝卵数 4～6 枚。

种群现状和保护 IUCN 和《中国脊椎动物红色名录》均评估为无危（LC）。很少受到关注和保护，尚未列入保护名录。

白喉林莺。左上图沈越摄，下图宋丽军摄

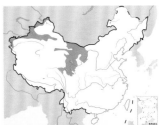

漠白喉林莺。刘璐摄

荒漠林莺

拉丁名：*Sylvia nana*
英文名：Asian Desert Warbler

雀形目莺鹛科

形态 小型鸣禽，体长 11～13 cm，体重 8～10 g。通体沙土色，与环境浑然一体。眼淡黄色，可区别于其他林莺。上体为沾灰色的沙色，至腰及尾上覆羽砖红色；最外侧 2 枚尾羽具白斑；下体乳白色，两胁及尾下覆羽略沾砖红色。

分布 繁殖地位于欧亚大陆腹地一个狭长地带，从欧洲东部至亚洲中部。迁徙与越冬地在亚洲西南与繁殖地生境相似的地区，如南亚次大陆、阿拉伯半岛、非洲东北部红海沿岸地区。在中国为夏候鸟，分布于新疆和内蒙古西部。

栖息地 沙漠中的小精灵，栖息于海拔 200～1 100 m 极度干旱的沙漠、植被稀疏的戈壁、绿洲附近的红柳与梭梭灌丛之中。

鸣声 小巧玲珑，低声吟唱，"喊啾——喊啾——喊啾

——"，打破了沙漠中的寂静。经常会在灌木丛下发出"喊——喊——"颤抖的叫声，小心翼翼，并不露面。只闻其声，不见踪影。

习性 喜单独或成对活动。性情活泼，常在灌木枝叶间飞来飞去、跳上跳下、忙忙碌碌地寻觅食物。飞行能力较弱，平时不作长距离飞行，仅在灌木间作短距离低飞，且飞得很隐蔽，贴着地皮，不易被发现。

食性 在地面上捕捉昆虫，包括鳞翅目、鞘翅目、半翅目昆虫及其幼虫。偶尔采食植物碎片。

繁殖 繁殖期为 4～6 月。营巢于荒漠、半荒漠的灌木之上。巢呈杯状。每窝产 4～5 枚卵，偶尔 6 枚。卵呈白色，缀以褐色或灰色斑点。雏鸟由双亲共同哺育。有时巢会受到伶鼬、雀鹰、蛇等偷袭。

种群现状和保护 IUCN 和《中国脊椎动物红色名录》均评估为无危（LC）。生活环境远离人类，多是一些不毛之地，很少受到关注和保护，尚未列入保护名录。

探索与发现 无论是形态，还是行为，荒漠林莺都比较特殊。与非洲漠莺 *Sylvia deserti* 或白喉林莺相比，其分类地位及近缘关系都不甚明确。也有观点认为它应该独立出去，另立一属，改名 *Curruca nana*。

荒漠林莺。左上图聂延秋摄，下图田穗兴摄

灰白喉林莺

拉丁名：*Sylvia communis*
英文名：Greater Whitethroat

雀形目莺鹛科

形态 小型鸣禽，体长 13～15 cm，体重 14～19 g。灰色的头和白色的喉为其典型特征。上体灰褐色；大覆羽、次级飞羽及三级飞羽具有棕褐色的羽缘，形成棕色斑纹；下体近白色，喉羽为白色且蓬松，胸、两胁及腿为沾皮黄色，尾下覆羽以及外侧尾羽都是白色的。

分布 广布于欧洲中部及亚洲西部的温带地区。在中国，繁殖于新疆各地，如喀什、乌鲁木齐、吐鲁番及阿勒泰等地区。

栖息地 栖息于内陆干旱地区的各种生境，如胡杨林、红柳包、园林、绿洲、灌木丛、荆棘丛和峡谷河岸林中。

鸣声 包括颤鸣，偏高的"哒——哒克——"及带鼻音的"喊——喊——"声。鸣声为几声断续似刮擦声的颤音，其典型为"啼吧——喔——"声开始及加入种种变调。

习性 有迁徙的习性。冬季要迁徙到非洲，迁徙距离相当远。

食性 主要以昆虫为食，较少食果实和种子。

繁殖 营巢于低矮的灌木和荆棘中，巢呈杯状，窝卵数为 3～7 枚。孵化期 10～11 天，育雏期约 11 天。

种群现状和保护 IUCN 和《中国脊椎动物红色名录》均评估为无危（LC）。尚未列入中国国家保护名录，但因为过度开垦，栖息地破坏，灰白喉林莺种群数量下降，亟待保护。

灰白喉林莺。左上图甘礼清摄，下图张明摄

山鹛

拉丁名：*Rhopophilus pekinensis*
英文名：Chinese Hill Warbler

雀形目莺鹛科

形态 体形修长，体长 17～18 cm。通体土灰色，或夹带纵向斑纹；嘴后有黑色颊纹，甚为显著。尾较长，常呈扇形张开。

分布 中国特有种。留鸟，见于新疆、青海、甘肃、宁夏、内蒙古、陕西、山西、河北、河南、北京等地。

栖息地 栖于灌丛及芦苇丛中。在塔克拉玛干大沙漠周围，山鹛的生活环境离不开胡杨林、红柳灌丛、旱生的芦苇荡、人工绿洲与园林。

鸣声 声音颇具特色，为嘹亮圆润的"啾——啾——"的叫声。鸣声为持久的"嘀呦哦——嘀呦哦——嘀呦哦——"，开始音高，慢慢下降。不久又开始叫第二遍，往复吟唱。

习性 经常贴着地面快速飞行，更善于在地面奔跑。

食性 典型的食虫鸟类，偶尔取食杂草籽等。

繁殖 在新疆南部，繁殖期为 4～6 月。营巢于灌丛之中，每窝产卵 4～5 枚。

种群现状和保护 IUCN 和《中国脊椎动物红色名录》均评估为无危（LC）。被列为中国三有保护鸟类。但作为狭域分布的物种和中国特有鸟种，有待进一步加强保护。

探索与发现 山鹛的模式产地在北京，故又称"北京山鹛"。但其分类地位一直不确定，早期归入画眉科（Timaliidae），后来放在莺科（Sylviidae），也曾列入扇尾莺科（Cisticolidae），最新的分类系统将其归为莺鹛科（Sylviidae）。

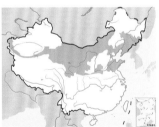

山鹛。左上图沈越摄，下图杨贵生摄

椋鸟类

椋鸟类

- 椋鸟类指雀形目椋鸟科的鸟类，全世界共33属123种，中国有11属21种，草原与荒漠地区常见的有4属6种
- 椋鸟类喙直而尖，先端扁平；翅尖或方，尾短，平尾状；雌雄羽色相似，多具金属光泽
- 椋鸟类栖息于开阔地带，喜集大群，杂食性，善发声，有些种类可模仿其他鸟类的鸣叫乃至人类语言
- 椋鸟类主要为单配制，营巢于树洞、土崖壁洞、裂缝或其他洞穴中

左：椋鸟类在繁殖期主要捕食昆虫育雏，每天的捕食量巨大，其中粉红椋鸟是欧亚草原上最得力的灭蝗能手，被誉为"草原铁甲兵"。图为口中叼满蝗虫的粉红椋鸟。刘璐摄

下：椋鸟类喜集大群活动，群体规模可达数万只，场面十分壮观。图为伊犁河谷集群的粉红椋鸟。马鸣摄

类群综述

分类与分布 椋鸟类指雀形目椋鸟科 (Sturnidae) 的鸟类。全世界共33属123种，分布于欧洲、非洲、亚洲和南太平洋群岛。中国有11属21种，遍布于全国各地，草原与荒漠地区常见的有4属6种。

形态 椋鸟类体形中等。嘴形直而尖，先端扁平，嘴缘薄而平滑，或上嘴先端具缺刻。鼻孔裸露或被垂羽所覆盖。翅为尖翼或方翼，具10枚初级飞羽，第1枚短小不显。尾羽短，12枚，平尾状。脚长而强健，前缘具盾状鳞片。雌雄羽色相似，多具金属光泽。每年仅秋季换羽。幼鸟体羽多具纵纹。

习性 椋鸟类多具有迁徙的习性，在中国草原与荒漠地区多为夏候鸟或旅鸟。喜栖息于开阔地带，树栖或地栖，善行走。喜集大群，数万只在一起上下翻飞，可快速变化队形和行进方向，场面十分壮观。叫声嘈杂，有些种类善于模仿其他鸟类的鸣叫，有些种类鸣声很有音韵，在饲养条件下可学习人类语言。

食性 杂食性。主要以植物的果实和种子为食，也捕食昆虫，是多种害虫的天敌，对控制虫害有重要作用。

繁殖 营巢于树洞、土崖壁洞、裂缝或其他洞穴中。每窝产卵2~9枚，通常4~5枚。卵白色或淡蓝色。双亲轮流孵卵或雌鸟独自孵卵，孵化期14~16天。雏鸟晚成性，雌雄亲鸟共同育雏，育雏期15~25天。

种群现状和保护 在中国分布的椋鸟多为广布种，且在分布的区域内较普遍，种群数量较稳定。但许多分布在太平洋岛屿上的物种因栖息地面积有限且种群相对孤立而容易受胁，如库赛埃岛辉椋鸟 *Aplonis corvina* 等6个物种就因外来物种入侵和人类的捕杀而在19世纪至20世纪相继灭绝。此外还有7个物种被IUCN列为极危 (CR)，2个种被列为濒危 (EN)，6个种为易危 (VU)，9个物种被列为近危 (NT)。除了一些新记录种外，椋鸟都被列为中国三有保护鸟类。

灰椋鸟
Spodiopsar cineraceus

丝光椋鸟
Spodiopsar sericeus

紫背椋鸟
Agropsar philippensis

北椋鸟
Agropsar sturninus

non-br.

br.

紫翅椋鸟
Sturnus vulgaris

粉红椋鸟
Pastor roseus

丝光椋鸟

拉丁名：*Spodiopsar sericeus*
英文名：Silky Starling

雀形目椋鸟科

形态 体长约22 cm。雄鸟头、颈丝光白色，背深灰色，胸灰色，向体后部变淡；两翅和尾黑色，具蓝绿色金属光泽，翼上具白斑。雌鸟头顶前部棕白色，后部暗灰色，上体灰褐色，下体浅灰褐色，其余似雄鸟。嘴朱红色，尖端黑色。脚橘黄色。

分布 单型种，无亚种分化。中国特有鸟类。分布于内蒙古、北京、天津、河南南部、陕西南部、云南南部、四川中部和东部、湖北、安徽南部、江西、江苏、上海、浙江、福建、广东、香港、澳门、广西、海南、台湾。

栖息地 主要栖息于阔叶林、针阔混交林、稀树草地、果园及农耕区附近的稀疏林地。

食性 主要以昆虫为食，偶食植物果实和种子。多成对或3～5只小群在草地、农田觅食。

繁殖 繁殖期5～7月。雌雄亲鸟共同筑巢、孵卵、育雏。营巢于树洞或屋顶洞穴中。巢由枯草茎叶构成。窝卵数5～7枚。卵为长卵圆形，淡蓝色，光滑无斑。孵卵主要由雌鸟承担，孵化期12～13天。雏鸟晚成性。

种群现状和保护 分布范围广，种群数量趋势稳定。IUCN和《中国脊椎动物红色名录》均评估为无危（LC）。被列为中国三有保护鸟类。

丝光椋鸟。左上图为雄鸟，下图右二为雌鸟，其余为雄鸟，沈越摄

灰椋鸟

拉丁名：*Spodiopsar cineraceus*
英文名：White-cheeked Starling

雀形目椋鸟科

形态　体长约 21 cm。雄鸟头顶、后颈及颈侧黑色，杂以白色纵纹；前额、颊及耳羽白色，杂以黑纹；肩、背、腰灰褐色，飞羽黑褐色；颏白色，喉、上胸深褐色，布以灰白色细纹，腹及两胁灰褐色，下腹中部为污白色；尾上覆羽羽端白色，尾下覆羽白色。雌鸟与雄鸟相似，但体色较浅，头顶至后颈黑褐色，颏、喉和上胸灰褐色。嘴橘红色，尖端黑色。脚橘黄色。

分布　单型种，无亚种分化。繁殖于东欧、亚洲北部、蒙古、中国北方、朝鲜、日本；越冬于中国南方和缅甸。国内除西藏外，见于各地，在东北、华北等北部地区主要为夏候鸟，长江流域及长江以南为冬候鸟。每年 3 月末 4 月初开始迁至北方繁殖地，秋季于 8～9 月开始集群南迁。

栖息地　主要栖息于开阔的疏林草甸、林地、林缘灌丛和次生林地，偶见于农田、居民点附近的树林内。

习性　除繁殖期成对活动外，其他时候多集群活动，迁徙时常集成大群。常在草甸、河谷、农田等地上觅食，休息时多栖于电线上或树木枯枝上。

食性　主要以昆虫为食，也吃少量植物果实与种子。

繁殖　繁殖期 5～7 月。雌雄亲鸟共同筑巢。营巢于高大乔木、电线杆、高木桩等树木或建筑物上的洞中，巢材有干草、细枝和羽毛。窝卵数 5～7 枚。卵为长卵圆形，淡蓝色。孵卵主要由雌鸟承担，孵化期 12～13 天。雏鸟晚成性，雌雄亲鸟共同育雏。

种群现状和保护　分布范围广，种群数量较多。IUCN 和《中国脊椎动物红色名录》均评估为无危（LC）。被列为中国三有保护鸟类。

北椋鸟

拉丁名：*Agropsar sturnius*
英文名：Daurian Starling

雀形目椋鸟科

形态　体长约 18 cm。雄鸟头顶至背暗灰色，枕部具紫黑色且富有光泽的块斑，背部呈金属紫色；翼黑色，具绿色金属光泽，并具醒目的白色翼斑；头侧及下体自喉、胸以下灰白色，喉、胸和两胁微缀有棕色；尾黑色，呈叉状，尾上覆羽、尾下覆羽棕白色。雌鸟与雄鸟相似，头顶浅灰褐色，枕部无黑色块斑，上体土褐色，无紫色光泽；两翅亦无金属辉亮，下体灰白色。嘴黑褐色。脚、爪黑褐色。

分布　单型种，无亚种分化。繁殖于俄罗斯东南部、蒙古东部、中国北部和朝鲜北部；越冬于中国南方、缅甸、泰国、马来西亚、印度尼西亚和爪哇。国内除新疆、西藏、青海外，见于各地。

栖息地　主要栖息于疏林草甸、河谷阔叶林、林缘灌丛和次生阔叶林，也栖息于农田、路边和居民点附近的小块林地。常在草甸、河谷、农田等潮湿地上觅食，休息时多栖于电线上、电柱上和树木枯枝上。

习性　性喜成群，除繁殖期成对活动外，其他时候多成群活动。

食性　主要以昆虫为食，秋冬季以植物果实和种子为主。

繁殖　繁殖期 5～6 月。营巢于墙缝、天然树洞或啄木鸟废弃的树洞中，也在水泥电线杆顶端空洞中和人工巢箱中营巢。雌雄亲鸟共同筑巢。窝卵数 5～7 枚。卵为长卵圆形，翠绿色或鸭蛋绿色。孵卵主要由雌鸟承担，有时雄鸟亦参与孵卵，孵化期 12～13 天。雏鸟晚成性，雌雄亲鸟共同育雏。

种群现状和保护　种群数量稳定，IUCN 和《中国脊椎动物红色名录》均评估为无危（LC）。被列为中国三有保护鸟类。

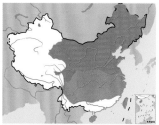

灰椋鸟。左上图为雄鸟，沈越摄；下图为雌鸟，杨贵生摄

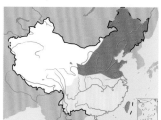

北椋鸟。左上图为雄鸟，下图为雌鸟。聂延秋摄

紫背椋鸟

拉丁名：*Agropsar philippensis*
英文名：Chestnut-cheeked Starling

雀形目椋鸟科

形态 体长约 18 cm。雄鸟额、头顶、后枕乳白色，颊、耳羽、头侧及颈侧栗色；背、肩、腰黑色，具紫色金属光泽；两翅黑色，具白色翅斑；下体偏白色，腹乳白色，胁蓝灰色；尾黑色，尾上覆羽橙黄色，尾下覆羽棕黄色。雌鸟上体灰褐色，头侧无栗色斑。嘴黑色。跗跖铅灰色，爪黑色。

分布 单型种，无亚种分化。繁殖于日本和萨哈林岛；主要越冬于琉球群岛、菲律宾和婆罗洲北部。迁徙时经过中国东部，偶见于内蒙古、湖北、江苏、上海、浙江、福建、广东、香港，在中国台湾有越冬。

栖息地 主要栖息于疏林草甸、河谷林地、林缘灌丛、耕地、路边和居民点附近的小块林地。

习性 常成群活动于树枝间，喜围绕树顶盘旋飞翔，常边飞边鸣叫。

食性 主要以昆虫为食，有时也吃植物性食物。在空中穿梭捕食昆虫，也在树上、草地和灌木丛中觅食。

繁殖 繁殖期 5～7 月。营巢于树洞中。窝卵数 4～6 枚。卵青绿色或淡蓝色，无斑。孵卵主要由雌鸟承担，有时雄鸟亦参与，孵化期 12～13 天。雏鸟晚成性，雌雄亲鸟共同育雏。

种群现状和保护 分布范围广，种群数量趋势稳定。IUCN 和《中国脊椎动物红色名录》均评估为无危（LC）。被列为中国三有保护鸟类。

紫翅椋鸟

拉丁名：*Sturnus vulgaris*
英文名：Common Starling

雀形目椋鸟科

形态 中等体形，大小同八哥，体长 19～24 cm，翼展 31～44 cm，体重 68～101 g。繁殖期通体黑色，羽毛泛金属光泽，翅黑褐色。喙橘黄色，腿和脚暗红色。非繁殖期羽色稍有变化，缀白色杂斑点。

分布 广泛分布于欧洲大陆，向东至亚洲西部和中部地区。在中国主要繁殖于新疆；其他地区偶然有分布，为旅鸟、迷鸟或冬候鸟，但近年来在中国的分布有"东扩"的趋势，。

栖息地 见于人工林、果园、草地、村落、绿洲、湿地附近的灌丛、沙漠边缘的胡杨林中。

鸣声 比较嘈杂，歌声复杂多变，还会像八哥和鹦鹉学舌一样模仿其他动物的叫声。据观察，每只鸟都有自己的精彩曲目，包括群呼、警戒、威胁、惊叫、攻击、咆哮、求偶等多达 35 种可变声音或歌曲类型，至少还有 14 种敲击声，包括吹口哨、金属敲击声、银铃声等。复杂多变的声音可能是一种神秘交流的"语言"，传递着某种信息，协调一致行动。

习性 喜集群。群体行为非常复杂，数万只的群体整齐划一，在天空中"绘出"各种各样的图形，与天空相映衬，令人遐想连篇。这种现象被称之为有序"方阵"或一团"溶胶"，可抗击猛禽的偷袭，甚至致苍鹰溺水而亡。其阵型一会儿扩张，一会儿忽然收缩成黑团，形状变化莫测，似乎没有任何指挥者，像是一群"无头苍蝇"。

食性 繁殖期以地老虎、蝗虫、草地螟、春尺蠖、柳毒蛾等

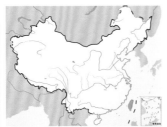

紫背椋鸟。左上图为雄鸟，刘梓君摄，下图为雌鸟，聂延秋摄

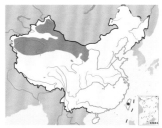

紫翅椋鸟。左上图为繁殖羽，魏希明摄，下图为非繁殖羽，王志芳摄

紫翅椋鸟亚成体。魏希明摄

农林害虫为食，亦取食其他小型脊椎动物和无脊椎动物，如鸟卵、小鱼、湖蛙、蜥蜴、蚯蚓、蜗牛、蜘蛛等。但在其他季节具杂食性，会聚集在果园中窃食果实、多汁浆果、花朵及花蜜等，或在农田中啄食谷物。

天敌　会被多种哺乳动物、猛禽和蛇捕食，并且是一系列外部和内部寄生虫的宿主。

繁殖　营洞穴巢，包括树洞、树芯、土孔、墙洞、水泥电线杆顶部的凹洞、人造巢箱等都会被其利用。紫翅椋鸟4～6月繁殖，集群营巢，根据洞穴分布而形成松散的群体。巢以杂草、树叶、羽毛和兽毛等铺垫。每窝产4～7枚卵，卵壳呈淡蓝色。孵卵期12～14天，育雏期16～19天。

种群现状和保护　IUCN和《中国脊椎动物红色名录》均评估为无危（LC）。因为食物短缺，曾经出现繁殖率下降及种群数量锐减。有的国家将紫翅椋鸟列为危害农林业的"害鸟"，急欲除之而后快；而另外一些国家则将其作为食虫益鸟列为保护物种，禁止捕杀。在中国，紫翅椋鸟被列为三有保护鸟类。

探索与发现　紫翅椋鸟属于入侵性极强的物种，几乎扩散至全球各地，数量十分庞大，益害相兼。在繁殖期，它们大量捕食昆虫，是食虫益鸟；但非繁殖期也取食浆果、谷物等，由于集群数量巨大，生性嘈杂，有时成为噪声滋扰、粪便污染建筑、撞击飞机、传播疾病、毁坏庄稼或园林水果的罪魁祸首。

粉红椋鸟

拉丁名：*Pastor roseus*
英文名：Rosy Starling

雀形目椋鸟科

形态　中等体形，成鸟体长21～24 cm，体重60～73 g。形态独特，体羽大部分为粉红色，头部、翅和尾为黑色，泛金属光泽。繁殖季节的雄鸟头部具长长的羽冠，形成一个蓬松的顶部，兴奋时更加突出。

分布　中亚温带地区是其分布的核心地带，并向外扩散至欧洲一些国家，冬季在南欧和南亚活动。在中国为夏候鸟，集大群在新疆北部繁殖。

栖息地　栖息于干旱的草原、开阔的山谷地带。

习性　集大群活动，追随畜群捕食被惊起的昆虫，有时候栖落在牛背上。粉红椋鸟集群飞行的本领极为高超，数万只在一起飞行，场面十分壮观。令人惊奇的是它们上下翻飞不会发生碰撞，可以快速变化队形而摆脱猛禽的攻击。冬季具漂泊性。

鸣声　结群进食时会发出"喊呦呵——喊呦呵——"的卷舌音，叽叽喳喳，异常喧闹。飞行时同样会发出"克呦——克呦——"的叫声，也穿插一些平滑的"唏瑞——唏瑞——"的哨音，圆润的颤音多变而悦耳。

食性　繁殖季节主要捕食昆虫，是灭蝗能手，被誉为"草原铁甲兵"。育雏期每日捕捉120～180只蝗虫，食量惊人，成为生

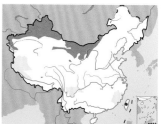

粉红椋鸟。左上图为雌鸟，魏希明摄，下图为雄鸟，具蓬松的羽冠，唐文明摄

物灭蝗的主力军。除了蝗虫，还捕食螽斯、甲虫、蟋蟀、家蚕、蚱蜢等多种昆虫。但在越冬地，食物则比较杂，包含水果、浆果、花蜜、谷物和昆虫等。

繁殖 喜欢集群在乱石堆中筑巢，每年繁殖一次。其巢呈杯状，主要由枯草茎和草叶构成。每窝产卵 4～6 枚，卵壳淡蓝色或青灰色。孵化期 14～15 天。雏鸟晚成性，破壳而出后，经雌雄亲鸟共同喂养 14～19 天后才随父母离巢，离巢后还需要父母喂养一段时间，并跟随父母学习捕食本领。

繁殖季节粉红椋鸟会遭遇食肉动物和猛禽的偷袭，如虎鼬、石貂、赤狐、狗獾、草原雕、猎隼、棕尾鵟、苍鹰、雀鹰等。

种群现状和保护 数量丰富，IUCN 和《中国脊椎动物红色名录》均评估为无危（LC）。但因为粉红椋鸟往往集成数量庞大的鸟群一起活动，而成为一些鸟贩子捕捉的对象。1999 年夏季，在北疆发生了大批粉红椋鸟死亡事件，原因可能与食物中毒有关。2000 年，粉红椋鸟被列为中国三有保护鸟类。目前，中国对粉红椋鸟的保护尚不重视，研究也不够深入。

探索与发现 在新疆伊犁、塔城、阿勒泰等地区，农牧民曾经大量使用杀虫剂去消灭蝗虫，其代价昂贵且对环境造成污染，并可能造成蝗虫产生耐药性，以及因毒药残留而危害整个生态系统。到 20 世纪 80 年代，专家们发现生物防治效果可能更好，通过人工招引粉红椋鸟来消灭蝗虫可以有效控制虫害。到 2000 年，"引鸟工程"与人工鸟巢建设在北疆推广开来，大大减少了杀虫剂的使用量，实现了环境保护与牧业生产的双赢局面。

向亲鸟乞食的粉红椋鸟幼鸟。吕自捷摄

伊犁河谷壮观的粉红椋鸟群飞景象。马鸣摄

鸫类

- 鸫类指雀形目鸫科的鸟类，全世界共有20属153种，中国有4属37种，草原与荒漠地区常见的仅1种
- 鸫类羽色多样，许多物种的幼体和一些物种的成体胸部有斑点
- 鸫类善于鸣叫，繁殖期以各种动物为食，非繁殖期吃果实
- 鸫类为社会性单配制，一些物种表现合作繁殖

类群综述

鸫类是指雀形目鸫科（Turdidae）鸟类，与鹟科（Muscicapidae）有密切的亲缘关系，在最新的分类系统中，传统鸫科的许多类群如鸲、歌鸲、矶鸫和石䳭被改置于鹟科，新的鸫科共有 20 属 153 种，除南极洲外全球均有分布。中国有鸫类 4 属 37 种，草原与荒漠地区常见的仅 1 种，即虎斑地鸫 *Zoothera aurea*。

鸫类为中小型鸣禽，翅尖长，腿强健，善于飞行和在地面上活动、觅食。它们的羽色多样，多数胸部具斑点，尤其是幼体。大部分鸫类是典型的森林鸟类，一些种类也出现在灌丛、草地和农田。主要在地面上觅食地表和土壤中的无脊椎动物，非繁殖期则取食植物果实。鸫类善于鸣叫，不仅鸣声婉转动听，而且能够学习模仿其他鸟类的鸣唱。在繁殖期，鸣唱是它们重要的求偶手段。

鸫类多数为单配制，一些物种具有合作繁殖行为。它们在乔木上或灌木上、树洞、岩石壁上或地面上建造杯形巢。巢由植物材料编织而成，并以泥巴加固。筑巢和孵卵任务仅由雌鸟承担，双亲共同育雏。

鸫类的受胁比例大致与世界鸟类整体受胁体例相当，主要是一些岛屿分布的物种受到外来物种入侵和栖息地破坏的威胁。在中国分布的鸫类大部分为无危物种，也较少受到保护关注，仅有少数鸫类被列入《国家保护的有益的或者有重要经济、科学研究价值的陆生野生动物名录》。

虎斑地鸫
Zoothera aurea

左：鸫类羽色多样，许多物种体羽或多或少具有斑点，形成很好的保护色。图为站在树枝上的虎斑地鸫。沈越摄

虎斑地鸫

拉丁名：*Zoothera aurea*
英文名：Golden Mountain Thrush

雀形目鸫科

形态 鸫类中最大的一种，体长约 30 cm。雌雄体羽相似。上体金橄榄褐色，满布黑色鳞片状斑；翼羽黑色，羽缘黄褐色，大覆羽和中覆羽羽端棕白色，形成两条翼带；下体浅棕白色，除颏、喉和腹中部外，均具黑色鳞状斑。嘴褐色，下嘴基部肉黄色。脚肉色或橙肉色。

分类 原虎斑地鸫 *Zoothera dauma* 包括5个亚种，指名亚种 *Z. d. dauma*、台湾亚种 *Z. d. horsfieldi*、西南亚种 *Z. d. socia*、日本亚种 *Z. d. toratugumi* 和普通亚种 *Z. d. aurea*，新的分类系统将普通种和日本亚种分离出来，独立成种 *Z. aurea*，由于中国普遍分布的为这两个亚种，故 *Z. aurea* 继承了虎斑地鸫的中文名，*Z. dauma* 因体形较小改称小虎斑地鸫。

分布 分布于西伯利亚东南部、俄罗斯远东、中国、朝鲜和日本。在国内繁殖于内蒙古、黑龙江大兴安岭和小兴安岭、吉林长白山、四川北部的松潘和马尔康及西部的康定、贵州北部的绥阳、云南北部和西部，以及广西瑶山和台湾等地；越冬于云南、贵州、湖南、浙江、福建、广东、广西、香港、台湾等地；迁徙期间经过辽宁、河北、山东、河南、陕西、甘肃、青海、四川等地。

栖息地 主要栖息于林地、山地断崖等处。常见于溪谷、河流两岸和地势低洼的密林中，春秋迁徙季节也活动于林缘疏林和农田地边以及村庄附近的树丛和灌木丛中。

习性 地栖性，多在林缘疏林和农田地边以及村庄附近的树丛和灌木丛中活动和觅食，常单独或成对活动，性胆怯。

食性 主要以昆虫和其他无脊椎动物为食，也吃少量植物果实、种子和嫩叶等植物性食物。

繁殖 繁殖期 5～8 月。营巢于距地不高的树干枝杈处，偶见营巢于采伐后留下的树桩上。巢呈碗状或杯状。每年繁殖 1 窝，窝卵数 4～5 枚。卵灰绿色或淡绿色，稀疏散布褐色斑点，尤以钝端较多。孵化期 11～12 天。雏鸟晚成性。雌雄亲鸟共同育雏，留巢育雏期 12～13 天。

种群现状态和保护 分布范围广，种群数量稳定。IUCN 和《中国脊椎动物红色名录》均评估为无危（LC）。被列为中国三有保护鸟类。

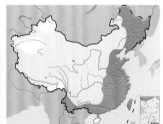

虎斑地鸫。沈越摄

捕食蚯蚓的虎斑地鸫。张瑜摄

鹟类

- 鹟类指雀形目鹟科的鸟类，全世界共有57属298种，中国30属105种，草原与荒漠地区较常见的有12属22种
- 鹟类羽色多样，一些物种为单调的灰色或褐色，一些物种则呈现美丽的蓝色结构色
- 鹟类性孤独，善鸣叫，主要以昆虫及其幼虫为食
- 鹟类多数在其分布区内较普遍，种群数量较稳定，在中国，多数种类被列为三有保护鸟类

类群综述

分类与分布 鹟类指雀形目鹟科（Muscicapidae）的鸟类，和鸫科的关系较近，最新的分类意见将传统分类系统中原属鸫科的鸲、歌鸲、矶鸫和石䳭均划分到本科，因此最新分类系统中的鹟科极其庞大，包括57属298种，广泛分布于除北极外的东半球地区。中国有30属105种，分布于全国各地。草原与荒漠中较常见的有12属22种。

形态 小型鸣禽。羽色多样，体羽通常单调，为灰色或褐色，但有些种类羽色鲜艳，尤其是雄鸟。雌雄羽色相似或不同，只秋季换羽一次，换羽后颜色暗淡。幼鸟体羽多杂斑。喙平扁，基部宽阔，上嘴微具缺刻，嘴峰成脊状；嘴须发达；鼻孔被鼻须。有些种类翅尖长，达尾长之半，初级飞羽10枚，第1枚短小。尾羽12枚，长短不一，尾形不一。跗跖纤细，前缘具盾状鳞，趾短弱，不适于地面奔走。

习性 树栖性，主要栖息于森林、灌丛等的枝头，极少到地面上走动。性孤独，多善鸣叫，飞行灵便。有迁徙习性，在中国北方多为候鸟，草原与荒漠中分布的鹟类多为夏候鸟或旅鸟。

食性 主要以昆虫及其幼虫为食物。常停栖于枝梢，静观四周，看到猎物即迅速在空中捕捉，捕捉后飞行一周再回到原停栖处。

繁殖 营巢于隐蔽性较好的枝杈间、树洞中、裂缝和岩洞凹穴处。巢杯状。窝卵数大多为3～6枚，依种类而有所不同。卵壳多数具斑。双亲共同孵卵。

种群现状和保护 鹟类多数在其分布区内较普遍，种群数量较稳定，受胁比例低于世界鸟类整体受胁体例。在中国，多数种类被列入《国家保护的有益的或者有重要经济、科学研究价值的陆生野生动物名录》。

左：在新的分类系统中鹟类是一个非常庞杂的类群，包括鸲、歌鸲、矶鸫和石䳭等原属鸫科的鸟类，以及仙鹟、姬鹟等典型的鹟类。不同于许多森林中的鹟类雄鸟拥有非常美丽的蓝色羽衣，除了一些适应于多种栖息地的种类外，草原与荒漠地区的鹟类多数羽色较为朴素，主要为黑色、白色、灰色或与岩石背景相近的赭色。图为典型的荒漠物种——棕薮鸲。邢新国摄

右：鹟类营巢于隐蔽性较好的枝杈间或洞穴中，以昆虫及其幼虫为食。图为叼着虫子的红胁蓝尾鸲雌鸟。王志芳摄

蓝喉歌鸲
Luscinia svecica

蓝歌鸲
Larvivora cyane

红胁蓝尾鸲
Tarsiger cyanurus

棕薮鸲
Cercotrichas galactotes

红背红尾鸲
Phoenicuropsis erythronotus

蓝头红尾鸲
Phoenicuropsis coeruleocephala

蓝额红尾鸲
Phoenicuropsis frontalis

赭红尾鸲
Phoenicurus ochruros

红腹红尾鸲
Phoenicurus erythrogastrus

红尾水鸲
Rhyacornis fuliginosa

白喉石䳭
Saxicola insignis

黑喉石鹏
Saxicola maurus

沙鹏
Oenanthe isabellina

穗鹏
Oenanthe oenanthe

白顶鹏
Oenanthe pleschanka

漠鹏
Oenanthe deserti

东方斑鹏
Oenanthe picata

华南亚种
M. s. pandoo

华北亚种
M. s. philippensis

蓝矶鸫
Monticola solitarius

北灰鹟
Muscicapa dauurica

白眉姬鹟
Ficedula zanthopygia

红喉姬鹟
Ficedula albicilla

乌鹟
Muscicapa sibirica

蓝喉歌鸲

拉丁名：*Luscinia svecica*
英文名：Bluethroat Robin

雀形目鹟科

形态 体长约 13 cm。上体包括前额、头顶、背、肩、两翼覆羽均土褐色，羽缘稍淡，头顶有时微具黑色细纹；眉纹白色，眼先黑褐色，颊和耳羽土褐色；飞羽暗褐色，羽缘较淡；腰淡棕色，尾上覆羽栗红色，中央一对尾羽黑褐色，其余尾羽基部栗红色，端部黑褐色；雄鸟颏、喉部辉蓝色，喉中部有一块栗红色斑，使下喉的蓝色形成一条紧接栗红色的胸带，其后紧连一黑色和栗色胸带，在黑色和栗色胸带之间夹有一窄条白色胸带，彩色胸带极为醒目；其余下体白色，两胁和尾下覆羽微沾棕色。雌鸟似雄鸟，但颏部、喉部为棕白色。嘴黑色。脚肉褐色。

分布 分布于欧洲、非洲北部、俄罗斯、阿拉斯加西部、亚洲中部、伊朗、印度和亚洲东南部等地。有多个亚种，中国分布有 5 个亚种，即北疆亚种 *L. s. saturatior*、新疆亚种 *L. s. kobdensis*、青海亚种 *L. s. przevalskii*、藏西亚种 *L. s. abbotti*、指名亚种 *L. s. svecica*。在国内繁殖于西北、东北地区，越冬于西南及东南地区。

栖息地 栖息于水域附近的灌丛、芦苇丛、草丛、林缘，不去密林和高树上栖息。

食性 主要以昆虫为食，也吃植物种子等。

繁殖 繁殖期 5～7 月。营巢于隐蔽性较好的灌丛、草丛，或地面凹坑内。巢以草本植物的根、茎、叶等筑成，巢内垫有细草茎、草叶，有时也垫有兽毛和羽毛。窝卵数 4～6 枚。卵蓝绿色，有光泽，具褐色斑点。孵卵由雌鸟承担，孵化期 13～14 天。雏鸟晚成，孵出后由雌雄亲鸟共同喂养，15 天左右幼鸟可离巢。

种群现状和保护 分布广泛，数量丰富，IUCN 和《中国脊椎动物红色名录》均评估为无危（LC）。但因羽色艳丽，鸣声婉转悦耳，常被捕捉用于笼养或贸易（又叫蓝点颏），对种群数量有一定影响。在中国已被列为三有保护鸟类。

蓝歌鸲

拉丁名：*Larvivora cyane*
英文名：Siberian Blue Robin

雀形目鹟科

形态 体长约 14 cm。雄鸟上体深蓝色，黑色过眼纹延伸至颈侧和胸侧，下体白色，翅和尾深褐色。雌鸟上体橄榄褐色，喉及胸褐色并具沙黄色鳞状斑纹，腰及尾上覆羽沾蓝色。嘴黑色。脚粉白色。

分布 分布于西伯利亚、中国、朝鲜、日本、中南半岛、马来西亚、印度尼西亚、印度、缅甸等地，在东北亚繁殖，东南亚越冬。分为 2 个亚种，即指名亚种 *L. c. cyane* 和东南亚种 *L. c. bochaiensis*，中国均有分布。在国内分布于北京、黑龙江、吉林、辽宁、内蒙古、河北、河南、山东、安徽、山西、陕西、宁夏、甘肃、四川、贵州、云南、浙江、福建、广东、西藏等地。

栖息地 栖息于山崖林地、林缘地带、疏林、灌丛草原的地面或近地面。

食性 主要以昆虫为食，也取食草籽、浆果等植物性食物。

繁殖 繁殖期 5～7 月。营巢于地面草丛、灌丛或枯枝落叶

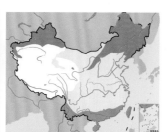

新疆地区的蓝喉歌鸲雄鸟。左上图魏希明摄，下图马鸣摄

蓝歌鸲。左上图为雌鸟，聂延秋摄；下图为雄鸟，杨贵生摄

在水边活动的蓝歌鸲雄鸟。沈越摄

层下的凹坑内。巢材主要为枯草叶、树叶、枯枝、干草、须根等，有时也垫有兽毛和羽毛。窝卵数4～6枚。卵天蓝色、亮蓝色或绿蓝色。

种群现状和保护　在中国分布范围较广，种群数量丰富，IUCN 和《中国脊椎动物红色名录》均评估为无危（LC）。被列为中国三有保护鸟类。

红胁蓝尾鸲

拉丁名：*Tarsiger cyanurus*
英文名：Red-flanked Bush Robin

雀形目鹟科

形态　体形略小，体长13～14 cm，体重12～18 g。雄鸟通体蓝色，蓝尾特征尤为明显；上体灰蓝色，眉纹白色沾棕色；下体颏、喉、胸棕白色，腹至尾下覆羽白色，胸侧灰蓝色，两胁橙红色或橙棕色；飞羽和尾羽均为暗褐色，表面沾染蓝色。雌鸟通体淡褐色，上体橄榄褐色，腰和尾上覆羽灰蓝色；下体和雄鸟相似，不同之处在于胸沾橄榄褐色，胸侧无灰蓝色；尾黑褐色，外表亦沾灰蓝色。

分布　分布于亚洲北部和欧洲东北部，越冬区在中国南方、东南亚、南亚次大陆、喜马拉雅山脉。在中国，繁殖于东北和西北地区，越冬于长江流域及以南地区，迁徙经过大部分地区。

栖息地　繁殖期主要栖息于山地森林地带、林缘上线疏林灌丛地带、低山丘陵和山脚平原地带的次生林等区域。迁徙期见于各种生境，包括荒漠、农区、园林、绿洲等。

鸣声　叫声为单音或双轻音的"啾呵——啾呵——"或"叽啾——叽啾——"，或声轻且弱的鸣唱"啾——啾——叽哩啾啾——"，及一连串的"喊啾——叽哩——叽哩——啾啾——"。

习性　喜单独或成对活动，秋季多3～5只结小群生活。

食性　夏季主要以昆虫为食，占食物总量的81%，如鞘翅目、膜翅目、半翅目、直翅目、鳞翅目、双翅目等。会凌空捕捉飞虫。迁徙期间也取食少量的植物性成分。

繁殖　繁殖期5～7月。通常营巢于海拔1000 m以上茂密的暗针叶林和岳桦林中，周围环境的特点为阴暗、潮湿、倒木纵横、地势起伏不平。巢一般置于地面土坎上、树干或土崖洞穴之中，利用灌丛、枯枝落叶等来掩护巢而不被天敌破坏。巢由松萝、杂草和苔藓构成，内垫有绒羽、兽毛、羽毛和松针等。卵椭圆形，白色或粉白色，布有红褐色细小斑点。雌鸟孵卵，孵化期12～15天。双亲共同育雏，雏鸟约15日龄离巢。

种群现状和保护　IUCN 和《中国脊椎动物红色名录》均评估为无危（LC）。在中国曾经非常罕见，近年来观鸟者发现次数逐渐增加。虽然种群数量比较稳定，但也受到人类捕捉和贩卖的的影响，需要采取一定措施进行保护。已被列为中国三有保护鸟类。

探索与发现　长期以来，红胁蓝尾鸲与其他许多鸲类被归入于鸫科（Turdidae），而现在的分子分类学家倾向于将他们归入鹟科（Muscicapidae）。在中国红胁蓝尾鸲原本包括2个亚种，其中繁殖于喜马拉雅山的西南亚种 *T. c. rufilatus* 最近被认为是一个独立物种——蓝眉林鸲 *T. rufilatus*。

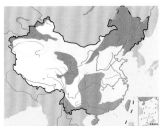

红胁蓝尾鸲。左上图为雄鸟，沈越摄；下图为雌鸟，杨贵生摄

红胁蓝尾鸲的繁殖参数	
巢形状	杯状，或碗状
巢大小	外径13.5～15 cm，内径7～7.5 cm，深3～4 cm，洞巢者洞内径12～18 cm
窝卵数	3～6枚
卵大小	长径17.5～18.0 mm，短径13.0～14.5 mm
卵重	平均2.2 g
孵化期	12～15天
孵化模式	雌鸟孵卵
育雏期	约15天
育雏模式	双亲喂养

棕薮鸲

拉丁名：*Cercotrichas galactotes*
英文名：Rufous Scrub Robin

雀形目鹟科

形态 小型鸣禽，比麻雀稍大，体长 15～17 cm，体重 20～26 g。通体沙褐色，具白色的眉纹；尾羽修长，红褐色，具黑色次端斑和白色端斑。

分布 繁殖地在北非、南欧、中亚的一些中低纬度国家；而越冬地在非洲中部，如肯尼亚、南苏丹、埃塞俄比亚、索马里等；

棕薮鸲。刘璐摄

迁徙季节可能出现在巴基斯坦、印度部分地区。在中国为夏候鸟，仅见于新疆，据近年观察，只在准噶尔盆地有一个孤立的繁殖种群。

栖息地 典型的内陆荒漠地区的鸟类，喜欢在胡杨、梭梭、红柳等灌丛中活动，生活环境比较干旱。也会出现在种植园、葡萄园、公园、沙漠、草原、河岸林及绿洲之中，栖息地海拔 400～1300 m。

鸣声 通常站立在高枝上鸣唱，发出变化多端的"嘀哟——嘀——"，比较复杂的歌声。还会发出"咿呦——咿呦——"或"嘀呦特——嘀呦特——"的声音，十分圆润，如哨音一般悦耳。

食性 主要取食各种昆虫，如蜻蜓、甲虫、蚱蜢、蚂蚁、蝴蝶和蛾子的幼虫，偶尔也吃蚯蚓、浆果等。

繁殖 在中国的野外生态与行为研究资料相当缺乏，仅有的资料来自马鸣的研究团队在古尔班通古特沙漠腹地的观察记录。他们在那里发现了一个棕薮鸲的繁殖地。有观测记录的近五六年里，繁殖时间在 5～6 月，比较短暂。每年 5 月飞来，种群数量大概有二三十对，形成松散的群落。营巢于灌丛下潮湿的地面上，而不是灌丛上，很容易受到蛇、野猫、狐狸、虎鼬、猛禽等天敌的破坏。每对成鸟产卵 3～5 枚，孵化期 13～14 天，育雏期 12～15 天，当幼鸟受到惊扰会提前几天离巢。为了保护幼鸟，亲鸟会边飞边叫，俯冲入侵者，引开天敌。有时展开扇形尾羽，吸引对方注意力，不惜一切地将自己暴露在天敌面前。

种群现状和保护 IUCN 评估为无危（LC），《中国脊椎动物红色名录》评估为数据缺乏（DD）。尚未列入国家保护名录。在中国仅有一个孤立的繁殖种群，这几年慕名而来的观鸟者越来越多，为了拍出好的题材和作品，一些人不惜用人工的方式引诱鸟，设置水坑或播放鸟鸣声，还有人长时间趴在鸟窝附近，对棕薮鸲的繁殖构成严重干扰，亟需加强保护。

带着食物站在灌丛上准备回巢育雏的棕薮鸲。马鸣摄

红背红尾鸲

拉丁名：*Phoenicuropsis erythronotus*
英文名：Eversmann's Redstart

雀形目鹟科

形态 体形较大的鸲类，体长 15～17cm，体重 17～20g，翼展可达 27 cm。通体棕红色，具白色翼斑。雄鸟的头顶及颈背浅蓝灰色，脸颊黑色形成眼罩，背部、胸和尾上覆羽棕色；翅黑褐色，飞羽和初级覆羽有白色条纹；尾棕红色，中央尾羽为黑褐色；腹和尾下覆羽白色。雌鸟大体为灰褐色，具淡色的眼圈，三级飞羽羽缘黄色，尾羽似雄鸟。

分布 繁殖区域从中亚山地一直到西伯利亚南部的阿尔泰山脉；越冬范围比较大，从伊拉克南部通过伊朗、阿富汗、巴基斯坦、印度到尼泊尔。在中国仅繁殖于新疆（夏候鸟、冬候鸟）。

栖息地 在繁殖季节，主要栖息于山地森林的上线，海拔 2800～4800 m 的灌丛或裸岩区域，偶然可抵 5400 m 的高度。在冬季常见于开阔和干旱的荒漠环境中。

食性 繁殖季节主要以昆虫为食，在冬季亦采食种子、浆果等植物性食物。

鸣声 声音响亮，告警时发出"咯嚯——哦——"声，以及音节含糊的警戒声"咔——咔——咔——"。也有"啡呦——哦特——"的哨音。

习性 行为活泼，尾羽常上下摆动。分布于新疆的红背红尾鸲具有迁徙或漂泊行为，冬季长距离迁徙到平原地带，1～2 月在温暖的天山峡谷中也有遇见留鸟。

繁殖 在短暂的夏季繁殖，繁殖期 6～7 月。营巢于杂草覆盖的山坡、矮灌丛的根部或石缝之间。窝卵数 3～5 枚，卵壳为淡绿色，具暗褐色细斑点。

种群现状和保护 IUCN 和《中国脊椎动物红色名录》均评估为无危（LC）。受关注度低，不被重视，尚未列入保护名录。但作为内陆山地的特殊种类，分布区域比较狭窄，种群数量稀少，应该予以保护。

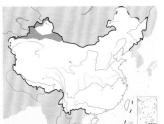

红背红尾鸲雄鸟。左上图魏希明摄，下图马鸣摄

叼着食物准备回巢育雏的红背红尾鸲雌鸟。张永摄

蓝头红尾鸲

拉丁名：*Phoenicuropsis coeruleocephala*
英文名：Blue-capped Redstart

雀形目鹟科

形态　小型鸣禽，体长 13～15 cm，体重 16～18 g。雄鸟通体为黑白二色，无红尾，冬季上体略有褐色；头顶及颈背蓝灰色，喉和胸为黑色，翼上有一白色条带；下胸、腹部及尾下覆羽亦白色。雌鸟通体褐色，眼圈皮黄色，尾上覆羽棕色，尾下覆羽白色，尾褐色而具狭窄的棕色羽缘。

分布　沿喜马拉雅山脉向北分布至天山山脉，从印度、不丹、尼泊尔、巴基斯坦、阿富汗、塔吉克斯坦、吉尔吉斯斯坦、哈萨克斯坦等一直到中国大陆西端的新疆。在中国为夏候鸟，分布于新疆帕米尔高原和天山山脉。

栖息地　栖息于温带针叶林区、山地圆柏灌丛、林间草地等。在天山分布海拔一般在 1400～2700 m 之间，但研究者偶然在沙漠中见到蓝头红尾鸲的踪影，海拔只有 400 m。

鸣声　发出"喊呵——喊呵——"的叫声，类似于一种警戒声。繁殖期的鸣唱非常悦耳。

习性　曾被认为是留鸟，但其实它也有漂泊的习性，冬季会下降到温暖的河谷中或迁徙至更南的区域。

食性　以昆虫为主，可以凌空捕捉飞蛾。

繁殖　在天山，繁殖期为 5～7 月，在岩隙、灌丛下筑巢，窝卵数 3～5 枚。

种群现状和保护　IUCN 和《中国脊椎动物红色名录》均评估为无危（LC）。尚未列入保护名录。但在中国是狭域分布物种，比较罕见，需要保护。

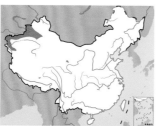

蓝头红尾鸲。左上图为非繁殖期雄鸟，魏希明摄；下图为繁殖期雄鸟，杜卿摄

蓝额红尾鸲

拉丁名：*Phoenicuropsis frontalis*
英文名：Blue-fronted Redstart

雀形目鹟科

形态　小型鸟类，体长 14～16 cm，体重 16～20 g。雄鸟头部蓝色，腰部和腹部均为棕红色。其实从头顶至背部的黑色均泛着蓝色金属光泽，颏、喉和上胸也具有相同的颜色。两翅的覆羽呈暗蓝色，飞羽具淡褐色的羽缘。中央尾羽黑色，外侧尾羽为橙棕色或红棕色，且羽端为黑色。雌鸟羽色较淡，头顶至背棕褐色，腰至尾上覆羽栗棕色或棕色。雌鸟下体淡褐色，而腹至尾下覆羽橙棕色。

分布　青藏高原特有种，主要分布在中国中部和西南地区（喜马拉雅山脉），周边的印度、巴基斯坦、尼泊尔、不丹有少量分布。在中国，见于西藏、青海、宁夏、甘肃、云南等地区。

栖息地　与栖于温带森林和草原地区。繁殖期间主要栖息于海拔 2000～4200 m 的高山针叶林和灌丛草甸，常见于沟谷灌丛、林缘灌丛地带。

蓝额红尾鸲。左上图为雄鸟，下图为雌鸟。沈越摄

鸣声 遇见入侵者的告警声为"哦——啼——啼——啼——",在栖处或飞行中不停地轻声重复。平时的联络声为单音的"喊、喊、喊、喊",是呲出来的声音,并伴随尾巴的抖动。鸣声为一连串甜润的颤音及粗喘声,如"啾——啾——叽哩啾啾——"。这些复杂的串音,十分圆滑,是变化的"嘀呦——嘀呦——叽叽叽——"。

食性 主要以昆虫为食,有时亦食植物果实和种子。

习性 一般表现为留鸟,但越冬期间具有明显的垂直迁移现象,冬季下降到低海拔区域。有一些也会为越冬开始短距离的水平迁徙。

繁殖 繁殖期5~8月。常喜单独或结对活动,通常营巢于倒木树洞或岩石遮蔽保护下的洞中,也会在岩壁洞穴中营巢。巢由苔藓和枯草茎、叶构成,内垫有绒羽、羽毛等柔软物。

种群现状和保护 IUCN 和《中国脊椎动物红色名录》均评估为无危（LC）。尚未列入保护名录。作为青藏高原特有种,应加强地区性保护。

蓝额红尾鸲的繁殖参数	
巢形状	杯状
窝卵数	3~4 枚
卵颜色	粉白色,有红褐色斑点
卵大小	21mm×15mm
孵化模式	雌性孵卵
育雏模式	双亲喂养

蓝额红尾鸲的巢和巢中雏鸟。贾陈喜摄

赭红尾鸲

拉丁名: *Phoenicurus ochruros*
英文名: Black Redstart

雀形目鹟科

形态 小型鸟类,体长 13~16 cm,体重 17~24 g。雌雄差异较大,雄鸟上体为黑褐色,头至胸概为黑色,腰、尾上覆羽、尾下覆羽、外侧尾羽和腹部为栗棕色。尾羽为红褐色,两翅为黑褐色。雌鸟通体为沙褐色,尾上覆羽和外侧尾羽为淡棕色,尾羽亦为红褐色。

分布 模式产地在伊朗高原,既是一个高原物种,又是一个荒漠物种,从欧洲中部、非洲北部一直到亚洲中部都有其踪影。在中国主要围绕青藏高原分布,如新疆、西藏、青海、甘肃、内蒙古、宁夏、山西、陕西、四川、贵州、云南等地,为留鸟或夏候鸟。

栖息地 见于海拔 2000~4800 m 的高山或高原上,通常在林线以上的高山草甸、灌丛、草地、裸岩与砾石荒漠活动。亦栖息于河谷地带,以及有稀疏灌木生长的岩石山坡与村庄附近的小块林地内。到了冬季,也下降到山脚平原地带的人工林、果园和绿洲中活动。

鸣声 发出"啼——哧——"的声音,或反复的"喊啾——哧——哧——哧——",比较独特。同时抖动尾巴,"哧——哧——哧——",就好像是呲出来的摩擦声。

习性 不善于远途飞行,常单独或成对活动。性机警,行动

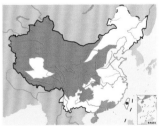

赭红尾鸲。左上图为雄鸟,马鸣摄;下图为左雌右雄,同海元摄

叼着虫子准备回巢育雏的赭红尾鸲雄鸟。魏希明摄

敏捷，频繁地在地上和灌丛间跳来跳去，啄食虫子，偶尔也会在空中飞捕昆虫。

食性　主要以鞘翅目、鳞翅目、膜翅目的昆虫为食，包括象鼻虫、金龟子、步行虫、蚂蚁、苍蝇等。也吃其他小型无脊椎动物，如甲壳类、蜘蛛和其他节肢动物等。偶尔也吃植物的种子和果实。

繁殖　营巢于灌丛下或石缝中，窝卵数 4～6 枚。孵化期约 13 天，雏鸟晚成性，留巢期 14～16 天。

种群现状和保护　IUCN 和《中国脊椎动物红色名录》均评估为无危(LC)。尚未列入保护名录。但作为高原物种和荒漠物种，值得加强关注和保护。

红腹红尾鸲

拉丁名：*Phoenicurus erythrogastrus*
英文名：White-winged Redstart

雀形目鹟科

形态　体形最大的红尾鸲，体长 16～19 cm，体重 25～30 g。成年雄鸟头顶灰白色，翼上具白色大斑块，胸部、腹部和尾羽为栗红色，余部黑色。雌鸟上体淡棕色，下体土黄色，尾棕色。

分布　繁殖于亚洲西南部和中部的高山地区，如高加索山脉、喜马拉雅山脉、喀喇昆仑山脉、天山山脉、阿尔泰山脉等。在中国主要分布于西北地区和青藏高原，如新疆、青海、西藏、甘肃、四川等，冬季四处漫游，偶尔迁徙到山东、河北、山西、四川东部及云南北部等区域越冬。

栖息地　常在海拔 3600～5200 m 的林线以上和雪线以下区域活动，在高山草甸和多岩石的高山旷野繁殖，多栖于高海拔地区。冬季会下降到低海拔阳坡及河谷灌丛中活动。

鸣声　叫声包括微弱的"哩克——哩克——"及较生硬的"啼咯——啼咯——"声。雌鸟轻轻的"嘀——嘀——喊——"和

雄鸟歌唱"叽哩——啾——啾——"，"叽——叽——啾啾——"，变化多端。炫耀飞行时的叫声为短促清晰的哨音"啼——啼——啼哦——"接以突发的似喘息短促音。

食性　主要以各种各样的无脊椎动物为食，包括昆虫、蜘蛛、蠕虫等。亦食植物种子和浆果。

繁殖　营巢于石缝、崖隙中。6～7 月为短暂的繁殖期，窝卵数 3～5 枚。卵壳白色，具红褐色斑点。

种群现状和保护　IUCN 和《中国脊椎动物红色名录》均评估为无危（LC）。尚未列入保护名录。

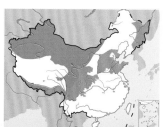

红腹红尾鸲。左上图为雄鸟，魏希明摄；下图为雌鸟，赵纳勋摄

一号冰川下站在岩石上的红腹红尾鸲。沈越摄

红尾水鸲

拉丁名：*Rhyacornis fuliginosa*
英文名：Plumbeous Water Redstart

雀形目鹟科

形态　体长约 13 cm。嘴黑褐色。雄鸟通体深蓝灰色，两翼沾褐色；尾及其上、下覆羽均为栗红色，尖端略黑；脚黑色。雌鸟上体灰蓝色，翼褐色并有两道白色点斑；臀、腰及外侧尾羽基部白色，尾余部黑色；下体灰蓝色，具白色鳞状斑；脚暗褐色。

分布　分布于阿富汗东部、巴基斯坦、克什米尔、中国、尼泊尔、不丹、印度、孟加拉国、缅甸、越南、泰国等地。有 2 个亚种，即指名亚种 *R. f. fuliginosa* 和台湾亚种 *R. f. affinis*，中国均有分布。在国内广泛分布于华北、华东、华中、华南、西南，以及台湾和海南等地。北至内蒙古东南部、河北北部、北京、宁夏南部、甘肃西北部天堂寺和西部兰州、青海，往南经陕西、山西、河南、山东一直到长江流域以及以南的广大地区，南达广东、香港、广西、海南，东抵江苏、浙江、福建和台湾，西至贵州、四川、云南和西藏东南部。

栖息地　主要栖息于多石的林间或林缘地带的溪流与河谷沿岸，湖泊、水库、水塘岸边。单独或成对活动。

习性　常停栖于溪流及河流两岸或水中砾石上、路边岩石上或电线上，尾上下摆动。

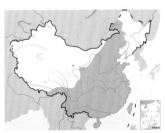

红尾水鸲。左上图为雌，下图为雄鸟。沈越摄

站在水中岩石上的红尾水鸲幼鸟。徐永春摄

食性　主要以昆虫为食，也吃少量植物果实和种子。当发现水面或地上有虫子时，则急速飞去捕猎，取食后又飞回原处。有时也在地上快速奔跑啄食昆虫。

繁殖　繁殖期 3～7 月。通常营巢于隐蔽较好的河谷与溪流岸边的悬岩洞隙、岩石或土坎下凹陷处，也在树洞中营巢。巢呈杯状或碗状。巢由枯草茎、叶、根、细的枯枝、树叶、苔藓、地衣等构成。营巢、孵卵由雌鸟承担。窝卵数 3～6 枚。卵呈卵圆形或长卵圆形，白色或黄白色，也有呈淡绿色或蓝绿色的，被有褐色或淡赭色斑点。雏鸟晚成性，雌雄亲鸟共同育雏。

种群现状和保护　IUCN 和《中国脊椎动物红色名录》均评估为无危（LC）。被列为中国三有保护鸟类。

白喉石䳭

拉丁名：*Saxicola insignis*
英文名：White-throated Bushchat

雀形目鹟科

形态　体形略小，体长 14～15 cm，体重 18～20 g。上体黑色，胸锈红色，臀部近白色。似黑喉石䳭，但翼有白斑，且成鸟的喉部为白色。

分布　狭域分布物种，繁殖于哈萨克斯坦北部至蒙古西部的阿尔泰山脉，冬季迁徙至印度北部、尼泊尔及不丹。在中国极其罕见，有记录迁徙时见于新疆、青海及内蒙古阿拉善地区。

栖息地　多在内陆干旱地区活动，喜欢有矮树丛的高山及亚高山草甸，适应于干燥的草原。

鸣声　遇到危险时发出金属般"啼呵——啼呵——"的声音，警示同伴。

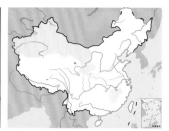

白喉石䳭。韩雪松摄

跟麻雀一起站在铁丝围栏上的白喉石䳭。韩雪松摄

食性 在地面或空中捕食昆虫，亦采食植物的种子。

繁殖 行为诡秘，观察难度大，未有繁殖资料。

种群现状和保护 IUCN 评估为易危（VU），《中国脊椎动物红色名录》评估为濒危（EN）。分布区域狭窄，多个国家将其列入红皮书中。主要的威胁似乎是由过度放牧引起的栖息地丧失，可能还有其他不明原因。目前的种群数量估计在 2500 ~ 10 000 只之间，岌岌可危。被列为中国三有保护鸟类，作为濒危物种，应进一步提升保护等级。

黑喉石䳭

拉丁名：*Saxicola maurus*
英文名：Siberian Stonechat

雀形目鹟科

形态 小型鸣禽，体长 12 ~ 14 cm，体重 14 ~ 18 g。雄鸟为黑色、白色及赤褐色相间的简单三色：头部及翼为黑色，与显眼的白领形成强烈对比，背深褐色，翼上具粗大的白斑，腰亦白色，胸棕红色。雌鸟色羽色较淡而无黑色，下体皮黄色，仅翼上具白斑。

分布 见于亚洲内陆腹地及北温带广大地区，从青藏高原到西伯利亚，西部抵土耳其和里海地区，东部至亚洲各国。在中国主要为夏候鸟，见于西部和北部地区，如黑龙江、吉林、辽宁、河北、内蒙古、新疆、青海、甘肃、四川、陕西、贵州、云南、西藏，迁徙经过东部地区，南方地区有越冬。

栖息地 栖息于布满荆棘的山坡、旱草地、村寨篱笆和农田附近。在青藏高原海拔可上升至海拔 4600 m 的荒原，向北至西伯利亚分布海拔逐渐降低。

鸣声 发出如同击石头的"契克——契克——"声音，遇到危险会发出"嘁——嘁——"的焦虑声，或跳来跳去并发出"咔咔——啾——"声。

食性 以各种昆虫为食，如蝗虫、蚱蜢、甲虫、金针虫、叶甲、金龟子、象甲、吉丁虫、螟蛾、叶丝虫、弄蝶科幼虫、舟蛾科幼虫、蜜蜂、蚂蚁等昆虫和昆虫幼虫，也吃蚯蚓、蜘蛛等其他无脊椎动物以及少量植物果实和种子。

繁殖 喜欢在凉爽的地方繁殖，繁殖期要么去高海拔的青藏

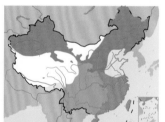

黑喉石䳭。左上图为雄鸟非繁殖羽，韦铭摄；下图为雌鸟，李全胜摄

繁殖期的黑喉石䳺，正带着食物准备回巢育雏。杨贵生摄

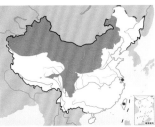

沙䳺。左上图为雌鸟，沈越摄；下图为雄鸟，杨贵生摄

高原，要么就是飞往更北的西伯利亚荒原，因此其迁徙距离和分布范围比较广阔。营巢于土坎、岩坡、石缝、土洞、倒木树洞和灌丛隐蔽下的地上凹坑内。巢呈碗状或杯状，主要由枯草、细根、苔藓、灌木叶等材料构成，外层较粗糙，内层编织较为精致，内垫有野猪毛、狍子毛、马毛等兽毛和鸟类羽毛。繁殖期为4～7月，窝卵数4～8枚。孵化期12～13天。雌雄亲鸟共同育雏，经过12～13天的巢期生活，幼鸟即可离巢。

种群现状和保护 IUCN和《中国脊椎动物红色名录》均评估为无危（LC）。被列为中国三有保护鸟类。

探索与发现 科学家通过分子生物学、形态学、行为学及动物地理学研究和比对，认为原黑喉石䳺 Saxicola torquatus 的祖先早在上新世晚期或更新世晚期就分离了，现在分化出至少3个独立鸟种，即黑喉石䳺 Saxicola torquatus、史氏石䳺 S. stejnegeri 和欧洲石䳺 S. rubicola。过去它们都是黑喉石䳺的亚种，现在则被认为是姊妹物种。中国分布的亚种分属黑喉石䳺和史氏石䳺，但本书仍将其作为一个种处理。

沙䳺

拉丁名：*Oenanthe isabellina*
英文名：Isabelline Wheatear

雀形目鹟科

形态 体长约16 cm。上体沙褐色，眉纹及眼圈苍白色，眼先黑色，具白色眉纹，腰和尾上覆羽白色，尾羽黑色，但外侧尾羽基部白色，使得黑色部分呈"凸"字形；下体沙灰褐色，胸微缀橙色。雌雄羽色相似，但雄鸟眼先较黑。嘴黑色。脚黑色。

分布 单型种，无亚种分化。繁殖于欧洲东南部经中东至喜马拉雅山脉西北部、中国、俄罗斯东南部、蒙古；越冬于印度西北部及非洲中部。在国内繁殖于内蒙古，甘肃西北部，陕西北部，青海东部、南部及东南部，新疆。

栖息地 栖息于植被稀疏的草原、荒漠、半荒漠及沙丘地带，常在农田附近的草地、路边活动。

巢洞中的沙䳺。沈越摄

习性 单独或成对活动，也集4～5只的小群。常停栖于土坡上、石头上、灌丛枝头。

食性 主要以昆虫为食。

繁殖 繁殖期5～7月。营巢于开阔地的废弃鼠洞中、沟谷悬崖岩石缝中，也有在沙崖掘洞营巢的。巢呈浅碟状。巢材有细草茎、细根须、羊毛、马毛、羽毛等。窝卵数4～7枚。卵淡蓝色，钝端有少许褐色点斑。孵卵由雌鸟承担，孵化期12～15天。雏鸟晚成性，雌雄亲鸟共同育雏。育雏期13～17天。

种群现状和保护 种群数量较稳定，IUCN和《中国脊椎动物红色名录》均评估为无危（LC）。在中国新疆、青海、内蒙古地区较常见。尚未列入保护名录，应加强保护。

穗䳭

拉丁名：*Oenanthe oenanthe*
英文名：Northern Wheatear

雀形目鹟科

形态 小型鸣禽，体长 14～16 cm，体重 23～27 g。上体为雄鸟灰蓝色，雌鸟沙褐色，下体白色。雄鸟的眼罩和双翼为黑色；中央尾羽黑色，基部一半为白色，其余尾羽大部分白色，仅端部黑色，形成"T"形的黑色图案。

分布 在欧亚大陆及北美繁殖，越冬于非洲。见于中国北部，如内蒙古、宁夏、山西、新疆等。在北方为夏候鸟，其他地方为旅鸟或迷鸟。

栖息地 在天山山脉，栖息于海拔 2400～3000 m 林线以上开阔原野，或更高的山地草原、草甸及多砾石地段。

鸣声 具有模仿其他动物声音的能力，会发出尖厉的哨音"啾咿特——啾咿特——"，或生硬的"啾唧——啾唧——"警告声。

食性 以昆虫为食，特别是在繁殖期喜欢吃鳞翅目、鞘翅目、直翅目、膜翅目等昆虫。兼食少量浆果。

繁殖 在辽阔的巴音布鲁克草原，喜欢将巢建在废弃的鼠洞内，自古就有"鸟鼠同穴"的记载。窝卵数 4～7 枚，卵壳天蓝色，光滑无斑。孵化期 13～15 天，育雏期 14～15 天。

作为地栖鸟类，辽阔草原对穗䳭来说危机四伏，天敌包括蝮蛇、草原蝰、白鼬、狐狸、獾子、红隼等。面对捕食者，它们会利用"迷惑战术"摆脱危险，当遇到天敌进入巢区，亲鸟会假装受伤，一瘸一拐，在地面扑扇翅膀，引开入侵者。

种群现状和保护 IUCN 和《中国脊椎动物红色名录》均评估为无危（LC）。尚未列入保护名录。由于夏季住在鼠洞里，可能存在寄生蚤交换，并携带鼠疫病原而被牵连。

站在地面上的穗䳭幼鸟，尾羽的T型黑色图案十分明显。杨贵生摄

探索与发现 据英国广播公司（BBC）报道，在阿拉斯加繁殖的穗䳭每年秋季都要穿过西伯利亚和阿拉伯沙漠前往非洲越冬地，飞行距离近 15 000 km，平均每天飞行 290 km。这是小型鸣禽中最长的迁徙记录之一。

白顶䳭

拉丁名：*Oenanthe pleschanka*
英文名：Pied Wheatear

雀形目鹟科

形态 小型雀类，体长 14～15 cm，体重 15～20 g。雄性为黑白二色，上体为黑色，仅腰、头顶及颈背白色。外侧尾羽基部为白色，端部为黑色；下体为白色，颏及喉为黑色。与东方斑䳭

穗䳭。左上图为雄鸟，沈越摄，下图为雌鸟，杨贵生摄

白顶䳭。左上图为雄鸟，杨贵生摄，下图为带着食物的雌鸟，魏希明摄

白顶䳭中存在喉部黑色和喉部白色的个体。图为喉部白色的白顶䳭雄鸟。魏希明摄

雄鸟的区别在头顶的灰色较重，且胸部色略沾皮黄。

分布 繁殖地从欧洲东部一直延伸到亚洲中部，越冬地在南亚和北非。在中国为夏候鸟，分布于新疆、甘肃、青海、内蒙古等地。

栖息地 生活在内陆干旱与半干旱地区，如干燥的草原、植被稀疏的荒漠、绿洲、山前丘陵、弃耕地与村落等。

鸣声 叫声变化多端，如"喳呵——喳呵——"。有的时候会模仿百灵的叫声，悠扬流畅。

食性 以食虫为主，包括蚂蚁、苍蝇、甲虫、蜘蛛、螨虫及蛾类的幼虫等。偶尔也会采食浆果和草籽。发现猎物时，会轻轻地向下滑到地面，悄无声息地捕获猎物后，再回到栖处。

繁殖 通常营巢于路边台地边的石头缝隙中。巢由干草茎铺垫，内衬细长毛根和柔软的羽毛。5月初开始产卵，窝卵数4~6枚。

种群现状和保护 IUCN 和《中国脊椎动物红色名录》均评估为无危（LC）。尚未列入保护名录。

漠䳭

拉丁名：*Oenanthe deserti*
英文名：Desert Wheatear

雀形目鹟科

形态 小型雀类，体长 14~16 cm，体重 17~20 g。通体沙黄色，翼和尾为黑色。雄鸟的脸侧、喉及颈为黑色。雌鸟和幼鸟的羽色与沙漠环境融为一体，淡淡的沙褐色是极佳的伪装色。

分布 繁殖地主要在中亚，越冬地从南亚至北非。在中国分布于西北各地，如宁夏、内蒙古、甘肃、青海、新疆、西藏等（夏候鸟）。

栖息地 作为常见的荒漠鸟类，一般栖息于海拔500~4000 m之间的砾石戈壁、缺水平原、山地砾漠、荒漠草原、稀疏灌木丛和沙漠绿洲等。

鸣声 亲鸟遇到麻烦或者其巢穴就在附近时，发出刺耳的"嘁咯——嘁咯——"声。而求偶时发出口哨一般"嘁——呦——嘁——呦——"的长音，微微发颤，如窃窃私语。通常只在求偶时鸣唱，其他时间悄然无声。

习性 能够在短时间内悬停于半空中，既是炫耀飞行技巧，还是为了驱赶天敌或寻找食物。

食性 以昆虫为食，尤以甲虫居多。也采食植物成分。

繁殖 繁殖期4~6月。营巢于洞穴或石缝中，窝卵数4~6枚。

种群现状和保护 IUCN 和《中国脊椎动物红色名录》均评估为无危(LC)。尚未列入保护名录。天敌有沙漠中的岩蜥、蟒蛇、虎鼬、狐狸、猛禽等。西部地区开展的草原灭鼠和灭虫运动给地栖的食虫鸟类带来了灭顶之灾，一些地方将灭鼠与防疫结合，投毒饵于鼠洞内，斩尽杀绝。这些政策性失误给鸟类保护带来困难。

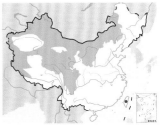

漠䳭。左上图为雌鸟，沈越摄；下图雄鸟，杨贵生摄

漠䳭雄性亚成体。杨贵生摄

东方斑鵖

拉丁名：*Oenanthe picata*
英文名：Variable Wheatear

雀形目鹟科

形态 小型鸣禽，体长14～15 cm。通体黑白二色，上体黑色而下体白色。雌鸟羽色多变，不同个体有变化。

分布 分布于中国及相邻的印度、尼泊尔、巴基斯坦、阿富汗、哈萨克斯坦、俄罗斯、塔吉克斯坦、土库曼斯坦、乌兹别克斯坦等地。在中国为夏候鸟，仅见于新疆。

栖息地 栖息于干旱和半干旱地区的鸟类，生活于中亚腹地贫瘠的土地，如石漠等多岩石区域、稀疏植被的沙漠、海拔1200～2700m的高原峡谷、绿洲、村落或游牧营地附近。

鸣声 时断时续的甜美叫声，如"唧——唧——"或"啾——啾——"变化不断。还能够模仿其他鸟叫，于栖处或飞行时鸣唱。

食性 以各种昆虫为食，兼食少量草籽。

繁殖 繁殖期3～6月，窝卵数4～7枚。观测资料奇缺，一些行为同白顶鵖。

种群现状和保护 IUCN和《中国脊椎动物红色名录》均评估为无危（LC）。尚未列入保护名录。

蓝矶鸫

拉丁名：*Monticola solitarius*
英文名：Blue Rock Thrush

雀形目鹟科

形态 体长约21 cm。雄鸟嘴近黑色，通体蓝色，或仅下体后胸以下橙红色，余部蓝色。雌鸟嘴暗褐色，上体深灰蓝色，背具黑褐色羽缘；喉中部白色，其余下体黑褐色，密布白色点状斑。脚和趾均黑褐色。

分布 分布于欧亚大陆南部，从地中海向北至法国南部、瑞士、奥地利，向南至北非摩洛哥、阿尔及利亚、突尼斯，向东经

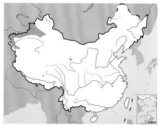

东方斑鵖。左上图为雄鸟，下图为雌鸟。李锦昌摄

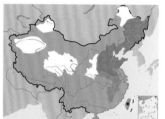

蓝矶鸫。左上图为华北亚种雄鸟，下图为带着食物的雌鸟。沈越摄

东方斑鵖幼鸟。甘礼清摄

站在岩石上的蓝矶鸫华北亚种雄鸟，腹部以下为橙红色。沈越摄

阿尔巴尼亚、希腊到土耳其、小亚细亚、巴勒斯坦、伊朗、阿富汗、巴基斯坦、克什米尔、高加索、中亚天山和喜马拉雅山区等地。分为5个亚种，中国分布有藏西亚种 *M. s. longirostris*、华南亚种 *M. s. pandoo* 和华北亚种 *M. s. philippensis*。国内分布于内蒙古、陕西南部、甘肃南部、四川、湖北、湖南、江苏、浙江、福建、广东、香港、广西、海南、贵州、云南、西藏和新疆等地。

栖息地 主要栖息于多岩石的低山峡谷，以及山溪、湖泊等水域附近的岩石山地，也栖息于海滨岩石和附近的山林中，有时也进入城镇、村庄、公园和果园中。常停栖在路边小树枝头或突出的岩石、电线、住家屋顶、古塔和城墙巅处停留鸣叫。

食性 主要昆虫为食。多单独或成对在地上觅食，常从栖息的高处直落地面捕猎，或突然飞出捕食空中活动的昆虫，然后飞回原栖息处。

繁殖 繁殖期4～7月。营巢于沟谷岩石缝隙中或岩石间。巢呈杯状，结构较为粗糙，主要由苔藓、细枝、枯草茎和草叶等材料编织而成，内垫有细草茎和草根。营巢主要由雌鸟承担。窝卵数3～6枚。卵淡蓝色或淡蓝绿色，有的钝端被少许红褐色斑点。孵卵由雌鸟承担，雄鸟警戒，孵化期12～15天。雏鸟晚成性，雌雄亲鸟共同育雏，育雏期15～18天。

种群现状和保护 IUCN和《中国脊椎动物红色名录》均评估为无危（LC）。尚未列入保护名录，应加强保护。

乌鹟

拉丁名：*Muscicapa sibirica*
英文名：Sooty Flycatcher

雀形目鹟科

形态 体长约13 cm。雌雄羽色相近。嘴黑色。眼先黄白色，眼圈白色。上体烟灰褐色。翅黑褐色，具淡黄白色翼斑。下体颏、喉白色，稍向颈部延伸，形成白色半颈环；胸和两胁为成片的灰褐色；下腹白色。尾部暗灰褐色，尾下覆羽白色。脚黑色。

分布 分布于西伯利亚东南地区、蒙古东北部、中国、韩国、日本、缅甸北部、越南西北、苏门答腊岛、马来西亚和印度尼西亚。全世界计有4个亚种，中国分布有3个亚种，即指名亚种 *M. s. sibirica*、藏南亚种 *M. s. cacabata* 和西南亚种 *M. s. rothschildi*。在国内分布于内蒙古、黑龙江、吉林、辽宁、河北、北京、山西、天津、陕西、云南、四川、青海南部、甘肃西南部、贵州、云南、西藏、上海、浙江、福建、广东、广西、海南、香港、澳门、台湾。

栖息地 栖息于森林的林下植被层及林间、疏林灌丛地带。

食性 主要以昆虫及其幼虫为食，也吃少量植物种子。常停留在树稍、灌木顶枝上，飞捕空中过往的小昆虫。

繁殖 繁殖期5～7月。

种群现状和保护 分布范围广，种群数量稳定。IUCN和《中国脊椎动物红色名录》均评估为无危（LC）。被列为中国三有保护鸟类。

捕得蜥蜴的蓝矶鸫华南亚种雄鸟，通体蓝色。彭建生摄

乌鹟。左上图沈越摄，下图林剑声摄

北灰鹟
拉丁名：*Muscicapa dauurica*
英文名：Asian Brown Flycatcher

雀形目鹟科

形态 小型鹟类，体长约 13 cm。雌雄羽色相似。嘴黑色，下嘴基稍淡。额基部、眼先、眼圈白色；上体灰褐色，翅和尾暗褐色，翅上大覆羽具狭窄的黄白色边缘，三级飞羽具棕白色羽缘；下体污白色，无纵纹；胸和两胁淡灰褐色。脚黑色。

分布 繁殖于西伯利亚南部，从叶尼塞河往东到俄罗斯远东、中国东北、朝鲜、萨哈林岛南部和千岛群岛以及日本北部等地，也有部分在阿富汗、巴基斯坦、克什米尔、尼泊尔和印度北部等喜马拉雅山地区繁殖；越冬于中国南部、印度、缅甸、泰国、斯里兰卡、菲律宾和大巽他群岛。种下分类较为混乱，最新的分类意见认为本种分为 3 个亚种，中国分布有指名亚种 *M. d. dauurica* 和泰国亚种 *M. d. siamensis*。在国内繁殖于内蒙古、黑龙江、吉林东部长白山地区；迁徙期间经过吉林西部、辽宁、河北、河南、陕西、甘肃以南的广大地区；部分在广东、香港、广西和云南南部一带越冬。

栖息地 栖息于林地、疏林灌丛和农田树丛。

习性 常单独或成对活动于树林中下部。

食性 主要以昆虫及其幼虫为食，也吃植物性食物。捕食时迅速飞起，捕捉到飞虫后又落回原处进食。

繁殖 繁殖期 5~7 月。

种群现状和保护 在中国种群数量较丰富和常见。IUCN 和《中国脊椎动物红色名录》均评估为无危（LC）。被列为中国三有保护鸟类。

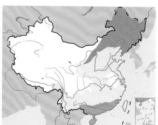

北灰鹟。左上图沈岩摄，下图聂延秋摄

白眉姬鹟
拉丁名：*Ficedula zanthopygia*
英文名：Yellow-rumped Flycatcher

雀形目鹟科

形态 小型鸟类，体长约 13 cm。雌雄异色。雄鸟嘴黑色，上体、两翅和尾黑色，具白色眉纹，翅上具长白斑，腰部鲜黄色；下体鲜黄色。雌鸟上嘴褐色，下嘴铅蓝色；眼先和眼周灰白色，上体橄榄绿色，翅上白斑较小，腰部鲜黄色；下体淡黄色，颏、喉部具橄榄色鳞状纹。脚铅黑色。

分布 单型种，无亚种分化。繁殖于西伯利亚东南部贝加尔湖以南，往东到黑龙江流域和乌苏里江流域、朝鲜和蒙古东部，偶尔出现于萨哈林岛和日本北海道；越冬于马来西亚、印度尼西亚和苏门答腊等地。在国内为夏候鸟和迁徙过境鸟，主要分布于东北、华北、华东、华中、华南、西南等地区。

栖息地 栖息于林地、居民点附近的树丛和果园。

习性 常单独或成对活动，在林地中部、幼树和灌木上活动和觅食。每年4月中下旬开始迁来中国繁殖，9月上中旬开始南迁。

食性 主要取食昆虫及其幼虫。

繁殖 繁殖期 5~7 月。窝卵数 4~7 枚。卵为污白色，带红褐色斑点，钝端斑点较密。

种群现状和保护 在中国种群数量较丰富。IUCN 和《中国脊椎动物红色名录》均评估为无危（LC）。被列为中国三有保护鸟类。

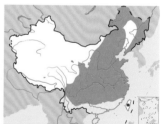

白眉姬鹟。左上图为雄鸟，下图为雌鸟。沈越摄

正在洗澡的白眉姬鹟雄鸟，腹部羽毛明显沾湿。沈越摄

红喉姬鹟

拉丁名：*Ficedula albicilla*
英文名：Taiga Flycatcher

雀形目鹟科

形态　小型鸟类，体长约 12 cm。嘴黑色。雄鸟上体灰黄褐色，眼先、眼周白色，尾上覆羽和中央尾羽黑褐色，基部白色。繁殖期颏、喉橙红色，非繁殖期为白色，胸淡灰色，其余下体白色。雌鸟：颏、喉白色，胸部沾棕色，其余同雄鸟。脚黑色。

分布　由原红喉姬鹟普通亚种 *Ficedula parva albicilla* 独立为种，因中国广泛分布的为此亚种，故继承了红喉姬鹟的中文名，

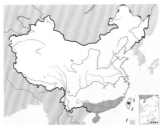

红喉姬鹟。左上图为雌鸟，下图为雄鸟。沈越摄

而 *F. parva* 改称红胸姬鹟。分布于中国、朝鲜、蒙古、俄罗斯远东、堪察加半岛、西伯利亚，往西到乌拉尔南部；越冬于印度、缅甸、中南半岛和马来半岛等地。在国内繁殖于内蒙古、黑龙江和吉林；迁徙经过在辽宁、北京、河北、河南、山东、青海、甘肃、四川、贵州、云南、广东、香港、广西、福建和海南；越冬于广东、香港和海南。

栖息地　主要栖息于阔叶林、针阔混交林和针叶林的林缘、疏林灌丛、农田附近林地，以及溪流和公路附近灌丛。

习性　常单独活动，迁徙期也成小群。

食性　主要以昆虫及其幼虫为食。取食方式为从树枝飞到空中捕捉飞行昆虫，随后又落回原处进食。非繁殖期经常在灌丛地面觅食。

繁殖　繁殖期 5～7 月。营巢于树洞或树缝中。巢呈杯状，结构简单。每窝产卵 5～6 枚。卵淡绿色，被有黄色斑点。

种群现状和保护　在中国繁殖分布区较窄，繁殖种群数量较少，但迁徙和越冬种群数量丰富，较常见。IUCN 和《中国脊椎动物红色名录》均评估为无危（LC）。被列为中国三有保护鸟类。

尾羽高高翘起的红喉姬鹟雄鸟。沈越摄

岩鹨类

岩鹨类

- 岩鹨类指雀形目岩鹨科的鸟类，全世界共有1属13种，中国有9种，草原与荒漠地区常见的有6种
- 岩鹨类体形似麻雀，喙相对较短而弱，雌雄羽色相似
- 岩鹨类栖息于多石草地、灌丛或林间空地，夏季主食昆虫，冬季兼食植物果实
- 岩鹨类营巢于岩缝或灌丛中，交配系统多样

类群综述

岩鹨类指雀形目岩鹨科（Prunellidae）的鸟类，全世界共1属13种,均分布于古北界。中国有9种，草原与荒漠地区常见的有6种。

岩鹨类体形似麻雀，羽色多灰褐色和棕色，并有暗色纵纹，雌雄相似。喙相对较短而弱，先端尖细，基部较宽，中部有一个明显的紧缩。顾名思义，岩鹨类喜栖息于多岩地带。它们常出现在海拔较高的裸岩、荒漠地区或荒漠干燥的灌丛、草丛地区，冬天下降到溪谷活动。除繁殖期成对或单独活动外，其他季节多呈家族群或小群活动。食物以昆虫为主，冬季兼食植物果实。

岩鹨类营巢于岩缝或灌丛中，巢呈杯状，主要由枯草和苔藓构成。交配系统多样。每窝产卵4～5枚。卵淡蓝色，光滑无斑，有的钝端微被褐色小斑点。

岩鹨类均被 IUCN 列为无危物种(LC)。在中国，贺兰山岩鹨 Prunella koslowi 较为罕见，被《中国脊椎动物红色名录》评估为易危（VU），它和棕眉山岩鹨 P. montanella 一起被列入国家林业局发布的《国家保护的有益的或者有重要经济、科学研究价值的陆生野生动物名录》。

领岩鹨
Prunella collaris

高原岩鹨
Prunella himalayana

棕胸岩鹨
Prunella strophiata

棕眉山岩鹨
Prunella montanella

褐岩鹨
Prunella fulvescens

贺兰山岩鹨
Prunella koslowi

左：岩鹨类乍一看跟麻雀很相似，栖息于植被低矮或稀疏的开阔地区。图为站在积雪的岩壁上的领岩鹨。刘璐摄

领岩鹨

拉丁名：*Prunella collaris*
英文名：Alpine Accentor

雀形目岩鹨科

形态　小型鸟类，形似麻雀，体长 16～18 cm，体重 28～32 g。通体灰褐色，上体具暗褐色纵纹；头部灰褐色，颏和喉部有灰色、黑色和白色相间的斑点；腰部及两胁栗色，尾羽黑褐色。

分布　欧亚大陆温带地区物种，分布于欧洲南部、南亚、西亚至中亚等地，呈点状或岛屿状分布。在中国分布于西藏、新疆、青海、甘肃、陕西、山西、河北、内蒙古、四川、云南等地。

栖息地　高山鸟类，主要分布于欧亚大陆海拔 1800～3700 m 的高山或者亚高山地带。常在岩石附近、针叶林缘及灌木丛中寻食，有时顺着阳坡草地和悬崖下到谷底喝水。

鸣声　音调变化多端，婉转动听，如"喊呦——喊呦——"，或者"嘀呦——嘀呦——"，也会在飞行中鸣唱。

习性　留鸟，但可能存在垂直迁徙，冬天下降至山谷中栖息。性较羞怯，见人常藏匿于灌木丛中。

食性　在地面活动和觅食，主要以蝗虫、甲虫、蚂蚁、叶蝉、蚖等昆虫为食，也吃蜘蛛、蜗牛等其他小型无脊椎动物，还吃嫩叶、果实、种子等植物性食物。

繁殖　在 6～7 月间繁殖，营巢于多裸岩的山地灌丛下、草丛及岩隙间，巢呈碗状，由苔藓、禾本科植物的穗、枯茎、枯叶及细草根等筑成，内铺垫残羽、兽毛或纤维状细草茎等。窝卵数 3～5 枚，卵壳青色或天蓝色。孵化期需要 15～16 天，雌雄共同育雏。通过 DNA 指纹图谱已经发现，在巢内的雏鸟通常有混合的亲子关系，存在雌鸟与群落内多只雄鸟交配的情况。

种群现状和保护　IUCN 和《中国脊椎动物红色名录》均评估为无危（LC）。在一些地方被当做笼鸟捕捉、饲养和调教，种群状况不明，需要加强保护力度。

高原岩鹨

拉丁名：*Prunella himalayana*
英文名：Altai Accentor

雀形目岩鹨科

形态　小型鸟类，体长 14～16 cm，体重 25～32 g。通体多铁锈色，上体具黑色纵纹，下体为棕色和白色；喉白色而下缘缀黑点，形成明显的领带；胸与体侧具棕红色块斑，腹中心至肛周灰白色。

分布　繁殖于中亚地区及其周边，包括蒙古西部、俄罗斯的西伯利亚贝加尔湖以东地区；越冬于喜马拉雅山脉周边国家，如巴基斯坦、印度、尼泊尔、不丹等。在中国主要繁殖于西北部的新疆和西藏西南部，包括阿尔泰山、塔尔巴哈台山、天山、帕米尔高原、昆仑山、喀喇昆仑山等地。

栖息地　在新疆栖息于海拔 2000～4000 m 的高山草甸、低矮灌丛、裸露的岩石、砾石山坡、覆盖稀疏的草地等，冬季则下

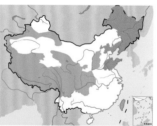

领岩鹨。沈越摄

高原岩鹨。左上图田穗兴摄，下图刘璐摄

降到河谷地带活动。在西藏见于海拔 3500～5500m 的多岩石高山草甸。

鸣声 发出银铃般的"啼哦——啼哦——"叫声，亦会发出类似其他雀类的"唧唧——唧唧——"联络声。雄鸟在追逐雌鸟时的歌声是甜美的颤音，犹如长笛一般悠扬动听。

习性 有明显的垂直下迁行为，繁殖期过后沿着山脊或者北坡下降到低海拔地区活动。

食性 夏季以无脊椎动物为主食，如双翅目、鞘翅目、鳞翅目昆虫。冬天也取食种子、浆果等作为补充食物。

繁殖 每年 6～7 月营巢于地面，产卵 4～6 枚，卵壳蓝色。但其他繁殖细节知之甚少。

种群现状和保护 IUCN 和《中国脊椎动物红色名录》均评估为无危（LC）。但高原岩鹨属于狭域分布物种，分布区域受到限制，其生存状况并不清楚，急需加强研究和保护。

探索与发现 高原岩鹨与领岩鹨在外形、羽色、习性、栖息环境等方面比较相似，有人建议将二者从其他的岩鹨中分离出来，归入独立的领岩鹨属 *Laiscopus*。

棕胸岩鹨

拉丁名：*Prunella strophiata*
英文名：Rufous-breasted Accentor

雀形目岩鹨科

形态 小型鸟类，体长约 14 cm。雌雄体羽相似，但雌鸟羽色稍淡。眉纹白色，至眼后转为较宽的黄褐色，眼先、颊部和耳羽暗褐色；上体淡褐色，具黑褐色纵纹；颏、喉白色，杂有暗褐色点斑；胸棕红色，腹白色；胁和尾下覆羽棕白色，具暗褐色纵纹；腋羽和翅下羽污白色；尾褐色，羽缘颜色较淡。嘴黑色。跗跖和趾暗橘黄色，爪黑色。

分布 全世界共有 2 个亚种，分布于中国和尼泊尔、不丹、克什米尔等喜马拉雅地区以及印度东北部和缅甸北部。中国仅分布有指名亚种 *P. s. strophiata*，在国内见于内蒙古鄂尔多斯和阿拉善，青海东北部、东部、东南部和南部，甘肃西北部、西南部和东南部，陕西秦岭，四川北部、西北部、西南部、中部，云南西北部，西藏。

栖息地 栖息于森林及林线以上的高山灌丛、草地、沟谷和牧场等环境。常在高山矮林、溪谷、溪边灌丛、高山草甸、岩石荒坡、草地和农耕地上活动和觅食。

习性 性机警，当人接近时，则立刻起飞，飞不多远又落入灌丛或杂草丛中。

食性 主要以浆果、坚果等植物的种子和果实为食，也吃少量昆虫等动物性食物，尤其在繁殖期间捕食昆虫量较大。

繁殖 繁殖期 6～7 月。通常营巢于灌丛下部。巢呈碗状，主要由枯草和苔藓构成，有时掺杂树叶和碎屑，内垫兽毛。窝卵数 3～5 枚。卵椭圆形，天蓝色，光滑无斑，有的在钝端微被褐

色小斑点。雌雄亲鸟共同孵卵、育雏。

种群现状和保护 在国外分布较广，在中国有分布的地区种群数量较丰富，IUCN 和《中国脊椎动物红色名录》均评估为无危（LC）。

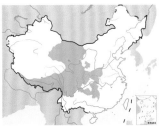

棕胸岩鹨。沈越摄

锦鸡儿灌丛中下部的棕胸岩鹨巢。贾陈喜摄

棕胸岩鹨的巢和卵特写。贾陈喜摄

棕眉山岩鹨

拉丁名：*Prunella montanella*
英文名：Siberian Accentor

雀形目岩鹨科

形态 头顶、额、枕、眼先、颊、耳羽褐黑色，颈、肩、背栗褐色，宽阔的橙棕色的眉纹从额基部直至头后部；大覆羽、中覆羽具棕白色羽端斑，形成翅上两道明显的翼斑；下体颏、喉、胸至上腹部橙棕色，胸中部羽基黑色，形成鳞状斑；腹部和尾下覆羽橙棕白色，腹侧杂以栗褐色纵纹；两胁深灰色，具深色纵纹；

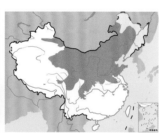

棕眉山岩鹨。左上图沈越摄，下图杨贵生摄

尾羽褐色。嘴暗褐色，下嘴基缘黄褐色。脚肉黄色，爪栗褐色。

分布 单型种，无亚种分化。繁殖于整个俄罗斯及西伯利亚、中国、朝鲜至日本，偶见于阿拉斯加及欧洲。在国内，分布于黑龙江、辽宁、内蒙古、河北、北京、天津、河南、山东、山西、陕西、宁夏、甘肃、青海、安徽、四川和上海。

栖息地 栖息于林缘、河谷、灌丛、草地、农田、路边等各类生境。

习性 单独、成对或成小群活动。在地上迅速奔跑，善藏匿，常躲藏在草丛和灌丛中。

食性 主要以昆虫及其幼虫为食，冬季也食植物果实和种子等植物性食物。

繁殖 繁殖期6～8月。筑巢于浓密的灌丛中，巢距地面0.4～8 m。巢杯状，由草茎、苔藓和叶子构成，内垫细草及兽毛。窝卵数4～6枚。孵卵由雌鸟承担，孵化期约10天。

种群现状和保护 IUCN和《中国脊椎动物红色名录》均评估为无危（LC）。但在中国分布范围狭窄，种群数量不丰。被列为中国三有保护鸟类。

褐岩鹨

拉丁名：*Prunella fulvescens*
英文名：Brown Accentor

雀形目岩鹨科

形态 小型鸟类，体长13～16 cm，体重17～19 g。通体为比较干净的灰褐色，上体有暗色羽轴纹，下体灰白色；头两侧黑色，眉纹白色，不同亚种之间稍有变化。

分布 以中国青藏高原为主体分布区，向周边国家延伸，如尼泊尔、印度、巴基斯坦、阿富汗、塔吉克斯坦、土库曼斯坦、乌兹别克斯坦、哈萨克斯坦、俄罗斯、蒙古等。在国内分布于新疆、西藏、青海、甘肃、四川、宁夏、内蒙古、黑龙江等地。

栖息地 在天山、阿尔泰山、蒙古高原和青藏高原比较常见，主要栖息于海拔1600～4600 m的高原草地、裸岩地带、荒漠或半荒漠、高山灌丛、农田和牧场等地，有时甚至进入山村或城郊垃圾场等人类居住点附近。

鸣声 山野鸣禽，能发出悠扬的颤音，"叽呦——叽呦——"，或"吱吔——吱吔——"。

习性 在青藏高原为留鸟，而在更北的地区为夏候鸟（越冬地不详）。冬季多游荡到海拔较低的山谷活动，存在垂直迁移。在寒冷的高山上，经常可以看见褐岩鹨在羊圈附近活动，除了觅食，更主要的是在粪堆中抱团取暖和过夜。

食性 喜食昆虫，以甲虫、野蜂、蛾子、蚂蚁等昆虫为食，也吃蜗牛等其他小型无脊椎动物。冬季亦采食植物果实和种子等植物性食物。

繁殖 地栖性鸟类，繁殖期5～7月。4月中下旬雄鸟即开始占区，站在山崖上或大的石头上鸣叫。营巢于岩石下、土坡旁和灌木丛中。巢呈杯状，主要由枯草和苔藓构成。窝卵数4～5枚，卵壳为淡蓝色。

种群现状和保护　IUCN和《中国脊椎动物红色名录》均评估为无危（LC）。地区性常见，但同时也是高原特化物种，对环境要求比较高。草原灭虫、灭鼠、过度放牧对其影响很大，需要加强保护。

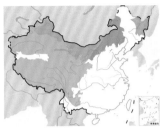

褐岩鹨。沈越摄

褐岩鹨的巢、卵和雏鸟。贾陈喜摄

贺兰山岩鹨

拉丁名：*Prunella koslowi*
英文名：Mongolian Accentor

雀形目岩鹨科

形态　体长约15 cm。雌雄形态相似。上体黄褐色，具明显的深色纵纹；翅褐色，飞羽具淡棕白色羽缘，大覆羽和中覆羽末端白色，形成2道翅斑；颏、喉灰色，下喉、颈侧羽端灰白色，形成半环状领圈；胸灰褐色具不明显的褐色鳞状斑，胁棕红色；下体余部淡黄白色；尾褐色，边缘淡黄色，中央尾羽淡褐色，外侧尾羽褐色且具灰白色羽缘。嘴黑褐色。跗跖肉色，趾和爪褐色。

分布　单型种，无亚种分化。分布于西伯利亚南部及蒙古、中国。在国内分布于宁夏西部、甘肃中部、内蒙古西部和四川北部；越冬于内蒙古鄂尔多斯、巴彦淖尔、乌海和阿拉善左旗，宁夏和甘肃中部等地。在阿拉善左旗的头道沙子、哈北沟、贺兰山为留鸟。

栖息地　单个、成对或结小群活动于荒漠、半荒漠林缘、灌丛、草丛之间。

食性　以植物种子、嫩芽为食，亦食蚜虫、木虱等昆虫。

繁殖　营巢于近地面，窝卵数4～5枚。

种群现状和保护　IUCN评估为无危（LC），《中国脊椎动物红色名录》评估为易危（VU）。被列为中国三有保护鸟类。

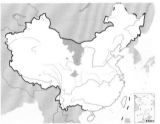

贺兰山岩鹨。左上图董江天摄，下图王志芳摄

雀类

- 雀类指雀形目雀科的鸟类，全世界共有8属41种，中国有5属13种，草原与荒漠地区可见5属10种
- 雀类通常体长约14cm，翅短圆，尾相对较短，末端方形或浅叉状，喙圆锥状，雌雄羽色相似
- 雀类常栖息于开阔的草原、荒漠、疏林、灌丛，乃至人类居住区和附近的农田中，主要取食植物种子，尤以谷物为多，但繁殖期大量捕捉昆虫育雏
- 雀类主要为单配制，营巢于树木、悬崖、建筑物的缝隙或洞穴中

类群综述

雀类指雀形目雀科（Passeridae）的鸟类，全世界共8属41种。雀类的分布限于旧大陆，包括欧亚大陆和非洲，因此通常又被称为旧大陆雀（Old World Sparrows）。中国有雀类5属13种，草原与荒漠地区可见5属10种。

雀类体形相对较小且种间变化不大，体长在14cm上下。雌雄羽色相似，多与环境颜色相近，为棕色、栗色、灰色或白色，并具一些斑块和条纹。雀类的喙呈粗而尖的圆锥状，这与它们取食植物种子的行为相适应。翅短圆，具有10枚初级飞羽，但最外侧飞羽明显要短，并隐藏于第9枚之下。尾相对较短，方形或浅叉形。

雀类主要栖息于具有稀疏树木的干旱–半干旱草原，并向周边扩散进入荒漠、疏林、灌丛，乃至人类居住区和附近的农田。跟其他生活在开阔地带的小型鸟类一样，雀类喜欢集群，鸣声比较噪杂。雀类主要取食植物种子，其中雀属 Passer 的一些种类尤其喜爱人类种植的谷物，但在繁殖期，它们选择捕捉营养更为丰富的昆虫哺育雏鸟。

雀类主要为单配制。通常营巢于树木、悬崖、建筑物的缝隙或洞穴中，如屋檐下和墙壁洞穴中。巢由枯草茎、叶、草根等构成，通常为碗状，内垫有羽毛和兽毛等柔软材料。窝卵数3~5枚，孵化期12~14天。育雏期14~17天，但高海拔种类如白斑翅雪雀为18~22天，双亲共同育雏。

雀类分布广泛，且很好地适应了人工环境，是人们熟知的常见鸟类。IUCN仅将阿布德库里麻雀 Passer hemileucus 列为易危（VU），其他均为无危（LC）。在中国，麻雀 Passer montanus 和山麻雀 Passer cinnamomeus 被列为三有保护鸟类。

左：雀类喜集群，尤其是秋冬季节，能够形成规模庞大的群体。图为混群的黑胸麻雀和家麻雀。王志芳摄

右：雀类的喙呈圆锥状，是典型的适合取食植物种子的喙，不同种类雀类的喙粗细不同。左图为雀类中喙较细的棕颈雪雀，贾陈喜摄；右图为雀类中喙最强最钝的石雀，魏希明摄

黑顶麻雀
Passer ammodendri

家麻雀
Passer domesticus

黑胸麻雀
Passer hispaniolensis

麻雀
Passer montanus

石雀
Petronia petronia

白斑翅雪雀
Montifringilla nivalis

褐翅雪雀
Montifringilla adamsi

白腰雪雀
Onychostruthus taczanowskii

黑喉雪雀
Pyrgilauda davidiana

棕颈雪雀
Pyrgilauda ruficollis

黑顶麻雀

拉丁名：*Passer ammodendri*
英文名：Saxaul Sparrow

雀形目雀科

形态 小型雀类，体长14～16 cm，体重24～32 g。雄鸟头顶中央黑色，头顶两侧和后颈两侧有明亮的黄褐色或赤褐色斑块，脸颊浅灰色或浅黄色，其下部近白色，两侧是浅灰色或浅黄色；背部呈灰色或暖棕色，具有黑色条纹。雌鸟羽色较淡，通体为沙土色。

分布 分布于中亚偏远的干旱地区，如土库曼斯坦、乌兹别克斯坦、哈萨克斯坦、蒙古及中国西北地区。在国内见于新疆、甘肃、内蒙古、宁夏等地。

栖息地 见于沙漠地区植被稀疏的绿洲及河流附近，海拔200～1400 m。喜欢在一些杨树、梭梭和柽柳等灌木丛周围出没，有时活动于居民点和食物丰富的垦荒地区。

鸣声 较柔和悦耳，如啾啾、唧唧、吱吱、喳喳，比较简单。繁殖期稍微复杂的音调为"啾哦噗——啾哦噗——啾哦噗——"，似在吹口哨。

习性 比较怕生、胆小，在冬季常与黑胸麻雀混群。

食性 杂食性，繁殖期以昆虫为食，其他时期以植物种子、果实为主食。

繁殖 繁殖期4～7月。一般喜成对活动，但在繁殖期喜结小群活动。通常营巢于胡杨树洞、岩壁中，也会在闲置的建筑物、墙壁洞穴、电塔和人造巢箱中筑巢。巢由枯草茎、草根、罗布麻以及其他植物材料构成，内垫有绒羽、羽毛和植物性柔软物。

种群现状和保护 IUCN和《中国脊椎动物红色名录》均评估为无危（LC）。尚未列入保护名录。黑顶麻雀又名"梭梭雀"，是中亚内陆干旱地区特有物种，具有极强的适应性。过去几十年大量砍伐梭梭柴，破坏了其繁殖地，使其种群数量锐减。从物种多样性的角度，无论是梭梭还是梭梭雀都值得保护。

探索与发现 根据避难所理论，大约在2.5万年前，受冰期或地形的影响，黑顶麻雀被认为是由相互隔离的种群进化而来。现存6个异域种群依然保留了当初状况，是否各自独立为亚种仍存在争议。

黑顶麻雀的繁殖参数	
窝卵数	4～6枚
卵壳颜色	白色，带有褐色细斑点
卵形状	椭圆形
卵大小	约22 mm×16 mm
卵重	3.2 g
孵化模式	雌鸟孵卵
育雏模式	双亲喂养

黑顶麻雀。左上图为雄鸟，沈越摄；下图为小群体，中间羽色暗淡的为雌鸟，魏希明摄

家麻雀

拉丁名：*Passer domesticus*
英文名：House Sparrow

雀形目雀科

形态　小型鸟类，体长约 15 cm。雄鸟嘴黑色，脸颊白色，头顶和腰灰色，背栗红色并具黑色纵纹，翅上有一明显的白色带斑，尾羽暗褐色；颏、喉和上胸黑色，其余下体白色沾棕色。雌鸟嘴褐色，眉纹土黄色，头顶及腰灰褐色，背部土红褐色并具黑褐色纵纹；翅和尾羽暗褐色，翅具淡棕色羽缘；颏、喉和胸灰白色，微沾黄褐色，胸和体侧的灰色稍暗浓。脚皮黄色。

分布　广布于欧亚大陆。有 11 个亚种，中国分布有 3 个亚种，即指名亚种 *P. d. domestiucs*、新疆亚种 *P. d. bactrianus* 和藏西亚种 *P. d. parkini*。在国内分布于黑龙江、内蒙古、新疆和西藏。

栖息地　主要栖息在人类居住环境，无论山地、平原、丘陵、草原、沼泽和农田，还是城镇和乡村，在有人类集居的地方，多有分布。

习性　留鸟，部分有季节性的垂直迁徙或游荡，喜集群。

食性　杂食性，主要以谷物、草籽等植物性食物为食，也吃昆虫及其幼虫。常在河谷林间、农田和居民点附近活动或觅食。

繁殖　繁殖期 4～8 月，营巢于屋檐、悬岩洞穴、灌木丛以及树上。巢呈杯状或球状。巢材主要为草茎、叶、根等，内垫有杂乱的稻草、羽毛、兽毛。1 年繁殖 1～2 窝。通常 1 天产 1 枚卵，窝卵数 5～7 枚。卵多为白色或淡绿白色，孵化期 11～14 天。雏鸟晚成性，育雏期 12～15 天。雌雄亲鸟一起营巢，轮流孵卵，共同育雏。

种群现状和保护　在我国的分布范围较小，种群数量较少。IUCN 和《中国脊椎动物红色名录》均评估为无危（LC）。被列为中国三有保护鸟类。

家麻雀。左上图为雌鸟，王志芳摄；下图为捕捉昆虫幼虫的雄鸟。魏希明摄

黑胸麻雀

拉丁名：*Passer hispaniolensis*
英文名：Spanish Sparrow

雀形目雀科

　　小型鸣禽，体长约 15 cm。嘴厚。雄鸟头顶及颈背栗色，脸颊白色，过眼纹黑色，眉纹白色，背及肩沙皮黄色，密布黑色纵纹；下体白色，颏及上胸黑色，两胁密布黑色粗纵纹。雌鸟羽色单一，似家麻雀雌鸟但嘴较大且眉纹较长，上背两侧色浅，胸及两胁具浅色纵纹。分布于欧洲南部、非洲北部、中东和中亚地区，在中国仅见于新疆西北部。IUCN 和《中国脊椎动物红色名录》均评估为无危（LC）。

黑胸麻雀。左上图为雄鸟繁殖羽，下图为雄鸟非繁殖羽。魏希明摄

捕捉昆虫幼虫育雏的黑胸麻雀雌鸟。魏希明摄

麻雀

拉丁名：*Passer montanus*
英文名：Tree Sparrow

雀形目雀科

形态　小型鸟类，体长约 14 cm。嘴黑色，下嘴基部黄色。头顶和后颈栗褐色，颈环和头侧白色，耳羽后部具黑色斑块；上体棕褐色，背和两肩具黑色纵纹，大覆羽和中覆羽羽端白色，在翅上形成两道横斑纹，尾羽暗褐色；颏、喉黑色，胸和腹淡灰白色，微沾沙褐色，两胁与尾下覆羽淡棕褐色。雌雄羽色相似，但雌鸟喉部黑斑较淡，偏灰色。跗蹠和趾污黄褐色，爪黑褐色。

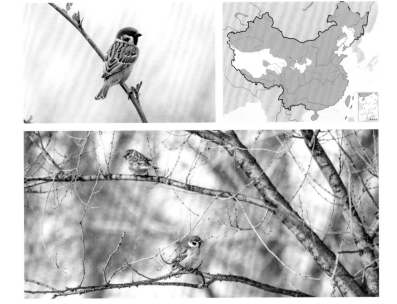

麻雀。左上图沈越摄，下图杨贵生摄

分布　广布于欧亚大陆。由于分布广、数量多、地理变化大，对于麻雀的亚种分化意见极不一致。最新的分类系统将麻雀分为 9 个亚种，中国分布有 7 个亚种。指名亚种 *P. m. montanus*，国内分布于内蒙古东北部、黑龙江、吉林东部和辽宁东南部，国外从英国，经里海、阿尔泰、蒙古，一直往东到乌苏里江流域及朝鲜半岛中部；青藏亚种 *P. m. tibetanus*，国内分布于西藏东部和南部，青海西南部和四川西部，国外分布于印度、尼泊尔、不丹等喜马拉雅山区北部地区；藏南亚种 *P. m. hepaticus*，国内分布于西藏东南部，国外分布于缅甸西北部和印度东北部；云南亚种 *P. m. malaccensis*，国内分布于云南、贵州、广西、广东和海南，国外分布于不丹、尼泊尔、印度、泰国、马来西亚、缅甸、中南半岛和印度尼西亚；普通亚种 *P. m. saturatus*，国内分布于内蒙古、河北、河南、山东、北京、天津、山西、陕西、宁夏、甘肃、青海、四川、云南、贵州，往南一直到广东、广西、福建、台湾、香港等地，国外分布于萨哈林岛、韩国和日本；甘肃亚种 *P. m. kansuensis*，中国特有亚种，分布于内蒙古西部、甘肃西北部和青海北部和东部；新疆亚种 *P. m. dilutus*，国内分布于内蒙古阿拉善、新疆及青海东北部，国外分布于伊朗、蒙古、阿富汗、巴基斯坦、克什米尔和印度西北部。

栖息地　常见的伴人物种，广泛栖息于各种不同环境，有人类活动的环境均有分布。

习性　留鸟，喜集群，除繁殖期外，常成群活动。性活泼，频繁地在地上奔跑，发现食物时，常常先环顾四周，确认安全后

麻雀冬季集群的盛况。杨贵生摄

才跑去啄食。

食性 杂食性，主要以种子、果实等植物性食物为食，尤其是谷物、草籽。在繁殖季节，以昆虫或昆虫幼虫育雏。

繁殖 繁殖力很强，一年最少繁殖2窝。繁殖期3～8月。营巢于房舍、庙宇、桥梁以及其他建筑物的脊檐、墙壁洞穴中，也在树洞、石穴、土坑和树枝间营巢或利用废弃的喜鹊巢和人工巢箱，雌雄鸟共同营巢，就近采集巢材。每窝产卵4～8枚，卵的颜色变化较大，以灰白色最多，且缀以黄褐和紫褐色粗斑，尤以钝端较密集。卵呈椭圆形。雌雄鸟轮流孵卵，孵化期约为11～13天。雏鸟晚成性，雌雄亲鸟共同育雏。育雏期15～16天。

种群现状和保护 繁殖能力强，分布广、数量多，是中国最为常见的鸟类之一。IUCN和《中国脊椎动物红色名录》均评估为无危（LC）。

石雀
拉丁名：*Petronia petronia*
英文名：Rock Sparrow

雀形目雀科

形态 小型雀类，体长14～16 cm，体重26～32 g。雌雄同色，通体为土褐色。头顶两侧为暗褐色，如同瓜皮帽，喉部有一黄色斑。眉纹色浅，具有深色的眼纹和淡褐色的后颈。两翅比较长，接近尾端。

分布 从伊比利亚半岛和西北非洲，沿着南部欧洲一直延伸到亚洲中部腹地。在中国，见于新疆、青海、甘肃、宁夏、内蒙古等西北地区。

栖息地 生活在荒芜人烟的荒漠、干旱草原、山区灌丛和多岩石的沟壑峡谷中，海拔500～3500 m。在新疆，多在废墟中、裸露岩石上、贫瘠深谷里、碎石坡地等处活动。

鸣声 叫声多变，能发出和家麻雀相似的叽叽喳喳的声音。但也会一些奇怪的金属音，如清脆的"喂咿——喔噗——"和尖锐的"喊噢咿——喊噢咿——"音调。飞行时作较轻柔的"嘀哟——嘀哟——"或者"啾噗——啾噗——"的声音。

习性 新疆北部的石雀虽然有漂泊的习性，但不会因季节变化而长途迁徙，它们通常是长期居留于繁殖地。

食性 主要以杂草籽、浆果、谷物等植物性成分为食，有时也食一些昆虫。

繁殖 通常从5月开始繁殖，到7月结束。喜成对或结小群活动，常成群营巢。表现出多种交配模式，除了一雄一雌制，同时具有多元化的交配模式。研究表明，雄性和雌性都喜欢与喉部黄色斑块较大的伴侣交配。通常营巢于悬崖、岩石或墙壁的缝隙中。巢由枯草茎、草根、纤维等构成，内垫有绒羽、羽毛和兽毛等柔软物。窝卵数3～7枚。

种群现状和保护 IUCN和《中国脊椎动物红色名录》均评估为无危（LC）。尚未列入国家保护名录。

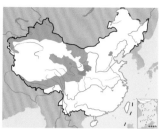

石雀。左上图沈越摄，下图魏希明摄

新疆北部石雀的繁殖参数	
繁殖期	5～7月
窝卵数	3～7枚
卵壳颜色	白色，具赭色或褐色斑点
卵大小	长径20.0～23.3 mm，短径14.2～16.9 mm
育雏模式	双亲抚育

白斑翅雪雀
拉丁名：*Montifringillla nivalis*
英文名：White-winged Snowfinch

雀形目雀科

形态 体形略大的雀类，体长16～19 cm，体重32～36 g。与其他雀类相比，翅长而尖，个头稍大。头呈灰色，上体为土褐色，背部具有不明显的褐色羽干纹。下体呈白色，在喉部有一黑斑。翼上大部分都是白色，飞羽呈黑褐色。

分布 断断续续自欧洲南部分布至中东和中亚，是唯一广布于欧亚大陆温带地区的雪雀。在中国分布于新疆、青海、西藏等地区。

栖息地 生活于山地草原、草甸、高寒荒漠、高海拔的冰川及融雪间的多岩山坡，海拔1500～4500 m。

鸣声 包括偏高的鼻音"哔呦啾——哔呦啾——"或"啼嘶——啼嘶——"的变音。也有比较轻柔的"噼嚅克——噼嚅克——"声，而较沙哑的"噼哧特——噼哧特——"声音是在告警时发出的。从栖处或于盘旋飞行时发出鸣声为单调重复的"嘘嗝啾——嘘嗝啾——"。

白斑翅雪雀。左上图董磊摄，下图彭建生摄

白斑翅雪雀的繁殖参数	
繁殖期	5~8 月
窝卵数	3~5 枚
卵壳颜色	白色无斑

习性 不惧生，常常出现在滑雪胜地或登山营地，觅取垃圾堆中的食物。非繁殖期常结大群或与其他雪雀和岭雀混群。雄鸟在求偶期间，表现出炫耀飞行和跳舞表演，有击鼓似的叫声。

食性 在地面觅食，主要以植物种子、果实为食，繁殖期亦食一些昆虫。

繁殖 繁殖期为 5~8 月，集群营巢于岩石裂缝、洞穴、墙壁洞穴中，也会在鼠兔或其他啮齿动物的洞穴中筑巢。巢由枯草茎、叶、草根等构成，内垫有鸟羽、羽毛和羊毛等柔软物。窝卵数 4~5 枚，卵壳白色。

种群现状和保护 IUCN 和《中国脊椎动物红色名录》均评估为无危（LC）。尚未列入国家保护名录。作为生活在高原上的物种，雪雀对缺氧和寒冷的环境极其适应，它们的生活环境远离人类的栖息地，多是一些不毛之地，条件艰苦，需要得到关注和保护。

探索与发现 从欧洲的比利牛斯山脉和阿尔卑斯山脉，到中亚的喀喇昆仑山脉和天山山脉，白斑翅雪雀曾经被分成 8 个亚种，其中的青海亚种 Montifringilla nivalis henrici 因为上体的土褐色较浓著，现在已经独立为一个新物种——藏雪雀 M. henrici。

褐翅雪雀

拉丁名：*Montifringilla adamsi*
英文名：Tibetan Snowfinch

雀形目雀科

形态 较壮实的雀类，体长 15~17 cm，体重 26~36 g。头、背、腰暗褐色，并具暗褐色的羽干纹。下体灰白色略沾黄，翼肩具近黑色的小点斑，颊、喉黄白色；胸、腹和尾下覆羽暗白黄色，两胁及尾下覆羽羽端沾褐。

分布 青藏高原特有种，邻国仅分布于印度、尼泊尔和巴基斯坦少数几个国家。在中国，分布于新疆、青海、西藏及四川等。

栖息地 生活于海拔 3000~4500 m 的高原寒漠、辽阔草原或高山荒漠。夏季在 5100 m 以上的高原上也能见到，极耐高寒，为地方性留鸟。

鸣声 单调的单音重复，由栖处或于空中振翼飞行时鸣唱。叫声是一种尖锐或粗砺的"噼吟克——噼吟克——"声及一种短促柔和的"咪 - 咪"的猫叫声。歌声是一种特殊的、简单音节相当单调地重复。

食性 以草籽、植物碎片为主食；而繁殖季节多以昆虫为食。

繁殖 繁殖期在 6~7 月，在地穴中营巢。求偶时的炫耀飞行似蝴蝶，或像跳伞表演一样飞翔。发情期雄鸟站在岩石或大的鹅卵石上鸣唱，尾巴上下抖动。

种群现状和保护 IUCN 和《中国脊椎动物红色名录》均评估为无危（LC）。尚未列入国家保护名录。

褐翅雪雀。左上图唐军摄，下图董磊摄

白腰雪雀

拉丁名：*Onychostruthus taczanowskii*
英文名：White-rumped Snowfinch

雀形目雀科

形态 略大型雀类，体长 15～18 cm，体重 20～40 g。通体为灰白色，眼罩为黑色。上背具浓密的杂斑，雄雌同色。成鸟较其他雪雀色淡，腰具特征性的白色大块斑。幼鸟多沙褐色，腰无白色。

分布 中国特有种，仅分布于青藏高原，如新疆、西藏、青海、四川等地，也偶见于南亚。

栖息地 栖息于海拔 3000～4500 m 的高山草地、旱草原和有稀疏植被的荒漠－半荒漠地带，是一种耐寒的高山及高原荒漠草地鸟类。

鸣声 一种尖锐的、带有回声的"嘀呦——嘀——，嘀呦——嘀——"轻音。

食性 主要以草籽、果实等植物性食物为食，也吃昆虫等动物性食物，特别是繁殖期间喜吃各种昆虫，如蝗虫、象鼻虫、步行虫、甲虫等。

繁殖 繁殖期 5～8 月。营巢于岩石洞穴、旧房屋墙洞和鼠兔废弃的洞穴中，洞长约 1.5 m。巢由枯草茎叶构成，内垫有羊毛、鼠毛等兽毛和鸟类羽毛。窝卵数 4～5 枚，卵壳白色。

白腰雪雀。左上图曹宏芬摄，下图唐军摄

正在育幼的白腰雪雀。贾陈喜摄

白腰雪雀的繁殖参数	
繁殖期	5～8 月
巢位	岩石洞穴、墙洞和鼠兔废弃的洞穴
巢大小	外径 19 cm，内径 8.5 cm，厚 10 cm，深 6 cm
窝卵数	4～5 枚
卵壳颜色	白色无斑
卵大小	长径 23.2～24.6 mm，短径 17.0～17.3 mm
卵重	3.4～3.7 g

种群现状和保护 IUCN 和《中国脊椎动物红色名录》均评估为无危（LC）。尚未列入国家保护名录。

探索与发现 由于白腰雪雀经常出入于鼠兔洞穴中，而鼠兔又很少攻击它们，故曾经被人们误以为是"鼠鸟一家，舅侄关系"。实际上它们并非同时居住在一起，毫无血缘关系，白腰雪雀仅利用鼠兔的弃洞或盲洞营巢和休息。

黑喉雪雀

拉丁名：*Pyrgilauda davidiana*
英文名：Pere David's Snowfinch (Small Snowfinch)

雀形目雀科

形态 体形似麻雀或百灵，体长 13～14 cm，体重 20～23 g。通体呈皮黄色，仅脸部包括嘴基、额头、眼先、颏及喉为纯黑色。上体为沙褐色，初级覆羽基部为白色，外侧尾羽偏白。下体为白色，两胁沾棕褐色。幼鸟较成鸟色淡，且脸上无黑色。

分布 与阿尔泰山脉有关的国家，如中国、俄罗斯、蒙古等。在中国分布于北方几个省区，如新疆（阿尔泰山、北塔山）、青海（祁连山）、甘肃、宁夏（贺兰山）、内蒙古等。

栖息地 相比其他雪雀，黑喉雪雀分布地海拔较低（1300～2600 m），而且远离西藏高原。栖居于北温带草原、多石的山区、河谷及有稀疏植被的半荒漠地区。也光顾农田、居民点、牧民的羊圈等。

鸣声 类似于小雀类的叽叽喳喳叫声，在非繁殖期比较安静。

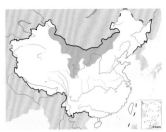

黑喉雪雀。左上图董江天摄，下图张永摄

习性　黑喉雪雀虽然属于留鸟，但在冬季却具漂泊性，与麻雀或百灵混在一起，成群结队，四处流浪，为了食物而奔波。2013 年的 11 月，在新疆奇台县观鸟者拍摄到 6 只，被认为是新疆新记录。

食性　杂食性，主要取食草籽和其他植物碎片，亦采食昆虫。

繁殖　通常繁殖期为 5～7 月。营巢于土洞里，窝卵数 5～6 枚。缺乏详细观测资料。

种群现状和保护　IUCN 和《中国脊椎动物红色名录》均评估为无危（LC）。尚未列入国家保护名录。

棕颈雪雀

拉丁名：*Pyrgilauda ruficollis*
英文名：Rufous-necked Snowfinch

雀形目雀科

形态　小型雀类，体长 13～16 cm，体重 23～28 g。通体为沙褐色与白色，具黑色贯眼纹，特别是眼先黑纹粗著。喉部具两条分开的细黑纹。上体呈沙褐色，枕部及颈侧具明显的红棕色。下体为白色，两胁沾棕。

分布　青藏高原的特有种，偶然分布至相邻的印度、尼泊尔和不丹。在中国，见于西藏、青海、四川、新疆等地（留鸟）。

栖息地　分布于海拔 2500～4500 m 的青藏高原面上，生存环境包括广阔的草原、荒漠和裸岩带。似其他雪雀，栖于鼠兔群集处。

鸣声　喜站在较高的地方鸣叫，如"嘀呦——嘀呦——"或者"嘟噢——嘟噢——"，柔和而重复的叫声。平时声音尖细，类似雀类的"啾——啾——啾——"或者"叽——叽——叽——"的喃喃声。遇到天敌则发出"喈——喈——喈——"的警戒声。

习性　冬季常集小群活动，且随季节的变化，亦可作不大的垂直迁徙。甚不惧人，飞行弱且低。每次的飞行距离都不远，10～50 m 左右，飞行高度离地面 5～10 m。

食性　夏季采食大量昆虫，如象鼻虫、伪步行虫、蝗虫、野蜂等。冬季则多为杂草种子及植物碎屑。

繁殖　求偶时作精彩的俯冲飞行，营巢于墙洞、土岩缝隙或鼠兔废弃的洞内。

种群现状和保护　IUCN 和《中国脊椎动物红色名录》均评估为无危（LC）。尚未列入国家保护名录。青藏高原，雪雀的天敌主要是隼类等猛禽，如红隼、猎隼等。

探索与发现　棕颈雪雀是中国的特有种，分布于极度荒凉的藏北高原。为了抵御寒冷和大风，它们夜里在鼠洞中歇息。繁殖也会借助鼠洞，形成"鸟鼠同穴"奇观。

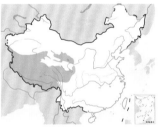

棕颈雪雀。左上图魏希明摄，下图沈越摄

鹡鸰类

- 鹡鸰类是指雀形目鹡鸰科的鸟类，共8属67种，中国有3属20种，草原与荒漠地区可见3属15种
- 鹡鸰类喙直而细弱，尾细长，常在地面上迈腿行走，并经常摆动尾羽
- 鹡鸰类是草原与荒漠地区的常见鸟类，多栖息于水域附近的草地上，主要捕食昆虫，在地面灌丛或草丛下建杯形巢
- 鹡鸰类的受胁比例略低于世界鸟类总体受胁比例，在中国所有鹡鸰类均被列为三有保护鸟类

类群综述

鹡鸰类指雀形目鹡鸰科（Motacillidae）的鸟类，包括8属67种。草原与荒漠地区是鹡鸰类的典型栖息地，中国有分布的3属20种鹡鸰类中有15种见于草原与荒漠地区。

鹡鸰类在欧亚大陆北部和北美为夏候鸟，在北非、东南亚和中美洲为冬候鸟，在欧亚大陆中部和南部、乃至大洋洲和美洲的许多地方则为留鸟。

鹡鸰类整体给人细长的感觉：喙尖细，翅尖长，尾细长，腿也细长，后趾还具长爪。鹡鸰类的羽色既有朴素的，也有鲜艳的，物种数最多的鹨属 *Anthus* 背部体羽通常以棕色为主，并布满条纹，利于隐蔽；鹡鸰属 *Motacila* 的体羽颜色较为丰富，有的以鲜明的黑色和白色搭配，有的则以亮丽的蓝色、灰色和黄色搭配。鹡鸰类常在地面迈腿行走，飞行路线呈波浪状，停栖时尾常上下或左右摆动。鹡鸰类栖息于开阔地带，尤其喜欢水边草地，也常常出现在公路、水渠等人类建筑附近。主要在地面寻觅昆虫等无脊椎动物为食，秋冬季节也取食草籽等植物性食物。

鹡鸰类主要为单配制。除少数种类营巢于高大乔木上外，多数在地面灌丛或草丛下筑杯形巢。雌雄双亲共同建巢、孵卵，或仅由雌鸟孵卵。双亲共同育雏。窝卵数2~6枚，孵化期与育雏期相近，均在11~17天。

全世界67种鹡鸰类中有8种被IUCN列为濒危（EN）或易危（VU），受胁比例12%，略低于世界鸟类整体受胁比例13.8%。中国分布的鹡鸰类均被列为三有保护鸟类。

左：鹡鸰类喙直而细弱，主要捕食昆虫等无脊椎动物。图为捕得食物的白鹡鸰。张同摄

右：鹡鸰类栖息于开阔地带，尤其喜欢水边草地。图为在水边草地活动的灰鹡鸰。杨贵生摄

山鹡鸰
Dendronanthus indicus

东北亚种
M. t. macronyx

br.

台湾亚种
M. t. taivana

北方西部亚种
M. f. beema

西黄鹡鸰
Motacilla flava

第一年冬羽
黄鹡鸰
Motacilla tschutschensis

第一年冬羽

♀

br.

非non-br.

灰鹡鸰
Motacilla cinerea

juv.

♂

黄头鹡鸰
Motacilla citreola

♂

第一年冬羽

新疆亚种
M. a. personata

♀

普通亚种
M. a. leucopsis

白鹡鸰
Motacilla alba

灰背眼纹亚种
M. a. personata

田鹨
Anthus richardi

布氏鹨
Anthus godlewskii

平原鹨
Anthus campestris

草地鹨
Anthus pratensis

林鹨
Anthus trivialis

树鹨
Anthus hodgsoni

粉红胸鹨
Anthus roseatus

第一年冬羽

br.

红喉鹨
Anthus cervinus

non-br.

br.

水鹨
Anthus spinoletta

山鹡鸰

拉丁名：*Dendronanthus indicus*
英文名：Forest Wagtail

雀形目鹡鸰科

形态 体长约 16 cm，体重 18～22 g。上嘴黑褐色，下嘴肉红色。脚肉色。雄鸟头和体背部橄榄褐色，眉纹白色；喉、胸、腹部白色，胸部具明显的黑色斑纹，似倒"山"字形，胁部沾浅橄榄褐色；翅黑褐色，具两道明显的白色翼斑；尾黑褐色，最外侧一对尾羽白色，外侧第二对尾羽先端具较大楔形白斑。雌鸟羽色似雄鸟，但颜色较浅淡。幼鸟眉纹黄白色，前胸有一条黑色环纹和一条中断的环纹，翅有浅色宽斑。

分布 分布于俄罗斯萨哈林岛和乌苏里南部、朝鲜、中国、印度、尼泊尔、不丹、中南半岛，南至爪哇岛等地，越冬于亚洲南部和东南部。在国内分布于青海、甘肃、宁夏、内蒙古、陕西、山西、河北、北京、天津、东北、山东、河南、安徽、江苏、上海、浙江、福建、江西、湖北、湖南、重庆、四川、云南、贵州、广西、广东、海南、澳门、香港和台湾。

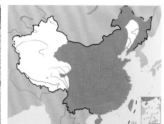

栖息地 栖息于林缘、林间草地、河边、居民区周围。

习性 喜活动于较粗的树枝上。常单独或成对活动。飞行呈波浪式。

食性 主要以鞘翅目、直翅目、鳞翅目、双翅目、膜翅目等昆虫为食，也吃其他小型无脊椎动物。

繁殖 繁殖期 5～7 月。单独营巢。常筑巢于高大乔木的水平枝上，距地面高 3.5～6 m。用草茎、草叶筑杯状巢，内垫羽毛和兽毛等。巢的外径 62～75 mm，内径 50～61 mm，高 40～75 mm，深 30～38 mm。窝卵数 4～5 枚。卵色青灰，缀黑褐色斑点。卵的大小为长径 19～22 mm，短径 14.5～16 mm，重 1.4～2.5 g。雏鸟晚成性。

种群现状和保护 IUCN 和《中国脊椎动物红色名录》均评估为无危（LC）。种群数量曾经较丰富，但由于环境污染、森林砍伐等，数量明显下降。20 世纪 70 年代初，首次发现在日本繁殖，之前在日本为十分罕见的候鸟，偶尔繁殖于印度东北部；非繁殖季节在泰国很常见。其食物大多是危害农林业的昆虫，对人类有益。被列为中国三有保护鸟类。

山鹡鸰。沈越摄

黄鹡鸰

拉丁名：*Motacilla tschutschensis*
英文名：Eastern Yellow Wagtail

雀形目鹡鸰科

形态 小型鸟类，身体修长，体长 15～17 cm，体重 16～22g。通体鲜黄色，上体偏灰绿色，头顶和后颈多为灰色，眉纹白色，下体为纯粹的鲜黄色。两翅黑褐色，亚种较多，羽色有差异。

分布 原黄鹡鸰 *Motacilla flava* 广泛分布于欧亚大陆，几乎遍布整个古北区，新的分类意见将其分为 2 个独立的种——分布于古北区西部的 *Motacilla flava* 和分布于古北区东部的 *M. tschutschensis*。因在中国分布的亚种多数被分到 *M. tschutschensis*，故继承了黄鹡鸰的中文名，*M. flava* 改称西黄鹡鸰。独立后的黄鹡鸰繁殖于西伯利亚东部至阿拉斯加，向南至中国北部，越冬于中国南部和东南亚地区。在中国繁殖于东北地区，越冬于华南地区，迁徙经过中国大部分地区。

栖息地 喜欢活动于湿地附近的杂草丛、红柳灌丛、林缘、草甸及稻田。在青藏高原，可沿着河谷溪流上升至海拔 4 000 m。

食性 为食虫鸟，多在地面上捕食，有时亦见在低空中飞行捕食。

繁殖 黄鹡鸰营巢于地面密草丛中，通常离水边比较近。5～7 月为繁殖期，窝卵数 4～6 枚。卵灰白色，被有褐斑。孵化期（14 天）与巢内育雏期（13～15 天）所需时间比较接近。

鸣声 发音尖细悦耳，边飞边叫，鸣声似"啾唯噗——啾唯噗——"，或简单而重复的"唧——唧——"。

习性 多成对或成 7～9 只松散的小群，迁徙期亦见数十只的大群活动。喜欢沿着河边或河心岛来回走动，尾巴轻轻地上下摆动。飞行时两翅一收一伸，身体起伏呈波浪式前进。

种群现状和保护 数量多，分布广，IUCN 和《中国脊椎动物红色名录》均评估为无危（LC）。被列为中国三有保护鸟类。

探索与发现 黄鹡鸰的分类非常混乱，已经有几十个亚种被描述，某些亚种与黄头鹡鸰 *M. citreola* 亦难分清。目前最新的分类系统将其分成东黄鹡鸰 *M. tschutschensis* 和西黄鹡鸰 *M. flava*，但一些亚种的归属不同研究者各执一词，仍有争议。

西黄鹡鸰

拉丁名：*Motacilla flava*
英文名：Western Yellow Wagtail

雀形目鹡鸰科

由原黄鹡鸰 *Motacilla flava* 分布于古北区西部的部分亚种独立成种，包括 11 个亚种，似黄鹡鸰，主要以头部、背部颜色和图案区分。繁殖于欧亚大陆西部，从欧洲西部到亚洲中部，越冬于非洲和南亚。在中国分布有 6 个亚种，繁殖于新疆西部和北部，迁徙经过甘肃、西藏、青海、四川、东北、华北，也有意见认为亚种 *M. f. simillima* 应归为黄鹡鸰 *M. t. simillima*。IUCN 和《中国脊椎动物红色名录》均评估为无危（LC）。被列为中国三有保护鸟类。

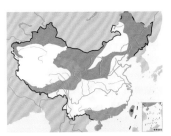

黄鹡鸰。左上图为东北亚种 *M. f. macronyx*，下图为台湾亚种 *M. f. taivana*，这是国内最为常见的两个亚种。沈越摄

西黄鹡鸰。左上图为北方东部亚种 *M. f. angarensis*，头部灰色，眉纹狭长，杨贵生摄；下图为天山亚种 *M. f. melanogrisea*，头顶为黑色，上体黄绿色，无眉纹，沈越摄

黄头鹡鸰

拉丁名：*Motacilla citreola*
英文名：Citrine Wagtail

雀形目鹡鸰科

形态 体形纤细，体长 15～17 cm，体重 18～25 g。雄鸟头部鲜黄色，有些亚种后颈有黑环；上体黑色或灰蓝色，下体为鲜黄色；两翅尖长，呈黑褐色，翅上大覆羽、中覆羽和内侧飞羽都有宽的白色羽缘；尾细长，呈黑褐色，外缘白色。

分布 整个欧亚大陆的腹地均有分布，包括中亚地区的许多国家，如哈萨克斯坦、蒙古、俄罗斯等；越冬区在中东和南亚等地区。在中国为夏候鸟，北方各地、青藏高原、帕米尔高原都有分布，如新疆、西藏、青海、甘肃、内蒙古、河北、宁夏等。

栖息地 主要栖息于潮湿的地方，如草地、草甸、沼泽、河边、灌丛边、林缘、盐碱滩和水田等杂草丛生的地方。

鸣声 叫声如"哧唯噗——哧唯噗——"的喘息声，稍显沙哑。在飞行时或者停息处发出重复且颤鸣的叫声"啾哩——啾哩——"。

习性 多成对或结小群活动，也有少量单独活动的。集大群活动一般在迁徙季和冬季等特定的时间段。停息时尾巴上下摆动，飞行时呈波浪状起伏。

在中国北方，黄头鹡鸰为夏候鸟，其越冬地多为南方沿海各地，如云南南部、西藏南部。迁来北方繁殖地的时间集中在每年4月中下旬或5月初。此外，一些黄头鹡鸰在亚洲北部如西伯利亚地区的湿草甸和苔原繁殖，冬季迁徙到南亚，多迁移到较高海拔地区活动。

食性 主要以各种昆虫为食，如鳞翅目、鞘翅目、双翅目、膜翅目、半翅目等昆虫及幼虫。有时也采食少量植物性食物。

繁殖 繁殖期5～7月。通常营巢于地面上、草丛中，也在树洞、岩缝中营巢。巢呈杯状，由枯草叶、草茎、草根等混合而成，内铺有兽毛、头发、羽毛等柔软物。窝卵数4～5枚。

种群现状和保护 IUCN 和《中国脊椎动物红色名录》均评估为无危（LC）。但作为田间食虫鸟类，受到杀虫剂、除草剂等农药的威胁。被列为中国三有保护鸟类。

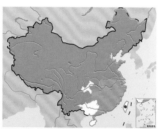

黄头鹡鸰的繁殖参数	
巢大小	外径 12 cm，内径 6 cm，深 4.5 cm
窝卵数	4～5 枚
卵颜色	苍蓝、灰白或赭色，具有淡褐色斑
卵形状	椭圆形
卵大小	长径 21～22 mm，短径 14～16 mm

黄头鹡鸰。左上图为雄鸟，沈越摄；下图为雌鸟，杨贵生摄

捕得昆虫的黄头鹡鸰。沈越摄

灰鹡鸰

拉丁名：*Motacilla cinerea*
英文名：Grey Wagtail

雀形目鹡鸰科

形态　体长约 17 cm，体重 18～23 g。嘴黑色。跗跖和趾角褐色，爪栗色。雄鸟繁殖羽眉纹、颊纹白色，额、头顶、枕、后颈、背和腰部均为深灰沾橄榄绿色，尾上覆羽黄色沾橄榄绿。颏和喉部黑色，羽端稍缀白色，胸腹部和尾下复羽黄色。飞羽和翼上覆羽黑褐色。中央尾羽暗黑褐色，最外侧一对尾羽白色。雄鸟冬羽上体自额至背部深灰褐色，眉纹棕白，耳羽灰褐杂以白纹，颏喉部白色，余部同雄鸟夏羽。雌鸟夏羽的颏、喉部白，杂以黑色，胸以后的黄色不如雄鸟鲜亮而呈黄白色。

分布　分布于欧亚大陆，在非洲、南亚和东南亚越冬。在中国北方繁殖，南方越冬。在四川北部、青海东部和西藏南部、内蒙古、黑龙江、吉林、辽宁、河北、山西、陕西、甘肃为夏候鸟，部分为旅鸟；越冬于长江以南至东南沿海，包括台湾和海南岛，西至云南西部。在中国草原与荒漠地区为夏候鸟，4 月中旬迁来

灰鹡鸰。捕得大量昆虫准备回巢育雏的灰鹡鸰。马鸣摄

内蒙古草原，10 月初迁走。

栖息地　栖息于湖泊、河流沿岸及其附近的草地、林缘等环境。常沿水边活动，有时在离湖、河流不远的居民区附近也能见到。

习性　飞行呈波浪式，栖止时尾常上下摆动。喜在水边、水中岩石上栖息。

食性　食物主要是直翅目、双翅目、鳞翅目、鞘翅目、膜翅目昆虫，也食少量杂草种子。雏鸟的食物以石蛾为主。在 5 月份剖 2 胃观察，均为昆虫。

繁殖　营巢于河流两岸的河边土坑、石崖、水坝缝隙、河岸倒木树洞等。由雌雄亲鸟共同筑巢。巢外壁材料主要是枯草茎、叶、根和苔藓，内垫以家畜毛、野兽毛、鸟羽及树皮纤维等。巢呈碗状。巢的内径 5～6 cm，外径 12～17 cm，深 4～5 cm。通常每天产 1 枚卵，每窝产卵 5 枚。卵呈卵圆形。卵色变化较大，或为白色沾黄色，钝端有一灰色圆环；或为灰白色，染以黄色，钝端呈褐灰色，卵上布以不明显的淡色线状斑；或呈棕灰色，沾褐色斑。卵平均大小为 18 mm×14 mm，平均重 1.52 g。孵化期 12 天。雏鸟晚成性。刚出壳的雏鸟双眼紧闭，体重仅 1 g，眼泡之间、枕部、背和肩部有灰白色绒羽，体余部裸露无羽，呈肉红色；5 日龄始睁眼；12 日龄能作短距离飞行。

种群现状和保护　IUCN 和《中国脊椎动物红色名录》均评估为无危（LC）。被列为中国三有保护鸟类。在山区数量较多。欧洲的种群数量大约为 100 万对；在亚速尔群岛有 2 万对，在马德拉群岛有 300～500 对。在 20 世纪，扩展到斯堪的纳维亚和欧洲中部部分地区。2013 年 5—7 月，杨贵生对内蒙古四子王旗格根塔拉和苏尼特右旗赛罕塔拉的荒漠草原、锡林浩特毛登牧场和白银库伦牧场的典型草原，采用固定样线法进行了统计，记录到灰鹡鸰 34 只，荒漠草原的密度为每平方千米 21.25 只；典型草原未记录到。

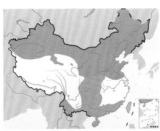

灰鹡鸰。在上图为雄鸟，沈越摄，下图为雌鸟，宋丽军摄

白鹡鸰

拉丁名：*Motacilla alba*
英文名：White Wagtail

雀形目鹡鸰科

形态　体长约 18 cm，体重 20～30 g。嘴、跗跖和趾黑色。额、头顶前部、头侧、颈侧白色，头顶后部、枕和后颈黑色，背、肩部灰色，腰部深灰色；下体白色，胸部具黑色横斑带，两胁稍沾灰色；飞羽黑褐色，外侧羽缘白色；初级覆羽黑色，中覆羽和大覆羽外翈及内翈边缘白色，在翼上形成明显的白色翼斑；尾羽黑色，最外侧两对尾羽白色。幼鸟眉纹黄白色，头和颈深橄榄灰色，背、肩部橄榄灰色，翼斑灰白色，胸、腹部灰白色，胸侧和两胁灰色，胸部黑色斑块周边灰色。

分布　分布于整个欧亚大陆和非洲大部分地区，除非洲、伊朗地区种群不迁徙外，其他地区的种群冬季迁至欧亚大陆南部、非洲赤道以南、阿拉伯地区、印度南部到斯里兰卡、中南半岛等地越冬。在国内分布于全国各地，有的亚种在广东、广西、台湾和海南岛越冬。分为 11 个亚种，其中中国境内有 7 个亚种，草原与荒漠地区分布的主要是无眉纹、头和颈两侧白色的普通亚种 *M. a. leucopsis*。每年 3 月下旬至 4 月初迁来草原与荒漠地区，10 月上旬迁离。

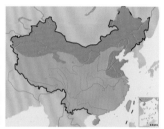

白鹡鸰。左上图为普通亚种，下图为新疆亚种 *M. a. personata*。沈越摄

捕得蜻蜓喂食离巢幼鸟的白鹡鸰。杨贵生摄

栖息地　常在湖泊、河流岸边及水渠旁等水环境附近活动，在离水不远的田野、果园、苗圃、林缘、草地也常能遇见。在湖岸附近的居民区路边有时也可见到。

习性　不甚畏人。常成小群活动。多在地上走动觅食。停息时，尾常上下不住抖动。飞行离地面不高，多为波浪式姿势。在越冬地有群栖树上过夜的习性，曾有研究者记录到 1959 年 12 月 26 日有 100 余只白鹡鸰夜间集聚在云南大学的 4 棵蓝桉树上，1月 6 日增至 300 余只。

食性　主要以昆虫及其幼虫为食，也吃少量植物性食物，如浆果、杂草种子等。4～5 月剖检 2 胃观察，发现一胃中为鞘翅目昆虫，另一胃中为蜘蛛和鞘翅目昆虫。

繁殖　多在石堆缝隙间营巢。由雌雄亲鸟共同筑巢。巢的外围主要是细树枝、树叶、草的根、茎，内垫苔藓、兽毛和羽毛。巢呈杯状，内径 7～8 cm，深 4～5 cm。每窝产卵 4～6 枚。卵呈椭圆形，卵色淡灰白，布以褐色斑。卵平均大小 14.8 mm×18.8 mm，重约 2.1 g。雌鸟孵卵。孵化期 11 天。雏鸟刚出壳时双眼紧闭，头顶、肩部、胁部和背部具灰白色胎绒羽，身体余部裸露无羽。育雏期 17 天。

种群现状和保护　数量较多，在繁殖地和非繁殖地范围内广泛分布，种群状态为常见。据估计欧洲种群数量已超过 1200 万繁殖对，平均密度大约为每平方千米 1～4 对，而在德国的农村最高达到每平方千米 43 对；在日本也很常见。IUCN 和《中国脊椎动物红色名录》均评估为无危（LC）。捕食危害农林业的昆虫，对人类有益。被列为中国三有保护鸟类。

田鹨

拉丁名：*Anthus richardi*
英文名：Richard's Pipit

雀形目鹡鸰科

形态 体形居中，体长17～20 cm，翼展29～33 cm，体重25～40 g。通体沙褐色，上体灰褐色，下体近白色，胸部具暗纹。尾羽修长，外侧尾羽白色。后爪长而相当直，站立时身体比较挺拔。

分布 繁殖地在亚洲北部，秋季长途迁徙至南亚或东南亚越冬。在中国，分布于全国各地，在北方为繁殖鸟，在南方为旅鸟或冬候鸟。

栖息地 与平原鹨相比，田鹨生活环境更湿润一些，多为溪流、沼泽、草地、水田及荒漠绿洲中低洼的泉水溢出带。

鸣声 类似于家麻雀的啁啾声，"瑞噗——瑞噗——"，略有起伏，或一系列单调的"啾——啾——"，"皮尤——皮尤——"和"叽——叽——"声。

习性 具有鹡鸰科共同的特点，如尾巴上下摆动、波浪式的飞行轨迹和啁啾声相伴。

食性 主要捕捉地面的昆虫为食，如直翅目、膜翅目、鞘翅目、鳞翅目等，包括幼虫及虫卵，偶尔还吃植物种子。喜欢在湿草丛中觅食，也会低空飞起捕捉飞虫。

繁殖 营巢于杂草丛生的地面，用细草或苔藓絮巢，比较粗糙。产卵期为5～6月，窝卵数4～6枚。卵壳颜色变化比较大，一般呈灰白色或绿灰色，满布暗褐色斑点。

种群现状和保护 分布广泛的农林益鸟，IUCN和《中国脊椎动物红色名录》均评估为无危（LC）。但田鹨的生活状况往往被忽略，种群数量不详。其栖息的湿地经常被开垦，造成栖息地丧失，杀虫剂和湿地污染也是巨大的威胁。被列为中国三有保护鸟类。

布氏鹨

拉丁名：*Anthus godlewskii*
英文名：Blyth's Pipit

雀形目鹡鸰科

形态 体长约18 cm，体重20～30 g。嘴暗褐色，嘴基和下嘴色淡。脚淡褐色。外形与田鹨相似，但后趾短于16 cm，后爪也没有田鹨长。上体棕黄色，具显著的黑褐色纵纹；颏、喉白色或皮黄色，喉侧具黑褐色纵纹；胸沙棕色，缀以黑色纵纹，腹部白色；翼暗褐色，具沙黄色羽缘；腰和尾上覆羽沙褐色；尾羽黑褐色，最外侧一对尾羽外翈白色。

分布 繁殖于俄罗斯南部地区阿尔泰山脉以东，往东到外贝加尔，南至蒙古南部地区。越冬于南亚次大陆。在国内分布于新疆南部、西藏、青海、甘肃、内蒙古、宁夏、辽宁南部、河北、北京、天津、山西北部、四川、贵州和台湾。

栖息地 栖息于平原、丘陵和山地。在内蒙古典型草原数量较多。

习性 单独或成对活动，常栖在高草或小灌木枝上鸣叫。

食性 主要以昆虫为食。对畜牧业有益。

繁殖 繁殖期5～7月。营巢于草丛或灌木旁的地面凹坑内，有时也在石头下营巢。每窝产卵3～4枚。卵的颜色变化较大，有白色、淡绿色或褐灰色，缀暗色或紫色斑点。卵大小为20 mm×16 mm。

种群现状和保护 IUCN和《中国脊椎动物红色名录》均评估为无危（LC）。被列为中国三有保护鸟类。在中国种群数量较多。2013年5—7月，杨贵生在内蒙古采用固定样线法进行调查，记录到布氏鹨45只，在荒漠草原未记录到，典型草原的密度为每平方千米28.15只。

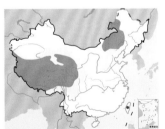

田鹨。左上图沈越摄，下图王志芳摄

布氏鹨。左上图沈越摄，下图韦铭摄

平原鹨

拉丁名：*Anthus campestris*
英文名：Tawny Pipit

雀形目鹡鸰科

形态　体形较小，体长 15～19 cm，翼展 25～28 cm，体重 20～26 g。通体偏淡呈黄褐色，较少斑纹。上体灰褐色，头顶及上背具暗褐色纵纹。下体苍白色，翅和尾暗褐色，具棕白色狭缘。与田鹨相似，区别除了个头略小，还有站姿不同，田鹨站立时上躯干挺立，而平原鹨站立时身体较平。

分布　分布于古北区的西半部，包括中亚、西亚、北非和欧洲大部。在中国为夏候鸟，见于西北干旱地区，如新疆、青海、甘肃、内蒙古等。

栖息地　是鹡鸰科中比较耐干旱的种类，沙漠绿洲、荒漠草原、荆棘灌丛、林间草地和旱田地边均可作为其栖息地。有时候栖息于离水边也不远的沙地上，特别是在繁殖期。

鸣声　鸣声为响亮的"喊遛——喊遛——"声；叫声包括清晰响亮的"啾噗——啾噗——"，或洪亮圆润的"哧噗——哧噗——"声。

习性　飞行轨迹比较平直，不似田鹨上下起伏。

食性　主要以地面昆虫为食，如鞘翅目、膜翅目、双翅目的昆虫及幼虫。在食物缺乏的季节亦吃少量植物性食物。

繁殖　通常营巢于地面较凹陷的地方或草丛根旁，铺垫草茎、枯叶和兽毛，借助草丛的掩护一般不易被发现。繁殖期 5～7 月，每窝产卵 4～7 枚。卵壳颜色变化较大，灰白色、淡绿色、淡红色或褐灰色，其上布满暗色细斑点。雌雄轮流孵卵，孵化期 13～14 天。雏鸟半晚成性，在巢期为 12～14 天。

种群现状和保护　IUCN 和《中国脊椎动物红色名录》均评估为无危（LC）。但在中国种群数量较少，生存现状不清楚，在制定保护措施之前需要调研。被列为中国三有保护鸟类。在新疆，平原鹨与田鹨分布区是重叠的，二者相似度高，竞争与共存机制有待探讨。

草地鹨

拉丁名：*Anthus pratensis*
英文名：Meadow Pipit

雀形目鹡鸰科

形态　体形较小，体长 14～15 cm，体重 16～20 g。上体黄褐色，多黑褐色纵纹；下体白色沾褐色，胸部及两胁具明显的黑褐色纵纹。后爪长而直，适于在地面行走。

分布　繁殖于欧亚大陆西北部，从格陵兰岛和冰岛到俄罗斯乌拉尔山脉以东，南部到法国和罗马尼亚中部；冬季出现在南欧、北非、中亚和西南亚地区。在中国为罕见冬候鸟或旅鸟，见于新疆西部和甘肃，迷鸟见于辽宁、北京、内蒙古。

栖息地　顾名思义，草地鹨喜欢栖息于林间草地，包括山地草原、沼泽草地、杂草丛生的弃耕地及苔原地区。

鸣声　会发出弱的"哧——哧——"或"吡啼——吡啼——"的串音，或简单重复的"嘶噗——嘶噗——"及"噼呦——噼呦——"歌音。

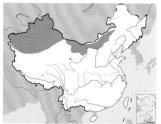

平原鹨。左上图魏希明摄，下图马鸣摄

草地鹨。沈岩摄

食性 主食昆虫和其他无脊椎动物，在冬天没有昆虫的季节亦采食杂草的种子。

繁殖 巢位于地面凹坑或隐藏在茂密的植被之中。窝卵数2～7枚，通常3～5枚。卵壳淡黄色、灰色或淡绿色，被有暗褐色斑点，尤以钝端斑点较密集。孵化期13～15天。雏鸟晚成性，12～14天后出巢，但不一定会飞远。通常一年繁殖2窝。在北欧，草地鹨是大杜鹃最重要的宿主之一。

种群现状和保护 IUCN 评估为近危（NT），《中国脊椎动物红色名录》评估为无危（LC）。被列为中国三有保护鸟类。灰背隼 Falco columbarius 和白尾鹞 Circus cyaneus 等小型猛禽经常捕捉草原鹨，是其主要天敌。在中国停留时间短暂，极其罕见，需要注意保护。

林鹨

拉丁名：*Anthus trivialis*
英文名：Tree Pipit

雀形目鹡鸰科

形态 体长约15 cm，体重20～25 g。嘴暗褐色，下嘴肉色。脚肉色。眉纹白色，眼先暗褐色；头顶、背、肩部沙褐色，具黑褐色纵纹；翼暗褐色，具棕白色羽缘；腰及尾上覆羽灰褐色；颏和喉部白色，喉两侧的颚纹暗褐色；胸及胁部具暗褐色纵纹；尾下覆羽黄白色；尾羽暗褐色，最外侧一对尾羽白色，次外侧一对尾羽具白色端斑。

分布 分布于欧洲、地中海、小亚细亚、高加索、伊朗，向东至贝加尔湖地区，南至帕米尔高原和喜马拉雅山脉，迁徙时可达印度和非洲。在国内分布于新疆、西藏、内蒙古、宁夏、陕西南部和广西。

栖息地 栖息于林缘、林间空地、草地等环境。

习性 常在地面觅食。单独或成对活动，迁徙时集群。

食性 主要以昆虫及其幼虫为食，也吃植物种子。

繁殖 繁殖期5～7月。大多在疏林内的地表草丛中营巢。巢呈皿状，用禾本科草茎、草根及巢周围的嫩草编成，内垫兽毛，外壁敷以苔藓。巢的内径为6.5 cm×7.0 cm，外径12.5 cm×13 cm，巢深4 cm，巢高5.5 cm。窝卵数4～5枚。卵淡灰白色、绿白色、赭色或粉色，缀有褐色或暗褐色斑点，卵的大小为长径20～23.5 mm，短径15～16.2 mm，重2.4 g。孵化期13～14天。雏鸟晚成性。双亲育雏，育雏期13天。

种群现状和保护 IUCN 和《中国脊椎动物红色名录》均评估为无危（LC）。据估计，最近欧洲的种群数量大约为1700万对。自1970年以来在荷兰的种群数量明显下降，在英国、芬兰北部和瑞士其数量也下降；而20世纪在芬兰的分布范围有所扩大。在中国不常见，种群数量稀少。被列为中国三有保护鸟类。

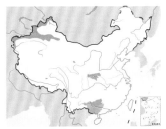

林鹨。王昌大摄

树鹨
拉丁名：*Anthus hodgsoni*
英文名：Olive-backed Pipit

雀形目鹡鸰科

形态 体长约 16 cm，体重 20～28 g。嘴黑褐色，下嘴基部肉棕色。跗跖和趾肉黄色，爪黑褐色。上体橄榄绿色，眉纹白色沾棕色，耳羽后部有一白斑，颚纹黑色，眼先和颊部浅棕色，额、头顶具细而密的黑褐色羽干纹，背、肩部有粗而不明显的黑褐色纵纹；翅黑褐色，翅上有两条棕白色横纹；尾羽黑褐色，外侧第二对尾羽端部具白斑；颏、喉部污白色稍沾棕色，前胸棕白色，具黑色点状和条状斑，下体余部污白色稍沾棕色，两胁及腹侧具黑褐色条纹。幼鸟与成鸟相似，但下体除颏、喉和腹部中央处无纵纹外，其余均具黑褐色纵纹。

分布 繁殖于俄罗斯伯朝拉河地区，向东到阿尔泰山、蒙古、外贝加尔地区、堪察加、千岛群岛、萨哈林岛、中国、日本、朝鲜，越冬于中南半岛、琉球群岛、菲律宾和印度。在国内繁殖于西藏、青海、四川、云南、内蒙古、东北、河北、山西、陕西、甘肃，越冬于长江以南地区。

栖息地 栖息于林缘、苗圃，及其附近的灌木丛、草地、田间。常栖于地面上，或树的较低位置，有时也落于电线和屋顶上。

习性 单独或成 3～5 只小群活动。多在疏林间地面上奔走觅食，也在树上捕食昆虫。栖止时，尾常上下摆动。受惊扰时，立刻飞于附近树上，且边飞边高声鸣叫。鸣声似 "chi-chi-chi"。

食性 主要以鳞翅目幼虫、鞘翅目、直翅目昆虫以及半翅目的蝽象、膜翅目的蚁类等为食，也吃蜘蛛、蜗牛、作物种子及杂草籽。5 月剖检 1 胃，胃内全为甲虫。

繁殖 繁殖期 5～7 月。每年繁殖 1 次。多在较开阔的林缘、林间空地营巢。由雌雄亲鸟在地面上筑碗状巢。用枯草茎、草叶等筑成巢的外壁，内垫细草茎和少许兽毛。巢外径 10.3～14.0 cm，内径 8.1 cm，巢高 4.5～8.2 cm，深 3.3～7.0 cm。每天产卵 1 枚。窝卵数 4～6 枚。卵淡蓝灰色，布以淡紫褐色斑点，钝端斑点较密。卵平均大小为 20 mm×15 mm，平均重 2.0 g。雌鸟孵卵。孵化期 14 天左右。

种群现状和保护 IUCN 和《中国脊椎动物红色名录》均评估为无危（LC）。其食物以危害农林牧业的昆虫为主，对农林牧业有益。被列为中国三有保护鸟类。在中国局部地区较普遍。俄罗斯西北部的种群数量可达到 3.5 万～4 万对，种群密度的最高纪录在泰加林带北部，在主要的森林栖息地可达每平方千米 2～4 对。

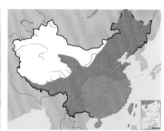

树鹨。左上图沈越摄，下图杨贵生摄

粉红胸鹨

拉丁名：*Anthus roseatus*
英文名：Rosy Pipit

雀形目鹡鸰科

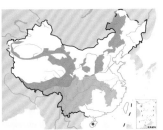

形态　小型鸣禽，体长 14～16 cm，体重 20～25 g。上体为橄榄灰色或灰绿色，头顶、背具黑褐色纵纹；眉纹显著，为白色沾粉红色，而头侧则呈暗灰色；下体从颏到胸部的颜色为淡灰略沾葡萄红色，余部乳白色，胸及两胁有深色纵纹，腋下羽毛柠檬黄色。

分布　见于青藏高原及周边地区，如不丹、尼泊尔、印度、孟加拉、巴基斯坦、阿富汗等。在中国主要分布在西部，如新疆、甘肃、青海、西藏、四川、云南等地区，在新疆为夏候鸟，其他地区为留鸟。

栖息地　栖息于山地草原、河谷地带、林缘空地、沼泽草甸、雪线以下海拔 3000～4500 m 的山坡和灌丛地带。

鸣声　平时发出"瑟哦噗——瑟哦噗——"的叫声，听起来非常柔弱。但炫耀飞行时的叫声"啼、啼、啼"及"啼哦嘟——啼哦嘟——"非常悦耳。

习性　多为成对或结小群活动。

食性　主要以昆虫为食，如鞘翅目、膜翅目等。有时亦食植物。

繁殖　繁殖期为 5～7 月。通常营巢于林缘、林间空地、沼泽或水域附近草地和高山陡坡上。置巢于地面凹坑内或草丛旁，巢呈杯状，内垫以羽毛、枯草等柔软物，以密草丛来保护巢免受破坏。雏鸟晚成性。

种群现状和保护　IUCN 和《中国脊椎动物红色名录》均评估为无危（LC）。作为青藏高原的特有种，粉红胸鹨是高原生态系统非常特殊的一个类群，看上去很不起眼，对维护生态平衡有一定的作用。已被列为中国三有保护鸟类。

粉红胸鹨。左上图魏希明摄，下图宋丽军摄

粉红胸鹨的繁殖参数	
繁殖期	5～7 月
营巢模式	雌雄共同完成
孵化期	约 13 天
孵化模式	雌鸟孵卵
育雏模式	双亲喂养

捕得昆虫的粉红胸鹨。魏希明摄

红喉鹨
拉丁名：*Anthus cervinus*
英文名：Red-throated Pipit

雀形目鹡鸰科

形态 小型鸣禽，体长 14～16 cm，体重 20～24 g。繁殖期上体浅黄褐色或橄榄灰褐色，头顶和背部有较粗著的羽干纹。下体为淡棕黄色或黄褐色，除了脸、颏、喉、胸为棕红色，下胸、腹和两胁具有黑褐色的纵纹。

分布 为环北极圈附近繁殖的物种，在欧洲和亚洲北部地区繁殖，并扩展到北美的阿拉斯加；长途迁徙至非洲、南亚、北美西海岸越冬。在中国为旅鸟或冬候鸟，分布于新疆、内蒙古、河北、山西、长江以南地区等。

栖息地 远抵北极苔原、灌丛、开阔平原、山区草原、沼泽草地繁衍后代，迁徙时出现在林缘空地、河滩、盐泽、湿地、农田及居民点附近。

鸣声 叫声尖细，一边飞一边叫，为"啤嘶哟——啤嘶哟——"或"噼咿哦——噼咿哦——"叫声，相比较比其他鹨更为悦耳。

红喉鹨的繁殖参数	
繁殖期	6～7 月
窝卵数	4～6 枚
卵颜色	灰色、淡蓝色或橄榄灰色
孵化期	约 14 天
孵化模式	雌鸟孵卵
育雏期	12～16 天
育雏模式	双亲喂养

习性 常成对活动，受到惊吓后会向树枝与岩石飞去。

食性 主要以昆虫为食，有时食少量的植物。

繁殖 繁殖期为 6～7 月。在遥远的北方苔原地区繁殖，但它们的越冬地却在非洲、亚洲南部和美国西海岸，需要经过长距离的迁徙。为了完成这个生命的循环过程，不得不缩短繁殖的时间，利用北极短暂的夏季，快速完成生儿育女。通常营巢于草丛旁、沼泽上的小土丘或地面凹陷处。巢呈杯状，由草茎、枯叶构成，内垫以干燥的软草、兽毛等。窝卵数 4～6 枚，以草丛作为巢、卵和雏鸟的遮蔽。

种群现状和保护 ICUN 和《中国脊椎动物红色名录》均评估为无危（LC）。被列为中国三有保护鸟类。在中国，红喉鹨多为迁徙路过，数量稀少，比较罕见。千里迢迢而来，应该注意保护。

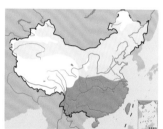

红喉鹨。沈越摄

水鹨

拉丁名：*Anthus spinoletta*
英文名：Water Pipit

雀形目鹡鸰科

形态 小型鸣禽，体长 15～17 cm，体重 19～23 g。上体灰褐色或橄榄色，其上的暗褐色纵纹不显著，而头部比较明显；下体棕白色或浅棕色，胸具有暗褐色纵纹。繁殖期的头部灰色，具有宽的白色眉纹；两翼和尾羽都呈暗褐色，但 2 道翅斑为白色，最外侧尾羽的外翈白色。

分布 繁殖于欧亚大陆，包括欧洲南部、亚洲中部、西伯利亚及俄罗斯远东地区；越冬地在非洲北部、南亚及东南亚地区。在中国分布非常广，在北方为繁殖鸟或旅鸟，在南方为旅鸟或冬候鸟。

栖息地 主要繁殖于山区，海拔 1400～3200 m，如山地牧场、灌木丛、高山草原、山地森林等这些区域。迁徙和越冬期间，通常出现在沿海湿地、平原草地、沼泽、稻田、居民区附近和类似的栖息地。

鸣声 繁殖期的歌声复杂多变。当其受到惊扰时，叫声为"啼哟嘶——嘶——"，或"啾——咿——"，呈双音尖叫，多次重复。与粉红胸鹨声音相比，表现为细而尖。

水鹨的繁殖参数	
繁殖期	4～8 月
窝卵数	4～6 枚
卵颜色	灰白色或灰绿色，密布黑褐色斑点
卵大小	21 mm×16 mm
卵重	2.7 g
孵化期	14～15 天
孵化模式	以雌鸟孵卵为主
育雏期	14～15 天
育雏模式	双亲喂养，雄鸟承担得多一些

习性 喜欢单个或成对活动，在迁徙时喜结成较大的群觅食。繁殖期栖于枝头或飞向天空鸣唱，能歌善舞。被认为是迁徙距离比较短的一种鹨类，在一些地方甚至冬季只有垂直迁徙，就是降到低海拔或潮湿开阔的低地越冬。

食性 主要吃各种小型无脊椎动物，包括蟋蟀、苍蝇、蚱蜢、甲虫、跳蚤、蝎子、蜗牛、马陆和蜘蛛等。有时也吃一些植物性食物，如苔藓、水藻、杂草种子和谷粒等。

繁殖 繁殖期 4～8 月，通常营巢于地面上的草丛中或在悬崖的裂缝处。巢呈杯状，内垫以毛发、羽毛、枯草等柔软物质。营巢由雌雄亲鸟共同营造。窝卵数 4～5 枚，最多可达 6 枚。

种群现状和保护 IUCN 和《中国脊椎动物红色名录》均评估为无危（LC）。被列为中国三有保护鸟类。在野外常被各种猛禽、白鼬、蛇捕食，包括成鸟、幼鸟和卵，还受到跳蚤等寄生虫感染。

水鹨。左上图为非繁殖羽，沈越摄；下图为繁殖羽，杨贵生摄

燕雀类

燕雀类

- 燕雀类指雀形目燕雀科鸟类，全世界共29属144种，中国有20属61种，草原与荒漠地区有17属33种
- 燕雀类初级飞羽10枚，但第一枚初级飞羽多退化或缺失，因而仅见9枚；喙圆锥形，适应于取食植物种子
- 燕雀类栖息于森林、草原、灌丛、草甸、农田和居民点附近等各类生境，在树上、地上或灌丛中营杯状巢，雏鸟晚成性
- 中国草原与荒漠地区分布的燕雀类均为无危物种，大部分被列为中国三有保护鸟类

类群综述

分 类 和 分 布 燕雀类指雀形目燕雀科 (Fringillidae) 鸟类。燕雀科的分类争议甚多。传统的燕雀科包括29属144种,分为2个不同的亚科——燕雀亚科 (Fringillinae) 和金翅雀亚科 (Carduelinae),也有人将其分为燕雀族 (Fringillini) 和金翅雀族 (Carduelini)。最新的分类建议则将燕雀科扩大到49属228种：原属裸鼻雀科 (Thraupidae) 的歌雀属 *Euphonia* 和绿雀属 *Chlorophonia* 被移至燕雀科下,作为一个新的亚科——歌雀亚科 (Euphoniinae);原本被列为独立的管舌雀科 (Drepanididae) 的20属39种管舌雀被移至燕雀科下,作为金翅雀亚科下的一个族——管舌雀族 (Drepanini),传统的金翅雀亚科则被分为锡嘴雀族 (Coccothraustini)、朱雀族 (Carpodacini)、灰雀族 (Pyrrhulini) 和金翅雀族 (Carduelini),在属和种的水平上也进行了一定调整;仅包括1属4种的燕雀亚科维持不变。

燕雀科鸟类广泛分布于世界各地。中国境内有20属61种,全境均有分布。草原与荒漠地区有17属33种。

形态特征 燕雀类体长9~25 cm,重量8~99 g,雌性体形通常较雄性小一些,雌雄常异色。喙粗厚而短,末端尖,近似圆锥形,嘴缘平滑,上下嘴的嘴缘互相紧接。交嘴雀属 *Loxia* 鸟类的喙高度发达,上嘴和下嘴先端交叉。鼻孔常被羽毛或皮膜所覆盖,位于额缘以外。翼端尖形或方形,初级飞羽10枚,第一枚初级飞羽多退化或缺失,因而仅见9枚。三级飞羽短,最长的约为翼长的一半。羽色往往反映在鸟名中,如"灰雀""朱雀""金翅雀"等。尾羽12枚,跗跖前面被盾状鳞,后面为单一的纵形长鳞片。

栖息地 燕雀类主要栖息于森林、草原、灌丛、草甸、农田和居民点附近等各类生境中,栖息地与其食物的分布相关。受食物的影响,它们的栖息地随季节的变化而改变。如在英国,黄雀 *Carduelis spinus* 在针叶林繁殖,直至5~6月针叶林中食物减少,而后迁移到长有蓟草及其他草本植物的开阔

左：燕雀类是适应性非常强的一类鸟类,栖息于从荒漠到森林乃至人居环境等各类生境。图为普通朱雀。刘璐摄

右：燕雀类的喙多数呈粗而厚的圆锥形,上下嘴的嘴缘互相紧接。但交嘴雀属 *Loxia* 的喙高度特化,上嘴和下嘴先端交叉。左图为嘴端交叉的白翅交嘴雀,沈岩摄;右图为喙极端粗厚的代表物种——锡嘴雀,王志芳摄

地；夏末及秋季繁殖期结束后，迁移至桦树林；冬季分散于桤树林取食球果和散落在地上的种子，也到附近的村庄和城镇取食。

鸣声 燕雀类是高度社会化的鸟类，它们发展出丰富的"词汇"用于交流，不同种类依据其行为生态有不同的声音模式。在繁殖期以特定明亮高亢的鸣唱求偶。

习性 燕雀类的飞行轨迹为典型的波浪形，体重越大，波浪越明显。在地面多双足跳跃，也有少数种类如朱雀等以双足交替行走或奔跑。繁殖期成对或成小群活动，非繁殖期可集成上百只甚至上千只的大群。育雏期常表现出侵略性，头向前倾，喙张开，发出尖叫，并张开或拍打翅膀驱赶入侵者，或将翅膀张成圆形驱赶入侵者。

由于气温的变化，不同地区植物可提供给燕雀科鸟类的食物会发生改变，燕雀类因食物减少而进行短途迁移，这与取食动物性食物的鸟类进行的长距离迁徙不同。

食性 燕雀类以种子、果实、花、叶、芽等植物性食物为食，繁殖期间也吃各种昆虫。双子叶植物的种子富含丰富的蛋白质，燕雀类进化出了近似圆锥形的喙，便于打开双子叶植物的种子。

繁殖 燕雀类绝大部分是单配制，至少在繁殖期是这样，其繁殖策略依种族发育谱系不同而有不同。燕雀族以无脊椎动物等动物性食物育雏，繁殖期的领域性很强，在领域内动物性食物达到峰值期间集中时间育雏，因而它们每年只繁殖一窝。而金翅雀族育雏的食物多数为种子等植物性食物，这些植物的成熟期较长，因而金翅雀族有更长的育雏期，每年可以繁殖多窝。燕雀类多营巢于树上、地上或灌丛中。巢多呈杯状，雏鸟晚成性。

种群现状和保护 燕雀类原本多数分布较广，数量较多，受胁比例不高。但在新的分类系统中调入燕雀科的管舌雀分布局限于夏威夷群岛，深受生物入侵、栖息地破坏和人类猎捕的影响，许多物种已经灭绝或濒危。中国草原与荒漠地区分布的燕雀类均被 IUCN 列为无危（LC），大部分被列为中国三有保护鸟类。

上：燕雀类主要以植物种子和果实等植物性食物为食。图为取食植物果实的红腰朱雀。魏希明摄

下：燕雀类雏鸟晚成性，刚出壳的雏鸟双眼紧闭，全身裸露。图为普通朱雀的巢和雏鸟。卢欣摄

苍头燕雀
Fringilla coelebs

燕雀
Fringilla montifringilla

白斑翅拟蜡嘴雀
Mycerobas carnipes

non-br.

锡嘴雀
Coccothraustes coccothraustes

黑尾蜡嘴雀
Eophona migratoria

ad.

juv.

黑头蜡嘴雀
Eophona personata

第一年冬羽

松雀
Pinicola enucleator

灰腹亚种
P. p. griseiventris

红腹灰雀
Pyrrhula pyrrhula

指名亚种
P. p. pyrrhula

红翅沙雀
Rhodopechys sanguineus

巨嘴沙雀
Rhodospiza obsoleta

蒙古沙雀
Bucanetes mongolicus

林岭雀
Leucosticte nemoricola

指名亚种
L. b. brandti

南疆亚种
L. b. pallidior

高山岭雀
Leucosticte brandti

粉红腹岭雀
Leucosticte arctoa

普通朱雀
Carpodacus erythrinus

褐头朱雀
Carpodacus sillemi

拟大朱雀
Carpodacus rubicilloides

大朱雀
Carpodacus rubicilla

红腰朱雀
Carpodacus rhodochlamys

中华朱雀
Carpodacus davidianus

沙色朱雀
Carpodacus stoliczkae

长尾雀
Carpodacus sibiricus

北朱雀
Carpodacus roseus

白眉朱雀
Carpodacus dubius

金翅雀
Chloris sinica

黄嘴朱顶雀
Linaria flavirostris

赤胸朱顶雀
Linaria cannabina

白腰朱顶雀
Acanthis flammea

极北朱顶雀
Acanthis hornemanni

青藏亚种
L. c. himalayana

红交嘴雀
Loxia curvirostra

东北亚种
L. c. japonica

白翅交嘴雀
Loxia leucoptera

红额金翅雀
Carduelis carduelis

黄雀
Spinus spinus

苍头燕雀

拉丁名：*Fringilla coelebs*
英文名：Common Chaffinch

雀形目燕雀科

形态　苍头燕雀体长 14～16 cm。虹膜褐色。雄鸟喙蓝灰色，雌鸟喙栗褐色。跗跖和趾肉褐色。雌雄羽色不同。雄鸟额黑色，头顶、枕、后颈和颈侧蓝灰色，眼先、眉纹、颊及喉部粉红色；胸部粉红色，腹部灰白色；上背栗褐色，下背至尾上覆羽淡绿色；翅黑褐色，飞羽基部外翈具白色斑块，中覆羽和大覆羽具白色羽端，这些白色部分在翅上形成三道明显的白斑；尾淡黑色，最外侧两对尾羽具大型楔状白斑。雌鸟额、头顶、枕、后颈、背及两肩棕褐色；飞羽黑褐色，外翈有狭细的黄白色羽缘，内翈具白色微沾灰色的羽缘；颊、颈侧、颏喉、胸、两胁和腹侧灰黄色沾褐色；下腹中部灰白色；腰和尾上覆羽黄绿色沾灰色；翅上亦有三道明显的白斑。

分布　繁殖于欧洲（不列颠群岛除外），向东至西伯利亚中南部，南至巴利阿里群岛、科西嘉岛、西西里岛、希腊南部、克里特岛、土耳其北部和西部、黎巴嫩北部、高加索、哈萨克斯坦北部和西北部；非繁殖期见于南非、北非、乌克兰和西南亚，往东至阿富汗西北部和东南部、巴基斯坦北部和西部、尼泊尔北部。在中国数量较少，秋季迁徙时经过中国西部，10～11 月迁来辽宁、内蒙古和新疆越冬，也有在山西、河北、北京和天津越冬的记录。

栖息地　栖息于苔原边缘、针叶林、阔叶林、灌木丛以及灌木茂盛的平地和农田，喜欢在林地边缘及林间空地活动。在非繁殖季节广泛分布于上述栖息地以及农田，特别是杂草地和收割后的农田、干涸河道和荒漠绿洲。最高分布海拔 2500 m。

习性　迁徙性。在欧洲北部和东北部繁殖的苍头燕雀，从 9 月中旬开始到 11 月底迁移至欧洲中部和南部、地中海东部、非洲北部直至亚洲中部越冬，在极端气候的影响下会迁移至更远的地区。次年 2 月下旬到 5 月上旬返回北方，成年雄鸟最早开始迁飞，领先于雌鸟和 1 龄幼鸟。

食性　主要以小型无脊椎动物及其幼虫为食，也取食种子和植物嫩芽，以鳞翅目幼虫育雏。非繁殖季节常成群觅食。通常在地面取食，春季和夏季也在树木和灌丛上觅食，在临近枝头的树干上短暂停歇捕食飞虫，偶尔在浅水中取食毛翅目幼虫。

繁殖　繁殖期 5～7 月。筑巢于树上。用草茎、草叶等营巢，垫以兽毛和羽毛。巢距地面 2～4 m，多呈杯状或近似球形。卵淡蓝绿色或红绿色，缀有粉紫色斑点，偶尔缀黑色斑点。一年繁殖 1～2 窝。雌性亲鸟孵卵。

种群现状和保护　苍头燕雀在国外的种群状态为常见到局部丰富。据估计，欧洲（包括俄罗斯乌拉尔山脉以西的地区）的繁殖种群数量为 2.3 亿对，其中大部分分布于英国、芬兰、挪威、瑞典、丹麦、德国、克罗地亚、白俄罗斯和俄罗斯。在分布区内种群数量基本稳定，20 世纪以来由于森林结构的改变，西班牙、英国、丹麦、克罗地亚和乌克兰的种群数量有少量增加。在中国境内数量较少，分布区狭窄。IUCN 和《中国脊椎动物红色名录》均评估为无危（LC）。

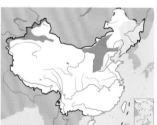

采食花朵的苍头燕雀。魏希明摄

苍头燕雀。左上图为雄鸟，沈越摄；下图为雌鸟，王志芳摄

苍头燕雀的繁殖参数	
巢距地面高度	2～4 m
巢大小	直径 6.5～7.0 cm，高 8～8.5 cm，深 3～3.5 cm，巢壁厚 2～2.3 cm
窝卵数	4～7 枚
卵的大小	长径 17～22.8 mm，短径 13.7～15 mm
孵化期	12～13 天

燕雀

拉丁名：*Fringilla montifringilla*
英文名：Brambling

雀形目燕雀科

形态 体长 14～16 cm。虹膜暗褐色。喙粗壮而先端尖锐，呈圆锥状。上嘴和下嘴铅黑褐色，嘴峰基部铅黄灰色，下嘴基角黄色。跗跖和趾深褐色，爪黑褐色。雄鸟从头至背辉黑色，背具黄褐色羽缘，腰白色；颏、喉、胸橙黄色，腹至尾下覆羽白色，两胁淡棕色而具黑色斑点；两翅和尾黑色，肩锈色，翅上具白斑。雌鸟和雄鸟大致相似，但羽色较淡，上体褐色而有黑色斑点，头顶和枕具有窄的黑色羽缘，头侧和颈侧灰色，腰白色。

分布 分布广泛，繁殖于欧洲北部，向东至俄罗斯楚科塔地区，向南到哈萨克斯坦东北部、意大利中部和东南部、贝加尔湖、俄罗斯远东地区；越冬于欧洲中部、西部和南部，非洲北部，中东以及亚洲西南部、中部和东部。在中国主要为冬候鸟和旅鸟，除青藏高原和海南岛外均有分布。春季迁徙多在3月初至4月末，4月中旬开始大量出现在东北地区，繁殖于东北大兴安岭满归以北至漠河一带等中国极北地区；秋季迁徙出现在9月末至10月中下旬。在嫩江高峰林区春季迁徙高峰期在5月初，秋季迁徙高峰期在9月下旬。在青岛春季最早于3月上旬迁来，4月底全部迁走，南迁的时间最早于10月上旬迁来，11月中旬全部迁走。

栖息地 繁殖期间栖息于阔叶林、针阔叶混交林和针叶林等各类森林中，尤以在桦树占优势的树林较常见。迁徙时喜栖于居民点附近的人工林。

燕雀。左上图为雄鸟繁殖羽，沈越摄；下图为雄鸟非繁殖羽。杨贵生摄

正在取食榆荚的燕雀雌鸟。颜重威摄

食性 取食杂草种子、浆果、谷粒等植物性食物，繁殖期间主要以昆虫等无脊椎动物为食，以鳞翅目幼虫育雏。夏季通常在矮灌木、灌木丛和乔木林中觅食，取食树皮中的昆虫，也捕捉飞虫。冬季和初春通常在地面觅食。单独、成对或成小群觅食。非繁殖季节成上千只大群活动，在欧洲中部和南部会集成数百万只的大群。有时与苍头燕雀、欧洲金翅雀、赤胸朱顶雀、麻雀和鹀类等鸟类混群活动。

繁殖 繁殖期5～7月。通常成对分散营巢繁殖，巢多置于桦树、杉树、松树上紧靠主干的分支处，距地面高3～5 m。巢呈杯状，主要由枯草和桦树皮等材料构成，外面常掺有苔藓，内垫有羊毛、兽毛或羽毛。巢筑好后即开始产卵，每窝产卵5～7枚，多为6枚。卵绿色，被有红紫色斑点，卵的大小为（16.8～21.5）mm×（13.8～14.5）mm。

种群现状和保护 分布广泛，种群状态为常见到局部丰富。据估计，欧洲的繁殖种群数量约为1500万对，大部分分布于俄罗斯、芬兰、挪威和瑞典。日本的种群数量20世纪有所下降。在中国迁徙高峰期集中，种群数量大。IUCN和《中国脊椎动物红色名录》均评估为无危（LC）。被列为中国三有保护鸟类。

探索与发现 鸟类学家对燕雀的前脑、中脑和延髓的四个发声控制核团进行了测量，发现前脑HVC、RA核团的体积存在着明显的性别差异，雄鸟核团均大于雌鸟；中脑ICo核团与延髓的IM核团无明显性双态性。说明燕雀鸣啭能力的性别差异主要是由前脑高位中枢的性双态所决定的。利用组织方法及微机处理技术测量成年燕雀发声相关核团HVc、RA、X区与发声无关核团SpM（螺旋内核）及睾丸的体积。结果表明，发声相关核团HVc、RA、X区的体积与睾丸的体积变化具有明显的正相关，而发声无关核团SpM与睾丸体积的变化相关不明显。

白斑翅拟蜡嘴雀

拉丁名：*Mycerobas carnipes*
英文名：White-winged Grosbeak

雀形目燕雀科

形态　体长 20～28 cm。虹膜褐色。嘴的颜色随季节不同而有黑褐色、灰褐色或淡紫褐色，下嘴较淡，有时近白色。脚肉褐色。雄鸟头部、颈、背、肩、颏喉部和胸等身体前半部为黑色，下背具宽的绿黄色羽缘；腰和尾上覆羽绿黄色；两翅黑色，翅上大覆羽和内侧飞羽外翈具宽的绿黄色尖端；初级飞羽从第二枚起，外翈中部均有一宽的白色斑，形成一道宽的白色翼斑；腹至尾下覆羽绿黄色。雌鸟大致似雄鸟，但羽色较浅淡，黑色部分变为黑灰色，耳羽、颊及喉胸部具白色细轴纹，下背常沾绿色，腰和尾上覆羽绿黄色部分亦较淡。

分布　分布于哈萨克斯坦、乌兹别克斯坦、阿富汗、塔吉克斯坦、伊朗、土库曼斯坦、印度、巴基斯坦和中国。在国内多为留鸟，分布于新疆、西藏、内蒙古阿拉善盟、甘肃、青海、宁夏、陕西、四川、云南西北部和重庆。

栖息地　栖息于高山、高原地带，通常栖息在海拔 2 500～4 200 m 的高山和高原。冬季也下到海拔 2000～3000 m 的山脚、河谷，常活动于针叶林、阔叶林、针阔混交林及灌丛中。

习性　单独或成对活动，秋冬季常结成 3～5 只小群活动，长时间呆在树上枝叶间不动，人难以观察到。飞行呈波浪式。

食性　主要取食云杉、柏树及灌木的种子、坚果、浆果等植物性食物，也吃少量农作物种子及昆虫。

繁殖　繁殖期 5～8 月。筑巢于林下小树上、灌木丛中。巢由植物纤维、草茎等构成。窝卵数 3～5 枚。卵白色，缀紫红色和灰褐色斑。卵大小为长径 23～28.4 mm，短径 17.5～19.9 mm。

白斑翅拟蜡嘴雀。左上图为雌鸟，魏希明摄；下图为雄鸟。彭建生摄

正在取食浆果的白斑翅拟蜡嘴雀雌鸟。魏希明摄

种群现状和保护　IUCN 和《中国脊椎动物红色名录》均评估为无危（LC）。在国外为常见到局部常见，在中国数量不多，分布不广。

锡嘴雀

拉丁名：*Coccothraustes coccothraustes*
英文名：Hawfinch

雀形目燕雀科

形态　体长 16～19 cm。虹膜浅灰黄色。上嘴铅灰黄色，下嘴浅黄白色，嘴侧及嘴尖铅蓝色。脚肉色，爪黄褐色。雄鸟眼先、额基、颏和喉中部黑色，头余部棕黄色；后颈和颈侧灰色沾褐色，背肩部棕褐色，羽基灰色；初级飞羽和次级飞羽多数为黑色，三级飞羽棕褐色，翼上具一大白斑；下体喉侧、胸部、腹侧和两胁浅灰棕色，腹部中央灰白色沾棕色；腰部浅棕色，尾上覆羽棕色；尾羽黑色，末端白色。雌鸟羽色和雄鸟相似，喉部的黑斑色泽较浅，头顶黄褐色，背及肩部浅棕褐色，腰及尾上覆羽土黄色；胸部灰黄色，腹部白色，两胁灰黄色而稍沾红色。幼鸟额和头顶较暗，翅亦稍暗。

分布　见于非洲西北部、欧亚大陆，从欧洲西部向东到千岛群岛南部及日本北部，南到小亚细亚、高加索地区及伊朗北部、阿富汗北部、吉尔吉斯平原北部、阿尔泰山脉北部、外贝加尔地区及乌苏里。冬季分布于欧洲南部、地中海地区、伊朗南部、印度西北部及日本南部。国内分布于新疆、内蒙古、青海、甘肃、宁夏、陕西、山西、河北、北京、天津、黑龙江、吉林、辽宁、山东、河南、江苏、上海、安徽、浙江、福建、江西、湖北、湖南、重庆、四川、贵州、广西、广东、澳门、香港和台湾。其中在东北大小兴安岭和长白山地区为夏候鸟，部分为留鸟，其他地区为旅鸟或冬候鸟。

栖息地　主要栖息于低山、丘陵和平原的阔叶林、针阔叶混交林和人工林中，秋冬季常到林缘、溪边、果园、路边和农田边的小树林中活动。喜栖于较高大的树上，并常隐藏于枝叶茂密处，因而不易被发现。

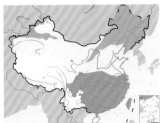

锡嘴雀。左上图为非繁殖羽，杨贵生摄，下图为雄鸟繁殖羽，沈越摄

锡嘴雀雌鸟繁殖羽。杨贵生摄

习性 繁殖期间单独或成对活动，非繁殖期间喜成群，有时甚至能达到上百只。飞行迅速，稍呈波浪状。在树枝上跳跃时，不向前跳，而是横着身体向侧跳。

食性 主要以杂草籽、红松子、榆籽、高粱、玉米、葵花籽等为食，也捕食昆虫，并以昆虫育雏。

繁殖 繁殖期5~7月。主要在果园和树林营巢，巢常筑在树的水平枝上，以嫩枝、草茎、草根等筑巢，内垫植物纤维、毛发、羽毛等。每窝产卵4~6枚。卵呈浅蓝土色或浅灰绿色，有时呈石板青色，布有淡黑褐线条及点斑。100枚卵平均大小为24.2 mm×17.4 mm，最大为27.6 mm×17.1 mm和25.0 mm×18.7 mm。雌鸟承担孵卵任务。孵化期9~10天。双亲育雏，雏鸟10~11日龄离巢。

种群现状和保护 在大部分分布范围内常见到局部常见。据估计，欧洲的繁殖种群数量为113万~149万对。IUCN和《中国脊椎动物红色名录》均评估为无危（LC）。锡嘴雀吃农作物种子，可能给农业造成一定损失，但同时也吃杂草籽，繁殖期间还吃害虫，从这方面来说又对农林业有益处。被列为中国三有保护鸟类。

黑尾蜡嘴雀

拉丁名：*Eophona migratoria*
英文名：Yellow-billed Grosbeak

雀形目燕雀科

形态 体长17~21 cm。虹膜淡红褐色。嘴橙黄色，嘴基、嘴尖和会合线蓝黑色。脚肉色。雌雄羽色不同。雄鸟眼先、额、头顶、头侧辉黑色，闪蓝色金属光泽。颏和喉部辉黑色，闪蓝色金属光泽。后颈、背、肩灰褐色，微沾棕色。翅上覆羽和飞羽黑色，闪蓝紫色金属光泽，初级覆羽及飞羽具白色端斑，尤以初级飞羽白色端斑较宽阔。下喉、颈侧、胸、腹及两胁灰褐沾棕黄色，两胁沾橙棕色，腹中央至尾下覆羽白色。腰和尾上覆羽灰白色。尾黑色，外翈闪蓝黑色金属光泽。雌鸟头、上体灰褐色，背、肩微沾黄褐色。翅上覆羽和三级飞羽灰褐色，初级覆羽黑色，羽端白色，飞羽黑褐色，外翈呈辉黑色，初级飞羽和外侧次级飞羽具白色端斑。下体淡灰褐色，两胁和腹沾橙黄色。腰和尾上覆羽近银灰色。尾羽黑褐色。幼鸟似雌鸟，但羽色较淡，下体污白色。

分布 繁殖于俄罗斯远东地区和萨哈林岛、日本北部和中部、中国北部；越冬于日本南部和中国南部。在国内分布于甘肃、陕西、贵州、云南以东，东北、内蒙古以南的大部分地区，在内蒙古东北部和东南部、东北、河北东北部、北京等地为夏候鸟，其他地区为冬候鸟或旅鸟。每年4月初从我国南方迁来东北繁殖，10月中下旬开始迁往南方越冬。

栖息地 栖息于低山和山脚平原的阔叶林、针阔叶混交林、次生林和人工林，也出现于林缘、果园、城市公园以及农田边。

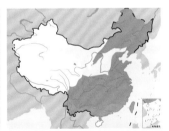

黑尾蜡嘴雀。左上图为雄鸟，下图为雌鸟。沈越摄

正在取食的黑尾蜡嘴雀雄鸟。赵国君摄

习性　繁殖期间单独或成对活动，非繁殖期成群活动。树栖性，频繁地在树冠层的枝叶间跳跃或来回飞翔。飞行迅速，双翅鼓动有力，在林内常一闪即逝。

食性　以植物种子、果实、嫩叶芽等植物性食物为食，繁殖期以昆虫及其幼虫为食。

繁殖　繁殖期5～7月。营巢于树上。巢距地面2～14 m。巢由细枝、纤维构成，呈杯状。窝卵数3～4枚。卵淡蓝色或灰绿青色，缀褐色斑点。卵的大小为长径24～27 mm，短径18～19 mm。

种群现状和保护　IUCN和《中国脊椎动物红色名录》均评估为无危（LC）。在国外，种群状态为常见到局部常见。在中国局部地区种群数量较丰富。常被捕捉作为笼养鸟，已列为中国三有保护鸟类，禁止猎捕笼养。

黑头蜡嘴雀

拉丁名：*Eophona personata*
英文名：Japanese Grosbesk

雀形目燕雀科

形态　体长21～24 cm。虹膜红色，嘴蜡黄或鲜黄色，脚黄褐或肉褐色。雄鸟额、头顶、嘴基四周、眼先、眼周、颊前部深黑色，额和头顶具有蓝色金属光泽。颏和喉上缘黑色，喉和上胸淡灰色，下胸和两胁褐灰色或葡萄灰色。后颈、颈侧、背、肩灰色，有的微沾褐灰色或葡萄灰色。飞羽黑色，内侧飞羽和翅上覆羽外翈具钢蓝色光泽，初级飞羽中部具白斑。腰淡灰色。腹淡灰色或灰白色，腹中央至尾下覆羽白色。尾羽黑色具有蓝色金属光

泽。黑头蜡嘴雀与黑尾蜡嘴雀非常相似，但黑尾蜡嘴雀体形较小，飞羽具白色端斑，区别明显，在野外不难识别。雌鸟和雄鸟相似，但上体较褐，多为褐灰色。

分布　分布于俄罗斯远东南部黑龙江与乌苏里江流域，以及中国、朝鲜和日本等地。在国内分布于黑龙江、吉林、辽宁、河北、北京、河南、山东、江苏、陕西、四川、贵州、湖南、广东、香港、福建和台湾等地，在黑龙江和吉林为夏候鸟，部分为留鸟，其他地区为冬候鸟或旅鸟，台湾为偶见迷鸟。

栖息地　主要栖息于海拔1 300 m以下的针阔叶混交林、针叶林和阔叶林，秋冬季节也栖息于次生林和人工林中，有时也到果园、农田地边和城市公园中的树上活动和觅食。

习性　繁殖期间常单独或成对活动，其他季节则喜成群，常成数只或十余只的小群，有时亦见30～50只甚至近百只的大群。性活泼，胆小怕人，善于藏匿。平时多栖停于树上部枝叶间，或不停地在树枝间跳跃，或在树冠间飞来飞去，稍有声响或有人走近，立刻藏匿于树冠枝叶间或飞走，有时也到林下灌木丛或地上活动和觅食。平时很少鸣叫，繁殖期间则喜欢鸣唱，鸣声响亮、悠扬婉转、清脆悦耳，很远即能听见，常在凌晨雄鸟就站在大树

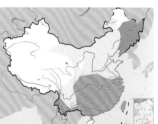

黑头蜡嘴雀。左上图为张永摄，下图董江天摄

枝顶上鸣唱不息，一见有人立刻藏入树叶丛中。

食性 杂食性。繁殖期间以昆虫为食，主要为鞘翅目昆虫，如叩头虫、金花虫，还捕食叶蜂、蝗虫和蝶类幼虫等。秋冬季节以植物种子和果实为食，尤其喜欢吃红松种子，也吃向日葵籽、植物嫩叶和芽苞等。

繁殖 繁殖期5～7月。4月初逐渐开始离群配对，雄鸟常站在大树顶枝上不停地进行求偶鸣叫，配对后雌雄亲鸟共同筑巢。营巢在茂密的原始针阔混交林中的松树、椴树、水曲柳等乔木枝杈间，巢距地高2～14 m。巢呈杯状，由细树枝、树韧皮纤维和草根等材料构成。营巢时间7～10天。巢大小为外径12～15.5 cm，内径7～9 cm，高10～12 cm，深4～8 cm。每窝产卵3～4枚，卵淡蓝色或灰绿青色，被有褐色或灰褐色斑点，卵大小为长径24～27 mm，短径17～19.5 mm。

种群现状和保护 在国外，种群状态为常见到局部常见。IUCN评估为无危（LC）。在中国局部地区种群数量较丰富，但常被捕捉作为笼养鸟而导致种群数量下降，《中国脊椎动物红色名录》评估为近危（NT）。被列为中国三有保护鸟类，已禁止猎捕笼养。

松雀
拉丁名：*Pinicola enucleator*
英文名：Pine Grosbeak

雀形目燕雀科

形态 体长19～25 cm。形态似朱雀，但喙结构与线粒体DNA研究表明其与灰雀亲缘关系更近。虹膜暗红色或褐色。喙黑褐色或铅黑色，下嘴较淡。脚黑褐色。雌雄羽色不同。雄鸟头玫瑰红色，颏灰色，过眼纹黑色；背、肩暗灰色或黑色，羽缘玫瑰红色或深红色，下背和腰玫瑰红色；胸、上腹部及胁玫瑰红色，下腹灰色；两翅黑褐色或黑色，外侧飞羽外翈羽缘粉白色，中覆羽和大覆羽具粉白色羽缘及端斑，形成两道明显的翅斑；尾黑褐色或黑色。雌鸟头顶、耳羽、喉、枕及头侧橄榄黄色；背、肩灰色，羽缘橄榄黄色，具暗色纵纹；腰和尾上覆羽橄榄黄色；下体灰色，胸缀橄榄黄色；翅和尾同雄鸟，但中覆羽羽缘白色。

分布 分布于欧亚大陆北部和北美北部，是一种环北极分布鸟类，分布地从欧洲斯堪的纳维亚半岛往东经西伯利亚、蒙古北部到堪察加半岛、萨哈林岛、千岛群岛，穿过白令海峡到阿拉斯加、加拿大、美国西北部和东北部。在中国为罕见冬候鸟，每年10～11月迁来东北地区，翌年3～4月北迁。

栖息地 栖息于针叶林及针阔叶混交林，非繁殖季节广泛分布于落叶林、柳灌丛、山谷的小树林以及耕地旁的林地斑块。栖息地海拔在堪察加半岛能至1250 m，在阿尔泰地区为1600～2000 m，在美国加利福尼亚为1800～3100 m，在科罗拉多的落基山脉可到3000 m以上。

习性 留鸟或部分迁徙，迁徙的规模很大程度上取决于食物

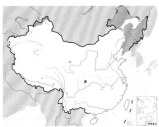

松雀。左上图为雄鸟，甘礼清摄；下图左雄右雌，张明摄

的供需，在某些年份几乎不迁徙或短距离迁移，在食物短缺的年份有爆发式迁徙的现象。

除繁殖期间单独或成对活动外，其他季节多成小群在树上枝叶间活动，有时也下到林下灌丛或地上活动和觅食。性活泼，常频繁地在树枝间跳来跳去或飞上飞下。善隐匿，遇有惊扰，立即藏于树叶中或飞走，飞行呈波浪式。叫声婉转，似笛声。

食性 主要以松子、橡子等乔木种子以及果实和叶芽为食，亦取食灌木果实和种子，以及草籽，繁殖期间亦捕食昆虫。在森林的各个水平取食，能敏捷地在树枝间跳跃抓住细枝，用钩状喙辅助在细枝之间攀爬，抓取针叶树的芽，剥离并丢弃外部的芽和果皮，食用果肉和浆果的软核。单独或成对觅食，非繁殖季节常成群觅食。

繁殖 尚无在中国繁殖的信息。Howard and Moore（1991）认为北方亚种*P. e. pacata*在中国东北地区繁殖，但需进一步研究证实。据国外研究资料，繁殖期5～7月，单配制。在欧亚大陆北部营巢于小松树上或小白桦树上。巢呈扁形，外壁由松柏细枝编成，内垫苔藓和羽毛等。每年产卵1窝，窝卵数3～5枚。卵深绿蓝色，具紫褐或黑色斑点。反刍昆虫和种子浆液育雏。

种群现状和保护 在分布区内种群状态为常见到局部常见或季节性常见。据估计，欧洲的繁殖种群数量为3.6万～6万对，主要分布在芬兰的拉普兰；在俄罗斯超过10万对。亚洲东部密度最大的繁殖种群在堪察加半岛，达到每平方千米23.5对。芬兰中部的松雀在20世纪末期可能由于大规模森林采伐而导致分布范围缩小，并向南扩展至挪威。IUCN和《中国脊椎动物红色名录》均评估为无危（LC）。被列为中国三有保护鸟类。

红腹灰雀
拉丁名：*Pyrrhula pyrrhula*
英文名：Eurasian Bullfinch

雀形目燕雀科

形态　体长 15～17 cm。虹膜褐色。喙辉黑色。脚暗褐色。雄鸟眼周、眼先、颊前部、颏为绒黑色，额、头顶、枕及后颈黑色，具蓝色光泽；耳羽、喉、胸、腹及两胁粉红色；背、肩及翅上小覆羽灰色，翅上中覆羽、大覆羽基部黑色，具蓝色金属光泽，大覆羽端部白色，形成较宽的白色翅斑，飞羽黑色；腰和短的尾上覆羽白色，长的尾上覆羽黑色，并具蓝紫色光泽；尾羽黑色，最外侧 1 对尾羽内翈近中段处具楔形白斑。雌鸟羽色似雄鸟，但背部灰色沾褐色，下背微沾棕色，下体为褐灰色微沾红色。

需要注意的是与红腹灰雀相似但胸以下灰色的灰腹灰雀 *P. griseiventris* 在新的分类系统中被并入红腹灰雀，作为亚种处理。

分布　分布于欧洲及亚洲北部。在国内分布于黑龙江、吉林、辽宁、内蒙古、河北、山东和新疆，也见于上海和江苏。在中国主要为冬候鸟和旅鸟，每年 10 月末迁来，3 月末迁走。部分在长白山、小兴安岭和大兴安岭等地繁殖，在新疆也有繁殖种群。

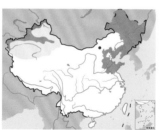

栖息地　栖息于针叶林、针阔叶混交林及有稀疏桦木而林下植物茂密的森林中，冬季多栖息于低山和山脚的针阔叶混交林、次生杨桦林和林缘疏林灌丛中，也出现于人工林、果园和公园。

习性　繁殖期间单独或成对活动，其他季节集小群活动，常与其他雀类混群。较少鸣叫，成群在树冠间飞来飞去，每次飞翔距离不远，飞翔时轻盈无声。在树上能灵巧地在枝间攀援，可以背朝下垂悬在细枝末端啄食。在地上活动也很敏捷，能迅速短步跳跃前进。

食性　取食植物种子、树木幼芽。赵正阶在长白山剖胃 7 只观察，胃内容物均为植物性食物，其中以草籽出现率最高，每胃中都有草籽、落叶松子、长白松子和苔藓。

繁殖　在西伯利亚泰加林繁殖，繁殖期 4～7 月。国内虽在繁殖季节采集到成对的鸟，但未找到巢，尚无具体繁殖信息。据国外研究资料，通常营巢于树的侧枝末端枝杈处。用草茎、细枝等筑巢，内垫兽毛和羽毛。窝卵数 4～6 枚。卵淡蓝色，缀红褐色和暗褐色斑点。卵平均大小为 21.4 mm×14.75 mm。雌鸟孵卵，孵化期 13～15 天。雏鸟晚成，双亲共同育雏，留巢期 14～15 天。

种群现状和保护　在分布区内常见到局部常见。据估计，欧洲的繁殖种群数量为 276 万～388 万对，主要分布于德国、法国、瑞典和芬兰，土耳其的种群数量达 1 万对，俄罗斯多达 1000 万对。在国内数量不丰富，由于其羽色艳丽，常被作为笼养鸟，应禁止捕猎。IUCN 和《中国脊椎动物红色名录》均评估为无危（LC）。被列为中国三有保护鸟类。在东北地区，也列入地方保护鸟类名录。

红翅沙雀
拉丁名：*Rhodopechys sanguineus*
英文名：Eurasian Crimson-winged Finch

雀形目燕雀科

体形较大的沙雀，体长 16～19 cm。较其他沙雀色深且多杂斑。喙短厚，黄色。雄鸟头顶黑色，眼先和眼周红色，眉纹沙褐色，前段沾红色；背褐色且具黑色纵纹，腰至尾上覆羽色浅并沾粉红色；下体白色，喉及颈侧沙褐色，胸和两胁褐色；翅上覆羽多浅红色，飞羽黑色而具绯红色及白色羽缘，三级飞羽黑色而端部白色；尾凹形，黑色，具白色沾红色羽缘。雌鸟似雄鸟但色暗且绯红色较少。分布于中东、中亚至中国西北，在中国仅见于新疆。栖息于高海拔山坡或山谷多裸岩的半荒漠地区。IUCN 和《中国脊椎动物红色名录》均评估为无危（LC）。

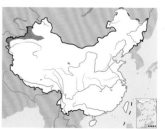

红翅沙雀

红腹灰雀。左上图为灰腹亚种 *P. p. griseiventris* 雄鸟，腹部为灰色，魏希明摄；下图为指名亚种 *P. p. pyrrhula*，画面正中为雄鸟，后方两只为雌鸟，沈越摄

蒙古沙雀

拉丁名：*Bucanetes mongolicus*
英文名：Mongolian Finch

雀形目燕雀科

形态　小型雀类，体长 11～14 cm，体重 19～22 g。通体呈沙褐色，雄体羽渲染粉红色。与巨嘴沙雀的区别在于，蒙古沙雀体形偏小、嘴峰的颜色为黄褐色。

分布　中亚干旱地区特有种，见于蒙古、哈萨克斯坦、吉尔吉斯斯坦、塔吉克斯坦、巴基斯坦等。在中国分布于新疆、内蒙古、甘肃、宁夏、青海等。

栖息地　干旱地区各种生境，如沙漠、绿洲、农区、植被稀疏的戈壁、山地荒漠及草原等，海拔 500～3400 m。

鸣声　鸣声变化多样，如轻柔的"喊喂——喊喂——"，低吟的"咻哩——咻哩——"，或"喂咿特——喂咿特——"的柔和音调。

习性　通常成群活动，具有漂泊性，流动性很大，特别是在冬季。

食性　采食杂草种子和昆虫。

繁殖　繁殖期 5～6 月，因地区不同而时间稍有变化。集群营巢于梭梭树上，也有在岩壁的缝隙中筑巢的。在地面上交配，每窝产卵 4～5 枚。

种群现状和保护　IUCN 和《中国脊椎动物红色名录》均评估为无危（LC）。在野外是猛禽、蛇和鼬类攻击的目标。数量波动较大，常被人捕捉作为笼鸟饲养、买卖或食用。

巨嘴沙雀

拉丁名：*Rhodospiza obsoleta*
英文名：Desert Finch

雀形目燕雀科

形态　小型雀类，体长 13～16 cm，翼展可达 26 cm，体重 21～28 g。通体呈沙褐色，嘴及眼先黑色，雄鸟翅上沾染粉红色。

分布　分布于欧亚大陆腹地，主要集中在中亚地区。在中国见于西北地区，如新疆、甘肃、青海、内蒙古等地。

栖息地　干旱地区常见种类，更喜欢生活在沙漠边缘的绿洲、农业垦区、果园和村落等。

鸣声　卷舌的颤音"叽——咿呀——"，或是发自喉咙的"啼咿哟——啼咿哟——"圆滑哨音。

食性　在地面觅食，以植物性食物为主，也捕食昆虫。

繁殖　营巢于树上，窝卵数 3～7 枚。

种群现状和保护　IUCN 评估为无危（LC）。在中国分布广泛但不常见，《中国脊椎动物红色名录》评估为数据缺乏（DD）。

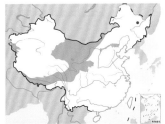

蒙古沙雀。左上图沈越摄，下图王志芳摄

巨嘴沙雀。左上图沈越摄，下图刘璐摄

林岭雀

拉丁名：*Leucosticte nemoricola*
英文名：Plain Mountain-Finch

雀形目燕雀科

形态 体形居中，体长 14～17 cm，体重 19～25 g。通体呈暗褐色，带浅色纵纹。眉纹污白，翼斑为浅白或奶油黄色，尾为凹形。

分布 见于中亚山区至喜马拉雅山脉周边的一些国家，如不丹、尼泊尔、印度、巴基斯坦、阿富汗、塔吉克斯坦、土库曼斯坦、哈萨克斯坦、俄罗斯等。在中国为留鸟，分布于青藏高原及周边地区，如新疆、西藏、青海、陕西、内蒙古、甘肃、四川、重庆、云南等。

栖息地 栖息于海拔较高的山坡、草地、高山草原和树木稀疏的石砾堆处。在新疆多活动于海拔 1700～2600 m 高处。在云南玉龙山尚在 3400～4000 m。在西藏聂拉木等处可高达 4200～4500 m，有垂直迁徙现象。

鸣声 叫声是一种柔和的类似于麻雀或朱顶雀的"嗞 - 嗞 - 嗞 - 嗞"的叫声，还有一种尖锐的两音节的哨声。歌声是尖锐的"嚅克——啤喂特——"或"嘀呦——迪普——迪普——迪普——"的旋律。

食性 以植物性食物为主，如各种野生植物种子和植物芽蕾等，亦食昆虫。

繁殖 繁殖期 6～8 月。巢一般筑在石砾堆中，或在石堆下方，也有利用兽穴的，但很少在小树上。巢材由草和植物根组成，内垫以兽毛和鸟羽，外壁多饰以树皮和地衣等伪装物。每窝卵 4～5 枚，为纯白色。

种群现状和保护 IUCN 和《中国脊椎动物红色名录》均评估为无危（LC）。尚未列入国家保护名录。

高山岭雀

拉丁名：*Leucosticte brandti*
英文名：Brandt's Mountain Finch

雀形目燕雀科

形态 个体略大，体长 16～18 cm，体重 26～36 g。通体呈灰褐色，头部色深，腰偏粉色。头为烟黑色，颈背及上背为灰色，覆羽明显为浅色。较同域分布的雪雀色彩都要深一些。

分布 国外分布于中亚山地及喜马拉雅山脉南部一些国家，相邻的国家如不丹、尼泊尔、印度、巴基斯坦、阿富汗、塔吉克斯坦、土库曼斯坦、吉尔吉斯斯坦、哈萨克斯坦、俄罗斯等。在中国为留鸟，分布于四川、西藏、甘肃、青海、新疆等西部山区。

栖息地 多生活于高寒山区，以及高原、苔原、草甸、草原及山坡草地中。喜高海拔的多岩、碎石地带及多沼泽地区。夏季栖息于海拔 4000～6000 m，冬季下至海拔 3000 m 左右。

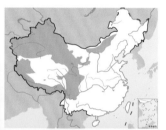

林岭雀。左上图沈越摄，下图唐军摄

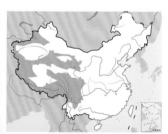

高山岭雀。左上图沈越摄，下图刘勇摄

习性 非繁殖期结大群，有时与雪雀混群。繁殖期过后，开始集大群四处游荡，或从高海拔地方下降到稍低的河谷中。

鸣声 飞行时发出"嘀呦——嘀呦——"或"喊克——喊克——"的叫声。偶然会发出"喊咿哦——喊咿哦——"的婉转之喉音。

食性 在地面觅食，各亚种间的进食偏好不同，具杂食性。在新疆，繁殖期主要进食昆虫，如甲虫、蝇等。在其他地方或食谷类、杂草籽、浆果、植物叶片等。

繁殖 繁殖期6~7月。巢一般筑于地面和石堆下方，有时也利用天然兽穴。巢由各种干草构成，内垫羽毛等。窝卵数4~5枚，卵壳纯白色。

种群现状和保护 生活在高原无人区，普遍认为种群数量趋于稳定。IUCN和《中国脊椎动物红色名录》均评估为无危（LC）。尚未列入国家保护名录。

探索与发现 高山岭雀羽色变化多端，分类比较模糊和混乱。如褐头朱雀 Carpodacus sillemi，就是混在其中的一个模棱两可、令人啼笑皆非的"标本新物种"。最初它被当作高山岭雀采集为标本，直到1991年，荷兰鸟类学家 C. S. Roselaar 发现这两个标本的形态并不同于已知的岭雀属鸟类，在与大量的高山岭雀及其他相关鸟类进行比较研究之后，Roselaar 确立其为新物种——褐头岭雀 Leucosticte sillemi。但最近的分子生物学研究则进一步发现它应该属于朱雀属，并与藏雀 Carpodacus roborowskii 是姐妹物种，因此将其从岭雀属改置于朱雀属，更名为褐头朱雀 Carpodacus sillemi。

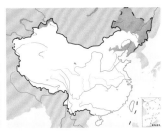

粉红腹岭雀。沈越摄

草籽、昆虫等。

繁殖 在悬崖上的裂隙或者乱石缝中营巢。通常在6~7月间产卵，窝卵数3~4枚。

探索与发现 遗传分析表明，粉红腹岭雀在分类上与暗胸朱雀 Procarduelis nipalensis、漠雀 Rhodopechys githaginea 和蒙古沙雀 Rhodopechys mongolica 等的关系更密切，或归为一族。这再一次颠覆了传统的、相对人为的、多依靠形态分类的物种进化体系。

粉红腹岭雀

拉丁名：*Leucosticte arctoa*
英文名：Asian Rosy Finch

雀形目燕雀科

形态 小型雀类，体长16~17 cm，体重26~28 g。通体呈暗褐色，两翼及下体玫红色；上体深褐色，沙色的羽缘形成鳞状斑，两翼近黑色而羽缘粉红色，尾近黑色而具白色羽缘；下体褐色，羽片中心或为粉红色。

分布 分布于北美与亚洲相接的区域，如俄罗斯堪察加半岛与千岛群岛、日本和朝鲜半岛等，从阿尔泰山、萨彦岭山至西伯利亚和贝加尔湖地区（俄罗斯远东地区）都有分布。故英文名又Arctic Rose Finch，即"北极朱雀"。在中国，见于黑龙江、内蒙古、新疆等（冬候鸟）。

栖息地 生活在具有低矮植被的干旱环境下，如极地苔原、寒温带草原、荒芜高原及高山裸岩带等。越冬在有稀疏树木的裸露山坡和草地。

鸣声 从地面或于螺旋形下降飞行时发出"啾——啾——啾——"一连串单音。或干涩的"嘈呦特——嘈呦特——"啁啾声，类似于麻雀的唧唧咋咋叫声。

食性 成对或结群于荒芜地带，在地面上觅食。食物包括杂

普通朱雀

拉丁名：*Carpodacus erythrinus*
英文名：Common Rosefinch

雀形目燕雀科

形态 体长13~15 cm。虹膜深褐色，嘴灰色，脚近黑色。雌雄羽色不同。雄鸟眼先灰白色，具暗色点斑，耳羽褐色而微沾红色；额、头顶及后枕，有时至颈部均呈深洋红色；颊、喉和上胸深洋红色；背、肩部、翼上内侧覆羽橄榄褐色沾土红色，中覆羽、大覆羽、初级覆羽和翼羽暗褐色，尖端浅褐色沾红色；腰暗深红色，下胸、两胁及腹部淡鲜红色；尾上覆羽浅棕色而微沾红色，尾下覆羽白色；尾羽暗褐色，羽缘红褐色。雌鸟羽色暗淡，上体橄榄褐色，有黑褐色纵纹；翼黑褐色，外翈具橄榄黄色羽缘，中覆羽、大覆羽端斑近白色；下体白色稍沾黄色，喉、胸和两胁具暗色纵纹。幼鸟似雌鸟但褐色较重，无眉纹，脸颊及耳羽色深，腹白色。

分布 分布于芬兰、瑞典南部、德国东部、波兰、乌克兰、俄罗斯南部，向东经高加索地区、伊朗北部、中亚、阿富汗北部至喜马拉雅山区、西伯利亚、堪察加半岛、鄂霍次克海岸、俄罗斯远东、蒙古国、朝鲜，向南至尼泊尔、印度、巴基斯坦、缅甸、老挝、越南和中南半岛。在中国分布广泛，主要为留鸟和夏候鸟，部分为冬候鸟和旅鸟。

栖息地 栖息于灌丛、高山草地及山间、河谷、沼泽。在某些地区进入城市中心繁殖，如乌兰巴托和阿拉木图。在欧洲繁殖的普通朱雀通常栖息在海拔 200 m 以下的区域，但也能分布至海拔 1850 m 以上的区域。在哈萨克斯坦能至海拔 2800 m，在亚洲中部的分布海拔为 2500～3700 m。非繁殖季节通常栖息于海拔 1500～2000 m 及以下的丘陵、平原、耕地边缘、稻田和麦地。

习性 性活泼，常频繁地在树木或灌丛间飞来飞去，有时也停栖在树梢或灌木枝头，飞行时两翅扇动迅速，多呈波浪式前进。很少鸣叫，但繁殖期间雄鸟常于早晚站在灌木枝头鸣叫，鸣声悦耳。

食性 主要以种子、果实、嫩叶等植物性食物为食，繁殖期间也捕食昆虫等动物性食物。在东北地区，普通朱雀春季和夏季主要取食植物叶芽、种子、浆果等，也捕食小型鞘翅目昆虫和昆虫幼虫，秋季主要取食农作物种子。

繁殖 繁殖期 5～7 月。多为一雌一雄配对，也有一雄两雌。繁殖季节雄鸟站在小树或灌木顶上，并不停地跳跃于树枝间，雌鸟通常站在低枝或地上，多在地上或低枝上交配。雌鸟在灌木或矮乔木上营巢。巢呈杯状，用细根、枯草叶、草茎等筑成，结构较松散，内垫少许兽毛。窝卵数 4～5 枚。卵蓝绿色，杂有暗褐色和黑紫色斑纹。孵化期 13～14 天。雏鸟晚成性，育雏期 15～17 天。

普通朱雀的繁殖参数	
巢距地面高度	0.5～1 m
窝卵数	4～5 枚
卵的大小	长径 18.7～22.0 mm，短径 13.2～15.2 mm
孵化期	13～14 天
育雏期	15～17 天

种群现状和保护 在国外种群状态为常见到局部常见。欧洲的繁殖种群数量估计为 50 万～63 万对，主要分布在芬兰和白俄罗斯。土耳其种群数量为 5 万对，俄罗斯多达 1000 万对。在中国分布广泛，种群数量较丰富。IUCN 和《中国脊椎动物红色名录》均评估为无危（LC）。被列为中国三有保护鸟类。

褐头朱雀

拉丁名：*Carpodacus sillemi*
英文名：Sillem's Rosefinch

雀形目燕雀科

形态 大小和形态与高山岭雀南疆亚种 *L. b. pallidior* 极似，体长 16～18 cm。通体呈土褐色或污灰色，头部为黄褐色。上背无纵纹，腰及下体色较淡，为白色或浅黄色。飞羽全无白色翼缘，色彩为暗灰而非近黑的基色。

分布 青藏高原特有种，最初见于新疆西南部的喀喇昆仑山口，后来在青海等地也有记录。

栖息地 属于高寒山区的神秘鸟类，生活在海拔 5000 m 左右的高原上，一般栖于高寒草原、冻土苔原、草甸草原、砾石荒原以及裸岩地区。

探索与发现 褐头朱雀过去一直被认为是高山岭雀的一个亚种，二者经常混群。约 60 多年后，通过标本甄别，才在 1992 年由新疆西南部的阿克赛钦地区收集的 2 个标本确立了其独立物种的地位，当时被归在岭雀属 *Leucosticte*，故名为褐头岭雀。最近，通过线粒体 DNA 序列的系统发育研究，发现褐头朱雀竟然与藏雀 *Carpodacus roborowskii* 关系密切，是姊妹物种，被移至朱雀属 *Carpodacus*，其中文名也随之改为褐头朱雀。

普通朱雀。左上图为正在取食浆果的雌鸟，沈越摄；下图为雄鸟，刘璐摄

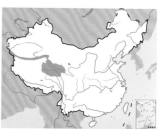

褐头朱雀。左上图为雄鸟，下图为雌鸟。Yann Muzika摄

拟大朱雀

拉丁名：*Carpodacus rubicilloides*
英文名：Streaked Rosefinch

雀形目燕雀科

形态 体形略大，体长 17～20 cm，体重 37～50 g。体形和羽色与大朱雀相似，但头侧和耳羽赤红色而非粉色。雄鸟头顶、枕、头侧、耳羽、颊与喉均为亮赤红色，后颈玫瑰红色，具暗褐色羽干纹；上体和翅灰褐色，三级飞羽羽缘淡皮黄色；背、肩和翼上覆羽暗褐色，具玫瑰灰色羽缘，腰灰红色；长的尾上覆羽和尾羽暗褐色而具黄白色羽缘；下体赤红色，胸部有明显白色条纹。雌鸟上体灰褐色，具暗褐色条纹；翼覆羽和飞羽黑褐色，具淡灰色羽缘。尾羽褐色，最外侧一对尾羽的外翈具白色狭缘；下体呈淡灰沾褐，具近黑褐色条纹。有 2 个亚种，藏南亚种 *C. r. lucifer* 较指名亚种 *C. r. rubicilloides* 羽色更红亮，体形也更大。

分布 青藏高原特有物种，分布于青藏高原及其周边的巴基斯坦、印度、尼泊尔和不丹。在中国，分布于新疆、青海、西藏、云南、四川、甘肃、内蒙古等地。指名亚种的分布较藏南亚种更靠北方，两个亚种的分界线在四川昌都地区。

栖息地 见于海拔 3700～5500 m，栖于高海拔的多岩流石滩、冰川附近及有稀疏矮树丛的高原峡谷。生活于开阔地区的高山草甸和灌丛，有时也到针阔叶混交林中。冬季见于村庄附近的棘丛，性惧生且隐秘。

鸣声 繁殖期发出优美悦耳的鸣唱声，如缓慢而下降的"喊咿哦——喊咿哦——"声。叫声为响亮的"啼喂咿克——啼喂咿克——"，较轻柔的"兮噗——兮噗——"或忧郁的"嘀噢呦——嘀噢呦——"吟唱声。但在其他季节则很少鸣叫。

食性 以豆科植物种子、杂草籽、植物叶子和大米碎渣为食。

繁殖 巢主要由细枝杂以植物细根和干草构成，内垫厚毛。繁殖期在 6～9 月间。巢一般筑于低矮的蔷薇或荆棘丛中，有时也在小柳树上。每窝产卵 3～5 枚。卵呈宽卵圆形，呈深蓝色而具光泽，上有黑色或紫褐色点斑，偶有少数细曲纹。卵平均大小为 24 mm×17 mm。

种群现状和保护 狭域分布物种，具有中国特色。IUCN 评估为无危（LC），《中国脊椎动物红色名录》评估为近危（NT）。被列为中国三有保护鸟类。

拟大朱雀。左上图为雄鸟，唐军摄；下图为雌鸟，韦铭摄

大朱雀

拉丁名：*Carpodacus rubicilla*
英文名：Great Rosefinch

雀形目燕雀科

形态 体形较大，体长 19～21 cm，体重 38～52 g。雄鸟头部、颏至上胸光亮呈洋红色，羽中央具白色或粉白色斑点；颊及耳羽为亮粉红色，颈和背上呈黄褐色，腰为粉红色；尾羽为黑褐色。雌鸟体羽为淡灰色，上体从头至尾上覆羽具暗色纵纹，下背和腰无斑纹；下体淡灰沾黄，具少量窄的褐色羽干纹。

分布 中亚山地特有物种，分布于中亚各国至周边的印度、尼泊尔、巴基斯坦、阿富汗、阿塞拜疆、格鲁吉亚、俄罗斯、蒙古和中国等地。在中国分布于西部高原和山地，如新疆、甘肃、西藏、青海等地。

栖息地 典型的高山鸟类，见于海拔 3000 m 以上的山区，在西藏扎达和普兰可达 4100～5500 m，甚至到雪线以上；而在非繁殖期则会下到较低的海拔，但也不低于海拔 1000 m。出没于植被稀疏的高山及亚高山地区、高原山地等贫瘠山坡，周围常伴有稀疏低矮灌丛的碎石坡地及谷地。也活动于冰川及冰原边缘、冻土苔原、高山牧场以及农田附近的开阔地。在中国西藏常见于山沟灌丛、泉水旁或沼泽地边灌丛、溪边土坎和河谷灌丛旁的大石头上。

鸣声 高而悠扬，类似于"喂咿噗——喂咿噗——"。飞行时发出尖锐的"啼呦特——噼咿嘤——"声音。

食性 主要以小型高山植物的种子、嫩芽以及花朵为食，也食浆果和小型昆虫。

繁殖 在不同的繁殖地情况有所不同。通常 4 月开始寻找配偶，天山地区早在 5 月下旬即可见巢和卵，6 月在拉达克和西藏噶尔亦见其巢和卵。在其他地方的繁殖期为 7～8 月。筑巢于岩壁缝隙或崖壁上的低矮灌丛中，偶有筑巢于废弃的建筑内。巢材主要为较细的嫩枝、植物的茎秆、根须、细草、苔藓以及动物毛发和鸟羽等。窝卵数 3～5 枚。卵呈深蓝色，表面带有紫褐色斑纹。卵平均大小为 24 mm×17 mm。7 月可见到孵出的幼雏，8 月中下旬曾见到亲鸟带领幼鸟活动。

种群现状和保护 IUCN 和《中国脊椎动物红色名录》均评估为无危（LC）。被列为中国三有保护鸟类。其种群数量的衰退与沙棘灌丛生境的破坏以及黄嘴山鸦的捕食有关。在中亚山地呈岛屿状零星分布，断断续续，可能会对种群造成影响。高加索地区种群数量的下降可能是由于生境破坏造成的。总之，大朱雀生存状况堪忧，需加强保护与管理。

红腰朱雀

拉丁名：*Carpodacus rhodochlamys*
英文名：Red-mantled Rosefinch

雀形目燕雀科

形态 体形略大，体长 16～20 cm，体重 37～38 g。繁殖期雄鸟似玫红眉朱雀，但体形较大，通体沾粉色，颈侧及下体粉色较重呈鲜艳粉红。腰部粉红而无细纹，脸侧具银白色碎点，顶纹及过眼纹色深。飞羽和尾羽均为暗褐色，嘴较厚重。雌鸟通体浅灰褐色，具深色纵纹。体羽无粉色，下体色浅，无浅色眉纹或翼斑。上体（包括腰）及下体均具浓重的斑纹。

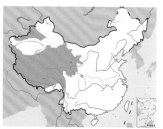

大朱雀。左上图为雄鸟，马鸣摄；下图为雌鸟，同海元摄

红腰朱雀。左上图为雌鸟，下图为雄鸟。魏希明摄

分布 沿着喜马拉雅山脉经过中亚腹地，一直分布到阿尔泰山脉，贯穿中国西部。国外分布于俄罗斯、蒙古、哈萨克斯坦、乌兹别克斯坦、塔吉克斯坦、阿富汗、巴基斯坦、印度等。在中国，仅记录于新疆。

栖息地 生活于海拔2500 m左右的森林上部，如山坡灌丛、圆柏林带、亚高山草地、山岩石壁、云杉林间的空旷地带。冬季则往2000m以下的低处游荡。

食性 食物完全为植物质的，包括各种植物种子、富含油性的松柏果实和其他植物质。

鸣声 略带哀怨如较尖锐的哨音"喂哦-喂哦"，或"喊吱——咋咿——"。歌声为变化的"啾呦——啾呦——"的婉转声。

繁殖 巢多筑于山麓或山岩的石缝中，或在小灌木掩蔽的底部。巢由干草组成，窝卵数4～6枚。卵壳淡蓝色，具褐色细斑点。繁殖期通常在5～7月间。7月换羽，9月开始在巢区附近游荡，冬季远离巢区进行越冬。

种群现状和保护 IUCN和《中国脊椎动物红色名录》均评估为无危（LC）。被列为中国三有保护鸟类。

中华朱雀

拉丁名：*Carpodacus davidianus*
英文名：Chinese Beautiful Rosefinch

雀形目燕雀科

形态 体长13～15 cm。由原红眉朱雀 *Carpodacus pulcherrimus* 数个亚种独立为种。虹膜暗褐色。嘴黑褐色，下嘴黄褐色。跗跖和趾黄褐色，爪黑褐色。雌雄羽色不同。雄鸟额、眉纹、颊、耳羽粉红色，微沾珍珠光泽；头顶、枕、后颈和背肩部灰褐色，微沾粉红色，具有明显的黑褐色纵纹；翼上覆羽黑褐色，大覆羽和中覆羽羽端粉红色，在翅上形成两道不太显著的横斑；飞羽黑褐色，羽缘黄褐色沾粉红色；下体粉红色，胸侧、两胁和尾下覆羽均具黑褐色纵纹；腰和尾上覆羽淡粉红色；尾羽黑褐色，外翈和羽端具淡色狭缘。雌鸟具宽的淡黄色眉纹，体羽沙褐色，上体较深，全身具暗褐色纵纹。

分布 分布于印度、中国和蒙古。在中国分布于内蒙古、甘肃、宁夏、山西、河北、北京、天津，均为留鸟。

栖息地 栖息于林缘地带、长有灌木的峡谷及生长有稀疏植物的石质高山坡地。指名亚种 *C. d. davidianus* 分布海拔高度较低，一般在海拔1200～2000 m的山地灌丛和小树丛，其余亚种多分布在海拔2000～4000 m的高山、高原灌丛、草地、岩石荒坡和有稀疏植物生长的戈壁荒漠和半荒漠以及树线附近的疏林灌丛，有时到雪线附近，冬季迁移到海拔3000 m以下的沟谷、林缘和山边灌丛、河滩和耕地旁的灌丛中。在内蒙古乌拉山山坡，中华朱雀活动于灌丛及树上。

习性 繁殖季节多成对活动，非繁殖季节成小群活动。它们常长时间停栖在灌木上，发现有捕食者时发出短促尖锐的叫声，停栖不动直到捕食者离开。飞得不高，但飞行速度快。性温顺、大胆，不甚怕人，有时人可以靠得很近。繁殖期间善鸣叫，鸣声悦耳。

食性 以草籽及野生植物果实为食，在收割季节也吃农作物种子。1989年10月27日剖检1胃观察，均为草籽。常成对或成小群在地面和灌丛间觅食，也在居民区活动。局部纵向迁移，繁殖后期从10月中旬到3月末下降到低海拔地区，非繁殖季节栖息在高海拔地区，在极端气候条件下也会迁移到低海拔地区。

繁殖 繁殖期5～8月，营巢在茂密的灌丛中，尤其是有刺灌丛。巢呈杯状，由枯草茎、叶、细根等筑成。卵蓝色，钝端具有稀疏的黑色斑点。雌鸟孵卵。在孵卵期，雌鸟仅在清晨和傍晚离巢觅食，觅食时间不超过30分钟，其他时间均在巢内孵卵。雏鸟晚成性。

种群现状和保护 局部地区种群数量较丰富，大部分分布区为常见到局部常见。IUCN和《中国脊椎动物红色名录》均评估为无危（LC）。被列为中国三有保护鸟类。

中华朱雀的繁殖参数	
巢大小	外径约10 cm，内径约5 cm，高约6 cm，深约4 cm
窝卵数	3～6枚
卵大小	长径17.6～22.0 mm，短径13.0～15.0
卵重	1.9～2.1 g
孵化期	12天

中华朱雀。左上图为雌鸟，张永摄；下图为雄鸟，王志芳摄

沙色朱雀

拉丁名：*Carpodacus stoliczkae*
英文名：Pale Rosefinch

雀形目燕雀科

形态 体长 14～16 cm。是朱雀中羽色最淡的一种。雌雄羽色不同。雄鸟前额、脸颊、耳羽、颏、喉和胸辉粉红色，腹部近白色；上体沙褐或沙灰褐色，两翅褐色具白色羽缘，腰和尾上覆羽粉红色，尾褐色有白色羽缘。雌鸟通体淡沙褐色，胸、腹和下背羽色较淡。

分布 分布于以色列南部、埃及东北部、约旦西南部、沙特阿拉伯西北部、西奈半岛、阿富汗北部和中国西部。在国内为留鸟，分布于青海、甘肃、新疆西部。

栖息地 荒漠鸟类，栖息于海拔 2000～4000 m 的干旱岩石荒漠、沟谷和山坡上，尤以生长有稀疏灌木或植物的岩坡、沟谷和砾石荒漠地带较为多见，有时也在荒漠中的小片林缘和居民点附近出现。

食性 以草籽和其他野生植物种子、果实等为食，秋收季节有时也到农田地区捡食地上散落的谷粒。

繁殖 繁殖期 5～8 月。营巢于山崖和土坡缝隙间。8 月在青海尖扎曾见到 1 巢，雏鸟已孵出，雌雄鸟正在育雏。将取食的种子反刍出来育雏。

种群现状和保护 种群状态为不常见到局部常见。在约旦南部的达纳保护区，1996 年记录有 500～1000 对。在国内的种群状况尚不明确。IUCN 和《中国脊椎动物红色名录》均评估为无危（LC）。被列为中国三有保护鸟类。

沙色朱雀。左上图为雌鸟，下图为雄鸟。董文晓摄

长尾雀

拉丁名：*Carpodacus sibiricus*
英文名：Long-tailed Rosefinch

雀形目燕雀科

形态 体长 13～17 cm。虹膜褐色。嘴甚粗厚，浅黄色。脚灰褐色。似北朱雀，但北朱雀体形较大，尾较短，头部有鳞状斑，区别明显。雄鸟额、眼先暗玫瑰红色，耳羽和颊珠白色沾红色，头顶羽毛较长呈亮粉红色，羽尖白色；颏、喉和前颈珠白色沾红色，下腹白色沾红色，下体余部玫瑰红色；后颈和上背灰褐色沾红色，羽缘白色，具黑色纵纹；小覆羽暗红色，中覆羽白色沾红色，大覆羽近黑色，尖端白色而沾红色，形成两道明显的翼斑；飞羽暗褐色，缀以白边，下背和腰纯红色；尾羽黑色，缀粉红色羽缘，最外侧三对尾羽几乎全白色。雌鸟上体灰褐色，具暗色纵纹；颊、颏喉部灰白色，缀暗褐色条纹；翼上具有两道明显的翼斑；尾上覆羽灰褐色微沾红色；下体灰白色，具褐色纵纹；尾羽黑褐色，具灰白色羽缘。幼鸟颇似雌鸟，但额、眼先和背部微呈淡红色，上下体几无纵纹。

分布 繁殖于西伯利亚西南部及中南部、俄罗斯远东、阿穆尔河中游、哈萨克斯坦东北部、蒙古北部、中国、萨哈林岛、千岛群岛和日本；越冬于俄罗斯、哈萨克斯坦、朝鲜和日本。在中国为留鸟，分布于新疆、西藏、内蒙古中东部、青海、甘肃、陕西、山西、河北、北京、东北、山东、重庆、四川及云南。

栖息地 主要栖息在低山丘陵、山谷和溪流岸边的灌丛和小树丛以及稀树荒坡、公园的小树上，有时也沿公路或河流上到海拔 2000 m 左右的中高山地区的针阔叶混交林和阔叶林山坡，冬

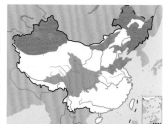

长尾雀。左上图为雌鸟，韦铭摄；下图为雄鸟，沈越摄

季常见于山脚和平原地区。

习性 繁殖期间单独或成对活动，繁殖期后以家族群活动，直至翌年三四月才分散。常频繁地跳跃于树枝间。不高飞，飞行速度较慢。

食性 食物多为树木和杂草种子，也吃植物嫩芽。1973 年郑作新先生在秦岭剖检发现其胃内容物有草籽、植物碎片及昆虫。2001 年赵正阶在长白山剖检 18 个胃，发现其中 16 个胃全为草籽，1 胃既有草籽也有谷粒，1 胃全为谷粒；

繁殖 繁殖期 5 ~ 7 月。雌雄鸟共同营巢。营巢于柳叶绣线菊、山丁子、野蔷薇等灌丛中，也在小松树、小柳树和其他一些枝叶茂密的林缘小树上营巢。巢为碗状，用细枝、草叶、草茎、树的韧皮纤维等材料构成，有的内垫有鸟羽和兽毛，个别还缠有蛛丝，小巧玲珑，较为精致。巢的大小为外径 6.6 ~ 9.5 cm，内径 4.4 ~ 6.0 cm，高 6 ~ 8.6 cm，深 3.9 ~ 4 cm。窝卵数 4 ~ 5 枚。卵呈绿色或蓝绿色，缀黑色斑点或斑纹，卵的大小为长径 16.0 ~ 20.6 mm，短径 11.0 ~ 14.7 mm。双亲轮流孵卵，孵化期 14 ~ 15 天。雏鸟晚成性。

种群现状和保护 IUCN 和《中国脊椎动物红色名录》均评估为无危（LC）。在中国分布较广，种群数量较丰富。被列为中国三有保护鸟类。

北朱雀

拉丁名：*Carpodacus roseus*
英文名：Pallas's Rosefinch

雀形目燕雀科

形态 体长 16 ~ 17 cm。虹膜暗褐色。上嘴黑褐色，下嘴黄褐色。跗跖黄褐色，趾和爪黑色。雌雄羽色不同。雄鸟额至后颈、头侧、颈侧洋红色，额和头顶有珠光粉白色鳞状斑；额和喉与头顶同色；肩和背部羽基暗灰褐色，羽端洋红色，有显著的黑褐色羽干纵纹；两翅飞羽和翼上覆羽均黑褐色，内侧次级飞羽外翈羽缘棕白色，中覆羽羽端和大覆羽外翈端部羽缘白色而染粉红色，在翅上形成两道横斑；下腹中部和尾下覆羽黄白色沾粉洋红色，下体余部大都粉洋红色；腰和尾上覆羽粉洋红色；尾羽黑褐色，外翈羽缘粉洋红色。雌鸟头上部、后颈和背肩部淡棕褐色，具有黑褐色羽干纹，额和头顶羽缘缀赤红色；两翅飞羽和翼上覆羽亦黑褐色，羽缘棕白色；中覆羽和大覆羽具淡棕白色羽端，在翅上形成不甚显著的两道横斑。下体羽灰白色沾棕色，具黑褐色羽干纹，喉、胸和上腹部沾赤红色；腰部和尾上覆羽赤红色。

分布 分布于西伯利亚东部和中部，从俄罗斯库茨涅茨克、阿尔泰山脉，往东到贝加尔湖北部勒拿河中游雅库茨克、斯塔诺夫山脉，往南到萨彦岭、蒙古北部和萨哈林岛。越冬于外贝加尔地区、乌苏里江和黑龙江流域、韩国和日本。在国内为冬候鸟，越冬于黑龙江、吉林、辽宁、内蒙古、北京、河北、河南、山西、陕西、甘肃、宁夏、江苏，每年 10 月末迁来，翌年 3 月末 4 月

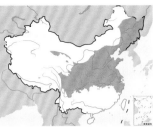

北朱雀。左上图为雌鸟，沈越摄；下图为雄鸟，杨贵生摄

初迁走。

栖息地 繁殖期间栖息于森林带上缘开阔的亚高山灌丛草地，生长有稀疏树木的森林上缘杜鹃灌丛以及灌木化的桦树、松树等矮曲林和泰加林中；非繁殖期栖息于中低山和山脚地带的针阔叶混交林、阔叶林、针叶林和次生林等不同森林类型和灌丛中。尤其喜欢在林缘疏林灌丛和山边及河谷岸边稀疏灌丛地上活动，有时也到农田、村庄、城镇公园和果园。

习性 除繁殖季节成对活动外，其他季节多成群，但集群规模不大，成 5 ~ 8 只或 10 多只的小群，有时也见和锡嘴雀、长尾雀等混群活动和觅食。性机警，善藏匿，平时多站在高大树木顶枝上或灌木上，觅食时才下到草丛或灌丛中，一有惊扰，立刻全部飞走，并发出单调而低弱的"zhi"声，繁殖期间鸣声则较洪亮婉转。飞行时距地面不高，但飞行速度快。常边飞边鸣叫，叫声低弱而单调。

食性 主要以野生植物种子和果实为食，也吃谷物和树的嫩芽。1987 年 3 月 19 日剖验 2 胃观察，内容物全为杂草籽。赵正阶等在长白山剖检 15 个胃观察，其内容物全部是种子和植物碎片，其中最多的是草籽，此外有长白松种子，以及稻米、高粱米和豆类等农作物种子。

繁殖 繁殖期 5 ~ 8 月。单配制。营巢于针叶林中。巢距地面高 1 ~ 6 m，呈深杯状，巢材由细枝、草叶、植物纤维和根、地衣、

动物羽毛和毛发构成。每窝产卵4~5枚，卵浅蓝色到蓝色，卵上有红棕色到黑色斑，有的无斑。雌鸟孵卵，孵化期14~15天。双亲共同育雏，留巢期15天。

种群现状和保护 稀有到局部常见。在西伯利亚中部针叶林地带的种群密度达每平方千米20只，在萨哈林岛北部的落叶松林地带每平方千米有2~3对。国内种群数量尚不明确。IUCN和《中国脊椎动物红色名录》均评估为无危（LC）。被列为中国三有保护鸟类。

白眉朱雀

拉丁名：*Carpodacus dubius*
英文名：White-browned Rosefinch

雀形目燕雀科

形态 体长17~18 cm。由原白眉朱雀 *Carpodacus thura* 多个亚种独立为种，并沿用白眉朱雀一名，*Carpodacus thura* 则更名为喜山白眉朱雀。虹膜褐色。喙和脚角褐色。雌雄羽色不同。雄鸟额基、眼先及颊深红色，额及眉纹淡粉色，眉纹后半段白色；头顶、枕、后颈、背、肩棕褐色，具黑褐色纵纹，飞羽暗褐色，羽缘淡褐色，新换的羽毛羽缘多缀有玫瑰色；腰及尾上覆羽玫瑰红色；下体暗玫瑰红色，颏、喉和上胸具珠白色纵纹，腹中央近白色；尾黑褐色，羽缘较淡。雌鸟眉纹皮黄白色；前额白色杂有黑色点斑，头顶至背棕褐色，具宽的黑褐色纵纹；翅和尾黑褐色，外翈羽缘色淡，无玫瑰色沾染；腰和尾上覆羽棕黄色，具暗褐色细纹；下体污白色，密杂黑褐色纵纹。

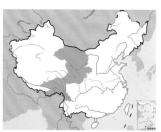

白眉朱雀。左上图为雌鸟，下图为雄鸟。唐军摄

分布 分布于青藏高原东部至中国中西部地区和南部地区，在国内的分布区包括青海、甘肃、西藏、宁夏、云南和四川。通常为留鸟，在非繁殖季节可能短距离迁移到低海拔地区，在青海会迁移到村庄度过严冬。

栖息地 高山鸟类。栖息在海拔2000~4500 m的高山灌丛、草地和生长有稀疏植物的岩石荒坡，在玉龙雪山地区甚至到海拔5000 m的雪线附近，也栖息于树线附近的疏林灌丛和林缘等开阔地带。冬季也常下移到海拔2000 m的沟谷和山边高原草地。

习性 繁殖期间单独或成对活动，非繁殖期间则多成小群，休息时常停栖在小灌木顶端。性较大胆，不怕人。

食性 以植物种子、果实、嫩芽等植物性食物为食。在地面和矮灌丛中觅食。

繁殖 繁殖期7~8月。6月中下旬即已成对并开始站在灌木顶鸣叫。营巢于低矮灌丛中。巢呈浅杯状，用枯草茎、叶等筑巢，垫以兽毛。窝卵数3~5枚，卵深蓝色，缀少许黑色或紫色斑点。卵大小为22.3 mm×16 mm。雌鸟孵卵。雏鸟晚成性，雌雄亲鸟共同育雏。

种群现状和保护 在分布范围内常见或局部常见。在中国种群数量不丰富，除部分地区外，已很少见。IUCN和《中国脊椎动物红色名录》均评估为无危（LC）。被列为中国三有保护鸟类。

金翅雀

拉丁名：*Chloris sinica*
英文名：Oriental Greenfinch

雀形目燕雀科

形态 体长13~14 cm。虹膜栗褐色。上嘴棕黄色，下嘴褐白色，嘴尖褐色。跗跖肉色，趾肉褐色，爪褐色。雄鸟繁殖羽的前额、眉纹、颊部至颈侧黄绿色，耳羽灰褐色沾黄色；头顶至后颈灰褐色，羽端沾黄绿色；颏喉部橄榄黄色沾灰色；背、肩及内侧覆羽栗褐色；飞羽基部黄色，形成的黄色翅斑；胸部、两胁黄色沾棕色；腰黄色沾绿色；腹部中央和尾下覆羽黄色，下腹中部和肛周灰白色；中央尾羽黑色，外侧尾羽基部约2/3黄色，羽端约1/3黑色。雌鸟繁殖羽的头顶至后颈灰褐色，各羽中央具暗褐色纵纹；颏喉部灰褐色沾黄色；背肩部及内侧覆羽棕褐色；飞羽基部黄色，羽端黑褐色；胸腹部棕褐色；余部与雄鸟相似。

分布 分布于蒙古、俄罗斯的贝加尔地区、乌苏里江、堪察加、千岛群岛、萨哈林岛、中国、日本、朝鲜及琉球群岛。在国内分布于青海、甘肃、宁夏、陕西、山西、河北、北京、天津、黑龙江、吉林、辽宁、内蒙古、山东、河南、江苏、上海、安徽、浙江、福建、江西、湖北、湖南、重庆、四川、云南、贵州、广西、广东、澳门、香港，多为留鸟，在中国台湾为罕见冬候鸟。

栖息地 主要栖息于海拔1500 m以下的平原等开阔地带的疏林中，也出现于城镇公园、果园、农田地边及附近的树林。喜欢在乔木上栖息和活动，但不进入密林深处。在内蒙古西部地区

金翅雀。左上图为雌鸟，沈越摄，下图为雄鸟，王志芳摄

常见其在路旁沙枣树上活动觅食。

习性 秋冬季节集小群活动，繁殖季节成对活动。多在树冠层的枝叶间跳跃或飞来飞去，也到低矮的灌丛和地面活动觅食，休息时多停栖在树上。飞行迅速，双翅扇动很快，常发出呼呼声响。

食性 主要取食植物果实、种子，包括杂草籽和谷粒等农作物，也吃少量谷类和昆虫。

繁殖 繁殖期4～7月。在杨树、柳树、果树、侧柏等乔木上营巢，巢多筑于枝杈的基部。巢呈杯形，以棉花、线头、草根等筑成，内垫羊毛、鬃毛或须根。卵浅绿白色，缀以褐斑。王丕贤等在甘肃庆阳地区测量20枚卵，平均重1.6 g，平均大小为19.5 mm×15.2 mm。每天产卵1枚。从产第1枚卵起，雌鸟坐巢孵卵。刚出壳的雏鸟眼泡灰黑色，头顶、枕部、背肩部、股部有稀疏的乳黄色绒羽，8日龄睁眼，16日龄离巢。

种群现状和保护 种群状态为常见。IUCN和《中国脊椎动物红色名录》均评估为无危（LC）。被列为中国三有保护鸟类。

金翅雀的繁殖参数	
巢距地面高	2～6 m
巢	外径9 cm，内径6 cm，高5 cm，深3 cm
窝卵数	2～6枚
卵重	1.5～2.1 g
卵大小	长径17～19 mm，短径12.5～14.5 mm
孵化期	14天

黄嘴朱顶雀

拉丁名：*Linaria flavirostris*
英文名：Twite

雀形目燕雀科

形态 小型雀类，体长13～15 cm，体重14～16 g。通体为褐色，且多纵纹。头顶无红色斑点，上体呈沙棕色，具有黑褐色纵纹，腰部为粉红色；下体为淡褐色，具褐色纵纹，往后颜色渐变，接近白色；翅呈黑褐色，尾长且也为黑褐色，并都具有白色的羽缘。

分布 不连续地分布于欧洲北部、亚洲中部、青藏高原与喜马拉雅山脉等。在中国主要分布在新疆、西藏、青海、甘肃、四川等青藏高原及其周边地区。

栖息地 主要栖息于沟谷灌丛、山边坡地、高寒草甸、亚高山杂草丛生的环境。常见于海拔2000～3500 m，也会见于开阔地区、突兀岩壁、农田、郊区、绿洲、荒漠草原等低海拔区域。

鸣声 包含有较快颤音和吱喳唧啾声，如"吐呦特——吐呦特——"或"噼咄哦——啼哦——啼哦——"，声如其英文名Twite。飞行时的叫声为啾啾声，且带有鼻音，和赤胸朱顶雀相似，但较为沙哑。

习性 常结群在一起居住生活，但在繁殖期间喜成对生活。迁徙类型为垂直迁徙，特别是冬季，需要迁移到海拔较低的山麓、牧场、农区、村落，寻找食物，度过寒冬。

食性 植食性，主要以植物种子为食，繁殖季节亦食昆虫。

繁殖 繁殖期4～8月。通常营巢于灌木上或一些其他植物丛中。巢呈杯状，由细干草和兽毛混合编造而成。内垫有羽毛、兽毛和一些柔软的植物茎叶等柔软物。窝卵数4～7枚。卵淡蓝色且有深色斑点。

种群现状和保护 分布较广，IUCN和《中国脊椎动物红色名录》均评估为无危（LC）。被列为中国三有保护鸟类。

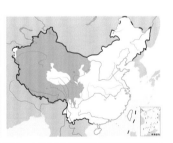

黄嘴朱顶雀。左上图魏希明摄，下图沈越摄

赤胸朱顶雀

拉丁名：*Linaria cannabina*
英文名：Eurasian Linnet

雀形目燕雀科

形态 小型雀鸟，体长 13～16 cm，体重 18～24 g。繁殖期雄鸟额与胸斑呈鲜红色，头及颈背的纯灰色与上背及覆羽的褐色成对比。喉部具条纹，翕与背为带黄的褐色，腹部色浅。展翅时有白色闪现。雌鸟无绯红且羽色较淡，顶冠、上背、胸及两胁多纵纹。此鸟有明显的季节换羽现象，在繁殖期雄鸟羽色很鲜丽，秋季换羽，雄鸟的红色部分转为皮黄色。

分布 国外分布于欧洲至北非及中亚，向东至西伯利亚、亚细亚。冬季见于埃及、伊拉克、巴基斯坦、印度等。在中国，仅分布于新疆。

栖息地 栖于山区，喜活动于荒地、初开垦地区和多草及灌木交叉地方；也可见于林中空地、沼泽、耕地附近、果园以及休耕地等；在非繁殖期也活动于荒漠、盐泽、滨岸沙丘以及砾石滩。虽为山地鸟类，但在不同地区的栖息环境差异和变化却很大。在天山地区栖息于海拔 800～3000m 的山区；在俄罗斯栖于多灌木丛的高山草原；在印度夏季栖于海拔 1500m 以上，冬季却下降到低山带。

鸣声 经常听到"噼呦——噼呦——"窃窃私语声。声音变化多端，难以模仿，如"啼呦特——啼呦特——"或"吐喂咿——吐喂咿——"的颤抖声。

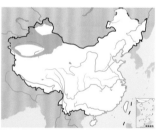

赤胸朱顶雀。左上图为雄鸟，沈越摄；下图为雌鸟，魏希明摄

习性 性喜群居，冬季往往集合成大群。夏季也集群在一起繁殖，而且雏鸟出巢后不久即集成群体。

食性 主要以植物种子、嫩芽为食，也进食一些无脊椎动物。

繁殖 繁殖期 4 月中旬至 8 月初，每年繁殖 2 窝。营巢于较低矮的密集灌丛中，通常选择带刺的灌木、树篱或者针叶树的幼树，也偶有筑巢于苇塘中。巢材主要为细枝、植物纤维、根须、苔藓，内垫动物毛发、鸟羽等。窝卵数 4～6 枚。底色蓝白色或绿白色，带有褐色或紫褐色斑点和条纹，有的卵斑纹颇浓，有的很淡，有些卵则完全没有斑痕。卵平均大小为 18.04 mm×13.31 mm。

种群现状和保护 IUCN 和《中国脊椎动物红色名录》均评估为无危（LC）。被列为中国三有保护鸟类。在 20 世纪末，由于欧洲实行农业集约化耕作，使得葡萄园减少，谷物收割效率提高，兼之除草剂的使用根除了杂草，还有农田休耕的劳作模式，都消减了赤胸朱顶雀可获取的食物来源，直接导致欧洲中部以及西北部种群数量的下降了 56%～62%。

白腰朱顶雀

拉丁名：*Acanthis flammea*
英文名：Common Redpoll

雀形目燕雀科

形态 小型雀类，体长 12～14 cm，体重 13～16 g。通体呈灰褐色，体羽多斑纹，尤以胁部浓重，头顶有红色点斑。繁殖期雄鸟褐色较重且多纵纹，胸部的粉红色上延至脸侧，腰为浅灰而沾褐并具黑色纵纹。雌鸟似雄鸟，但胸无粉红色。非繁殖期雄鸟似雌鸟，但胸具粉红色鳞斑，尾具叉形。

分布 泛北极苔原地区物种，从环北极苔原森林带向南分布至加拿大、俄罗斯、日本和朝鲜等。在中国为旅鸟和冬候鸟，分布于东北、华北、西北各地，如黑龙江、吉林、辽宁、山东、河北、内蒙古、宁夏、新疆等地。

栖息地 喜欢栖息于溪边丛生柳林、栎林、榆林及沼泽化的多草疏林中。在冬季游荡和迁徙时，也见于各种乔木杂林、灌木丛、荒草地和林缘的农田及果园中。

鸣声 叫声是一种独特的"噼呦哦——啼哦——啼哦——"或"啾特——啾特——"的金属声。还有一种哀伤的"啼呦——啼呦——啼呦——啼呦——"和"吐噢哦——吐噢哦——"的叫声。惊叫声是一种尖锐、刺耳的"咿——哦——嗞——"音调。炫耀飞行时发出鸣声，为短促的起伏颤音杂以嘤嘤之声，如"咿哦——咿哦——"。

习性 性不畏人，埋头取食或选择巢时，人距它很近时方才飞去。常一鸟先飞，群鸟随而紧跟。常快速冲跃式飞行，呼啦而起，惊倒一片。在北欧、俄罗斯及北美等地繁殖，之后漂泊于各地。每年 9 月末或 10 月初迁到中国东北，其中一部分留在长白山地区越冬，至翌年 3 月末或 4 月初离去。其余大部分鸟经东北南下到华北地区越冬，10 月末到 4 月初见于河北。

 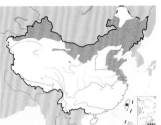

白腰朱顶雀。左上图为雌鸟,孙庆阳摄;下图为雌雄混群,董文晓摄

极北朱顶雀。左上图张岩摄,下图焦庆利摄

食性 食物以植物性食物为主,冬季以蒿类种子和其他杂草种子最多,也吃昆虫和蜘蛛等无脊椎动物。春季多以嫩叶为食;秋季也食高粱、小米和荞麦等谷物。

繁殖 5~6月开始筑巢,巢的大小为4~5 cm,甚至达到7 cm。窝卵数4~6枚,由雌鸟负责孵化,10~11天后雏鸟破壳而出,育雏期11~16天。

种群现状和保护 IUCN和《中国脊椎动物红色名录》均评估为无危(LC)。被列为中国三有保护鸟类。

极北朱顶雀

拉丁名:*Acanthis hornemanni*
英文名:Arctic Redpoll

雀形目燕雀科

形态 体形娇小,体长12~14 cm。通体偏白色,雄鸟额红色。外形上与白腰朱顶雀相似,但相比之下,白色较多,纵纹较少;颏有一小黑斑,胸、脸侧及腰的粉红色较少,而且腰几乎全白色,两翼近黑色,尾尖分叉。

分布 生活在北极地区的苔原冻土带,繁殖地从格陵兰岛、阿拉斯加,一直到欧亚大陆最北端,因此又叫"苔原朱顶雀"。在中国为冬候鸟,偶然分布于新疆、甘肃、宁夏、内蒙古等地区。

栖息地 活动于灌丛、矮小的柳树丛、白桦林、幼矮针叶树丛、一些林缘草地等区域。

鸣声 与白腰朱顶雀相似,但是音调相对较高、较粗厉。

习性 喜结大群在一起营巢繁殖或生活。部分迁徙,迁徙种群往往在11月向南迁徙越冬,在3~4月返回北极苔原地区。

食性 冬季主要以含油性的树种子为食,尤其是白桦树和其他落叶乔木。夏季亦食杂草籽和昆虫。

繁殖 繁殖期5~7月。通常营巢于岩石缝隙、石碓中、树下或灌木丛中。巢由嫩树枝茎、纤维、树皮或地衣碎片构成,内垫有绒羽、羽毛和树芽等柔软物。

种群现状和保护 IUCN和《中国脊椎动物红色名录》均评估为无危(LC)。被列为中国三有保护鸟类。只有在寒冷的冬季,极北朱顶雀才会出现在中国。这时候它们饥不择食,甚至在垃圾堆里寻食,蓬头垢面,浑身已不似夏季那么洁净。在这个季节,极北朱顶雀特别需要得到保护。

极北朱顶雀的繁殖参数	
窝卵数	3~7枚
卵颜色	淡蓝色且有褐色斑纹
孵化期	约11天
孵化模式	雌鸟孵卵
育雏期	约14天

红交嘴雀

拉丁名：*Loxia curvirostra*
英文名：Red Crossbill

雀形目燕雀科

形态 体长16～19 cm。虹膜黑褐色。喙角褐色，嘴缘黄褐色，上嘴和下嘴先端交叉。脚黑褐色或稍显红色。雌雄羽色不同。雄鸟繁殖羽的额、头至后颈朱红色，羽基褐色，显露出来形成额和头顶的灰褐色或草黄色斑点；眼先、眼周、耳羽暗褐色，耳羽至嘴基有一朱红色块斑；背、肩、颈侧灰褐色，羽缘和羽端朱红色；颏、喉、胸、上腹及胁部均朱红色，颏部几白色；翅上覆羽暗褐色，具宽的浅红褐色端缘；飞羽黑褐色，羽缘棕红色；腰和尾上覆羽朱红色；两胁沾黄褐色，下腹污白色；尾黑褐色，羽缘沾红褐色。雌鸟眼先、眼周、颊、耳羽和颈侧污灰白色；上体灰褐色，各羽中央较暗，具黄绿色尖端，头部的黄绿色尖端较鲜亮；颏灰白色，喉、胸、上腹和胁部灰黄色，先端亮黄绿色，下腹灰白色；腰亮黄绿色而无斑纹；尾上覆羽和尾羽黑褐色，羽缘沾绿黄色。

分布 广泛分布于欧亚大陆、北美中南部和非洲西北部。国内分布于内蒙古中东部、黑龙江、吉林、辽宁、河北、北京、河南、山东、江苏、上海、青海、湖南、四川、云南和西藏东南部。多为留鸟，部分迁徙，在非繁殖季节常爆发式游荡。指名亚种 *L. c. curvirostra* 越冬于青海，偶见于河北和辽宁；东北亚种 *L. c. japonica* 在北京、河南、山东、江苏及陕西南部为冬季游荡鸟或

冬候鸟；青藏亚种 *L. c. himalayensis* 不迁徙或在冬季下移到低海拔地区；新疆亚种 *L. c. tianschanica* 在青海东北部、甘肃西北部、宁夏、河北和辽宁等地为冬候鸟或游荡鸟。

栖息地 栖息于山地针叶林和以针叶树为主的针阔叶混交林。在东北、华北和陕西等北部和东部地区分布海拔为1100～1800 m；在西部和西南地区，分布海拔2000～4000 m，最高可达海拔5000 m左右的高山地区。冬季常下到低山和山脚平原地带的针叶林和阔叶林，也出入于林缘、小块丛林和人工针叶林。

习性 性活跃，喜集群，除繁殖期间成对活动外，其他季节多成群，特别是在食物丰富的地方，常集成数十只甚至上百只的大群。在有球果的松树枝叶间跳来跳去，觅食球果，也能用嘴在松树枝间攀援或垂悬于枝头，有时也下到地上活动和觅食。飞翔时双翅扇动有力，速度快，呈浅波浪式。常边飞边鸣叫，鸣声响亮，其声似"Jio-Jio-Jio"。

食性 主要以落叶松、云杉、冷杉、赤松等针叶树种子为食，尤其喜欢吃落叶松子，也吃红松子、榛子、树叶、花序、浆果等其他树木和灌木种子和果实、草籽及昆虫。取食球果时先将球果啄下，用脚踩在树枝上，再啄开果鳞取食种子，上下交叉的嘴很容易撕开种皮。

繁殖 繁殖期5～8月。单配制，配对仅维持一个繁殖季节。巢筑于有球果的高大松树侧枝上。巢呈浅杯状，由细草根、细松枝、苔藓、地衣等材料编织而成，内垫苔藓、羽毛及羊毛等。营巢工作主要由雌鸟承担，经7～9天完成。卵乳白色，孵化后期变为灰白色而沾绿蓝色，表层被有大小不等的浅棕色、红棕色或黑褐色斑点，钝端斑点较密集。雌鸟孵卵。雏鸟晚成性。双亲共同育雏，反刍松树或桦树种子哺育幼鸟，偶尔也喂食昆虫幼虫。

种群现状和保护 常见到局部常见。据估计，欧洲的繁殖种群为100～160万对，其中大部分分布在斯堪的纳维亚，另有100万对在俄罗斯，1万对在土耳其；纽芬兰的种群原来为常见，在过去的50年里种群数量明显减少，最近的评估约有500～1500只。在国内分布较广，数量局部丰富。IUCN和《中国脊椎动物红色名录》均评估为无危（LC）。被列为中国三有保护鸟类。红交嘴雀羽色鲜艳，嘴型奇特，常被捕捉作为笼养观赏鸟，应加强保护。

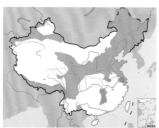

红交嘴雀。左上图为雌鸟，刘璐摄；下图为雄鸟，张明摄

红交嘴雀的繁殖参数	
繁殖期	5～8月
巢	外径12～14 cm，内径6 cm，高7 cm，深3 cm
窝卵数	3～5枚
卵大小	长径19～24.5 mm，短径14.7～16.8 mm
卵重	4 g
孵化期	17天
留巢育雏期	18天

白翅交嘴雀

拉丁名: *Loxia leucoptera*
英文名: White-winged Crossbill

雀形目燕雀科

形态 体长 14～16 cm。虹膜暗褐色。喙暗角褐色，上嘴和下嘴交叉。脚肉褐色。雌雄羽色不同。雄鸟过眼纹黑色，颊及耳羽淡红色；额、头顶和后颈玫瑰红色；颏、喉、胸和上腹玫瑰红色，腹及尾下覆羽白色；背、肩褐色或暗褐色，沾玫瑰红色羽缘；翅黑色，中覆羽和大覆羽具宽阔的白色端斑，形成两道显著的白色翅斑；腰亮玫瑰红色；尾上覆羽黑色，具白色和玫瑰红色端斑；尾黑褐色，沾黄白色羽缘。雌鸟上体橄榄黄色，具黑灰色纵纹；喉、胸部及两胁缀暗灰褐色细纹；两翅黑褐色，沾橄榄绿灰色羽缘；中覆羽和大覆羽具白色宽阔端斑，形成两道明显的白色翅斑；腰柠檬黄色；下胸及胁缀橄榄黄色；尾上覆羽基部橄榄绿褐色，具淡绿黄色羽端。

分布 分布于北美洲、欧洲北部、土耳其、非洲西北部、中国和喜马拉雅山脉西部等地，呈不连续的岛状分布。在国内分布于河北、北京、黑龙江、吉林、辽宁、内蒙古。在中国主要为冬候鸟，每年 10～11 月迁来，翌年 2～3 月迁走，部分偶尔在大兴安岭繁殖。

栖息地 栖息于针叶林，特别是落叶松林中，也出现在以针叶树为主的针阔叶混交林中。迁徙季节和冬季，也在山脚和平原地带的人工针叶林内活动和觅食，有时也出现在城市公园和寺庙的松林内。

习性 繁殖季节单独或成对活动，非繁殖季节常结成 3～5 只，有时成 10 多只的小群活动。善于在树枝端攀缘，频繁的跳跃于树枝间。常在树上觅食，少在地面活动。叫声似 "glip-glip"、"kip-kip" 或 "chiff-chiff"。

食性 主要以针叶树的球果种子为食，喜食落叶松子，也吃其他植物性食物及少量昆虫。啄食球果种子时，倒悬在枝端的球果上，用交叉的嘴伸进松果鳞片中取食。

繁殖 在中国大兴安岭以北的泰加林中繁殖，偶尔繁殖于大兴安岭落叶松林中。4～7 月繁殖。营巢于落叶松树上，用须根和细枝筑巢，内垫羽毛。卵淡蓝色，缀黑褐色斑点，或绿白色，缀暗紫色斑点。

种群现状和保护 IUCN 和《中国脊椎动物红色名录》均评估为无危（LC）。在中国种群数量稀少，不常见，应注意保护。被列为中国三有保护鸟类。

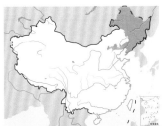

白翅交嘴雀的繁殖参数

繁殖期	4～7 月
巢	外径 12～13cm，内径 7～8cm，高 8cm，深 5cm
窝卵数	3～5 枚
卵大小	长径 21～22mm，短径 15～17mm

白翅交嘴雀。左上图为雄鸟，沈岩摄；下图为雌鸟，张强摄

红额金翅雀

拉丁名：*Carduelis carduelis*
英文名：European Goldfinch

雀形目燕雀科

形态　体长 13～14 cm。虹膜褐色。喙肉黄色，尖端暗褐色。脚淡褐色。雄鸟额和头顶前部以及脸颊、颏和上喉为朱红色，眼先和眼周黑色；上体淡灰褐色或乌褐色，往腰部逐渐变淡；翅小覆羽、中覆羽和初级飞羽黑色，大覆羽和初级飞羽基部黄色，在翅上形成一大块黄色翅斑；下喉白色或灰白色，头侧、颈侧以及胸和两胁灰褐或乌褐色，腹和尾下覆羽白色；尾上覆羽纯白色，尾黑色，两对中央尾羽尖端白色，最外侧两对尾羽外翈白色。雌鸟和雄鸟相似，但脸部红色较淡，翅上黄色亦较浅淡。

分布　分布于欧洲北部及周边的大西洋岛屿，往南经地中海到非洲西北部，往东经中东、中亚至西伯利亚西南部、蒙古西北部。在国内分布于西藏西南部普兰、扎达、噶尔，新疆西部天山、中部和静、乌鲁木齐、东部吐鲁番、西北部伊犁、东北部阿尔泰，多为留鸟。

栖息地　主要栖息于新疆和西藏等地的中高山针叶林和针

阔叶混交林中，也栖息于人工针叶林和临近的农田、草原、果园和居民点附近。在新疆栖息地海拔为 2000～3000 m，在西藏为 3000～4500 m。

习性　在海拔较低的低山沟谷、草原灌丛和农田与居民点附近活动，有时也出现在有稀疏植物的半荒漠地带。飞行直而快，且飞得较高，常常发出彼此互相联系的"嗞、嗞"叫声。除繁殖期外多成小群，有时亦成数十只甚至上百只的大群。

食性　主要以草籽和其他植物果实、种子、嫩叶、花蕊等植物性食物为食，也吃部分农作物种子和昆虫。多在林缘疏林、山边稀疏灌丛、溪流、沟谷灌丛草地和树上觅食。

繁殖　繁殖期 5～8 月。每年繁殖 1～2 窝。雌鸟营巢，巢多置于树上部枝叶茂密的侧枝外端，隐蔽性甚好。巢呈杯状，主要由柔软的草茎、草叶、植物纤维和羊毛等材料构成。每窝产卵 3～5 枚。卵淡蓝白色，被有稀疏的灰褐色或红褐色斑点。卵的大小为（16.8～19.4）mm×（12.2～13.9）mm。雌鸟孵卵，孵化期 13 天。雏鸟晚成性，由雌雄鸟共同喂养，留巢育雏期 13～14 天。幼鸟离巢后的第 1 周仍依赖亲鸟喂食。

种群现状和保护　不同地区种群密度差异很大，种群密度主要取决于食物的丰度。在欧洲的繁殖鸟数量有 718 万～978 万对，其中一半以上分布于土耳其和俄罗斯欧洲部分。在中国种群数量不丰富，较少见。IUCN 和《中国脊椎动物红色名录》均评估为无危（LC）。

红额金翅雀。左上图彭建生摄；下图田穗兴摄

黄雀

拉丁名：*Spinus spinus*
英文名：Eurasian Siskin

雀形目燕雀科

形态 体长 11～12 cm。虹膜黑褐色。喙铅灰褐色。脚暗褐色。雄鸟眉纹亮黄色，长而显著，向后到颈侧；额、头顶黑色，有一短的黑色贯眼纹；后颈、背、肩黄绿色，具黑褐色细纹；飞羽黑褐色，羽缘黄绿色，除外侧几枚初级飞羽外，其余初级飞羽和次级飞羽基部亮黄色；覆羽末端亮黄色，形成两道鲜黄色翅斑；腰鲜黄色；下体颏喉部中央黑色，喉侧、颈侧、胸及上腹鲜黄色，下腹、胁污灰白色，胁具黑色纵纹；中央 1 对尾羽黑褐色，其余尾羽基部亮黄色，末端黑褐色。雌鸟羽色似雄鸟，但头顶无黑色，上体从头顶至背均为橄榄灰色沾黄绿色，具暗褐色纵纹；腰亮黄绿色，具暗色纵纹；颏、喉灰黄色，胸和胁部黄绿色并杂有灰白色，具褐色粗纵纹。

分布 繁殖于欧洲和亚洲北部，越冬于西北非、塞浦路斯、以色列北部和中部、伊朗西南部、蒙古北部、朝鲜和日本南部。在国内繁殖于内蒙古大兴安岭和黑龙江及江苏镇江，越冬于长江中下游和浙江、福建、广东、香港、台湾，迁徙经过内蒙古、吉林、辽宁、河北、北京、河南、山东等地。

栖息地 繁殖期间主要栖息于针叶林、针阔叶混交林和林缘疏林地带，秋冬季主要栖息于低山丘陵的人工针叶和阔叶林中，也出现在农田、果园和公园内。

习性 性活泼，在树冠间飞来飞去，边飞边鸣。直线飞行，飞行快速，叫声清脆响亮，富有颤音。

食性 主要以松树、杨树、桦树和其他树木的果实、种子及草籽为食，也食农作物种子等植物性食物和昆虫等动物性食物。食物构成随季节和地区不同而有差异。

繁殖 繁殖期 5～7 月。营巢于松树侧枝上或林下小树上。巢呈深杯状，由须根、草茎、叶等筑成，内垫兽毛及鸟羽。窝卵数 4～6 枚。卵呈鲜蓝至蓝白色，缀以红褐色线条和斑点，卵的平均大小为 16.3 mm×12.2 mm。雌鸟孵卵，孵化期约 13 天。雏鸟晚成性，双亲共同育雏，留巢育雏期 13～15 天。在大兴安岭每年可产 2 窝卵，8 月份在根河见到雏鸟，9 月见在长白山成群漂泊。

种群现状和保护 在分布范围为常见到局部常见。据估计，欧洲的繁殖种群数量为 300 万～1500 万对，其中 90% 分布于芬诺斯堪底亚、波罗的海诸国和俄罗斯西部。IUCN 和《中国脊椎动物红色名录》均评估为无危（LC）。被列为中国三有保护鸟类。

黄雀。左上图为雌鸟，下图为雄鸟。沈越摄

铁爪鹀类

■ 铁爪鹀类指雀形目铁爪鹀科的鸟类，仅3属6种，中国分布有2属2种，均见于草原与荒漠地区
■ 铁爪鹀类喙圆锥形，非繁殖期取食植物种子，繁殖期取食无脊椎动物
■ 铁爪鹀类栖息于开阔地带，非繁殖期集群活动，繁殖期在地面或灌丛上筑碗状巢
■ 铁爪鹀类在中国均被列为三有保护鸟类，但依然面临人类捕捉的威胁

类群综述

铁爪鹀类指雀形目铁爪鹀科（Calcariidae）鸟类，是从传统鹀科中分离出来的一个小科，仅3属6种，中国分布有2属2种，均见于草原与荒漠地区

铁爪鹀类外形与鹀类十分相似，故在过去曾被归为鹀科，但2008年Alström等的研究表明，现属铁爪鹀科的鸟类与鹀科亲缘关系甚远，故建立了仅由铁爪鹀属 Calcarius、麦氏铁爪鹀属 Rhynchophanes 和雪鹀属 Plectrophenax 构成的铁爪鹀科。跟分布仅限于旧大陆的鹀类不同，铁爪鹀类经白令陆桥扩散至北美，并在北美地区形成了一些新的物种。其中铁爪鹀 Calcarius lapponicus 和雪鹀 Plectrophenax nivalis 的分布横跨欧亚大陆和北美，中国北方的草原与荒漠地区为其越冬地；麦氏鹀 Plectrophenax hyperboreus 的分布局限于白令海的岛屿及其周边的大陆边缘，黄腹铁爪鹀 Calcarius pictus、栗领铁爪鹀 C. ornatus 和麦氏铁爪鹀 Rhynchophanes mccownii 则仅见于北美。

铁爪鹀类的形态和习性皆与鹀类相似。同样栖息于开阔环境，非繁殖期集群活动，在地面取食，非繁殖期取食植物种子，繁殖期取食无脊椎动物。铁爪鹀类均为候鸟，繁殖于北极苔原地带或北美中部的干旱草原，越冬于繁殖地以南的草地、沼泽、灌丛、耕地等树木稀少的开阔地区。

栗领铁爪鹀被IUCN列为易危（VU），其他铁爪鹀类均为无危（LC）。在中国，铁爪鹀类均被列为三有保护鸟类。但曾经在国内数量丰富的铁爪鹀依然受到人类捕捉的威胁，近年来数量明显下降，《中国脊椎动物红色名录》评估为近危（NT）。

左：铁爪鹀科是从传统鹀科中分离出来的一个新的科，其形态和习性皆似鹀类，但分子研究标明二者的关系并不像表面上那么亲近。图为雪地里的雪鹀。张永摄

铁爪鹀 *Calcarius lapponicus*

雪鹀 *Plectrophenax nivalis*

铁爪鹀

拉丁名：*Calcarius lapponicus*
英文名：Lapland Longspur

雀形目铁爪鹀科

形态 中等体形，体长16~18cm，体重26~34g。头大而尾短，身体矮实，后趾爪甚长。繁殖期雄鸟清楚易辨，脸、喉及胸为黑色，颈背为棕色，头侧具白色的"之"字形图纹。繁殖期雌鸟特色不显著，但颈背及大覆羽边缘呈棕色，侧冠纹略黑，眉线及耳羽中心部位为浅褐色。非繁殖期成鸟及幼鸟顶冠具细纹，眉线为皮黄色，大覆羽、次级飞羽及三级飞羽的羽缘为亮棕色。

分布 繁殖区环绕北极圈分布，包括新大陆和旧大陆的极北苔原地区，如加拿大、美国阿拉斯加、俄罗斯、挪威、芬兰等地。冬季散布到北美和欧亚大陆的腹地，如中亚的哈萨克斯坦。在中国为冬候鸟，见于黑龙江、吉林、辽宁、河北、北京、天津、山东、山西、陕西、内蒙古、甘肃、新疆、四川、湖南、湖北、江苏、上海、台湾等地。

鸣声 叫声为生硬的嘟嘟哨声。歌唱如"噗嚅哦特——"，紧接短促而清晰鼻音"啼咿呦——"，似雪鹀但不如其悦耳。繁殖期的歌声娓娓动听，如"啼呦吔——哦——哦——，哧咿——咿——呦——呦——"，交替出现。经常一边飞一边歌唱，给寂寞的苔原带来生机。

习性 喜在地面活动，尤善于在地上行走。也会凌空捕捉飞虫。

飞翔时多呈弧形，起飞时发出短促的叫声。十分耐寒，喜在露出雪面的植物枝上觅食，有时也到半山区的打谷场附近或草垛上寻食。

食性 主要以杂草种子为食，如禾本科、莎草科、蒿科、菊科、蓼科等野生植物种子，偶有昆虫卵、幼虫和谷粒等。夏天吃大量昆虫、其他节肢动物和杂草籽，冬天的时候吃的大多是种子。

栖息地 繁殖地在苔原、干草原、泥炭沼泽地、西伯利亚平原、田野、丘陵的稀疏山林中，而很少在灌丛中，也不深入森林里。

繁殖 繁殖期为6~7月。巢由雌鸟筑成，位于地面凹陷处，掩映在杂草丛生的旷野之中。巢由草叶、草根、苔藓等植物材料在地面上伪装并营建，底部衬有羽毛和细草。窝卵数4~6枚。

种群现状和保护 IUCN评估为无危（LC）。1904年，美国明尼苏达州西南部和爱荷华州西北部的一场暴风雪估计导致150万只铁爪鹀丧生。在中国为冬候鸟，每年迁来的时间为10月下旬，一般是11月，最迟在12月上旬，离去时间是翌年2~3月间。曾经在中国数量较为丰富，且冬季密集成群。因此在吉林地区有人利用铁爪鹀得这一习性进行大量网捕，供应野味市场。野外很难控制其捕获量，保护难度很大，以致其种群数量下降，如今在中国非常罕见，出现没有规律性。《中国脊椎动物红色名录》评估为近危（NT）。被列为中国三有保护鸟类。

铁爪鹀的繁殖参数	
窝卵数	2~6枚
卵形状	椭圆形
卵壳颜色	淡褐色，具黑褐色斑点
孵化期	12~13天
孵化模式	雌雄轮流孵卵
育雏期	20~22天
育雏模式	双亲喂养

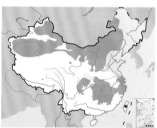

铁爪鹀非繁殖羽。左上图张永摄，下图沈越摄

雪鹀

拉丁名：*Plectrophenax nivalis*
英文名：Snow Bunting

雀形目铁爪鹀科

形态 小型鸣禽，体长 16～18 cm，翼展 32～38 cm，体重 35～45g。体胖矮圆，嘴黑色而短小。雄鸟繁殖羽除内侧次级飞羽、肩羽及尾羽为黑色外，通体雪白色。雄鸟非繁殖羽头顶有时露出黑褐色羽基，耳羽和上胸侧呈栗黄色；肩和背的羽缘灰色沾黄色；腰、尾上覆羽及下体均为白色，有时沾黄色，羽端具褐色条纹，胸沾棕褐色。雌鸟上体棕褐色，具黑褐色纵纹，内侧飞羽具宽阔棕黄色羽缘；下体白色沾棕色。

分布 在欧洲、亚洲、北美洲等地极北地区繁殖，是分布最靠北的鸟类之一；在欧亚大陆和北美腹地越冬。在中国为冬候鸟，见于北方各地，如黑龙江、吉林、内蒙古、新疆、河北等。每年11～12月迁来中国，离开颇早，多在2～3月间。

栖息地 繁殖期在北极圈多岩石的地带、北冰洋的海滩边崖壁上、河岸台地及辽阔苔原上栖息。冬季活动于内陆低山区、林缘、峡谷灌丛和丘陵地带觅食，有时也见于平原开阔的草原地区。喜在路旁未全被雪覆盖的草丛中或垃圾堆旁活动。

鸣声 "嘀呦——嘀呦——嘀——"的颤音接流水般的"嘀哟——"声。平时也作沙哑的"嘀咿——喈咿哦——咿咿——"或"啵哦——喏哦——哦——瑞特——"的口哨声。

习性 飞翔力强，也善于在雪地奔走。常规步调为快步疾走，但也作并足跳行，未在取食群中的鸟作蛙跳式前行。群鸟升空作波状起伏的炫耀舞姿飞行，然后呼啦一下突然降至地面。性大胆而不畏人，当牛车、马车和人从旁经过时，也毫不惊恐，只是在非常接近时，才结群飞离，飞行不远又落在地面。

食性 在冬天和春天取食种子、谷物和坚果；在夏季和秋季，以昆虫、蜘蛛、种子和芽为食。

繁殖 繁殖于6～7月短暂的极地夏季。营巢于岩石凹处、地面上或石块之间，也建于乔木和灌丛中。巢底部是苔藓、地衣、草叶等植物材料，内衬羊毛和羽毛。窝卵数4～7枚。为了御寒，孵化期间雄鸟为雌鸟提供食物，以保证雌鸟坐巢时间，避免凉卵造成胚胎死亡，从而提高孵化成功率，减少孵化时间。

种群现状和保护 IUCN 和《中国脊椎动物红色名录》均评估为无危（LC）。被列入《欧洲联盟养护野生鸟类》的特别保护，也是《英国生物多样性行动计划》中的保护关注物种。在中国不常见，被列为三有保护鸟类，并列入《中日候鸟保护协定》。在欧洲北部主要威胁是人类的干扰，这可能会扰乱筑巢。但随着全球变暖的影响，出现数量波动，气候因素可能是长期的潜在威胁。冬季能消灭大量杂草种子，对农林有益，应禁止捕猎。

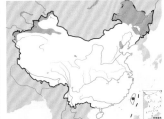

雪鹀的繁殖参数

窝卵数	4～7 枚
卵壳颜色	白色或淡绿色，具黑褐斑
卵形状	椭圆形
孵化期	12～13 天
孵化模式	雌鸟孵卵，雄鸟供食
育雏期	12～14 天
育雏模式	雄鸟喂食

雪鹀。张永摄

鹀类

- 鹀类指雀形目鹀科的鸟类，共5属42种，中国分布有3属30种，其中草原与荒漠地区可见2属26种
- 鹀类外形似麻雀，喙圆锥形，闭合时上下喙之间仍有缝隙，适于取食植物种子
- 鹀类栖息于各种开阔环境，草原与荒漠地区是其典型栖息地，非繁殖期集群活动，繁殖期在地面筑碗状巢
- 鹀类受胁情况较严重，有待进一步加强保护

类群综述

鹀类指雀形目鹀科（Emberizidae）鸟类。传统的鹀科是一个非常庞大的类群，包括新大陆和旧大陆的500余种鸟类。2000年左右分类学家从中分离出美洲雀科（Cardinalidae）和裸鼻雀科（Thraupidae），将鹀科缩减至300余种。最新的分类系统进一步从中将所有分布于新大陆或从旧大陆扩散至新大陆的物种分离了出去，建立了美洲鹀科（Passerellidae）和铁爪鹀科（Calcariidae）。现在的鹀科中只保留了分布于旧大陆的种类，共5属42种。中国有鹀类3属30种，草原与荒漠地区可见2属26种。

鹀类为小型鸣禽，喙大多为圆锥形，闭合时上下喙之间仍有缝隙，无法完全合拢。体形和羽色大多似麻雀，外侧尾羽有较多的白色。鹀类主要在地面活动，取食植物种子，但繁殖期也会以昆虫等无脊椎动物育雏。鹀类栖息于各种开阔环境，草原与荒漠地区正是鹀类的典型栖息地。繁殖于欧亚大陆北方的鹀类为夏候鸟，会迁往南方越冬，但大部分地区的鹀类为留鸟。跟草原与荒漠地区的大多数鸣禽一样，鹀类也喜欢集群，尤其是非繁殖期常集群活动。鹀类多数为单配制。在地面或灌丛内筑碗状巢，产卵4～6枚，一般由雌鸟孵化12～13天，育雏期约等于孵化期。

鹀类的受胁状况较为严重，尤其是近年来，许多物种的种群数量急剧下降，受胁等级一再提升。例如黄胸鹀 Emberiza aureola 在2004年由无危（LC）提升为近危（NT），2008年提升为易危（VU），2013年提升为濒危（EN），2017年底进一步提升至极危（CR）；栗斑腹鹀 Emberiza jankowskii 在2010年由易危（VU）提升为濒危（EN）；田鹀在2017年底由无危（LC）提升为易危（VU）。一方面是因为栖息地破坏，另一方面更是因为人类捕捉。中国在其中扮演着十分不光彩的角色。例如黄胸鹀正是因为在中国作为食材"禾花雀"受到部分人的追捧而在短短十几年间从广布于欧亚大陆的无危物种被捕捉殆尽，其他鹀类也开始作为替代品而受到威胁。尽管在中国，除新记录物种外，所有鹀类均在2000年就被列为三有保护鸟类，但仍未能阻止它们被人类捕捉的悲惨命运。考虑到鹀类在中国面临的巨大受胁风险，有必要进一步提升其保护等级，加强保护宣传和关注。

左：鹀类外形似麻雀，头部常常具有多样的图案。图为站在枝头鸣唱的灰眉岩鹀。沈越摄

右：部分鹀类在一些地方被当作传统食材，近年来深受非法捕捉贩卖之害，种群状况不断恶化，受胁等级一再提升。图为短短13年间从无危提升为极危的黄胸鹀。董磊摄

黍鹀
Emberiza calandra

黄鹀
Emberiza citrinella

白头鹀
Emberiza leucocephalos

淡灰眉岩鹀
Emberiza cia

三道眉草鹀
Emberiza cioides

白顶鹀
Emberiza stewartia

灰眉岩鹀
Emberiza godlewskii

灰颈鹀
Emberiza buchanani

圃鹀
Emberiza hortulana

栗斑腹鹀
Emberiza jankowskii

白眉鹀
Emberiza tristrami

栗耳鹀
Emberiza fucata

小鹀
Emberiza pusilla

黄眉鹀
Emberiza chrysophrys

田鹀
Emberiza rustica

黄喉鹀
Emberiza elegans

黄胸鹀
Emberiza aureola

栗鹀
Emberiza rutila

黑头鹀
Emberiza melanocephala

褐头鹀
Emberiza bruniceps

灰头鹀
Emberiza spodocephala

灰鹀
Emberiza variabilis

苇鹀
Emberiza pallasi

过渡羽色

红颈苇鹀
Emberiza yessoensis

芦鹀
Emberiza schoeniclus

白冠带鹀
Zonotrichia leucophrys

黍鹀

拉丁名：*Emberiza calandra*
英文名：Corn Bunting

雀形目鹀科

体形最大的鹀类，体长约 19 cm。雌雄同色。上体灰褐色或棕褐色，下体污白色或皮黄白色，全身满布暗褐色纵纹；尾凹状，最外侧一对尾羽具暗灰色楔状斑。分布于欧洲南部、北非至中亚，西至大西洋加那利群岛，经地中海、里海至中亚地区和中国西部，在中国仅分布于新疆西部。栖息于开阔地区，喜欢在矮树或灌木枝头活动。IUCN 和《中国脊椎动物红色名录》均评估为无危(LC)。被列为中国三有保护鸟类。

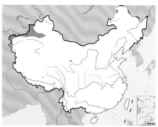

黍鹀。左上图刘璐摄，下图张岩摄

黄鹀

拉丁名：*Emberiza citrinella*
英文名：Yellowhammer

雀形目鹀科

形态 小型鸣禽，体长 15～17 cm，体重 23～29 g。雄鸟头上、眉纹、眼后纹和颊部黄色；背栗灰色，腰和尾上覆羽栗色；翼和尾羽暗褐色，外侧两枚尾羽具大型白斑；颏、喉、胸和腹鲜黄色，体侧有锈栗色纵纹。雌鸟与雄鸟羽色不同，头部黄色较少，头顶灰橄榄色，具浓密的黑纹，颊部直至颏部富有小黑点，胁部小点斑则由黑色转成黄褐色。

分布 覆盖整个欧洲大陆北部，向东一直分布至西伯利亚中部。繁殖区主要位于欧洲，向东扩张至西伯利亚。冬季多在分布区偏南的区域内越冬，包括欧洲南部、北非、中亚等地。有 3 个

亚种，中国仅见北方亚种 *E. c. erythrogenys*。在中国分布于新疆、北京、黑龙江和河北，主要为迷鸟，但新的调查认为新疆北部有其繁殖地和越冬地。

栖息地 喜欢活动于农田、树篱、林中空地、灌丛、草地、绿洲等树林与开阔地的交叉地。冬季集群活动于农田麦茬堆或其他草地。

鸣声 鸣声似"叽——叽——叽——叽——"，长短不一。

食性 食物以谷物和草籽为主，但在育雏期则以鳞翅目幼虫等昆虫及植物嫩绿部分为主。

繁殖 繁殖期通常始于 4 月，但也有记录表明最晚至 9 月。雌鸟筑巢，巢通常位于田边沟渠的地面上，隐于树篱、灌丛。窝卵数通常 3～5 枚，由雌鸟单独孵化 12～14 天后，雏鸟出壳。育雏期 11～13 天，其间雄鸟投递食物，由雌鸟喂食。

种群现状和保护 IUCN 和《中国脊椎动物红色名录》均评估为无危（LC）。被列为中国三有保护鸟类。在欧洲，谷类作物耕种面积的减少以及农业集约化对其种群造成一定的影响。同时耕作效率的提高如除草、除灌木等导致其数量下降。除草剂和杀虫剂的大量使用，节肢动物和可食用种子减少，间接影响其数量。

探索与发现 以往研究认为黄鹀在中国为迷鸟，但调查发现该种在新疆西天山以及北疆各地越冬，甚至阿尔泰山地区成为其繁殖区向东南的延伸。该种与白头鹀 *Emberiza leucocephalos* 在行为和生境选择上非常相似，因此混群以及杂交现象普遍，但是该过程的长期影响尚待进一步研究。

黄鹀。左上图为雄鸟，下图为雌鸟。魏希明摄

白头鹀

拉丁名：*Emberiza leucocephalos*
英文名：Pine Bunting

雀形目鹀科

形态　小型鸣禽，体长 16～18 cm，体重 24～29 g。头顶黄褐色杂以栗褐色羽干纹，头顶正中有一白色块斑，眉纹土黄色，耳羽土褐色；上体灰褐色，多有暗色条纹；下体白色，胸部具显著的红褐色纵纹。

分布　分布于欧亚大陆腹地，温带与寒温带之间，从西伯利亚一直分布到远东地区。在中国分布于黑龙江、内蒙古、河北、陕西、宁夏、甘肃、青海及新疆等地。秋季，部分白头鹀由俄罗斯及大兴安岭南迁到华北及华东沿海一带越冬，也有部分迁至朝鲜半岛和日本。

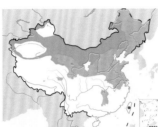

白头鹀。左上图为雌鸟，魏希明摄；下图为雄鸟非繁殖羽，沈越摄

栖息地　喜欢在林缘、林间空地、杂草丛和火烧过或砍伐过的针叶林或混交林中栖息觅食。冬季则常见于河谷林、农耕地、荒地、绿洲及果园等。

鸣声　由树上或矮丛上鸣唱，叫声"嘁嘶呵——嘁嘶呵——"。而仰头高唱，歌声悦耳，为"啧-啧-啧-啧-啧-啧-吱-吱"，重复很长时间。

习性　与黄鹀关系甚密，杂交型个体常出现于西伯利亚西部和新疆阿尔泰山脉。

食性　以植物性食物为主，多是杂草种子，也包括一些谷、粟、燕麦等。也捕食一些昆虫，特别在夏天，以大量昆虫喂雏，也吃些蜘蛛等其他小型无脊椎动物。

繁殖　繁殖期为 5 月末至 7 月上旬，年产两窝。巢筑于地面，巢缘与地表平齐，置于菊科植物为主的草丛中。附近杂草高约 20 cm，巢隐蔽很好，巢以干草茎编成，内衬马毛，编织坚实，外壁编入少量鲜草。

种群现状和保护　终年主要以杂草种子及各种昆虫为食，为林间益鸟。目前种群数量稳定，是地区性常见的一种鸟，但是应当禁止捕猎和食用。IUCN 和《中国脊椎动物红色名录》均评估为无危（LC）。被列为中国三有保护鸟类。

白头鹀的繁殖参数	
巢形状	碟状或碗状
巢大小	外径 13～14 cm，内径 6～6.5 cm，高 6 cm
窝卵数	2～5 枚
卵颜色	淡紫色，有灰色带斑和灰褐色斑和小斑点
卵形状	椭圆形
卵大小	长径 20～23 mm，短径 15～16 mm
孵化期	14 天
孵化模式	雌鸟孵卵

白头鹀雄鸟繁殖羽。唐军摄

淡灰眉岩鹀

拉丁名：*Emberiza cia*
英文名：Rock Bunting

雀形目鹀科

形态 小型鸣禽，体长 16～19 cm，体重 20～29 g。头具灰色及黑色条纹，颈、颏、喉及上胸为蓝灰色；背红褐色或栗色，具黑色条纹；腰和尾上覆羽栗色，外侧尾羽有较多的白色；下胸及腹等下体红棕色或粉红栗色。

分布 从非洲的西北部、欧洲南部至中亚和喜马拉雅山脉。在中国分布于西部地区，如新疆北部的阿尔泰山及天山，西藏西部札达、噶尔及普兰地区。

栖息地 活动于中低海拔植被稀疏的半干旱环境，尤其喜欢植被稀疏的裸岩与荒坡地带。也出现于采石场、植物园以及其他植被稀疏贫瘠的环境。海拔高度 500～4000 m。

鸣声 婉转动听且音调很高。叫声较嘹亮且长，似"啼——"，告警时加长并重复。其他叫声为短促的"叽——叽——"或"啾——啾——"。

习性 部分迁徙。多数留在繁殖地越冬，或进行垂直迁徙到山脚平原以避寒冷，少数仍有南迁越冬现象。

食性 繁殖期主要以各种无脊椎动物为食；非繁殖期主要以草籽或其他植物种子为食。

繁殖 雌鸟独立营巢，巢位于草丛或灌丛中地上浅坑内，也在小树或灌木丛基部地上或在离地 1～2.5 m 的玉米地边土埂上或石隙间营巢。巢呈杯状，外层为枯草茎和枯草叶，有的还掺杂有苔藓和蕨类植物叶子；内层为细草茎、棕丝、羊毛、马毛等，有的内层全为羊毛或牛毛，偶尔也垫有少许羽毛。繁殖期 4～7 月，因地区不同而有差异。1 年繁殖 2 窝，少数或许 3 窝。雏鸟晚成性，雌雄亲鸟共同觅食喂雏，每日喂雏时间长达 12 小时，一般每小时喂 2 次，最多每小时达 4 次，雏鸟留巢期约 12 天。繁殖期的天敌有雀鹰、大嘴乌鸦及双斑锦蛇等，偷吃卵或幼鸟，也袭击成鸟。

种群现状和保护 IUCN 和《中国脊椎动物红色名录》均评估为无危（LC）。被列为中国三有保护鸟类。

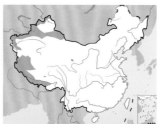

淡灰眉岩鹀的繁殖参数	
繁殖期	4～7 月
巢大小	外径 8～16 cm，内径 5.0～6.5 cm，高 5.5～6.5 cm，深 3.0～4.5 cm
窝卵数	4 枚或 3～5 枚
卵壳颜色	白色、灰白色、浅绿色、灰蓝色或土黄色等，被有紫黑色或暗红色点状、条状斑纹
卵大小	长径 19～22.5 mm，短径 14.5～16.3 mm
卵重	2.2～2.5 g
孵化期	11～12 天
孵化模式	雌鸟孵卵
育雏期	约 12 天
育雏模式	双亲育雏

淡灰眉岩鹀。左上图为雌鸟，张永摄；下图为雄鸟，魏希明摄

灰眉岩鹀

拉丁名：*Emberiza godlewskii*
英文名：Godlewski's Bunting

形态 小型鸣禽，体长 15～18 cm，体重 20～26 g。头部栗色和灰色条纹相间，缺少黑色条纹。雄鸟从额、头顶、枕至后颈均为蓝灰色，头顶两侧都有一条宽的栗色条纹，眉纹蓝灰色，贯眼纹亦栗色；上背红褐色，肩栗红色，都具有黑色纵纹；下背栗色且黑色纵纹少或不显著，腰同呈栗色，下胸及腹部红棕色或粉红栗色；翅上小覆羽蓝灰色，中覆羽黑褐色且尖端白色，大覆羽也为黑褐色且尖端为棕白色或红褐色；尾上覆羽栗色，中央一对尾羽棕褐色或红褐色，具淡棕红色的羽缘，外侧尾羽黑褐色，最外侧两对尾羽具有楔状白斑。雌鸟与雄鸟相似，但头顶至后颈为淡灰褐色，且黑色纵纹较多，下体颜色较淡。

分布 分布区核心是中国，且围绕中国分布至印度、巴基斯坦、哈萨克斯坦、蒙古、俄罗斯等地。在中国分布广泛，如北京、河北、黑龙江、内蒙古、山西、陕西、宁夏、甘肃、新疆、青海、西藏、四川、云南等。

栖息地 生活于岩石裸露的低山丘陵、高山和高原等开阔地带的岩石荒坡、草地和灌丛中，也出现于林缘、农田、绿洲和园林等这些地方。海拔 1000～3500 m。

鸣声 在地面上啄食时，发出的叫声为"喈哦——喈哦——"，而在繁殖期间的叫声洪亮、悦耳。

习性 常喜单独或成对活动，但在非繁殖间喜结群活动和生活。留鸟，长期栖居在生殖地域，不因季节变化而迁徙。

食性 主要以植物性食物为食，如种子、果实、农作物等，也会以昆虫为食。

繁殖 繁殖期4～7月。通常营巢于地面草丛或灌丛的土坑内，也可能会在小树或灌木丛基部或石缝中等这些地方筑巢。巢由枯草茎、叶、苔藓等而构成。内垫有细草茎、羽毛和兽毛等柔软物。繁殖期间的天敌包括猛禽、乌鸦和蛇。

种群现状和保护 灰眉岩鹀的分布区域狭窄，有破碎化和孤岛状分布特点，需要格外加强保护。

探索与发现 本种曾作为原灰眉岩鹀 *Emberiza cia* 的亚种，独立后其中文名有不同意见，二者极容易混淆。有的保留"灰眉岩鹀"为 *Emberiza cia* 的中文名，而将本种依其英文名称为"戈氏岩鹀"。但本种在国内广泛分布，而 *Emberiza cia* 分布狭窄，未独立前国内原称的"灰眉岩鹀"其实多为本种，故郑光美主编的《中国鸟类分类与分布名录》中将"灰眉岩鹀"的名字留给了本种，而将 *Emberiza cia* 改称为淡灰眉岩鹀，本书采纳了《中国鸟类分类与分布名录》的意见。

灰眉岩鹀的繁殖参数	
巢形状	杯状，或碗状
巢大小	外径 11.5 cm～18.0 cm，内径 5.0cm～6.5cm，高 5.5～6.5cm
窝卵数	3～5 枚
卵壳颜色	白色、灰白色、浅绿色等，带有色斑纹
卵大小	19～22.5 mm×14.5～16.3 mm
孵化期	11～12 天
孵化模式	雌性孵卵
育雏期	约 14 天
育雏模式	双亲喂养

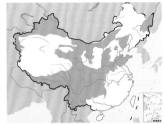

灰眉岩鹀。左上图为雌鸟，魏希明摄；下图为雄鸟，沈越摄

三道眉草鹀

拉丁名：*Emberiza cioides*
英文名：Meadow Bunting

雀形目鹀科

形态 小型鸣禽，体长 14～16 cm，体重 19～23 g。雄雌异色。雄鸟头顶至脑后枕部栗色，有近白色的眉纹，颔及喉部污白色；上体肩背部以栗褐色为基色，各羽羽干黑色；双翅小覆羽灰色，形成灰色肩角；上胸栗红色，两胁栗红色至栗黄色，腹部土黄色，尾下覆羽污白色。雌鸟体形与雄鸟接近，但羽色较淡，不似雄鸟那样分明。

分布 主要分布在亚洲东部地区，如俄罗斯的远东地区、蒙古国、朝鲜半岛、日本列岛等。在中国分布较广泛，从东北三省一直向南至广东北部和福建南部均分布。其分布西限可达陕西、甘肃、青海、新疆、四川直至云贵高原。在纬度较低的台湾、香港等地有迷鸟记录。

栖息地 喜欢在开阔环境中活动，见于丘陵地带和山区稀疏阔叶林地，山麓、斜坡或山沟的灌丛和草丛中，以及村庄附近的树丛和农田。

鸣声 为短而急的短句，如偏高的"吱嘚——吱嘚——吱嘚——"叫声。或为快速而成串的"唧哦——唧——唧——"多音节鸣唱。

三道眉草鹀繁殖资料	
巢形状	碗状
巢大小	外径 8～12 cm，内径 4～6 cm，高 5～10 cm
窝卵数	4～6 枚
卵壳颜色	污白色或浅蓝色，有褐色细纹或斑点
卵形状	椭圆形
卵大小	长径 19.2～21.8 mm，短径 14.6～16.4 mm
孵化期	12～13 天
留巢育雏期	12～13 天

食性 冬春季以各种野生杂草籽为主，也有少量的树木种子、各种谷粒和冬菜等。夏季以昆虫为主，在 5～8 月的育雏期其食谱几乎全部是鳞翅目昆虫的幼虫。

繁殖 繁殖开始于每年的 4 月，雄鸟开始占区，与雌鸟配对。4 月底至 5 月初间开始营巢，巢呈碗状，以草茎交织而成，内垫马鬃、兽毛。巢址选择在光线充足的林间灌木中或山坡草丛的地面上，全部营巢工作均由雌鸟完成。窝卵数 4～6 枚。

种群现状和保护 在繁殖期食大量森林昆虫，冬季食多种杂草种子，对山地农、林业有一定益处。虽然食用少量作物种子，但对农业危害不大。其俗名较多，因地区习惯不同而叫法不同，分别叫山麻雀、犁雀儿、山带子、大白眉、三道眉、韩鹀、小栗鹀等。在中国的分布地域虽然非常广泛，种群数量较大，但雄鸟鸣声优美，易于饲养，常被捕捉作为笼鸟，依然需要保护。IUCN 和《中国脊椎动物红色名录》均评估为无危（LC）。被列为中国三有保护鸟类。

白顶鹀

拉丁名：*Emberiza stewarti*
英文名：White-capped Bunting

雀形目鹀科

体长 14～15 cm。雄鸟头灰白色，具明显的黑色贯眼纹，喉部和下髭纹黑色，背栗红色，且有细的黑纵纹，腰及尾上覆羽栗色；下体白色或灰白色，栗色的胸带和上体的栗色相连，胁部栗色纵纹；尾羽黑褐色。雌鸟头橄榄褐色，头顶具深色纵纹，有不明显的浅色贯眼纹，耳覆羽上有一明显的白斑。髭纹偏白色，下髭纹橄榄褐色；肩羽栗色，背橄榄褐色且具黑色纵纹，腰及尾上覆羽栗色；下体浅皮黄色，具深色纵纹，胸侧微沾栗色。分布于中亚地区至喜马拉雅山脉西部和西南部。在中国为迷鸟，2013年在新疆喀什首次记录到。

三道眉草鹀。左上图为雄鸟，沈越摄；下图为雌鸟，赵国君摄

白顶鹀雄鸟。田少宣摄

栗斑腹鹀

拉丁名：*Emberiza jankowskii*
英文名：Jankowski's Bunting

雀形目鹀科

形态 体长 14.5～15.5 cm。喙暗褐色或黑色，下嘴基部黄白色。跗跖肉色，爪黑色。最显著的特征是腹部中央有一深栗色斑。雄鸟眉纹灰白色，眼先、颊、耳羽和颧纹灰褐色，额、头顶、后颈及背肩部栗红色，背部有黑色纵纹；下背、腰及尾上覆羽砖红色；颏、喉近白色，胸腹部灰白色，两胁皮黄色；飞羽黑褐色，初级飞羽边缘淡白色，内侧飞羽边缘淡棕色至栗色；翼覆羽黑褐色；尾羽褐色，最外侧两对尾羽具楔状白斑。雌鸟与雄鸟相似，但羽色较暗淡，头顶具黑褐色纵纹，上胸具灰黑色点斑，腹部栗色斑小而色淡。

分布 分布区域很窄，国外分布于俄罗斯乌苏里和朝鲜北部，国内主要分布于河北北部，吉林西部，内蒙古新巴尔虎右旗、兴安盟的扎赉特旗、科尔沁右翼中旗、科尔沁右翼前旗、通辽市扎鲁特旗及赤峰市。

栖息地 栖息于海拔 200～300 m 的山麓及开阔平原地带的草地和疏林灌丛，以及河流两岸的灌丛草地。特别喜欢栖息于干旱草原和沙地矮林。繁殖季节常单独或成对活动，非繁殖季节结成 3～5 只的小群或家族群活动。

鸣声 常站在灌木顶上鸣叫，叫声单调，起始于"chu-chu cha-cha cheee"，尾音伴随着声调的"eeee"。有时发出尖锐的"sstillit"或者穿透力极强的"hsiu"来警示同伴。

食性 以草籽等植物性食物为食，也摄取一些谷粒等农作物种子，在繁殖季节主要觅食螽斯科、蝗科以及鳞翅目、鞘翅目等昆虫。

繁殖 繁殖期 5～7 月，4 月末 5 月初开始配偶，求偶时，雄鸟常站在灌木或树枝上激烈鸣唱，早晨鸣叫最为频繁；有时也可以见到雄鸟和雌鸟在树丛间追逐嬉戏。巢多筑于地面稀草丛、小灌木上。在吉林东部，主要营巢于图们江沿岸及其附近的土坡灌丛，在内蒙古东北部，营巢于大兴安岭东麓南端的低山丘陵脚下和龙岗岗与北大岗的干草原（傅桐生等，1966）。巢呈浅杯状，由草叶、草茎、细篙茎、须根和兽毛等构成。卵白色或淡青色，缀淡玫瑰色斑点，卵钝端散有丝状或草叶状的栗棕色条纹。雌鸟单独孵卵。

种群现状和保护 东古北区的特有鸟种。北京观鸟会栗斑腹鹀项目组对栗斑腹鹀分布的专题调查中，2013 年记录到 70 只，与 2011 年的数量相比增加了一倍多。栗斑腹鹀被《中国物种红色名录》列为易危种（VU），被《中国濒危动物红皮书》列为稀有种（R），IUCN 和《中国脊椎动物红色名录》均评估为濒危（EN）。被列为中国三有保护鸟类。

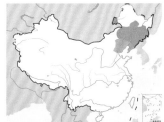

栗斑腹鹀的繁殖参数

巢大小	外径 9.1～13.01 cm，内径 5.4～6.5 cm，高 4.0～4.5 cm，深 3.3～3.7 cm
窝卵数	4～6 枚
卵重	2.15 g
孵化期	12 天

栗斑腹鹀。左上图为雄鸟，王瑞卿摄；下图为雌鸟，张明摄

灰颈鹀

拉丁名：*Emberiza buchanani*
英文名：Gray-necked Bunting

雀形目鹀科

形态 小型鸣禽，体长 14～17 cm，体重 20～24 g。头部呈灰色，眼圈为白色，嘴峰为橘红色。头部除眼先、眼周及颊纹苍白外，余部和颈部为灰色，背至尾上覆羽似麻雀淡灰褐。颏及上喉为污白沾褐色，下喉及胸为淡红褐色。腹部转淡，至尾下覆羽几近白色。胸侧为橄榄灰色，腋及翼下覆羽为污白色。

分布 见于中亚及西亚内陆干旱地区，如印度（越冬）、巴基斯坦、阿富汗、伊朗、亚美尼亚、阿塞拜疆、格鲁吉亚、伊拉克、以色列、土耳其、塔吉克斯坦、土库曼斯坦、乌兹别克斯坦、哈萨克斯坦、蒙古、俄罗斯等。有 3 个亚种，国内仅见新疆亚种 *E. b. neobscura*，在中国仅分布于西北部，如新疆等地。

栖息地 见于山地灌丛、山坡草地、赤色丘陵、荒漠草原、多砾石和崖壁的干旱荒野。偶有出现于耕地、村落、绿洲附近。

鸣声 繁殖期雄鸟站在岩石或灌丛之上，仰头鸣唱。歌曲开始是"嘶唯吔哦——嘶唯吔哦——"，之后是"咏唯——吔哦——嘀呦哦——"，尾声拖出一节。平时的叫声较为轻柔，似"唧 - 唧 - 唧"或"啾 - 啾 - 啾"的声音，连续不断。

习性 在新疆为繁殖鸟，经常在地面单个活动。秋后游荡时结群，且多结成同性群体。就是说，繁殖结束后，雌雄分开活动和迁徙。

食性 以野生植物种子、谷物、幼芽等为食。繁殖期则以昆虫为主，尤喜象甲、甲虫、蚂蚁、蝗虫等。

繁殖 繁殖期 4～6 月。雌鸟营巢于石堆下方或斜坡灌木丛的地面凹处。巢大而疏松，由草茎和草叶构成，内垫小草，偶有些兽毛和头发。4 月至 5 月末产卵。窝卵数 3～6 枚。卵淡绿色、粉色或灰色，具黑色、紫红色斑点和纵纹。

种群现状和保护 狭域分布，在中国的种群数量很少，需要保护。IUCN 和《中国脊椎动物红色名录》均评估为无危（LC）。被列为中国三有保护鸟类。

圃鹀

拉丁名：*Emberiza hortulana*
英文名：Ortolan bunting

雀形目鹀科

形态 小型鸣禽，体长 15～17 cm，体重 20～25 g。头部为灰色，具白色眼圈。上体呈红褐色，具有黑色纵纹。颊和喉部为硫黄色，喉部具一橄榄色颧纹，延伸到颈两侧。前颈和胸为橄榄灰色，下体余部为红褐色。

分布 主要见于欧洲大部分国家，在西亚和中亚也有分布。在中国仅分布于新疆（繁殖地在阿尔泰山，迁徙时见于其他地方）。

栖息地 多见于北方的园林和田野，包括平原和山区。常出没于开阔地区的树上、灌木丛、耕地、公园、苗圃和葡萄园，甚至河谷沼泽地区。

鸣声 会发出"喊——喊——啾啾啾——"连续的声音，类似于黄鹂。也会不同的变调"喊——喊——喊——啾啾——"，或"叽嘹——叽嘹——"简单的叫声。

习性 虽然看上去圃鹀是一种"园丁鸟"，中规中矩，安守

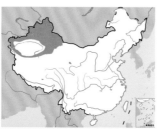

灰颈鹀。左上图魏希明摄，下图田穗兴摄

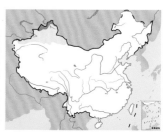

圃鹀。左上图为雌鸟，下图为雄鸟。沈越摄

本分，经常出现在园圃中。但其实，它的活动范围很大，也会出现在北极圈附近。

食性　平时主食植物的种子。亲鸟在育幼期间，亦采食大量甲虫和其他昆虫。

繁殖　在地面或灌丛内筑巢，繁殖期在5～6月。巢呈碗状或浅杯状，由细干草、须根等构成，内垫兽毛和羽毛。每年繁殖一窝，每窝产卵4～6枚。孵化期11～12天，雏鸟晚成性。雌雄共同哺育，育雏期12～13天。

种群现状和保护　IUCN和《中国脊椎动物红色名录》均评估为无危（LC）。近年来种群数量下降很快。在法国，圃鹀作为传统美食被烹饪和食用，导致了种群数量急剧下降。1999年，政府出台限制性法律。2007年，法国政府和欧盟都采取最严厉措施，禁止狩猎，保护圃鹀。在中国，圃鹀被列为三有保护鸟类。

白眉鹀

拉丁名：*Emberiza tristrami*
英文名：Tristram's Bunting

雀形目鹀科

形态　体长13～14 cm。雄鸟繁殖羽头及颊、喉黑色，白色中央冠纹明显，眉纹及颚纹白色，均延伸至颈侧；耳羽后部有一白斑；胸和两胁锈褐色，具暗色纵纹，其余下体白色；肩、背栗褐色，沾橄榄灰色并具显著的黑色纵纹；飞羽褐色或黑褐色；腰和尾上覆羽栗红色；尾羽黑褐，中央1对尾羽具栗红色宽羽缘，

白眉鹀的繁殖参数	
巢大小	外径8～9 cm，内径6～6.5 cm，高5.2～7 cm，深4～4.6 cm
窝卵数	4～6枚
卵重	2.0～2.2 g
卵大小	长径18～21 mm，短径15～18 mm
孵化期	13～14天
育雏期	10～12天

最外侧2对尾羽具长的楔状白斑。雄鸟非繁殖羽中央冠纹和眉纹乳黄色，颏、喉部羽毛具宽的淡褐色尖端，使颏、喉部的黑色常被掩盖；上体羽毛具栗黄色羽缘，其余似繁殖羽。雌鸟羽色似雄鸟繁殖羽，但头为褐色，耳羽红褐色，中央冠纹、眉纹及颊纹多污白色微沾黄褐色，颚纹黑色；颏、喉部白色沾黄褐色，下喉、胸及胁部淡栗色，具暗色纵纹。

分布　繁殖于俄罗斯远东地区东南部的中俄边境区域和中国东北地区；在中国南方、泰国北部和老挝北部越冬。在中国分布于甘肃、陕西、山西、河北、北京、天津、内蒙古、黑龙江、吉林、辽宁、山东、河南、江苏、上海、安徽、浙江、福建、江西、湖北、湖南、重庆、四川、贵州、云南、广西、广东、澳门、香港和台湾等地。在黑龙江北部为夏候鸟，长江中游及华南等地为冬候鸟，其他地区多为旅鸟。一般于4～5月迁徙到东北地区进行繁殖，到9月下旬至10月上旬南迁越冬。

栖息地　山地森林鸟类。栖息于针叶林、阔叶林、针阔叶混交林、林间空地及山谷溪流。特别喜欢树木繁茂的针阔混交林，冬季多栖息于低山地带。喜潮湿环境。

鸣声　繁殖期间在树上隐蔽的栖息处鸣唱，鸣声清脆、响亮，经常发出尖锐的"tzick"声，并不规则重复。

习性　常单独或成对活动，迁徙时结小群。常在灌丛中活动觅食。警惕性高，善于隐蔽，遇到惊扰则低飞逃窜。雄鸟只在发情期、筑巢期和产卵期鸣唱强烈，雌雄鸟均有强烈而巧妙的护巢和护幼行为。

食性　取食植物种子和果实，也食昆虫、蜘蛛和蠕虫。2001年赵正阶在长白山剖检33只胃观察，内容物有鳞翅目幼虫、鞘翅目昆虫及稗子、延胡种子、谷子等植物种子。

繁殖　繁殖期5～7月。常营巢于水域附近的林下灌丛或草丛中，尤爱在原始混交林和针叶林向光的林下作巢，且溪谷、河流附近的林下灌丛和草丛为最优选择。巢呈碗形，外侧松散，由禾本科植物茎叶构成；内层紧密，由细草根、茎及松针构成，并垫兽毛。筑巢期6～8日，雌雄共同担任营巢任务。营巢后开始产卵，年产1窝或2窝。卵为圆形，呈灰色或浅蓝绿色，缀有黑色或褐色斑纹。雌雄亲鸟轮流孵卵。雏鸟晚成性。

种群现状和保护　在其繁殖范围的局部地区相当常见。IUCN评估为无危（LC）。在中国种群数量正在下降，《中国脊椎动物红色名录》评估为近危（NT）。被列为中国三有保护鸟类。

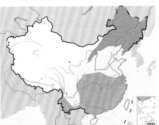

白眉鹀。左上图为雄鸟，下图为雌鸟。沈越摄

栗耳鹀

拉丁名：*Emberiza fucata*
英文名：Chestnut-eared Bunting

雀形目鹀科

形态　体长约 14 cm，体重 14～21 g。虹膜褐色。嘴黑褐色，下嘴黄褐色。雄鸟头至后枕及颈侧灰色，耳羽栗色，具一白色斑点；下体颏喉部淡白黄色；颚纹乳黄色，颚纹下具黑色腮纹，向下延伸，围绕喉侧及后缘，形成"U"形喉领斑，该领斑后面具有栗红色横带；腹部及尾下覆羽棕白色，体侧及两胁色稍深，缀棕褐色纵纹；上背沙棕色，具粗的黑色羽干纹；腰及尾上覆羽棕黄色，具棕褐色纵纹；中央一对尾羽黑色，最外侧一对尾羽具大型白色楔状斑，其余尾羽黑褐色，羽端稍显棕色，飞羽黑褐色，外翈具棕色窄缘；小覆羽栗色稍沾灰色。雌鸟非繁殖似雄鸟，但羽色较淡，在"U"形喉领斑后面没有栗红色横带。

有 3 个亚种，上文所述是指名亚种 *E. f. fucata*。西南亚种 *E. f. arcuata* 体色深，头顶黑纹较密，胸部栗带较宽而色深，背和两

胁棕栗色较深，而喉部白色则较浅；挂墩亚种 *E. f. kuatunensis* 羽色介于指名亚种和西南亚种之间。

分布　指名亚种繁殖于蒙古东部、外贝加尔地区东南部，向东至朝鲜和日本，越冬于日本南部、朝鲜南部；在中国广布于甘肃、宁夏、陕西、山西、河北、北京、天津、内蒙古、黑龙江、吉林、辽宁、山东、河南、江苏、上海、安徽、浙江、福建、江西、湖北、湖南、重庆、四川、贵州、云南、广西、广东、海南、澳门、香港和台湾，繁殖于内蒙古东北部、黑龙江小兴安岭、齐齐哈尔、吉林长白山、延边、辽宁丹东和抚顺等地，越冬于台湾岛和海南岛。西南亚种繁殖于从巴基斯坦北部，向东至尼泊尔西部的喜马拉雅山脉，越冬于喜马拉雅低山地区；在国内主要分布于西藏东南部、宁夏南部、陕西南部、四川、重庆、贵州南部和云南。挂墩亚种繁殖于中国，越冬于孟加拉国、缅甸中部和北部、中南半岛北部，在国内分布于云南东南部、福建西北部，在福建与广东为冬候鸟，台湾为旅鸟。

栖息地　栖息于开阔的稀疏灌丛，有稀疏灌丛的河谷沿岸草甸、湖周围草甸、牧场及农田。

鸣声　平时较少鸣叫，多在繁殖期间站立在灌木上或高草茎上鸣叫，起始于几个间断性的音节，例如"zwee"或者"zip"；终止于"chip chip chil—ri—witchi chi tsiririri"或者"zip zizewüziwiziriri chüpee chürüpp"，声音低细而缓慢。

习性　多以小群活动，在繁殖期间单独或成对活动。雄鸟在求偶时常在树枝顶端鸣叫。最早于 5 月上旬迁徙至中国东北部进行繁殖，并于 10 月初开始向南迁徙，最晚延迟到 11 月初。

食性　以杂草种子为食，在繁殖季节主要以蚜虫、蛾、鞘翅目和直翅目等昆虫及其幼虫为食。植食性食物包括草籽、谷子、秋季的浆果和高粱等。

繁殖　春季刚迁来时为小群，3～5 天后散群配对。雌鸟筑巢，并负责孵卵。双亲育雏，每天喂雏约 220 次。在长白山繁殖于 5 月上旬到 8 月末，营巢在草甸的苔草塔头上或塔头根部地上，也有营巢于小灌木上的。巢呈杯状。巢材主要是禾本科和莎草科的草叶、草茎和须根，其中巢的外壁主要是由禾本科枯草茎、枯草叶构成，内壁主要是由莎草科草茎和苔藓，其内再垫以兽毛和鸟羽。

种群现状和保护　广泛分布于世界各地，数量较少，为罕见种，但种群数量没有下降趋势，较为稳定。IUCN 和《中国脊椎动物红色名录》均评估为无危（LC）。蒙古和中国过渡的放牧可能是该种的潜在威胁。被列为中国三有保护鸟类。

栗耳鹀。左上图为雄鸟，沈越摄；下图为雌鸟，杨贵生摄

栗耳鹀的繁殖参数	
巢大小	外径 7～11.5 cm，内径 5～8 cm，高 6～9 cm，深 5～6 cm
窝卵数	4～6 枚
卵重	2.0～2.2 g
卵大小	长径 18～22 mm，短径 14.5～17 mm
育雏期	9～11 天

小鹀

拉丁名：*Emberiza pusilla*
英文名：Little Bunting

雀形目鹀科

形态 体长 12～13 cm，体重 12～19 g。嘴近黑色，下嘴基褐色。脚肉褐色。雄鸟繁殖羽额、头顶至枕棕红色，嘴基至颈项有一条前窄后宽的栗红色中央冠纹，侧冠纹黑色，眉纹栗红色；眼先和耳羽深栗色，在头侧形成一大的栗色斑，眼后有一黑纹；颏、喉棕色，羽缘皮黄色；颚纹黑色，后喉两侧至胸部及体侧浅棕色，具黑色羽干纹；下体余部皮黄色；肩、背至尾上覆羽红棕色，羽缘皮黄色，具有宽阔的黑色羽干纹；中央一对尾羽浅棕黑色，其他尾羽深褐色；初级飞羽、次级飞羽黑褐色，三级飞羽及大覆羽、中覆羽远端黑色，具棕色或棕白色宽羽缘。每年 2～4 月更换眼先、眉纹、耳羽及颏喉部的羽毛。雄鸟非繁殖羽的羽色较浅淡，眉纹黄白色，喉部颜色渐淡，至后喉多呈白色。雌鸟羽色和雄鸟类似，但较浅淡。

分布 繁殖于北欧北部、俄罗斯北部，向南到贝加尔湖北部，东到鄂霍次克海，迁徙时经过蒙古国、朝鲜、中国；在中南半岛、印度东北部、尼泊尔、伊朗、小亚细亚、日本越冬。在国内广布于新疆、青海、宁夏、河北、北京、内蒙古、山西、陕西、甘肃、吉林、辽宁、黑龙江、天津、江苏、浙江、安徽、福建、江西、河南、山东、湖北、湖南、上海、重庆、广西、广东、海南、贵州、云南、四川、香港、澳门和台湾，在新疆西部、华中、华南的大部分地区为冬候鸟，其他地区为旅鸟。

栖息地 栖息于潮湿的针叶林，河谷附近的柳树林、稀疏灌丛、草地及农田，低山丘陵和山脚下。

鸣声 常在树梢或灌丛顶端鸣叫，包括 2～3 个相似的鸣声单元，最后一部分较为多样化。活动时常发出"chi-chi"的声音，鸣声微弱而低沉，常隐匿于树丛中发出叫声，繁殖期雄鸟鸣啭声十分动听。

习性 常成群活动，几只到数十只不等，觅食期间常常穿梭于灌丛和树枝中，性机警，遇人立即藏匿于树林或灌丛中。

食性 主要以草籽、谷物和浆果为食，也吃半翅目、鳞翅目、膜翅目等昆虫及其幼虫。

繁殖 繁殖期 6～7 月。每年繁殖 1 窝，偶然 2 窝。营巢于灌丛、树林间空地或冻土带的矮树丛中。巢材主要为杂草及苔藓，内垫细草、毛发等。卵浅绿色、灰粉色或浅棕色，具暗褐色或浅红褐色斑点及灰紫色纹。孵卵由雌雄亲鸟共同承担。

种群现状和保护 分布较广，种群数量较丰富。在北方针叶林的部分地区为优势种。据估计，欧洲的种群数量为 500 万～800 万对，且种群数量稳定。在适宜环境的种群密度达每平方千米100 对以上。被列为中国三有保护鸟类。

小鹀的繁殖参数	
巢大小	外径 9.5 cm，内径 6.5 cm，深 4 cm
窝卵数	4～6 枚
卵大小	长径 16.5～20.2 mm，短径 13.5～14.5 mm
孵化期	11～12 天
育雏期	6～8 天

小鹀。左上图沈越摄，下图杨贵生摄

黄眉鹀

拉丁名：*Emberiza chrysophrys*
英文名：Yellow-browed Bunting

雀形目鹀科

形态 体长 13～15 cm。嘴角褐色，尖端黑褐色，下嘴基部较淡，呈肉色。脚肉色。雄鸟繁殖羽额、头顶、枕、后颈及头侧黑色，具白色中央冠纹，自头顶向后渐宽，眉纹长而宽阔，眼先呈黄色，眼后则呈白色；耳羽后部有一白色斑点；颚纹污白色，颚纹黑褐色；下体白色，胸及两胁具黑色纵纹，有时喉部有黑色斑点和细纹，胸侧有时微沾赭褐色；背和肩红褐色，具黑褐色纵纹，下背、腰及尾上覆羽棕红色；翅上小覆羽褐色，具淡色羽缘；中覆羽、大覆羽黑褐色，尖端白色，形成两道白色翼斑；飞羽黑色；尾黑褐色，最外侧 1 对尾羽大部白色，次外侧 1 对尾羽具楔状白斑。雌鸟羽色大致似雄鸟，但头为褐色，耳羽淡褐色，上体黑色纵纹亦较雄鸟多。

分布 繁殖于西伯利亚，每年秋季 9～10 月迁到中国来越冬。在国内分布于陕西北部、山西、河北、北京、天津、内蒙古、东北、山东、河南、江苏、上海、安徽、浙江、福建、江西、湖北、湖南、重庆、四川、贵州、广西、广东、澳门、香港和台湾，除长江流域和东南沿海地区为冬候鸟外，其他地区均为旅鸟。

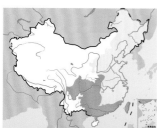

栖息地 栖息于河谷山坡上开阔的针叶林、生长茂盛的低矮松柏附近和混交林，常见于溪流岸边、林间路边、林缘地带，有时也到灌丛及农田活动。

鸣声 在生长茂盛的森林里，常栖息于树枝上鸣叫，鸣叫声清脆且持续时间较长，其后跟随有两个高音调，结尾很迅速。一般发出 "chueee swii-swii chew chew" 或者 "chueee tsriii wee-wee-wee tzizi-tueei" 的声音，有时也做尖锐的 "zick" 声，与小鹀相似；或者也发出 "ziit" 声，与灰头鹀相似。

习性 常单独活动，有时也结小群，也与其他鹀类混群活动。飞行时不断地将尾羽散开和收拢，露出白色外侧尾羽，偶尔作短距离跳跃。常在地面上觅食。性胆怯，受惊后藏匿于树丛中，或是穿梭于两树之间。

食性 繁殖期间，主要食各种昆虫和蜘蛛，非繁殖期主要以草籽、嫩芽、谷类等为食，亦食少许昆虫。

繁殖 在西伯利亚泰加林繁殖，繁殖期较晚。营巢于灌丛或低矮树木上，常在松树或云杉上筑巢，距地面高 1～2 m。巢呈杯状，巢材主要是干稻草，巢内垫细稻草和大量兽毛。窝卵数 3～5 枚，卵灰白色，被有黑褐色或铅灰色斑点。雌雄亲鸟共同孵卵，孵化期 11～12 天。

种群现状和保护 种群数量不丰富。在国外，分布范围内的大部分地区种群数量为罕见或少见，叶尼塞河中游地区为局部常见。IUCN 和《中国脊椎动物红色名录》均评估为无危（LC）。被列为中国三有保护鸟类。

黄眉鹀。左上图为雌鸟，下图为雄鸟。沈越摄

田鹀

拉丁名：*Emberiza rustica*
英文名：Rustic Bunting

雀形目鹀科

形态　田鹀体长约 15 cm。嘴褐色，尖端较深。脚肉褐色。雄鸟繁殖羽的头顶、眼先、枕、耳羽黑色，头顶中央有一不甚明显的土黄色冠纹，具有黑色羽冠；眉纹白色，耳羽后部有一白色斑点；颏、喉、颈侧白色，喉侧有一黑褐色斑点形成的颚纹；胸带和胁部栗红色，下体余部白色；肩、背至尾上覆羽红棕色，具宽的沙黄色羽缘及黑色纵纹；尾羽黑色，最外侧一对尾羽具大型白色楔状斑；尾下覆羽白色。非繁殖羽与繁殖羽的差别明显，后颈中间灰色，羽缘沙黄色，形成灰白色和沙黄色相杂的领斑；眉纹土黄色，眼先及眼后、耳羽棕褐色与棕黄色相杂；颚纹苍白色，呈弧状伸至后颈，与灰白色领斑相接；下体颏喉部淡土黄色，喉侧为黑褐色。雌鸟头顶黄褐色，羽基深灰色，体余部羽色均较雄鸟浅淡。

有 2 个亚种，指名亚种 *E. r. rustica* 头顶具纵纹，而堪察加亚种 *E. r. latifascia* 头顶纯黑色。

分布　堪察加亚种繁殖于西伯利亚东部，从贝加尔湖向东至阿纳德尔河和堪察加半岛，南至阿穆尔河口和库页岛北部；越冬于中亚和东亚。指名亚种繁殖于欧洲和亚洲北部，迁徙时经过俄罗斯南部、亚洲中部。中国仅分布有指名亚种，见于新疆西部、甘肃南部、宁夏、陕西、山西、河北、北京、天津、内蒙古、东北、山东、河南、江苏、安徽、上海、浙江、福建、江西、湖北、湖南、重庆、四川、云南南部、广东、澳门、香港和台湾，在新

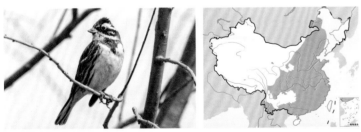

田鹀。左上图为雄鸟繁殖羽，沈越摄；下图为雌鸟，杨贵生摄

田鹀雄鸟非繁殖羽。沈越摄

疆西部和河北、山东以南为冬候鸟，其余地区为旅鸟。

栖息地　繁殖季节栖息于夹杂有杨树、柳树或其他落叶乔木的针阔混交林的低地沼泽，也停歇于伴有苔藓沼泽和矮树的河流沿岸。在西伯利亚中部，栖息于多沼泽的针叶林或者伴有赤杨、矮桦树的疏林，及被有薹草和泥炭藓的地上。春季气温较低的年份，田鹀更喜欢栖息于开阔和较干旱地带；春季气温较高的年份，它们趋向于在潮湿的冲积平原栖息。非繁殖季节也出现于干燥的低地林地、河岸灌丛和多种开阔地带。

鸣声　春季鸣声动听，平时发出尖锐的"tzik"声，经常以很短的间隔重复。在觅食期间发出"嗞、嗞"声，用以分散个体间的联系。

习性　秋季迁徙开始较早，从 7 月下旬或 8 月初开始迁徙。迁徙季节常呈 3 ~ 5 只小群，并与其他鹀类混群。性情活跃，很少停歇于一处，亦很少飞翔，飞翔距离很短。冬季常单独活动，不甚畏人。春季鸣声动听，常在灌木上鸣叫不停，活动于牧场、人工林及山坡、谷地。

食性　主要在地面取食，繁殖期间主要以各种杂草种子和无脊椎动物为食，如鳞翅目和鞘翅目昆虫；沿着公路两侧的灌丛一边觅食一边前进，经常钻入灌丛寻觅食物。

繁殖　繁殖期开始于 5 月下旬至 6 月上旬，营巢于靠近地面的附近有水的灌丛或草丛中。多数每年孵 1 窝卵，少数地方繁殖 2 窝。雌鸟筑巢，雄鸟负责寻找巢材。以杂草编织杯形巢，内垫细草、纤维及兽毛。窝卵数 4 ~ 6 枚。卵呈灰绿色或蓝绿色，具灰橄榄色或紫褐色斑，但无线状细纹。卵大小 20 mm×15 mm。主要由雌鸟孵卵，雄鸟参与较少。孵化期 12~13 天，雌雄共同育雏，留巢期 7~10 天，在离巢之后的 14 天内幼鸟还是需要亲鸟喂养。

种群现状和保护　曾经分布广泛，为常见种。据估计，欧洲的种群数量为 610万~ 1000 万对。但跟黄胸鹀一样受到非法捕捉和贸易的威胁，种群数量急剧下降。2016 年 IUCN 和《中国脊椎动物红色名录》仍评估为无危（LC），但 2017 年被 IUCN 提升为易危（VU）。取食草籽及昆虫，对人类有益。被列为中国三有保护鸟类。

黄喉鹀

拉丁名：*Emberiza elegans*
英文名：Yellow-throated Bunting

雀形目鹀科

形态 体长 15～16 cm。嘴黑褐色。脚肉色。雄鸟繁殖羽额基、颊、眼先、眼周、耳羽黑色，具黑色羽冠，头、眉纹黄色；颏黑色，喉黄色，胸腹部近白色，前胸具一半月形黑色块斑，胁部具黑褐色纵纹；背和肩部栗褐色，具黑褐色纵纹；飞羽黑色，外翈羽缘皮黄色；翼覆羽黑褐色，大覆羽和中覆羽具棕白色端斑，形成两道翼带；腰及尾上覆羽淡棕灰色；尾羽黑色，羽缘浅灰褐色，中央一对尾羽棕褐色，最外侧两对尾羽具白色大型楔状斑。雄鸟非繁殖羽似繁殖羽，但黑色部分沾沙皮黄色羽缘。雌鸟羽色似雄鸟，但羽色较淡，头部黑色部分转为褐色，眼先、颊和耳羽呈棕褐色，羽冠褐色缀黑色细纹，眉纹至枕后沙黄色；颏与上喉污沙黄色，下体灰白色，胸部无黑色块斑，胸侧及胁部缀栗色纵纹。

全世界计有 3 个亚种，上文所述是东北亚种 *E. e. ticehursti*，

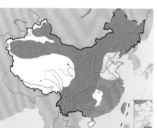

黄喉鹀。左上图为雌鸟，下图为雄鸟。沈越摄

它的羽色最为浅淡。另有指名亚种 *E. e. elegans* 整体颜色较深，而西南亚种 *E. e. elegantula* 介于两者之间。

分布 繁殖于俄罗斯远东地区、朝鲜、日本、中国，越冬于朝鲜、日本、中国和缅甸。在国内分布于甘肃、宁夏、陕西、山西、河北、北京、天津、内蒙古、黑龙江、吉林、辽宁、山东、河南、安徽、江苏、上海、浙江、福建、江西、湖北、重庆、四川、广东和香港，在东北地区及内蒙古呼伦贝尔为夏候鸟，在其他地区为冬候鸟或旅鸟。

栖息地 多栖息于 1000 m 以下的阔叶林、针阔叶混交林的林缘灌丛及草地，虽然在 1000 m 上的针叶林也有分布，但是很少分布于纯针叶林，大多是沿着公路两侧的次生杨桦林或混交林向上侵入的，高度不超过 1400 m。也栖息于稀疏树木或灌木山边草坡、河谷以及农田附近的次生林。

鸣声 叫声长而单调，发出 "tswit tsu ri tu tswee witt tsuri weee dee tswit tswit tsuri tu" 声，经常以很短的间隔重复发声，故偶尔听起来像是连续发声。黄喉鹀领域鸣唱的频谱结构相似，但种内个体有明显差异。雄鸟可容忍领域边界上同种邻居鸟的鸣唱，而对于陌生鸟的入侵，即使仅在领域边界上出现，也显示出十分不安，活动性明显加强。领域鸣唱具有宣告这一领地的归属作用，相邻的黄喉鹀，各自占领自己的领域，它允许邻居鸟在边界上出现，是由于在"划分"领域的过程中相互识别了各自鸣唱的特点，而且已被记住。黄喉鹀的对邻居鸟表现出一定程度的容忍，与占领领域一样，对整个种群有利，具有重要的生物学和能量学意义。

习性 常呈小群活动，即将进入繁殖期的个体成对活动。频繁活动于灌丛和草丛中，见人立刻跳入灌丛或飞走。

食性 繁殖期的食物以昆虫为主，主要包括鳞翅目和鞘翅目昆虫及其幼虫，也吃植物种子、嫩芽、果实等。

繁殖 繁殖期 5～7 月。一般每年繁殖 2 窝。巢址大都选择在斜坡次生林缘地面草丛、土坎灌草丛、田园耕地边缘草丛，巢周围一般有小杨树、小榆树、蕨类及苔草等。雌雄共同筑巢。巢很隐蔽，一般由 3 层构成，外层主要是干树叶、枯草叶等，中层为草茎、草根，内层铺垫细杂草、鸟羽、兽毛等。黄喉鹀护巢行为极其明显，只要其他黄喉鹀进入巢区，亲鸟便立刻飞至跟前鸣叫不已，直到外来者被驱走为止。窝卵数 4～6 枚。卵为灰白色，缀褐色斑。双亲在卵产齐后轮流孵卵。雏鸟晚成性，双亲共同育雏。

种群现状和保护 种群数量较丰富。IUCN 和《中国脊椎动物红色名录》均评估为无危（LC）。主要以昆虫为食，对农林牧业有益。被列为中国三有保护鸟类。

黄喉鹀的繁殖参数	
窝卵数	4～6 枚
卵大小	长径 16～20mm，短径 14～16mm
孵化期	13～14 天
育雏期	10～11 天

黄胸鹀

拉丁名：*Emberiza aureola*
英文名：Yellow-breasted Bunting

雀形目鹀科

形态 小型鸣禽，体长 14～18 cm，体重 20～30 g。雄鸟下颈和胸部呈黄色，横贯栗褐色横带。额、头顶、颏、喉为黑色，头后和上体为栗色或栗红色。两翅为黑褐色，翅上具一窄的白色横带和一宽的白色翅斑。尾为黑褐色，外侧两对尾羽具长的楔状白斑。尾下覆羽几乎是纯白色；下体余部为鲜黄色。

分布 繁殖地在欧亚大陆北部寒温带辽阔区域，从芬兰、挪威一直到俄罗斯远东地区。越冬地在中国、巴基斯坦以南的亚洲地区。在中国繁殖地位于西北和东北地区，包括新疆、内蒙古、黑龙江、吉林等。迁徙季节大群经过东北、华北、华中、华东各省区，亦于越冬季节见于西南和华南各省。其在中国的分布西线可抵青海、甘肃、西藏、新疆等。

鸣声 站在突出的栖处鸣唱，从早到晚，喋喋不休。鸣声似"啾 - 啾 - 啾"或"唧 - 唧 - 唧"，及柔软的"啼克——啼克——"，响亮而短促的叫声。也有婉转的歌喉，如"唯伊 - 唯伊 - 唯伊"或"啡哦哟——啡哦哟——啡哩——啼呦——啼呦——"，比较复杂。

栖息地 活动于低山丘陵、开阔平原地带的灌丛、苔原、草甸、草地和林缘地带，尤其喜欢溪流、湖泊和沼泽附近的灌丛、草地、芦苇荡，也栖息于有稀疏桦树、杨树、柳树的灌丛和草地。冬季在田间觅食而栖息于苇丛中。

习性 繁殖期间常单独或成对活动，非繁殖期则喜集成大群，特别是迁徙期间和冬季，集成数百至数千只的大群，最多达 3500～7000 只。

食性 繁殖期主要以昆虫和昆虫幼虫为食，也吃部分其他小型无脊椎动物。平时吃草籽、种子和果实等植物性食物。迁徙期间主要以谷子、稻谷、高粱、麦粒等农作物为食。

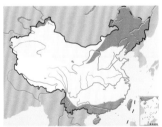

黄胸鹀。左上图为雌鸟，董江天摄；下图为雄鸟非繁殖羽，沈越摄

黄胸鹀雄鸟繁殖羽。马鸣摄

黄胸鹀的繁殖参数

繁殖期	5～7 月
窝卵数	3～7 枚
卵形状	卵圆形
卵壳颜色	白色或灰色，被有灰褐色或褐色斑纹
孵化期	12～14 天
孵化模式	双亲轮流孵卵
育雏期	13～14 天
育雏模式	双亲共同育雏

繁殖 繁殖期在 5～7 月。每年繁殖 1 窝。巢多筑于苔原、草原、沼泽、河边或湖边地上的草丛中，或灌木与草丛下的浅坑内，利用四周的草丛和灌木隐蔽，一般很难发现。巢呈碗状，外层由枯草叶和草茎构成，内层由更细的枯草茎和草叶构成，内垫动物毛发。

种群现状和保护 原本分布广泛而数量丰富，但近年来种群数量急剧下降，受胁等级一再提升。据估计，在 1980—2013 年间，该种全球数量减少了 84.3%～94.7%。2004 年被 IUCN 由无危（LC）提升为近危（NT），2008 年提升为易危（VU），2013 年提升为濒危（EN）。2016 发布的《中国脊椎动物红色名录》亦将其评估为濒危（EN）。到了 2017 年底，IUCN 进一步将其提升至极危（CR）。这主要是由于中国以及南亚、东南亚地区的过度捕杀所致。在中国，大量的黄胸鹀被捕捉并作为食物"禾花雀"贩卖。最早这一现象只是局限在中国南方的少部分地区，但是近年来生活条件改善反而导致这种"野味"愈加受到追捧，市场需求越来越大，为了获得足够的猎物，捕鸟人将恶魔之手伸到了更广的分布区。虽然 1997 年中国就已经禁止了此类贩卖，但是在黑市上每年的销量依旧十分巨大。每年难以数计的个体在迁徙途中和越冬地被捕杀，一些其他鹀类也连带遭难。同样的事情在南亚和东南亚的一些国家也很普遍。在柬埔寨，黄胸鹀会被捕捉用于寺庙放生仪式。此外，农业集约化、芦苇丛的减少、水库蓄水导致草场干旱等都导致其适宜栖息环境的缩减。在中国，黄胸鹀跟其他鹀类一起被列为三有保护鸟类。显然，目前的保护力度相对黄胸鹀岌岌可危的形势而言并不足够，无论是保护栖息地、宣传保护观念还是打击盗猎和非法贸易，都需要更有力度的实际措施。

栗鹀

拉丁名：*Emberiza rutila*
英文名：Chestnut Bunting

雀形目鹀科

形态　小型鹀类，体长 13～15 cm，体重 16～19 g。繁殖期雄鸟的头、喉、颈、上体为栗红色；翼和尾黑褐色；下胸至腹部为黄色。非繁殖期雄鸟相似繁殖期但色较暗，头及胸散洒黄色。雌鸟不如雄鸟艳丽，顶冠、上背、胸及两胁具褐色纵纹，腰棕色，无白色翼斑或尾部白色边缘。幼鸟的纵纹更为浓密。

分布　东亚地区特有鹀类，分布于俄罗斯、蒙古、朝鲜半岛、日本，越冬至东南亚、尼泊尔以及印度东北部。在中国主要分布在东部地区，如内蒙古、黑龙江（夏候鸟）、吉林、辽宁、河北、陕西、河南、山东、安徽、江苏、浙江、福建、江西、湖南、云南、广东、台湾、海南岛等地（冬候鸟）。

鸣声　鸣叫时多停于树顶或枝梢上，宏亮而带金属声。单音鸣叫时声低，似"唊——"或"啼克——啼克——"。歌曲为多个

音节，似"嘹-嘹-哩-"或"嘀噢——嘀噢——嘀噢咿——哦——哦咿——噢咿——分哦——分哦——分哦——"，连续不断。

习性　迁徙性。繁殖于俄罗斯西伯利亚南部、远东地区以及蒙古北部。9 月份开始向中国东部迁徙，越冬于中国南部以及东南亚地区。

栖息地　喜栖于泰加林区、山麓、草原或田间。在西伯利亚湖畔、泥炭沼泽地、北方的柳林、灌木丛或草甸都可能见到。

食性　杂食性，繁殖期以昆虫及幼虫为主。非繁殖期以杂草种子、谷物、树木鳞芽等为食。

繁殖　繁殖期始于 5 月，主要在 6 月。6 月上旬产卵。巢筑于落叶松林下灌丛和草丛的地面上，以细干草构成，内垫羽毛和细根。窝卵数 4～5 枚。

种群现状和保护　IUCN 和《中国脊椎动物红色名录》均评估为无危（LC）。被列为中国三有保护鸟类。

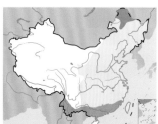

栗鹀的繁殖参数	
巢大小	外径 10.8 cm，内径 6.2 cm，深 4.7 cm
窝卵数	4～5 枚
卵壳颜色	壳砂黄色，壳斑灰褐色，表斑为淡橄榄色，并散有黑色点斑和线纹
卵大小	长径 17～18.3 mm，短径 13.7～14.2 mm

栗鹀。左上图为雄鸟，下图为雌鸟。沈越摄

黑头鹀

拉丁名：*Emberiza melanocephala*
英文名：Black-headed Bunting

雀形目鹀科

形态 小型鹀类，体长 15～17 cm，体重 29～33 g。通体呈鲜艳的栗黄色，繁殖期雄鸟头顶为黑色。上体呈鲜栗色；下体为黄色而无纵纹。

分布 主要见于欧洲东南部和亚洲西部，越冬于亚洲西南部。在中国为迷鸟或旅鸟，记录于新疆、西藏、云南、浙江、福建、广东和台湾，非常罕见。

栖息地 喜栖于开阔的干旱平原，包括农耕区、矮树林带、沙漠腹地、山前旷野、灌木丛及绿洲等。

鸣声 繁殖期雄鸟叫声十分悦耳，声似"吱噗——吱噗——吱噗——"，或者"哧瑞特——哧瑞特——"，重复鸣叫。雄鸟喜欢站立枝头，仰头大声歌唱"啾——啾——唧唧啾啾——"，与褐头鹀的鸣唱极其相似。

习性 喜欢集大群活动，四处漂泊，最远的迁徙距离达到 7000 km。有的时候成千上万只云集于成熟的谷地，如被农民驱赶飞至附近的大树上时，可使全树成黄色。

食性 采食植物种子、浆果、谷物等，亦食昆虫。

繁殖 繁殖期为 5～7 月。在低矮的丛林或地上筑巢。窝卵数 4～5 枚，也有的时候是 6～7 枚。孵化期约为 13 天，大约哺育 10 天幼鸟就离巢了。

探索与发现 不同于其他雀形目鸟类，黑头鹀每年换羽 2 次，

这可能与其栖息于炎热的干旱环境及进行长距离飞行有关。在保加利亚，科学家发现其建巢于大翅蓟 *Onopordum acanthium* 丛中，并导致死亡率高得异常，这被认为是植物生态陷阱的一个典型例子。在伊朗北部，黑头鹀与褐头鹀的分布区重叠，会有天然杂交现象，尽管分子数据表明二者之间存在一定的遗传分歧。在中国，黑头鹀是一种难得一见的小鸟，偶然会出现在塔克拉玛干沙漠腹地，其活动踪迹极其神秘。

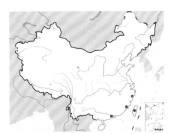
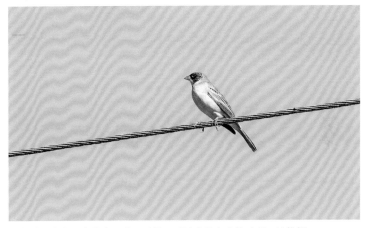

黑头鹀。左上图为雌鸟，董江天摄；下图为雄鸟非繁殖羽，沈越摄

黑头鹀雄鸟繁殖羽，董磊摄

褐头鹀

拉丁名：*Emberiza bruniceps*
英文名：Red-headed Bunting

雀形目鹀科

形态 体形略大，体长 16～18 cm，体重 23～29 g。羽色较鲜丽。头、喉及上胸为黄栗色，除翅和尾外，全体余部大致为金黄色。成年雄鸟易识，头及胸为栗色而与颈圈及腹部的艳黄色成对比。非繁殖期雄鸟相似但较暗。雌鸟上体为浅沙皮黄色，下体为浅黄色，头顶及上背具偏黑色纵纹。

分布 繁殖地在中亚干旱地区，如俄罗斯、哈萨克斯坦等地。越冬地在印度、孟加拉、巴基斯坦、阿富汗、伊朗等。在中国为夏候鸟，只分布于西部荒凉的干旱地区，如新疆。

栖息地 生活于开阔地区的绿洲、荒漠草原、半荒漠的灌丛和草丛中。在真正沙漠中的小绿洲（如梭梭林）和山区荒地也能见到，常落在多水的人造景观中、麦地和住宅附近的树上。一般在海拔 1000 m 左右高处，很少到更高的山上。

鸣声 鸣声为沙哑的单调"啼喂噗——啼喂噗——"声，也有金属音般的"叽噗——叽噗——叽噗——"叫声，或沙瑟的"噗瑞特——噗瑞特——"的联络声。经常会站在电线上，放声歌唱。

歌声如"唧啾——啾——唧唧啾——啾——"重复不断。

食性 以植物性食物为主，其中以各种谷物最多，也食杂草籽和其他野生植物种子。繁殖季节多捕捉昆虫及其幼虫育雏。

繁殖 5 月底开始由雌鸟筑巢，营巢于麦地附近低矮灌木丛中。巢粗糙而松软，由两层构成，外层由各种新鲜的禾本科草茎构成，内层为较细的干草、细根并混有兽毛。窝卵数 3～5 枚。

种群现状和保护 IUCN 和《中国脊椎动物红色名录》均评估为无危（LC）。被列为中国三有保护鸟类。作为中亚地区独具特色而狭域分布的物种，由于杀虫剂和除草剂等农药滥用，加上捕捉、买卖和笼养，而面临种群数量急剧下降的危险，迫切需要加强保护和管理。

探索与发现 褐头鹀与黑头鹀的雌鸟和幼鸟都难以区分，雄鸟的叫声也非常相似。二者的分类关系一直让人捉摸不透。褐头鹀的成鸟终年以植物性食物为主食，剖胃分析，经常见到大量的谷物和种子，显然对农业会造成一定损害。因此褐头鹀虽然看上去很漂亮，但并不受农民待见。

褐头鹀的繁殖参数	
巢大小	外径 11～16 cm，内径 6～9 cm，高 7～11 cm，深 4～6 cm
窝卵数	3～5 枚
卵壳颜色	白色或淡绿色，具暗褐色斑点
卵形状	椭圆形
卵大小	20.7 mm × 15.6 mm
孵卵模式	雌鸟孵化
育雏模式	双亲喂养

褐头鹀。左上图为雌鸟，董江天摄；下图为雄鸟繁殖羽，魏希明摄

灰头鹀

拉丁名：*Emberiza spodocephala*
英文名：Black-faced Bunting

雀形目鹀科

形态 体长约 14 cm。雄鸟繁殖羽的嘴基、颏和眼先黑色；头、颈和胸绿灰色沾黄色，胸部具褐色纵纹，腹部黄白色，两胁棕褐色，具有黑褐色纵纹；上背和肩橄榄绿色，具黑色纵纹，缀黄褐色羽缘；下背、腰和尾上覆羽淡橄榄褐色，飞羽暗褐色，外缘淡赤褐色；大覆羽、中覆羽黑褐色，小覆羽淡红褐色，羽缘色淡，羽端棕白色；尾羽黑褐色，最外侧 1 对尾羽几乎全为白色。雌鸟繁殖羽的眉纹淡黄色；耳羽褐色，缀细的黄色条纹；眼先、眼周和颊纹皮黄白色，颊纹延伸至颈侧；头顶至后颈橄榄褐色，具黑褐色纵纹；喉及上胸淡黄色，前胸沾棕色，具褐色纵纹，腹部至尾下覆羽呈黄白色，两胁具黑色纵纹；其余似雄鸟。

全世界计有 3 个亚种，上文所述是指名亚种 *E. s. spodocephala*。另有日本亚种 *E. s. personata* 羽色整体较深，喉中央几乎是纯黄色，没有绿色或灰绿色着染；西北亚种 *E. s. sordida* 喉无黄色，头、颈、喉和上胸为橄榄色。

分布 指名亚种繁殖于俄罗斯东部、蒙古北部和朝鲜北部，

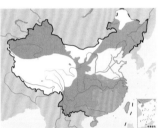

灰头鹀。左上图为雄鸟，沈越摄，下图为雌鸟，董磊摄

灰头鹀的繁殖参数	
巢大小	外径 10.1 ~ 10.9 cm，内径 7.2 ~ 8.4 cm，深 5.6 ~ 6.0 cm
窝卵数	4 ~ 6 枚
卵大小	长径 18 ~ 21 mm，短径 13 ~ 16 mm
孵化期	12 ~ 13 天
育雏期	10 ~ 11 天

在中国繁殖于内蒙古呼伦贝尔、黑龙江、吉林、辽宁，在国内其他地区为旅鸟或冬候鸟。西北亚种为留鸟，繁殖于中国中东部地区，从甘肃北部、青海东北部一直到四川西部、云南北部、湖北北部及东部、贵州中部；冬季见于尼泊尔中部、印度东北部、缅甸北部和中南半岛。日本亚种繁殖于千岛群岛、日本和萨哈林岛，越冬于缅甸、不丹和尼泊尔等地，在国内为旅鸟或冬候鸟，分布于江苏、浙江、广西、广东和台湾。

栖息地 栖息于林缘疏林灌丛，尤其喜栖于林间公路两侧的次生林和灌丛，也出现在农田。常活动于灌丛底层或地面草丛。

鸣声 迁到巢区不久，雄鸟很快就开始占区鸣唱。从 4 月中下旬开始至 6 月初为鸣唱盛期，亲鸟开始孵卵之后，雄鸟鸣声逐渐稀落，当第一窝雏鸟孵出后，亲鸟在准备第二窝营巢时，鸣声又开始增加，形成第二次鸣唱高峰，但持续时间较短。若有人走近巢，雌鸟则立即飞到巢旁边的树上惊慌失措，乱跳乱飞，发出"jiu jiu jiu -jiu jiu jiu"的呼叫声。有时灰头鹀也发出"twee twee tsitsit prewprew zrii"的叫声，随后"ziriritt zeezee tew"紧跟"psew zereret zeetew"之后，鸣啭多样化，但一般都是以"tew"结尾。

习性 繁殖季节单独或成对活动。非繁殖季节成小群或家族群活动。春天较早迁来繁殖地，4 月上旬至 5 月上旬即到达繁殖地。最初迁来的群体以雄性个体较多。生性大胆，不甚畏人，常能与人非常接近，活动范围小，常在距巢 100 ~ 150 m 的范围内活动，活动方式是在灌丛中短距离飞翔前进。

食性 主要以昆虫及其幼虫为食，有时也食植物种子、嫩芽和果实等植物性食物。在菲律宾民都洛岛上，灰头鹀被观察到食用燃烧后掉落在地上的淡黄色草籽。

繁殖 繁殖期 5 ~ 7 月。一年繁殖 1 ~ 2 窝。营巢于较为开阔的河谷、农田附近及林间公路两边的次生林、灌丛中。巢多筑于较为隐蔽的地面草丛中、树根下、草堆旁。巢为圆形，由树叶、枯草茎、松针等筑成，内垫兽毛和羽毛。筑巢一般需要 6 ~ 8 天，雌雄共同筑巢，巢材从距营巢地 30 ~ 200 m 的地方衔取。窝卵数 4 ~ 6 枚，卵多青灰色，具红褐色斑纹。双亲轮流孵卵，孵化期 12 ~ 13 天。雏鸟晚成性，育雏任务大部分由雌鸟完成。

种群现状和保护 分布较广，种群数量较丰富，在分布范围内的适宜环境中为常见种。IUCN 和《中国脊椎动物红色名录》均评估为无危（LC）。被列为中国三有保护鸟类。

灰鹀

拉丁名：*Emberiza variabilis*
英文名：Gray Bunting

雀形目鹀科

形态　体长 14～17 cm。嘴黑灰色，下嘴基部肉褐色。脚肉色。雄鸟繁殖羽通体石板灰色，下体色较淡；肩及背部具黑褐色纵纹；飞羽黑褐色，大覆羽、中覆羽灰黑色，沾淡灰色羽缘，小覆羽灰色；尾羽黑褐色。雄鸟非繁殖羽似繁殖羽，但上体、喉和胸羽缘呈红棕色，腹以下羽缘呈灰白色。雌鸟繁殖羽赤褐色，头顶暗栗色，中央冠纹、眉纹和颊纹淡色，耳羽褐色，颚纹黑褐色；颏和喉皮黄白色，其余下体淡皮黄色，胸和两胁具黑褐色纵纹；肩和背部暗褐色，具黑色纵纹；腰和尾上覆羽暗栗色，羽缘为锈红色；大覆羽、中覆羽黑褐色，羽缘淡棕色，尖端污白色，形成两道白色翼斑；尾羽褐色，沾赭棕色羽缘。雌鸟非繁殖羽似繁殖羽，但头及上体沾橄榄褐色和锈褐色羽缘，下体沾橄榄褐色羽缘。

分布　繁殖于俄罗斯东部勘察加半岛、千岛群岛、萨哈林岛和日本。在中国为旅鸟，分布于宁夏、江苏、上海和台湾，迷鸟偶见于内蒙古阿拉善左旗的贺兰山。8月开始从繁殖地往南迁徙，但大群体的迁徙是在 9 月，一小部分个体的迁徙在 11 月；3～4

 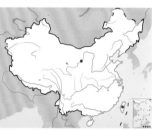

灰鹀。左上图为雌鸟，林孙锋摄（Flickr/CC BY-SA 2.0）；下图为雄鸟，Alpsdake摄（维基共享资源/CC BY-SA 3.0）

月迁离越冬地。

栖息地　喜欢栖息于针叶林、针阔混交林及林缘地带，灰鹀出没的地方往往伴有茂密的植物，如灌丛、矮竹林附近。在山上，一般活动于海拔 1000～1800 米的地方。在冬季，发现栖息于附近有溪流的常绿森林中，也在城郊公园中活动，甚至活动于边缘有树林的开阔的农田地带。

鸣声　在灌木丛或草丛中鸣叫，发出"swee swee chi-chi-chi"的叫声，由 3～5 个不同音节组成，刚开始鸣叫时发出婉转的持续时间很长的音节，而且非常缓慢。

习性　繁殖期间成对或单独活动，非繁殖期成 3～8 只的小群活动。在地上灌丛或草丛中觅食。性胆怯，畏人，遇人隐匿于灌丛中。

食性　目前对于该种鸟的食性知之甚少，可能以小型无脊椎动物、种子、浆果类为食，通常在地面觅食。

繁殖　繁殖期开始于 6 月，7 月达到高峰。营巢于灌木或草丛下。用根须、草茎、竹子的枯叶等筑巢，内垫兽毛。窝卵数 5 枚，卵白色或灰白色，缀小的黑褐色斑点，卵大小为 (21.5～22.5) mm×(16～16.5) mm。雌雄亲鸟轮流孵卵，孵化期 12 天。双亲共同育雏，育雏期 11 天。

种群现状和保护　IUCN 和《中国脊椎动物红色名录》均评估为无危（LC）。在中国种群数量稀少，被列为中国三有保护鸟类。

苇鹀

拉丁名：*Emberiza pallasi*
英文名：Pallas's Bunting

雀形目鹀科

形态　体长 13～14 cm。上嘴黑色，下嘴褐色。脚褐色。雄鸟繁殖羽头、喉和上胸黑色，颈领斑白色；眼先、颊及耳羽黑褐色，颏基浅棕黄色；颚纹白色，向后延伸到耳羽下后方与白色颈领斑相接，向下又和胸侧的白色部分相连接；下体余部及两胁白色；背灰黑色，具灰白色羽缘；腰及尾上覆羽基部黑色，端部白色；中央一对尾羽黑褐色，内翈边缘白色，最外侧一对尾羽具楔状白斑，羽轴黑色，其他尾羽黑色；翅初级飞羽和次级飞羽的外翈边缘具极细的白色边缘，三级飞羽和大覆羽、中覆羽黑色，小覆羽灰色。雄鸟非繁殖羽的头、颈、背及肩部黑色，均具棕皮黄色羽缘。雌鸟颚纹黑色，额、头顶、耳羽黑褐色，头顶有细纵纹，眉纹、颊纹白色，下体白色，其余似雄鸟。

有 3 个亚种，中国分布有指名亚种 *E. p. pallasi* 和东北亚种 *E. p. polaris*。指名亚种上体稍大，体羽色较浅；而东北亚种上体羽色深，体较小，且纵纹粗著。

分布　指名亚种繁殖于阿尔泰山脉和萨彦岭，往东到外贝加尔和阿穆尔州西部，南至蒙古北部，在国内分布于内蒙古阿拉善左旗（贺兰山）、乌海、包头（旅鸟），新疆，宁夏，甘肃武威、兰州（冬候鸟）；东北亚种分布于西伯利亚中部和东部，在国内繁殖于东北地区和内蒙古呼伦贝尔、兴安盟，在陕西、山西、河北以南地区为旅鸟或冬候鸟。另有亚种 *E. p. lydiae* 繁殖于西伯利亚南部和蒙古。

栖息地 栖息于淡水湖及河流两岸苇丛、沼泽地及附近灌丛草地、开阔的针阔混交林。

鸣声 鸣声单调，包含一系列相似的音节，如"chi chi chi chi chi chi"或者"srri srri srri srri srri srri"，lydiae 亚种的叫声在结构上很相似，但鸣声的主旨有细微不同，如"tsisi tsisi tsisi"，指名亚种经常发出"chlip"或者"tsilip"。

习性 繁殖季节常成对或单独活动，其他季节呈3～8只小群活动。不畏人，生性活泼，常穿梭来往于灌丛草地以寻觅食物。在内蒙古乌梁素海常见3～5只成群活动于苇滩、沙枣树上、芨芨草滩。

食性 在繁殖期主要以无脊椎动物为食，也吃各种草籽、植物嫩叶等；在冬季主食草籽。

繁殖 在北半球繁殖期6～7月。营巢于灌丛中，巢呈碗状。巢材由莎草、落叶松的枯叶、兽毛等组成。窝卵数3～5枚。卵

呈奶油白色，被有暗褐色斑点，也有一些不规则条纹。主要由雌鸟孵卵，孵化期11天。雌雄共同育雏，育雏期10天。

种群现状和保护 在我国种群数量较丰富。IUCN 和《中国脊椎动物红色名录》均评估为无危（LC）。以杂草籽为食，也捕食昆虫，在植物保护和维持生态平衡方面都有一定的意义。被列为中国三有保护鸟类。

红颈苇鹀
拉丁名：*Emberiza yessoensis*
英文名：Ochre-rumped Bunting

雀形目鹀科

形态 体长14～15 cm，体重13～14 g。虹膜暗褐色。上嘴角黑色，下嘴褐色。脚褐色。雄鸟繁殖羽头顶至枕部以及颏喉部羽基黑色，颏前缘及颚纹白色微沾淡棕色，具不明显棕白色眉纹；后颈、背部至尾上覆羽栗色，背具黑褐色粗纵纹；下体胸以后污白色，并向颈侧延伸，两胁稍沾沙黄色；翅黑褐色，具淡色羽缘，小覆羽灰色；中央尾羽葡萄沙色，外侧两对尾羽具楔状白斑，其余尾羽黑色。雄鸟非繁殖羽头和上体具宽的栗色和赭色羽缘，使头部纵纹呈黑色和栗色交杂；眉纹皮黄色，耳羽黑色具皮黄色条

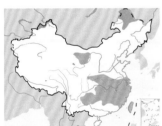

苇鹀。左上图为雄鸟繁殖羽，下图为雌鸟。杨贵生摄

红颈苇鹀。左上图为雄鸟非繁殖羽，杨贵生摄；下图为雄鸟繁殖羽，聂延秋摄

纹；颊至喉皮黄白色，具黑色细纹，有一明显的灰黑色颚纹；背具宽的栗色或皮黄色羽缘，其余似繁殖羽。雌鸟和雄鸟非繁殖羽相似，但下体较少纵纹且体色淡，颊和耳羽下缘有皮黄色细纹，眉纹皮黄白色，黑色颚纹较粗。

分布　有 2 个亚种。指名亚种 *E. y. yessoensis* 繁殖于日本南部和中部，越冬于日本南部、朝鲜和韩国。东北亚种 *E. y. continentalis* 繁殖于蒙古东部、俄罗斯远东地区和中国东北；越冬于中国南方。国内仅见东北亚种，分布于河北、北京、天津、内蒙古、东北、山东、江苏、浙江、上海、福建、广东及香港，在黑龙江和吉林为夏候鸟，每年 4 月上旬迁至东北繁殖，大约在 10 月末 11 月初向南迁徙越冬。

栖息地　栖息于湖边及河流两岸灌丛及苇丛中，在低山丘陵林缘及湿地草原也有发现。冬季出现在近水的开阔种植地和农田里，也见于沿海沼泽地带。

鸣声　常在高草茎或者芦苇梢上鸣叫。指名亚种鸣声包括 "tsui tsui chrin" 这样简短的音节，而东北亚种有细微差异，为 "chuwi chiwu siip pssriii dsiii"。飞行时发出 "bziu" 声。

习性　成对或单独活动，也常结成 30～40 只小群，在沙地或林地的草丛附近活动。飞行高度很低，经常贴草甸上飞行，高度极少超过 1 m。飞行力弱，多作短距离飞行，飞不多远就停息在较高的枯萎蒿杆上鸣叫。鸣声尖锐，单调而重复，在百米内可以听清。警觉性很高，遇人立刻隐藏于灌丛中。

食性　以杂草籽和谷粒为食，繁殖季节主要以昆虫为食。杨学明剖胃观察发现，红颈苇鹀也吃大量的鳞翅目、鞘翅目等昆虫及少数昆虫幼虫，如蛾类和蝗虫幼虫等。除此以外，它们也食用类似淡水螺等小型无脊椎动物。

繁殖　繁殖期 5～7 月。5 月中上旬便能见到雄鸟和雌鸟成对追逐于灌丛及草地上，雄鸟站在植物顶部鸣叫求偶，早上鸣叫最为强烈。5 月中开始营巢，巢筑于湿地灌丛及草丛中，较为隐蔽。巢呈碗状，主要由枯草叶、茎及马尾等构成。5 月上旬至 6 月下旬产卵，雌鸟负责孵卵，雄鸟不参与孵化，只担任警戒任务。卵呈污白色或灰白色，椭圆形，具黄褐色或紫褐色斑点和条纹。

种群现状和保护　种群状态为罕见到少见，分布狭窄。近来证实在蒙古东部地区有繁殖。IUCN 和《中国脊椎动物红色名录》均评估为近危（NT）。被列为中国三有保护鸟类。

红颈苇鹀的繁殖参数	
巢大小	外径 8～10 cm，内径 5.5～6.3 cm，高 6.5～7 cm，深 3.5～4 cm
窝卵数	5～6 枚
卵重	1.45～1.80 g
卵大小	13 mm×17 mm
孵化期	15 天
育雏期	16 天

芦鹀

拉丁名：*Emberiza schoeniclus*
英文名：Reed Bunting

雀形目鹀科

形态　体长 14～16 cm。上嘴黑褐色，下嘴色淡。脚黑褐色。雄鸟繁殖羽额至枕部黑色，颚纹白色，从嘴角向后一直延伸到颈侧；后颈和颈侧白色，羽端稍灰棕色，形成一灰白色领圈；颏、喉部具大型黑斑，羽端白色；下体污白色，胸部稍沾皮黄色，体侧及胁部具浅棕色细纵纹；肩、背部红褐色具宽的黑色羽干纹，腰及尾上覆羽灰色，羽端稍沾灰棕色；尾羽近黑色，最外侧一对外翈除端部外均白色，内翈具大型楔状白斑。雄鸟非繁殖羽颈、颏、喉和上胸中央的黑色羽毛均具有宽的皮黄色羽缘，白色领圈亦多具灰色或灰褐色羽缘，从而使其不明显，其余似繁殖羽。雌鸟非繁殖羽和雄鸟非繁殖羽相似，但头顶更显棕色，头顶两侧栗褐色，耳羽棕褐色，并杂有黑色，眉纹皮黄色，颊纹及颈侧白色，颚纹黑沾棕褐色，胸部比雄性具更多的褐色，并具深褐色纵纹，上体羽缘红棕色。雌鸟的换羽情况和雄性相似，但更不彻底，新换上来的羽衣很像旧的，磨损后使头顶逐渐变暗，但从不成为纯黑色；

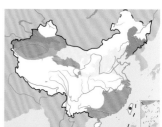

芦鹀。左上图为繁殖期雄鸟，魏希明摄；下图为雌鸟，杨贵生摄

下体更白，但不似雄性那样纯白色。

目前，多数学者认为芦鹀全世界有 15～20 个亚种，中国有 7 个亚种。其中，新疆亚种 *E. s. pyrrhuloides* 的翅较长（84～92 mm），羽色最淡；疆西亚种 *E. s. pallidior* 的翅较短（74～82mm），头部纯黑，无黄白色羽尖，上体具较宽黑色纵纹；东北亚种 *E. s. minor* 的翅短（70～79 mm），头部黑色，头侧羽尖呈黄白色，具白色项圈，上体羽色淡黄栗色。

分布 从伊比利亚半岛向东一直到堪察加及日本北部，在欧洲向北达 70°N，如挪威、芬兰与俄罗斯北部，南到荷兰、比利时、德国、丹麦、斯堪的纳维亚南部、英国、波罗的海周围国家以及法国南部、西班牙东南部、巴尔干半岛等地，冬季迁往地中海诸岛、小亚细亚、伊朗北部、埃及、伊拉克、印度北部、日本南部、中国及非洲西北部。在国内分布于新疆、甘肃、青海、宁夏、陕西、山西、河北、北京、天津、东北、湖南、江苏、福建、上海、浙江、广东、香港、澳门和台湾。

栖息地 栖息于湿地长势旺盛的芦苇丛中，也活动于河边及内陆水域附近的草丛。在西伯利亚，其繁殖地在有柳树和灌丛草地的泛滥平原和森林冻原，但不进入针叶林。在冬季，芦鹀也发现于相似生境，在开阔的农田、疏林边缘及杂草丛生的地带也有其踪迹。

鸣声 一般鸣声包括几个重复的单元，如 "sripp srip sriia srrissriisrii" 或者 "zrrit zrrit zrrit zrrit zrrururu"，传递信息简洁明了。有时也发出特征性的 "siuu" 声。在迁徙过程中，芦鹀在空中发出 "brzii" 的叫声。

习性 繁殖期间常单独或成对活动，迁徙季节集群活动，生性活泼，遇人隐匿于灌丛中。

食性 繁殖期间主要以无脊椎动物为食，也吃植物种子和植物嫩叶等，非繁殖期以植食性食物为主，但也食昆虫。

繁殖 繁殖期从 4 月初开始，一直持续到 8 月，繁殖期的早晚取决于纬度和海拔的高低。每年繁殖 2 窝，偶尔 3 窝。在中国繁殖期为 5～7 月。营巢于灌丛或苇丛中，一般离地面高度为 4 m。雌鸟筑巢。巢呈杯状，巢材主要为树枝、树叶、草及少量苔藓，内垫细草和兽毛等。卵为椭圆形，淡橄榄褐色，也有淡绿或皮黄色的，少数淡蓝色或蓝灰色，有的具有很少的深黑褐色的粗大斑纹及点斑，斑点的边缘棕褐色。雌雄亲鸟轮流孵卵，但主要由雌鸟承担。孵化期 13～14 天。双亲共同育雏。

芦鹀的繁殖参数

巢大小	外径 8 cm，内径 6.5 cm，深 3.5～4 cm
窝卵数	4～7 枚
卵大小	19.8 mm×14.6 mm
孵化期	13～14 天
育雏期	10～13 天

种群现状和保护 分布广，种群数量多。据估计，在 20 世纪末，欧洲的种群数量至少有 480 万对，然而，1980 年种群数量开始下降。IUCN 和《中国脊椎动物红色名录》均评估为无危（LC）。被列为中国三有保护鸟类。

白冠带鹀

拉丁名：*Zonotrichia leucophrys*
英文名：White-crowned Sparrow

雀形目鹀科

体形较大的鹀类，体长约 17 cm。具白色顶冠纹和黑色侧冠纹，眼先、脸颊、颏喉、颈侧至整个胸部和上腹污灰色，眼后具细黑色眼纹，宽阔的长白色眉纹延至枕后；上体棕褐色，具黑色粗纵纹；下体灰白色，具黑色细纵纹；翅红褐色，具两道明显的白色翼斑；腰及尾羽棕褐色。主要分布于北美洲，繁殖于北美洲中北部，越冬于北美洲中南部，南至墨西哥，偶见跨越白令海游荡至俄罗斯、日本、韩国等东北亚地区。在中国为迷鸟，记录于内蒙古东北部。需要注意的是，在新的分类系统中，本种与其他带鹀属 *Zonotrichia* 鸟类一起被分到了美洲鹀科（Passerellidae）。

白冠带鹀。左上图Dick Daniels摄（维基共享资源/CC BY-SA 3.0）

参考文献

陈百春，陈君，1999.灰喜鹊繁殖习性观察 [J].湖北林业科技，(3)：22-23.

陈彬，1985.毛腿沙鸡冬季食性的初步分析 [J].自然资源研究，7 (4)：44-47.

陈服官，罗时有，郑光美，等，1998.中国动物志·鸟纲（第 9 卷）[M].北京：科学出版社.

陈劲，杨贵生，张莉，等，2011.内蒙古锡林浩特市鸟类资源调查 [J].四川动物，30 (1)：131-135.

陈灵芝，孙航，郭柯，2015.中国植物区系与植被地理 [M].北京:科学出版社.

陈文婧，杨贵生，2012.内蒙古乌兰浩特市鸟类区系组成及群落结构分析 [J].内蒙古大学学报（自然科学版），43 (4)：423-430.

陈曦，2010.中国干旱区自然地理 [M].北京：科学出版社.

杜恆勤，1965.喜鹊在泰山地区繁殖习性的初步研究 [J].动物学杂志，(1)：

方克艰，李显达，郭玉民，等，2008.嫩江高峰林区燕雀的迁徙研究 [J].野生动物，03：121-123+127.

付立波，王学斌，姜秀，1999.燕雀发声核团体积与睾丸体积相关性的研究 [J].长春师范学院学报，05：44-46.

傅承钊，1986.新发现的白尾海雕繁殖区 [J].野生动物，(04)：33-34+15.

傅桐生、宋榆钧、高玮等.1998.中国动物志·鸟纲（第 14 卷）.北京：科学出版社.

高玮，2002.中国隼形目鸟类生态学 [M].北京：科学出版社.

高武，鲁晓辉，陈卫，1989.苍头燕雀在北京的新记录 [J].北京师范学院学报（自然科学版），03：98.

郭冷，1977.凤头百灵繁殖习性的初步研究 [J].动物学杂志，12 (2)：41-43.

郭玉民，2002.黑龙江省西部和中部林栖鸟类迁徙的研究 [D].哈尔滨：东北林业大学

郝赢，周晓梅，李海也，2014.观鸟族的旅行:天空飞过的痕迹才是风景 [J].城市地理，2014 (06)：74-83.

何芬奇，DAVID M，邢小军，等，2002.遗鸥研究概述 [J].动物学杂志，37 (3)：65-68.

胡宝文，马鸣，热合曼，等，2010.艾比湖大白鹭的繁殖及雏鸟生长发育模式 [J].生态学杂志，29 (6)：1203-1207.

黄人鑫，高行宜，1989.阿尔金山及其毗邻地区鸟类食性的初步研究 [J].四川动物，8 (3)：34-36.

蒋志刚，江建平，王跃招，等，2016.中国脊椎动物红色名录 [J].生物多样性，24 (5)：500-551.

雷富民，卢建利，尹祚华，等，2003."褐背拟地鸦"是"地山雀"[J].动物分类学报，28 (3)：554-555.

李炳华，1984.红嘴蓝鹊的繁殖习性 [J].野生动物学报，(1)：18-20.

李丹雪，2008.灰头鹀Emberiza spodocephala 繁殖期的鸣声分析及其生物学意义 [D].哈尔滨：东北林业大学

李敏，陈文婧，魏炜，等，2012.内蒙古中部地区繁殖鸟类多样性调查 [J].动物学杂志，47 (3)：102-108

李敏，杨贵生，邢璞，等，2011.内蒙古乌海民航机场鸟类多样性与鸟撞研究 [J].生态学杂志，30 (8)：1678-1685.

李佩珣，于学锋，迟清，1989.黄喉鹀繁殖期鸣声结构的初步研究 [J].野生动物 (06)：47-50.

李声林，王希明，朱晓华，等，2001.青岛市燕雀迁徙规律研究 [J].山东林业科技，02：24-25.

李新，杨贵生，姜春扬，等，2007.呼和浩特白塔机场春季鸟击危险等级评估 [J].动物学研究，28 (2)：161-166.

李新，杨贵生，王晓东，等，2006.呼和浩特市区冬季鸟类区系调查研究 [J].内蒙古大学学报（自然科学版），37 (4)：441-445.

李永新，1959.北京郊区秃鼻乌鸦食性分析初步报告 [J].动物学杂志，(10)：226-230

刘焕金，1985.白尾鹞冬季生态观察 [J].动物学研究，6 (4)：421-422.

刘焕金，高尚文，1987.红嘴山鸦的数量动态 [J].四川动物，(3)：20-22.

刘焕金，苏化龙，任建强，等，1968.关帝山雀鹰的繁殖生态 [J].动物学杂志，(06)：10-13.

刘焕金，1979.一窝凤头百灵的繁殖过程 [J].动物学杂志，14 (2)：30-31.

刘丽秋，张立世，李时，等，2016.栗斑腹鹀鸣声质量与繁殖投入关系研究 [J].东北师范大学报（自然科学版），48 (03)：110-114.

刘亚春，2012.红眉朱雀的栖息繁殖 [J].中国林业，02：34.

刘莹，杨贵生，王红霞，等，2009.包头民航机场鸟类群落结构及鸟击防范对策研究 [J].安全与环境学报，9 (5)：120-127.

卢欣，郭东龙，1990.太原地区越冬小鸦头骨的骨化过程及种群结构的初步分析 [J].山西大学学报（自然科学版），13 (02)：217-221.

罗志通，马鸣，1991.小嘴乌鸦繁殖习性的初步观察 [J].干旱区研究，(3)：25-26.

吕艳，张月侠，赛道建，等，2008.喜鹊巢位选择对城市环境的适应 [J].四川动物，27 (5)：892-893.

马敬能，菲利普斯，何芬奇，2000.中国鸟类野外手册 [M].长沙：湖南教育出版社.

马鸣，1993.荒漠伯劳和灰伯劳繁殖生态初报 [J].干旱区研究，10 (4)：66-68.

马鸣，1995.新疆鸟类简介 [M].台北：捷生顾问有限公司.

马鸣，1999.世界鸟类中的跨世纪悬案——中亚夜鹰（Caprimulgus centralasicus）[J].大自然，20 (4)：22-22.

马鸣，2004.塔克拉玛干沙漠特有物种——白尾地鸦 [M].乌鲁木齐：新疆科学技术出版社.

马鸣，2010.鸟类"东扩"现象与地理分布格局变迁——以入侵种欧金翅和家八哥为例 [J].干旱区地理，33 (4)：540-546.

马鸣，2011.新疆鸟类分布名录 [M].北京：科学出版社.

马鸣，巴吐尔汉，戴昆，1992.紫翅椋鸟繁殖与越冬生态研究 [J].动物学杂志，27 (2)：29-30.

马鸣，道·才吾加甫，山加甫，等，2014.高山兀鹫（Gyps himalayensis）的繁殖行为研究 [J].野生动物学报，35 (04)：414-419+483.

马鸣，殷守敬，徐峰，等，2006.新疆黑尾地鸦初步调查 [J].动物学杂志，41 (2)：135.

马鸣，张新民，梅宇，胡宝文.2008.新疆欧夜鹰繁殖生态初报 [J].动物学研究，29 (5)：476，502，510.

马鸣，2001.塔克拉玛干沙漠白尾地鸦的分布与生态习性 [J].干旱区研究，18 (3)：29-35.

马强，溪波，李建强，等，2011.河南灰脸鸳鹰繁殖习性初报 [J].动物学杂志，46 (04)：40-41.

梅宇，马鸣，胡宝文，等，2009.新疆北部白冠攀雀的巢与巢址选择 [J].动物学研究，30 (5)：565-570.

牛新利，张莉，樊魏，等，2012.黄河中下游典型地区农林复合生态系统喜鹊巢址选择的生态因素分析 [J].河南大学学报（自然版），42 (1)：69-73.

潘斌，杨贵生，李敏，2013.内蒙古二连浩特市鸟类区系特征及群落结构 [J].动物学杂志，48 (6)：933-941.

潘艳秋，邢莲莲，杨贵生，2006.近十年乌梁素海湿地鸟类区系演变初探 [J].内蒙古大学学报（自然科学版），37 (2)：170-175.

彭开福，1987.松鸦繁殖习性的观察 [J].动物学杂志，(1)：35-36.

钱国桢，张晓爱，叶启智．1983.温度对高山岭雀能量平衡的影响．生态学报，3（2）：157-164.

乔旭，杨贵生，张乐，等，2011.内蒙古乌海市鸟类区系特征及群落结构 [J].动物学杂志，46（2）：126-136

任阿楠，胡伟，赵敏，等，2013.黑龙江省呼兰河湿地春季鹗（Pandion haliaetus）的非繁殖期行为研究 [J].中国农学通报，29（7）：57-60.

任建强，安文山，1994.大嘴乌鸦繁殖生态的初步研究 [J].动物学杂志，（3）：125-127.

汝少国，侯文礼，1998.灰喜鹊的繁殖生态和巢位选择 [J].生态学杂志，（5）：11-13.

赛道建，孙涛．2012.鸟撞防范概论 [M].北京：科学出版社．

石胜超，汤伟，刘宜敏，等，2016.湖南省发现红颈苇鹀 [J].动物学杂志，51（02）：227.

史荣耀，李茂义，秦军，等，2007.灰喜鹊繁殖习性的初步观察 [J].四川动物，26（1）：165-166.

宋晔，2013.北京西山猛禽的迁飞 [J].森林与人类，2013（11）：28-33.

宋榆钧，1983.红交嘴雀繁殖生态初步观察 [J].动物学杂志，01：11-12.

苏化龙，马强，王英，等，2015.人类活动对青藏高原胡兀鹫繁殖成功率和种群现状的影响 [J].动物学杂志，50（05）：661-676.

田应洲，李松，管绍荣，1996.白头鹀迁徙生态和越冬习性的初步观察 [J].六盘水师范高等专科学校学报，（04）：8-11.

王海涛，姜云垒，高玮，2010.栗斑腹鹀：现状及保护（英文）[J]. Chinese Birds，1（04）：251-258.

王红霞，杨贵生，徐英，等，2009.内蒙包头南海子湿地鸟类群落组成及多样性 [J].动物学杂志，44（2）：71-77.

王建萍，2010.山西芦芽山自然保护区星鸦的繁殖生态 [J].野生动物学报，31（5）：259-261.

王琳，2013.八种鸦属鸟类鸣声特征及其适应性进化研究 [D].长春：东北师范大学

王岐山，马鸣，高育仁．2006.中国动物志·鸟纲（第 5 卷）.北京：科学出版社．

王香亭，1990.宁夏脊椎动物志 [M].银川：宁夏人民出版社．

王香亭，1991.甘肃脊椎动物志 [M].兰州：甘肃科学技术出版社．

王晓东，杨贵生，李新，等，2007.呼和浩特市鸟类区系初步研究 [J].内蒙古大学学学报（自然科学版），38（2）：98-203.

王尧天，2015.白尾地鸦：生命绝地的精灵 [J].森林与人类，2015（1）：48-51.

乌日罕，杨贵生，潘斌，2014.新建民航机场吸引鸟类原因的探讨 [J].动物学杂志，14（5）：61-65.

乌日罕，杨贵生，魏炜，2014.内蒙古阿尔山市北部鸟类区系组成及群落结构 [J].动物学杂志，49（3）：94-102.

吴道宁，马鸣，魏希明，等．2017.靴隼雕繁殖习性初报．动物学杂志．52（1）：11-18.

吴建平，于超，张天才，2012.哈尔滨市区灰喜鹊巢址选择研究 [J].四川动物，31（5）：775-785.

吴丽荣，王建萍，宫树龙，2003.山西芦芽山自然保护区松鸦的繁殖生态 [J].四川动物，22（3）：168-170.

吴秀杰，杨贵生，陈劲，等，2008.白银库伦自然保护区春季鸟类多样性研究 [J].内蒙古大学学报（自然科学版），39（4）：446-451.

吴正．1982.我国的沙漠 [M].北京：商务印书馆．

吴正．1991.浅议我国北方地区的沙漠化问题．地理学报，46（3）：266-276.

吴正．2009.中国沙漠及其治理 [M].北京：科学出版社．

武建勇，安文山，薛恩祥，等，1996.红嘴山鸦繁殖生物学的研究 [J].生态学杂志，（5）：27-30.

邢莲莲，2014.达里诺尔野鸟 [M].北京：中国大百科全书出版社．

邢莲莲，杨贵生，1996.内蒙古乌梁素海鸟类志 [M].呼和浩特：内蒙古大学出版社．

徐世亮，1992.云雀的生态与繁殖．动物学杂志，27（5）：18-20.

许青，赵英敏，李丹雪，等，2007.春季三种鸦类媒鸟鸣叫声对其集群行为的影响 [J].野生动物，28（06）：3-7.

许维枢，1995.中国猛禽——鹰隼类 [M].北京：中国林业出版社．

旭日干，邢莲莲，杨贵生，2007.内蒙古动物志（第 3 卷）[M].呼和浩特：内蒙古大学出版社．

旭日干，邢莲莲，杨贵生，2015.内蒙古动物志（第 4 卷）[M].呼和浩特：内蒙古大学出版社．

严重威，陈嘉盛．2004.诗经里的鸟类．台中：乡宇文化．

颜重威，赵正阶，郑光美，等，1996.中国野鸟图鉴 [M].台北：台湾翠鸟文化事业有限公司．

晏安厚，1983.灰喜鹊繁殖习性的初步观察 [J].四川动物，（3）：28-29.

杨帆，杨贵生，邢璞，等，2012.内蒙古鄂尔多斯高原鸟类区系组成及其特征 [J].干旱区研究，29（3）：450-456.

杨贵生，内蒙古常见动物图鉴 [M].北京：高等教育出版社，2017.

杨贵生，邢莲莲，1998.内蒙古濒危鸟类的现状及保护对策 [J].中国鸟类学研究：291-298.

杨贵生，邢莲莲，1998.内蒙古脊椎动物名录及分布 [M].呼和浩特：内蒙古大学出版社．

杨贵生，邢莲莲，颜重威，1999.内蒙古荒漠草原和草原化荒漠地区鸟类区系的过渡性特征 [J].内蒙古大学学报（自然科学版），30（5）：637-639.

杨贵生，邢莲莲，颜重威，等，1999.乌梁素海湿地鸟类新记录 [J].内蒙古大学学报（自然科学版），30（6）：739-740.

杨贵生，邢莲莲，永平，2003.阿鲁科尔沁沙地鸟类区系组成及其特征 [J].内蒙古大学学报（自然科学版），34（5）：547-551.

杨贵生，邢莲莲，张琳娜，等，2005.查干诺尔湿地的鸟类区系组成及其特征 [J].内蒙古大学学报（自然科学版），36（5）：671-676.

杨贵生，邢莲莲，赵秀娟，等，2005.内蒙古燕山北部山地鸟类地理区划探讨 [J].动物学报，51（增刊）：6-11.

杨兴家，1984.灰头鹀和黄喉鹀的种群生态比较 [J].野生动物（06）：8-11.

杨兴家，1985.灰头鹀长白山北坡种群结构的研究 [J].吉林林业科技（06）：24-27.

杨兴家，等，1991.图们江下游春季白尾海雕和虎头海雕迁徙习性研究 [C].中国鸟类研究．北京：科学出版社．

杨学明，1982.黄喉鹀繁殖生态的研究 [J].动物学研究，3（S2）：293-298.

杨学明，罗显清，邓明鲁，1965.关于红颈苇鹀繁殖习性的初步观察 [J].动物学杂志（03）：113-114.

于国海，乔桂芬，孙孝维，等，2008.红颈苇鹀育雏行为及雏鸟发育观察 [J].吉林林业科技，37（02）：29-31.

于学伟，王福云，江志，等，2014.红嘴蓝鹊的巢址选择 [J].野生动物学报，35（4）：440-444.

张孚允，杨若莉．1997.中国鸟类迁徙研究．北京：中国林业出版社．

张乐，陈赫，徐英，等，2009.海拉尔地区鸟类区系调查研究 [J].内蒙古大学学报（自然科学版），40（5）：595-599.

张莉，杨贵生，陈劲，等，2008.锡林河湿地鸟类调查 [J].动物学杂志，43（1）：134-139.

张荣祖，1999.中国动物地理 [M].北京：科学出版社．

张森水，侯连海，1993.金牛山（1978 年发掘）旧石器遗址综合研究．中国科学院骨脊椎动物与古人类研究所集刊（19 号）[M].北京：科学出版社．

赵亮，2005.繁殖期两种百灵科鸟类对捕食风险的行为响应 [J].动物学研究，26（2）：113-117.

赵英敏，2008.黑龙江省帽儿山林区田鹀 Emberiza rustica 迁徙中途停歇生态学研究 [D].哈尔滨：东北林业大学．

赵正阶，1995.中国鸟类手册（上卷：非雀形目）[M].长春：吉林科学技术

出版社.

赵正阶, 2001. 中国鸟类志(上卷:非雀形目)[M]. 长春:吉林科学技术出版社.

赵正阶, 2001. 中国鸟类志（下卷:雀形目）[M]. 长春:吉林科学技术出版社.

郑宝赉, 杨岚, 郑光美, 等. 1985. 中国动物志·鸟纲（第 8 卷）. 北京：科学出版社.

郑光美, 2017. 中国鸟类分类与分布名录（3 版）[M]. 北京：科学出版社.

郑光美, 王岐山, 1998. 中国濒危动物红皮书鸟类 [M]. 北京：科学出版社.

郑生武, 1994. 中国西北地区珍稀濒危动物志 [M]. 北京：中国林业出版社.

郑作新, 冯祚建, 张荣祖, 等, 1981. 青藏高原路栖脊椎动物区系及其演变的探讨 [J]. 北京自然博物馆研究报告, (9):1-21.

郑作新, 1976. 中国鸟类分布名录（2 版）[M]. 北京：科学出版社.

郑作新, 李永新, 周开亚, 1957. 北京城郊秃鼻乌鸦冬季生活的初步观察 [J]. 动物学杂志,（4）: 36-40.

郑作新, 龙泽虞, 卢汰春, 1995. 中国动物志·鸟纲（第 10 卷）[M]. 北京：科学出版社.

郑作新, 龙泽虞, 郑宝赉, 等, 1987. 中国动物志·鸟纲（第 11 卷）[M]. 北京：科学出版社.

郑作新, 卢汰春, 杨岚, 等, 2010. 中国动物志·鸟纲（第 12 卷）[M]. 北京：科学出版社.

中华人民共和国林业部野生动物和森林植物保护司, 1994. 中国野生动物保护管理法规文件汇编 [M]. 北京：中国林业出版社.

朱磊, 赵文阁, 杨琨, 等, 2014. 松雀在中国的春夏季分布 [J]. 动物学杂志, 01：121-125.

朱震达, 吴正, 刘恕, 等. 1980. 中国沙漠概论（修订版）[M]. 北京：科学出版社.

竺可桢, 1979. 改造沙漠是我们的历史任务. 竺可桢文集 [M]. 北京：科学出版社.

ALI S, RIPLEY S D, 1980. Handbook of the birds of India and Pakistan [M]. London: Oxford University Press.

ARIUNJARGAL G, YANG G S, URIHAN, 2013. Birds community structure in Huhhot farmland [J]. Institute of biology Mongolian academy of sciences, 29: 196-200.

BAKER E C S, 1928. Fauna of British India. Birds. Volume 5 (2ed) [M]. London: Taylor and Francis.

BirdLife International, 2004. Birds in Europe: population estimates, trends and conservation status [M]. Cambridge: BirdLife International.

BLECHMAN A, 2007. Pigeons-the fascinating saga of the world's most revered and reviled bird [M]. St Lucia, Queensland: University of Queensland Press.

BRADBURY R B, KYRKOS A, MORRIS A J, et al., 2000. Habitat associations and breeding success of yellowhammers on lowland farmland [J]. Journal of Applied Ecology 37: 789-805.

CHENG T S, 1987. A synopsis of the avifauna of China [M]. Beijing: Science Press.

CRAMP S, SIMMONS K E L, FERGUSON-LEES I J, et al., 1977. Handbook of the birds of Europe, the Middle East and Africa. The birds of the western Palearctic [M]. Oxford: Oxford University Press.

del HOYO J, ELLIOTT A, CHRISTIE D A, 2004. Handbook of the Birds of the World. Vol. 9. Cotingas to Pipits and Wagtails [M]. Barcelona: Lynx Edicions.

del HOYO J, ELLIOTT A, CHRISTIE D A, 2005. Handbook of the Birds of the World. Vol. 10. Cuckoo shrikes to Thrushes [M]. Barcelona: Lynx Edicions.

del HOYO J, ELLIOTT A, CHRISTIE D A, 2006. Handbook of the Birds of the World. Vol. 11. Old World Flycatchers to Old World Warblers [M]. Barcelona: Lynx Edicions.

del HOYO J, ELLIOTT A, CHRISTIE D A, 2007. Handbook of the Birds of the

World. Vol. 12. Picathartes to Tits and Chickadees [M]. Barcelona: Lynx Edicions.

del HOYO J, ELLIOTT A, CHRISTIE D A, 2008. Handbook of the Birds of the World. Vol. 13. Penduline tits to Shrikes [M]. Barcelona: Lynx Edicions.

del HOYO J, ELLIOTT A, CHRISTIE D A, 2009. Handbook of the Birds of the World. Vol. 14. Bush shrikes to Old World Sparrow [M]. Barcelona: Lynx Edicions.

del HOYO J, ELLIOTT A, CHRISTIE D A, 2010. Handbook of the Birds of the World. Vol. 15. Weavers to New World Warblers [M]. Barcelona: Lynx Edicions.

del HOYO J, ELLIOTT A, CHRISTIE D A, 2011. Handbook of the Birds of the World. Vol. 16. Tanagers to New World Blackbirds [M]. Barcelona: Lynx Edicions.

del HOYO J, ELLIOTT A, SARGATAL J, 1993. Handbook of the birds of the World [M]. Barcelona: Lynx Edicions.

del HOYO J, ELLIOTT A, SARGATAL J, 1994. Handbook of the Birds of the World. Vol. 2 [M]. Barcelona: Lynx Edicions.

DING P, MA M, KEDEERHAN B, et al., 2013. Golden Eagle *Aquila chrysaetos* in Xinjiang: Nest-site selection in different reproductive areas [J]. Acta Ecologica Sinica, 33 (1): 11-19.

DOLGUSHIN, et al., 1974. Birds of Kazakhstan. Vol V. Alma-Ata (in Russian).

DUFF D G, 1991. The Relict Gull *Larus relictus* in China and elsewhere[J]. Forktail, 6: 43-65

EATON M A, BROWN A F, NOBLE D G, et al., 2009. Birds of Conservation Concern 3: the population status of birds in the United Kingdom, Channel Islands and Isle of Man [J]. British Birds, 102 (6): 296-341.

FLINT V F, BOEHME, KOSTIN Y K, et al., 1984. A field guide to birds of the USSR[M]. Princeton, New Jersey: Princeton Univ. Press.

GILBERT M, SOKHA C, JOYNER P H, et al., 2012. Characterizing the trade of wild birds for merit release in Phnom Penh, Cambodia and associated risks to health and ecology [J]. Biological Conservation, 153: 10-16.

HAGEMEIJER E J M, BLAIR M J, 1997. The EBCC atlas of European breeding birds: their distribution and abundance [M].London: T. and A. D. Poyser.

HART J D, MILSOM T P, FISHER G,et al., 2006. The relationship between yellowhammer breeding performance arthropod abundance and insecticide applications on arable farmland [J]. Journal of Applied Ecology, 43: 81-91.

HE F Q, et al., 1992. The distribution of the Relict Gull (*Larus relictus*) in Maowusu Desert, Inner Mongolia, China [J]. Forktail, 7: 151-154.

HE F Q, ZHANG Y S, 1992. Colonial breeding of the Brownheaded Gull and the Relict Gull from the Ordos highland of Inner Mongolia, China [J]. Bull. Orien. Bd. Cl., 16: 39.

HENNY C J, OGDEN J C, 1970. Estimated status of osprey populations in the United States [J]. J Wildl Manage, 41: 252-265.

HOKKAIDO, SHOJI A, SUGIYAMA A, et al., 2011. The Status and Breeding Biology of Ospreys in Japon [J]. The Condor, 113 (4): 762-767.

HUME A, 1871. Stray notes on ornithology in India, VI: on certain new or unrecorded birds [J]. Ibis, 3: 23-38.

HUME A, 1874. *Podoces biddulphi* [J]. Stray Feathers, 2: 503-505.

INSKIPP C, BARAL H S, 2011. Potential impacts of agriculture on Nepal birds [J]. Our Nature 8: 270-312.

IUCN, 2019. The IUCN Red List of Threatened Species. Version 2019-2. <http://www.iucnredlist.org>

KAMP J, OPPEL S, ANANIN A A, et al., 2015. Global population collapse in a superabundant migratory bird and illegal trapping in China [J]. Conservation Biology, 29: 1684-1694.

KOICHIRO S, et al., 1993. A Field Guide to the Waterbirds of Asia [M]. Tokyo: Wild Bird Society of Japan.

La TOUCHE J D D, 1925-1930. A Handbook of the Birds of Eastern China [M]. London: Taylor and Francis.

LYNAS P, NEWTON S F, ROBINSON J A, 2007. The status of birds in Ireland: an analysis of conservation concern 2008-2013 [J]. Irish Birds, 8 (2): 149-166.

MA M, 2010. Bird expansion to east and the variation of geography distribution in Xinjiang, China [J]. Arid Land Geography, 33 (4): 540-546.

MA M, 2011. A checklist on the distribution of the birds in Xinjiang [M]. Beijing: Science Press.

MA M, DING P, LI W D, et al., 2010. Breeding Ecology and Survival Status of the Golden Eagle in China [J]. Raptors Conservation, 19: 75-87.

MA M, ZHANG T, 2012. The White-headed Duck Oxyura leucocephala in Urumqi, Xinjiang province, China [J]. BirdingASIA, 18: 93-93.

MA M, ZHANG T, DAVID B, et al., 2012. Geese and ducks killed by poison and analysis of poaching cases in China [J]. Goose Bulletin, 15: 2-11.

MA M, KWOK HON KAI, 2004. Records of Xinjiang Ground-jay Podoces biddulphi in Taklimakan Desert, Xinjiang, China [J]. Forktail, 20 (1): 121-124.

MA M, 2011. Status of the Xinjiang Ground Jay: population, breeding ecology and conservation [J]. Chinese Birds, 2 (1): 59–62.

MOKSNES A, ROSKAFT E, ANTONOV A, et al., 2008. Unusually high losses to nest collapse in Black-headed Buntings Emberiza melanocephala nesting on a preferred plant species [J]. Bird Study, 55 (2): 233–235.

MORRIS A J, WILSON J D, WHITTINGHAM M J, et al., 2005. Indirect effects of pesticides on breeding yellowhammer (Emberiza citrinella) [J]. Agriculture, Ecosystems and Environment, 106: 1-16.

PERKINS A J, WHITTINGHAM M J, MORRIS A J, et al., 2002. Use of field margins by foraging yellowhammers Emberiza citrinella [J]. Agriculture, Ecosystems and Environment, 93: 413-420.

POTER R E, CHRISTENSEN S, SCIERMACKER-HANSEN P, 1996. Field guide to the birds of the Middle East [M]. London: T& AD Poyser Ltd.

ROSELAAR C S, 1992. A new species of mountain-finch Leucosticte from western Tibet [J]. Bull Brit Ornithol Club, 112: 225-231.

ROSELAAR C S, 1994. Notes on Sillem's Mountain-finch, a recently described species from western Tibet [J]. Dutch Birding, 16 (1): 20-26.

SATHEESAN S M, 1990. Bird-aircraft collision at an altitude of 2424 m over the sea [J]. Journal of the Bombay Natural History Society, 87 (1): 145–148.

SCULLY J, 1876. A contribution to the ornithology of eastern Turkestan [J]. Stray Feathers, 4: 159-161.

SHARPE, 1891. Scientific Results of the Second Yarkand Mission-Aves [M].

WITHERBY H F, JOURDAIN F C R, TICEHURST N F, et al., 1952. The Handbook of British birds [M]. Vols 1-5. London: H. F. & G. Witherby Limited.

XING L L, YANG G S, 1993. A Study of the conservation and management of breeding and migratory waterfowl in Wuliangsuhai Wetland, China [J]. Oriental Bird Club Bulletin, 18: 15-16.

XING L L, YANG G S, 1999. Relict Gull Larus relictus survey in Inner Mongolia, China [J]. Oriental Bird Club Bulletin, 29: 14-15.

XU F, YANG W, XU W, et al., 2013. The effects of theTaklimakan Desert Highway on endemic birds Podoces biddulphi [J]. Transportation Research Part D: Transport and Environment, 20: 12-14.

YANG G S, XING L L, 1995. A study of birds in Qingshuihe District, Inner Mongolia, China [J]. Oriental Bird Club Bulletin, 21: 21-23.

ZHANG Y S, et al., 1991. Recent records of the Relict Gull Larus relictus in western Nei Mongol Autonomous Region, China [J]. Forktail, 6: 66-67.

ZHANG Y S, et al., 1992. Breeding ecology of the Relict Gull Larus relictus in Ordos, Inner Mongolia, China [J]. Forktail, 7: 131-137.

ZHANG Y S, HE F Q, 1993. Study of the breeding ecology of the Relict Gull Larus relictus in Ordos, Inner Mongolia, China [J]. Forktail, 8: 125-132.

СУДИЛОВСКАЯ A M, 1936. Птицы Кашгарии [M]. Москва: Лаб. Зоогеогр. Акад. Наук СССР.

中文名索引
（前页码为手绘图，后页码为物种描述）

三画

三道眉草鹀　546，552
大白鹭　266，272
大朱雀　514，528
大苇莺　426，427
大杜鹃　160，162
大杓鹬　190，208
大鸨　166，167
大麻鳽　267，279
大斑啄木鸟　346，349
大短趾百灵　410，416
大嘴乌鸦　386，402
大鵟　293，323
兀鹫　288，298
小云雀　411，421
小鸥　234，242
小鸨　166，169
小斑啄木鸟　346，348
小鹀　546，557
小滨鹬　191，214
小嘴乌鸦　386，400
山斑鸠　132，138
山鹛　442，445
山鹤鹬　496，498

四画

云雀　411，420
巨嘴沙雀　514，523
日本松雀鹰　291，308
中亚夜鹰　149，151
中亚鸽　132，136
中华朱雀　514，529
中华攀雀　405，407
水鹨　497，509
牛头伯劳　370，372
牛背鹭　266，275
毛脚燕　433，438
毛脚鵟　293，322
毛腿沙鸡　144，146
长耳鸮　328，334
长尾雀　514，530
长嘴百灵　410，415
长嘴剑鸻　189，200
反嘴鹬　188，193
丹顶鹤　173，176
乌灰鹞　291，315
乌鹟　461，475
乌雕　289，302
凤头百灵　411，419
凤头麦鸡　188，196
凤头蜂鹰　288，297
火斑鸠　132，139
双斑百灵　410，412

五画

玉带海雕　292，318
石鸡　122，124
石雀　486，490
石鸻　188，194
布氏苇莺　426，428

六画

西红角鸮　328，329
西红脚隼　357，363
西伯利亚银鸥　232，235

布氏鹨　497，503
平原鹨　497，504
东方白鹳　250，251
东方鸻　189，203
东方斑鸫　461，474
北灰鹟　461，476
北朱雀　515，531
北椋鸟　448，450
北噪鸦　385，387
田鹀　547，559
田鹨　496，503
四声杜鹃　160，161
丘鹬　190，204
白兀鹫　288，296
白头鹞　546，549
白头鹎　291，310
白头鹤　173，179
白尾地鸦　385，393
白尾海雕　292，319
白尾鹞　291，313
白顶鹀　546，552
白顶鹏　461，472
白枕鹤　173，175
白肩雕　290，305
白冠带鹀　547，569
白冠攀雀　405，406
白眉朱雀　515，532
白眉姬鹟　461，476
白眉鹀　546，555
白翅百灵　411，419
白翅交嘴雀　515，537
白翅浮鸥　234，247
白翅啄木鸟　346，350
白颈鸦　386，401
白琵鹭　259，258
白斑翅拟蜡嘴雀　513，518
白斑翅雪雀　486，490
白喉石鹏　460，469
白喉针尾雨燕　154，155
白喉林莺　442，443
白腰朱顶雀　515，534
白腰杓鹬　190，208
白腰雨燕　154，157
白腰草鹬　191，211
白腰雪雀　486，492
白腹海雕　292，317
白腹鹞　291，312
白鹡鸰　496，502
白额燕鸥　234，243
白鹤　173，174
白鹭　266，274
白鹳　250，251
半蹼鹬　190，207
矛隼　358，366
丝光椋鸟　448，449

西黄鹡鸰　496，499
西鹌鹑　122，127
西藏毛腿沙鸡　144，145
灰白喉林莺　442，445
灰头麦鸡　188，196
灰头绿啄木鸟　346，351
灰头鹀　547，565
灰伯劳　371，378
灰背伯劳　371，376
灰背鸥　232，237
灰背隼　358，363
灰眉岩鹀　546，551
灰翅浮鸥　234，245
灰鹤　189，199
灰脸鵟鹰　293，321
灰颈鹀　546，554
灰斑鸠　132，139
灰喜鹊　385，389
灰鹀　547，566
灰椋鸟　448，450
灰鹡鸰　496，501
灰鹤　173，178
达乌里寒鸦　386，398
池鹭　267，275
红交嘴雀　515，536
红尾水鸲　460，469
红尾伯劳　370，373
红胁蓝尾鸲　460，463
红背红尾鸲　460，465
红背伯劳　370，373
红翅沙雀　513，522
红隼　357，360
红胸鸻　189，203
红脚隼　357，362
红脚鹬　190，209
红颈苇鹀　547，567
红颈滨鹬　191，214
红喉姬鹟　461，477
红喉鹨　497，508
红腰朱雀　514，528
红腹灰雀　513，522
红腹红尾鸲　460，468
红额金翅雀　515，538
红嘴山鸦　386，395
红嘴巨燕鸥　234，243
红嘴鸥　233，238
红嘴蓝鹊　385，390

七画

赤胸朱顶雀　515，534
拟大朱雀　514，527
苇鹀　547，566
花头鸺鹠　328，332
苍头燕雀　513，516
苍鹭　266，268
苍鹰　291，310
芦莺　426，428
芦鹀　547，568
极北朱顶雀　515，535
矶鹬　191，212

针尾沙锥　190，206
秃鼻乌鸦　386，399
秃鹫　289，300
角百灵　411，422
沙色朱雀　514，530
沙鹏　461，471
纵纹角鸮　328，330
纵纹腹小鸮　328，333

八画

环颈鸻　189，201
环颈雉　122，128
青脚鹬　190，210
林岭雀　514，524
林鹨　497，505
林鹛　191，212
松鸦　385，388
松雀　513，521
松雀鹰　291，308
欧夜鹰　149，150
欧鸽　132，136
欧斑鸠　132，137
虎头海雕　293，320
虎纹伯劳　370，372
虎斑地鸫　455，456
岩鸽　132，134
岩燕　433，437
侏鸬鹚　253，255
金翅雀　515，532
金眶鸻　189，200
金鸻　189，198
金腰燕　433，439
金雕　290，306
夜鹭　267，276
波斑鸨　166，168
泽鹬　190，210
孤沙锥　190，205
细嘴鸥　233，239
细嘴短趾百灵　410，417

九画

草地鹨　497，504
草原百灵　410，412
草原鹞　291，314
草原雕　290，304
草绿篱莺　426，429
草鹭　266，270
荒漠伯劳　370，374
荒漠林莺　442，444
胡兀鹫　288，295
树鹨　497，506
厚嘴苇莺　426，428
鸥嘴噪鸥　234，243
星鸦　386，395
蚁䴕　346，347
须苇莺　426，427
贺兰山岩鹨　479，483

十画

珠颈斑鸠　132，140

埃及夜鹰　149，151
栗耳鹀　546，556
栗苇鳽　267，278
栗斑腹鹀　546，553
栗鹀　547，562
原鸽　132，133
圃鹀　546，554
铁爪鹀　541，542
铁嘴沙鸻　189，202
高山兀鹫　288，299
高山岭雀　514，524
高原岩鹨　479，480
粉红胸鹨　497，507
粉红椋鸟　448，452
粉红腹岭雀　514，525
流苏鹬　191，217
家麻雀　486，488
家燕　433，436
扇尾沙锥　190，206
姬鹬　190，204

十一画
黄爪隼　357，359
黄头鹡鸰　496，500
黄眉鹀　547，558
黄胸鹀　547，561
黄雀　515，539
黄脚三趾鹑　220，221
黄斑苇鳽　267，277
黄鹀　546，548
黄颊麦鸡　188，197
黄喉鹀　547，560
黄喉蜂虎　341，342
黄腿银鸥　232，236
黄鹡鸰　496，499
黄嘴山鸦　386，396
黄嘴白鹭　266，274
黄嘴朱顶雀　515，533
雪鸮　328，332
雪鸽　132，135

雪鹀　541，543
雀鹰　291，309
崖沙燕　433，434
彩鹬　188，192
领岩鹨　479，480
领燕鸻　138，195
猎隼　358，365
麻雀　486，489
渔鸥　233，240
淡灰眉岩鹨　546，550
淡色崖沙燕　433，435
绿鹭　267，275

十二画
斑翅山鹑　122，125
斑胸滨鹬　191，216
喜鹊　385，391
棕头鸥　233，238
棕尾伯劳　370，374
棕尾鵟　293，325
棕背伯劳　371，375
棕眉山岩鹨　479，482
棕胸岩鹨　479，481
棕颈雪雀　486，493
棕斑鸠　132，141
棕薮鸲　460，464
紫背苇鳽　267，278
紫背椋鸟　448，451
紫翅椋鸟　448，451
遗鸥　233，240
黑头白鹮　259，259
黑头鹀　547，563
黑头蜡嘴雀　513，520
黑头攀雀　405，407
黑百灵　410，415
黑尾地鸦　385，392
黑尾鸥　232，237
黑尾蜡嘴雀　513，519
黑顶麻雀　486，487
黑鸢　292，316

黑翅长脚鹬　188，192
黑翅燕鸻　138，195
黑胸麻雀　486，488
黑浮鸥　234，247
黑喉石䳭　461，470
黑喉雪雀　486，492
黑腹沙鸡　144，147
黑腹滨鹬　191，215
黑额伯劳　371，377
黑嘴鸥　233，240
黑鹳　250，251
短耳鸮　328，335
短趾百灵　410，418
短趾雕　289，301
黍鹀　546，548
阔嘴鹬　191，216
普通朱雀　514，525
普通雨燕　154，156
普通夜鹰　149，150
普通鸬鹚　253，254
普通海鸥　232，237
普通燕鸥　234，244
普通燕鸻　138，194
普通鵟　293，324
渡鸦　386，403
游隼　358，367
寒鸦　386，397

十三画
靴隼雕　289，303
靴篱莺　426，429
鹊鹞　291，314
蓝马鸡　122，127
蓝头红尾鸲　460，466
蓝矶鸫　461，474
蓝胸佛法僧　341，343
蓝颊蜂虎　341，343
蓝喉歌鸲　460，462
蓝歌鸲　460，462
蓝额红尾鸲　460，466

蓑羽鹤　173，174
蒲苇莺　426，427
蒙古百灵　410，413
蒙古沙雀　514，523
蒙古沙鸻　189，202
楔尾伯劳　371，379
鹌鹑　122，126
暗腹雪鸡　122，123
锡嘴雀　513，518
漠白喉林莺　442，443
漠䳭　461，473

十四画
歌百灵　411，423
鹗　288，294
赛氏篱莺　426，429
褐头朱雀　514，526
褐头鹀　547，564
褐耳鹰　291，307
褐岩鹨　479，482
褐翅雪雀　486，491

十五画
赭红尾鸲　460，467
稻田苇莺　426，427

十六画
燕隼　358，364
燕雀　513，517
雕鸮　328，330

十七画
戴胜　337，338
穗䳭　461，472

十八画
翻石鹬　191，213
鹰雕　289，302

拉丁名索引
（前页码为手绘图，后页码为物种描述）

A

Acanthis flammea　515，534
Acanthis hornemanni　515，535
Accipiter badius　291，307
Accipiter gentilis　291，310
Accipiter gularis　291，308
Accipiter nisus　291，309
Accipiter virgatus　291，308
Acrocephalus agricola　426，427
Acrocephalus arundinaceus　426，427
Acrocephalus dumetorum　426，428
Acrocephalus melanopogon　426，427
Acrocephalus schoenobaenus　426，427
Acrocephalus scirpaceus　426，428
Actitis hypoleucos　191，212
Aegypius monachus　289，300
Agropsar philippensis　448，451
Agropsar sturninus　448，450
Alauda arvensis　411，420
Alauda gulgula　411，421
Alauda leucoptera　411，419
Alaudala cheleensis　410，418
Alectoris chukar　122，124
Anthus campestris　497，504
Anthus cervinus　497，508
Anthus godlewskii　497，503
Anthus hodgsoni　497，506
Anthus pratensis　497，504
Anthus richardi　496，503
Anthus roseatus　497，507
Anthus spinoletta　497，509
Anthus trivialis　497，505
Apus apus　154，156
Apus pacificus　154，157
Aquila chrysaetos　290，306
Aquila heliaca　290，305
Aquila nipalensis　290，304
Ardea alba　266，272
Ardea cinerea　266，268
Ardea purpurea　266，270
Ardeola bacchus　267，275
Arenaria interpres　191，213
Arundinax aedon　426，428
Asio flammeus　328，335
Asio otus　328，334
Athene noctua　328，333

B

Botaurus stellaris　267，279
Bubo bubo　328，330
Bubo scandiacus　328，332
Bubulcus ibis　266，275
Bucanetes mongolicus　514，523
Burhinus oedicnemus　188，194
Butastur indicus　293，321
Buteo hemilasius　293，323
Buteo japonicus　293，324
Buteo lagopus　293，322
Buteo rufinus　293，325
Butorides striata　267，275

C

Calandrella acutirostris　410，417
Calandrella brachydactyla　410，416
Calcarius lapponicus　541，542
Calidris alpina　191，215
Calidris falcinellus　191，216
Calidris melanotos　191，216
Calidris minuta　191，214
Calidris pugnax　191，217
Calidris ruficollis　191，214
Caprimulgus aegyptius　149，151
Caprimulgus centralasicus　149，151
Caprimulgus europaeus　149，150
Caprimulgus indicus　149，150
Carduelis carduelis　515，538
Carpodacus davidianus　514，529
Carpodacus dubius　515，532
Carpodacus erythrinus　514，525
Carpodacus rhodochlamys　514，528
Carpodacus roseus　515，531
Carpodacus rubicilla　514，528
Carpodacus rubicilloides　514，527
Carpodacus sibiricus　514，530
Carpodacus sillemi　514，526
Carpodacus stoliczkae　514，530
Cecropis daurica　433，439
Cercotrichas galactotes　460，464
Charadrius alexandrinus　189，201
Charadrius asiaticus　189，203
Charadrius dubius　189，200
Charadrius leschenaultii　189，202
Charadrius mongolus　189，202
Charadrius placidus　189，200
Charadrius veredus　189，203
Chlamydotis macqueenii　166，168
Chlidonias hybrida　234，245
Chlidonias leucopterus　234，247
Chlidonias niger　234，247
Chloris sinica　515，532
Chroicocephalus brunnicephalus　233，238
Chroicocephalus genei　233，239
Chroicocephalus ridibundus　233，238
Ciconia boyciana　250，251
Ciconia ciconia　250，251
Ciconia nigra　250，251
Circaetus gallicus　289，301
Circus aeruginosus　291，310
Circus cyaneus　291，313
Circus macrourus　291，314
Circus melanoleucos　291，314
Circus pygargus　291，315
Circus spilonotus　291，312
Clanga clanga　289，302
Coccothraustes coccothraustes　513，518
Columba eversmanni　132，136
Columba leuconota　132，135
Columba livia　132，133
Columba oenas　132，136

Columba rupestris　132，134
Coracias garrulus　341，343
Corvus corax　386，403
Corvus corone　386，400
Corvus dauuricus　386，398
Corvus frugilegus　386，399
Corvus macrorhynchos　386，402
Corvus monedula　386，397
Corvus pectoralis　386，401
Coturnix coturnix　122，127
Coturnix japonica　122，126
Crossoptilon auritum　122，127
Cuculus canorus　160，162
Cuculus micropterus　160，161
Cyanopica cyanus　385，389

D

Delichon urbicum　433，438
Dendrocopos leucopterus　346，350
Dendrocopos major　346，349
Dendrocopos minor　346，348
Dendronanthus indicus　496，498

E

Egretta eulophotes　266，274
Egretta garzetta　266，274
Emberiza aureola　547，561
Emberiza bruniceps　547，564
Emberiza buchanani　546，554
Emberiza calandra　546，548
Emberiza chrysophrys　547，558
Emberiza cia　546，550
Emberiza cioides　546，552
Emberiza citrinella　546，548
Emberiza elegans　547，560
Emberiza fucata　546，556
Emberiza godlewskii　546，551
Emberiza hortulana　546，554
Emberiza jankowskii　546，553
Emberiza leucocephalos　546，549
Emberiza melanocephala　547，563
Emberiza pallasi　547，566
Emberiza pusilla　546，557
Emberiza rustica　547，559
Emberiza rutila　547，562
Emberiza schoeniclus　547，568
Emberiza spodocephala　547，565
Emberiza stewarti　546，552
Emberiza tristrami　546，555
Emberiza variabilis　547，566
Emberiza yessoensis　547，567
Eophona migratoria　513，519
Eophona personata　513，520
Eremophila alpestris　411，422

F

Falco amurensis　357，362
Falco cherrug　358，365
Falco columbarius　358，363
Falco naumanni　357，359

Falco peregrinus　358，367
Falco rusticolus　358，366
Falco subbuteo　358，364
Falco tinnunculus　357，360
Falco vespertinus　357，363
Ficedula albicilla　461，477
Ficedula zanthopygia　461，476
Fringilla coelebs　513，516
Fringilla montifringilla　513，517

G

Galerida cristata　411，419
Gallinago gallinago　190，206
Gallinago solitaria　190，205
Gallinago stenura　190，206
Garrulus glandarius　385，388
Gelochelidon nilotica　234，243
Glareola maldivarum　138，194
Glareola nordmanni　138，195
Glareola pratincola　138，195
Glaucidium passerinum　328，332
Grus grus　173，178
Grus japonensis　173，176
Grus leucogeranus　173，174
Grus monacha　173，179
Grus vipio　173，175
Grus virgo　173，174
Gypaetus barbatus　288，295
Gyps fulvus　288，298
Gyps himalayensis　288，299

H

Haliaeetus albicilla　292，319
Haliaeetus leucogaster　292，317
Haliaeetus leucoryphus　292，318
Haliaeetus pelagicus　293，320
Hieraaetus pennatus　289，303
Himantopus himantopus　188，192
Hirundapus caudacutus　154，155
Hirundo rustica　433，436
Hydrocoloeus minutus　234，242
Hydroprogne caspia　234，243

I

Ichthyaetus ichthyaetus　233，240
Ichthyaetus relictus　233，240
Iduna caligata　426，429
Iduna pallida　426，429
Iduna rama　426，429
Ixobrychus cinnamomeus　267，278
Ixobrychus eurhythmus　267，278
Ixobrychus sinensis　267，277

J

Jynx torquilla　346，347

L

Lanius bucephalus　370，372
Lanius collurio　370，373
Lanius cristatus　370，373

Lanius excubitor　371，378
Lanius isabellinus　370，374
Lanius minor　371，377
Lanius phoenicuroides　370，374
Lanius schach　371，375
Lanius sphenocercus　371，379
Lanius tephronotus　371，376
Lanius tigrinus　370，372
Larus cachinnans　232，236
Larus canus　232，237
Larus crassirostris　232，237
Larus schistisagus　232，237
Larus smithsonianus　232，235
Larvivora cyane　460，462
Leucosticte arctoa　514，525
Leucosticte brandti　514，524
Leucosticte nemoricola　514，524
Limnodromus semipalmatus　190，207
Linaria cannabina　515，534
Linaria flavirostris　515，533
Loxia curvirostra　515，536
Loxia leucoptera　515，537
Luscinia svecica　460，462
Lymnocryptes minimus　190，204

M
Melanocorypha bimaculata　410，412
Melanocorypha calandra　410，412
Melanocorypha maxima　410，415
Melanocorypha mongolica　410，413
Melanocorypha yeltoniensis　410，415
Merops apiaster　341，342
Merops persicus　341，343
Microcarbo pygmaeus　253，255
Milvus migrans　292，316
Mirafra javanica　411，423
Monticola solitarius　461，474
Montifringilla adamsi　486，491
Montifringilla nivalis　486，490
Motacilla alba　496，502
Motacilla cinerea　496，501
Motacilla citreola　496，500
Motacilla flava　496，499

Motacilla tschutschensis　496，499
Muscicapa dauurica　461，476
Muscicapa sibirica　461，475
Mycerobas carnipes　513，518

N
Neophron percnopterus　288，296
Nisaetus nipalensis　289，302
Nucifraga caryocatactes　386，395
Numenius arquata　190，208
Numenius madagascariensis　190，208
Nycticorax nycticorax　267，276

O
Oenanthe deserti　461，473
Oenanthe isabellina　461，471
Oenanthe oenanthe　461，472
Oenanthe picata　461，474
Oenanthe pleschanka　461，472
Onychostruthus taczanowskii　486，492
Otis tarda　166，167
Otus brucei　328，330
Otus scops　328，329

P
Pandion haliaetus　288，294
Passer ammodendri　486，487
Passer domesticus　486，488
Passer hispaniolensis　486，488
Passer montanus　486，489
Pastor roseus　448，452
Perdix dauurica　122，125
Perisoreus infaustus　385，387
Pernis ptilorhynchus　288，297
Petronia petronia　486，490
Phalacrocorax carbo　253，254
Phasianus colchicus　122，128
Phoenicuropsis coeruleocephala　460，466
Phoenicuropsis erythronotus　460，465
Phoenicuropsis frontalis　460，466
Phoenicurus erythrogastrus　460，468
Phoenicurus ochruros　460，467

Pica pica　385，391
Picus canus　346，351
Pinicola enucleator　513，521
Platalea leucorodia　259，258
Plectrophenax nivalis　541，543
Pluvialis fulva　189，198
Pluvialis squatarola　189，199
Podoces biddulphi　385，393
Podoces hendersoni　385，392
Prunella collaris　479，480
Prunella fulvescens　479，482
Prunella himalayana　479，480
Prunella koslowi　479，483
Prunella montanella　479，482
Prunella strophiata　479，481
Pterocles orientalis　144，147
Ptyonoprogne rupestris　433，437
Pyrgilauda davidiana　486，492
Pyrgilauda ruficollis　486，493
Pyrrhocorax graculus　386，396
Pyrrhocorax pyrrhocorax　386，395
Pyrrhula pyrrhula　513，522

R
Recurvirostra avosetta　188，193
Remiz consobrinus　405，407
Remiz coronatus　405，406
Remiz macronyx　405，407
Rhodopechys sanguineus　513，522
Rhodospiza obsoleta　514，523
Rhopophilus pekinensis　442，445
Rhyacornis fuliginosa　460，469
Riparia diluta　433，435
Riparia riparia　433，434
Rostratula benghalensis　188，192

S
Saundersilarus saundersi　233，240
Saxicola insignis　460，469
Saxicola maurus　461，470
Scolopax rusticola　190，204
Spinus spinus　515，539
Spodiopsar cineraceus　448，450

Spodiopsar sericeus　448，449
Sterna hirundo　234，244
Sternula albifrons　234，243
Streptopelia chinensis　132，140
Streptopelia decaocto　132，139
Streptopelia orientalis　132，138
Streptopelia senegalensis　132，141
Streptopelia tranquebarica　132，139
Streptopelia turtur　132，137
Sturnus vulgaris　448，451
Sylvia communis　442，445
Sylvia curruca　442，443
Sylvia minula　442，443
Sylvia nana　442，444
Syrrhaptes paradoxus　144，146
Syrrhaptes tibetanus　144，145

T
Tarsiger cyanurus　460，463
Tetraogallus himalayensis　122，123
Tetrax tetrax　166，169
Threskiornis melanocephalus　259，259
Tringa glareola　191，212
Tringa nebularia　190，210
Tringa ochropus　191，211
Tringa stagnatilis　190，210
Tringa totanus　190，209
Turnix tanki　220，221

U
Upupa epops　337，338
Urocissa erythroryncha　385，390

V
Vanellus cinereus　188，196
Vanellus gregarius　188，197
Vanellus vanellus　188，196

Z
Zonotrichia leucophrys　547，569
Zoothera aurea　455，456

英文名索引
（前页码为手绘图，后页码为物种描述）

A

Alpine Accentor　479，480
Alpine Chough　386，396
Altai Accentor　479，480
Amur Falcon　357，362
Arctic Redpoll　515，535
Asian Brown Flycatcher　461，476
Asian Desert Warbler　442，444
Asian Dowitcher　190，207
Asian Rosy Finch　514，525
Asian Short-toed Lark　410，418
Azure-winged Magpie　385，389

B

Barn Swallow　433，436
Bearded Vulture　288，295
Besra　291，308
Bimaculated Lark　410，412
Black Kite　292，316
Black Lark　410，415
Black Redstart　460，467
Black Stork　250，251
Black Tern　234，247
Black-bellied Sandgrouse　144，147
Black-crowned Night Heron　267，
　276
Black-faced Bunting　547，565
Black-headed Bunting　547，563
Black--headed Gull　233，238
Black-headed Ibis　259，259
Black-headed Penduline Tit　405，
　407
Black-tailed Gull　232，237
Black-winged Pratincole　138，195
Black-winged Stilt　188，192
Blue -cheeked Bee-eater　341，343
Blue Eared Pheasant　122，127
Blue Rock Thrush　461，474
Blue-capped Redstart　460，466
Blue-fronted Redstart　460，466
Bluethroat　460，462
Blyth's Pipit　497，503
Blyth's Reed Warbler　426，428
Booted Eagle　289，303
Booted Warbler　426，429
Brambling　513，517
Brandt's Mountain Finch　514，524
Broad-billed Sandpiper　191，216
Brown Accentor　479，482
Brown Shrike　370，373
Brown-headed Gull　233，238
Bull-headed Shrike　370，372

C

Calandra Lark　410，412
Carrion Crow　386，400
Caspian Gull　232，236
Caspian Plover　189，203
Caspian Tern　234，243
Cattle Egret　266，275

Chestnut Bunting　547，562
Chestnut-cheeked Starling　448，
　451
Chestnut-eared Bunting　546，556
Chinese Beautiful Rosefinch　514，
　529
Chinese Egert　266，274
Chinese Grey Shrike　371，379
Chinese Grosbeak　513，519
Chinese Hill Babbler　442，445
Chinese Penduline Tit　405，407
Chinese Pond Heron　267，275
Chinese White-browed
　Rosefinch　515，532
Chukar Partridge　122，124
Cinereous Vulture　289，300
Cinnamon Bittern　267，278
Citrine Wagtail　496，500
Collared Crow　386，401
Collared Pratincole　138，195
Common Chaffinch　513，516
Common Crane　173，178
Common Greenshank　190，210
Common Hoopoe　337，338
Common House Martin　433，438
Common Kestrel　357，360
Common Linnet　515，534
Common Magpie　385，391
Common Pheasant　122，128
Common Quail　122，127
Common Raven　386，403
Common Redpoll　515，534
Common Redshank　190，209
Common Rosefinch　514，525
Common Sandpiper　191，212
Common Snipe　190，206
Common Starling　448，451
Common Swift　154，156
Common Tern　234，244
Common Whitethroat　442，445
Connon Cuckoo　160，162
Corn Bunting　546，548
Crested Lark　411，419

D

Dark-sided Flycatcher　461，475
Daurian Jackdaw　386，398
Daurian Partridge　122，125
Daurian Starling　448，450
Demoiselle Crane　173，174
Desert Finch　514，523
Desert Wheatear　461，473
Desert Whitethroat　442，443
Dunlin　191，215

E

Eastern Buzzard　293，324
Eastern Curlew　190，208
Eastern Marsh Harrier　291，312
Eastern Olivaceous Warbler　426，

　429
Eastern Yellow Wagtail　496，499
Egyptian Nightjar　149，151
Egyptian Vulture　288，296
Eurasian Bittern　267，279
Eurasian Bullfinch　513，522
Eurasian Collared Dove　132，139
Eurasian Crag Martin　433，437
Eurasian Crimson-winged
　Finch　513，522
Eurasian Curlew　190，208
Eurasian Eagle-owl　328，330
Eurasian Hobby　358，364
Eurasian Jackdaw　386，397
Eurasian Jay　385，388
Eurasian Pygmy Owl　328，332
Eurasian Reed Warbler　426，428
Eurasian Scops Owl　328，329
Eurasian Siskin　515，539
Eurasian Skylark　411，420
Eurasian Sparrowhawk　291，309
Eurasian Spoonbill　259，258
Eurasian Thick-knee　188，194
Eurasian Tree Sparrow　486，489
Eurasian Woodcock　190，204
Eurasian Wryneck　346，347
European Bee-eater　341，342
European Goldfinch　515，538
European Nightjar　149，150
European Roller　341，343
European Turtle Dove　132，137
Eversmann's Redstart　460，465

F

Forest Wagtail　496，498
Fork-tailed Swift　154，157

G

Godlewski's Bunting　546，551
Golden Eagle　290，306
Gray Bunting　547，566
Gray Wagtail　496，501
Gray-necked Bunting　546，554
Great Bustard　166，167
Great Cormorant　253，254
Great Egert　266，272
Great Grey Shrike　371，378
Great Reed Warbler　426，427
Great Spotted Woodpecker　346，
　349
Greater Painted Snipe　188，192
Greater Sand Plover　189，202
Greater Short-toed Lark　410，416
Greater Spotted Eagle　289，302
Green Sandpiper　191，211
Grey Heron　266，268
Grey Nightjar　149，150
Grey Plover　189，199
Grey-backed Shrike　371，376
Grey-capped Greenfinch　515，532

Grey-faced Buzzard　293，321
Grey-headed Lapwing　188，196
Grey-headed Woodpecker　346，
　351
Griffon Vulture　288，298
Gull-billed Tern　234，243
Gyrfalcon　358，366

H

Hawfinch　513，518
Hen Harrier　291，313
Hill Pigeon　132，134
Himalayan Snowcock　122，123
Himalayan Vulture　288，299
Hooded Crane　173，179
Horned Skylark　411，422
Horsfield's Bush Lark　411，423
House Sparrow　486，488
Hume's Short-toed Lark　410，417

I

Imperial Eagle　290，305
Indian Cuckoo　160，161
Isabelline Shrike　370，374
Isabelline Wheatear　461，471

J

Jack Snipe　190，204
Jankowski's Bunting　546，553
Japanese Grosbeak　513，520
Japanese Quail　122，126
Japanse Sparrowhawk　291，308

K

Kentish Plover　189，201

L

Lapland Longspur　541，542
Large-billed Crow　386，402
Laughing Dove　132，141
Lesser Grey Shrike　371，377
Lesser Kestrel　357，359
Lesser Sand Plover　189，202
Lesser Spotted Woodpecker　346，
　348
Lesser Whitethroat　442，443
Little Bunting　546，557
Little Bustard　166，169
Little Egret　266，274
Little Gull　234，242
Little Owl　328，333
Little Ringed Plover　189，200
Little Stint　191，214
Little Tern　234，243
Long-billed Plover　189，200
Long-eared Owl　328，334
Long-legged Hawk　293，325
Long-tailed Rosefinch　514，530
Long-tailed Shrike　371，375

M

Macqueen's Bustard　166，168
Marsh Sandpiper　190，210
Meadow Bunting　546，552
Meadow Pipit　497，504
Merlin　358，363
Mew Gull　232，237
Mongolian Accentor　479，483
Mongolian Finch　514，523
Mongolian Ground Jay　385，392
Mongolian Lark　410，413
Montagu's Harrier　291，315
Mountain Hawk-Eagle　289，302
Moustached Warbler　426，427

N

Northern Goshawk　291，310
Northern Lapwing　188，196
Northern Wheatear　461，472

O

Ochre-rumped Bunting　547，567
Olive-backed Pipit　497，506
Orange-flanked Bluetail　460，463
Oriental Honey Buzzard　288，297
Oriental Plover　189，203
Oriental Pratincole　138，194
Oriental Skylark　411，421
Oriental Stork　250，251
Oriental Turtle Dove　132，138
Ortolan Bunting　546，554
Osprey　288，294

P

Pacific Golden Plover　189，198
Paddyfield Warbler　426，427
Pala Martin　433，435
Pale Rosefinch　514，530
Pale-backed Pigeon　132，136
Pallas's Bunting　547，566
Pallas's Fish Eagle　292，318
Pallas's Gull　233，240
Pallas's Rosefinch　515，531
Pallas's Sandgrouse　144，146
Pallid Harrier　291，314
Pallid Scops Owl　328，330
Pectoral Sandpiper　191，216
Pere David's Snowfinch　486，492
Peregrine Falcon　358，367

Pied Acvocet　188，193
Pied Harrier　291，314
Pied Wheatear　461，472
Pine Bunting　546，549
Pine Grosbeak　513，521
Pintail Snipe　190，206
Plain Mountain Finch　514，524
Plumbeous Water Redstart　460，469
Purple Heron　266，270
Pygmy Cormorant　253，255

R

Red Crossbill　515，536
Red Turtle Dove　132，139
Red-backed Shrike　370，373
Red-billed Blue Magpie　385，390
Red-billed Chough　386，395
Red-crowned Crane　173，176
Red-footed Falcon　357，363
Red-headed Bunting　547，564
Red-mantled Rosefinch　514，528
Red-necked Stint　191，214
Red-rumped Swallow　433，439
Red-throated Pipit　497，508
Reed Bunting　547，568
Relict Gull　233，240
Richard's Pipit　496，503
Rock Bunting　546，550
Rock Pigeon　132，133
Rock Sparrow　486，490
Rook　386，399
Rosy Pipit　497，507
Rosy Starling　448，452
Rough-legged Hawk　293，322
Ruddy Turnstone　191，213
Rudfous-tailed Shrike　370，374
Ruff　191，217
Rufous-breasted Accentor　479，481
Rufous-necked Snowfinch　486，493
Rufous-tailed Scrub Robin　460，464
Rustic Bunting　547，559

S

Saker Falcon　358，365
Sand Martin　433，434

Saunder's Gull　233，240
Saxaul Sparrow　486，487
Sedge Warbler　426，427
Shikra　291，307
Short-eared Owl　328，335
Short-toed Snake Eagle　289，301
Siberian Accentor　479，482
Siberian Blue Robin　460，462
Siberian Crane　173，174
Siberian Gull　232，235
Siberian Jay　385，387
Siberian Stonechat　461，470
Silky Starling　448，449
Sillem's Rosefinch　514，526
Slaty-backed Gull　232，237
Slender-billed Gull　233，239
Snow Bunting　541，543
Snow Pigeon　132，135
Snowy Owl　328，332
Sociable Lapwing　188，197
Solitary Snipe　190，205
Spanish Sparrow　486，488
Spotted Dove　132，140
Spotted Great Rosefinch　514，528
Spotted Nutcracker　386，395
Steller's Sea Eagle　293，320
Steppe Eagle　290，304
Stock Dove　132，136
Streaked Rosefinch　514，527
Striated Heron　267，275
Sykes's Warbler　426，429

T

Taiga Flycatcher　461，477
Tawny Pipit　497，504
Thick-billed Warbler　426，428
Tibetan Lark　410，415
Tibetan Sandgrouse　144，145
Tibetan Snowfinch　486，491
Tiger Shrike　370，372
Tree Pipit　497，505
Tristram's Bunting　546，555
Twite　515，533

U

Upland Buzzard　293，323

V

Variable Wheatear　461，474

Vaurie's Nightjar　149，151
Von Schrenck's Bittern　267，278

W

Water Pipit　497，509
Western Marsh Harrier　291，310
Western Yellow Wagtail　496，499
Whiskered Tern　234，245
White Stork　250，251
White Wagtail　496，502
White-bellied Sea Eagle　292，317
White-capped Bunting　546，552
White-cheeked Starling　448，450
White-crowned Penduline Tit　405，406
White-crowned Sparrow　547，569
White-naped Crane　173，175
White-rumped Snowfinch　486，492
White's Thrush　455，456
White-tailed Sea Eagle　292，319
White-throated Bushchat　460，469
White-throated Needletail　154，155
White-winged Crossbill　515，537
White-winged Grosbeak　513，518
White-winged Lark　411，419
White-winged Redstart　460，468
White-winged Snowfinch　486，490
White-winged Tern　234，247
White-winged Woodpecker　346，350
Wood Sandpiper　191，212

X

Xinjiang Ground Jay　385，393

Y

Yellow Bittern　267，277
Yellow-breasted Bunting　547，561
Yellow-browed Bunting　547，558
Yellowhammer　546，548
Yellow-legged Buttonquail　220，221
Yellow-rumped Flycatcher　461，476
Yellow-throated Bunting　547，560

图书在版编目（CIP）数据

中国草原与荒漠鸟类 / 邢莲莲, 杨贵生, 马鸣著 . -- 长沙：湖南科学
技术出版社, 2020.1
　　（中国野生鸟类）
　　ISBN 978-7-5710-0496-5

Ⅰ.①中… Ⅱ.①邢… ②杨… ③马… Ⅲ.①草原－鸟类－介绍－
中国②荒漠－鸟类－介绍－中国 Ⅳ.Q959.708

中国版本图书馆 CIP 数据核字 (2019) 第 299970 号

ZHONGGUO CAOYUAN YU HUANGMO NIAOLEI

中国草原与荒漠鸟类

主　　　编：邢莲莲　杨贵生　马　鸣
总 策 划：陈沂欢　李　惟
出 版 人：张旭东
策划编辑：曹紫娟　王安梦　乔　琦
责任编辑：林澧波　孙桂均　戴　涛　刘　竞
特约编辑：曹紫娟
地图编辑：程　远　程晓曦　韩守青　苏倩文
制图单位：湖南地图出版社
插画编辑：翁　哲
图片编辑：张宏翼
流程编辑：刘　微　李文瑶
装帧设计：王喜华　何　睦
营销编辑：唐国栋
责任印制：焦文献
出版发行：湖南科学技术出版社
社　　　址：长沙市湘雅路 276 号
　　　　　　http://www.hnstp.com
湖南科学技术出版社天猫旗舰店网址：
　　　　　　http://hnkjcbs.tmall.com
邮购联系：本社直销科 0731-84375808
印　　　刷：北京华联印刷有限公司
制　　　版：北京美光制版有限公司
版　　　次：2020 年 1 月第 1 版
印　　　次：2020 年 1 月第 1 次印刷
开　　　本：635mm×965mm　1/8
印　　　张：74
字　　　数：1436 千字
审 图 号：GS（2019）2791 号
书　　　号：ISBN 978-7-5710-0496-5
定　　　价：600.00 元